LEHRBUCH DER BALLISTIK

VON

DR. C. CRANZ
GEH. REG.-RAT UND PROFESSOR AN DER TECHN. HOCHSCHULE
BERLIN

ZWEITER BAND

INNERE BALLISTIK

Springer-Verlag Berlin Heidelberg GmbH
1926

INNERE BALLISTIK

DIE BEWEGUNG DES GESCHOSSES DURCH DAS ROHR UND IHRE BEGLEIT-ERSCHEINUNGEN

HERAUSGEGEBEN VON

Dr. C. CRANZ

GEH. REG.-RAT UND PROFESSOR AN DER TECHNISCHEN HOCHSCHULE BERLIN

UNTER MITWIRKUNG VON

PROFESSOR **DR. O. POPPENBERG**

UND

PROFESSOR **O. VON EBERHARD**

MIT 37 ABBILDUNGEN IM TEXT
UND 33 ABBILDUNGEN IM ANHANG

Springer-Verlag Berlin Heidelberg GmbH

1926

ISBN 978-3-642-52558-2 ISBN 978-3-642-52612-1 (eBook)
DOI 10.1007/978-3-642-52612-1

Ursprünglich erschienen bei Julius Springer in Berlin 1926.

Inhaltsverzeichnis.

(Band II.)

Seite

Einleitung. **Arbeitsquellen. Die Aufgabe der inneren Ballistik** . . . 1

Erster Abschnitt. **Thermochemische und thermodynamische Grundlagen.** (Bearbeitet von O. Poppenberg.)

§ 1. Verhalten des Pulvers beim Schuß in der Waffe und in der Versuchsbombe 5
§ 2. Thermodynamische Betrachtungen über Gasgleichgewichte 6

Zweiter Abschnitt. **Die Explosivstoffkonstanten.** (Bearbeitet von O. Poppenberg.)

§ 3. Einleitendes und Begriff der Ladedichte 21
§ 4. Die chemische Umsetzung der Explosivstoffe und die Zersetzungsgleichung 22
§ 5. Das Volumen der Explosionsprodukte (spez. Volumen $\mathfrak{v}_0$) 28
§ 6. Die Zusammensetzung der Explosionsgase und die experimentelle Ermittlung der Zersetzungsgleichung 30
§ 7. Verbrennungswärme Q 31
§ 8. Die Kraft eines Explosivstoffs und der spezifische Druck 35
§ 9. Das Kovolumen 36
§ 10. Abelsche Gleichung. Maximaldruck p_1 der Pulvergase bei der Verbrennung des Pulvers im konstanten Volumen der Versuchsbombe . 38
§ 11. Explosivstoffe, die bei der üblichen Zündung (Sprengkapsel) nicht vollständig vergasen 42
Versuchsergebnisse 50
§ 12. Verbrennungstemperatur 56

Dritter Abschnitt. **Über die experimentellen Methoden zur Druckbestimmung. Kritische Bemerkungen.**

§ 13. Charakterisierung der wichtigsten Methoden 69
§ 14. Über die Stauchungsmethode. Fehlerquellen. Theorie von Sarrau und Vieille und Kritik dieser Theorie. Aufstellung der Stauchtabelle. Vorstauchung. Einfluß der Temperatur. Tonnenform und Hyperboloidform der Stauchzylinder 72
§ 15. Membranmanometer und Federindikatoren 91

Vierter Abschnitt. **Art und Geschwindigkeit der Umsetzung von Explosivstoffen.**

§ 16. Verbrennung, Explosion und Detonation. Brisanz eines Sprengstoffs 94
§ 17. Speziell die Verbrennung von Schießpulvern bei deren Verwendung in der Waffe. Brisanz eines Geschoßtreibmittels 111
§ 18. Verbrennungsgesetz 120
A. Aufstellung des Verbrennungsgesetzes auf Grund geometrischer Beziehungen 120
B. Neuere Formulierung des Verbrennungsgesetzes 126

Fünfter Abschnitt. **Mechanik der Explosionen; die mechanischen Wirkungen von Explosionen auf die Umgebung.**

Seite

§ 19. Allseitiger Einschluß; Wirkung auf die Wände. Vieillesche Druckwellen und Problem von Lagrange. Gefahren der Hohlladung. Erosionserscheinungen 142
1. Die elastische Dehnung der Rohrwandung 143
2. Über das Lagrangesche Problem und die Vieilleschen Druckwellen. Bleibende Rohraufbauchungen. Gefahren der Hohlladung . . . 146
3. Erosionserscheinungen an Geschützrohren (Rohrausbrennungen). Lebensdauer einer Schußwaffe 155
§ 20. Einerseits Luft, andererseits ein fester Körper 160
§ 21. Explosionen in freier Luft 163
§ 22. Größere Explosionen unter Wasser; Modellübertragungsregeln für die Wirkungen von Explosionen 179
§ 23. Über die Vorgänge an der Mündung der Schußwaffe 183
§ 24. Über den Knall 196

Sechster Abschnitt. **Theoretischer Ansatz für die Lösung des innerballistischen Hauptproblems.**

I. Voraussetzung, daß das Treibmittel bei Beginn der Geschoßbewegung in Gasform vorliegt.

§ 25. Einleitung. Beziehungen aus der Wärmemechanik 205
§ 26. Einige Anwendungen: Frühere Methode von Fr. Krupp. Methode von W. Bergmann. Aufgabe über ein Dynamitgeschütz. Methode von Silfersparre 209

II. Voraussetzung, daß das Pulver noch nicht verbrannt ist, wenn das Geschoß seine Bewegung im Rohr beginnt.

§ 27. Aufstellung des Gleichungssystems. Zusammenstellung. Schlüssel der Bezeichnungen 215
§ 28. Über die beim Schuß in den Lauf übergehende Wärme. Arbeitsbilanz. Nutzeffekt. Temperatur des Laufs 226

Siebenter Abschnitt. **Erste Gruppe von Näherungslösungen des innerballistischen Hauptproblems.**

§ 29. Methoden von E. Sarrau (1876) 234
§ 30. Über die Methode von J. Ingalls (1903). Prüfung der Methode . . 236
§ 31. Über die Methoden von O. Mata (1890), von J. B. Henderson — H. R. Hassé (1922) und von A. G. Hadcock (1917). Prüfung der Methode Mata . 237
§ 32. Methoden von G. Bianchi und S. Regii (1917/1919) 239
§ 33. Über die Methode von F. Wrede-Centervall 242
§ 34. Die älteren Methoden von Gossot-Liouville (1905/1913) 243
§ 35. Die neuere Lösungsmethode von Gossot-Liouville (1922) 248
§ 36. Methoden von Moisson (1887), Charbonnier (1908), Sugot (1913), Krupp-Schmitz (1913) 254
§ 37. Lösungsmethoden von H. Mache (1916/1918), H. Lorenz-Danzig (1917) und A. Nowakowsky (1917) 269
§ 38. Graphisches Lösungsverfahren von C. Cranz (1918) 271
A. Bezeichnungen 272
B. Das Prinzip des Lösungsverfahrens 274

Seite
C. Graphische Ausführung der Lösung im einzelnen 281
D. Experimentelle Ermittlung von P_0, A, f, α 288
E. Erläuterung durch ein Zahlenbeispiel 291
F. Verlauf der Pulververbrennung in einer Schußwaffe, für die eine Rücklaufregistrierung oder wenigstens die Messung des Höchstgasdrucks und der Mündungsgeschwindigkeit durchgeführt ist . 295
G. Über eine weitere Verschärfung der Lösungsmethode 301
H. Verlauf der Geschoßgeschwindigkeit v in dem Fall, wo die Rohrlänge sehr groß, theoretisch unendlich groß, gewählt ist und dabei eine konstante Ladung L kg derselben Pulversorte und dasselbe Geschoß verwendet wird 306

Achter Abschnitt. **Zweite Gruppe von Näherungsmethoden.**

§ 39. Allgemeine Bemerkungen. Verfahren von E. Vallier, mit der Modifikation von W. Heydenreich 309
§ 40. Das Verfahren von Fr. v. Zedlitz. — Methode von Leduc 321
§ 41. Vorschläge von C. Cranz. Tabellen. Beispiele 326
§ 42. Innerballistische Übertragungsregeln, zum Übergang von einer Waffe auf eine andere usw. 334

Neunter Abschnitt. **Über die Bewegung des Geschosses durch das Rohr mit Berücksichtigung der Drehung des Geschosses in den Zügen.**

§ 43. Aufstellung der Bewegungsgleichungen 340
§ 44. Die Drehgeschwindigkeit ω oder $\frac{d\varphi}{dt}$ des Geschosses um seine Längsachse 344
§ 45. Die Winkelbeschleunigung $\frac{d\omega}{dt}$ oder $\frac{d^2\varphi}{dt^2}$ des Geschosses 348
§ 46. Leistendruck und Zugwiderstand 350
§ 47. Winkelgeschwindigkeit des Geschosses infolge der Züge, im Fall von freier Drehung und freiem Rücklauf des Rohrs 354
§ 48. Welcher Drallwinkel α bei konstantem Drall bzw. welcher Enddrallwinkel α_e bei veränderlichem Drall ist für einen guten Flug des rotierenden Langgeschosses erforderlich? 359
§ 49. Bestimmung der Drallkurve und des Anfangsdrallwinkels 371

Zehnter Abschnitt. **Rückstoß und Rücklauf. Raketeneffekt.**

§ 50. Einleitende Bemerkungen. Bezeichnungen 374
§ 51. Das Rohr allein für sich; freier wagrechter Rücklauf; Rohrschwerpunkt in der Seelenachse 379
§ 52. Das Rohr allein für sich; wagrechter Rücklauf bei konstanter Bremskraft B_1 (kg) 382
§ 53. Über die Wirkung des Rückstoßes auf die Lafette bei den älteren Geschützen mit Rohrschildzapfen ohne Sporn 385
§ 54. Älteres Geschütz mit Rohrschildzapfen und mit Sporn 387
§ 55. Geschütz mit Rohrschildzapfen und Rahmenlafette; die Lafette läuft auf schiefer Unterlage zurück 389
§ 56. Die neueren Rohrrücklaufgeschütze mit hydraulischer Bremse und Luftvorholer; die auf das Rohr und auf die Lafette wirkenden Kräfte 390

Seite

§ 57. Berechnung des Bremsdrucks bei gegebener Rücklauflänge ϱ oder umgekehrt 395
§ 58. Einiges über Reaktions- oder Raketengeschosse 402

Elfter Abschnitt. **Einiges über Sprenggeschosse.**

§ 59. Die verschiedenen Arten von Sprenggeschossen. Berechnung der Splitterzahl 419
§ 60. Berechnung der Brenngeschwindigkeit von Brennzündern 421
Literaturnoten und Bemerkungen zu Band II 427
Namenverzeichnis 438
Sachverzeichnis 441

Anhang. **Photographische Abbildungen zur Mechanik der Explosionen.**

Erläuterungen zu den photographischen Abbildungen Nr. 1 bis 33 . 443
Photographische Abbildungen 447

Druckfehler.

Seite 33, Zeile 4 von unten lies: 16,2 u. 793,8 statt: 16,1 u. 793,9.
„ 75, „ 13 „ oben „ : $\varrho \cdot \sin \alpha \omega$ statt: $\varrho \cdot \sin \omega$.
„ 76, „ 11 „ unten „ : $\varrho \cdot \cos \alpha \omega$ u. $\varrho \sin \alpha \omega$ statt: $\varrho \cos \omega$ u. $\varrho \sin \omega$.
„ 121, „ 9 „ „ „ : Gossot statt: Gossol.
„ 342, in den Abbildungen 28a, b, c lies: νN statt: μN.
„ 369, Zeile 2 von unten lies: für statt: fur.
„ 381, „ 6 „ „ „ : zurückgelegt statt: zurüchgelegt.
„ 383, „ 7 „ oben „ : $\frac{B_1 \cdot g}{G_r + G + L} \cdot t_e$ statt: dem vorhin erwähnten Betrag.
„ 396, „ 9 „ unten „ : $H(X)$ statt $H(x)$.
„ 405, „ 11 „ oben „ : Also mit (2) und (3) statt: Also.
„ 410, „ 22 „ unten streiche das Wort: etwa.

Schlüssel der Bezeichnungen.

Von Seite 205 ab bedeutet, wenn nichts anderes angegeben ist:

$2R$ = Kaliber (m).

q oder $R^2\pi$ = Seelenquerschnitt (m^2).

L = Pulverladung (kg).

G = Geschoßgewicht (kg).

V_0 = leergedachter Raum zwischen Geschoßboden und Stoßboden vor dem Schuß (m^3).

$\triangle$ = Ladedichte.

m = wahre Geschoßmasse $\left(\frac{kg \cdot sec^2}{m}\right)$.

m_r = Masse der rücklaufenden Teile.

μ = fingierte Geschoßmasse (s. S. 224).

ϱ = Trägheitshalbmesser des Geschosses um dessen Längsachse (m).

α bzw. α_2 = Drallwinkel bei konstantem Drall.

α_0 = Anfangsdrallwinkel bei Progressivdrall.

α_e = Enddrallwinkel bei Progressivdrall.

ν = Reibungskoeffizient des Geschosses im Rohr (in § 53 bis § 57 ist der Reibungskoeffizient zwischen Rohr und Wiege oder zwischen Lafette und Erdboden usw. mit μ bezeichnet).

$\mathfrak{v}_0$ = spezifisches Volumen des Pulvers (m^3/kg).

T_0 = absolute Verbrennungstemperatur des Pulvers.

f = spezifischer Druck oder „Kraft" des Pulvers (m); Abkürzung für $\frac{10333 \cdot \mathfrak{v}_0 \cdot T_0}{273}$.

α = Kovolumen des Pulvers (m^3/kg).

s = spezifisches Gewicht des Pulverelements oder „Pulverkorns" (kg/m^3).

a = kleinste Dimension des Pulverkorns (m).

$\alpha_1 \beta_1 \gamma_1$ = Konstanten der Form des Pulverkorns (s. Tabelle S. 123).

τ_0 = Verbrennungsdauer des Pulvers (sec) bei dem Druck p_0 (kg/m^2).

y_0 = der bis zum Beginn der Geschoßbewegung im Rohr verbrannte Bruchteil der Ladung.

e_0 = die bis dahin abgebrannte Schichtendicke des Korns (m).

P_0 = Einpressungsdruck (kg/m^2).

x = Weg des Geschoßbodens im Rohr in Richtung der Seelenachse (m), nach der Zeit t (sec), vom Beginn der Geschoßbewegung ab gerechnet.

v oder $\frac{dx}{dt}$ = Geschwindigkeit des Geschosses in Richtung der Seelenachse, bezüglich des Rohrs, zur Zeit t (m/sec).

p = Druck der Pulvergase (kg/m^2) zu dieser Zeit t.

y = der bis dahin verbrannte Bruchteil der Ladung.

e = die bis dahin abgebrannte Schichtendicke.

$x_1 v_1 y_1 e_1$ = die Werte von $x v y e$ für den Moment, wo der Gasdruck im Rohr seinen Höchstwert p_1 oder p_{max} annimmt.

$x' v' p'$ = die Werte von $x v p$ für den Moment, wo alles Pulver verbrannt ist oder $y = 1$, $e = \frac{a}{2}$ geworden ist.

$x_e v_e p_e$ = die Werte von $x v p$ für den Moment, wo der Geschoßboden durch die Mündung geht.

J = der variable Raum (m^3), der den Pulvergasen zur Zeit t zwischen Stoßboden und Geschoßboden zu ihrer Ausbreitung zur Verfügung steht (s. S. 224).

J_0 = der Wert von J für den Moment, wo die Geschoßbewegung beginnt ($x = 0$, $t = 0$, $v = 0$).

J_1 = der Wert von J im Moment des Maximalgasdrucks ($x = x_1$, $t = t_1$, $v = v_1$, $p = p_1$).

J' = der Wert von J für den Moment, wo die ganze Pulverladung verbrannt ist ($x = x'$, $t = t'$, $v = v'$, $p = p'$, $y = 1$).

J_e = der Wert von J für den Moment, wo der Geschoßboden durch die Mündung geht ($x = x_e$, $t = t_e$, $v = v_e$ oder v_0, $p = p_e$).

W = der durch den Seelenquerschnitt dividierte variable Widerstand (kg/m^2) der Mantelreibung des Geschosses im Rohr, d. h. derjenige Widerstand, welcher noch nicht durch die Einführung der fingierten Geschoßmasse μ in $\mu \cdot \frac{dv}{dt}$ berücksichtigt ist.

A = die Arbeit ($m \cdot kg$) gegen diesen Widerstand, $A = q \cdot \int_0^x W(x) \cdot dx$, einschließlich der Einpressungsarbeit.

A' = der Wert von A im Moment, wo alles Pulver verbrannt ist.

γ = Exponent der polytropischen Zustandsänderung der Pulvergase.

B = Abkürzung für $L \cdot \left(\alpha - \frac{1}{s}\right)$.

V = Abkürzung für $V_0 - \frac{L}{s} + q \cdot x$.

V_0' = Abkürzung für $V_0 - \frac{L}{s}$.

Spezielle Bezeichnungsschlüssel findet man auf den Seiten: 124, 158, 171, 174, 209, 224, 244, 248, 272, 323, 325, 327, 343, 345, 378, 420.

Einleitung.

Arbeitsquellen. Die Aufgabe der inneren Ballistik.

Kräfte, die imstande sind, den modernen Geschossen, mit einem Gewicht von über 100 kg, eine geregelte Flugbahn von mehr als 50 km Schußweite zu geben, werden allein von der in den modernen Explosivstoffen aufgespeicherten chemischen Energie geliefert. Die Muskelkraft, die Schleuder und die Schleudermaschinen spielen als Treibmittel für Geschosse eine untergeordnete Rolle und können nur in besonderen Fällen, z. B. im Nahkampf zum Schleudern von Handgranaten, Verwendung finden. Die Benutzung von elastischen Kräften fester Körper, die in früheren Jahrhunderten mannigfache Verwendung fanden (Bogen, Armbrust, Ballisten, Katapulte) ist nur vorübergehend im Grabenkampf wieder aufgenommen worden; es sind dabei die verschiedenartigsten Wurfmaschinen vorgeschlagen worden, die sich zum Teil auch gut bewährt haben; jedoch handelt es sich bei diesen Wurfmaschinen um die Fortbewegung relativ geringer Massen auf kurze Entfernungen. Die Spannkraft vorher stark komprimierter Gase wird in den Luftdruckgewehren und Luftdruckgeschützen, Torpedolancierrohren usw. benutzt (Dynamitgeschütze von Zalinsky, Graydon, Rix u. a.). Speziell die Konstruktion von Druckluftgeschützen ist verschiedentlich aufgenommen worden; und diese Verwendung von Druckluft usw. bietet den unzweifelhaften Vorteil, daß man mit nahezu konstanten Druckkräften und bei niedrigen Temperaturen arbeitet. Die Apparatur, die für das Abschießen größerer Geschoßmassen notwendig wird, läßt sich in der Tat auch bei kurzen Rohren derartig einfach gestalten, daß einer systematischen Verwendung komprimierter Gase nur die schwierige Bereitstellung der letzteren hindernd im Wege steht. Vorschläge dafür endlich, elektromagnetische Kräfte oder Zentrifugalkräfte zum Schleudern von Geschossen nutzbar zu machen, wurden zwar in großer Anzahl bekannt gegeben, allein es ist bisher kein nennenswerter Erfolg damit erreicht worden. — Im folgenden möge es sich daher nur um die Besprechung der in den Explosivstoffen aufgespeicherten chemischen Energie handeln.

Ein Explosivstoff erfährt durch Entzündung mittels Flamme, Zündhütchen und Beiladung, oder durch Initialzündung mittels Sprengkapsel, sowie durch Reibung, Schlag und Stoß eine chemische Umsetzung, bei der in kurzer Zeit unter bedeutender Wärmeentwickelung große Mengen von gasförmigen Produkten entstehen. Die Zeit, während der die chemische Umsetzung verläuft, die freiwerdende Wärmemenge und das Volumen der entstehenden Gasmassen sind bestimmend für die Verwendungsmöglichkeiten der Explosivstoffe. Sind diese erhitzten Gasmassen in einem kleinen Raum eingeschlossen oder entstehen sie so außerordentlich rasch, daß die umgebende Luft als Einschlußmaterial angesehen werden kann, so werden auf das umgebende Medium Kräfte ausgeübt, die Arbeit leisten können.

In der eigentlichen Sprengtechnik besteht die zu leistende Arbeit in der Zerstörung der Form der Materie, in der Überwindung von Kohäsionskräften. Dieses Ziel wird erreicht durch die mehr oder weniger brisanten Sprengstoffe, die durch Initialzündung zur Detonation gebracht werden. Bei der äußerst schnellen Umsetzung der Sprengstoffe wird auf das Einschlußmaterial eine Stoßwirkung ausgeübt; auch muß der Druck bei der fast momentanen Gasbildung in äußerst kurzer Zeit sein Maximum erreichen. Da der Sprengstoff fast immer in einem Laderaum, der gleich seinem Volumen ist, zur Detonation gebracht wird, so wird der Druck außerordentlich groß sein, und das Einschlußmaterial wird ihm nicht standhalten können. Der Erfolg einer Sprengung wird daher die Zertrümmerung des Sprengobjektes sein, und je nach dem gewünschten Grade der Zerkleinerung und der Härte des Materials wird man brisante oder weniger brisante Sprengstoffe zu verwenden haben.

Im Gegensatz dazu wird in der Geschütz- und Gewehr-Ballistik — die im wesentlichen hier behandelt werden soll — der Gasdruck dazu verwendet, dem Geschoß innerhalb des Rohres nach und nach eine lebendige Kraft, insbesondere der Translation, zu erteilen, ohne daß die Festigkeit des Rohres und des Geschosses gefährdet wird. Für diesen Zweck ist es notwendig, daß der Gasdruck sich nach und nach steigert; der Explosivstoff, das Treibmittel, muß sich relativ langsam umsetzen und schiebend auf das Geschoß wirken. Die Energie der Explosivstoffe darf daher nicht durch einen Initialimpuls ausgelöst werden; die Treibmittel müssen durch Flammenzündung zur Verbrennung bzw. Explosion gebracht werden. Zündet man z. B. Nitrozellulosepulver nicht durch die Flammenwirkung, die von dem Zündhütchen oder der Schlagzündschraube ausgeht, sondern direkt mittels einer größeren Menge von Initialsprengstoff, also etwa mit Hilfe einer Sprengkapsel, so detonieren sie.

Ein gutes Sprengmittel wird nicht gleichzeitig ein gutes Geschoßtreibmittel sein. Die schnelle Umsetzung in gasförmige Produkte, die „Brisanz“ eines Explosivstoffs, der als Treibmittel in der Waffe dienen soll, wirkt ungünstig auf die Größe der Mündungsgeschwindigkeit des Geschosses. In der Waffe kommt es vielmehr auf die Erzeugung einer möglichst großen Mündungsgeschwindigkeit des Geschosses bei möglichst niedrigem Maximalgasdruck an; die Pulvergase sollen möglichst gleichmäßig schiebend auf das Geschoß wirken und so seine Geschwindigkeit dauernd vergrößern.

Würde nämlich alles Pulver in Gas verwandelt sein, ehe das Geschoß seine Bewegung begonnen hat, so würde der Gasdruck im Verlauf der Geschoßbewegung durch das Rohr nur abnehmen, da der den Pulvergasen zur Verfügung stehende Raum zwischen Geschoßboden und Seelenboden mit dem Vorrücken des Geschosses nach der Mündung zu immer mehr wächst. Es gilt aber, den Gasdruck möglichst auszugleichen, und, da vollkommene Konstanz des Gasdruckes sich, wie es scheint, nicht erreichen läßt, so ist das Bestreben darauf gerichtet, wenigstens eine annähernd gleichgroße Spannung der Gase zu erhalten, wobei die durch die Raumvergrößerung und Arbeitsleistung bewirkte fortwährende Veränderung des Gasdruckes, so gut wie es geht, kompensiert wird durch fortwährende Zufuhr neuer Treibgase. Zu diesem Zweck ist ein entsprechend langsam, wenn möglich ein progressiv verbrennendes Pulver erforderlich, und die Verbrennungsweise des Pulvers muß durch geeignete Formgebung und Behandlung des Pulvers zur Regulierung der Verbrennungsgeschwindigkeit gegenüber der Größe der Pulverladung, des Verbrennungsraumes, des Rohrkalibers und gegenüber der Rohrlänge, dem Trägheitswiderstand des Geschosses usw. so geregelt werden, daß das Pulver seine Verbrennung möglichst fortsetzt, bis das Geschoß die Mündung verläßt, dann aber vollständig verbrannt ist; jedenfalls aber derart, daß das verlangte Maximum der Mündungsenergie des Geschosses mit möglichst geringem maximalem Gasdruck erzielt ist, ohne daß gleichzeitig die Pulverausnützung unökonomisch, die Streuung der Mündungsgeschwindigkeit, das Mündungsfeuer, der Waffenknall, die Beanspruchung der Bremse usw. zu groß wird. Daraus ergibt sich, daß ganz bestimmte Bedingungen zwischen den eben erwähnten Größen, Geschoßgewicht, Rohrlänge, Rohrkaliber usw. bestehen müssen, und daß es für die Projektierung oder die Prüfung eines Geschütz- oder Gewehrsystems notwendig ist, die Vorgänge während des Schusses zu kennen, insbesondere für den Waffentechniker, der jene Größen teils durch praktische, teils durch theoretische Erwägungen feststellt.

Die spezielle Aufgabe der inneren Ballistik besteht demnach in folgendem: Es soll in irgendeinem bestimmten Falle der im Seelenraume des Rohres herrschende Gasdruck, die Beschleunigung und Geschwindigkeit des Geschosses, endlich die Temperatur der Pulvergase je als Funktion der Zeit oder des Geschoßweges im Rohr ermittelt werden. An dieses Hauptproblem schließen sich andere Probleme an; solche weiteren Probleme beziehen sich auf die Erwärmung des Rohres, auf die Inanspruchnahme von Rohr und Lafette, auf die innerballistischen Messungsmethoden usw.

Das eben geschilderte Hauptproblem der inneren Ballistik setzt diese in Beziehung zur Thermochemie und Thermodynamik. Das Ideal wäre, daß, wenn das Geschütz oder Gewehr, das Geschoß, das Gewicht der Pulverladung, sowie die chemischen und physikalischen Eigenschaften des Pulvers bekannt sind, lediglich auf theoretischem Wege der zeitliche Verlauf des Gasdruckes, der Bewegung des Geschosses durch das Rohr, und der Gastemperatur ermittelt werden könnte. Von diesem Ideal ist, wie sich zeigen wird, die innere Ballistik infolge der großen Kompliziertheit des Problems und wegen der Mängel in den empirischen Unterlagen noch so weit entfernt, daß gesagt werden kann, die innere Ballistik befinde sich zur Zeit noch mehr in den ersten Anfängen ihrer Entwickelung, als dies bei der äußeren Ballistik der Fall ist.

Erster Abschnitt.

Thermochemische und thermodynamische Grundlagen.

(Bearbeitet von O. Poppenberg.)

§ 1. Verhalten des Pulvers beim Schuß in der Waffe und in der Versuchsbombe.

Eine vorbereitende Aufgabe zur Lösung des innerballistischen Problems besteht in der Ermittlung der Konstanten der Pulversorte. Am einfachsten lassen sich diese in der kalorimetrischen Versuchsbombe (vgl. Bd. III) ermitteln, in der das Pulver ohne Arbeitsleistung im konstanten Volumen zur Zersetzung gebracht wird. Bestimmt man hierbei die bei der Verbrennung des Pulvers freiwerdende Wärmemenge und das entstandene Gasvolumen, so kann man leicht durch Umrechnung der experimentell ermittelten Werte auf 1 kg oder 1 g die sogenannten Pulverkonstanten ermitteln; es sind das: Der Wärmegehalt, das spezifische Volumen, die Gaszusammensetzung, der spezifische Druck, die Explosions-Temperatur, das Kovolumen und die Verbrennungsgeschwindigkeit.

Die experimentellen Bedingungen, die bei der Feststellung der Pulverkonstanten in der Versuchsbombe angewandt werden, sind aber andere als die Vorgänge, die sich im Seelenraum der Waffe abspielen. Die Verbrennung des Pulvers geht in der Versuchsbombe ohne Leistung äußerer Arbeit vor sich, in der Waffe dagegen soll die dem Pulver innewohnende Energie möglichst in Arbeit umgesetzt werden. Haben nun in der Waffe die Gase Arbeit zu leisten, so müssen sie sich abkühlen. Die Abkühlungsgeschwindigkeit der Pulvergase muß daher bei gleicher Ladung in der Waffe eine ganz andere sein als in der Bombe, in der die Abkühlung nur durch Wärmeleitung erfolgt, während sie in der Waffe durch Arbeitsleistung beschleunigt wird. Beeinflußt aber die Abkühlungsgeschwindigkeit den Befund der experimentellen Untersuchung, so müssen die Eigenschaften eines Pulvers, seine Verbrennungswärme und die Zusammensetzung der gasförmigen Produkte in der Versuchsbombe andere sein als im Seelenraum der Waffe. Auch müssen die Resultate, die in der Versuchsbombe erschossen werden, abhängig sein von der verbrannten Pulvermenge; denn es ist klar, daß die Abkühlungsgeschwindigkeit um so geringer sein wird, je mehr Pulver in der gleichen Bombe zur Explosion gelangt.

Diesen theoretischen Überlegungen entspricht das Resultat der Praxis. In der Tat kann man in der gleichen Versuchsbombe und mit der gleichen Pulversorte verschiedene Resultate für die Pulverkonstanten ermitteln; vergrößert man die Ladung, so wächst die Verbrennungswärme pro kg berechnet; es steigt der Kohlensäuregehalt der Verbrennungsprodukte und auch der Druck (auf 1 kg der Ladung bezogen), während das Gasvolumen infolge anderer Zusammensetzung der Gaskomponenten abnimmt. Verschießt man z. B. Nitroglyzerinpulver in der Versuchsbombe, so wird bei der Bestimmung der Verbrennungswärme mit geringer Ladung nach kurzer Zeit der Wärmeausgleich mit dem Wasser eintreten, während dieser bei gesteigerter Ladung bedeutend längere Zeit dauert. Sollen nun die Untersuchungen in der Versuchsbombe den Zweck haben, Aufschluß über die Verbrennung des Pulvers in der Waffe zu geben, so muß man wissen, ob man die mit hoher Ladung oder die mit geringerer Ladung erschossenen Werte für die Verbrennung des Pulvers in der Waffe zugrunde legen soll, und ob es überhaupt möglich ist, die Resultate der Versuchsbombe für die Betrachtungen über die Vorgänge in der Waffe bei der Explosion des Pulvers zu verwerten. Die Vergrößerung des Ladegewichts in derselben Bombe hat eine Veränderung der Abkühlungsgeschwindigkeit der beim Schuß entstandenen Pulvergase zur Folge. Will man in der Waffe und in der Versuchsbombe die gleichen Verhältnisse haben, so muß man jedesmal die variablen Abkühlungsgeschwindigkeiten auszuschalten suchen. Das erreicht man nach dem Vorschlage von Poppenberg und Stephan durch die Betrachtung der Umsetzung des Pulvers während seiner maximalen Verbrennung im Moment der Explosion, ehe die Gase sich abgekühlt haben; dann können die während der Abkühlungsperiode wechselnden chemischen Reaktionen die Verbrennungswärme, die Gaszusammensetzung und das Gasvolumen nicht mehr störend beeinflussen. Die Resultate, die in der Versuchsbombe erschossen sind, werden dann konstant und bieten für die beim Schuß stattfindenden Verhältnisse und für die Auswahl der Pulversorte die Grundlagen zu weiteren Berechnungen.

§ 2. Thermodynamische Betrachtungen über Gasgleichgewichte.

Bei der Zersetzung der meisten Explosionsstoffe, insbesondere der modernen Pulver, entstehen im wesentlichen wechselnde Mengen von Kohlensäure, Kohlenoxyd, Wasser und Wasserstoff, neben Stickstoff. Die Kohlensäure, der Wasserstoff, das Kohlenoxyd und der

Wasserdampf sind durch die folgende umkehrbare Reaktion miteinander verknüpft. $CO_2 + H_2 \rightleftarrows CO + H_2O$.

Das Charakteristikum jeder umkehrbaren Reaktion besteht darin, daß sie nie vollständig verläuft, sondern zum Stillstand kommt, wenn eine bestimmte Menge der Reaktionsprodukte sich gebildet hat. Der Verlauf der Reaktion in dem einen oder anderen Sinne ist abhängig von der Temperatur. Das Verhältnis der Gasmengen, in volumprozentischer Konzentration oder auch in Partialdrucken der Gaskomponenten im Gasgemisch gemessen, oder die sog. Gleichgewichtskonstante K,

$$K = \frac{(CO)\cdot(H_2O)}{(CO_2)\cdot(H_2)},$$

ist bei gegebener Temperatur konstant, nämlich unabhängig von dem Massenverhältnis der reagierenden Stoffe. Der Wert der Gleichgewichtskonstanten K ist allein von der Temperatur T abhängig. Die Größe von K läßt sich bei den verschiedenen Temperaturen mit Hilfe des zweiten Wärmesatzes in der van t'Hoffschen Fassung (Gleichung der Reaktionsisochoren) berechnen:

$$\frac{d \ln K}{dT} = -\frac{Q}{R \cdot T^2};$$

dabei Q die Wärmetönung der Reaktion, T die absolute Temperatur, R die allgemeine Gaskonstante, $R = 1{,}985 \left(\frac{\text{gr. cal}}{T}\right)$. Führt man für Q seinen Wert ein,

$$Q = Q_0 + \sigma' \cdot T + \sigma'' \cdot T^2,$$

wobei Q_0 die Wärmetönung bei 0^0 C und σ' bzw. σ'' Konstanten, nämlich die erste bzw. zweite Differenz der spezifischen Wärmen bei konst. Vol. bedeuten, so erhält man (vgl. Lit.-Note, Haber, Jellinek, Nernst, Pollitzer) durch Integration

$$o = Q_0 - \sigma' \cdot T \cdot \ln T - \sigma'' T^2 - R T \ln K + \text{Const} \cdot T.$$

Führt man die Zahlenwerte ein (s. Haber S. 119), nämlich $Q_0 = -10232$ cal. pro Mol; $\sigma' = 0{,}1685$; $\sigma'' = 0{,}00101$, so erhält man:

$$o = -10232 - 0{,}1685 \cdot T \cdot \ln T - 0{,}00101 \cdot T^2 - R T \cdot \ln K + \text{Const} \cdot T.$$

Mit Einführung von dekadischen Logarithmen und Auflösung der Gleichung nach K ergibt sich (s. Haber S. 126):

$$\log K = -\frac{2245}{T} - 0{,}2783 \cdot \log T - 0{,}0000981 \cdot T + 2{,}9653;$$

oder nach anderen, etwas davon abweichend konstruierten Formeln:

$$\log K = -\frac{2116}{T} + 0{,}783 \cdot \log T - 0{,}00043 \cdot T, \quad \text{(s. Haber S. 126)}$$

$$\text{bzw. } \log K = -\frac{2170}{T} + 0{,}979 \cdot \log T - 1{,}082 \cdot 10^{-3} \cdot T + 1{,}734 \cdot 10^{-7} \cdot T^2 - 0{,}02858.$$

Gerade für die bei der Explosion von Pulvern und Sprengstoffen in Frage kommenden Gase ist das Gleichgewichtsverhältnis $K = \frac{(CO) \cdot (H_2O)}{(CO_2) \cdot (H_2)}$ und seine Abhängigkeit von der Temperatur gut erforscht; denn die gleichen Gase treten beim Wassergasprozeß und bei fast jeder Verbrennung auf.

Da jedoch die Werte für die spez. Wärmen nur Näherungswerte sind, und der Wert der Integrations-Konstanten nicht genau feststeht, auch die Entwickelung nach ganzen Potenzen von T offenbar ein Notbehelf ist, so ergeben die Berechnungen für K nach den Gleichungen, die von verschiedenen Forschern aufgestellt sind, einige geringe Unterschiede; so viel steht aber fest, daß der Wert von K bei der Verbrennungstemperatur des Pulvers in der Nähe von 6 liegen muß.

Wenn man z. B. durch die Analyse der Zersetzungsprodukte eines in der Versuchsbombe verschossenen Pulvers für die Gleichgewichtskonstante einen Wert von ungefähr 2,5 erhält, so kann man mit Bestimmtheit behaupten, daß diese Gaszusammensetzung bei der Explosion, im

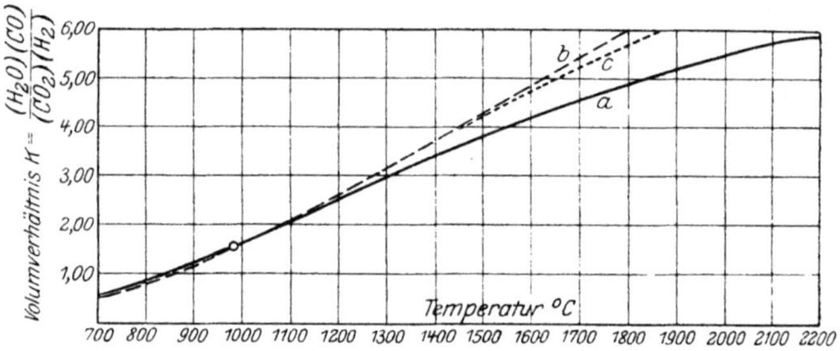

a nach Mallard-LeChatelier, *b* nach Schreber-Langen, *c* nach Langen.

Abb. 1.

Moment der maximalen Verbrennung, nicht vorhanden gewesen sein kann, denn das Verhältnis der Gaskomponenten muß bei der Explosionstemperatur ungefähr 6 sein (s. Abb. 1), und wenn es zu 2,5 gefunden wird, so müssen während des Abkühlungsprozesses spätere chemische Reaktionen eingesetzt haben. Ein reines Nitrozellulosepulver hat ungefähr eine Explosionstemperatur von $T = 2300^0$. Dieser Temperatur würde ein Wert $K = \sim 6$ entsprechen. Die Differenz in den Gleichgewichtskonstanten, nämlich zwischen der in der Bombe gefundenen und der errechneten, berechtigt zu dem Schluß, daß vom Moment der höchsten Temperatur ab, während des Abkühlungsprozesses, die Gase noch reagiert haben. Bei dieser Reaktion, die die Kohlensäuremenge gesteigert hat, muß Wärme frei geworden sein, welche in der experimentell gefundenen

Verbrennungswärme des Pulvers mit enthalten sein muß. Im allgemeinen werden solche späteren Reaktionen, zu denen im wesentlichen auch die Methanbildung gehört, so lange verlaufen, bis ihre Reaktionsgeschwindigkeit Null geworden ist. Während des Abkühlungsprozesses verschiebt sich also unter Bildung von CO_2 und H_2 sowie auch von CH_4 das chemische Gleichgewicht solange, bis die Abkühlungsgeschwindigkeit größer als die Reaktionsgeschwindigkeit geworden ist und das Gleichgewicht „erstarrt“. [Diese Ausdrucksweise ist in der Sprengstoffchemie üblich. Allerdings sind Abkühlungsgeschwindigkeit und Reaktionsgeschwindigkeit zwei Größen verschiedener Dimension. Des näheren ist dabei folgendes gemeint: Der theoretische Wert von K stellt sich dann ein, wenn die Abkühlungsgeschwindigkeit so gering ist, daß jeweils die Reaktion bei einer Abkühlung $-\Delta T$ voll eintreten kann. Wird aber die Abkühlungsgeschwindigkeit zu groß, so gelangt das Gasgemisch in Temperaturen, wo die Reaktionsgeschwindigkeit in der sehr kurzen Zeit unendlich klein ist, ohne daß die Umsetzung sich genügend weit durchgesetzt hat. Je rascher die Abkühlung erfolgt, um so weniger entspricht der experimentell gefundene Wert K dem theoretischen Wert K der Endtemperatur, um so mehr dem Wert K der Explosionstemperatur.] Es ergibt sich daraus, daß bei den gewöhnlichen Pulvern, die nicht genügend Sauerstoff für die vollständige Oxydation enthalten, im Augenblick der Explosion der Gehalt an Kohlenoxyd und Wasser größer ist als nach der Abkühlung. In der kalorimetrischen Bombe ist die Abkühlungsgeschwindigkeit allein abhängig von der Größe der Ladung; je größer die verschossene Pulvermenge ist, um so kleiner wird diese Geschwindigkeit, um so mehr muß die Menge der Kohlensäure und auch des Methans in den abgekühlten Gasen und die beobachtete Verbrennungswärme steigen. In der Literatur finden sich hierfür genügend Beweise. So ist z. B. beim D. M. Cordite (vgl. Lit.-Note) die Gaszusammensetzung bei wechselnden Ladedichten

$$\left(\text{Ladedichte} = \frac{\text{Gewicht des Pulvers in kg}}{\text{Volumen des Verbrennungsraumes in lit}}\right):$$

bei der Ladedichte		0,05	0,20	0,25	0,30	0,40	0,45
Gaszusammensetzung in Vol.-%	CO_2	14,85%	19,99%	22,45%	24,96%	27,83%	30,56%
	CO	34,87	30,50	28,23	26,12	22,71	20,71
	H_2	18,95	18,23	16,61	14,91	12,04	9,94
	CH_4	0,29	2,86	3,90	5,50	7,75	8,94
	N_2	12,80	12,43	12,71	12,76	13,00	13,36
	H_2O	18,15	15,99	16,10	16,02	16,67	16,49
Gasvolumen in cm³ pro 1 g		960,9	919,5	888,6	875,3	831,2	810,6
Verbrennungswärme Wasser gasförmig (g·cal/1 g)		961,9	974,7	981,1	1007,6	1090,5	1132,5

Bei der Ladedichte 0,05 besitzt die Gleichgewichtskonstante $K = \frac{(CO)\cdot(H_2O)}{(CO_2)\cdot(H_2)} = \frac{34,87\cdot 18,15}{14,85\cdot 18,95}$ den Wert von 2,3; mit steigender Ladedichte fällt dieser bis 1,1, ein Beweis dafür, daß das Gleichgewicht in diesen verschiedenen Fällen bei verschiedenen Temperaturen „festgefroren" ist und die Gaskomponenten bei höherer Ladedichte länger miteinander reagiert haben.

Die angeführten Resultate zeigen aber nicht allein ein Anwachsen der Kohlensäuremenge in den Explosionsprodukten mit steigender Ladedichte, sondern auch eine bedeutende Zunahme des Grubengases oder Methans. Bei geringen Ladedichten findet sich dieses Gas nur in verschwindend kleinen Mengen, bei höheren dagegen bildet es einen bemerkenswerten Anteil des Gesamtgases. Es liegt hier der Gedanke nahe, daß dieses Methan im Moment der Explosion gebildet wird, und daß die Zersetzung eines Explosivstoffes bei dichtem Einschluß ganz anders verläuft wie bei geringer Ladedichte; aber auch die andere Möglichkeit ist zu berücksichtigen, daß sich die Hauptmenge des Methans erst während des Abkühlungsprozesses bei relativ niedrigeren Temperaturen bildet.

Die erste Annahme bot den Anlaß, für jede Ladedichte und damit für jeden Druck eine bestimmte Zersetzungsgleichung aufzustellen. So soll nach Vallier die Zersetzungsgleichung der reinen trockenen Schießbaumwolle bei der Verbrennung in der Versuchsbombe die folgende sein:

unter dem Druck

von 100 Atm. $2(C_{24}H_{29}N_{11}O_{42}) = 15\,CO_2 + 33\,CO + 8\,H_2 + 11\,N_2 + 21\,H_2O$
„ 3000 „ $2(C_{24}H_{29}N_{11}O_{42}) = 21\,CO_2 + 27\,CO + 14\,H_2 + 11\,N_2 + 15\,H_2O$
„ 6000 „ $2(C_{24}H_{29}N_{11}O_{42}) = 22\,CO_2 + 26\,CO + 15\,H_2 + 11\,N_2 + 14\,H_2O$

Nach anderen Autoren

1. bei langsamer Verbrennung $= 7\,CO_2 + 41\,CO + 11\,N_2 + 29\,H_2O$
2. bei der Detonation $= 27\,CO_2 + 1\,CO + 11\,N_2 + 9\,H_2O + 10\,CH_4$

Nach A. Noble (vgl. Lit.-Note) für Schießwolle:

Ladungs-Gewicht auf 1 Liter Laderaum bezogen	Zersetzungsgleichung der Schießwolle $4(C_{24}H_{29}(NO_2)_{11}O_{20}) =$	Verbrennungswärme Kal.
50 Gramm	$30\,CO_2 + 71\,CO + 41\,H_2 + CH_4 + 35\,H_2O + 22\,N_2$	820
150 „	$35\,CO_2 + 67\,CO + 39\,H_2 + 3\,CH_4 + 34\,H_2O + 22\,N_2$	825
300 „	$47\,CO_2 + 57\,CO + 29\,H_2 + 13\,CH_4 + 32\,H_2O + 22\,N_2$	900
500 „	$63\,CO_2 + 42\,CO + 16\,H_2 + 20\,CH_4 + 27\,H_2O + 22\,N_2$	1010

Endlich ist die Zersetzungsgleichung der Pikrinsäure nach Sarrau die folgende:

bei Detonation unter starkem Druck:

$$32\,C_6H_3N_3O_7 = 112\,CO_2 + 24\,CH_4 + 48\,N_2 + 56\,C,$$

bei geringerem Druck:

$$32\,C_6H_3N_3O_7 = 50\,CO_2 + 122\,CO + 19\,CH_4 + 48\,N_2 + 32\,H_2O + 8\,H_2 + C,$$

bei schwachem Druck:

$$32\,C_6H_3N_3O_7 = 192\,CO + 32\,H_2O + 48\,N_2 + 16\,H_2.$$

Alle diese verschiedenen Zersetzungsgleichungen verlieren ihre Berechtigung, wenn der Nachweis gelingt, daß die Zusammensetzung der Explosionsprodukte bei wechselnden Drucken annähernd die gleiche ist, oder daß die in obigen Formeln aufgeführten Gaszusammensetzungen mit den Gesetzen der Thermodynamik in Widerspruch stehen, oder auch, daß einzelne Gaskomponenten bei der Verbrennungs- oder Explosionstemperatur nicht beständig sind. (Von der Verbrennung bei gewöhnlichem Luftdruck und gering gesteigertem Druck ist bei dieser Betrachtung Abstand zu nehmen, da hierbei Stickoxyde auftreten und die Zersetzung anormal verläuft.) Die bei wechselnden Drucken ganz verschieden erhaltenen Gaszusammensetzungen, die den Anlaß zur Aufstellung obiger Zersetzungsgleichungen gegeben haben, müßten dann in Wirklichkeit eine Folge der während der Abkühlung der Gase verlaufenden weiteren chemischen Reaktionen sein. Der Beweis hierfür läßt sich sowohl experimentell (wie durch die Arbeiten von Poppenberg und Stephan geschehen), als auch durch theoretische Betrachtungen führen.

In der Waffe sind die modernen Pulver bei einer Geschoßbewegung bis zum Ort des höchsten Gasdruckes weitgehend verbrannt. Im Gewehr M/98 sind bei ungefähr 95 mm Geschoßbodenweg die Pulver fast vollkommen in Gase umgesetzt (98 $^0/_0$), der Druck beträgt etwa 3200 Atm. Sorgt man dafür, daß bei abgeschnittenem Gewehrlauf die Gase sich so schnell wie möglich abkühlen, so sind spätere Reaktionen so gut wie ausgeschlossen. Die plötzliche Abkühlung erreicht man durch Schießen in eine große evakuierte Bombe, die zur Steigerung der Abkühlungsgeschwindigkeit noch mit versilberten Drahtnetzen angefüllt sein kann. Hat man aus einem etwa am Ort des höchsten Gasdrucks abgeschnittenen Lauf geschossen, so müßten die in der Bombe aufgefangenen Gase, falls die Annahme der verschiedenen Zersetzungsgleichungen richtig wäre, eine Zusammensetzung zeigen, die der von Vallier für Schießwolle unter 3000 Atm. Druck oder der von Noble (mit 300 g im Liter) in der Versuchsbombe erhaltenen ungefähr entspricht. Das ist aber nach Untersuchungen von Poppenberg nicht der Fall. Im Gegenteil, die Gaszusammensetzung ist, falls man von geringen Abweichungen im Methangehalt absieht, die durch die schnelle Abkühlung bestimmt sind, identisch mit derjenigen, die bei geringen Ladedichten in der Versuchsbombe erhalten wird; dies heißt aber nichts anderes, als, die Zersetzung des Pulvers ist, von geringen Differenzen abgesehen, unabhängig vom Druck.

Die mit verschieden langen Läufen erhaltenen Resultate sind:

Lauflänge →	740 mm	640 mm	540 mm	340 mm	290 mm	165 mm	Versuchsbombe. Druck von 1400 Atm.
Gas: CO_2	18,4%	18,2%	15,5%	14,3%	13,8%	14,5%	17,3 %
„ CO	48,3	49,6	50,2	51,6	52,8	52,4	48,6
„ CH_4	1,1	0,92	0,8	0,6	0,5	0,4	0,8
„ H_2	18,49	18,1	18,2	16,8	16,2	18,6	19,1

Dieses Resultat war theoretisch zu erwarten, denn das Wassergasgleichgewicht ist unabhängig vom Druck.

Aus diesen Versuchen ist zu ersehen, daß die heißeren Pulvergase mehr Kohlenoxyd und weniger Kohlensäure enthalten als die bei längerer Lauflänge etwas abgekühlten. Die Gase reagieren im Gewehrlauf miteinander; die bei der Abkühlung einsetzende Kohlensäurebildung tritt deutlich in Erscheinung. Doch noch mehr ist aus ihnen zu ersehen; sie beweisen, daß alle Annahmen, die Nitrozellulose zersetze sich bei höherem Druck unter Methanbildung und gesteigerter Kohlensäuremenge, der Wirklichkeit nicht entsprechen. Das Methan wird vielmehr hauptsächlich erst während der Abkühlung und der Geschoßbewegung im Lauf gebildet; bei einer Lauflänge von 16,5 cm war in dem Gasgemisch nur 0,4% Methan enthalten, bei wachsender Lauflänge steigerte sich der Methangehalt bis über 1%. — Steigert man den normalen maximalen Gasdruck, der etwa 3200 Atm. beträgt, indem man stark forcierte Geschosse, solche mit größerem Durchmesser, verschießt, bis über 5000 Atm., so nimmt zwar bei einer Lauflänge von 16,5 cm der Methangehalt etwas zu (es wurden etwa 1,3% gefunden), gleichzeitig aber bilden sich Kohlenwasserstoffe, besonders Azetylen, wodurch die Zusammensetzung der Gaskomponenten beeinflußt wird.

Der Forderung, daß die Gleichgewichtskonstante ungefähr den Wert 6 haben soll, genügt keine der für höhere Drucke aufgestellten Zersetzungsgleichungen; diese stehen also mit den Gesetzen der Thermodynamik im Widerspruch.

Die Unbeständigkeit des Methans bei höheren Temperaturen und Drucken kann auch noch auf anderem Wege bewiesen werden. Verschießt man beispielsweise Nitrozellulose in einer Methanatmosphäre, so nimmt seine Menge in den Zersetzungsprodukten des Pulvers nicht wesentlich zu; wäre aber das Methan bei hohen Temperaturen und

Drucken bis etwa 2000 Atm. ebenso beständig wie bei niederen Temperaturen, so müßten in den Gasen sich reichliche Mengen davon vorfinden. Weiter läßt sich zeigen, daß die experimentell bei hohen Drucken gefundenen bedeutenden Methanmengen erst während des Abkühlungsprozesses bei relativ niederen Temperaturen (etwa 700°) entstehen; denn vergrößert man die Abkühlungszeit, so steigt die Methanmenge. Auch läßt sich Methan aus Pulvergasen bilden, wenn man dieselben mit einer Heizspirale erwärmt; erhitzt man jedoch sehr stark, wie z. B. mit einem Nernststift, so zersetzt sich das gebildete Methan unter Kohlenstoffabscheidung wieder.

Einen weiteren Beweis für die Unbeständigkeit des Methans bei hohen Temperaturen und seine Bildung während das Abkühlungsprozesses hat Henri Muraour (vgl. Lit.-Note) geliefert. Muraour verschoß die verschiedenartigsten Pulver in einer kleinen kalorimetrischen Bombe, die mit einer zweiten von 4 Liter Inhalt durch einen engen Kanal von 1 mm Durchmesser verbunden war. Die Durchströmung bewirkte die schnelle Abkühlung der Gase; um diese Abkühlung noch zu erhöhen, war das große Gefäß mit dünnen Silberblättchen oder Quecksilber angefüllt. Die große Bombe wurde vor dem Versuch evakuiert und der Kanal mit einem dünnen mit Vaseline gefetteten Papier- oder Bleiblättchen verschlossen. Der Bleiverschluß ermöglichte die Druckentwicklung in der Abschußbombe, die gemessenen Drucke waren etwa die gleichen wie beim Schuß in der Bombe ohne Ansatzbombe. Die Bestimmung der Gaszusammensetzung, speziell des Methans, erfolgte nach dem Schuß in der gewöhnlichen Bombe sowie nach dem Schuß, wenn diese mit dem evakuierten Gefäß verbunden war, das zum Zwecke der bequemen Gasentnahme mit einem Hahn versehen war. In der gewöhlichen Bombe wurden beim Poudre B. M. 5. type A. M. 4,04 % Methan gefunden, während bei der schnellen Abkühlung in der evakuierten Bombe nur 0,78 % erhalten wurden. Das Pulver B. M. 5. spécial Nr. 3 ergab in der gewöhnlichen Bombe 10,86 % Methan, bei der Abschreckung durch den Übergang in die evakuierte Bombe nur 3,23 % Methan. Diese Versuche beweisen deutlich, daß das Methan sich erst in der Abkühlungsperiode bildet.

Die Richtigkeit dieser Anschauungen läßt sich auch durch theoretische Erwägungen beweisen:

Zur numerischen Berechnung chemischer Gleichgewichte mit Hilfe der thermodynamischen Hauptsätze und des Nernstschen Theorems ist die Kenntnis der Wärmetönung der Reaktion, sowie der Molekularwärme der reagierenden Stoffe in ihrer Abhängigkeit von der Temperatur erforderlich. Die Wärmetönung der Reaktion für die gewöhnliche Temperatur läßt sich aus den bekannten Bildungswärmen der Komponenten berechnen. Anders ist es dagegen mit unserer

Kenntnis über den Temperaturverlauf der spezifischen Wärmen; diese ist noch lückenhaft. In der von W. Nernst für die Berechnung von Gleichgewichten aufgestellten Formel (vgl. Lit.-Note) spielen die die spezifischen Wärmen enthaltenden Glieder meistens nur die Rolle von Korrektionsgrößen, die in erster Näherung vernachlässigt werden können. Man erhält so als Näherungsformel für die Gleichgewichtskonstante K_p:

$$\log K_p = \frac{-Q}{4{,}571\,T} + \sum \nu\, 1{,}75 \log T + \sum (\nu \cdot C),$$

wobei K_p die Gleichgewichtskonstante bedeutet, nämlich das Verhältnis der Partialdrucke, d. h. der Drucke, unter welchen die Komponenten stehen würden, wenn jede für sich allein das Volumen V einnimmt, und $\sum \nu$ die algebraische Summe der Molekülzahlen der reagierenden Stoffe. $\sum (\nu \cdot C)$ bedeutet die algebraische Summe aus den Produkten der Molekülzahlen für die einzelnen Gase und der zugehörigen Konstanten.

Wendet man nun diese Gleichung für die Frage nach den Existenzbedingungen des Methans bei verschiedenen Temperaturen an und legt die Gleichung zugrunde

$$CO + 3\,H_2 = CH_4 + H_2O,$$

so ist

$$K_p = \frac{p_{CO} \cdot p^3_{H_2}}{p_{CH_4} \cdot p_{H_2O}}.$$

Hier ist $Q = -26\,300 + 18\,400 + 57\,600$, entsprechend den Bildungswärmen für CO, CH_4 und H_2O, somit $Q = 49\,700$ cal. Ferner ist $\sum \nu = 2$, da bei der Reaktion aus 1 Mol CO und 3 Molen H_2 nur 1 Mol CH_4 und 1 Mol H_2O entstehen, also 2 Mol verschwinden. $\sum (\nu \cdot C)$ errechnet sich aus den von W. Nernst gefundenen Konstanten C, die im Auszug aus der Tabelle von F. Pollitzer (§ 161, Tabelle I) angeführt seien:

für:	H_2	N_2	O_2	CO	NO	H_2O	CO_2	CH_4	C_2H_2	C_2H_4
ist C:	1,6	2,6	2,8	3,5	3,5	3,6	3,2	2,8	3,2	3,8

Somit ist $\sum (\nu \cdot C) = 3{,}5 + 3 \cdot 1{,}6 - 2{,}8 - 3{,}6 = 1{,}9$. Danach ergeben sich aus der Gleichung (s. Pollitzer, S. 98):

$$\log \frac{p_{CO} \cdot p^3_{H_2}}{p_{CH_4} \cdot p_{H_2O}} = -\frac{10860}{T} + 2 \cdot 1{,}75 \cdot \log T + 1{,}9$$

für K_p bei verschiedenen Temperaturen T die folgenden Werte:

bei $T =$	500	800	1000	1500	2000	2300	3400
ist $K_p =$	$4 \cdot 10^{-11}$	0,03	35	$6 \cdot 10^5$	10^8	10^9	10^{11}

Bei tiefen Temperaturen bildet sich ausschließlich Methan und Wasser, was technisch zur Erzeugung eines methanhaltigen Gases ausgenützt wird. Bei 900° sind die einzelnen Komponenten in annähernd äquivalenten Mengen im Gleichgewicht. Bei Temperaturen von ungefähr 2000° ist fast kein Methan mehr vorhanden. Wenn auch der Druck auf die Methanbildung von Einfluß ist, so lehrt doch die Näherungsberechnung, daß bei einer so hohen Temperatur, wie sie bei der Verbrennung der Pulver und bei der Zersetzung der Sprengstoffe zweifellos herrscht, auch für den Fall, daß dieselben unter hoher Ladedichte und hohem Druck zur Umsetzung kommen, Methan nur in geringen Mengen auftreten kann: Z. B. sei der Druck in der Waffe 3500 Atm., die Gaszusammensetzung sei: CO 57%, H_2 20%, H_2O 20%, die Temperatur T sei etwa 2000°. Dann ist nach der Tabelle $K_p = 10^8$. Der Partialdruck x von CO ergibt sich aus der Proportion $3500 : x = 100 : 57$, ist somit $x =$ rund 2000 Atm., die Partialdrücke y für H_2 und H_2O berechnen sich analog aus $3500 : y = 100 : 20$, sind somit $y =$ rund 700 Atm. Damit wird

$$10^8 = \frac{2000 \cdot (700)^3}{700 \cdot p_{CH_4}},$$

folglich ist der Partialdruck p_{CH_4} von $CH_4 =$ rund 10 Atm.; oder das Prozentverhältnis z, in welchem Methan auftritt, wird, berechnet sich aus $3500 : 10 = 100 : z$, zu rund $z = 0{,}3$; d. h. es würden sich etwa 0,3% Methan bilden können.

Wenn also in den von Vallier und Sarrau für Schießwolle und Pikrinsäure (bei der Detonationszersetzung unter starkem Druck) aufgestellten Zersetzungsgleichungen Methan in bedeutenden Mengen (bei der Schießwolle fast so viel als Stickstoff) sich bilden soll, so ist nunmehr bewiesen, daß dies thermodynamisch eine Unmöglichkeit ist. Ebenso ist es ausgeschlossen, daß bei dem Versuch in der kalorimetrischen Bombe z. B. die von Noble durch die Analyse gefundene Methanmenge von ungefähr 9% bei der Verbrennungstemperatur des Pulvers vorhanden gewesen ist (die Zersetzungsprodukte waren bei einer Ladedichte 0,45 erschossen). Das Methan hat sich vielmehr erst während des Abkühlungsprozesses bei niederen Temperaturen gebildet.

Entsteht aber das Methan erst während der Abkühlung, so muß sich seine Bildung dadurch verhindern lassen, daß man die Abkühlungsgeschwindigkeit vergrößert. Dies erreicht man, indem man die Explosionsgase zwingt, Arbeit zu verrichten oder durch Berührung mit Wasser sich stark abzukühlen. Verschießt man z. B. Pikrinsäure oder ähnliche Nitrokörper im eigenen Volumen derart, daß der betreffende Sprengstoff in einer kleineren Blei- oder Porzellanbombe oder auch in einem doppelwandigen, mit Wasser gefüllten Gefäß fest eingeschlossen ist und die Blei- oder Porzellanbombe bzw. das Wassergefäß in einer größeren evakuierten Stahlbombe auf einem

Drahtgestell frei steht, so schaltet man die während des Abkühlungsprozesses verlaufenden Reaktionen weitgehend aus und erhält in den Explosionsgasen nur geringe Methanmengen.

Die nachstehende Tabelle enthält die Untersuchungsergebnisse bei den Sprengungen von Pikrinsäure und Trinitrotoluol.

Ladedichte	Pikrinsäure in der kalorimetrischen Bombe nach Sarrau und Vieille			Pikrinsäure, große Bombe	
	0,1	0,3	0,5	0,02	
CO_2	7,61%	15,40%	20,55%	3,46%	3,37%
CO	61,58	54,34	48,80	61,05	60,60
CH_4	1,19	5,75	7,83	1,00	0,60
H_2	12,52	6,31	3,06	13,18	13,62
N_2	17,10	18,20	17,76	21,10	21,10

	Pikrinsäure im eigenen Volumen unter Arbeitsleistung		Trinitrotoluol in großer Bombe, Ladedichte 0,02		Trinitrotoluol im eigenen Volumen unter Arbeitsleistung
	I.	II.	I.	II.	
CO_2	29,37%	29,05%	1,93%	1,66%	20,88%
CO	44,53	44,65	59,01	60,60	46,64
CH_4	0,50	0,20	1,97	1,90	1,42
H_2	2,17	2,20	20,50	20,80	7,71
N_2	23,43	23,90	16,05	16,08	22,12

Steht somit die Tatsache fest, daß das Methan in seiner Hauptmenge sich erst während des Abkühlungsprozesses durch spätere Reaktionen der Explosionsprodukte bildet, so ist man berechtigt, die Methanbildung nach der Gleichung $CO + 3\,H_2 = CH_4 + H_2O$ rückgängig zu machen. Während der Abkühlungszeit muß aber auch zwischen den Gasen CO_2, CO, H_2, H_2O, eine Reaktion eintreten, die so lange verläuft, bis durch die Abkühlungsgeschwindigkeit die Reaktionsgeschwindigkeit gleich Null wird. Schaltet man diesen Einfluß der variablen Abkühlungsgeschwindigkeiten, die die Verschiebung des Wassergasgleichgewichtes verschieden weit bedingen, aus, indem man nach Rückgängigmachen der Methanbildung alle Gaszusammensetzungen, die mit steigenden Ladedichten erschossen sind, für irgendeine bestimmte Gleichgewichtskonstante umrechnet, so müßte man aus allen Untersuchungsergebnissen eine konstante Gaszusammensetzung errechnen können. Am wichtigsten ist es im allgemeinen, die Gaszusammensetzung für die Explosionstemperatur zu kennen; man wird für K daher einen ungefähren Wert nehmen, etwa 6. Ob für K 5,25 oder 6,6 gesetzt wird, ist von nicht allzu großer Bedeutung auf das Resultat, wie die folgende Berechnung zeigt.

Hat man für irgendeine Ladedichte die Gaszusammensetzung ermittelt, und diese in Molen pro g Pulver ausgedrückt (1 Mol sind

22410 ccm, also Division der gefundenen ccm durch 22410; oder besser in Molen · 1000 für 1000 g Pulver, da die Zahlen sonst zu klein werden), so muß man zuerst die Methanbildung rückgängig machen. Das geschieht, indem man die Anzahl Mole Methan zu den Molen Kohlenoxyd und dreimal die Anzahl der Mole Methan zu den Molen Wasserstoff addiert und von dem erhaltenen Wasser die Mole Methan in Abzug bringt gemäß der Gleichung $CO + 3\,H_2 = CH_4 + H_2O$. Es sei beim Schuß in der kalorimetrischen Bombe (Ladedichte 0,15) folgende Gaszusammensetzung in Molen · 1000 gefunden:

$CO_2 = 7{,}5126$, $CO = 14{,}640$, $H_2 = 8{,}5896$, $H_2O = 7{,}2315$, $CH_4 = 0{,}68337$.

Macht man die Methanbildung rückgängig, erhält man:

$$CO_2 = 7{,}5126, \quad CO = 15{,}3234, \quad H_2 = 10{,}6397, \quad H_2O = 6{,}5481.$$

Bei der Verbrennung des Pulvers muß nun die Gaszusammensetzung eine derartige sein, daß die Gleichgewichtskonstante K etwa den Wert 6 hat. Damit dieses Gleichgewichtsverhältnis erreicht wird, müssen x Moleküle Kohlensäure mit x Molekülen Wasserstoff zu x Molekülen Kohlenoxyd und x Molekülen Wasser reagieren. Es sei, nach Ausschaltung der Methanbildung, A die Menge der Kohlensäuremole, B die der Wasserstoffmole (gefundene Mole H_2 + 3 Mole Methan), C die Anzahl der Moleküle Kohlenoxyd (gefundene Mole CO + Mole Methan) und D die Molezahl des Wassers (gefundene Mole H_2O — Mole Methan), so hat man, um die Gaszusammensetzung bei der Verbrennung des Pulvers zu ermitteln, einfach folgende Gleichung aufzulösen:

$$\frac{(C+x)\cdot(D+x)}{(A-x)\cdot(B-x)} = K.$$

Es sei für K der Wert 6,6 gesetzt, für x errechnet sich dann der Wert 3,4, so daß bei der Verbrennungstemperatur des Pulvers vorhanden gewesen sind: $CO_2 = 4{,}112$, $H_2 = 7{,}2397$, $CO = 18{,}7234$, $H_2O = 9{,}9481$ Mole. Hätte man für K den Wert 5,25 eingesetzt, so wäre $x = 3{,}1$. Der Unterschied ist also nicht groß.

In nachstehender Tabelle ist unter I. der durch Analyse gefundene Gehalt der Gaskomponenten, in Molen · 1000 umgerechnet, angeführt; unter II. befinden sich die Mole, die sich nach Ausschaltung der Methanbildung ergeben, und unter III. ist die Gaszusammensetzung angegeben, die bei der maximalen Verbrennungstemperatur, bei der die Gleichgewichtskonstante ungefähr den Wert 6 hat, vorhanden sein muß.

Es muß demnach als feststehend gelten, daß **während der Abkühlung der Pulvergase im Lauf und in der kalorimetrischen Bombe chemische Reaktionen einsetzen, die zur Bildung von Kohlensäure und Methan führen.** Bei der Ver-

Zusammensetzung der Gase in Mol. 1000.

A. Nitrozellulose-Pulver.

I. Nach der Abkühlung. II. Nach dem Rückgängigmachen der CH_4-Bildung. III. Im Moment der Explosion. x ist die Anzahl der bei der Abkühlung entstandenen Mole CO_2 und H_2.

	△ = 0,15			△ = 0,22			△ = 0,29			△ = 0,40			△ = 0,45		
	I.	II.	III.	I.	II.	III.	I.	II.	III.	I.	II.	III.	I.	II.	III.
CO_2	7,5126	7,5126	4,112	8,4912	8,4912	4,191	9,1624	9,1624	3,9624	10,359	10,359	4,019	10,612	10,612	3,832
H_2	8,5896	10,6394	7,2397	6,8548	11,6287	7,3287	5,625	12,8265	7,6265	4,3643	10,4197	7,1074	3,8358	13,9350	7,215
CO	14,640	15,3234	18,7234	12,373	13,9643	18,3043	11,232	13,6825	18,8825	8,8832	11,9109	18,2509	8,4432	11,8096	18,5896
H_2O	7,2315	6,5481	9,9481	7,2694	5,6781	9,9781	6,7183	4,3178	9,5178	7,0145	3,9868	10,3268	6,0741	2,7077	9,490
CH_4	0,68337	—	—	1,5913	—	—	2,4005	—	—	3,0277	—	—	3,3664	—	—
x	3,40			4,30			5,20			6,34			6,78		
CO_2 im Moment der Explosion	4,1			4,1			3,96			4,01			3,83		

wirklichung dieser späteren Umsetzungen des Gasgemisches muß Wärme frei werden, und diese Wärme wird bei der Bestimmung der Verbrennungswärme mit gefunden werden müssen. Ihr Betrag ist um so größer, je geringer die Abkühlungsgeschwindigkeit, d. h. je höher die Ladedichte in der kalorimetrischen Bombe ist, und kann, auf 1 g Pulver berechnet, weit mehr als 100 Kalorien ausmachen. So findet auch die Tatsache, daß man mit steigender Ladedichte immer höher werdende Verbrennungswärmen fand, eine einfache Erklärung. Die Verbrennungswärme des Pulvers oder Sprengstoffs soll nur diejenige Wärmemenge enthalten, die wirklich bei der Explosion des Pulvers in Freiheit gesetzt wird, und muß eine Konstante sein. Die Wärmetönung der später einsetzenden Reaktionen ist daher von der experimentell gefundenen Verbrennungswärme in Abzug zu bringen; man erhält so die wahre Verbrennungswärme.

Sehr einfach läßt sich die Methanbildung hinsichtlich ihrer Wärmetönung rückgängig machen. Die Gaszusammensetzung wird in Molekülen ausgedrückt und für jedes Molekül Methan 50600 g·cal von der Verbrennungswärme abgezogen.

Etwas umständlicher ist es, die während des Abkühlungsprozesses gebildete Kohlensäure für die Modifikation der Verbrennungswärme zu berücksichtigen. Für diesen Zweck muß man die Gaszusammensetzung im Moment der Explosion berechnen, um die später entstandene Kohlensäure mit ihrer Wärmetönung in Rechnung setzen zu können. Die Gaszusammensetzung im Moment der Explosion läßt sich mit Hilfe der Gleichgewichtskonstanten, wie durchgeführt, ermitteln. Man setzt z. B. für die Explosionstemperatur einen Näherungswert in die von Haber aufgestellte Gleichung für das Gleichgewichtsverhältnis:

$$\log K = -\frac{2116}{T} + 0{,}783 \log T - 0{,}00043\, T$$

und berechnet K.

Bei der Verbrennung müssen nun die Gase eine derartige Zusammensetzung haben, daß das Gleichgewichtsverhältnis $\frac{(CO)\cdot(H_2O)}{(CO_2)\cdot(H_2)}$ gleich dem berechneten Werte für K ist. Aus der Größe von K und und der Gaszusammensetzung, bei der die Methanbildung rückgängig gemacht ist, läßt sich nach der besprochenen Gleichung:

$$\frac{(C+x)\cdot(D+x)}{(A-x)\cdot(B-x)} = K$$

der Wert von x ermitteln, d. h. berechnen, um wieviel g·Moleküle sich das Gleichgewicht bei der Abkühlung verschoben hat. Ebensoviele g Moleküle sind später entstanden; diese sind mit ihrer Wärmetönung nach der Wassergasgleichung $CO + H_2O = CO_2 + H_2 + 10100$ cal, (10100 g cal pro Mol ist die Wärmetönung der Reaktion) von der Verbrennungswärme in Abzug zu bringen.

Berücksichtigt man die späteren Reaktionen, die Kohlensäure- und Methanbildung, bei den verschiedenen Verbrennungswärmen, die mit steigender Ladedichte wachsend gefunden sind, so wird die Verbrennungswärme konstant, wie aus nachstehender Tabelle hervorgeht.

Das gleiche gilt für das Volumen der Gase, bei welchem der durch die Methanbildung veranlaßten Kontraktion Rechnung zu tragen ist; bei der Bildung eines Moleküls Methan verschwinden, wenn das Wasser als Flüssigkeit angenommen wird, 3 Moleküle, bei Wasser als Gas 2 Moleküle.

Nitrozellulose-Pulver.

a) Versuchsergebnisse:

bei der Ladedichte:	0,05	0,1	0,15	0,20	0,22	0,29	0,30	0,40	0,45
Gasvolumen	993,1	969,3	970,1	929,9	922,3	888,5	882,2	846,8	816,3 ccm
Verbrennungswärme (H_2O als Gas) . .	829,2	802,4	820,2	862,4	863,9	910,3	910,9	961,4	977,7 cal

b) Werte, die sich nach Ausschaltung der späteren Reaktionen ergeben:

Gasvolumen	1002,8	983,0	1000,7	984	994	996,2	984,3	982,6	967,3 ccm
Verbrennungswärme (H_2O als Gas) . .	765,9	740,9	740,9	733,8	733,6	731	735,2	724	739,2 cal

Die angeführten Zahlen beweisen auf das klarste, daß aus den verschiedenartigsten Versuchsergebnissen, sowohl denen, die mit hohem Druck erschossen sind, wie auch aus denen, die bei geringen Drucken sich ergaben, immer die gleiche Gaszusammensetzung sich errechnet; bei der maximalen Verbrennungstemperatur des Pulvers muß daher die Gaszusammensetzung konstant und unabhängig vom Druck sein, durch diesen können nur ganz geringe Unterschiede im Methangehalt bedingt werden, die praktisch zu vernachlässigen sind, denn die Hauptmenge des Methans bildet sich erst während der Abkühlung.

Welchen praktischen Wert diese Berechnungen haben, soll ein Beispiel zeigen. Die Zersetzungsprodukte eines Pulvers seien an zwei verschiedenen Stellen (siehe unten I. und II.) ermittelt worden. Die Analysenergebnisse werden sich im allgemeinen nicht decken, da es wahrscheinlich ist, daß die Versuchsbedingungen voneinander abweichen. Auf Grund solcher Analysenergebnisse ein Urteil darüber zu fällen, ob das gleiche Pulver oder zwei verschiedene vorlagen, ist unmöglich. Rechnet man aber die Gaszusammensetzung nach Ausschaltung des Methans auf einen gleichen Wert für K um, so wird ein Vergleich dieser Zahlen sofort lehren, ob beiden Untersuchungen das gleiche Pulver zugrunde lag.

Gaszusammensetzung eines Pulvers in verschiedenen Bomben und mit verschiedener Ladedichte erschossen:

	I.	II.
CO_2 =	19,99 %	30,56 %
CO =	30,50 %	20,71 %
H_2 =	18,23 %	9,94 %
CH_4 =	2,86 %	8,96 %
N =	12,43 %	13,36 %
H_2O =	15,99 %	16,49 %
$\mathfrak{v}_0 + H_2O$ (Dampf) =	919,5 ccm/g	810 ccm/g
Q =	974,7 cal/g	1132,5 cal/g

Gaszusammensetzung unter Ausschaltung des Methans für $K = 6,6$, in Molekülen · 1000:

	I.	II.
CO_2 =	4,094	4,045
CO =	17,329	17,715
H_2 =	6,415	6,285
H_2O =	9,63	9,73
Q =	873 cal/g	899 cal/g (H_2O als Gas).

Es lag also das gleiche Pulver vor.

Zweiter Abschnitt.

Die Explosivstoffkonstanten.

(Bearbeitet von O. Poppenberg.)

§ 3. Einleitendes und Begriff der Ladedichte.

Die Wirkung eines Explosivstoffes (Pulvers oder Sprengstoffes) wird verursacht durch die bei der äußerst schnell verlaufenden chemischen Umsetzung des Explosivstoffs frei werdende Wärme- und Gasmenge. Bezieht man diese Mengen auf die Einheit der Gewichtsmenge des Explosivstoffs (1 g, bzw. 1 kg) und mißt man die frei werdende Wärmemenge in kleinen oder Gramm-Kalorien (cal), bzw. in großen oder Kilogramm-Kalorien (Cal), das erhaltene Gasvolumen, nachdem es auf 0^0 C Temperatur und 760 mm Druck reduziert ist, in ccm bzw. in Litern, so erhält man den „spezifischen Wärmegehalt“ Q und das „spezifische Gasvolumen“ $\mathfrak{v}_0$ des Explosivstoffs. Die entstehende Gas- und Wärmemenge bedingt die Höhe des bei der chemischen Umsetzung auftretenden Druckes P, der, nach den einfachen Gasgesetzen für die Einheit der Explosivstoffmenge in der Einheit des Volumens berechnet, als „spezifischer Druck“ f bezeichnet wird. Will man den Druck für die verschiedenen Ladungsverhältnisse ermitteln, so ist die Kenntnis der erweiterten Gasgesetze notwendig. Für die Wirkung eines Explosivstoffs ist ferner von bestimmender Bedeutung die Zeit, innerhalb welcher die chemische Umsetzung des Explosivstoffs in Gas und die Wärmeentwicklung vor sich geht, also die Verbrennungsgeschwindigkeit bei Pulversorten, bzw. die Detonationsgeschwindigkeit bei Sprengstoffen. Durch die Geschwindigkeit der chemischen Umsetzung, sowie durch die übliche Auslösung dieser Umsetzung sind die beiden Gruppen der Explosivstoffe, Pulver und Sprengstoffe, scharf unterschieden.

Ein häufig benützter Begriff ist die Ladedichte; da diese im folgenden häufig benützt wird, soll sie zuerst erläutert werden. Unter Ladedichte findet man dreierlei verstanden, weshalb unterschieden werden muß: Entweder ist Ladedichte das Verhältnis $\triangle$ der noch unverbrannten Ladung L in kg zu dem Verbrennungsraum V_0 in Liter. Diese Definition ist in Deutschland und Frankreich die allgemein übliche. Oder ist Ladedichte das Verhältnis D des Raums r_p Liter der noch unverbrannten Körner der Pulverladung von L kg ohne die Zwischenräume zu dem Verbrennungsraum V_0 in Liter. Oder endlich ist Ladedichte das Verhältnis D' des Raums r_g Liter der Pulverladung von L kg einschließlich der Zwischenräume zwischen den Körnern zu dem Verbrennungsraum V_0 in Liter, also

$$\text{a) } \triangle = \frac{L\,(\text{kg})}{V_0\,(\text{lit})}; \qquad \text{b) } D = \frac{r_p\,(\text{lit})}{V_0\,(\text{lit})}; \qquad \text{c) } D' = \frac{r_g\,(\text{lit})}{V_0\,(\text{lit})}.$$

Es sei d_p das spezifische Gewicht des einzelnen Korns (in kg/lit oder in g/cm^3); ebenso d_g das spezifische Gewicht des Pulvers mit den Zwischenräumen. [$1000 \cdot d_p = \sigma_p$ ist dann das Gewicht von 1 cbm Pulver ohne die Zwischenräume in kg; d_g heißt vielfach die „gravimetrische Dichte“, sie wird mit dem Hohlmaß gemessen; $1000 \cdot d_g = \sigma_g$ ist das Gewicht von 1 cbm Pulver mit den Zwischenräumen in kg; σ_g heißt das „Cubirgewicht“]. Nach dem Gesagten ist $L\,(\text{kg}) = d_p \cdot r_p = d_g \cdot r_g$; somit ist die Beziehung zwischen den drei Größen $\triangle$, D, D' die folgende:

$$\triangle = d_p \cdot D = d_g \cdot D'.$$

Und der gesamte anfängliche Luftraum ist V_0 weniger dem Raum der Körner, also

$$\text{Luftraum} = V_0 - \frac{L}{d_p} = L\left(\frac{1}{\triangle} - \frac{1}{d_p}\right) \text{Liter.}$$

§ 4. Die chemische Umsetzung der Explosivstoffe und die Zersetzungsgleichung.

Die aus einem Explosivstoff bei seiner Umsetzung entstehenden gasförmigen oder auch festen Produkte sind abhängig von seiner chemischen Zusammensetzung und der Geschwindigkeit seiner Umsetzung, die ihrerseits wieder durch die Möglichkeit der Drucksteigerung und die Art der Zündung bedingt wird. So zersetzen sich Pulver und Sprengstoffe an freier Luft angezündet unter reichlicher Bildung von Stickoxyden. Liegt aber die Möglichkeit der Drucksteigerung vor, wie bei richtiger Verbrennung des Pulvers in der Waffe, so verschwinden diese Stickoxyde wieder bis auf einen äußerst geringen Prozentgehalt, ebenso treten sie bei der ordnungsgemäß durch genügend starke Initialzündung eingeleiteten Detonation nur in ganz verschwindender Menge auf. Es ist selbstverständlich, daß unter Umständen Übergänge zwischen beiden Arten der Umsetzung stattfinden können; so beispielsweise wenn die Zündung beim Pulver ungenügend ist oder die Form des Pulvers zum Geschütz nicht paßt, etwa infolge zu geringer Oberfläche, veranlaßt durch zu große Dimensionierung der Pulverformen, und wenn das Pulver zu langsam brennt, daher keine genügende Druckentwicklung gibt und unverbrannte Pulverelemente die Mündung verlassen. Ebenso findet man kurz nach der Zündung im Anfang der Geschoßbewegung ähnliche Verbrennungsprodukte wie bei gewöhnlichem Druck. Auch bei Sprengstoffen treten ähnliche Erscheinungen auf, wenn die Initialzündung nicht genügt, oder wenn die durch die Sprengkapsel eingeleitete Detonation sich nicht als solche fortpflanzt, sondern in Verbrennung übergeht; man spricht dann von einem Auskochen der Sprengstoffe, wobei z. B. beim Dynamit bis zu $40\,^0/_0$ Stickoxyde beobachtet sind (Sarrau und Vieille, s. Lit.-Note). Auf solche Ausnahmeerscheinungen kann weder die übliche experimentelle Forschung, noch die Theorie eingehen; es soll in folgendem nur die normale Umsetzung der Explosivstoffe behandelt werden.

Die Umsetzung der Explosivstoffe, die allein gasförmige Produkte bilden und keine Rückstände weiter oxydierbarer Elemente oder Verbindungen liefern, ist durch die chemische Zusammensetzung gegeben. Tritt jedoch Kohlenstoff in elementarer Form auf, so spielt auch der Druck eine gewisse Rolle, da er die Methan- und Azetylenbildung begünstigt; doch ist die Menge des sich bildenden Methans und Azetylens so unwesentlich, daß vorläufig der Einfachheit halber darauf nicht Rücksicht genommen werden soll. Sieht man von den kohlenstofffreien Explosivstoffen, wie Stickstoffwasserstoffsäure, Chlor- und Jodstickstoff ab, so kann man die Explosivstoffe in 3 Klassen einteilen.

a) Explosivstoffe, die für die innere vollständige Verbrennung der im Molekül enthaltenen und verbrennbaren (oxydierbaren) Elemente zu viel oder gerade genug Sauerstoff enthalten.

b) Explosivstoffe, die weniger Sauerstoff enthalten, als für die vollständige Oxydation nötig ist, jedoch bei der üblichen Zündung und der üblichen Ausnutzung der ihnen innewohnenden Energie noch vollkommen vergasen (moderne Pulver).

c) Explosivstoffe, die bei üblicher Umsetzung nicht oxydierte Elemente, wie hauptsächlich festen Kohlenstoff, in elementarer Form abscheiden.

Die Grundlage für die theoretische Ermittlung der Explosivstoffkonstanten bildet die chemische Zersetzungsgleichung. Für die Aufstellung derselben ist nur die Kenntnis der chemischen Zusammensetzung der Explosivstoffe notwendig. Bei chemisch einheitlichen Explosivstoffen ist die Zusammensetzung des Moleküls bekannt, bei Gemischen, wie z. B. den modernen gelatinierten Pulvern oder Sprengstoffgemischen, ist die Zusammensetzung aus der chemischen Elementaranalyse zu bestimmen oder, falls die Komponenten chemisch einheitliche Körper sind, aus dem Mischungsverhältnis zu berechnen.

a) Bei Explosivstoffen der Gruppe 1 ist die Aufstellung der Zersetzungsgleichung äußerst einfach. Der im Molekül des Explosivstoffs vorhandene Sauerstoff oxydiert die oxydierbaren Elemente, den Kohlenstoff und Wasserstoff, zu Kohlensäure und Wasser.

Als Beispiel hierfür gilt das Nitroglyzerin, dessen Molekül die Zusammensetzung $C_3H_5N_3O_9$ hat und sich wie folgt umsetzt:

$$2\,(C_3H_5N_3O_9) = 6\,CO_2 + 5\,H_2O + 3\,N_2 + 0{,}5\,O_2.$$

Voraussetzung für diese Umsetzung ist die Möglichkeit der Drucksteigerung, die durch Einschluß oder richtige Initialzündung gegeben ist. Aus 2 Molekülen Nitroglyzerin gleich $2 \cdot 227$ g entstehen dann 6 Moleküle Kohlensäure $= 6 \cdot 44$ g; 5 Moleküle Wasser $= 5 \cdot 18$ g; 3 Moleküle Stickstoff $= 3 \cdot 28$ g und 0,5 Moleküle Sauerstoff $= 0{,}5 \cdot 32$ g, da das Molekulargewicht des Nitroglyzerins in Gramm 227, das der Kohlensäure in Gramm 44 usw. ist.

Verbrennt das Nitroglyzerin jedoch an freier Luft, so erhält man nach Sarrau und Vieille:

$NO = 28\ \%$	$H_2 = 1{,}6\%$
$CO_2 = 35{,}9\%$	$N_2 = 1{,}3\%$
$CO = 12{,}7\%$	$CH_4 = 0{,}3\%$

Ähnliche Erscheinungen zeigen sich bei allen Explosivstoffen. Schmidt und Hecker wie Teschendorf und Porret ermittelten bei der Zündung von Nitrozellulose an freier Luft in den Gasen 15 bis 18% NO. Auch bei der Verbrennung der Nitrozellulose an freier Luft ist NO in den Verbrennungsprodukten enthalten.

Ähnlich wie bei der Zündung an freier Luft liegen die Verhältnisse bei der Zündung eines Pulvers in der Waffe, auch hier bilden sich im ersten Moment Stickoxyd enthaltende Zersetzungsprodukte, die jedoch mit wachsendem Druck bald wieder verschwinden. Nach einigen mm Geschoßbodenweg findet man in den Zersetzungsprodukten des Pulvers in der Waffe $\sim 5\,^0/_0$ NO; je höher jedoch der Druck wird und je größer damit der Geschoßbodenweg, um so mehr verschwindet das Stickoxyd.

b) Zu der zweiten Klasse gehören solche Explosivstoffe, die für die vollständige Oxydation nicht genügend Sauerstoff im Molekül oder in der Zusammensetzung enthalten, aber noch vollständig ohne Kohlenstoffabscheidung bei der üblichen Umsetzung vergasen. Eine Grenze für den Sauerstoffgehalt läßt sich nicht scharf angeben, denn es hängt von der Höhe des Druckes ab, ob sich freier Kohlenstoff abscheidet. Zu dieser Klasse gehören im wesentlichen die modernen Pulver. Bei der üblichen Zündung in der Waffe vergasen sie, von ganz geringen Kohlenstoffabscheidungen abgesehen, vollkommen. Bei der Umsetzung der Pulver unter der üblichen Drucksteigerung ist jedoch der Maximaldruck wesentlich geringer als bei Sprengstoffen. Zündet man die Pulver durch eine Initialzündung als Sprengstoffe, so liegen die Verhältnisse anders, der Druck ist wesentlich höher. Unter diesen Umständen kann sich Kohlenstoff abscheiden. Hierüber gibt die unter c) entwickelte Rechnung Aufschluß.

Für die normale Verbrennung eines Pulvers unter gesteigertem Druck kann man sehr einfach, sofern es sich vollkommen in Gase überführen läßt, die Gaszusammensetzung, das Gasvolumen und die Verbrennungswärme berechnen; Voraussetzung ist jedoch, daß man die elementare Zusammensetzung des Pulvers kennt oder ermittelt hat.

Bei vollkommen vergasenden Explosivstoffen entstehen, von geringen Mengen Methan, Azetylen und Stickoxyden abgesehen, neben Stickstoff wechselnde Mengen von Kohlensäure, Kohlenoxyd, Wasser und Wasserstoff, die sich nach dem Wassergasgleichgewicht einstellen:

$$\frac{(CO)\cdot(H_2O)}{(CO_2)\cdot(H_2)} = K.$$

1. Beispiel: Nitrozellulosepulver. Die elementare Zusammensetzung des Pulvers ist durch Verbrennung wie folgt ermittelt. 1 g Pulver besteht aus:

$$\begin{aligned} C &= 0{,}26946 \text{ g} \\ H_2 &= 0{,}028696 \text{ „} \\ N_2 &= 0{,}1292 \text{ „} \\ O_2 &= 0{,}56402 \text{ „*} \\ \text{Asche} &= 0{,}008 \text{ „} \\ \hline \text{zus. } &0{,}999376 \text{ g} \end{aligned}$$

* Gefunden wurden durch Rechnung aus CO_2, CO und H_2O: 0,56402 g Sauerstoff; 0,0047 g Sauerstoff stammten aus der Bombe, in der die Verbrennung durchgeführt wurde; die gesamte Menge 0,56872 g wird der Rechnung zugrunde gelegt.

Die Zersetzungsgleichung soll rein theoretisch auf Grund der früher erwähnten thermodynamischen Betrachtungen ermittelt werden: Bei der Zersetzung mögen sich aus 1000 g Pulver x Moleküle CO_2, y Moleküle Wasserstoff, z Moleküle Kohlenoxyd und u Moleküle Wasser bilden. Die Menge der entstehenden Stickstoffmoleküle ist durch die elementare Zusammensetzung des Pulvers gleich $\frac{129{,}2}{28} = 4{,}615$ (129,2 ist das Gewicht des Stickstoffs in 1000 g Pulver und 28 das Molekulargewicht desselben in g) gegeben.

Die unbekannten Gasmengen x, y, z, u sind durch folgende Gleichungen miteinander verbunden:

1. $x + z = C =$ Zahl der Kohlenstoffatome $= \frac{269{,}46}{12} = 22{,}455$.

2. $2x + z + u = O =$ Zahl der Sauerstoffatome $= \frac{568{,}7}{16} = 35{,}5$;

durch Subtraktion der Gleichung 1 von 2: $x + u = O - C = P$; P ist die Differenz zwischen der Anzahl der Sauerstoff- und Kohlenstoffatome $= 13{,}05$.

3. $y + u = N$; N ist die Hälfte der Wasserstoffatome $= \frac{28{,}696}{2} = 14{,}35$.

Die notwendige 4. Gleichung liefert die Gleichgewichtskonstante K des Wassergasgleichgewichts. Es soll die Annahme gemacht werden, daß das Gleichgewicht der Gase in der Abkühlungsperiode bei $K \sim 3$ erstarrt sein soll, einem Wert für die Gleichgewichtskonstante, der bei der üblichen Bestimmung in der kalorimetrischen Bombe sich einstellt (1,2 bis 2 g Pulver in einer Bombe von etwa 12 cm^3 Inhalt). Mit diesem Werte soll gerechnet werden, um das Ergebnis der Rechnung mit dem analytischen Befunde vergleichen zu können; also hat man

4. $\frac{z \cdot u}{x \cdot y} = K = 3$.

Eliminiert man aus diesen Gleichungen u, y und z, so ergibt sich für x die Formel $\frac{(C-x)\cdot(P-x)}{x\cdot(x-M)} = 3$, in der $M = P - N$ ist. Die Durchführung der Rechnung liefert für x, y, z und u: $x = 5{,}81$, $y = 7{,}11$, $u = 7{,}24$, $z = 16{,}645$. Die Zersetzungsgleichung für 1000 g Pulver ist demnach

$$1000 \text{ g Pulver} = 5{,}81\,CO_2 + 16{,}645\,CO + 7{,}11\,H_2 + 7{,}24\,H_2O + 4{,}615\,N_2.$$

Der Vergleich mit dem experimentellen Befund ist unter § 6 (Zusammensetzung der Explosionsprodukte) gegeben.

Auf die geringen Methanmengen, die bei der Zersetzung entstehen, braucht man keine Rücksicht zu nehmen.

Besonders hervorzuheben ist jedoch, daß diese errechnete Zersetzung nur für die übliche Zündung des Pulvers in der Waffe mittels

Zündhütchens oder in der Bombe mittels glühenden Platindrahtes gilt, sowie auch in der Waffe bei dem üblichen Druck. Bei der Detonation eines Pulvers jedoch, die mittels Sprengkapsel eingeleitet wird, liegen die Verhältnisse wesentlich anders, wie später gezeigt werden soll. Dabei tritt eine andere Gaszusammensetzung auf.

Für Sprengstoffe, die in ihren Molekülen genügend Sauerstoff für die vollständige Vergasung enthalten, bilden sich in der gleichen Weise wie beim Pulver nach dem Wassergasgleichgewicht die einzelnen Komponenten, auch dann, wenn die Detonation durch eine Sprengkapsel eingeleitet wird. Bewiesen soll diese Behauptung werden durch die Untersuchung der Zersetzung des Tetranitroanilins.

2. Beispiel: Berechnung der Gaszusammensetzung für Tetranitroanilin $C_6H_3N_5O_8$. Erfahrungsgemäß bildet sich neben CO_2, H_2O, CO, H_2 eine geringe Menge Ammoniak, Blausäure, Methan und Kohlenwasserstoffe; ungefähr 0,3 Mole Wasserstoff und 0,1 Mole Kohlenstoff werden für diese Reaktionen verbraucht. Es ist also für die Rechnung $C = 5{,}9$, $O = 8$, $\frac{H}{2} = 1{,}2$ zu setzen. Man erhält dann

$$1.\ \frac{z \cdot u}{x \cdot y} = 6\,, \qquad 2.\ z = 5{,}9 - x\,, \qquad 3.\ u = 2{,}1 - x\,, \qquad 4.\ y = x - 0{,}9$$

oder

$$\frac{(5{,}9 - x)(2{,}1 - x)}{x \cdot (x - 0{,}9)} = 6\,; \qquad x = \frac{-2{,}6 \pm 15{,}94}{10} = +1{,}34\,.$$

Mithin wird:

$$\begin{aligned} x &= 1{,}34\ CO_2 \\ z &= 4{,}56\ CO \\ u &= 0{,}76\ H_2O \\ y &= 0{,}44\ H_2 \\ N &= 2{,}5 \end{aligned}$$

Summe der Mole ohne $H_2O = 8{,}84$

Gasanalyse

	berechnet	gefunden
CO_2 =	15,15%	15,1%
CO =	51,6%	50,0%
H_2 =	4,98%	5,82%
CH_4 =	—	0,24%

Für die Gleichgewichtskonstante ist hier im Gegensatz zu dem Beispiel betreffs Nitrozellulosepulver der Wert 6 eingesetzt, d. h. die Gaszusammensetzung wird als frei von späteren Reaktionen im Moment der Detonation betrachtet. In entsprechender Weise ist die experimentelle Untersuchung durchgeführt worden. Der Sprengstoff wurde mit Wasser verdämmt in einem dünnwandigen Kupfergefäß bei der Ladedichte 1,1 gesprengt, unter Bedingungen, bei denen die Gase sehr schnell abgekühlt und spätere Reaktionen ausgeschaltet werden. Die Gaszusammensetzung ist also etwa die, wie sie im

Moment der Detonation bei der höchsten Temperatur vorhanden gewesen ist.

c) Explosivstoffe, die nicht vollkommen vergasen. Die Aufstellung der Zersetzungsgleichung setzt die Kenntnis der Explosivstoffkonstanten voraus, sie kann daher erst nach der Besprechung derselben erfolgen.

§ 5. Das Volumen der Explosionsprodukte
(spez. Volumen $\mathfrak{v}_0$).

Darunter ist das Reziproke der Gasdichte verstanden, d. h. es ist das Volumen, das die aus 1 kg Pulver sich entwickelnden Gase bei 0^0 C Temperatur und 760 mm Druck einnehmen würden (Wasser als Dampf gedacht). Auch diese Größe kann sowohl durch Rechnung gefunden, als auch experimentell ermittelt werden. Soll die Bestimmung theoretisch ausgeführt werden, so geschieht das nach den bekannten Methoden der Stöchiometrie. Die folgenden Beispiele geben hierüber die etwa wünschenswerte Orientierung.

1. Beispiel: Nitroglyzerin, mit der theoretischen Zersetzungsgleichung

$$2\,(C_3H_5N_3O_9) = 6\,CO_2 + 5\,H_2O + 3\,N_2 + 0{,}5\,O_2\,.$$

Die Gleichung bedeutet, daß $2 \cdot 227$ kg Nitroglyzerin unter Bildung von 6 Molen Kohlensäure $= 6 \cdot 44$ kg CO_2, 5 Molen $H_2O = 5 \cdot 18$ kg H_2O usw. sich zersetzen. Jedes Grammolekül eines Gases nimmt bei 0^0 C und 760 mm Druck ein Volumen von 22,41 Liter ein, jedes Kilogrammolekül ein solches von 22410 Liter. Um das entstehende Gasvolumen zu ermitteln, braucht man also nur die Anzahl der entstandenen Gasmole, $6 + 5 + 3 + 0{,}5 = 14{,}5$, mit 22,41 zu multiplizieren und durch $2 \cdot 227$ zu dividieren; man erhält so in cm³ bzw. in Litern das Volumen, das von 1 g bzw. 1 kg Nitroglyzerin gebildet wird. Es wird so

$$\mathfrak{v}_0 = 713\ \text{cm}^3/1\ \text{g}\,.$$

2. Beispiel: Nitrozellulosepulver. Bei den modernen Pulvern kennt man im allgemeinen die Zersetzungsgleichung nicht, kann sie aber unter Berücksichtigung der Gleichgewichtskonstanten für das Wassergasgleichgewicht, wie unter § 4b, Beispiel 1, angegeben wurde, aus der Elementaranalyse des Pulvers berechnen. Die Übereinstimmung zwischen Rechnung und experimentellem Befund ist durch zahlreiche Untersuchungen bewiesen. Für ein Nitrozellulosepulver sei so durch Rechnung folgende Zersetzungsgleichung gefunden:

$$1000\ \text{g Pulver} = 5{,}81\,CO_2 + 16{,}645\,CO + 7{,}11\,H_2 + 7{,}24\,H_2O + 4{,}615\,N_2\,.$$

Um das Volumen der Explosionsprodukte zu ermitteln, hat man nur die Summe der Anzahl der entstandenen gasförmigen Mole zu bilden und diese mit dem Molekularvolumen der Gase 22,41 Liter zu multiplizieren. Die Summe der Molekülezahlen (Wasser als Gas) beträgt 41,42, demnach entstehen aus 1000 g Pulver $22{,}41 \cdot 41{,}42 = 928{,}2$ Liter Gas bei 0^0 C und 760 mm Druck (Wasser gasförmig).

Bei der experimentellen Bestimmung des Volumens der Explosionsprodukte ist das Wasser als Flüssigkeit vorhanden; durch Auffangen der Gase in einem Gasometer und Umrechnung auf 0^0 C und 760 mm Druck erhält man $\mathfrak{v}_0$ (Wasser flüssig) $= 762$ Liter. Bei der Berechnung von $\mathfrak{v}_0$ (Wasser flüssig) hat man von den Gesamtmolekülen 41,42 die entstandenen Wassermoleküle in Abzug zu bringen (41,42 − 7,24 = 34,18) und die verbleibende Molekülzahl 34,18 mit 22,41 zu multiplizieren:

$$22{,}41 \cdot 34{,}18 = 765{,}9 \text{ Liter} = \mathfrak{v}_0 \text{ (Wasser flüssig).}$$

Bei der experimentellen Bestimmung von $\mathfrak{v}_0$ wird dieser Wert in allen solchen Fällen zu klein erhalten, in denen sich während der Abkühlung Methan gebildet hat. Die Bildung des Methans ist nicht allein mit einem Freiwerden von Wärme, sondern auch mit einer Volumverkleinerung verbunden. Bildet sich die Hauptmenge des Methans nach der Gleichung $CO + 3\,H_2 = CH_4 + H_2O$, so folgt, daß sich das ursprünglich vorhandene Gasvolumen um den doppelten Betrag der Volummenge des gebildeten Methans verringern muß, falls das Wasser in dem Reaktionsprodukt als Dampf angenommen wird, denn aus 4 Volumina Gas entstehen nur 2. Will man also die Methanbildung rückgängig machen, um das Gasvolumen frei von der sekundären Methanbildung zu erhalten, so hat man das doppelte Volumen des pro Gewichtseinheit des Pulvers gefundenen Methans zu dem experimentell gefundenen $\mathfrak{v}_0$ (Wasser gasförmig) zu addieren.

Die bei dem Abkühlungsprozeß verlaufenden Reaktionen können aber auch eine Volumvergrößerung veranlassen. Diese findet man bei solchen Explosivstoffen, die für die vollkommene Vergasung nicht genug Sauerstoff in ihrer Zusammensetzung enthalten und Kohlenstoff in elementarer Form abscheiden. Durch nachträgliche Reaktion des abgeschiedenen Kohlenstoffs mit dem bei der Zersetzung gebildeten Wasser nach der Wassergasgleichung tritt eine Volumvergrößerung ein. Von einer geringen Bildung von Blausäure und Ammoniak soll abgesehen werden. Alle diese Reaktionen spielen bei den Sprengstoffen wie Pikrinsäure und Trinitrotoluol eine wichtige Rolle.

Gelingt es, die sekundären Reaktionen auszuschalten, so ist das korrigierte Volumen $\mathfrak{v}_0$ eine Konstante des Explosivstoffs:

Es sei durch den Versuch bei der Untersuchung von Nitrozellulosepulver gefunden worden:

1. bei einer Ladung von 1 g: $\mathfrak{v}_0$ (Wasser als Dampf) = 969,3 cm^3

und

2. bei einer Ladung von 4 g: $\mathfrak{v}_0$ (Wasser als Dampf) = 846,8 cm^3.

Die Gase des ersten Versuches enthielten 0,71 % Methan oder 6,88 cm^3, die des zweiten 8,02 % oder 67,92 cm^3. Es wäre demnach das gefundene $\mathfrak{v}_0$ um 13,7 bzw. 135,8 cm^3 zu vergrößern, also $\mathfrak{v}_0 = 983$ bzw. 982,6 cm^3. $\mathfrak{v}_0$ ist demnach annähernd konstant.

§ 6. Die Zusammensetzung der Explosionsgase und die experimentelle Ermittlung der Zersetzungsgleichung.

Für die Aufstellung der Zersetzungsgleichung aus den Versuchsergebnissen, sowie für die Temperaturberechnung und für die Frage nach der Giftwirkung der Explosionsprodukte ist die Zusammensetzung der Gase von Bedeutung. Die bei der experimentellen $\mathfrak{v}_0$-Bestimmung aufgefangenen Gase werden mit Hilfe der Methoden der Gasanalyse untersucht. So ergab das Nitrozellulosepulver bei einer Ladedichte von 0,13 folgende Gaszusammensetzung:

	Gefunden	Berechnet
CO_2 =	17,21 Volumprozent	17,0 Volumprozent
CO =	48,62 „	48,7 „
H_2 =	19,80 „	21,09 „
N_2 =	13,60 „	13,50 „
CH_4 =	0,74 „	

Es ist klar, daß man die Gaszusammensetzung der Explosionsprodukte auch aus der errechneten Explosionsgleichung bestimmen kann. So war unter § 4b, Beispiel 1 für 1000 g Pulver folgende Zersetzungsgleichung berechnet worden.

$$1000 \text{ g Pulver} = 5{,}81\,CO_2 + 16{,}645\,CO + 7{,}11\,H_2 + 7{,}24\,H_2O + 7{,}11\,H_2 + 4{,}615\,N_2\,;$$

aus 1000 g Pulver entstehen demnach 34,18 Mole, wobei H_2O als Flüssigkeit angenommen ist (siehe § 5, Beispiel 2). Die obige Zusammenstellung enthält die berechneten Volumprozente; es zeigt sich, daß der experimentelle Befund mit dem Ergebnis der Rechnung relativ gut übereinstimmt. Selbstverständlich muß eine geringe Abweichung zwischen den beiden Gaszusammensetzungen auftreten, da bei der Rechnung die Methanbildung nicht berücksichtigt ist.

Mit Hilfe der experimentell ermittelten Werte für die Gaszusammensetzung und das Gasvolumen kann auch die Zersetzungsgleichung aufgestellt werden:

Man braucht nur die Volumina von CO_2 usw., die in $\mathfrak{v}_0$ enthalten sind, aus den gefundenen Volumprozenten zu berechnen, und die einzelnen Volumina der Gaskomponenten durch das Mol-Volumen 22,41 Liter zu dividieren; denn das Molekulargewicht in Grammen von jedem Gase nimmt 22,41 Liter ein; und man erhält:

$$1000 \text{ g} = 5{,}842\,CO_2 + 16{,}5\,CO + 6{,}795\,H_2 + 7{,}239\,H_2O + 4{,}615\,N_2 + 0{,}26\,CH_4\,.$$

Vergleicht man diese experimentell ermittelte Zersetzungsgleichung mit der errechneten, so ergibt sich eine gute Übereinstimmung.

§ 7. Verbrennungswärme Q.

Unter reduziertem Wärmegehalt Q wird die Wärmemenge in Cal (Kilogrammkalorien) bzw. cal (Grammkalorien) verstanden, die infolge der Umwandlung von 1 kg bzw. 1 g des betreffenden Pulvers entsteht, falls Arbeitsleistung und Beeinflussung durch spätere Reaktionen der Zersetzungsprodukte ausgeschlossen ist. Q läßt sich sowohl experimentell bestimmen (vgl. Bd. III), als auch nach den Gesetzen der Thermochemie berechnen. Bedingung für die rechnungweise Ermittlung ist, daß die Bildungswärme des Explosivstoffs und seiner Zersetzungsprodukte sowie die Art und Menge derselben bekannt ist. Bei chemisch einheitlichen Körpern ist die Bildungswärme im allgemeinen bekannt, doch macht die Aufstellung der Zersetzungsgleichung, besonders bei Explosivstoffen, die bei ihrer Detonation Kohlenstoff in elementarer Form abscheiden, Schwierigkeiten; die Zersetzungsgleichung ist meistens nur für geringe Ladedichten bekannt, bei denen aber nachträgliche Reaktionen der Gase die ursprüngliche Zusammensetzung verändert haben können. Die modernen Pulver, die keine chemisch einheitlichen Verbindungen darstellen, besitzen keine eigentliche Bildungswärme; doch kann man für jede Pulverart aus der Verbrennungswärme in der Sauerstoffatmosphäre und aus den Bildungswärmen der entstehenden Produkte einen entsprechenden Wert errechnen.

Kennt man die Bildungswärme und die Zersetzungsgleichung, so ist der Wärmegehalt einfach der Überschuß der Bildungswärme der Verbrennungsprodukte über die Bildungswärme des Explosivstoffs, bezogen auf 1 kg des letzteren. Das rechnerische Verfahren ergibt sich aus folgenden Beispielen.

1. Beispiel: Nitroglyzerin. Das Nitroglyzerin ist einer der wenigen Explosivstoffe, bei denen die Aufstellung der Zersetzungsgleichung äußerst einfach ist. Infolge des hohen Sauerstoffgehaltes treten als alleinige Zersetzungsprodukte bei der Detonation Kohlensäure und Wasser auf; Voraussetzung ist hierbei, daß das Nitroglyzerin richtig detoniert und nicht unter Stickoxydbildung verpufft oder auskocht.

Die Zersetzungsgleichung des Nitroglyzerins ist:

$$2\,(C_3H_5N_3O_9) = 6\,CO_2 + 5\,H_2O + 3\,N_2 + 0{,}5\,O_2\,.$$

Das Molekulargewicht von Nitroglyzerin ist 227 (nämlich $3 \cdot 12 + 5 \cdot 1 + 3 \cdot 14 + 9 \cdot 16$), dasjenige von $CO_2 = 44$, von $H_2O = 18$. Wenn also $2 \cdot 227$ kg Nitroglyzerin sich zersetzen, so entstehen $6 \cdot 44$ kg $CO_2 + 5 \cdot 18$ kg $H_2O + 3 \cdot 28$ kg $N_2 + 0{,}5 \cdot 32$ kg O. Die Bildungswärmen von Nitroglyzerin bzw. Kohlendioxyd bzw. Wasser in Dampfform sind: $+98000$, $+94000$, $+58000$. Dies heißt z. B., wenn 44 kg Kohlendioxyd sich bilden (von Normaldruck und Normaltemperatur), so werden 94000 Cal Wärme frei; umgekehrt, um 44 kg Kohlendioxyd in seine Bestandteile zu zerlegen, sind 94000 Cal Wärme erforderlich.

Im vorliegenden Falle trennen sich zunächst die $2 \cdot 227$ kg Nitroglyzerin in die Bestandteile. Dabei werden $2 \cdot 98000$ Cal gebunden; ferner bilden sich $6 \cdot 44$ kg CO_2 und $5 \cdot 18$ kg Wasserdampf; hierbei werden frei $6 \cdot 94000 + 5 \cdot 58000$ Cal. Also werden bei der Explosion von $2 \cdot 227$ kg Nitroglyzerin im ganzen $6 \cdot 94000$

$+5 \cdot 58000 - 2 \cdot 98000$ oder 658000 Cal frei; bei der Explosion von 1 kg Nitroglyzerin somit $\frac{658000}{2 \cdot 227} = 1460$ Cal. Dies ist der Wärmegehalt des Nitroglyzerins mit Wasser in Dampfform.

Die Rechnung ist bisher so durchgeführt, als ob das Nitroglyzerin sich unter konstantem Druck zersetzt. Falls die Explosion von Nitroglyzerin bei konstantem Volumen, z. B. im geschlossenen Raum der Versuchsbombe, vor sich geht, so ist keine Arbeit gegen den Atmosphärendruck zu leisten. Aus 1 kg Nitroglyzerin entstehen (s. o.) 713 Liter Gase bei 0° C Temperatur und 760 mm Druck. Die Arbeit gegen den Atmosphärendruck ist somit

$$10333 \cdot 0{,}713 \text{ mkg} = \frac{10333 \cdot 0{,}713}{427} \text{ oder} \sim 17 \text{ Cal.}$$

In diesem Falle ist also der Wärmegehalt

$$1460 + 17 = \sim 1480 \text{ Cal.}$$

Ist das Wasser in flüssiger Form angenommen, so ist die Bildungswärme für H_2O gleich 68000. In diesem Falle ist der Wärmegehalt des Nitroglyzerins für die Explosion an freier Luft ca. 1570, für Explosion im konstanten Volumen ca. 1590 Cal/kg.

Die Ermittlung des Wärmegehaltes dient zur Berechnung der Verbrennungstemperatur der Pulvergase (vgl. § 12) sowie des Nutzeffektes, den ein Geschütz oder Gewehr, als thermodynamische Maschine betrachtet, beim Schuß ergibt (vgl. § 17). Häufig wird der Wärmegehalt in mechanischem Maß gemessen und heißt dann Arbeitsvermögen oder Arbeitspotential.

Dieses wird in mkg erhalten durch Multiplikation des in Cal/1 kg ermittelten Wärmegehaltes mit 427. Natürlich verliert der Begriff des Wärmegehaltes und Arbeitsvermögens eines Pulvers erheblich an Bedeutung, wenn versucht wird, ihn auf den Fall des Schusses anzuwenden, denn bei diesem handelt es sich um eine chemische Reaktion mit Arbeitsleistung, nämlich um die Pulververbrennung im Innern des Seelenraumes zwischen Stoßboden und Geschoßboden unter wechselndem Druck und Volumen.

2. Beispiel: Nitrozellulosepulver. Durch Verbrennung eines Nitrozellulosepulvers im komprimierten Sauerstoff wurde seine Bildungswärme — wenn es erlaubt ist, bei Pulvern von Bildungswärme zu sprechen — zu 592 Cal pro Kilogramm (Wasser gasförmig) gefunden.

Die Zersetzungsgleichung für 1000 g Pulver war unter § 4, b und § 6 ermittelt:

$$1000 \text{ g Pulver} = 5{,}81\, CO_2 + 16{,}645\, CO + 7{,}11\, H_2 + 7{,}24\, H_2O + 4{,}615\, N_2.$$

Die Verbrennungswärme eines Pulvers ist der Überschuß der Bildungswärmen der entstehenden Produkte über die Bildungswärme des Pulvers. Die Summe der Bildungswärmen der entstehenden Produkte errechnet sich zu 1402,9 Kalorien ($5{,}81 \cdot 94{,}3 + 16{,}645 \cdot 26{,}1 + 7{,}24 \cdot 58{,}1 = 1402{,}9$; 94,3 ist die Bildungswärme der Kohlensäure; 26,1 die des Kohlenoxyds und 58,1 die des Wassers). Zieht man hiervon die Bildungswärme des Pulvers — 592 Cal — ab, so bleibt als Verbrennungswärme des Pulvers 810 Cal.

Bei der experimentellen Bestimmung wurden 926 ± 5 Cal pro 1 kg des Nitrozellulosepulvers erhalten. Dabei ist der Einfluß des Sauerstoffgehalts der Bombe bereits berücksichtigt. [Nämlich in der Bombe befanden sich $11 \cdot 0{,}209 \doteq 2{,}3$ cm³ Sauerstoff oder $2{,}3 \cdot 1{,}42$ mg Sauerstoff; auf 1 mg O_2 entfallen, wie experimentell und theoretisch zu ermitteln ist, 4,1 g cal, die eine Vergrößerung der Wärmemenge bewirken. Also betrug diese Vergrößerung hier $2{,}3 \cdot 1{,}42 \cdot 4{,}1$ g cal; dies bei einer Ladung von 1,5 g des verwendeten Pulvers, bei 1 kg also $\frac{2{,}3 \cdot 1{,}42 \cdot 4{,}1}{1{,}5}$ oder $\sim$ 9 Cal; dieser Betrag ist also schon abgezogen.] In der Zahl 926 ist jedoch auch die bei der Kondensation des Wassers entstehende und die durch die Zündung mittels glühenden Platindrahts freiwerdende Wärme enthalten. Bei der Verbrennung von 1 kg Pulver findet man in der Bombe 133,4 g Wasser, bei dessen Kondensation 82,5 Cal frei werden, der Einfluß der Zündung auf 1 kg Pulver berechnet beträgt 18 Cal, so daß sich die Verbrennungswärme das Pulvers zu 825,4 Cal (Wasser gasförmig) ergibt.

Die so ermittelten Verbrennungswärmen enthalten beide noch die Wärmetönung, die durch die bei der Abkühlung verlaufenden Reaktionen bedingt ist. In der berechneten Verbrennungswärme ist die Wärmetönung der bei der Erkaltung gebildeten Kohlensäure enthalten, in der experimentell ermittelten außerdem noch die der Methanbildung.

Um die wahre Verbrennungswärme zu erhalten, sind diese Reaktionen mit ihrer Wärmetönung rückgängig zu machen. Die während des Abkühlungsprozesses gebildete Kohlensäure ist leicht zu berechnen. Es war die Annahme gemacht worden, daß das Gasgleichgewicht in der Bombe bei einer Temperatur erstarrt sei, der die Gleichgewichtskonstante $K \sim 3$ entspricht. Bei der Explosionstemperatur des Pulvers, die etwa bei 2000^0 liegt, müßte K einen Wert von ca. 5,5 haben (berechnet mit der spez. Wärme nach Mallard und Le Chatelier). Damit dieses Gleichgewicht erreicht wird, müssen x Mole Kohlensäure und x Mole Wasserstoff zu x Molen Wasser und x Molen Kohlenoxyd reagieren. Bezeichnet man in der aufgestellten Zersetzungsgleichung die Anzahl der Mole CO_2 mit A, die des Wasserstoffs mit B, die des Kohlenoxyds mit C und die des Wassers mit D, so hat man, um die Menge der beim Abkühlungsprozeß gebildeten Kohlensäuremenge zu bestimmen, nur die folgende, schon erwähnte Gleichung aufzulösen:

$$\frac{(C+x)\cdot(D+x)}{(A-x)\cdot(B-x)} = 5{,}5$$

und erhält im vorliegenden Beispiel für x den Wert 1,6. Bei der Bildung von 1 Mol Kohlensäure nach der Wassergasgleichung $CO + H_2O = CO_2 + H_2$ während der Abkühlung werden 10,1 Cal frei; es ist daher die errechnete Verbrennungswärme noch um 16,1 Cal zu verkleinern; $810 - 16{,}1 = 793{,}9$ Cal.

Die Ausschaltung der Wärmetönung der späteren Kohlensäure- und Methanbildung beim praktischen Versuch erfordet die Kenntnis des gesamten Gasvolumens und der Gaszusammensetzung.

Bei der Ermittlung der Verbrennungswärme auf experimentellem Wege war darauf hingewiesen worden, daß der praktisch gefundene Wert noch durch die während des Abkühlungsprozesses verlaufenden Reaktionen beeinflußt ist, es sind dies die Methan- und Kohlensäurebildung. Wie groß der Einfluß dieser späteren Gasreaktionen auf die praktisch ermittelte Verbrennungswärme ist, mag folgendes Beispiel zeigen. Ein Nitrozellulosepulver ergab bei der Bestimmung von Q bei einer Ladedichte von 0,15 den Wert 820,2 Cal und bei der Ladedichte von 0,45 977,7 Cal. Bei der Ladedichte 0,15 wurden in den Explosionsgasen 0,68337 Mole Methan und bei der Ladedichte 0,45 3,3664 Mole Methan gefunden. Schaltet man jedoch die während des Abkühlungsprozesses verlaufenden Reaktionen mit ihrer Wärmetönung aus, so erhält man als wahre Verbrennungswärme 740 Cal.

In der experimentell ermittelten Zersetzungsgleichung des Nitrozellulosepulvers waren 0,26 Mole Methan gefunden. Um die Wärmetönung der Methanbildung, die sich nach der Gleichung $CO + 3\,H_2 = CH_4 + H_2O + 50{,}6$ Cal vollzieht, zu berücksichtigen, hat man die Molekülzahl des Methans 0,26 mit der Wärmetönung der Reaktion 50,6 Cal zu multiplizieren und das Produkt $0{,}26 \cdot 50{,}6 = 13{,}15$ von der gefundenen Verbrennungswärme in Abzug zu bringen. Es mag sein, daß das Methan sich in geringer Menge auch durch andere Reaktionen bilden kann, so vielleicht aus dem Azetylen (Azetylen ist bei der Verbrennung des Pulvers in der Waffe nachzuweisen); dem Gleichgewicht entsprechend wird das Methan auch in den Explosionsprodukten bei der Explosionstemperatur vorhanden sein; doch ist bei hoher Temperatur seine Beständigkeit äußerst gering, es soll daher nach der Gleichung $CO + 3\,H_2 = CH_4 + H_2O$ rückgängig gemacht werden, um die Wärmetönung der durch die Verschiebung des Wassergasgleichgewichts veranlaßten Kohlensäurebildung in Rechnung setzen zu können. Es geschieht dies, indem man entsprechend der Gleichung die Anzahl Mole Methan zu Kohlenoxyd und dreimal die Anzahl Mole Methan zu Wasserstoff addiert und vom Wasser die Anzahl Mole Methan in Abzug bringt. Errechnet man aus dieser Gaszusammensetzung in früher besprochener Weise die Anzahl x der während der Abkühlung gebildeten Kohlensäure-Mole, indem man für die Gleichgewichtskonstante des Wassergasgleichgewichts etwa 5,5 setzt, entsprechend der Explosionstemperatur von ungefähr 2000°, so ergibt sich nach der obigen Gleichung $\frac{(C+x)(D+x)}{(A-x)(B-x)} = 5{,}5$ für x der Wert 1,6. Da bei der Kohlensäurebildung nach dem Wassergasgleichgewicht 10,1 cal frei werden, so hat man das Produkt $1{,}6 \cdot 10{,}1 = 16{,}2$ cal von Q in Abzug zu bringen.

Experimentell war Q (H_2O als Dampf) zu 825 Cal ermittelt; davon sind also 13,15 Cal für die Methanbildung und 16,2 Cal für die Kohlensäurebildung abzuziehen, so daß die wahre Verbrennungswärme für 1 kg Pulver 795,6 Cal beträgt; berechnet waren 793,9 Cal.

§ 8. Die Kraft eines Explosivstoffs oder der spezifische Druck.

Darunter versteht man den Ausdruck $f = \frac{p_0 \cdot \mathfrak{v}_0 \cdot T_0}{273}$; dabei p_0 der Atmosphärendruck; $\mathfrak{v}_0$ das spezifische Volumen bei 0^0 C oder bei der abs. Temp. 273; T_0 die Explosionstemperatur.

a) Mißt man die Drücke p in kg/m², die Ladungen L in kg, die Volumina in m³, also die spezifischen Volumina in m³/kg, die Kovolumina in m³/kg, so ist in diesem (kg/m/sec) System f in Metern gemessen; also $f \cdot L$ in Meterkilogramm (vgl. Abschnitt 4 und 5). Z. B. mit $\mathfrak{v}_0 = 0{,}94$ m³/kg und $T_0 = 2373$ hat man, da $p_0 = 10333$ kg/m² ist,

$$f = \frac{10\,333 \cdot 0{,}94 \cdot 2373}{273} = 84\,000 \text{ (m)}.$$

Wenn somit eine Ladung $L = 1$ kg des Explosivstoffes in einem Raume $V = 10^{-2}$ m³ explodiert und das Kovolumen $\alpha = 0{,}984 \cdot 10^{-3}$ (m³/kg) angenommen wird, ist nach dem Abelschen Gesetz $p = \frac{f \cdot L}{V - \alpha L}$ (s. § 10) der entstehende Gasdruck:

$$p = \frac{84000 \cdot 1}{10^{-2} - 0{,}984 \cdot 10^{-3} \cdot 1} = 930 \cdot 10^4 \text{ kg/m}^2 \text{ (oder 900 Atm.)}.$$

b) Werden dagegen die Drücke p in Atmosphären gemessen, die Ladungen L in kg, die Volumina in Liter, also die spezifischen Volumina in lit/kg, die Kovolumina in lit/kg, so ist für dasselbe Beispiel $p_0 = 1$ Atm., $\mathfrak{v}_0 = 940$ lit/kg, $T_0 = 2373$, $V = 10$ lit, $L = 1$ kg, $\alpha = 0{,}984$ lit/kg, somit die Kraft des Explosivstoffs

$$f = \frac{1 \cdot 940 \cdot 2373}{273} = 8209$$

und der Druck $p = \frac{f \cdot L}{V - \alpha L} = \frac{8200 \cdot 1}{10 - 0{,}984 \cdot 1} = 900$ Atm., wie oben.

Würde man bei dieser letzteren Wahl von Maßeinheiten nach dem gewöhnlichen Gasgesetz rechnen, also von dem Kovolumen absehen, $p = \frac{f \cdot L}{V}$, so wäre für $L = 1$ kg und $V = 1$ lit $p = f$, es hätte also p (in Atm.) denselben Zahlenwert wie f. Aus diesem Grund wird häufig die Kraft f eines Explosivstoffs definiert als der von den Explosionsprodukten der Gewichtseinheit (1 kg) eines Explosivstoffes in der Volumeneinheit (1 lit) ausgeübte Druck (in Atm.). Da jedoch die

Dimension von f nicht ein Druck, sondern eine Länge ist und da das gewöhnliche Gasgesetz für eine Ladedichte $\frac{L}{V} = 1$ kg/1 lit nicht mehr gilt, so leuchtet ein, daß f lediglich als eine rechnerische Größe aufzufassen ist.

Praktisch bestimmt man f aus Druckmessungen mit wechselnder Ladedichte in der Versuchsbombe und findet f annähernd als konstante Größe, sofern man der Berechnung nicht zu hohe Drucke zugrunde legt. Mit steigender Ladedichte nimmt der Wert für f gewöhnlich zu, um dann wieder zu fallen.

So wurde f für Nitrozellulosepulver aus Druckmessungen bei verschiedenen Ladedichten nach der Formel

$$p = \frac{f \cdot L}{V - \alpha \cdot L} = \frac{f \cdot \Delta}{1 - \alpha \cdot \Delta} \quad \text{oder} \quad f = p\left(\frac{1}{\Delta} - \alpha\right),$$

wobei p der Druck in Atm., Δ die Ladedichte in kg/lit oder in g/cm^3, α das Kovolumen in lit/kg oder in cm^3/g bedeutet und α wieder $= 0{,}984$ gesetzt wurde, wie folgt ermittelt:

$\Delta =$	$f =$	dabei $p =$
0,1	8602	954,2 Atm.
0,15	9009	1585,3 „
0,2	8821	2196,6 „
0,22	8940	2510,6 „
0,29	8187	3277,4 „
0,4	8065	5320 „

Bei einem Vergleich der f-Werte verschiedener Explosivstoffe tut man gut, nur solche Werte heranzuziehen, die aus Beobachtungen mit nicht zu großen Ladedichten (0,1 bis 0,25) und dementsprechend geringeren Drucken gewonnen sind, denn bei großen Ladedichten tritt die Unstimmigkeit auch der erweiterten Gasgesetze (siehe Kovolumen und Maximaldruck) immer mehr in Erscheinung. Auch sind die möglichen Fehler in der praktischen Druckmessung bei hohen Drucken größer, weil einerseits die Aichung der Kupferzylinder schwieriger ist und andererseits die gemessenen Drucke vielleicht nicht rein statisch sind, sondern durch dynamische Kräfte beeinflußt sein können.

§ 9. Das Kovolumen.

Um der Unstimmigkeit des Gay-Lussac-Mariotteschen Gasgesetzes bei hohen Drucken Rechnung zu tragen, sind von van der Waals und anderen Forschern die Gasgesetze modifiziert worden.

Bringt man mittels starken Druckes Gase auf Dichten von der Größenordnung, wie wir sie bei Flüssigkeiten antreffen, so versagen die einfachen Gasgesetze vollkommen; eine Erklärung für dieses Verhalten ist von van der Waals in überraschender Weise erbracht worden. Van der Waals zeigte, daß das Volumen der Moleküle bzw. ein durch das Volumen der Moleküle bedingtes Korrektionsglied und ein zweiter Faktor, der die Wirkung der Molekularattraktion berücksichtigt, in die Gasgleichung eingeführt werden müssen, welche die Beziehung zwischen dem Druck p, dem Volumen v und der Temperatur T darstellt:

$$\left(p + \frac{a}{v^2}\right) \cdot (v - b) = R \cdot T.$$

Das Korrektionsglied b ist durch die räumliche Ausdehnung der Moleküle veranlaßt, während $\frac{a}{v^2}$ der Molekularattraktion Rechnung trägt. Die durch die Größe der Moleküle veranlaßte Volumkorrektion wird in der allgemeinen Chemie durchweg mit b bezeichnet, in der Explosivstoffchemie hat sich der Ausdruck Kovolumen dafür eingebürgert; es trägt die Bezeichnung α. Häufig wird in der Ballistik der Begriff Kovolumen auch anders definiert, und zwar als unterstes Grenzvolumen der bei der Explosion neuentstandenen Moleküle oder als Rückstand im weitesten Sinne, d. h. Rückstand und Volumen der Gasmoleküle. Dieser Definition möchten wir uns nicht anschließen, denn nach van der Waals und Maxwell ist das Glied b (oder in der Explosivstoffchemie das Glied α) viermal so groß als das Eigenvolumen der Moleküle. Die Volumkorrektion b läßt sich aus dem kritischen Volumen der Gase φ ($\varphi = 3b$) berechnen. Für Gasgemische, mit denen man es in der Explosivstoffchemie ausschließlich zu tun hat, könnte man nach van der Waals (vgl. Lit.-Note) die mittlere Volumkorrektion b_x berechnen, denn die Eigenschaften eines Gasgemisches sollen sich aus denen seiner Komponenten nach Einführung einer neuen Konstanten, der Attraktionskonstanten, ermitteln lassen. Besteht ein Gemisch aus $1 - x$ Molen der einen Komponenten und x Molen der anderen, so soll die Volumkorrektion der Mischung b_x

$$b_x = b_1 (1 - x^2) + 2 b_{1.2}\, x (1 - x) + b_2 x^2, \text{ und } \sqrt[3]{b_{1.2}} = \frac{1}{2}\left(\sqrt[3]{b_1} + \sqrt[3]{b_2}\right)$$

sein, (b_1 ist die Volumkonstante der ersten, b_2 die der zweiten Komponente). Errechnet man nach diesen Gleichungen für Pulver und Sprengstoffe den Wert des Kovolumens, so fällt er allgemein zu hoch aus, z. B. für Nitrozellulosepulver, 1 Liter Gas, ist $b_x = 0{,}0015$. Der Grund kann mit darin liegen, daß auch die van der Waalsche Gleichung bei hohen Drucken nicht exakt gilt; sie stellt auch nur eine Annäherung dar; die Abweichungen sind um so größer, je kleiner das Volumen ist, d. h. je mehr die Korrektionsglieder in Betracht kommen. Sarrau (vgl. Lit.-Note) hat den Vorschlag gemacht, das Kovolumen α gleich dem tausendsten Teil von dem Gasvolumen bei Atmosphärendruck und 0° zu setzen, dieser Näherungswert wird für Rechnungen in der Explosivstoffchemie vielfach benutzt. Die Resultate dieser Berechnungen können aber in Fällen, bei denen der Wert für die Volumkorrektion von ausschlaggebender Bedeutung ist, wie bei hohen Drucken, auf Genauigkeit keinen Anspruch machen.

Wahrscheinlich ist die Volumkorrektion, das Kovolumen, gar keine konstante Größe, sondern eine Funktion des Volumens (s. Lit.-Note). Diese Vermutung wird durch die Versuche von Andrews bestätigt. Z. B. ist die van der Waalssche Zustandsgleichung für Kohlensäure bei 13° (Anfangsvolumen 1 Liter, Anfangsdruck 760 mm):

$$\left(p + \frac{0{,}001\,74}{v^2}\right) \cdot (v - 0{,}0023) = 1{,}0547.$$

Solange das Volumen größer als 0,01 ist, entspricht die Gleichung mit der Volumkorrektion 0,0023 bis 0,0024 dem experimentellen Befunde. Wird der Druck 49 Atm., so verflüssigt sich die Kohlensäure und ihr Volumen ist 0,002247. Setzt man in obige Gleichung für die Volumkorrektion den Wert 0,001663, so stellt sie das Verhalten bei größeren Dichten dar. Bei noch weiterer Drucksteigerung auf 54,3 Atm. wird $v = 0{,}002\,053$; soll die Gleichung jetzt den Beobachtungen genügen, so ist für die Volumkorrektion 0,001565 zu setzen. Die in der Explosivstoffchemie übliche Annahme, das Kovolumen oder die Volumkorrektion gleich $\frac{1}{1000}\,\mathfrak{v}_0$ zu setzen, kann daher nur zu Näherungswerten führen, und die Fehler werden mit steigendem Druck größer.

Vergast ein Explosivstoff nicht vollkommen, sondern bleibt ein sichtbarer Rückstand, so ist dessen Volumen zu der Volumkorrektion zu addieren. Das Volumen errechnet sich aus dem Gewicht durch Division mit dem spezifischen Gewicht.

Am zweckmäßigsten und sichersten ist es, die Bestimmung von α aus Druckmessungen (vgl. § 10) vorzunehmen.

§ 10. Abelsche Gleichung. Maximaldruck p_1 der Pulvergase bei der Verbrennung des Pulvers im konstanten Volumen der Versuchsbombe.

Dieser Druck hängt erstens von dem spezifischen Volumen der Gase ab, die sich bilden (in der Größe dieses Volumens liegt im allgemeinen der wesentlichste Unterschied zwischen den älteren und neueren Pulvern hinsichtlich ihrer Druckwirkung), zweitens von der Verbrennungstemperatur, drittens von dem Raum, der den Gasen zu ihrer Ausbreitung zur Verfügung steht.

Für die neueren festen und flüssigen Explosivstoffe hat sich, insbesondere durch die Untersuchungen von F. Abel, gezeigt, daß das Gesetz von Boyle-Mariotte und Gay-Lussac unter Berücksichtigung der Volumenkorrektion in weitem Umfang mit genügender Annäherung Gültigkeit hat, wofern der Druck der heißen Pulvergase 3000 Atm. nicht überschreitet. Dieses Gesetz pflegt deshalb in seiner Anwendung auf den vorliegenden Fall das Abelsche Gesetz genannt zu werden. Ist das Gewicht der Pulverladung L kg, das spezifische Volumen $\mathfrak{v}_0$ lit/kg, so beträgt bei 0^0 C Temperatur und bei dem Druck $p_0 = 1$ Atm. das Volumen der erzeugten Gasmenge $\mathfrak{v}_0 \cdot L$ Liter. Die Verbrennungstemperatur sei t_0 ^{0}C oder absolut $273 + t_0 = T_0$; falls der Raum, in dem sich die Gase ausbreiten können, gerade $\mathfrak{v}_0 \cdot L$ Liter beträgt, ist nach Gay-Lassac der Gasdruck $p = \frac{p_0 \cdot T_0}{273}$. Hat dagegen der Hohlraum der Versuchsbombe den Inhalt J_0 Liter und ist J_0 im Verhältnis zu $\mathfrak{v}_0$ klein, so hat man nach van der Waals die räumliche Ausdehnung der Gasmoleküle zu berücksichtigen. Steht also den Gasen der Raum J_0 weniger der Volumkorrektion $\alpha \cdot L$ Liter zur Verfügung, so ist, nach dem Gasgesetz, der Gasdruck

$$p_1 = p_0 \cdot \frac{\mathfrak{v}_0 \cdot L}{J_0 - \alpha L} \cdot \frac{T_0}{273}; \qquad (1)$$

p_1 und p_0 müssen in gleicher Maßeinheit gemessen sein (entweder in alten Atmosphären zu je 1,033 kg/cm² oder in metrischen Atmosphären zu je 1 kg/cm², oder in kg/m² oder in kg/dm²); ebenso $\mathfrak{v}_0 L$, J_0 und αL in gleicher Einheit, z. B. in Liter. In der Gl. (1) ist $\frac{p_0 \cdot \mathfrak{v}_0 T_0}{273}$ (s. o.) die sogenannte „Kraft" des Explosivstoffes $(= f)$; $\frac{L}{J_0}$ ist die Ladedichte Δ; also

$$p_1 = f \cdot \frac{\Delta}{1 - \alpha \Delta} \qquad (1a)$$

(f Kraft des Explosivstoffes, Δ Ladedichte, α Kovolumen, p_1 Gasdruck). Diese Beziehung wurde von Abel, Noble, Sarrau, Berthelot und W. Wolff durch zahlreiche Versuche geprüft. Danach soll sie den Gasdruck bei nicht allzu hohen Drucken (bis etwa 3000 Atm.) mit ziemlicher Genauigkeit, wenigstens für die neueren festen und flüssigen Explosivstoffe angeben. Die Gl. (1) oder (1a) stellt die gekürzte Gasgleichung von van der Waals dar. Andere Formen für das Gasgesetz sind in großer Anzahl vorgeschlagen worden: von Clausius, Berthelot, Wohl, Kamerlingh-Onnes, Nernst, Holborn, Jakob, R. Becker u. a. Das zweite Korrektionsglied der van der Waalsschen Gleichung $p = \frac{RT}{V - \alpha} - \frac{a}{V^2}$ (vgl. Lit.-Note), das der Molekularattraktion Rechnung trägt, läßt sich zahlenmäßig nicht berücksichtigen. Es muß eine Erniedrigung des Druckes herbeiführen, doch nimmt man an, daß sein Einfluß bei der hohen Explosionstemperatur gering ist.

Bemerkt sei übrigens, daß bei höheren Ladedichten die Drucke nicht entsprechend steigen, wie folgendes Beispiel zeigt. Aus vielen Versuchen wurde für Nitrocellulosepulver ein Mittelwert für $f = 8815$ ermittelt ($\Delta = 0{,}1 - 0{,}2$) und aus diesem die Drucke für höhere Ladedichten errechnet und außerdem experimentell ermittelt; für α wurde 0,984 gesetzt $= \frac{1}{1000} \mathfrak{v}_0$.

Nitrocellulosepulver.

Δ	f	p (Atm.) berechnet	p (Atm.) experim. gefunden
0,1	Mittelwert 8815,0	977,0	954,2
0,15		1555,3	1585,2
0,2		2177,3	2196,6
0,22	8940,2*	2475,0	2510,6
0,29	8187,6*	3587,7	3277,4
0,4	8065,1*	5681,4	5320,0
0,45	6518,7*	7083,4	6173,6

* Aus experimentell ermittelten Drucken berechnete Werte für f.

Die gleichen Erscheinungen zeigen sich bei den Druckmessungen von Andrew Noble (vgl. Lit.-Note).

Berechnung von f für Kordit DM:

Δ	p Atm.	f	
0,05	411,6	7835	
0,1	1051,8	9506	$\alpha = 0{,}962$
0,2	2317,4	9356	
0,25	3155,4	9584	
0,4	5807,8	8932	
0,45	6587	8301	

Beim Kordit lassen sich die gleichen Ergebnisse errechnen.

Zahlenbeispiel zu der Gleichung (1) oder (1a): Für Pikrinsäure sei angenommen: $\mathfrak{v}_0 = 877$ lit/kg, $T_0 = 2700$, $\alpha = 0{,}877$, also wird der Maximalgasdruck p_1 der folgende

bei Ladedichte $\Delta = 0{,}1$, $p_1 = 983$ kg/cm² (berechnet), von Sarrau beob. $= 927$
" " $\Delta = 0{,}5$, $p_1 = 7982$ " " " " " $= 7662$
" " $\Delta = 0{,}9$, $p_1 = 38\,310$ " " " " " —

(Nach Sarrau: Theorie des explosifs 1895, S. 44, die Temperatur ist wahrscheinlich zu niedrig.)

Anwendungsbeispiele.

1. Für Schwarzpulver ist $t_0 =$ ca. 3460° C, also $T_0 = 3460 + 273 = 3713$, $\mathfrak{v}_0 =$ ca. 279 lit/kg, $\alpha = 0{,}488$ lit/kg, also ist, wenn die Drucke in kg pro m² gerechnet werden, $f = \frac{10333 \cdot 279 \cdot 3713}{273} = 3910 \cdot 10000$ (m); wenn dagegen die Drucke in kg pro cm² angegeben sind, $f = 3910$.

Somit ist:

bei der Ladedichte $\Delta = 0{,}1$, $p_1 = \dfrac{3910 \cdot 0{,}1}{1 - 0{,}488 \cdot 0{,}1} = 411$ kg/cm²

„ „ „ $\Delta = 0{,}3$, $p_1 = \dfrac{3910 \cdot 0{,}3}{1 - 0{,}488 \cdot 0{,}3} = 1374$ „

2. Es mögen 1500 kg Granatfüllung in einem geschlossenen Raum von 10 m Länge, Breite und Höhe explodieren. Welcher Maximaldruck auf die Wände des Raumes entsteht allein durch den statischen Druck der gespannten Pulvergase, also ohne Rücksicht auf die dynamische Stoßwirkung? Das spezifische Volumen ist $v_0 = 870$ lit/kg (Wasser dampfförmig). Die Verbrennungstemperatur $t_0 = 2840$ oder $T_0 = 3113$, folglich bei Messung der Drucke in alten Atm.

$$f = \frac{1 \cdot 870 \cdot 3113}{273} = 10\,000\,,$$

α soll gleich 0,87 angenommen werden, somit

$$p_1 = \frac{10\,000 \cdot 1500}{1\,000\,000 - 0{,}87 \cdot 1500} = 15 \text{ alte Atm.}$$

3. Empirische Bestimmung der Konstanten f und α einer Pulversorte durch zwei Druckmessungen bei zwei verschiedenen Ladedichten:

Gemessen seien die Gasdrucke 1250 bzw. 2812,5 kg/cm² bei den Ladedichten 0,125 bzw. 0,25. Man hat die Gleichungen:

$$1250 = \frac{f \cdot 0{,}125}{1 - \alpha \cdot 0{,}125} \quad \text{und} \quad 2812{,}5 = \frac{f \cdot 0{,}25}{1 - \alpha \cdot 0{,}25}\,;$$

daraus

$$f = 9000 \quad \text{und} \quad \alpha = 0{,}8\,.$$

Häufig wird zur Darstellung der Messungen des Maximaldruckes p_1 bei demselben Pulver und bei verschiedenen Ladedichten $\triangle$ oder $\dfrac{L}{J_0}$ das folgende graphische Verfahren angewendet, das gestattet, ohne weiteres den Wert des Kovolumens α und denjenigen des spezifischen Drucks f aus einem Diagramm abzulesen: In einem rechtwinkligen Koordinatensystem der Variablen x und y stellt eine Gleichung $y = \alpha x + f$ bekanntlich eine gerade Linie dar, wenn f und α Konstanten bedeuten. f ist der Abschnitt OA auf der y-Achse; α ist der Tangens des Neigungswinkels OCA der Geraden gegen die x-Achse. Nun läßt sich die Abelsche Gleichung (1) oder (1a) auch in der Form schreiben:

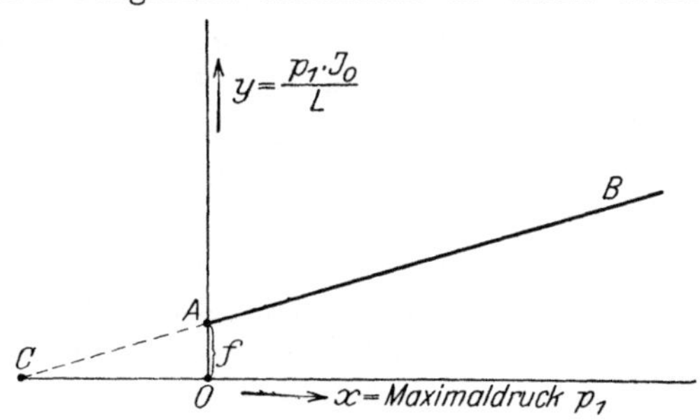

Abb. 2.

$$\frac{p_1 \cdot J_0}{L} = p_1 \cdot \alpha + f\,.$$

Trägt man also die gemessenen Werte des Maximaldrucks als Abszissen auf, $x = p_1$, die zugehörigen Werte $\frac{p_1 J_0}{L} = y$ als Ordinaten, so müssen die einzelnen Punkte $(x y)$ auf einer Geraden AB liegen, vorausgesetzt, daß f und α genügend unveränderlich sind. f ist alsdann die Strecke OA, α gleich $\operatorname{tg}(\sphericalangle OCA)$, s. Abb. 2.

Die Aufstellung der Zersetzungsgleichung der dritten Gruppe von Explosivstoffen (§ 4c), die nicht vollkommen vergasen, sondern freien Kohlenstoff abscheiden, war bis nach der Behandlung der Sprengstoffkonstanten verschoben worden und soll in nachfolgendem versucht werden.

Zu dieser Gruppe gehören die außerordentlich wichtigen Nitrokörper: Pikrinsäure, Trinitrotoluol usw.

§ 11. Explosivstoffe, die bei der üblichen Zündung (Sprengkapsel) nicht vollständig vergasen.

Die bisherigen Betrachtungen bezogen sich im wesentlichen auf Pulverarten, die sich vollständig in Gas umsetzten. Ist jedoch der Sauerstoffgehalt geringer, oder erfolgt die Umsetzung durch Vermittlung der Sprengkapsel, so kann sich der Kohlenstoff in elementarer Form abscheiden. Die theoretische Aufstellung der Zersetzungsgleichung ist in diesem Falle wesentlich komplizierter. Während die Menge der einzelnen Gaskomponenten bei den Pulverarten sich nach dem Wassergasgleichgewicht einstellt, tritt bei nicht vollkommen vergasenden Sprengstoffen noch ein weiteres Gasgleichgewicht bestimmend hinzu, das Gleichgewicht zwischen Kohlenstoff, Kohlensäure und Kohlenoxyd $2\,CO \rightleftarrows CO_2 + C$. War das Wassergleichgewicht vom Druck unabhängig und die Gaszusammensetzung nur eine Funktion der Temperatur oder der Abkühlungsgeschwindigkeit des Gasgemisches, so wird im Gegensatz hierzu, wie schon beim Methangleichgewicht auseinandergesetzt, das Kohlenstoff-, Kohlensäure-, Kohlenoxyd-Gleichgewicht nicht nur von der Temperatur, sondern auch vom Druck beeinflußt. Da der Druck bei der Detonation eine Funktion der Ladedichte sein kann, so könnte die Umsetzung dieser Sprengstoffe sich mit der Ladedichte ändern. Dem ist jedoch nicht so. Bei der außerordentlich schnellen Detonationsumsetzung der Sprengstoffe spielt die Ladedichte bzw. der Einschluß keine Rolle. Die Detonationsgeschwindigkeit ist nach Kast (s. Lit.-Note) bei einem bestimmten Durchmesser der Patronen (etwa 10 mm) unabhängig von dem Einschluß. So fand Kast beispielsweise für freiliegendes Trinitrotoluol (Dichte 1,61) eine Detonationsgeschwindigkeit von 6605 ± 130 m/sec, während der Sprengstoff, in einer Eisenröhre eingeschlossen, $6760 \pm {}^{15}_{10}$ m/sec ergab.

Die Gase entstehen so plötzlich, daß es für den Druck, unter dem die Detonation erfolgt und verläuft, fast gleichgültig ist, ob der betreffende Sprengstoff von Luft oder starkwandigem Eisenmaterial umgeben ist. Auch die Luft ist träge genug, um den im Moment der Detonation auftretenden Druck zur Geltung kommen zu lassen. Im Augenblick der Detonation sind die Gase also durch die Luft oder durch Metall fast gleich fest eingeschlossen. Daraus ergibt sich, daß bei momentaner Umsetzung durch die Sprengkapsel die Zersetzung dieser Gruppe von Sprengstoffen durch die Ladedichte nicht beeinflußt werden kann und die Zersetzung unabhängig von den äußeren Bedingungen ist. Bei genügender Initialzündung muß sie gleichmäßig verlaufen. Nach dem Zeitpunkt der Detonation jedoch können die Gase, sofern sie nicht durch besondere Mittel plötzlich abgekühlt werden, weiter reagieren. In dieser Abkühlungsperiode entsteht die große Menge von Methan, außerdem reagiert das entstandene Wasser

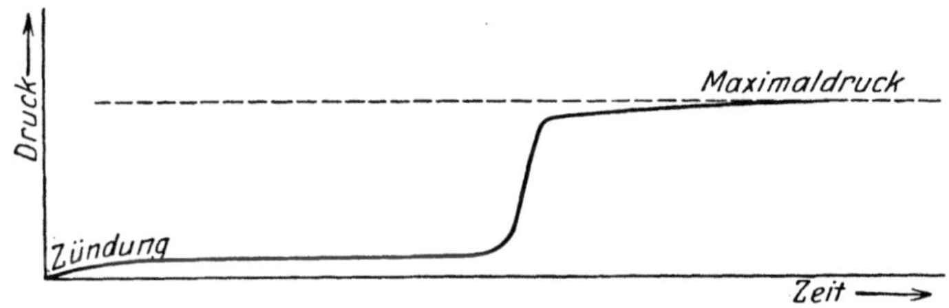

Abb. 3.

mit dem zur Abscheidung gekommenen Kohlenstoff nach dem Wassergasgleichgewicht. Die Bedingungen dieser späteren Reaktionen sind abhängig vom Druck und der Abkühlungsgeschwindigkeit der Gase. So kann es kommen, daß bei Sprengungen in der kalorimetrischen Bombe mit großem Volumen fast der gesamte primär gebildete Kohlenstoff wieder verschwindet, und so die Gaszusammensetzung scheinbar von der Ladedichte abhängig ist. Den Verlauf der im Abkühlungsprozeß nach der Detonation einsetzenden Reaktionen kann man an dem Druckdiagramm, wie Muraour gezeigt hat (s. Lit.-Note), deutlich erkennen. Bei der Sprengung des Trinitrometaxylols zeigt die Registrierung nebenstehendes Bild des Druckverlaufes (Abb. 3). Der zweite Anstieg des Druckes ist durch die sekundäre Wassergasbildung, bei der ein Teil des abgeschiedenen Kohlenstoffes mit dem Wasser reagiert, bedingt. Bewiesen ist diese Behauptung dadurch, daß bei Sprengstoffen, die kein oder nur sehr wenig Wasser bilden, wie Dinitrodichlorbenzol, das Bild der Druckentwicklung ein wesentlich anderes ist und keine Steigerung des Druckes eintritt.

Trägt man jedoch dafür Sorge, daß die Gase sich möglichst schnell und energisch abkühlen, so friert das Gleichgewicht ein, und die Gaszusammensetzung bleibt erhalten, wie sie etwa bei der Detonation gewesen ist.

Beweisen kann man diese Anschauungen dadurch, daß man Pikrinsäure oder andere Nitrokörper unter Bedingungen zur Detonation bringt, bei denen die im Moment der Detonation stattgehabte Umsetzung nach Möglichkeit erhalten bleibt. Unter diesen Versuchsbedingungen kann das Einschlußmaterial verschieden und auch damit der Druck scheinbar wechselnd sein. So wurden Pikrinsäure und Trinitrotoluol (spez. Gew. 1,53) in einer starkwandigen Eisenbombe (3 bis 4 cm) bei höchster Ladedichte gesprengt. Die Eisenbombe befand sich in einer großen evakuierten Bombe. Desgleichen wurden Sprengungen nach Trauzl in gewöhnlichem Bleiblock vorgenommen, der sich ebenfalls unter einer evakuierten Kupferglocke befand. Durch die Arbeitsleistung bei Zertrümmerung der kleinen Bombe oder bei der Volumenaufbauchung im Bleiblock wurden die Gase abgekühlt und spätere Umsetzungen möglichst vermieden. Wurde die Wandstärke der den Sprengstoff aufnehmenden Eisenbombe durch Abdrehen verringert, so änderte sich bei einer bestimmten Stärke (0,5 cm) die Gaszusammensetzung bedeutend. Die Arbeitsleistung genügte zum schnellen Abkühlen der Gase nicht mehr, und die Gase reagierten noch nach. Wurde aber die Bombe in feuchtes Kieselgur oder in Asbestschlamm gestellt, so wurde die Abkühlung der Gase wieder beschleunigt und eine Gaszusammensetzung annähernd wie in der starkwandigen Bombe erhalten. Sprengungen in kleinen Blei- oder Porzellangefäßen, die ebenfalls in einer großen Bombe untergebracht waren, ergaben bei der Untersuchung der Zersetzungsprodukte das gleiche Resultat, wofern die Arbeitsleistung der zur Explosion kommenden Sprengstoffmenge für die Kühlung genügend war. Wurde die Sprengstoffmenge erhöht, so genügte die Arbeitsleistung nicht, um durch die Abkühlung der Gase das Nachreagieren derselben auszuschließen. In diesem Falle wurde wieder mehr Methan und weniger Kohlenstoff in elementarer Form gefunden. Auch Sprengungen von Pikrinsäure und Trinitrotoluol in doppelwandigen, mit Wasser oder Quecksilber gefüllten Blech- oder Glasgefäßen, deren inneres Volumen gerade so groß war, um den Sprengstoff aufzunehmen, ergaben Zersetzungsprodukte, die wieder mit denen in der Eisen- oder Bleibombe gleich waren. In der äußeren Hülle dieser Gefäße war das zur Kühlung bestimmte Wasser oder Quecksilber untergebracht. Der Druck, der zur Zertrümmerung des Einschlusses der dünnwandigen, mit Wasser gefüllten Gefäße benötigt wird, ist äußerst gering, aber die Gase werden durch das bei der Detonation des Sprengstoffes in der großen Bombe herumspritzende Wasser oder Quecksilber stark gekühlt und bleiben in ihrer ursprünglichen Zusammensetzung erhalten. Beim Ersatz des Wassers durch Quecksilber ergaben sich nur ganz geringe Änderungen in der Gaszusammensetzung, doch scheint es, als ob man durch Kühlung mit Quecksilber noch näher dem Grenzzustande bei der Detonation kommt; der Grund dürfte in dem Trägheitswiderstand des spezifisch schwereren Quecksilbers liegen.

Die Versuchsergebnisse kann man nur so deuten, daß die Art der Zersetzung bei der Detonation der brisanten Sprengstoffe unabhängig vom Einschluß und von dem durch den Einschluß bedingten Druck ist. Bei der schnellen Umsetzung der brisanten Sprengstoffe stellt jedes Material eine genügende Verdämmung dar, um den Druck im Gaskern auf gleichmäßige Höhe zu bringen.

Zündet man dagegen die Sprengstoffe mit einem Zündhütchen oder mit einigen Blättchen Nitroglyzerinpulver, so zersetzen sie sich langsamer, etwa wie Pulver, und die Gaszusammensetzung ist sehr wohl von der Druckentwicklung abhängig, und man erhält für jede Ladedichte einen bestimmten Endzustand. In diesem Falle ist also die Gaszusammensetzung, sowie die Verbrennungswärme abhängig von der Ladedichte. Bei langsamer Abkühlung reagieren die Gase weiter. Um den Endzustand der Gaszusammensetzung, die frei von späteren Reaktionen ist, zu ermitteln, ist wieder schnelle Abkühlung nötig. Man verschießt zu diesem Zweck die Sprengstoffe, wie Pikrinsäure oder Trinitrotuol, in Gefäßen wechselnden Volumens und wechselnder Wandstärke, die in einem Wasser- oder Quecksilberbehälter stehen, der sich wieder in einer großen evakuierten Bombe befindet. Durch den Druck wird das Explosionsgefäß zertrümmert und die Gase durch die Arbeitsleistung und das Wasser oder das Quecksilber schnell abgekühlt. Die Wandung des Explosionsgefäßes muß so in der Stärke bemessen sein, daß es bei dem gewünschten Druck zerrissen wird. Unter diesen Bedingungen erhielt man je nach dem herrschenden Druck verschiedene Gaszusammensetzungen, die zwischen 4 und 18 % Kohlensäure schwankten, jedoch nur einen ganz geringen Methangehalt, bis 0,3 %, zeigten. J e d e r L a d e d i c h t e und dem dadurch bedingten Druck e n t s p r i c h t e i n e Z e r s e t z u n g s g l e i c h u n g, die sich, wie gezeigt werden soll, leicht aufstellen läßt.

Bei der D e t o n a t i o n d u r c h d i e S p r e n g k a p s e l gibt es im Gegensatz dazu nur e i n e Z e r s e t z u n g s a r t; um diese zu ermitteln, soll das praktische Sprengergebnis bei der Detonation mit den verschiedenen, für bestimmte Ladedichten gefundenen und errechneten Werten verglichen und demnach geprüft werden, welcher Gaszusammensetzung das praktische Resultat bei der Detonation am nächsten kommt. Zu diesem Zwecke ist es nötig, die Methode der Berechnung zu klären.

Rechnerisch kann man die Gaszusammensetzung für die verschiedenen Zersetzungsverhältnisse ermitteln, indem man sowohl das Wassergasgleichgewicht wie das Kohlenstoff-, Kohlensäure-, Kohlenoxyd-Gleichgewicht berücksichtigt. Bei vollkommen vergasenden Explosivstoffen waren für die vier Unbekannten x, y, z, u vier Gleichungen vorhanden. Bei den nicht vollkommen vergasenden Explosivstoffen tritt noch eine fünfte Unbekannte, v, der elementar sich abscheidende Kohlenstoff, hinzu. Die fünfte notwendige Gleichung liefert das Kohlenstoff-, Kohlensäure-, Kohlenoxyd-Gleichgewicht. Die Gleichgewichtskonstante dieses Gleichgewichts ist in ihrer Abhängigkeit von der Temperatur durch folgende Gleichung gegeben (Pollitzer; S. 129):

$$\log K = \log \frac{p^2 CO}{p CO_2} = -\frac{8200}{T} + 1{,}75 \cdot \log T - 0{,}00091\, T + 3{,}8 .$$

(Das Glied $0{,}0006 \cdot T$ bei Pollitzer ist durch $0{,}00091 \cdot T$ ersetzt wegen der höheren Temperaturen in der Explosivstoffchemie und der größeren spezifischen Wärme des Kohlenstoffes bei diesen Temperaturen.) In dieser Gleichung ist $p^2 CO$ das Quadrat des Partialdruckes des Kohlenoxyds und $p CO_2$ der Partialdruck der Kohlensäure. Der Partialdruck ist gleich der Anzahl der Moleküle des betreffenden Gases dividiert durch die Gesamtsumme aller vorhandenen Grammoleküle und multipliziert mit dem Druck, so daß für $\frac{p^2 CO}{p CO_2}$ der folgende Wert zu setzen ist, wenn z wieder Mole Kohlenoxyd und x die Mole Kohlensäure ausdrücken und P den Druck bedeutet:

$$\frac{p^2 CO}{p CO_2} = \frac{\frac{z^2}{\Sigma \text{Mole}^2} \cdot P^2}{\frac{x}{\Sigma \text{Mole}} P} = \frac{z^2 P}{x \, \Sigma \text{Mole}} = K_{(CO, CO_2)} .$$

Diese fünfte Gleichung enthält aber zwei neue Unbekannte P und Σ Mole. P ist durch die Ladedichte und die für die Explosivstoffe konstante Größe f, den spezifischen Druck, bestimmt, und zwar gilt die bereits in § 10 angegebene Beziehung $P = f \cdot \frac{\Delta}{1 - \alpha \Delta}$, in der für Δ der betreffende Wert der Ladedichte und für α, das sogenannte Kovolumen (s. § 9), ein Näherungswert, etwa 0,7, einzusetzen ist. Die Konstante f läßt sich durch $f = \frac{\mathfrak{v}_0 \cdot T_0}{273}$ ausdrücken, worin $\mathfrak{v}_0$, das Volumen bei 0° von 1 g Sprengstoff, durch

$$\mathfrak{v}_0 = \frac{22410 \cdot \Sigma \text{Mole}}{\text{Molekulargew. d. Sprengstoffs}}$$

zu ersetzen ist. 22410 cm³ ist dasjenige Volumen, das von jedem Grammolekül irgendeines Gases bei 0° und dem Atmosphärendruck eingenommen wird.

So erhält man für P den Wert

$$P = \frac{22410 \, \Sigma \text{Mole} \cdot T_0}{273 \cdot (\text{Molekulargew. d. Sprengstoffs})} \cdot \frac{\Delta}{1 - \alpha \Delta} .$$

Damit ergibt sich

$$\frac{z^2}{x}\cdot\frac{22410\cdot T_0}{273\,(\text{Molekulargew. d. Sprengstoffs})}\cdot\frac{\Delta}{1-\alpha\Delta}=K_{(CO,CO_2)}.$$

(Die Unbekannte Σ Mole ist weggefallen.)

Es sei $\frac{z^2}{x}=A$ gesetzt, es ist dann

$$A=\frac{K_{(CO,CO_2)}}{T_0\cdot 22410}\cdot\frac{273\cdot\text{Molekulargew. d. Sprengstoffs}}{\frac{\Delta}{1-\alpha\Delta}}.$$

Berechnet man für die verschiedenen Ladedichten die Werte für A, indem man für T_0 einen Näherungswert, etwa 3000^0, und $\alpha=0{,}7$ setzt und K für die entsprechende Temperatur der Gleichung entnimmt, so erhält man für $\frac{z^2}{x}$ die fünfte notwendige Gleichung. Für die verschiedenen Temperaturen hat K den Wert

T	K	T	K
2000^0	4476	3000^0	26303
2500^0	15488	3500^0	30200
2800^0	22389		

Für die Ermittlung der Unbekannten x, y, z, u, v sind jetzt fünf Gleichungen vorhanden:

1. $\frac{z}{x}\cdot\frac{u}{y}=K\,(\text{Wassergas})\sim 6{,}2$, 2. $\frac{z^2}{x}=A$, 3. $2x+z+u=O$,

4. $u+y=\frac{H}{2}$, 5. $x+z+v=C$,

worin O die Anzahl der Sauerstoffatome, C die der Kohlenstoffatome und $\frac{H}{2}$ die Hälfte der Wasserstoffatome bedeutet, x ist die Zahl der Kohlensäure-Mole, z die Anzahl der Kohlenoxydmole, u und y die von Wasser und Wasserstoff, sowie v die der sich abscheidenden Kohlenstoffgrammatome.

Eliminiert man die Unbekannten x, z, u und v, so ergibt sich für die Berechnung von y:

$$\left(\frac{H}{2}\right)^2=-\frac{(K_w-4)}{2}\frac{H}{2}\cdot y+\frac{K_w}{2A}y^2\left[K_w\left(O-\frac{H}{2}\right)+A\left(\frac{K_w-2}{K_w}\right)\right]+\frac{K_w^2\cdot y^3}{2A}.$$

K_w ist die Gleichgewichtskonstante für das Wassergasgleichgewicht und hat bei den in Frage kommenden Temperaturen einen Wert von 6 bis 6,6; x, z und v lassen sich nach Berechnung von y aus den übrigen Gleichungen leicht ermitteln.

Bemerkt muß werden, daß bei dieser Berechnung auf die geringen Mengen von Methan, Kohlenwasserstoffen, Ammoniak und Blausäure, die bei jeder Detonation entstehen, der Einfachheit halber keine Rücksicht genommen ist. Es lassen sich auch diese Gaskomponenten in die Rechnung einführen; diese verliert aber dann an Einfachheit. Für jede dieser Unbekannten läßt sich aus dem betreffenden Gleichgewichtsverhältnis eine neue Gleichung aufstellen. Einige Berechnungen für Pikrinsäure und Trinitrotoluol seien nachstehend angeführt:

Pikrinsäure.

Δ	Gaszusammensetzung in Molen					Σ-Mole	A	$\frac{\Delta}{1-\alpha\Delta}$ [1]	t
	CO_2	CO	H_2O	H_2	C				
0,58	0,8266	4,5625	0,784	0,716	0,6109	8,3891	25	1	—
1,0	1,3587	3,2036	1,079	0,421	1,4377	7,5624	7,5	3,33	2872
1,2	1,74	2,32	1,21	0,29	1,94	7,06	3,33	7,5	2850

$N_2 = 1{,}5$. Von $A = \sim 60$ ab tritt Abscheidung von C auf. Als Näherungswert ist für $T_0 \sim 3000^0$ angenommen, K wird dann ~ 27000,

$$\frac{22410 \cdot T_0}{273 \cdot 229} = \sim 1080, \qquad A = \frac{27\,000}{1080 \dfrac{\Delta}{1-\alpha\Delta}}$$

Trinitrotoluol.

Δ	Gaszusammensetzung in Molen					Σ-Mole	A	$\frac{\Delta}{1-\alpha\Delta}$	t
	CO_2	CO	H_2O	H_2	C				
0,58	0,5679	3,6227	1,262	1,262	2,8076	8,1924	22	1	—
0,8	0,747	3,010	1,497	1,003	3,243	7,757	12,10	1,818	2471
0,9	0,827	2,735	1,612	0,888	3,438	7,562	9,04	2,43	2492
1,0	0,9080	2,4615	1,7225	0,7775	3,6305	7,3695	6,66	3,33	2534
1,1	1,0	2,166	1,836	0,664	3,834	7,166	4,7	4,783	2538
1,2	1,110	1,819	1,961	0,539	4,07	6,929	3	7,5	2550

Als Näherungswert für T_0 ist 2765^0 angenommen, K wird dann ~ 22000.

Die von der Ladedichte abhängigen Zersetzungen findet man nur bei Zündung mittels Nitroglyzerinpulver unter Arbeitsleistung bei wechselnden Drucken. Bei der Zündung mit der Sprengkapsel gibt es nur eine Zersetzung.

Die erwähnten Nebenreaktionen, die Blausäure-, Ammoniak-, Kohlenwasserstoff- und Methanbildung beeinflussen jedoch das Wassergas- und Kohlenoxydkohlenstoffgleichgewicht. Soll daher das Ergebnis der Rechnung mit dem praktischen Versuch im Einklang stehen, so muß man die Nebenreaktionen in Rücksicht ziehen. Es geschieht dies in der Weise, daß man die für die Bildung der Nebenprodukte wie Cyanwasserstoff, Ammoniak, Methan und Kohlenwasserstoffe (für diese ist als Durchschnittszusammensetzung C_2H_5 oder C_2H_6 angenommen) notwendige Menge von Atomen von den für

[1] Da α nur ein Näherungswert ist, so braucht die Gaszusammensetzung nicht unbedingt der in der Tabelle und den späteren Rechnungen angeführten Ladedichte zu entsprechen, sondern kann sich verschieben.

das Wasser- und Kohlenoxydgleichgewicht zur Verfügung stehenden in Abzug bringt. Ferner ist die Elementarzusammensetzung der benutzten Initialzündmittel zu der Zusammensetzung des Sprengstoffes zu addieren.

Über den Umfang der erwähnten Nebenreaktionen gibt nachstehende Betrachtung Aufschluß.

Azetylen kann sich bei hohen Temperaturen bilden. Je nach der Wasserstoffkonzentration könnten aus ihm Kohlenwasserstoffe entstehen. Für die Azetylenbildung gilt die Näherungsgleichung: $\log \frac{p\,C_2H_2}{p\,H_2} = -\frac{8750}{T} + 1{,}6$. Bei T etwa 3000, der Detonationstemperatur der Trinitrokörper, ist $K = 0{,}04$, (bei $3300 : K = 0{,}09$). Die maximale Wasserstoffkonzentration ist pro Mol Nitroverbindung bei der Detonationszersetzung etwa 0,6 Mol, bei Pikrinsäure nur 0,2 (entnommen den folgenden Rechnungen und Versuchen), so daß maximal 0,054 Mole C_2H_2 mit $K = 0{,}09 = \frac{0{,}054}{0{,}6}$ entstehen könnten, meistens jedoch wesentlich weniger, was den Beweis dafür liefert, daß auch die gebildete Azetylenmenge bei den herrschenden Konzentrationsverhältnissen nur gering sein kann. Dementsprechend kann das Azetylen auch nur zur Bildung kleiner Mengen Kohlenwasserstoffe Anlaß bieten.

Bei der Detonation tritt ferner regelmäßig Blausäure auf. Für die Bildung der Blausäure, $2\,HCN = H_2 + N_2 + 2\,C$, gilt die Näherungsgleichung: $\log \frac{p^2\,HCN}{p\,H_2\,p\,N_2} = -\frac{13060}{T} + 4{,}0$; bei $T = 3000$ wird $\log K \sim 0{,}700 - 1$, bei 3300 wird $K = 1$, was bei der Detonation der Pikrinsäure und des Trinitrotoluols mit dem praktischen Befunde ungefähr im Einklang steht. Aus 229 g Pikrinsäure wurden bei der Detonation 0,12 bis 0,25 Mole HCN gefunden, bei der Wasserstoffkonzentration von 0,2 Molen und der des Stickstoffes von 1,45 ist demnach

$$K = \frac{0{,}25^2}{0{,}2 \cdot 1{,}45} \sim 0{,}3.$$

Des weiteren findet man in den Detonationsprodukten Ammoniak; von 229 g Pikrinsäure wurden etwa 0,06 bis 0,13 Mole, bei Trinitrotoluol 0,13 bis 0,23 ermittelt. Nach der Gleichung (Pollitzer: S. 87, Berechnung chemischer Affinitäten):

$$\log K = -\frac{21980}{4{,}571 \cdot T} + 3{,}5 \cdot \log T + \frac{0{,}00331}{4{,}571} \cdot T - \frac{0{,}81}{4{,}571} \cdot 10^{-9} T^3 + 0{,}81$$

entspricht die Menge (0,13 Mole) in der Größenordnung etwa der Forderung der Gleichung, falls der Druck mit 50000 Atm. und die Wasserstoff-Konzentration mit 0,197 Mole angenommen wird. Für $T = 3300$ ist $\log K = 7{,}47$; bei Pikrinsäure

$$K = \frac{H_2^3 \cdot N_2 P^2}{(NH_3)^2 \cdot \Sigma\,\text{Mole}^2} = \frac{0{,}00764 \cdot 1{,}45 \cdot 25 \cdot 10^8}{0{,}0169 \cdot 52} = 3{,}1 \cdot 10^7.$$

Endotherme Verbindungen, wie Stickoxyde und Wasserstoffsuperoxyd, werden bei Gegenwart von reduzierten Gasen zu vernachlässigen sein.

Versuchsergebnisse.

A. Pikrinsäure.

a) Sprengversuche.

Bei den praktischen Sprengungen wurden nachstehende Resultate erhalten: 10 g Pikrinsäure mit 1,5 g-Sprengkapsel und 0,208 Knallquecksilberzündung gesprengt, ergaben folgende Gaszusammensetzung:

I. In Stahlbombe	II. In Bleibombe	III. In Kupfergefäß (doppelwandig) mit 100 cm³ bzw. 325 cm³ Wasser gefüllt		IV. Glasgefäß (doppelwandig) mit Wasser
		100 cm³	325 cm³	200 cm³
CO_2 % = 29,37	29,05	26,45 27,3	27,8	24,79
CO % = 44,53	44,65	46,8 45,4	45,2	47,77
CH_4 % = 0,5	0,2	0,61 0,6	0,5	0,66
H_2 % = 2,17	2,25	4,2 3,9	3,1	4,1
Kohlenwasserstoffe (Spuren)	0,2	Spuren 0,4	0,4	0,45

Kohlenstoff gefunden = 0,70 g von 10 g Pikrinsäure = 1,3 g Atome aus 229 g Pikrinsäure.

An Ammoniak und Blausäure wurden auf das Mol Pikrinsäure gefunden:

NH_3 = 0,062 bis 0,13 CH_4 = 0,03524

HCN = 0,151 u. 0,1514, Kohlenwasserstoffe = 0,02349, v_0 = 510 — 522 cm³/1 g.

Ammoniak und Blausäure wurden im Rückstand nach Auswaschen der abgeschiedenen Kohle mit Wasser ermittelt. Das Ammoniak wird wahrscheinlich mit dem bei der Detonation entstandenen Wasser und der Kohlensäure Ammoniumbikarbonat bilden. Diese Kohlensäuremenge wird durch die Gasanalyse nicht gefunden und ist daher bei der theoretischen Berechnung für den Vergleich mit dem praktischen Versuch von dem ermittelten Werte in Abzug zu bringen.

b) Berechnung:

10 g Pikrinsäure sind mit einer Sprengkapsel, die 1,5 g Knallsatz enthielt, zur Detonation gebracht worden. Der Knallsatz bestand aus etwa 85 % Knallquecksilber und 15 % Kaliumchlorat. Auf das Molekulargewicht der Pikrinsäure in Gramm (229) beträgt also die Menge der Initialzündung 34,35 g, diese enthält nach der Analyse 28,89 g

Knallquecksilber und 5,55 g Kaliumchlorat oder im Knallquecksilber sind 0,2 Grammatome Kohlenstoff, Sauerstoff und Stickstoff, im Kaliumchlorat 0,14 Grammatome Sauerstoff enthalten, die zu der Anzahl der in der Pikrinsäure enthaltenen Grammatome zu addieren sind. Zur Berücksichtigung der Nebenreaktionen ist die Anzahl der Grammatome von Blausäure usw. in Abzug gebracht.

Es sind enthalten:	Anzahl der Grammatome C	O	H	N
In 229 g Pikrinsäure	6	7	3	3
„ 28,8 g Knallquecksilber	0,2	0,2	—	0,2
„ 5,55 g Kaliumchlorat		0,14		
Gesamtgrammatome	6,2	7,34	3	3,2
Davon sind in Abzug zu bringen:				
für 0,120 Mole NH_3			0,360	0,120
„ 0,1514 „ HCN	0,1514		0,1514	0,1514
„ 0,0352 „ CH_4	0,0352		0,1408	
„ 0,0249 „ C_2H_5	0,0470		0,1170	
In die Rechnung sind einzusetzen:	5,9664	7,34	2,2308 $\frac{H}{2} = 1{,}1154$	2,9286 $\frac{N}{2} = 1{,}4643$

Für y erhält man bei der Ladedichte $\sim 1{,}2$ $(\varDelta = 3{,}5)$ und bei $K = 6{,}2$ die Gleichung:

$$1{,}1154^2 = -y \cdot 1{,}1154 \cdot 1{,}1 + y^2 \cdot 36{,}4 + y^3 \cdot 5{,}5$$

und für y den Wert:

$y = 0{,}1975$. Es wird dann $u = 0{,}9179$, $z = \frac{\varDelta \cdot u}{6{,}2 \cdot y} = 2{,}6266$, $x = 1{,}8980$, $N_2 = 1{,}465$, Kohlenstoff $= 1{,}44$ Grammatome, $\mathfrak{v}_0 = 512{,}6$ cm³ (Wasser flüssig). Σ Mole (einschl. CH_4 und C_2H_5) $= 7{,}1641$. Summe der bei gewöhnlicher Temperatur gasförmigen Grammole unter der Annahme, daß das Ammoniak sich mit der Kohlensäure zu Ammoniumbikarbonat verbindet, $7{,}1641 - 0{,}9179\,(H_2O) - 0{,}12 = 6{,}1262$, damit errechnet sich die Gaszusammensetzung:

$CO_2 = 29{,}02\,\%$ $\quad$ $H_2 = 3{,}22\,\%$

$CO = 42{,}88\,\%$ $\quad$ $N_2 = 23{,}90\,\%$

Kohlenwasserstoffe u. $CH_4 = 0{,}98\,\%$

Das Methan- und Ammoniakgleichgewicht deuten auf einen Druck von etwa 50000 Atm. bei der Detonation der Pikrinsäure, während sich aus $\frac{z^2 \cdot P}{x \cdot \Sigma \text{Mole}} = K$ nur 40000 Atm. errechnen. Es mag daher, wofern man die Richtigkeit der Gleichungen annimmt, doch noch eine geringere Reaktion unter den Gasen stattgefunden haben und der Grenzzustand noch nicht ganz erreicht sein. Aber immerhin stimmt die Rechnung recht gut mit den Ergebnissen des praktischen

Versuches überein, so daß man zu der Annahme berechtigt ist, die Pikrinsäure zersetzt sich bei der Detonation etwa in der Weise, wie sie sich für die Ladedichte 1,2 errechnet.

B. Trinitrotoluol.

a) Sprengversuche.

Bei der praktischen Sprengung von 10 g Trinitrotoluol, mit 1,5 g Knallquecksilber gezündet, wurden nachstehende Resultate erhalten:

Gaszusammensetzung bei der Sprengung.

I. In Stahlbombe	II. Im Bleiblock	III. Im Glasgefäß mit 200 g H_2O verdämmt		
CO_2 % = 23,1	23,2	23,25	21,44	22,4
CO % = 45,56	45,23	46,39	46,0	43,0
CH_4 % = 1,08 im Mittel $+0,2$ $-0,3$	1,6	1,82	1,62	1,7
H_2 % = 6,6	7,0	6,6	6,65	6,8
K.W. % = 1,08	0,6	1,0	1,6	1,6
N_2 % = 22,02	22,4	20,9	22,3	—

An Ammoniak und Blausäure wurde, auf das Molekül Trinitrotoluol berechnet, gefunden:

NH_3 = 0,25 Mole K.W. C_2H_6 = 0,112 Mole
HCN = 0,156 „ $v_0 = 470 {}^{+17}_{-11}$
CH_4 = 0,12 „

An C wurden ermittelt 1,8 g oder 2,8 g Atome auf 227 g Trinitrotoluol.

Es sind enthalten:	Anzahl der g-Atome C	O	H	N
In 227 g Trinitrotoluol	7	6	5	3
„ 28,47 g Knallquecksilber	0,2	0,2		0,2
„ 5,55 g Kaliumchlorat		0,14		
Gesamtatomzahl	7,2	6,34	5	3,2
Davon sind in Abzug zu bringen:				
für 0,25 Mole NH_3			0,75	0,227
„ 0,156 „ HCN	0,156		0,156	0,156
„ 0,12 „ CH_4	0,12		0,48	
„ 0,112 „ C_2H_5	0,224		0,56	
	0,500		1,946	0,383
In die Rechnung einzusetzen sind:	6,700	6,34	3,054	9,817
			$\frac{H}{2} = 1{,}527$	$\frac{N}{2} = 1{,}408$

Für y erhält man bei der Ladedichte 1,1 ($A = 4{,}7$) die Gleichung ($K = 6$):

$$(1{,}527)^2 = -y\,1{,}527 + y^2 \cdot 20{,}433 + y^3 \cdot 3{,}83$$

und für y den Wert $y = 0{,}3637$; es wird dann $u = 1{,}1633$, $z = \frac{A}{6}\frac{u}{y} = 2{,}5056$, $x = 1{,}3355$, $N_2 = 1{,}414$, $C = 2{,}86$. Σ Mole (einschließlich C_2H_4 u. CH_4) = 7,0341. Σ der bei gewöhnlicher Temperatur gasförmigen g-Moleküle unter der Annahme, daß das Ammoniak sich mit der Kohlensäure zu Ammoniumbikarbonat verbindet, = 5,6437 = 7,0341 — 1,1633 — 0,227 (im Rückstand gefundenes Ammoniak). Demnach errechnet sich die Zusammensetzung der gasförmigen Produkte in Prozenten:

19,65 CO_2; 44,40 CO; 6,44 H_2; 24,91 N_2; 1,9 CH_4; 2,7 C_2H_4.

Für die Ladedichte 1,2 ($\varDelta = 3$) errechnet sich nach der Gleichung $1{,}527^2 = -y\,1{,}527 + y^2 \cdot 30{,}878 + 6y^3$ die Gaszusammensetzung unter den vorher erwähnten Bedingungen:

$CO_2 = 23{,}45\,\%$; $CO = 39{,}9\,\%$; $H_2 = 5{,}42\,\%$; $N_2 = 26{,}0\,\%$;

$\mathfrak{v}_0 = 464\ cm^3/1\ g$.

Die theoretische Berechnung für die Ladedichte 1,2 stimmt auch hier zur Genüge mit dem praktischen Befunde überein, doch ist eine geringe Differenz am Kohlenoxydgehalt zu beobachten. Diese kommt wahrscheinlich daher, daß die Wasserstoffkonzentration für die Berechnung noch zu groß ist und weiter erniedrigt werden muß. Dieses wird durch den praktischen Versuch bestätigt, denn bei der Zersetzung des Trinitrotoluols unter Arbeitsleistung in der Bombe entstehen noch Kohlenwasserstoffe, über deren Natur wir noch keine Kenntnis haben; wenn auch deren Menge äußerst gering ist, so beeinflußt sie doch die Wasserstoffkonzentration und damit das Ergebnis der Rechnung. Trotz vieler Versuche ist es noch nicht möglich gewesen, diese durch den Geruch in der Kohle deutlich wahrnehmbaren Kohlenwasserstoffe in solcher Menge zu isolieren, daß ihre Identifizierung möglich war. Anzunehmen ist, daß es sich um aromatische Verbindungen handelt. Vergleicht man diese Ergebnisse der theoretischen Berechnung mit dem praktischen Befunde, so sieht man, daß die Analysenresultate der Sprengversuche zwischen den für die Ladedichte 1,1 und 1,2 berechneten Werten, nahe denen für die Ladedichte 1,1 errechneten, liegen.

C. Trinitrobenzol.

a) Sprengversuche.

Bei der praktischen Sprengung von 10 g Trinitrobenzol, mit 1,5 g Sprengkapsel gezündet, wurden nachstehende Ergebnisse erhalten:

Gaszusammensetzung.

I. In Stahlbombe	II. Im Bleiblock	III. Mit 250 g Wasser verdämmt in doppelwandigem Gefäße		
$CO_2\,\% = 20{,}6$	21,3	21,6	20,00	20,00
$CO\,\% = 46{,}1$	45,7	46,1	47,1	47,46
$CH_4\,\% = 1{,}4$	1,2	1,4	1,05	1,05
$H_2\,\% = 5{,}0$	5,2	4,7	5,87	5,91
$C_2H_5\,\% = 0{,}25$	0,3	0,2	0,3	0,3
$N\,\% = 26{,}6$	26,3	27,0	25,08	25,27

Kohlenstoff 1,90 Grammatome, auf das Molekulargewicht 213 g berechnet. Das Gasvolumen von 1 g Sprengstoff betrug 540 bis 565 cm³. An Ammoniak und Blausäure wurden bei der Sprengung, auf das Molekulargewicht berechnet, gefunden:

NH_3 = 0,10492 Mole
HCN = 0,0598 „
K. W. Stoffe = 0,0135 „ } berechnet aus dem Befunde der Gasanalyse
CH_4 = 0,0511 „ } und dem Gasvolumen.

b) Berechnung.

Unter Berücksichtigung der Zündung, bei deren gesonderter Untersuchung 0,7042 g Quecksilber, 0,0845 g Kohlenstoff, 0,0966 g Stickstoff und 0,1631 g Sauerstoff ermittelt wurden, sowie der bei der Detonation entstehenden Nebenprodukte ergeben sich für die Rechnung folgende Zahlen:

Es sind enthalten:	Anzahl der Atome C	O	H	N
In 213 g Trinitrobenzol	6	6	3	3
In der Initialzündung (gesprengt wurden 9,6530 g Trinitrobenzol mit 1,1287 g Initialzündung)	0,1555	0,2260	—	0,1555
Gasamtatomzahl	6,1555	6,2260	3	3,1555
Davon sind bei der Rechnung in Abzug zu bringen:				
für 1,0492 Mole NH_3	—	—	0,31476	0,1049
„ 0,0598 „ HCN	0,0598	—	0,0598	0,0598
„ 0,0511 „ CH_4	0,0511	—	0,2044	—
„ 0,0135 „ C_2H_4	0,0270	—	0,0540	—
In die Rechnung sind einzusetzen:	6,0176	6,2260	2,36704	2,9903
	—	—	$\frac{H}{2} = 1,1835$	$\frac{N}{2} = 1,4951$

Für y erhält man bei der Ladedichte 1,1 ($\varDelta = 5$) die Gleichung:

$$1,1835^2 = -y \cdot 1,1835 + y^2 \cdot 20,1583 + y^3 \cdot 3,6,$$

und für y den Wert: $y = 0,2865;$

es wird dann $u = 0,8970, \; z = \frac{\varDelta \cdot u}{6\,y} = 2,609, \; x = 1,36, \; N_2 = 1,4951,$

Σ Mole (einschließlich CH_4 und C_2H_4) = 6,7117 · Σ der bei gewöhnlicher Temperatur gasförmigen Moleküle unter der Annahme, daß das Ammoniak sich mit der Kohlensäure zu Ammonbikarbonat verbindet,

6,7117 — 0,8970 (H_2O) — 0,1049 (NH_3) = 5,7098; demnach errechnet sich die Gaszusammensetzung der gasförmigen Produkte:

CO_2 = 21,98%	N_2 = 26,18%
CO = 45,70%	CH_4 = 1,05%
H_2 = 5,01%	C_2H_4 = 0,29%

Ein Vergleich dieser errechneten Gaszusammensetzung mit der experimentell ermittelten zeigt eine gute Übereinstimmung. Die angeführten praktischen Versuche und Rechnungen beweisen, daß man auf diesem Wege die Vorgänge bei der Detonation klären kann, und daß die Gaszusammensetzung im Moment der Detonation ungefähr so ist, wie man sie bei der Ladedichte 1,2 errechnet.

Es war schon darauf hingewiesen worden, daß eine scharfe Trennung zwischen Explosivstoffen, die vergasen, und solchen, bei denen sich Kohlenstoff abscheidet, nicht möglich ist. Die Unterscheidung entspricht vielmehr nur der üblichen Zersetzung, wobei es jedoch nicht ausgeschlossen sein soll, daß unter geänderten Versuchsbedingungen, z. B. bei anderer Zündung oder bei wesentlich höherem Drucke und dadurch veranlaßter Detonation, die Umsetzung eines Pulvers oder Sprengstoffs so erfolgen kann, daß sich Kohlenstoff wie bei den Nitrokörpern in elementarer Form abscheidet. Umgekehrt kann sich ein Sprengstoff wie Pikrinsäure bei nicht zu hohem Druck vollkommen in Gase wie ein Pulver umsetzen. Ein Kriterium dafür, in welcher Weise ein Explosivstoff zerfällt, bildet die Rechnung. Läßt man die Umsetzung rechnerisch allein nach dem Wassergasprozeß verlaufen, so findet man für z und x Werte, woraus man $\frac{z^2}{x} = A$ ermitteln kann. Dieser Wert für A stellt den Grenzwert dar, bis zu dem der betreffende Stoff bei der zu A gehörenden Ladedichte vollkommen vergasen kann. Wird durch Erhöhung des Druckes A kleiner, so wird der Explosivstoff sich unter Kohlenstoffabscheidung umsetzen müssen. Auf Grund dieser Rechnung wurde Nitrozellulose bei der Ladedichte 1,0 mit der Sprengkapsel zur Explosion gebracht. Das Pulver zersetzte sich bei Flammenzündung wie folgt:

$$1000 \text{ g Pulver} = 4{,}41\, CO_2 + 18{,}045\, CO + 5{,}71\, H_2 + 8{,}67\, H_2O.$$

Hieraus ergibt sich, $\frac{CO^2}{CO_2} = 70$; wird A kleiner als 70, so muß sich demnach Kohlenstoff abscheiden. In der Tat wurde bei der Detonation des Pulvers unter Arbeitsleistung und Bedingungen, die ein schnelles Abkühlen der Explosionsprodukte herbeiführten, eine reichliche Kohlenstoffabscheidung beobachtet. Beim Schuß in der Waffe ist die Bildung elementaren Kohlenstoffes äußerst gering und betrug bei der Verbrennung von 10 g kaum wägbare Mengen, bei der Detonation jedoch konnten 0,29 g Kohlenstoff isoliert werden. Für die Ladedichte 1 ergibt die Rechnung das folgende Ergebnis:

Atome	C	O	H	N
1000 g Pulver enthielten	22,455	35,5	28,696	0,230
150 g Knallsatz = 127,5 Knallquecksilber	0,9	0,9	—	0,9
und 22,5 Kaliumchlorat	—	0,55	—	—
Gesamtatomzahl:	23,355	36,95	28,696	10,130
Davon sind in Abzug zu bringen:				
für 0,40 Mole NH_3	—	—	1,2	0,4
„ 0,50 „ HCN	0,5	—	0,5	0,5
„ 0,135 „ CH_4 usw.	0,135	—	0,54	—
In die Rechnung sind einzusetzen:	22,720	36,95	26,456	9,23
			$\frac{H}{2} = 13,228$	$\frac{N}{2} = 4,615$

Für y erhält man bei der Ladedichte 0,9 bis 1,0 ($\varDelta = \sim 21$) die Gleichung $174,98 = -y \cdot 13,228 + y^2\, 22,333 + y^3 \cdot 0,8591$ und für y den Wert: $y = 2,931$. Es wird dann $u = 10,297$, $z = 12,30$, $x = 7,177$, $N_2 = 4,615$. Die Summe der gasförmigen Moleküle unter der Annahme, daß Ammoniak einen Teil der Kohlensäure gebunden hat, beträgt

$$26,758 = 37,32 - 10,297\,(H_2O) - 0,4\, NH_3.$$

A ist nach der Formel $A = \dfrac{K_{(CO, CO_2)}\, 273 \cdot \text{Molek. Gew.}}{\dfrac{\varDelta}{1 - \alpha\varDelta}\, T \cdot 22410}$ berechnet, in die für $T = 2730^0$, für $K = \sim 22000$ und für $\alpha = 0,78$ eingesetzt ist. Die Menge des sich abscheidenden Kohlenstoffes soll nach der Rechnung betragen: 22,72 — 12,3 (C in Kohlenoxyd) — 7,18 (C in Kohlensäure) = 3,24 Grammatome oder von 10 g = ∼ 0,38 g. Bei der Annahme nicht so hoher Explosionstemperatur errechnet sich weniger Kohlenstoff. Gefunden wurde 0,29 g Kohlenstoff, was bei der Schwierigkeit der Sammlung des abgeschiedenen Kohlenstoffes eine gute Übereinstimmung zwischen Theorie und Praxis bedeutet. Bemerkt sei noch, daß das Ergebnis der Gasanalyse mit dem der Rechnung vollkommen im Einklang stand.

§ 12. Verbrennungstemperatur.

Die Kenntnis der Maximaltemperatur $T_0 = 273 + t_0$ der Pulvergase ist von Wichtigkeit nicht nur wegen des damit im Zusammenhang stehenden Maximaldrucks (vgl. § 10), sondern insbesondere wegen der Frage des Ausbrennens der Rohre (Schmelztemperatur des Stahls 1300 bis 1500° C).

Bei der Verbrennung des Pulvers im konstanten Volumen der Versuchsbombe kann diese Maximaltemperatur t_0 entweder aus dem Wärmegehalt des Pulvers bei Kenntnis der Zersetzungsprodukte nach Art und Menge oder aus den Resultaten von Druckmessungen annähernd berechnet werden. Durch diese zweifache rechnerische Ermittlung derselben Größe nach verschiedenen Methoden ist man imstande, wenigstens über den ungefähren Wert der Verbrennungstemperatur t_0 einige Gewißheit zu erhalten. Für die Maximaltemperatur der Pulvergase beim Schuß ist mit dem so ermittelten Wert t_0 natürlich nur eine obere Grenze gegeben.

Eine experimentelle Ermittlung von t_0 im konstanten Volumen der Versuchsbombe wurde zuerst von Mallard und Le Chatelier, sowie von W. Macnab und E. Ristori versucht. Die letzteren Beobachter führten ein Thermoelement aus Platin (Platinrhodium) in die Bombe ein und fixierten die Ausschläge eines ballistischen Galvanometers photographisch. Dieses thermoelektrische Verfahren dürfte noch am aussichtsreichsten sein.

Mit Hilfe des bekannten Schmelzpunktes des Platins 1750^0 hat Muraour (vgl. Lit.-Note) die verschiedenen Rechnungsergebnisse durch das Experiment geprüft. Ausgehend von einem Gemisch von Trinitrotoluol und Ammonnitrat, bei dem vollkommene Verbrennung zu CO_2 und H_2O eintrat, wurde durch weiteren Zusatz von Ammonnitrat die Explosionstemperatur so weit erniedrigt, daß gerade noch ein Schmelzen des in der Bombe befindlichen 0,20 mm starken und an den Enden zugespitzten Platindrahtes unter dem Mikroskop festzustellen war. In diesem Falle, bei einem Gemisch von $7\,^0/_0$ Trinitrotoluol und Ammonnitrat, lag die Explosionstemperatur sicherlich nur wenig über dem Schmelzpunkt des Platins und erlaubte eine Kritik der durch die Rechnung ermittelten Werte.

Im folgenden seien nur die oben erwähnten Rechnungs-Methoden näher besprochen.

1. Methode: Bestimmung der Verbrennungstemperatur aus dem Wärmegehalt Q. Wäre die spezifische Wärme c der Pulvergase (in konstantem Volumen) von der Temperatur t der Gase unabhängig, so hätte man, wenn der Wärmegehalt Q auf 1 kg als Gewichtseinheit bezogen wird, $Q = c \cdot t_0 \cdot 1$ (Cal/1 kg), wo t_0 in Grad Cels. die Explosionstemperatur darstellt; also ergäbe sich die Explosionstemperatur einfach aus

$$t_0 = \frac{Q}{c}.$$

Z. B. für Würfelpulver soll sein $Q = 490$ Cal/kg; mit $c = 0{,}20$ würde erhalten $t_0 = 19\,350^0$ C. N. v. Wuich hat gezeigt, daß auf solche Weise viel zu hohe Werte von t_0 resultieren würden. Der Grund liegt darin, daß die spezifische Wärme eines Gases keine Konstante ist, sondern eine Funktion der Temperatur. Daher ist vor allem die Kenntnis der spezifischen Wärmen bei den verschiedenen Temperaturen und ihre Abhängigkeit von der Temperatur erforderlich. Darauf soll in folgendem eingegangen werden.

Spezifische Wärme der Gase: Zunächst seien einige Begriffe klargestellt. Unter der wahren spezifischen Wärme c_w versteht man den Grenzwert des Verhältnisses zwischen der kleinen Wärmemenge dq, welche in das Einheitsgewicht des Stoffes hineinfließen muß, um dessen Temperatur t um den kleinen Betrag dt zu erhöhen, und zwischen dieser Temperaturzunahme dt; also $c_w = \frac{dq}{dt}$. Unter der mittleren spezifischen Wärme c_m zwischen 0^0 und t^0 versteht man die Wärmemenge q, die in das Einheitsgewicht für die Erwärmung von 0^0 bis t^0 hineinfließen muß, geteilt durch die Temperatur t, also $c_m = \frac{q}{t}$. Stellt man die wahre spezifische Wärme als eine lineare Funktion dar, $c_w = a + 2bt$, so ist die mittlere spezifische Wärme c_m nur dadurch von ihr unterschieden, daß das zweite Glied halb so groß ist, $c_m = a + bt$. Denn aus $c_w = \frac{dq}{dt} = a + 2bt$ folgt: $c_m = \frac{q}{t} = \frac{1}{t} \cdot \int_0^t (a + 2bt) \cdot dt = a + bt$. Als Gewichtseinheit kann das Kilogramm oder das Gramm oder auch das Molekulargewicht in Gramm gewählt werden; im letzteren Fall spricht man von der spezifischen Wärme pro Mol oder von der Molekularwärme.

Mit der Feststellung der Abhängigkeit der spezifischen Wärme von der Temperatur für die verschiedenen Gase haben sich zuerst Mallard und Le Chatelier in einer Reihe von Arbeiten befaßt. Da Mallard und Le Chatelier nach der Explosionsmethode arbeiteten, sind die erhaltenen Werte für die Chemie der Pulver und Sprengstoffe von besonderer Bedeutung. Die spezifischen Wärmen der zweiatomigen Gase H_2, N_2, O_2, CO wachsen mit der Temperatur unter sich in derselben Weise, diejenigen von Wasser und von Kohlensäure etwas rascher. Von den Resultaten, welche durch die beiden Forscher erhalten wurden und welche bei den vielen von ihnen angestellten Versuchen zum Teil etwas voneinander abweichen, seien die folgenden angeführt:

(H_2), (N_2), (O_2), (CO):	mittlere Mol.-Wärme	$c_m = 4{,}8 + 0{,}0006 \cdot t$
(H_2O):	„ „	$c_m = 5{,}78 + 0{,}00286 \cdot t$
(CO_2):	„ „	$c_m = 6{,}5 + 0{,}00387 \cdot t$.

Da die Kenntnis der spezifischen Wärmen für die theoretische Chemie und für viele Fragen der Praxis von großer Bedeutung ist, wurden in jüngster Zeit wiederholt Neubestimmungen durchgeführt. Diese lieferten, besonders für Wasser und Kohlensäure, ein geringeres Ansteigen mit der Temperatur, als es sich nach Mallard und Le Chatelier berechnet, und zwar eine nichtlineare Abhängigkeit von der Temperatur. Von diesen neueren Resultaten seien nur solche Werte angeführt (nach Pier, s. Lit.-Note), welche nach der Explosionsmethode gefunden worden sind:

$$(CO_2):\ c_m = 6{,}800 + 3{,}3\cdot 10^{-3}\cdot t - 0{,}95\cdot 10^{-6}\cdot t^2 + 0{,}1\cdot 10^{-9}\cdot t^3$$
$$(H_2O):\ c_m = 6{,}065 + 0{,}0005\cdot t + 0{,}2\cdot 10^{-9}\cdot t^3$$
$$(H_2),\ (N_2),\ (O_2):\ c_m = 4{,}7 + 0{,}00045\cdot t.$$

Eine Zusammenstellung aller Arbeiten bis 1919 hat Neumann (s. Lit.-Note) gegeben; dort sind auch die auf Grund der neueren Untersuchungen gewonnenen Berechnungstabellen angeführt. Diese Werte hat Muraour auf Molekularwärmen umgerechnet, da für Temperaturberechnungen bei Explosivstoffen die Molekularwärmen notwendig sind (s. Lit.-Note).

Die bei den Untersuchungen der verschiedenen Forscher erhaltenen Werte für die spezifischen Wärmen in ihrer Abhängigkeit von der Temperatur sind durch die Diagramme, Abb. 4, anschaulich dargestellt. Bemerkt sei noch, daß die neueren Werte mit denjenigen gut übereinstimmen, die nach der Quantentheorie mittels der Formeln von Einstein, Nernst, Lindemann berechnet sind.

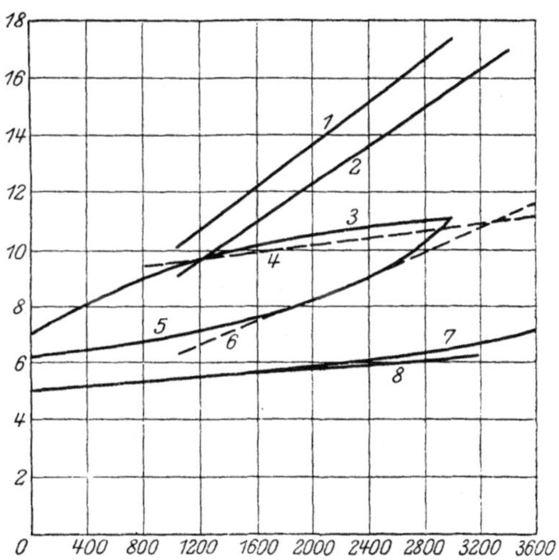

Abb. 4. Mittlere Molekularwärmen

1. von CO_2, Mallard-Le Chatelier; 2. von H_2O, Mallard-Le Chatelier; 3. von CO_2, Pier-Bjerrum; 4. von CO_2, Kast; 5. von H_2O, Pier-Bjerrum; 6. von H_2O, Kast; 7. von CO, H_2, N_2, O_2, Mallard-Le Chatelier; 8. von N_2, CO, Pier-Bjerrum.

Übrigens sind bei den neueren Untersuchungen die spezifischen Wärmen für kleinere Drücke bestimmt worden, als Mallard und Le Chatelier sie anwandten. In der Explosivstoffchemie hat man es jedoch mit hohen Drücken zu tun. Es entsteht also die Frage, ob die spezifischen Wärmen vom Druck abhängig sind: Für die Luft haben Holborn und Jacob (s. Lit.-Note) bei der Temperatur 59^0 bis zu Drücken $p = 300$ kg/cm² einen Einfluß des Druckes festgestellt; dieser Einfluß wurde durch die Formel ausgedrückt:

$$10^4\cdot c_p = 2414 + 2{,}86\cdot p + 0{,}0005\cdot p^2 - 0{,}0000106\cdot p^3.$$

Danach scheint sich bei wachsendem Druck das Gas wieder dem Idealzustande zu nähern, und der Einfluß des Druckes müßte schließlich bei denjenigen Drucken, mit denen man es bei der Explosion zu tun hat (über 2000 Atm.) verschwinden, indem c_p nach dieser Gleichung wieder kleiner wird; doch müßte dies erst noch bewiesen werden. Berücksichtigt man ferner, daß die Werte der spez. Wärmen für die hohen Temperaturen, zwischen 2700 und 4000° C, meistens durch Extrapolation gewonnen sind, so muß gesagt werden, daß die bisherigen Werte noch nicht als definitive betrachtet werden können.

Aus dem Kurvenbild der spez. Wärmen, Abb. 4, ersieht man, daß die neu ermittelten spez. Wärmen sich nicht genau durch eine lineare Funktion ausdrücken lassen. Um die Rechnung zu vereinfachen, hat Kast die mittleren spez. Molekularwärmen bei konstantem Volumen nach Pier und Bjerrum wenigstens näherungsweise durch lineare Funktionen ausgedrückt, die für das Temperatur-Intervall 2000 bis 4000° C gelten sollen; nämlich:

für die zweiatomigen Gase durch $4{,}8 + 0{,}00045 \cdot t$,
„ Wasser „ $4{,}0 + 0{,}00215 \cdot t$,
„ Kohlensäure „ $9{,}0 + 0{,}00058 \cdot t$;

und Neumann bzw. Muraour haben Tabellen für die mittlere spez. Molekularwärme bei konstantem Volumen berechnet:

Temperatur °C	CO_2	H_2O	O_2	N_2, CO	H_2
2000	10,467	8,419	5,887	5,911	5,797
2100	10,511	8,635	5,951	5,967	5,843
2200	10,595	8,869	5,983	6,009	5,887
2300	10,687	9,103	6,015	6,051	5,931
2400	10,731	9,337	6,079	6,107	5,977
2500	10,775	9,571	6,111	6,149	6,021
2600	10,819	9,805	6,175	6,191	6,065
2700	10,885	10,057	6,207	6,247	6,109
2800	10,951	10,309	6,239	6,289	6,155
2900	10,995	10,579	6,303	6,331	6,199
3000	11,039	10,849	6,335	6,387	6,245

Die Berechnung der Explosionstemperatur t_0 Grad Cels. vollzieht sich nunmehr wie folgt. Während der Verbrennung von 1 kg des Pulvers sei in einem bestimmten Augenblick die bis dahin entwickelte Wärmemenge q kg-Kalorien (Cal); und die Temperatur des Gases sei t°C. Nimmt die letztere um dt zu, so steigere sich die Wärmemenge um dq; also ist $dq = c_w \cdot dt$, wo c_w die wahre spez. Wärme bedeutet, $c_w = a + 2\,b \cdot t$. Es ist folglich $dq = (a + 2\,b \cdot t)\,dt$. Integriert man über q von 0 bis Q (gesamter Wärmegehalt in Cal/kg) und über t von 0 bis t_0 (Maximaltemperatur der Gase), so wird $Q = a \cdot t_0 + b \cdot t_0^2$, somit

$$t_0 = -\frac{a + \sqrt{a^2 + 4\,b\,Q}}{2\,b} \tag{1}$$

Denselben Ausdruck erhält man, wenn man von der mittleren spez. Wärme c_m ausgeht. Denn nach deren Definition ist $Q = c_m \cdot t_0$, und da $c_m = a + bt$ ist, so erhält man $Q = (a + b \cdot t_0) \cdot t_0$, somit wieder dieselbe Beziehung wie vorhin.

Beispiel: **Nitrozellulosepulver.**

Elementare Zusammensetzung:			
26,946 % C	Q Verbrennungswärme experimentell ermittelt		935,9 Cal
56,402 % O	Davon sind in Abzug zu bringen:	a) für Zündung 18,4	
2,8696 % H_2		b) für O-Gehalt der Bombe 9,4	
12,92 % N_2		c) Kondensationswärme des Wassers 83,4	141,9 „
0,8 % Asche		d) spätere Kohlensäurebildung $10 \cdot 1{,}8$ 18,0	
		e) spätere Methanbildung $0{,}252 \cdot 50{,}6$ 12,7	

In die Rechnung ist also für Q einzusetzen 794 Cal.

Für das Gleichgewichtsverhältnis $K = 6{,}5$ errechnet sich die Gaszusammensetzung bei der Explosionstemperatur wie folgt:

1000 g Pulver = 4,233 Mole $CO_2 + 18{,}222 \cdot CO + 5{,}671 \cdot H_2 + 4{,}611 \cdot N_2 + 8{,}563 \cdot H_2O$.

Die spezifische Wärme des Gasgemisches erhält man, wenn man die betreffenden Molekularwärmen mit der Anzahl der Mole multipliziert und dann die Summe bildet.

$$\begin{aligned}
CO_2:&\ 4{,}233\,(6{,}5 + 0{,}00387\,t) = 27{,}5145 + 0{,}0164\,t\\
CO:&\ 18{,}222\,(4{,}8 + 0{,}0006\,t) = 87{,}4656 + 0{,}0109\,t\\
H_2:&\ 5{,}671\,(4{,}8 + 0{,}0006\,t) = 27{,}2208 + 0{,}0034\,t\\
N_2:&\ 4{,}611\,(4{,}8 + 0{,}0006\,t) = 22{,}1328 + 0{,}0028\,t\\
H_2O:&\ 8{,}563\,(5{,}78 + 0{,}00286\,t) = 49{,}4941 + 0{,}0245\,t
\end{aligned}$$

zusammen: $213{,}8278 + 0{,}0580\,t$ kleine Calorien,

oder: $0{,}2138278 + 0{,}0000580\,t$ große Calorien,

also $a = 0{,}213828, \qquad b = 0{,}000058$

$$t_0 = \frac{-0{,}213828 \pm \sqrt{0{,}213828^2 + 4 \cdot 794 \cdot 0{,}000058}}{2 \cdot 0{,}000058} = 2290^\circ\,\mathrm{C}.$$

Allgemeiner wird man, da $Q = c_m \cdot t_0 = \int_0^{t_0} c_w \cdot dt$ ist, zur Ermittlung der Explosionstemperatur t_0 aus dem Gesamtwärmegehalt Q das folgende graphische Verfahren anwenden, falls irgendeine beliebige Funktion der Temperatur t für die wahre spezifische Wärme $c_w(t)$ oder für die mittlere spezifische Wärme $c_m(t)$ gegeben vorliegt.

Erstens, wenn $c_w(t)$ gegeben ist, trägt man diese Funktion in einer Kurve auf, dabei die Temperaturen t als Abszissen, die zugehörigen Werte von c_w als Ordinaten. Man befährt mit dem Integraphen von Abdank-Abakanowitz die Kurve vom Anfangspunkt ab so weit, bis die Kurvenfläche zwischen Kurve, Abszissenachse und Endordinate gleich dem gegebenen Wert Q geworden ist. Die zu der betreffenden Endordinate gehörige Endabszisse ist alsdann die Explosionstemperatur t_0.

Zweitens, wenn die mittlere spezifische Wärme c_m in Funktion von t gegeben ist, trägt man diese Funktion c_m graphisch in derselben Weise in einer Kurve auf. Man geht auf dieser Kurve vom Anfangspunkt ab bis zu einem solchen Punkt, daß das Produkt aus der Abszisse und der Ordinate dieses Punktes gleich dem gegebenen Wert Q ist. Die Abszisse dieses Punktes ist dann die Explosionstemperatur t_0. Diese letztere Ermittlung gestaltet sich bei Verwendung von Millimeterpapier besonders einfach.

2. Methode: Bestimmung aus der Messung des Maximaldrucks p_1 in der Versuchsbombe, sowie des spez. Volumens $\mathfrak{v}_0$.

Nach dem Abelschen Gesetz ist

$$T_0 \text{ oder } 273 + t_0 = \frac{p_1}{p_0} \cdot \frac{V_0 - \alpha L}{\mathfrak{v}_0 \cdot L} \cdot 273 = \frac{p_1}{p_0} \cdot \frac{1 - \alpha \cdot \Delta}{\mathfrak{v}_0 \cdot \Delta} \cdot 273 . \qquad (2)$$

Hier bedeutet p_0 den Atmosphärendruck, p_1 den gemessenen maximalen Druck der Pulvergase (beide Werte in derselben Einheit gemessen); L die Pulverladung; V_0 den leeren Innenraum der Versuchsbombe; α das Kovolumen; $\mathfrak{v}_0$ das spezifische Volumen des Pulvers; $\Delta = \frac{L}{V_0}$ die Ladedichte (dabei entweder $\mathfrak{v}_0$ und α in m^3/kg, L in kg, V_0 in m^3; oder $\mathfrak{v}_0$ und α in lit/kg, L in kg, V_0 in Liter; oder $\mathfrak{v}_0$ und α in cm^3/g, L in g, V_0 in cm^3).

Beispiele. 1. Gemessen sei der Maximaldruck p_1 zu 1000 Atm. bei der Ladedichte $\Delta = 0{,}125$ kg/lit; $\mathfrak{v}_0$ sei $= 800$ lit/kg; $\alpha = 0{,}8$ lit/kg. Damit wird

$$T_0 = \frac{1000}{1} \cdot \frac{1 - 0{,}8 \cdot 0{,}125}{800 \cdot 0{,}125} \cdot 273 = 2457 ,$$

somit ist $t_0 = 2183^0$ C = etwa 2200^0 C.

2. Gemessen wurde bei einem Nitrozellulosepulver, ohne Berücksichtigung der Abkühlung, ein Maximaldruck $p_1 = 1134$ Atm.; die Messung fand statt mit statisch geeichten Kupferzylindern bei einer Ladedichte von $0{,}11725$ g/cm^3 (nämlich die Ladung betrug 2,5 g und der Feuerraum der Versuchsbombe war $21{,}34$ cm^3); das Kovolumen war $\alpha = 0{,}926$ cm^3/g; das spez. Volumen $\mathfrak{v}_0 = 926{,}6$ cm^3/g (Wasser als Dampf). Somit ist

$$T_0 = \frac{1134}{1} \cdot \frac{21{,}34 - 0{,}926 \cdot 2{,}5}{926{,}6 \cdot 2{,}5} \cdot 273 = 2537 ,$$

also $t_0 = 2264^0$ C (siehe auch die Temperaturberechnung nach Versuchen von Schmitz, § 18).

Die praktisch gefundenen Drucke sind zu gering, denn die Gase kühlen sich an der Bombenwand ab. Ebenso müssen auch die aus dem Druck errechneten Explosionstemperaturen zu niedrig sein. Für die Ladedichte 0,2 ist der Betrag, um den sich der Druck durch die Abkühlung an der Wandung erniedrigt, für eine Reihe verschieden schnell brennender Pulver (Brenndauer $\frac{2}{1000}$ bis $\frac{100}{1000}$ Sekunden) von Muraour für eine Bombe, bei der der Quotient aus Oberfläche und Volumen 1,55 war, ermittelt worden (s. Lit.-Note). Der

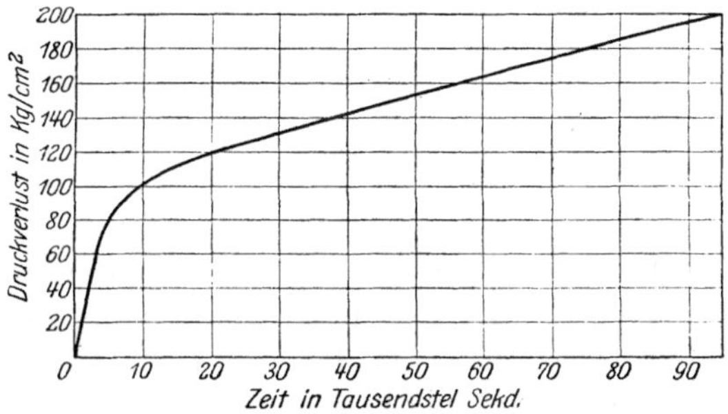

Abb. 5.

Betrag in kg, um den der Druck zu klein gefunden wird, ergibt sich aus nebenstehender Kurve (Abb. 5). Operiert man mit anderem Volumen und anderer Oberfläche, so muß der abgelesene Wert um das Verhältnis der Quotienten aus Oberfläche und Volumen modifiziert werden. Die Druckerniedrigung ist für gelatinierte Pulver proportional der Oberfläche und unabhängig von der Ladedichte (siehe Lösung Krupp Nr. 18). Die Abkühlung der Gase während des Schusses in der Bombe an der Bombenwand ist ferner proportional der Explosionstemperatur, d. h. der Geschwindigkeit der Gasmoleküle.

Beispiel.

Ein Pulver R. P. C. 06 wurde bei der Ladedichte 0,2 in der Kruppschen Bombe, bei der der Quotient von Oberfläche und Volumen 0,524 betrug, verschossen und ergab einen Druck von 2355 kg/cm². Die Verbrennungszeit war $\frac{34}{1000}$ Sekunden; für diesen Wert ermittelt man aus der Kurve eine Druckerniedrigung von 140 kg/cm². Da diese nur für einen Quotienten von Oberfläche zu Volumen gleich 1,55 gilt, aber in der vorliegenden Bombe der Quotient 0,524 ist, so ist der Druck, der durch die Abkühlung der Gase an der Wand veranlaßt ist,

$$\frac{140 \cdot 0{,}524}{1{,}55} = 47 \text{ kg/cm}^2.$$

Der gefundene Druck von 2355 kg/cm² ist also um 47 zu erhöhen = 2402 kg/cm².

Die sich aus diesem Druck errechnende Temperatur beträgt 2294° ($\mathfrak{v}_0$ ist zu 969 cm³ angenommen, $\alpha = 1{,}1$).

Die bei anderen Ladedichten ermittelten Drucke (korrigiert) und die daraus errechneten Temperaturen zeigt die nachstehende Tabelle, die nach den Versuchen von Krupp (O. Schmitz) gewonnen ist. Aus dieser ergibt sich, daß die Explosionstemperaturen t_0 bei wechselnden Ladedichten konstant sind.

Δ	Druck kg/cm²	t_0 °C
0,075	760	2273
0,119	1240	2201
0,119	1248	2217
0,164	1845	2259
0,164	1830	2238
0,164	1870	2294
0,164	1845	2259
0,164	1870	2294
0,208	2485	2259
0,238	2955	2248
0,268	3490	2259

Außer der Abkühlung der Gase an den Wandungen der Bombe spielt eine Rolle auch die Art der Eichung der Stauchzylinder: Eicht man die Kupferzylinder statisch mit der Hebelpresse, statt dynamisch mit dem Fallhammer, so wird der Gasdruck und damit die Explosionstemperatur t_0 wiederum zu niedrig, um 10 bis 15% (darüber s. w. u.).

Bei diesem Anlaß soll, zum Vergleich der beiden Methoden, das obige Beispiel, das sich auf die Explosionstemperatur von Nitrozellulosepulver bezieht, und bei dem sich ohne Berücksichtigung der Abkühlung $t_0 = 2264^0$ C ergeben hatte, auch nach der ersten Methode nochmals behandelt werden:

Mit den spezifischen Wärmen, die auf Grund der Nernst-Lindemannschen Formel berechnet sind, ergibt sich $t_0 = 2586{,}5^0$ C (auf die Berechnung selbst möge nicht eingegangen werden). Mit Hilfe der von Muraour berechneten Tabelle wird die Explosionstemperatur wie folgt ermittelt. Als erster Näherungswert sei 2600^0 gewählt. Wir multiplizieren die hierfür in der Tabelle angeführten Molekularwärmen je mit der Anzahl der Mole und bilden alsdann die Summe dieser Produkte:

		Mole	Spez. Wärme	
für	CO_2:	4,233 ·	10,819 =	45,7968
„	$CO + N_2$:	22,833 ·	6,191 =	141,3591
„	H_2O:	8,563 ·	9,805 =	83,9602
„	H_2:	5,671 ·	6,065 =	34,3925
			zusammen:	305,5106 cal = c_m.

Da (s. o.) $Q = 794$ Cal $= 794000$ cal gefunden wurde, ist

$$t_0 = \frac{Q}{c_m} = \frac{794000}{305{,}511} = 2598^0 \text{ C}.$$

Man sieht also, daß nach den verschiedenen Methoden Werte erhalten werden, die untereinander nicht unwesentlich abweichen. Welche Werte die richtigen sind, suchte Muraour mit Hilfe eines Sprengstoffs zu entscheiden, bei dessen Explosionstemperatur gerade noch ein dünner Platindraht in der Versuchsbombe zum Schmelzen gebracht wurde. Es war dies die schon erwähnte Mischung aus Trinitrotoluol (7 %) und Ammonsalpeter. Die Explosionstemperatur dieser Mischung ist sicher höher als der Schmelzpunkt des Platins (1750° C). Mittels der Zahlenwerte für die spezifischen Wärmen von Mallard und Le Chatelier und mittels einer berechneten Verbrennungswärme Q im Betrag von 29195 cal/g berechnet Muraour (s. Lit.-Note) mittels der spez. Wärmen von Mallard und Le Chatelier eine Explosionstemperatur von 1697° C; er schließt aus diesem Resultat, daß die spez. Wärmen nach Mallard und Le Chatelier zu stark mit der Temperatur ansteigen. Da, wie beim Nitrozellulosepulver gezeigt wurde, die Temperaturberechnung aus dem mittels statisch geeichter Stauchzylinder ermittelten Maximaldruck eine zu niedrige Explosionstemperatur ergibt, so dürfte auch dieser Wert 1697° C unrichtig sein; denn er ist an sich fehlerhaft und schon deshalb zu niedrig, weil bei der Druckermittlung diejenigen Fehler unberücksichtigt geblieben waren, die durch Strahlung und Leitung bedingt sind. Die Frage, ob die Explosionstemperatur so hoch ist, wie sich unter Benützung der spez. Wärmen nach Pier und Bjerrum und nach der von Neumann-Muraour aufgestellten Tabelle ergibt (nämlich 2598° C), hat Muraour neuerdings in einer weiteren Arbeit (s. Lit.-Note) zu klären gesucht; er kommt zu dem Schluß, daß die Temperaturen, welche nach Neumann sich ergeben, wenigstens für die Werte von ungefähr 2000° C ab aufwärts in guter Übereinstimmung mit denjenigen Werten stehen, welche sich mit dem Verfahren des „piston libre“ ermitteln lassen.

Anmerkung.

Mitunter wird als eine dritte Methode diejenige angeführt, bei der man die Explosionstemperatur T_0 aus der Messung des Maximaldrucks p_1 und aus der mittleren Molekulargeschwindigkeit berechnet, wie sie sich gemäß den Grundsätzen der kinetischen Gastheorie ergibt:

$$T_0 = \frac{3 \cdot 9{,}81 \cdot 273 \cdot p_1 \cdot J}{L \cdot u^2}. \tag{3}$$

Dabei bedeutet p_1 den in der Versuchsbombe gemessenen Maximaldruck (in kg/m²); J den Raum (m³), der den Gasen nach der Explosion tatsächlich zur Verfügung steht und der oben mit $V_0 - \alpha L$ bezeichnet wurde; α das Kovolumen (in m³/kg); L die Pulverladung (in kg); u die durchschnittliche Molekulargeschwindigkeit innerhalb des Gasgemisches bei 0° C, gemessen in m/sec. Dabei soll u folgendermaßen berechnet werden: Für die einzelnen Bestandteile des

Gemisches seien die Gewichte $G_1\, G_2\, G_3 \ldots$, die Molekulargewichte $\mu_1\, \mu_2\, \mu_3 \ldots$; die Molekulargeschwindigkeiten bei 0° C $u_1\, u_2\, u_3 \ldots$, so ist

$$u_1 = \frac{2600}{\sqrt{\mu_1}}, \qquad u_2 = \frac{2600}{\sqrt{\mu_2}} \quad \text{usw.}$$

$\left(\text{z. B. für } CO_2\ u_1 = \frac{2600}{\sqrt{44}} = 392\ \text{m/sec}\right)$. Alsdann wurde gesetzt

$$u = (G_1 u_1 + G_2 u_2 + \cdots) : (G_1 + G_2 + \cdots) = (G_1 u_1 + G_2 u_2 + \cdots) : L.$$

Indessen handelt es sich bei Berechnung von u^2 in Formel (3) um das mittlere Geschwindigkeitsquadrat, also um

$$u^2 = (G_1 u_1^2 + G_2 u_2^2 + \cdots) : (G_1 + G_2 + \cdots) = (G_1 u_1^2 + G_2 u_2^2 + \cdots) : L.$$

Berücksichtigt man dies, so ergibt sich, daß die Formel (3) mit der Formel (2) identisch ist, so daß mit der Anwendung von (3) keine neue Methode vorliegt. Darauf hat zuerst O. Poppenberg aufmerksam gemacht.

Ableitung. In aller Kürze seien die betreffenden Anschauungen der kinetischen Gastheorie in ihren Grundzügen wenigstens angedeutet: Man denke sich ein würfelförmiges, geschlossenes Gefäß von 1 m Kantenlänge. Dieses sei mit einem einheitlichen Gas angefüllt, das einen gewissen Druck auf die Wände ausübt. Die Moleküle des Gases stellt man sich in fortwährender rascher Bewegung begriffen vor (wie die Mücken in einem Mückenschwarm); sie stoßen gegen eine Wand, prallen an dieser zurück, gelangen zur gegenüberliegenden Wand, werden hier wieder reflektiert usw. Die Wirkung der molekularen Stöße auf die Wand ist der Gasdruck (durch einen Wasser- oder Luftstrahl, durch Sandstrahlgebläse usw. kann bekanntlich gleichfalls ein konstanter Druck auf eine Wand erzeugt werden).

Die Geschwindigkeit irgend eines Moleküls sei in ihre drei Komponenten nach den Kantenrichtungen zerlegt, oder, was auf dasselbe hinauskommt, es sei angenommen, daß von der Gesamtzahl N der Moleküle $\frac{N}{3}$ nach rechts und links, nämlich senkrecht zu dem einen Paar von Würfelflächen sich bewegt, $\frac{N}{3}$ nach oben und unten und $\frac{N}{3}$ nach vorn und hinten. Man betrachte allein die $\frac{N}{3}$-Moleküle der ersten Gruppe. Ein solches Molekül habe die Masse m; es bewegt sich von der einen Würfelseite A aus mit der Geschwindigkeit u m/sec nach der gegenüberliegenden Fläche B, wird hier reflektiert und gelangt auf dem Weg BA nach A zurück. Das Molekül legt durchschnittlich u m in einer Sekunde, also den Weg ABA von 2 m in $\frac{2}{u}$ Sek. zurück. In dieser Zeit erfolgt ein Stoß, nämlich bei B; dabei war auf dem Weg AB die Geschwindigkeit $+u$, nach der Reflexion ist die Geschwindigkeit $-u$, die Geschwindigkeitsänderung ist somit $2u$. Diese Geschwindigkeitsänderung entspricht einem Druck gleich der Masse m des Moleküls mal der Geschwindigkeitsänderung $2u$, dividiert durch die zugehörige Zeit $\frac{2}{u}$; also ist der Stoßdruck gleich mu^2. Die Summe der Drücke der sämtlichen $\frac{N}{3}$ Moleküle, die von links nach rechts und umgekehrt sich bewegen, ist gleich $m \cdot \frac{N}{3} \cdot u^2$. Dies ist der Gasdruck auf 1 m². Hier ist $m \cdot N$ die gesamte Masse des Gases, das in dem m³ enthalten ist. Wenn also das Gewicht von 1 m³ des Gases mit δ, die Masse also mit $\frac{\delta}{9,81}$ bezeichnet wird, so ist der Druck auf 1 m² gegeben durch: $p\,(\mathrm{kg/m^2}) = \frac{\delta}{9,81} \cdot \frac{u^2}{3}$.

Bis jetzt war die Temperatur des Gases gleich 0° C gedacht. Wenn sich nun die Temperatur auf $T = 273 + t$ erhöht, so steigert sich die Molekulargeschwindigkeit von u auf U und damit der Druck von p auf p_1 in dem geschlossenen Gefäß von 1 m³ Inhalt. Die Gasmasse bleibt dieselbe, es ist somit $p_1 = \frac{\delta}{9,81} \cdot \frac{U^2}{3}$ oder $\frac{p_1}{p} = \frac{U^2}{u^2}$. Andererseits ist, da das Volumen sich nicht ändert, nach Gay-Lussac $\frac{p_1}{p} = \frac{T}{273}$, somit $U^2 = \frac{u^2 \cdot T}{273}$; folglich $p_1 = \frac{\delta}{9,81} \cdot \frac{T}{273} \cdot \frac{u^2}{3}$ oder $T = 273 + t = \frac{3 \cdot 9,81 \cdot 273 \cdot p_1}{\delta \cdot u^2}$.

Im vorliegenden Fall handelt es sich um die Explosionstemperatur, die oben mit T_0 bezeichnet wurde, ferner um ein Gasgemisch mit der durchschnittlichen Molekulargeschwindigkeit u m/sec bei 0° C; und δ ist das Gewicht des Gasgemisches dividiert durch den Raum, der den Gasen zu ihrer Ausbreitung tatsächlich zur Verfügung steht, $\delta = L : J$ (kg/m³), somit

$$T_0 = \frac{3 \cdot 9,81 \cdot 273 \cdot p_1 \cdot J}{L \cdot u^2}.$$

Dies ist Formel (3). Was die Berechnung des mittleren Quadrats u^2 der Molekulargeschwindigkeit bei 0° C anlangt, so seien, wie oben, die Molekulargeschwindigkeiten der einzelnen Bestandteile des Gasgemisches $u_1\, u_2\, u_3 \ldots$; die Gewichtsmengen dieser Bestandteile resp. $G_1\, G_2\, G_3 \ldots$; die Molekulargewichte $\mu_1\, \mu_2\, \mu_3 \ldots$; und der Definition zufolge ist der Durchschnitt

$$u^2 = (G_1\, u_1^2 + G_2\, u_2^2 + \cdots) : (G_1 + G_2 + \cdots), \quad \text{wobei} \quad G_1 + G_2 + \cdots = L \text{ ist.}$$

Diese einzelnen Molekulargeschwindigkeiten $u_1\, u_2\, u_3 \ldots$ werden wie folgt berechnet. Für 1 m³ irgend eines der Bestandteile bei dem Normaldruck 10333 kg/m² und der Normaltemperatur 0° C ist nach dem obigen

$$10333 = \frac{\delta}{9,81} \cdot \frac{u^2}{3}.$$

Hier ist δ das Gewicht von 1 m³ des Gases, und dieses ist für irgend eines der Gase, die hier in Betracht kommen, gleich $0,0896 \cdot \frac{\mu}{2}$ kg. Somit ist

$$10333 = \frac{0,0896 \cdot \mu \cdot u^2}{2 \cdot 9,81 \cdot 3} \quad \text{oder} \quad u^2 = \frac{10333 \cdot 9,81 \cdot 3}{\frac{\mu}{2} \cdot 0,0896} \quad \left(\text{oder auch } u = \frac{2600}{\sqrt{\mu}} \text{ s. o.}\right).$$

Somit ist der Durchschnitt u^2:

$$u^2 = \frac{10333 \cdot 9,81 \cdot 3}{L} \cdot \left(G_1 \cdot \frac{1}{\frac{\mu_1}{2} \cdot 0,0896} + G_2 \cdot \frac{1}{\frac{\mu_2}{2} \cdot 0,0896} + \cdots\right). \tag{4}$$

G_1 kg des ersten Bestandteils nehmen den Raum $\frac{G_1}{\frac{\mu_1}{2} \cdot 0,0896}$ m³ bei Normaldruck und Normaltemperatur ein, ebenso G_2 kg des zweiten Bestandteils den Raum $\frac{G_2}{\frac{\mu_2}{2} \cdot 0,0896}$ m³ usw. Somit bedeutet in Gleichung (4) der Klammeraus-

Art des Pulvers bzw. Sprengstoffes	Spezifisches Volumen $\mathfrak{v}_0$ mit Wasserdampf	Spezifisches Volumen $\mathfrak{v}_0$ ohne Wasserdampf	Kovolumen α	Verbrennungstemperatur t_0	Wärmegehalt Q Wasser flüssig	Wärmegehalt Q Wasser dampfförmig	Konstanten der spezifischen Wärme bei gleichbleibendem Volumen $c_v = a + b \cdot t$: a	b	Spez. Gew. s	
	lit/kg			°C	Cal pro kg				kg/lit	
Schwarzpulver	ca. 285	280	ca. 0,49	ca. 2000	685	ca. 680	—	—	1,65	Nach Heydenreich und dem Militärversuchsamt
Blättchenpulver . . .	920	790	0,92	2400	830	770	0,22	0,000075	1,56	
Würfelpulver	840	600	0,84	3300	1290	1190	0,21	0,000085	1,63	
Granatfüllung C/88 .	869	820	0,87	2840	810	800	0,20	0,000087	1,60	
Trockne Schießwolle .	869	683	0,86	2660	1040	980	0,20	0,000076	1,50	
Nasse Schießwolle 20%	848	550	0,85	2400	850	690	0,20	0,000071	—	
Nitroglyzerin	713	465	0,71	3150	1470	1370	0,20	0,000094	1,60	
Gelatinedynamit . . .	709	456	0,71	4000	1760	1535	0,19	0,000075	1,60	
Nitrozellulosepulver .	990	—	1	2230	—	791,7	0,212439	0,000064	1,62	Nach den oben angegebenen Untersuchungsergebnissen
Würfelpulver (Cordit) .	883	—	0,88	2776	—	1115,1	0,210705	0,00006874	1,64	
Nitroglyzerinpulver (mit ca. 25% Nitroglyzerin)	962	—	0,96	2377	—	872	0,222125	0,000060875	1,64	
Trinitrotoluol	592	470[1]	0,59[3]	2600	—	990 224 pro Mol	— $61{,}822 \cdot 10^{-3}$	— $0{,}011354 \cdot 10^{-3}$	1,56	
Pikrinsäure	706	515[2]	0,71[3]	2800	—	1030 235,6 pro Mol	— $49{,}561 \cdot 10^{-3}$	— $0{,}011914 \cdot 10^{-3}$	1,56	

[1]) Detonation. [2]) Ammoniak und die entsprechende CO_2-Menge sind abgezogen. [3]) Scheidet C in elementarer Form ab. Tritol 3,65 Mol, Pikrinsäure 1,673 Mol pro Mol.

druck nichts anderes als den Gesamtraum $\mathfrak{V}_0$, den das ganze Gasgemisch bei Normaldruck und Normaltemperatur einnimmt. Damit wird

$$T_0 = \frac{3 \cdot 9.81 \cdot 273 \cdot p_1 \cdot J}{L} \cdot \frac{L}{10333 \cdot 9{,}81 \cdot 3 \cdot \mathfrak{V}_0}.$$

Hier ist $\mathfrak{V}_0 : L$ das spezifische Volumen $\mathfrak{v}_0$ des Gasgemisches in m^3/kg, somit wird $p_1 = 10333 \cdot \frac{T_0}{273} \cdot \frac{L \cdot \mathfrak{v}_0}{J}$, und dies ist das bekannte Abelsche Gesetz, das auch in (2) benützt ist.

Der Wärmegehalt Q bzw. das Arbeitsvermögen, die Explosionstemperatur T_0, das spezifische Volumen $\mathfrak{v}_0$, das spezifische Gewicht s, der spezifische Druck oder die „Kraft“ f, das Kovolumen α und die Zahlen a und b in der linearen Funktion der spezifischen Wärme $c_v = a + b \cdot t$ eines Pulvers werden als „Pulverkonstanten“ bezeichnet, womit nicht gesagt sein soll, daß dies die einzigen Konstanten seien, wodurch eine Pulversorte charakterisiert ist. Einige der Zahlenwerte für mehrere in Deutschland gebrauchte Explosivstoffe sind in der nebenstehenden Tabelle gegeben, die nach den Messungen des Deutschen Militärversuchsamts von W. Heydenreich früher veröffentlicht und ergänzt worden ist (S. 68).

Dritter Abschnitt.

Über die experimentellen Methoden zur Druckbestimmung. Kritische Bemerkungen.

§ 13. Charakterisierung der wichtigsten Methoden.

Die Einrichtungen zur Messung hoher Gasdrücke, wie sie bei der Verwendung von Pulvern und Sprengstoffen in der Versuchsbombe und in der Waffe auftreten, werden in Band III besprochen. Hier sollen darüber die folgenden, mehr theoretischen Auseinandersetzungen Platz finden.

Fünf Methoden sind es der Hauptsache nach, die bei der experimentellen Ermittlung hoher Gasdrücke in Betracht kommen.

A. Die Zusammenpressung eines Kupferzylinders im Nobleschen Stauchapparat. Der Gasdruck wirkt auf einen in der Wandung der Versuchsbombe oder des Verbrennungsraums der Waffe leicht beweglichen Stempel (s. Band III, Abbildung 74); der Stempel drückt seinerseits auf einen Kupferzylinder, der sich zwischen dem Stempel und einer Halteschraube befindet, und bewirkt eine dauernde Deformation dieses Stauchzylinders. Damit wird der Maximalgasdruck erhalten; und wenn man nach dem Vorgang von E. Sarrau und

P. Vieille das Vorrücken des Stempels und damit den Verlauf der Stauchung des Kupferzylinders durch eine Schreibfeder registriert, die auf einer mit bekannter Tourenzahl rotierenden berußten Trommel eine Kurve zeichnet, so wird auch noch der zeitliche Verlauf des Drucks bis zum Eintritt des Maximums der Stauchung gewonnen.

B. Die Registrierung der elastischen Deformationen, welche die Wandung der Versuchsbombe oder ein Teil dieser Wandung beim Schuß erleidet. J. E. Petavel (1905, s. Lit.-Note) benützt die Wandung selbst; deren Deformation wird durch eine Hebelübersetzung auf einen kleinen Spiegel übertragen; ein an dem Spiegel reflektierter Lichtstrahl zeichnet die Registrierkurve auf einem rasch bewegten photographischen Filmstreifen. Bei den Versuchen von W. Nernst, M. Pier und N. Bjerrum (1909/15) ist das Explosionsgefäß an einer Stelle durch eine gewellte Stahlmembran verschlossen, die zu ähnlichem Zweck einen kleinen Spiegel trägt; da die bewegte Masse sehr klein und der Spiegel direkt mit der Membran verbunden ist, werden photographische Registrierkurven erhalten, die fast ganz von Eigenschwingungen der Membran frei sind. Mit Feder-Indikatoren, bei denen ein Stempel verwendet ist, der in einer Bohrung der Wandung läuft, und wobei also der Stempel samt der von außen dagegen drückenden Stahlfeder den elastisch deformierbaren Teil der Gesamtwandung bildet, haben operiert: E. Mallard und H. le Chatelier (1883), Holden (1899), Mata (1899); E. Hospitalier und Carpentier (1902); J. E. Petavel (1902); C. E. Bichel (1902); Hopkinson (1907); O. Schmitz (1913/14). Bichel verwendete eine Versuchsbombe von 15 Liter Inhalt, geeignet für Ladedichten von ca. 0,0067. O. Schmitz arbeitete mit einer Bombe von 3,35 Liter Inhalt; die aus Nickelstahl gefertigte Bombe bietet Sicherheit noch bis zu einem Innendruck von 6000 kg/cm²; die Eigenfrequenz der Feder beträgt 1000 Doppelschwingungen pro sec; der registrierende Spiegel befindet sich direkt an der Feder, und diese ist so kräftig gehalten, daß die maximale Ausbiegung der Feder 1,5 mm nicht überschreitet.

C. Das rein dynamische Verfahren, das zuerst P. Vieille 1882 angewendet hat und das darin besteht, daß man die Verschiebung eines Kolbens, der mit sehr geringer Reibung in einer Bohrung der Wandung der Versuchsbombe läuft, beim Schuß registriert und daß aus der Weg-Zeit-Kurve $x = f(t)$ durch zweimalige Differentiation die Beschleunigung $\frac{d^2 x}{d t^2}$ und damit die beschleunigende Kraft $m \cdot \frac{d^2 x}{d t^2}$ gewonnen wird. An Stelle dieses Kolbens kann bei der Waffe auch das Geschoß benützt werden, wie dies z. B. C. Crehore und

O. Squier (vgl. Band III) unter Verwendung ihres Photo-Polarisations-Chronographen getan haben. Doch muß dabei streng genommen berücksichtigt werden, daß beim Vorrücken des Geschosses im Rohr der Waffe der variable Gasdruck nicht gleich der beschleunigenden Kraft ist, sondern gleich der Summe aus der beschleunigenden Kraft und dem Gesamtwiderstand, den das Geschoß im Rohre findet. Das gleiche gilt, wenn nicht das Vorgehen des Geschosses bezüglich des Rohrs, sondern das freie Zurückgehen des Rohrs bezüglich einer festen Unterlage mechanisch oder photographisch registriert und alsdann mit Hilfe des Schwerpunktsatzes aus der Weg-Zeit-Kurve des Rohrs auf die Weg-Zeit-Kurve des Geschosses geschlossen wird, also wenn zur Registrierung des Gasdruckverlaufs der Rücklaufmesser Verwendung findet.

D. Der W. Nernstsche Druckmesser. Das (noch nicht veröffentlichte) Verfahren von Nernst besteht darin, daß über das äußere Ende des dünnen und leichten Stempels ein Draht gespannt ist, der als ein Zweig einer Brücken-Kombination in den Stromkreis einer oszillographenartigen Registriereinrichtung geschaltet wird und dessen elektrischer Widerstand sich mit der durch den Druckstempel bewirkten Spannung ändert. Den Vorteil, daß nicht wie beim Stauch-Apparat nach jedem Versuch die Meßvorrichtung auseinandergenommen werden muß, sondern daß sie sofort wieder zu einem neuen Versuch verfügbar ist, hat dieses Verfahren mit den Federindikatoren gemein. Im übrigen wird man abwarten müssen, wie sich die Erfahrungen mit diesem Druckmesser gestalten werden, insbesondere ob das Nachhinken der Registrierung infolge von Massenträgheit bei rascher Druckänderung gering genug ist, daß dieser Druckmesser in der experimentellen Ballistik wirklich mit Vorteil Verwendung finden kann.

E. Das piezoelektrische Verfahren von D. A. Keys (s. Lit.-Note). In einer Braunschen Elektronenröhre werden von einer Heizspirale Kathodenstrahlen ausgesendet. Die Strahlen fallen auf einen mit kleinem Loch versehenen Abblendeschirm; das schmale Strahlenbündel, welches durch das Diaphragma gegangen ist, gelangt nach einer photographischen Platte, die sich in der Röhre an der Stelle befindet, wo sonst der Fluoreszenzschirm angebracht ist. Quer zu dem Strahlenbündel gehen die Kraftlinien eines durch eine Wechselstrommaschine hoher Frequenz erzeugten magnetischen Felds und die dazu senkrechten Kraftlinien eines elektrischen Kondensatorfelds. Das magnetische Feld allein für sich bewirkt, daß der Lichtfleck auf der photographischen Platte in einer Geraden hin und her wandert. Eine Änderung des elektrischen Felds allein für sich hat zur Folge daß der Lichtfleck in einer zur ersten Geraden senkrechten Geraden wandert. Unter dem gleichzeitigen Einfluß beider Wirkungen wird also der Lichtfleck eine Kurve beschreiben, die zunächst zwischen den beiden Geraden verläuft. Die Änderung des elektrischen Felds wird nun dadurch bewirkt, daß in der Versuchsbombe die Explosionsgase durch Vermittlung einer Deckplatte auf zwei Lagen von Turmalinkristallen drücken, zwischen denen ein Draht isoliert nach außen geführt ist, der weiterhin nach der einen Kondensatorplatte geht. Durch den Druck entsteht eine piezoelektrische Potentialdifferenz zwischen der Bombenwandung und den Turmalinkristallen; hierdurch wird das elektrische Feld in der Braunschen Röhre geändert; der Lichtfleck beschreibt eine Kurve; und diese Kurve gestattet, den Verlauf des Gasdrucks zu registrieren, — wie es scheint ohne zeitliches Nachhinken.

§ 14. Über die Stauchungsmethode. Fehlerquellen. Theorie von Sarrau und Vieille und Kritik dieser Theorie. Aufstellung der Stauchtabelle. Vorstauchung. Einfluß der Temperatur. Tonnenform und Hyperboloidform der Stauchzylinder.

1. **Mit dem Stauchapparat** wünscht man in erster Linie den Maximalgasdruck P zu erhalten, der beim Schuß in der Versuchsbombe oder in der Waffe herrschte. Zu diesem Zweck mißt man die schließliche Gesamtstauchung ε des Kupferzylinders und entnimmt aus einer Eichungstabelle (Stauchtabelle) den zu der Stauchungsgröße ε gehörenden Widerstand W; und man erklärt dann, dieser Tabellendruck W sei gleich dem wirklichen maximalen Gasdruck P. Hergestellt wird diese Stauchtabelle $W(\varepsilon)$ entweder auf rein statischem Weg, indem man mit der Hebelpresse oder der hydraulischen Presse oder der manometrischen Wage eine Anzahl verschiedener neuer Kupferzylinder derselben Lieferung unter verschiedenen Belastungen langsam zusammendrückt, oder auf dynamischem Wege mittels des Fallhammers oder Pendelhammers (darüber s. Band III). Es fragt sich nun, ob der wahre maximale Gasdruck P durch den Stauchtabellendruck W richtig angegeben wird; z. B. wenn beim Schuß eine Stauchung $\varepsilon = 2{,}00$ mm gemessen wurde und wenn die mit der Hebelpresse hergestellte Stauchtabelle, auf gleichen Stempelquerschnitt und gleiche Lieferung von Kupferzylindern bezogen, einen Druck $W(\varepsilon) = 3270$ kg/cm^2 anzeigt, war alsdann der tatsächliche Maximaldruck der Pulvergase 3270 kg/cm^2 oder war er größer oder kleiner? Welches sind die möglichen Fehlerquellen?

Außer solchen Fehlerursachen, die von der Behandlung oder von der Art der Ausführung des Stauchapparats abhängen, aber mit dessen Prinzip nichts zu tun haben — wie z. B. mangelhaftes Einsetzen des Stempels oder der Halteschraube, mangelhafte Abdichtung des Stempels in seiner Bohrung oder dgl. —, sind es wesentlich zwei Fehlerursachen, welche die Messung fälschen können, und welche beide ihre Wurzel darin haben, daß das ganze Verfahren kein rein statisches ist, daß es sich vielmehr in Wirklichkeit bei der Stauchung des Kupferzylinders in der Versuchsbombe oder in der Waffe um einen (plastiko-)dynamischen Vorgang handelt.

a) Der Einfluß der Massenträgheit des Stempels. Bei der Herstellung der Stauchtabelle mittels der Hebelpresse läßt man die Stauchung des Kupferzylinders sich so langsam vollziehen, daß der Preßstempel keine merkliche Geschwindigkeit erhält. Beim Schuß dagegen wirkt der variable Gasdruck stoßartig auf den Stempel und dieser auf den Kupferzylinder; und bei dem Zusammendrücken der halbweichen Masse des Kupferzylinders kann der Stempel unter Umständen eine merklich lebendige Kraft erhalten, die eine größere Stauchung herbeiführt, als es bei gleichem Gasdruck und bei gleichem Widerstand des Kupferzylinders dann der Fall wäre, wenn der Stempel keine merkliche Geschwindigkeit erhielte. Der folgende Versuch kann dies verdeutlichen: an einen Kautschukfaden, der an einem Ende frei aufgehängt ist und der im natürlichen Zustand des freien Hängens die Länge l cm habe, sei eine Kugel vom Gewicht Q kg angehängt. Diese Kugel sei bei der Fadenlänge l zunächst mit der Hand gehalten. Dann werde die Kugel allmählich, ohne daß sie jemals eine erhebliche Geschwindigkeit annimmt, vorsichtig herabgelassen, bis ein weiteres Sinken von selbst aufhört; der Faden habe sich jetzt zu der Länge l_1 cm gedehnt. Wird dagegen die Kugel bei der Fadenlänge l plötzlich losgelassen, so wird der Faden, falls er nicht reißt, zunächst bis zu einer gewissen Maximallänge l_2 sich dehnen und erst nach einigen Schwingungen die Länge l_1 annehmen; aber l_2 wird größer sein als l_1. Ersetzt man bei dieser Überlegung die angehängte Kugel durch den Stempel, das Gewicht der Kugel durch den Gasdruck, der auf den Stempel wirkt, und die Spannung des gedehnten Kautschukfadens durch den Widerstand des gepreßten Kupferzylinders, so hat man den vorliegenden Fall, mit Ausnahme dessen, daß die unelastische Masse des Kupferzylinders im Gegensatz zu dem Kautschukfaden ihre maximale Deformation nahezu behält. Die Analogie wird vollkommener, wenn man den Kupferzylinder durch eine kräftige Spiralfeder ersetzt. Jedenfalls sieht man, daß durch den Einfluß der beschleunigenden Kraft des Stempels allein der Gasdruck zu groß gemessen wird.

b) Einfluß des zeitlichen Verlaufs der Stauchung; Trägheitswiderstand der Teile des Kupferzylinders bei sehr kurz dauernder Beanspruchung.

Bei Aufstellung der Stauchtabelle mittels der Hebelpresse belastet man im allgemeinen den Stauchkörper längere Zeit, meistens 30 sec lang. Dagegen bei dem Schuß in der Waffe wirkt der Druck der Pulvergase auf den Kupferzylinder nur z. B. $1 \cdot 10^{-3}$ sec. Wenn man trotzdem aus einer Gleichheit der Stauchungsgrößen in beiden Fällen auf eine Gleichheit der Maximalkräfte schließt, die geherrscht haben, so begeht man vermutlich einen Fehler: das Gasdruckmaximum wird durch diesen Einfluß allein zu klein bemessen. Denn die Teile eines Materials, das deformiert wird, brauchen stets zum Ausweichen eine bestimmte endliche Zeit, daher wird ein Material im allgemeinen um so weniger stark deformiert, je kürzer die Zeit der Beanspruchung währt: Wenn ein Schlittschuhläufer rasch über eine Eisfläche hinweggleitet, so wird diese weniger stark niedersinken, als wenn er langsam darüber fährt. Läßt man eine Kugel sehr rasch über das horizontale Brückenbrett einer Brückenwage hinwegrollen, so zeigt die Wage unter Umständen eine geringere Belastung an, als bei der ruhenden Belastung durch dieselbe Kugel.

Es fragt sich, welche von den beiden Fehlerquellen der absoluten Größe nach überwiegt, der Einfluß der Stempelträgheit oder der Einfluß der Zeitdauer (Trägheit der Teile des Kupferzylinders). Der erstere Einfluß allein für sich bewirkt eine Vergrößerung der Stauchung, der letztere Einfluß allein für sich eine Verkleinerung der Stauchung.

E. Sarrau und P. Vieille haben die folgende Theorie des Stauchapparats entwickelt: die Masse des Stempels sei m; seine Beschleunigung zur Zeit t sei $\frac{d^2 x}{d t^2}$; der auf den Stempel wirkende Gasdruck sei $f(t)$, mit dem Maximalwert P; der mit der Hebelpresse oder der manometrischen Wage gemessene Widerstand sei W. Dieser Widerstand wird als allein abhängig von der jeweiligen Stauchungsgröße x oder, was dasselbe ist, als abhängig von dem zur Zeit t gehörenden Stempelweg x angenommen, und zwar

$$W = \varkappa_0 + \varkappa \cdot x,$$

wo $\varkappa_0$ und $\varkappa$ Konstanten der betreffenden Gattung von Kupferzylindern sein sollen und $\varkappa_0$ den anfänglichen Widerstand (für $x = 0$) bedeutet; z. B. für Kupferzylinder von 13 mm Höhe und 8 mm Durchmesser wird angegeben $\varkappa_0 = 541$ kg, $\varkappa = 535$ kg/mm (diese lineare Beziehung $W = 541 + 535 \cdot x$ gibt die Messungsresultate von Sarrau und Vieille zwar nicht genau, aber wenigstens angenähert wieder, gültig bis $W = 3500$ kg Belastung). Da nun beim Schuß einerseits der Druck $f(t)$ der Pulvergase, andererseits der Widerstand W des

Kupferzylinders auf den Stempel wirkt und der Stempel mit sehr geringer Reibung in der Bohrung beweglich ist, so hat man für die Bewegung des Stempels beim Schuß die Differentialgleichung

$$m \cdot \frac{d^2 x}{d t^2} = f(t) - (\varkappa_0 + \varkappa \cdot x). \tag{1}$$

Es seien nun zwei Fälle unterschieden. Der erste Fall sei der einer idealen Detonation, d. h. in der Versuchsbombe steige der Gasdruck bei der Zündung sofort unstetig zu seinem Maximalwert P an und behalte diesen Wert bei, indem Abkühlung der Gase ausgeschlossen werde; es sei also angenommen $f(t) = \text{const} = P$. Alsdann ist die Integralgleichung zu (1)

$$x = \frac{P - \varkappa_0}{\varkappa}(1 - \varrho \cdot \cos(a t + a \omega)); \tag{2}$$

dabei ist zur Abkürzung gesetzt

$$a = \sqrt{\frac{\varkappa}{m}}; \qquad \varrho \cdot \cos a\omega = 1 - \frac{\varkappa \cdot x_1}{P - \varkappa_0}; \qquad \varrho \cdot \sin \omega = \frac{\varkappa \cdot x_1'}{a(P - \varkappa_0)}.$$

Hier sind x_1 bzw. x_1' die Werte von x bzw. von $\frac{dx}{dt}$ für $t = 0$. Gewöhnlich wird sein $x_1 = 0$ und $x_1' = 0$; dann ist $\varrho = 1$ und $\omega = 0$; folglich

$$x = \frac{P - \varkappa_0}{\varkappa} \cdot (1 - \cos a t), \qquad a = \sqrt{\frac{\varkappa}{m}}. \tag{3}$$

Die Stauchung ist beendet, wenn $\frac{dx}{dt} = 0$, also $at = \pi$ geworden ist, oder nach der Zeit $T_\varepsilon = \pi \sqrt{\frac{m}{\varkappa}}$ vom Moment der Zündung ab. Dabei hat die Stauchungsgröße ihren Höchstwert $\varepsilon = 2 \cdot \frac{P - \varkappa_0}{\varkappa}$ erreicht; d. h. der Maximalgasdruck P hängt mit der schließlichen End-Stauchung ε durch die Beziehung zusammen

$$P = \varkappa_0 + \varkappa \cdot \frac{\varepsilon}{2}. \tag{4}$$

Danach erhält man das gesuchte Maximum P des Explosionsdrucks, wenn man aus der Stauchtabelle denjenigen Widerstand W entnimmt, der zur Hälfte der beim Schuß beobachteten Gesamtstauchung gehört.

Der zweite Fall sei der, daß der Gasdruck $f(t)$ erst allmählich zu seinem Maximum P ansteigt, und zwar gemäß der Beziehung

$$f(t) = \varkappa_0 + (P - \varkappa_0) \cdot \varphi\left(\frac{t}{T_1}\right); \tag{5}$$

dabei bedeutet T_1 die Zeit, die der Gasdruck braucht, um von dem Moment ab, wo der Druck gleich $\varkappa_0$ ist, auf den Maximalwert P anzusteigen; und bezüglich der Funktion φ wird angenommen, daß $\varphi(0) = 0$ und $\varphi(1) = 1$ sei.

In diesem zweiten Fall hat man wieder zwei Perioden zu unterscheiden. In der ersten Periode, die von $t = 0$ bis $t = T_1$ reicht, sei anfangs die Stauchung und die Stempelgeschwindigkeit Null, d. h. es sei für $t = 0 : x = 0$ und $\frac{dx}{dt} = 0$. Dann ist zu einer beliebigen Zeit t innerhalb der ersten Periode

$$x = \frac{1}{m a} \cdot \int_{\eta=0}^{\eta=t} (P - \varkappa_0) \cdot \varphi\left(\frac{\eta}{T_1}\right) \cdot \sin(a t - a \eta) \cdot d\eta, \tag{6}$$

$$\frac{dx}{dt} = \frac{1}{m} \cdot \int_{\eta=0}^{\eta=t} (P - \varkappa_0) \cdot \varphi\left(\frac{\eta}{T_1}\right) \cdot \cos(a t - a \eta) \cdot d\eta. \tag{7}$$

Zur Zeit $t = T_1$, also wenn der Gasdruck sein Maximum P erreicht hat, sei $x = x_1$ und $\frac{dx}{dt} = x_1'$ geworden, dann ist

$$x_1 = \frac{P - \varkappa_0}{m a} \cdot \int_{\eta=0}^{\eta=T_1} \varphi\left(\frac{\eta}{T_1}\right) \cdot \sin(a T_1 - a \eta) \cdot d\eta, \tag{8}$$

$$x_1' = \frac{P - \varkappa_0}{m} \cdot \int_{\eta=0}^{\eta=T_1} \varphi\left(\frac{\eta}{T_1}\right) \cdot \cos(a T_1 - a \eta) \cdot d\eta. \tag{9}$$

Von diesem Moment ab beginne die zweite Periode; in dieser zweiten Periode herrsche (beim Schuß in der Versuchsbombe) der konstante Druck P, und die zweite Periode reiche bis zu dem Moment, in dem die Stauchung x des Kupferzylinders ihren schließlichen Höchstwert $x = \varepsilon$ erreicht hat. Rechnet man vom Beginn der zweiten Periode ab von neuem die Zeit t, so ist jetzt für $t = 0$; $x = x_1$ und $\frac{dx}{dt} = x_1'$. Die maximale Stauchung ε wird innerhalb der zweiten Periode dann erhalten, wenn in der Gl. (2), die jetzt wieder gilt, also in

$$x = \frac{P - \varkappa_0}{\varkappa} \cdot (1 - \varrho \cdot \cos(a t + a \omega)), \quad \text{wo} \quad a = \sqrt{\frac{\varkappa}{m}};$$

$$\varrho \cos \omega = 1 - \frac{\varkappa \cdot x_1}{P - \varkappa_0}; \qquad \varrho \sin \omega = \frac{\varkappa \cdot x_1'}{a (P - \varkappa_0)}$$

ist, der $\cos(a t + a \omega)$ seinen kleinsten, somit x seinen größten Wert angenommen hat. Dies ist der Fall nach der weiteren Zeit T_2, die sich ergibt aus $a T_2 + a \omega = \pi$, also nach $T_2 = \frac{\pi}{a} - \omega$; oder, vom Anfang ab gerechnet, nach der Gesamtzeit $T_\varepsilon = T_1 + T_2$. Dann ist x gleich der maximalen Stauchung ε geworden, wobei

$$\varepsilon = \frac{P - \varkappa_0}{\varkappa} \cdot (1 + \varrho)$$

und damit

$$P = \varkappa_0 + \varkappa \cdot \frac{\varepsilon}{1 + \varrho} \tag{10}$$

ist. Durch Reihenentwicklung der Integrale erhalten Sarrau und Vieille weiterhin das Resultat, daß ϱ zwischen 0 und $+1$ liegt.

Danach würde der maximale Gasdruck P liegen zwischen $\varkappa_0 + \varkappa \cdot \varepsilon$ und zwischen $\varkappa_0 + \varkappa \cdot \frac{\varepsilon}{2}$, je nach der Art des Explosionsvorgangs. Nämlich, wenn in mathematischer Hinsicht die erste Periode wegfällt, d. h. wenn, wie im Fall der reinen Detonation, der Gasdruck gleich anfangs seinen Höchstwert P besitzt, so ist $T_1 = 0$, und die Zeit, die vergeht, bis die Stauchung ihren Höchstwert erreicht hat, ist gleich $T_2 = T_\varepsilon = \pi\sqrt{\frac{m}{\varkappa}}$. Und dann ist $\varrho = 1$, somit $P = \varkappa_0 + \varkappa \cdot \frac{\varepsilon}{2}$. Wenn dagegen die zweite Periode wegfällt und die Geschwindigkeit der Stauchung beim Schuß so klein ist, daß $T_1 = \infty$ gesetzt werden kann, d. h. wenn beim Schuß die Stauchung ähnlich langsam erfolgt wie bei der Hebelpresse, so ist $\varrho = 0$, und dann ist $P = \varkappa_0 + \varkappa \cdot \varepsilon$; d. h. dann erhält man den Maximaldruck, wenn man aus der Stauchtabelle den Widerstand entnimmt, der zu der Gesamtstauchung ε gehört.

Diese ihre Theorie des Stauchapparats suchten Sarrau und Vieille durch zahlreiche Versuche mit verschieden schweren Stempeln zu stützen; sie gelangten dabei zu dem Resultat, daß bei Verwendung eines Stempels von weniger als 30 oder 35 g der von der Trägheit des Stempels herrührende Fehler zu vernachlässigen sei, bis zu Drücken von etwa 4000 kg/cm². Ferner preßten sie mit der Manometer-Wage von Jössel Kupferzylinder von 13 mm Höhe und 8 mm Durchmesser, und indem sie bei dieser Pressung verschieden große Geschwindigkeiten anwendeten, glaubten sie konstatiert zu haben, daß die Geschwindigkeit der Pressung zweimal oder dreimal kleiner sein könne, ohne daß (bei derselben Belastung) die Endstauchung sich merklich ändert. Auch Fallhammerversuche stellten Sarrau und Vieille an — ein Eichungsverfahren, das in Frankreich schon 1873 durch die Kommission von Gâvre begonnen worden ist —. Z. B. mit der konstanten Fallarbeit von 15 mkg, nämlich mit Verwendung eines Fallgewichts von 5, 10, 15 kg und dabei einer Fallhöhe von bzw. 3, 1,5, 1 m, fanden sie eine Stauchung von bzw. 6,183, 6,217, 6,250 mm; diese Unterschiede erklärten sie für so geringfügig, daß angenommen werden müsse, der Widerstand W eines Kupferzylinders hänge allein von der Endstauchung ε ab. Endlich registrierte P. Vieille 1893 die Stauchung von Kupferzylindern beim Schuß in der Versuchsbombe als Funktion der Zeit; und auf Grund dieser Registrierungen und jener Theorie glaubte Vieille schließlich die folgende Regel für die Praxis des Stauchapparats aufstellen zu können: Bei den neueren Pulvern und bei Schwarzpulver gibt der Noblesche Stauchapparat, falls dabei mit leichten Stempeln von höchstens 30 oder 35 g Gewicht operiert wird, den Maximalgasdruck P richtig wieder, d. h. dieser ist gleich dem Widerstand, welcher aus der mit der Hebelpresse oder der manometrischen Wage erzeugten Stauchtabelle für die Endstauchung ε abgelesen wird; die lebendige Kraft des Stempels bewirkt dann keinen Fehler. Dagegen bei sehr brisanten Sprengstoffen, wie z. B. bei Pikrinsäure, verwendet man am zweckmäßigsten sehr schwere Stempel. Dann ist der Einfluß der lebendigen Kraft des Stempels ein derartiger, daß das Druckmaximum P gleich ist demjenigen Wert, welcher in der Hebelpressentabelle der halben Stauchung entspricht. Bei Pulvern, die ihrem Charakter nach zwischen beiden liegen, verwendet man zweckmäßig einmal einen sehr leichten, das andere Mal einen sehr schweren Stempel und erhält auf diese Weise zwei Grenzen für P.

Von den Registrierversuchen, womit Vieille die Richtigkeit dieser Regel nachweisen wollte, sei der nachstehende Doppelversuch wiedergegeben:

I. Schwarzpulver; Ladedichte 0,650; Stempelgewicht 60 g, also Stempelmasse $m = \frac{0{,}060}{9{,}81}$; Querschnitt des Stempels 1 cm²; für die Zeitregistrierung ist ein Teilstrich = 0,000317 sec = 2 mm auf dem Trommelumfang.

Zeit t in Teilstrichen, zu je 0,000317 sec	Gemessene Stauchung x in mm	Geschwindkt. des Stempels $\frac{dx}{dt}$ in m/sec	Beschleunig. des Stempels $\frac{d^2x}{dt^2}$ in m/sec²	Beschleunig. Kraft $m \cdot \frac{d^2x}{dt^2}$ auf d. Stempel in kg	Widerstand W des Kupferzyl. nach der Stauchtabelle in kg	also Gasdruck $P = W + m\frac{d^2x}{dt^2}$ in kg od. hier a in kg/cm²
0	0	0	0			
1	0,29	0,91	+ 3383	+ 20,60	696	717
2	0,92	1,99	+ 1393	+ 9,30	1033	1042
3	1,69	2,43	− 298	− 1,82	1445	1443
4	2,43	2,33	− 697	− 4,65	1841	1836
5	3,10	2,11	− 2188	− 13,36	2199	2186
6	3,55	1,42	− 1194	− 7,28	2440	2433
7	3,88	1,04	− 796	− 4,86	2617	2612
8	4,13	0,79	− 697	− 4,65	2750	2745
9	4,31	0,57	− 298	− 2,43	2847	2845
10	4,46	0,44	− 398	− 1,82	2927	2925
11	4,57	0,35	− 199	− 1,21	2936	2935
12	4,66	0,28	− 100	− 1,21	3034	3033
13	4,73	0,22	− 100	− 0,61	3071	3070
14	4,79	0,19		− 0,61	3104	3103
15	4,84	0,16			3130	3130
16	4,89	0,16			3156	3156
17	4,94	0,16			3179	3179
18	4,98	0,16			3216	3216
19	5,04	0,16			3244	3244
		[Z. B. $0{,}91 = \frac{0{,}29 - 0}{1000 \cdot 0{,}000317}$]	[Z. B. $3383 = \frac{1{,}99 - 0{,}91}{0{,}000317}$]			

In diesem Fall ist also der Maximaldruck gleich dem mittels der Presse erhaltenen Widerstand 3244 kg des Kupferzylinders. (NB. falls keine anderen Einflüsse als allein die beschleunigende Kraft des Stempels in Betracht kommen).

II. Dagegen Schießwollpulver in Pulverform, Ladung 0,2 g, Stempelgewicht 3,601 kg, ein Teilstrich = 2 mm des Trommelumfangs = 0,0003242 sec.

Zeit t in Teilstrichen, zu je 0,0003242 sec	Stauchung x mm	$\frac{dx}{dt}$ m/sec	$m\frac{d^2x}{dt^2}$ kg	W kg	$P=W+m\frac{d^2x}{dt^2}$ kg od. kg/cm²
1	0,31	0,96	+ 1607	480	2087
2	1,08	2,37	+ 1013	1099	2112
3	2,14	3,27	+ 384	1775	2159
4	3,31	3,61	− 454	2357	1903
5	4,35	3,20	− 1083	2844	1761
6	5,08	2,25	− 1537	3219	1682
7	5,37	0,89			

Hier erreicht der Gasdruck nahezu sogleich sein Maximum (das er behalten würde, wenn nicht durch Wärmeableitung der Gasdruck abnehmen würde). Der schließliche Gasdruck ist ca. die Hälfte des Widerstandes des Kupferzylinders.

Nach Ansicht des Verfassers ist die angeführte Theorie von Sarrau und Vieille und damit auch die Schlußfolgerung, die Vieille aus seinen Registrierversuchen zieht, nicht einwandfrei. Auch Lamothe, der 1922 (s. Lit.-Note) die Arbeiten über den Stauchapparat einer eingehenden Kritik unterzogen hat, wendet u. a. gegen die Theorie ein, daß es keinen Sinn hätte, wenn die Stempelgeschwindigkeit $\frac{dx}{dt}$ aus der Formel (7) sich negativ ergeben würde, und doch könne letzteres unter Umständen, nämlich je nach der Annahme über die Funktion $\varphi\left(\frac{t}{T_1}\right)$, z. B. bei der Wahl $\varphi\left(\frac{t}{T_1}\right) = \sin\frac{\pi t}{2T_1}$, der Fall sein. Übrigens abgesehen von diesem Einwand Lamothes würde sich aus der Gl. (10) mit Notwendigkeit ergeben, daß der Maximaldruck P bei allen Pulvern und Sprengstoffen kleiner wäre als der Widerstand W, der zu derselben Gesamtstauchung ε aus der mit der Hebelpresse oder der Manometerwage gewonnenen Stauchtabelle abgelesen wird. Denn es wäre gemäß Gl. (10), wo $\varkappa_0 + \varkappa \cdot \varepsilon = W$ ist, $\varrho = \frac{W-P}{P-\varkappa_0}$. Hier ist im Nenner jedenfalls stets $P > \varkappa_0$; und da nach der Theorie von Sarrau und Vieille ϱ ein positiver echter Bruch sein soll, so muß der Zähler $W-P$ positiv oder $P < W$ sein. Dies ist aber sicherlich nicht allgemein der Fall, wie nachher gezeigt werden soll.

Zu beanstanden ist schon die Grundgleichung (1) der Theorie. Denn damit ist vorausgesetzt, daß die Funktion $\varkappa_0 + \varkappa \cdot x$ den Widerstand W des Kupferzylinders auch bei dem dynamischen Vorgang der Schußstauchung wirklich darstelle und daß dabei $\varkappa_0$ und $\varkappa$ Konstanten sind, d. h. es ist vorausgesetzt, daß der Widerstand W eine Funktion der jeweiligen Stauchungsgröße allein sei, nicht aber durch den zeitlichen Verlauf des Explosionsdrucks mitbestimmt werde und daß daher die Zahlenwerte $\varkappa_0$ und $\varkappa$ dieselben seien, mag es sich um die langsame Stauchung der gleichgroßen Kupferzylinder in der Hebelpresse oder um ihre mehr oder weniger rasche oder stoßweise Stauchung beim Schuß handeln. Aber die Faktoren $\varkappa_0$ und $\varkappa$ sind in Wirklichkeit nicht konstant. Denn die Widerstände und damit die scheinbaren Festigkeitsverhältnisse der Materialien sind wesentlich andere bei einer stoßweisen Beanspruchung von sehr kurzer Dauer, als bei statischer oder halbstatischer Beanspruchung. Eine Wassermasse von freier Oberfläche bietet bei dem langsamen Eindringen eines modernen Infanteriegeschosses einen sehr geringen Widerstand; wenn aber dasselbe Geschoß mit etwa 800 m/sec Geschwindigkeit in das Wasser eingeschossen wird, so ist der Widerstand so groß, daß das Geschoß zerdrückt wird. Ferner ist in Bd. I § 75 Abs. 7 u. a. berechnet, daß eine Schweißeisenplatte von 0,7 cm Dicke einem mit der Geschwindigkeit 444 m/sec gegen die Platte fliegenden und diese durchschlagenden Geschoß von 14,7 g Gewicht und 0,79 cm Kaliber einen Widerstand von ca. 20000 kg entgegensetzt, daß dagegen zum langsamen Durchstanzen derselben Platte (zu einem Loch von 0,79 cm Durchmesser und 0,7 cm Tiefe) gemäß den Grundsätzen der statischen Festigkeitslehre nur ein Druck von ca. 5000 kg erforderlich ist. Und so ist auch anzunehmen, daß, wenn der Widerstand W eines Kupferzylinders durch eine lineare Funktion $\varkappa_0 + \varkappa \cdot x$ dargestellt werden soll und die Werte von $\varkappa_0$ und $\varkappa$ mittels der Hebelpresse bestimmt sind, der Zahlenwert von $\varkappa_0$ und $\varkappa$, jedenfalls derjenige von $\varkappa_0$, weit größer wird, falls es sich nicht um die Stauchung in der Hebelpresse, sondern um die Schußstauchung in der Waffe bei einem sehr rasch verbrennenden Pulver handelt. Es scheint, daß (bei Verwendung eines leichten Druckstempels von nicht mehr als ca. 35 g) im allgemeinen der Einfluß der Zeitdauer der stärkere ist; d. h. daß der Stauchapparat auf Grund einer mit der Hebelpresse, also statisch gewonnenen Stauchtabelle den Maximalgasdruck beim Schuß zu niedrig angibt. Dies geht aus folgenden Versuchen hervor.

Zwei Rücklaufmessungen an einer 7,7-cm-Kanone mit Nitrozellulosepulver ergaben bei voller Ladung einen Maximalgasdruck von bzw. 2597 und 2511 kg/cm²; dabei war jedesmal gleichzeitig ein Kruppsches Meßei verwendet; die $^{15}/_{10}$-mm-Kupferzylinder waren mit der Hebelpresse geeicht worden; dieser Stauchapparat ergab hierbei einen Druck von bzw. 2226 und 2174 kg/cm². Acht weitere Versuche mit kleiner Ladung lieferten mittels des Rücklaufmessers bzw. 1148; 1198; 1137; 1181; 1142; 1142; 1234; 1213 kg/cm² und mittels des gleichzeitig verwendeten Stauchapparats (Meßei) bzw. 1078; 1140; 1066; 1140; 1128; 1104; 1170; 1152 kg/cm². Also durchweg mit der dynamischen Methode der Rücklaufmessung höhere Maximalgasdrücke, als mit dem Stauchapparat. Ferner wurden im ballistischen Laboratorium zwei Versuche mit einem Minenwerfer und 33 g Ladung Manöver-Ringpulver ausgeführt; der Stauchapparat (Meßei, mit Hebelpresseneichung der $^6/_3$-mm-Kupferzylinder) ergab bzw. 335 und 334 kg/cm²; die gleichzeitige Registrierung der Geschoßbeschleunigung an einer Stangenverlängerung des Geschosses lieferte mittels des Cranzschen ballistischen Kinematographen (s. Band III) bzw. 438 und 430 kg/cm². Bei drei anderen Versuchen dieser Art, jedoch mit nur 20 g Ladung, fand sich mit dem Meßei der Höchstdruck zu 119; 95; 127 kg/cm²; dagegen mit dem Kinematographen bzw. zu 142; 147; 135 kg/cm² (Ausführung der Messungen durch die Assistenten L. Bauer und O. Schleehauf). Noch erheblich größere Unterschiede zwischen den Ergebnissen der statischen Methode des Meßeis und der dynamischen Methode der Beschleunigungsmessung lieferten fünf derartige Versuche mit dem leichten Minenwerfer 5. Ladung; das Meßei: 1275; 1142; 893; 1140; 720 kg/cm²; bzw. der Kinematograph: 2400; 2300; 2270; 2150; 1800 kg/cm². (Die Druck-Zeit-Kurve bildete dabei einen sehr steil ansteigenden und fast ebenso steil abfallenden Berg mit einer nahezu scharfen Spitze, so daß der maximale Wert des Gasdrucks nur äußerst kurze Zeit währt.) Diese Unterschiede bei den fünf letzterwähnten Versuchen sind so groß, daß der Verfasser nicht wagen möchte, aus den Ergebnissen von so wenigen Versuchen weitergehende quantitative Schlüsse zu ziehen. Jedenfalls ist aber durch diese sämtlichen Versuche sichergestellt, daß der wahre maximale Gasdruck P beim Schuß größer ist als der Widerstand W, der sich aus der statisch gewonnenen Stauchtabelle der Kupferzylinder ergibt. Und da die Theorie von Sarrau und Vieille das Gegenteil fordert, so ist damit zugleich bewiesen, daß diese Theorie nicht zutrifft. Sie berücksichtigt erstens nur den Einfluß der Stempelträgheit und setzt zweitens unrichtigerweise voraus, daß der Widerstand W allein eine (lineare) Funktion der Stauchungsgröße sei. Daß der Widerstand W aber außerdem von dem zeitlichen Verlauf der Stauchung abhängt, hat in Deutschland E. Meyer schon 1910/14 mit seinen Schülern durch Versuche im Festigkeitslaboratorium der Technischen Hochschule Berlin bewiesen, indem die Stauchungszeit gemessen und der Stauchungsvorgang photographisch registriert wurde (s. Lit.-Note, Höniger, Seehase). W. Schaafhausen (s. Lit.-Note) sucht den Einfluß der Stauchungsdauer t auf die Größe x der Stauchung durch die Beziehung $x = a + b \cdot \log t$ wiederzugeben, wo a und b von der Belastung abhängen sollen und wo z. B. für Kupferzylinder 15/10 mm bei der Belastung 2500 kg: $a = 2{,}44002$, $b = 0{,}02054$; bei der Belastung 1000 kg: $a = 0{,}564097$, $b = 0{,}005271$ ist. Und in Frankreich hat u. a. Charpy das gleiche gezeigt, indem er Kupferzylinder derselben Art mit derselben Belastung, aber verschieden lange Zeit hindurch preßte, nämlich 1 Sekunde, 1 Minute, 1 Stunde, 16 Stunden (dabei erhielt er bzw. 4,415; 4,665; 4,925; 5,02 mm Stauchung); ferner indem er verschiedene Geschwindigkeiten der Stauchung anwandte. Auf Grund seiner Versuche schlug Charpy den Ausdruck vor

$$W = \varkappa_0 + \varkappa \cdot x + h \cdot \frac{dx}{dt},$$

wo $\varkappa_0$, $\varkappa$, h Konstanten bedeuten sollen, deren Zahlenwerte er übrigens nicht angibt. Eine solche Funktion ist ohne Zweifel etwas zweckmäßiger als die Sarrau-Vieillesche $W = \varkappa_0 + \varkappa \cdot x$. Wenn man jedoch die neueren Ansätze zu einer Theorie der Plastikodynamik betrachtet (de St. Venant, Tresca, Lévy, Boussinesq, Brillouin, Bouasse, Voigt, Haar und Kármán, Prandtl und Nádai, Prandtl, v. Mises, Carathéodory und Schmidt, Hencky), so wird man es für zweifelhaft halten, ob durch eine solche einfache Annahme der in Wirklichkeit sehr verwickelte Stauchungsvorgang ausreichend wiederzugeben ist. Auch bemerkt P. Charbonnier mit Recht, daß gegen das Ende der Stauchung, wo $\frac{dx}{dt}$ gleich Null ist, der Widerstand durch die lineare Beziehung $W = \varkappa_0 + \varkappa \cdot x$ nicht mehr wiedergegeben wird.

Aus dem gleichen Grund wie die mathematische Theorie von Sarrau und Vieille ist nach Ansicht des Verfassers auch die Vieillesche Registriermethode anfechtbar, zu welcher oben die beiden Vieilleschen Tabellen I und II als Beispiel mitgeteilt wurden. Nach diesem Verfahren soll beim Schuß in der Versuchsbombe der zeitliche Verlauf des Gasdrucks mit Hilfe eines Stauchzylinders und eines Stempels samt Schreibfeder registriert werden; der Widerstand $W(x)$ des Stauchzylinders wird mittels der manometrischen Wage oder der Hebelpresse statisch gemessen; alsdann wird beim Schuß in der Versuchsbombe, wo unter der Einwirkung des Gasdrucks der Stempel (von der Masse m) vorrückt und den Kupferzylinder zusammendrückt, der Stempelweg x in Funktion der Zeit t registriert und damit $\frac{d^2x}{dt^2}$ als Funktion der Zeit gebildet; schließlich wird der gesuchte variable Gasdruck $p(t)$ mittels $m\frac{d^2x}{dt^2} + W(x)$

gewonnen. Folglich setzt man bei diesem Verfahren voraus, daß der statische Widerstand W des Kupferzylinders stets gleich dem dynamischen Widerstand sei. In Wirklichkeit ist aber beim Schuß mit einem sehr brisanten Pulver der dynamische Widerstand bei gleicher Stauchung größer als der statische (oder bei der Annahme $W = \varkappa_0 + \varkappa \cdot x$ sind die Zahlenwerte $\varkappa_0$ und $\varkappa$ größer anzunehmen). In populärer Ausdrucksweise könnte man sagen, man habe bei dem Vielleschen Registrierverfahren im Fall eines sehr brisanten Pulvers fast ähnliche Verhältnisse, wie wenn unmittelbar vor dem Schuß der Kupferzylinder ohne Vorwissen des Beobachters mit einem verkupferten Eisenzylinder vertauscht worden wäre; der Beobachter mißt nach dem Schuß den Zylinder aus, er glaubt, einen Kupferzylinder vor sich zu haben, und indem er zu den verhältnismäßig kleinen Stauchungen des tatsächlich benützten Eisenzylinders die Widerstände aus der Hebelpressen-Stauchtabelle der Kupferzylinder entnimmt, erhält er die Gasdrücke zu klein; und das Ende der Stauchung des Eisenzylinders findet der Beobachter in kürzerer Zeit erreicht, als er aus den Verhältnissen des Kupferzylinders erwartet hätte.

2. Über die Aufstellung der Stauchtabelle. Die Eichung der Kupferzylinder zur Aufstellung der Stauchtabelle erfolgt entweder (nahezu) statisch mittels der Hebelpresse bzw. der manometrischen Wage oder aber dynamisch mittels des Fallhammers bzw. des Pendelhammers (darüber s. Bd. III). Etwas zweckmäßiger (Näheres s. weiter unten) scheint zunächst das dynamische Fallhammerverfahren zu sein. Denn mit dem Fallhammerverfahren, bei dem die Kupferzylinder stoßartig in einer Gesamtzeit von ca. 0,002 Sekunden gestaucht werden, kommt man dem wirklichen Vorgang der Stauchung beim Schuß aus einer mit Stauchapparat, z. B. mit Meßei, versehenen Waffe näher als mit dem Hebelpressenverfahren, bei dem eine Zeit von etwa 30 Sekunden zur Zusammendrückung der Kupferzylinder verwendet werden muß. Die Fallhammereichung geht auch einfacher und rascher von statten, und daß die Gleichmäßigkeit bei der Fallhammermessung eine größere ist, hat im ballistischen Laboratorium schon K. Becker konstatiert. Mit der neueren Fallhammereinrichtung des ballistischen Laboratoriums (s. Bd. III), und zwar mit einem Bärgewicht von 25 kg und mit Kupferzylindern von 15 mm Höhe und 10 mm Durchmesser fand sich, bei je 10 Versuchen mit Zylindern derselben Lieferung, eine mittlere quadratische Abweichung μ der Einzelmessung vom Mittelwert im Betrag von durchschnittlich 0,25 % (und zwar sowohl dann, wenn die Kupferzylinder nicht vorgestaucht waren, als wenn sie mit dem Fallhammer und einer Schlagarbeit von 0,495 mkg vorgestaucht waren); dagegen mit der Hebelpresse fand sich bei nicht vorgestauchten Zylindern $\mu = 0,3\,\%$

(bei vorgepreßten $\mu = 0{,}16\,^0/_0$). Bei gleicher Endstauchung ε gibt die Fallhammer-Stauchtabelle einen höheren Druck an als die Hebelpressentabelle. Und zwar beträgt der Unterschied bei den 15/10-Kupferzylindern durchschnittlich $11\,^0/_0$; nämlich bei kleinen Stauchungen (z. B. $\varepsilon = 0{,}5$ mm) ist der Unterschied $8{,}2\,^0/_0$; bei mittleren ($\varepsilon = 2{,}5$ mm) ist er $14{,}6\,^0/_0$; bei großen Stauchungen ($\varepsilon = 3{,}5$ mm) ist er $13{,}7\,^0/_0$. Die Messungen lassen sich für die nichtvorgestauchten 15/10-Zylinder durch die Formel zusammenfassen

$$75{,}6 \cdot y = 79{,}35 + 5{,}4 \cdot \varepsilon - \varepsilon^2;$$

dabei ist für ε der Zahlenwert der betreffenden Endstauchung in Millimeter einzusetzen, und y ist der Faktor, mit dem der Hebelpressendruck zu multiplizieren ist, wenn man den zugehörigen Fallhammerdruck daraus erhalten will; diese empirische Formel gilt zwischen $\varepsilon = 0{,}5$ und $\varepsilon = 3{,}5$ mm oder, bei Verwendung eines Stempels von 1 cm^2 Querschnitt, für Gasdrücke zwischen 820 und 3090 kg/cm^2.

Mit kleinen Stauchzylindern, von 6 mm Höhe und 3 mm Durchmesser, ergab sich der Fallhammerdruck größer als der Hebelpressendruck um Beträge zwischen $14\,^0/_0$ und $29\,^0/_0$ (gültig zwischen $\varepsilon = 0{,}5$ mm und $\varepsilon = 3{,}0$ mm oder, bei einem Stempeldurchmesser von 7,02 mm, zwischen 400 und 1540 kg/cm^2 Druck). Die Messungen mit diesen kleinen Stauchkörpern lassen sich zusammenfassen in der Gleichung

$$11{,}0 \cdot y = 10{,}92 + 3{,}6 \cdot \varepsilon - \varepsilon^2;$$

hier ist wiederum y der Faktor, mit dem multipliziert der Hebelpressen-Widerstand in den Fallhammer-Widerstand übergeht (Ausführung der Messungen durch die Assistenten L. Bauer und O. Schleehauf).

Wiewohl übrigens die Fallhammerstauchung der Schußstauchung ähnlicher ist als die Hebelpressenstauchung, muß doch darauf hingewiesen werden, daß zwischen der Fallhammerstauchung und der Schußstauchung noch ein wichtiger Unterschied besteht: bei ersterer setzt die Druckkraft sofort mit ihrem Maximum ein und nimmt sodann im Verlauf der Stauchung nur ab; dagegen bei der Schußstauchung, wenigstens bei Verwendung von nicht sehr brisantem Pulver, findet in einer praktisch endlichen Zeit zuerst ein Anwachsen des Drucks und dann ein nachfolgendes langsameres Sinken des Drucks statt. Aus diesem Grunde und um den Einfluß der verwendeten Pulversorte und Ladedichte zu berücksichtigen, muß man vielleicht auch eine Fallhammer-Stauchtabelle mit Korrektionsfaktoren versehen, die für die verschiedenen Pulversorten und Ladedichten angeben, um welche Beträge die Fallhammerdrücke vergrößert bzw. verkleinert werden müssen, damit die wahren Maximaldrücke erhalten werden. Wie solche Korrektionsfaktoren erhalten werden können, wird weiter unten (s. Nr. 6) besprochen werden.

Was die Fallhammer-Stauchtabelle betrifft, so findet auch P. Charbonnier, daß die Zeit der Stauchung durch den Fallhammer (0,006 bis 0,0006 sec bei Verwendung von 1 kg bis 80 kg Bärgewicht) angenähert dieselbe ist wie beim Schuß aus der Waffe. Er ist der Ansicht, daß die Fallhammertabelle einen angenäherten Wert des wahren Maximaldrucks liefert; sie gibt nach ihm (für die französischen 13/8 mm-Stauchkörper) Drücke, welche um 15% bis 20% höher liegen als diejenigen der statisch gewonnenen (Hebelpressen-) Stauchtabelle sind.

3. Vorstauchung. Über die Frage, ob es zweckmäßiger ist, die zu verwendenden Kupferzylinder von vornherein auf einen gewissen Bruchteil der beabsichtigten Endstauchung vorzustauchen oder nicht, gehen die Ansichten sehr auseinander. Die Vorstauchung hat einerseits den Nachteil, daß die schließliche Stauchung ε, um die es sich handelt, in zwei zeitlich getrennten Perioden erfolgt; und es hat sich gezeigt, daß, wenn z. B. mit einem Fallbär von 10 kg Gewicht ein Zylinder nur einmal bei 1 m Fallhöhe gestaucht wird, daraufhin ein Zylinder der gleichen Art mit demselben Fallbär viermal nacheinander bei je 25 cm Fallhöhe gestaucht wird, das Ergebnis nicht genau dasselbe ist, sondern daß bei dem letzteren Versuche die schließliche Stauchung etwas kleiner ausfällt (nämlich bei 13/8-Kupferzylindern 4,40 mm statt 4,78 mm); der Grund liegt ohne Zweifel darin, daß die Festigkeits- und Querschnittsverhältnisse verschieden sind. Andererseits bietet die Vorstauchung den Vorteil einer größeren Gleichmäßigkeit der Messung; im ballistischen Laboratorium haben dies Oblt. Gretsch und L. Bauer einwandfrei festgestellt; außerdem erreicht die Stauchung eines vorgepreßten Zylinders in kürzerer Zeit ihr Ende als diejenige eines (langen) nicht vorgepreßten Zylinders; ein etwaiger Fehler, der durch eine verspätete Anzeige des Druckmaximums entsteht, kann damit geringer werden. Daher empfiehlt es sich in solchen Fällen, wo es sich um ein sehr brisantes Pulver oder einen Sprengstoff handelt, längere Kupferzylinder (von z. B. 15 mm Höhe und 10 mm Durchmesser) auf etwa $^1/_3$ der Endstauchung vorzustauchen, oder aber — und dann erübrigt sich die Vorstauchung — mit kurzen Kupferzylindern zu operieren.

Bei diesem Anlaß sei das von P. Charbonnier (1900) empfohlene Verfahren des „point d'arrêt“ erwähnt, welches dazu dienen soll, um den Druck zu bestimmen, der einem bestimmten vorgestauchten Kupferzylinder wirklich entspricht: Ein Quecksilbermanometer bestehe aus einem bei A geschlossenen horizontalen Röhrenteil $ABCD$

und einem daran sich anschließenden längeren vertikalen Teil DE mit freier Oberfläche des Quecksilbers bei E. Der horizontale Teil AD geht durch eine Kammer BC, welche einen größeren, leicht beweglichen Stempel enthält; außerhalb des Stempels ist zwischen dem Stempel und einer raumfesten Halteschraube der vorgepreßte Kupferzylinder eingeklemmt. Es wird nun durch ein Ventil bei A nach und nach langsam Quecksilber in das Manometer eingepumpt; dabei steigt das Quecksilberniveau bei E. Erst in dem Moment, wo der Stempel etwas nach außen geht, also der vorgepreßte Kupferzylinder weiter gestaucht zu werden beginnt, sinkt das Niveau E etwas, bis es bei weiterem Einpumpen von Quecksilber wieder zu steigen fortfährt. Der Quecksilberdruck, der in diesem Moment (point d'arrêt) herrscht, soll die „Elastizitätsgrenze“ oder den „Widerstand“ P des vorgepreßten Kupferzylinders sehr genau darstellen. Dieses Verfahren wird von Lamothe und Galy-Aché ungünstig beurteilt; denn sie fanden, daß, wenn ein Kupferzylinder auf einen bestimmten Druck P etwa mit der Hebelpresse vorgestaucht worden war und alsdann auf diesen Zylinder das geschilderte Verfahren angewendet wurde, mitunter eine weitere Stauchung schon eintrat bei einem Druck, der kleiner als P sich ergab (zum Teil kleiner um 600 kg/cm²). P. Charbonnier hat später (1907) zusammen mit M. Malaval folgendes festgestellt: Die Methode des point d'arrêt kann dazu dienen, experimentell nachzuweisen, daß die Hebelpressen-Stauchtabelle kleinere Drücke ergibt, als sie bei gleicher Stauchung in der Waffe auftreten; aber der wahre Druck wird durch das Verfahren des point d'arrêt nicht geliefert, vielmehr nur eine untere Grenze desselben.

4. Temperatur. Was den Einfluß der Temperatur des Kupferzylinders betrifft, so ist unbestritten, daß der Widerstand desselben Kupferzylinders um so kleiner ist, je höher seine Temperatur ist. Daher sollte auf die anfängliche Temperatur der Stauchkörper geachtet werden; sie sollte vor dem Schießversuch angenähert die gleiche sein, wie sie bei der Herstellung der betreffenden Stauchtabelle gewesen war. Und zwar hat im ballistischen Laboratorium Oblt. Eichelkraut für 15/10-mm-Kupferzylinder durch längere Versuchsreihen, über die in der 1. Auflage von Band III im einzelnen berichtet ist und die sich auf das Intervall von $+100^0$ C bis -13^0 C der Anfangstemperatur erstreckten, als zusammenfassendes Resultat erhalten, daß bei Fallhammereichung an der Endstauchung der 15/10-Zylinder eine Korrektur von 0,06 bis 0,07 $^0/_0$ anzubringen ist, so oft es sich um 1^0 C Unterschied in der anfänglichen Temperatur der Kupferzylinder handelt.

Eine wesentlich andere Frage ist die, ob die durch die Stauchung selbst bewirkte Temperaturerhöhung der Stauchzylinder berücksichtigt werden soll oder nicht. P. Charbonnier und Galy-Aché haben die Temperaturzunahme der Kupferzylinder gemessen, die bei deren Stauchung mit dem Fallhammer entsteht. Bei gleicher Fallarbeit von 17 mkg ergab sich eine Temperaturerhöhung der 13/8-Zylinder von 75° bis 80° C. Und da die beiden französischen Forscher weiter fanden, daß bei gleich stark gestauchten Kupferzylindern der „point d'arrêt" um ca. 3 % niedriger war, wenn der Zylinder innerhalb eines Ölbads von dieser höheren Temperatur sich befand, als wenn er eine Temperatur von 15° C hatte, so schlossen sie — wenigstens nach den Angaben von Lamothe (s. Lit.-Note) —, daß die Fallhammer-Stauchtabelle in ihren Druckzahlen um 3 % erniedrigt werden müsse, weil der Widerstand eines Kupferzylinders im warmen Zustand kleiner ist als im kalten Zustand. Allerdings ist es richtig, daß der Kupferzylinder in dem erhitzten Zustand, in welchem er sich unmittelbar nach dem Fallhammerstoß und auch unmittelbar nach der Stauchung beim Schuß aus der Waffe befindet, einer Fortsetzung der Zusammenpressung einen kleineren Widerstand entgegensetzen würde als im kalten Zustand. Wenn aber die Meinung der beiden Forscher dahin gehen sollte, daß bei der Verwendung der betreffenden Fallhammer-Stauchtabelle zur Ermittlung des Maximalgasdrucks beim Schuß aus der Waffe durchweg die Tabellendrücke um 3 % kleiner genommen werden müssen, so möchte der Verfasser sich demgegenüber dahin äußern, daß nach seiner Ansicht die bei der Stauchung selbst bewirkte Temperaturerhöhung nicht berücksichtigt werden darf, und zwar aus folgendem Grund: Die durch die Stauchung erzeugte Wärmemenge ist nichts anderes als die Deformationsarbeit selbst. Diese Arbeit muß in irgendeiner Form bei dem dauernd deformierten Körper noch vorhanden sein, und sie ist vorhanden in der auftretenden Wärme; von dieser Arbeit geht bei der Fallhammereichung nur ein sehr kleiner Teil als Schallenergie weg, und von der erzeugten Wärme kann bei rascher Ausführung der Messungen nur ein kleiner Teil in den Bär und den Amboß übergegangen sein. Eine einfache Rechnung bestätigt dies: der Zylinder von 13 mm Höhe und 8 mm Durchmesser hat ein Gewicht von $0{,}8^2 \cdot \frac{\pi}{4} \cdot 1{,}3 \cdot 8{,}9 = 5{,}8$ g; die spezifische Wärme des Kupfers ist 0,094; bei einer Temperaturzunahme zwischen 75° und 80° C erhält man somit eine Wärmemenge zwischen 40,7 und 43,5 Grammkalorien oder von 17,4 bis 18,6 mkg. Charbonier und Galy-Aché erhielten die Temperaturzunahmen 80; 77; 75 ° C bei Fallgewichten von 4,980; 15,100; 33,300 kg und bei den Fallhöhen bzw. 3,420; 1,133; 0,510 mm, also mit derselben Fallarbeit von 17 mkg. Die beiden Resultate sind also in der

Tat von derselben Größenordnung von ca. 17 mkg. Und da, unter Voraussetzung derselben Arbeitsleistung im Stauchzylinder, bei der Schußstauchung und bei derjenigen Stauchung, welche gelegentlich der Aufstellung der Stauchtabelle bewirkt wird, natürlich dieselbe Wärmemenge entsteht, so heben sich diese Temperatureinflüsse auf.

5. Tonnenform und Hyperboloidform der Stauchzylinder. Auch die Reibungsverhältnisse an den beiden Endkreisen der Kupferzylinder (Abb. 6) müssen möglichst dieselben sein bei der Aufstellung der Stauchtabelle (z. B. mittels des Fallhammers) einerseits und bei der Verwendung derselben Zylinder in der Waffe oder in der Versuchsbombe andererseits. Denn wenn die Endflächen z. B. geölt oder mit Wasser benetzt sind, so gestalten sich bei der Stauchung die Querschnittsänderungen verschieden, und damit wird die Längenänderung oder die Stauchung ε eine andere. Man kann sogar leicht die übliche Tonnenform des gestauchten Kupferzylinders in eine Hyperboloidform umwandeln; wie Muraour gezeigt hat, genügt es, beim Fallhammerversuch eine dünne Bleifolie auf den Zylinder aufzulegen, um Hyperboloidform zu erhalten. (Diese Form erhält man übrigens auch nicht selten bei Detonationen; und man kann sie außerdem hervorrufen durch sehr rasche Schläge mit einem leichten Hammer, während ein Schlag mit einem schweren Hammer Tonnenform der Kupferzylinder ergibt. Wahrscheinlich spielen hier auch die Trägheitswiderstände der Stauchzylinderteile selbst eine Rolle.)

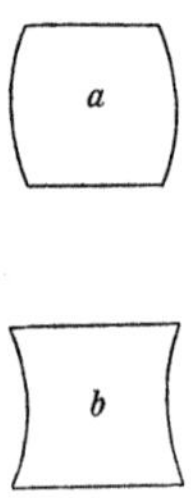

Abb. 6.

6. Wie erhält man den wahren Verlauf des Gasdrucks $p(t)$ bis zum Eintritt des Druckmaximums P, wenn der Stauchapparat verwendet werden soll? Vorschlag von Cranz und Schmundt.

Im vorhergehenden wurde auseinandergesetzt, daß und weshalb das Vieillesche Registrierverfahren, mit Hilfe der Stauchung eines Kupferzylinders den zeitlichen Druckanstieg und den Höchstdruck zu erhalten, Fehler mit sich bringen kann; und zwar auch dann, wenn die Registrierung der Stauchung etwa optisch-photographisch erfolgt. Der Grund ist der, daß der Widerstand des Kupferzylinders nicht genügend bekannt ist. Der wahre Verlauf des Gasdrucks kann nur mit einem rein dynamischen Registrierverfahren erhalten werden, bei welchem auf den Druckstempel, dessen Bewegung registriert wird, außer dem gesuchten Gasdruck $p(t)$ entweder keine weitere Kraft einwirkt oder aber nur ein bekannter Widerstand. Da nun der Widerstand, welcher der raschen Bewegung eines starren Körpers A (wie z. B. des stählernen Druckstempels) durch die Deformation eines Körpers B (wie z. B. des Kupferzylinders) entgegengesetzt wird, in den seltensten Fällen genügend genau allgemein bekannt ist, so kann es sich nur um die Bewegung eines Stempels handeln, der in der Bohrung der Wandung der Versuchsbombe mit so geringer Reibung läuft, daß der Reibungswiderstand praktisch vernachlässigt werden kann. Eine solche Einrichtung ist von Muraour auf Anregung von Vieille begonnen und von M. E. Burlot weitergeführt und mit allen Fehlerquellen geprüft worden (s. Lit.-Note). Dabei wurde für das französische Pulver BF. und bezüglich der Kupferzylinder von 13 mm Höhe und 8 mm Durchmesser festgestellt, daß der wahre Gasdruck durchweg höher ist als der mit der Hebelpresse bzw. der manometrischen Wage statisch bestimmte Widerstand, und zwar um Prozentbeträge, die mit wechselnder Stauchung ε zunächst von 5,5 % bis 12,8 % zunehmen und dann wieder etwas abnehmen und bei 4000 Atm. Null werden. Die Meßeinrichtung von Vieille-Burlot scheint zwar noch etwas vervollkommnet werden zu können, indem durch Anbringung eines gleichschweren beweglichen Stempels auf der entgegengesetzten Seite der Bombe die Inanspruchnahme des Fundaments vermindert wird; aber das Prinzip dieser „méthode du piston libre" dürfte einwandfrei sein, falls der Stempel keinerlei Deformation erfährt. Aus den zahlreichen Messungen, welche E. Burlot 1923 mit seiner eingehend beschriebenen Registriervorrichtung nach der rein dynamischen Methode des „piston libre" mit Untersuchung der Fehlerquellen und der Genauigkeitsmaße durchgeführt hat, geht hervor, daß, wenigstens für Kupferzylinder von 13 mm Länge und 8 mm Durchmesser und für das französische Pulver BF., der wahre Gasdruck größer ist als der mit der manometrischen Wage oder der Hebelpresse statisch gemessene Gasdruck und kleiner ist als der mit dem Fallhammer ermittelte Gasdruck. Nämlich aus dem von Burlot gegebenen Diagramm S. 293 lassen sich die nachstehenden Näherungswerte ablesen:

Wenn die ursprüngliche Länge 13 mm d. Kupferzylinders sich schließlich vermindert hat auf:	11,5	11,0	10,5	10,0	9,5	9,0	8,5	8,0	7,5	7,0	6,5	6,0 mm
ist der wahre Gasdruck (gemessen nach der Methode des piston libre):	1220	1500	1780	2040	2300	2550	2800	3030	3300	3560	3800	4000 kg/cm²
dagegen der Hebelpressendruck:	1150	1400	1630	1840	2050	2270	2480	2710	2990	3290	3650	4000 kg/cm²
und der Fallhammerdruck:	1390	1720	2040	2330	2590	2850	3090	3320	3500	—	—	— kg/cm²

Eine allgemeine Gültigkeit dürfte auch dieser Tabelle für die Bemessung des Maximalgasdrucks beim Schuß aus der Waffe nicht zukommen. Denn wenn beim Schuß z. B. ein sehr feinkörniges Pulver oder ein hohes Geschoßgewicht verwendet wird, wenn also in dem betreffenden Waffensystem das Geschoßtreibmittel sich als sehr brisant erweist (d. h. wenn das Verhältnis zwischen Maximalgasdruck und mittlerem Gasdruck relativ sehr groß ist, siehe darüber weiter unten), so wird der Gasdruck in der Waffe nahezu gleich anfangs seinen Höchstwert annehmen und nachher mehr oder weniger rasch absinken; der Verlauf des Drucks wird dann ähnlich sein wie bei der Fallhammerstauchung, wo der Druck auch mit seinem Höchstwert beginnt. Infolge davon ist zu vermuten, daß der wahre Druckverlauf demjenigen bei der Fallhammer-Eichung am nächsten kommt. Wenn dagegen die Brisanz des Pulvers in der betreffenden Waffe sehr niedrig ist, wird vermutlich die Kurve des wahren Drucks mehr in der Nähe der Hebelpressen-Kurve verlaufen.

Neuerdings (1925) hat M. de Fosseux mit einem ähnlichen Apparat gearbeitet wie Burlot und ist dabei zu höheren Werten des wahren Drucks gelangt als Burlot; de Fosseux spricht dabei die Vermutung aus, daß „die Fallhammermethode möglicherweise die obere Grenze liefert, welcher sich die Kurve der in Funktion der Stauchung aufgetragenen Drücke um so mehr nähern wird, je genauer die Experimente ausgeführt werden“.

Für den Fall, daß eine solche Vieille-Burlotsche Einrichtung nicht zur Verfügung steht, wohl aber die Vieillesche oder noch besser die Kruppsche Registrier-Einrichtung, möchten Cranz und Schmundt, in Erweiterung der Hypothese von Charpy, das folgende Näherungsverfahren vorschlagen: Man nimmt den Widerstand W des Kupferzylinders in der Form an:

$$W = W_{st}(x) + \varphi \cdot \frac{dx}{dt}. \tag{a}$$

Dabei ist $W_{st}(x)$ der mit der Hebelpresse, also statisch (d. h. für den speziellen Fall $\frac{dx}{dt} = 0$ und $\frac{d^2x}{dt^2} = 0$) als Funktion der Stauchung x bestimmte Widerstand; φ ist eine noch zu ermittelnde Funktion. In der Versuchsbombe, in welcher der variable Gasdruck $p(t)$ auf den Stempel von der Masse m wirkt, hat man dann für die Bewegung des Stempels die Gleichung

$$m \cdot \frac{d^2x}{dt^2} + \varphi \cdot \frac{dx}{dt} + W_{st}(x) = p(t). \tag{b}$$

Die Funktion φ wird experimentell folgendermaßen gewonnen. Mit einem Kupferzylinder der betreffenden Sorte, um die es sich handelt, registriert man an einer Fallhammereinrichtung (M die Masse des Fallbärs) das Vorrücken des Bärs vom Aufschlagen auf den Kupferzylinder ab, also die jeweilige Stauchung x, optisch photographisch in Funktion der Zeit t, etwa nach dem Verfahren von E. Meyer

(s. Lit.-Note) und bildet daraus zu mehreren Werten von t die Werte $\frac{dx}{dt}$ und $\frac{d^2x}{dt^2}$. Da in diesem Fall ein Gasdruck $p(t)$ nicht vorhanden ist, vielmehr nur die Schwere und der Widerstand des Kupferzylinders auf den Bär wirkt, so lautet die Bewegungsgleichung des Fallbärs:

$$M \cdot \frac{d^2x}{dt^2} = Mg - \varphi \cdot \frac{dx}{dt} - W_{st}(x). \tag{c}$$

Hier ist M und aus den Messungen an der Hebelpresse auch $W_{st}(x)$ bekannt; die Registrierung hat x, $\frac{dx}{dt}$ und $\frac{d^2x}{dt^2}$ in Funktion von t geliefert (außerdem erhält man bei dem Versuch die Gesamtstauchzeit T und die Gesamtstauchung ε). Man gewinnt somit aus Gl. (c) den Wert von φ in Funktion von t und damit von x. Aus diesen Werten φ wird ein Mittelwert gebildet; dieser gehört zu dem gemessenen Wertepaar ε und T. Nun wird der Versuch wiederholt mit einer Reihe von anderen Fallhöhen und von anderen Bärgewichten, und jedesmal wird der zugehörige Mittelwert φ genommen und das Wertepaar ε und T ermittelt. Auf diese Weise hat man φ in Funktion von ε und T, indem man die Reihe der berechneten Mittelwerte φ_1, φ_2, φ_3 ... in einer Tabelle mit doppeltem Eingang oder graphisch in einer Fläche darstellt.

Wenn es sich dann um die Registrierung des Gasdruckverlaufs in der Versuchsbombe handelt, liefert die Gleichung (b) ohne weiteres die gesuchte Druckfunktion $p(t)$, da mit der Registrierung der Stempelbewegung alle drei Glieder der linken Seite von (b) in Funktion von t gegeben sind und man aus der Ausmessung des Kupferzylinders die Gesamtstauchung ε und aus der Registrierung die Gesamtstauchzeit T, folglich auch φ gewinnt.

Ob dieses Verfahren brauchbare Ergebnisse liefert und ob, bzw. wie die erwähnte Annahme über die Widerstandsfunktion modifiziert werden muß, kann nur der Versuch ergeben. Selbstverständlich aber ist, daß auch ein solches Verfahren nur einen Notbehelf darstellt, indem die Plastikodynamik zur Zeit noch nicht weit genug entwickelt ist, um eine genaue Theorie des Stauchungsvorgangs zu ermöglichen.

§ 15. Membran-Manometer und Federindikatoren.

Mit deren Theorie haben sich insbesondere P. Charbonnier (1907 und 1924) und W. Nernst (1915) beschäftigt (s. Lit.-Note). Im folgenden sei die Theorie von W. Nernst in aller Kürze wiedergegeben. Man denke sich eine kugelförmige Bombe mit elastischer Wandung. Infolge des variablen Gasdrucks $p(t)$ möge sich bis zur Zeit t vom Beginn der Zündung ab der Radius der Kugelschale um x vergrößert haben. Die elastische Kraft sei k; der Widerstand der Schale zur Zeit t also $k \cdot x$; m sei die Masse der Kugelschale, oder wenn es sich um das Membran-Manometer von Pier handelt, sei m die bewegte Masse der Membran. Die Bewegungsgleichung ist somit

$$m \cdot \frac{d^2 x}{d t^2} = p(t) - k \cdot x\,,$$

wobei für $t = 0$, $x = 0$ und $\frac{dx}{dt} = 0$ ist. Für $p(t)$ sei die Funktion angenommen $p_0(1 - e^{-\alpha \cdot t})$; p_0 der Maximaldruck bei der Explosion; α ein Maß für die Geschwindigkeit des Druckanstiegs. Mit der Abkürzung $\lambda = \sqrt{\frac{k}{m}}$ ergibt sich

$$x = \frac{p_0}{k} \cdot \left[1 - \frac{\lambda^2}{\alpha^2 + \lambda^2} \cdot e^{-\alpha t} - \frac{\alpha^2}{\alpha^2 + \lambda^2} \cos \lambda t - \frac{\alpha \cdot \lambda}{\alpha^2 + \lambda^2} \cdot \sin \lambda t\right].$$

a) Wenn der Druck sehr rasch ansteigt, folglich α groß gegen λ, $\frac{\lambda^2}{\alpha^2}$ klein gegen λ ist, wird

$$x = \frac{p_0}{k}\left(1 - \cos \lambda t - \frac{\lambda}{\alpha} \sin \lambda t\right)$$

oder meistens genügend genau

$$x = \frac{p_0}{k}(1 - \cos \lambda t)\,.$$

In diesem Fall erhält x seinen größten Wert, wenn $\cos \lambda t = -1$ geworden ist, also nach der Zeit $\frac{\pi}{\lambda}$ oder $\pi \sqrt{\frac{m}{k}}$. Alsdann ist $k \cdot x = 2\,p_0$; d. h. die Membranspannung $k \cdot x$ ist das Doppelte des Maximaldrucks p_0, und bei der elastischen Membran erhält man erheblich große Schwingungen von geringer Dämpfung.

b) Wenn der Druck langsam ansteigt, also wenn λ groß gegen α, $\frac{\alpha^2}{\lambda^2}$ klein gegen 1 ist, wird

$$x = \frac{p_0}{k}\left(1 - e^{-\alpha t} - \frac{\alpha}{\lambda} \sin \lambda t\right)$$

oder

$$k \cdot x = p(t) - p_0 \cdot \frac{\alpha}{\lambda} \cdot \sin \lambda t\,.$$

Jetzt führt das Instrument Schwingungen kleiner Amplitude um den Wert $p(t)$ herum aus, der dem jeweiligen Gasdruck entspricht. Man kann also in diesem Fall leicht den Druck ermitteln, der zu irgend einer Zeit vorhanden ist, somit auch den Maximaldruck. Daraus ergibt sich für Federmanometer die Regel: Man hat Federn von hoher Eigenfrequenz zu verwenden; die Zeit, in der die benutzte

Feder ihre erste Viertelschwingung ausführt, muß viel kleiner sein als die Zeit, die vergeht, bis der Gasdruck von der Zündung ab zu seinem Maximum angestiegen ist. Z. B. bei der Meßeinrichtung von Fr. Krupp (O. Schmitz) scheint diese Bedingung genügend erfüllt zu sein. Dagegen bei den älteren Apparaten von Le Chatelier usw. war sie offenbar nicht erfüllt; diese haben deshalb zum Teil fehlerhafte Resultate ergeben.

Zu der vorstehenden Theorie ist zu bemerken, daß im einzelnen Fall auch hier erst noch untersucht werden müßte, ob, falls die elastische Kraft k der Kugelschale bzw. der elastischen Membran statisch gemessen wird, beim Schußvorgang für k derselbe Wert beibehalten werden kann oder ob k größer, die Ausbiegung x der Membran kleiner zu nehmen ist, als obiger Rechnung entspricht.

P. Charbonnier schreibt für Federindikatoren die Schwingungsgleichung mit einem Dämpfungsglied an, also in der Form

$$m \cdot \frac{d^2 x}{dt^2} + 2\, b \cdot m \cdot \frac{dx}{dt} + k \cdot x = p(t),$$

und beschäftigt sich hauptsächlich mit der Ermittlung der Konstanten k und b. k wird statisch bestimmt mit Hilfe der Einwirkung einer bekannten äußeren Kraft, die sich so langsam ändert, daß $\frac{dx}{dt}$ und $\frac{d^2 x}{dt^2}$ gleich Null genommen werden können. Der konstante Faktor b wird bei Ausschaltung des Gasdrucks ermittelt, indem man auf die Feder eine Masse herabfallen läßt und die Höhe des Zurückspringens mißt. Indem Charbonnier sodann für $p(t)$ z. B. die Sinusfunktion $p(t) = p_0 \cdot \sin \gamma t$ annimmt und die Differentialgleichung integriert, erhält er das Ergebnis, daß in der durch die Federregistrierung gewonnenen Gasdruckkurve das Maximum des Gasdrucks verkleinert und zu spät eintretend erscheint, und zwar auch dann, wenn die Eigenfrequenz der Feder sehr groß ist. Zwar kann auch bei der Theorie von Charbonnier das Ergebnis dadurch unter Umständen gefälscht sein, daß b und k möglicherweise nicht genügend konstant sind; aber zutreffen dürfte, daß, wenn ein sehr rasch veränderlicher Gasdruck durch irgendeine Vorrichtung registriert wird, wobei eine wägbare und deformierbare Masse zur Erzeugung eines Widerstandes verwendet und die Größe dieses Widerstandes statisch oder halbstatisch ermittelt ist, die Registrierkurve das Eintreten des wahren Druckmaximums verspätet und seiner Größe nach verkleinert wiedergibt. Der reibungslose Beschleunigungsmesser ohne Verwendung eines Widerstandes wird wohl immer das beste Mittel bleiben, um jede solche Registriervorrichtung auf ihre Genauigkeit zu prüfen und den wahren Verlauf des Gasdrucks zu gewinnen.

Anmerkung.

Die elastische „Atmung" eines Gewehrlaufs hat Cranz 1909 zur Messung des variablen Innendrucks p_i zu verwenden gesucht, indem die Vergrößerung $\triangle d_a$ des äußeren Durchmessers mittels elektrischer Momentphotographie bestimmt wurde; bezeichnet d_i den inneren Durchmesser und E den Elastizitätsmodulus, so ist

$$\frac{\triangle d_a}{d_a} = \frac{2 \cdot p_i}{E \cdot \left(\frac{d_a^2}{d_i^2} - 1\right)}.$$

Die Versuche wurden aufgegeben, da die Genauigkeit der Messung nicht ausreichte. Dagegen z. B. bei einem Minenwerfer, mit $d_a = 192$ mm; $d_i = 157$ mm (Wandstärke 17,7 mm); p_i (max.) $= 700$ kg/cm²; $E = 2{,}2 \cdot 10^6$ kg/cm², wird

$$\triangle d_a = \frac{2 \cdot 700 \cdot 192}{2200000\left(\frac{192^2}{157^2} - 1\right)} = 0{,}25 \text{ mm}.$$

Hier dürfte also die Messung möglich sein; sie müßte an mehreren Stellen des Rohrs und für mehrere Lagen des Geschosses erfolgen. Allerdings wäre noch zu untersuchen, ob die maximale Vergrößerung des Außendurchmessers genügend genau in dem Moment eintritt, in dem der Innendruck sein Maximum annimmt und ob die obige Formel, die auf den Grundsätzen der statischen Festigkeitslehre beruht, wirklich anwendbar ist.

Vierter Abschnitt.

Art und Geschwindigkeit der Umsetzung von Explosivstoffen.

§ 16. Verbrennung, Explosion und Detonation. Brisanz eines Sprengstoffs.

Soll das Pulver entzündet, d. h. soll die chemische Umsetzung des Pulvers eingeleitet werden, so ist hierzu eine lokale Ursache notwendig. Diese kann in einer Erwärmung bestehen, wie bei der Zündung in der Waffe, in der die Entzündung des Pulvers lediglich durch den Zündstrahl des Zündhütchens, also durch Steigerung der Temperatur, herbeigeführt wird.

Hierbei muß die Entzündungstemperatur des Pulvers erreicht werden, die übrigens wohl keine konstante Größe ist, sondern abhängig ist von der Höhe der Temperatur der Zündflamme und der Zeit der Einwirkung derselben. Häufig wird als Entzündungstemperatur die Verpuffungstemperatur angeführt (170 bis 200°); daß diese mit der Entzündungstemperatur übereinstimmt, darf wohl nicht angenommen werden; sie ist vielmehr nur für den ganz speziellen Fall, wenn das Pulver oder der Sprengstoff unter konventionellen Bedingungen bei einer Temperatursteigerung von 5° pro Minute bis zur Verpuffung erhitzt wird, identisch mit der Entzündungstemperatur.

Bei schnellerer Erhitzung tritt die Entzündung erst später ein. Nach van t'Hoff ist die Entzündungstemperatur diejenige Temperatur, bei welcher der Wärmeverlust, den die fortschreitende Wärmewelle durch Leitung usw. erleidet, gerade durch die Wärmeentwicklung der gleichzeitig vor sich gehenden Reaktion gedeckt wird. So zündet z. B. nach Emich (s. Lit.-Note) ein elektrischer Funke geringer Intensität ein Knallgasgemisch nicht, Funken größerer Intensität bringen das Gemisch zur Explosion. Ob ein Pulver entzündet wird, ist abhängig von der Dauer und der Temperatur der Zündflamme.

1. Verbrennung. Der auf die Entzündung folgende Vorgang kann erstens eine langsame Verbrennung oder Verpuffung sein. Die Gase, die in den ersten Momenten der Zündung aus dem Pulver in der Waffe entstehen, müssen ähnlich denen sein, die bei der Verpuffung sich bilden. In der Tat gelang es Poppenberg unter Verwendung ganz kurzer angebohrter Läufe an Stellen, in denen der Gasdruck noch sehr gering war, Stickoxyd, das Produkt, das auch bei der Verpuffung entsteht, in den Zersetzungsgasen nachzuweisen; auch enthalten die bei einem Mantelgeschoß vor demselben ausströmenden Gase häufig Stickoxyd.

Es liegt nach der Zündung des Pulvers der Zustand der langsamen Verbrennung dann vor, wenn in jedem Moment die durch die chemische Reaktion selbst neu erzeugte Wärme gerade hinreicht, um die nächstfolgenden Schichten auf die Entzündungstemperatur zu erheben, wenn also in jedem Moment Gleichgewicht zwischen der Wärmeabgabe nach außen und jener Reaktionswärme besteht. Erhöht man die Wärmeabgabe durch Blasen, so gelingt es, die Flamme brennenden Röhrenpulvers zum Erlöschen zu bringen. Ein solches Gleichgewicht zwischen Wärmeabgabe und Reaktionswärme besteht, wenn z. B. die Blättchen von Schießwollpulver abbrennen, falls sie in langem schmalem Haufen an freier Luft angeordnet sind und wenn an dem einen Ende gezündet wird. Man hat hier eine ähnliche Verbrennung, wie z. B. bei der Kerzenflamme oder der Verbrennung von Kohle.

Die Fortpflanzungsgeschwindigkeit der langsamen Verbrennung, speziell von Gasen, wurde von Bunsen in folgender Weise gemessen: Die betreffende Gasmischung strömt aus einer düsenförmigen Gasröhre aus; je nach der Geschwindigkeit des Strömens kann man die Flamme vor- oder zurückwandern sehen; diejenige Einströmungsgeschwindigkeit, bei der ein Zurückgehen der Verbrennungserscheinung gerade noch verhindert wird, muß gleich der Fortpflanzungsgeschwindigkeit der Verbrennung sein. Bunsen fand 34 m/sec; nach anderen Methoden fand Michelson z. B. für Knallgas je nach dem Gehalt an Wasserstoff und nach dem Durchmesser des benutzten Rohres 1,2 bis 5,8 m/sec. Die verschiedenen experimentellen Ergebnisse erklären sich durch die wechselnde Abkühlung der Flamme an der Wandung der verschieden weiten Röhren.

Mit der Physik der Verbrennungserscheinungen hat sich in letzter Zeit besonders eingehend H. Mache beschäftigt (s. Lit.-Note).

2. Explosion. Eine beschleunigte Verbrennung oder eine Explosion des Pulvers liegt vor, wenn die Umstände derartig sind, daß die Geschwindigkeit, mit der die chemische Reaktion fortschreitet, sich mehr und mehr bis zu einem Maximum von bestimmter Höhe steigern kann. Dies ist z. B. der normale Fall bei der Pulververbrennung in Gewehren und Geschützen. Die sukzessive Steigerung der Reaktionsgeschwindigkeit ist aus der bekannten Tatsache verständlich, daß die Geschwindigkeit einer chemischen Reaktion vom Druck und von der Temperatur abhängig ist, mit diesen zunimmt, und zwar bei einer Temperatursteigerung von 10^0 ungefähr sich verdoppelt. Gleich anfangs werden mehrere Schichten der Pulvermasse auf die Entzündungstemperatur gebracht; durch die Wärme, die von der chemischen Reaktion selbst herrührt, wird die Temperatur und, falls die Gase nicht abfließen können, der Druck gesteigert, dadurch steigert sich wieder die Reaktionsgeschwindigkeit, hierdurch vermehrt sich die auf gleiche Zeiten entfallende Wärmeentwicklung usf., bis schließlich das Maximum des Drucks und der Temperatur der Verbrennungsprodukte, die sog. Verbrennungstemperatur (oben mit t_0 bzw. $T_0 = 273 + t_0$ bezeichnet, 2000 bis 4000^0 C) erreicht wird. Dieser Vorgang wird als Explosion bezeichnet; er ist ähnlich dem freien Fall eines Körpers, dessen Geschwindigkeit sich gleichfalls sukzessive steigert. Auch bei gelatinierten Pulvern ist die Beschleunigung des Vorgangs wie beim freien Fall konstant. Die Einleitung des Prozesses der Explosion erfolgt durch Erwärmung mittels glühenden Platindrahts oder gewöhnlich durch den Zündstrahl des Zündhütchens; die äußeren Bedingungen müssen nur derartig sein, daß Druck und Temperatur sich steigern können.

Die Umstände, unter denen eine Explosion erfolgt, beziehen sich also nicht nur auf den anfänglichen Druck selbst, sondern auch auf die Ladedichte, die Festigkeit der Einschließung, die Wärmeableitung und Temperatur der Wände, die durchschnittliche Größe und Beschaffenheit des einzelnen Pulverkorns usw. Die anfängliche Drucksteigerung darf nicht zu klein sein, ebenso nicht die Ladedichte, das Pulver muß in einem genügend festen Einschluß abbrennen, ferner muß sich die Größe der Zündmasse bei gleicher Pulversorte nach der Größe bzw. nach der Form des Korns richten, da mit Vergrößerung des Korns, allgemeiner des Pulverelements, die Verbrennungsgeschwindigkeit abnimmt.

Steigert sich die Verbrennung derartig, daß lokal außerordentlich große Gasmengen entstehen, so müssen diese, im Moment ihres Entstehens stark verdichtet, eine Druck- oder Stoßwelle aussenden. Da nun Pulver und Sprengsstoffe auch durch Stoß, durch dynamische Energie, zum Zerfall gebracht werden können, so liegt die Möglichkeit vor, daß die Zersetzung des Pulvers nun nicht mehr allein durch Wärmeübertragung fortschreitet, sondern eine andere viel schneller verlaufende Zersetzung durch die Stoßwelle einsetzt. In der Waffe wird diese Art der Zersetzung nur unter ganz ungünstigen Bedingungen eintreten können, durch geeignete Wahl der Pulversorten wird sie vermieden.

3. Detonation. Diese dritte Art von Zersetzung, die Detonation, kann bei geeigneter Zündung eintreten, wenn der Anfangsdruck ein sehr hoher ist, und wenn der Druck weiterhin nicht abnehmen kann, bis die ganze Masse des Explosivstoffes in sehr kurzer Zeit zersetzt ist. Dabei ist die Fortpflanzungsgeschwindigkeit der Reaktion eine außerordentlich große (bis 9000 m/sec), und der Gasdruck kann fast unmeßbar hohe Beträge annehmen. Die Detonation wird bekanntlich für Sprengzwecke in der Zivil- und Militärtechnik absichtlich herbeigeführt. Es geschieht dies, indem der Sprengstoff durch eine genügend kräftige Initialzündung, also mittels einer ausreichenden Menge von Knallquecksilber oder dgl. zu sehr raschem Zerfall gebracht wird. Die Stoß- und Wärmewirkung des Initialzündmittels bringt den Sprengstoff zur Zersetzung, dessen Umsetzungsgeschwindigkeit sich steigert und bald eine konstante Größe erhält (die „Detonationsgeschwindigkeit“). Den ersten Teil der Detonations-Umsetzung bezeichnet man als Übergangs- oder Entwicklungsteil.

Die Vorgänge bei der Detonation, im Gegensatz zu denen bei der Explosion, denken sich Berthelot und van t'Hoff des näheren so, daß bei der Explosion, also bei der Entzündung durch Wärme, von der betreffenden Stelle aus eine Wärmewelle ausgeht, während bei der Detonation von den zerfallenden Explosivstoff-Molekülen ein gewaltiger Druck ausgeübt wird, der sich als Druck oder Stoßwelle fortpflanzt und die übrige Explosivstoffmasse zum fast momentanen Zerfall bringt. Ziemlich sicher ist, insbesondere durch die Arbeiten von Berthelot, Vieille, Mallard und le Chatelier, sowie von Dixon, bewiesen, daß die Wirkung sich wellenartig fortpflanzt (vgl. auch § 20, Schluß). Allerdings beziehen sich die betreffenden Untersuchungen nur auf die Detonation von gasförmigen Explosivstoffen in langen Röhren bei konstantem Volumen. Für die Vorgänge bei der Explosion der Pulver in der Waffe und bei der Detonation der Sprengstoffe liegen nur wahrscheinliche Analogieschlüsse vor. Wenn A. Indra aus älteren Messungen der

Mündungsgeschwindigkeit von Geschossen an sukzessiv abgeschnittenen Geschützrohren auf einen wellenartigen Verlauf der Pulververbrennung geschlossen hat, möchten wir uns seinen diesbezüglichen Ausführungen nicht ohne weiteres anschließen, da die betreffenden Schwankungen in der Geschwindigkeitskurve möglicherweise einfach von Messungsfehlern herrührten (vgl. auch § 19, Abs. 2). Auch die interessante Arbeit von O. Kirner, der mittels einer optischen Methode wellenartige Kurven des Gasdrucks in einem Gewehr erhielt, bedarf noch weiterer experimenteller Ergänzungen.

Die verschiedenen Explosivstoffe werden von manchen nach dem Grade ihrer Explosionsfähigkeit derart eingeteilt, daß man, nach dem Vorgange von Berthelot, von direkt explodierbaren Explosivstoffen oder solchen erster Ordnung im Gegensatz zu den indirekt explodierbaren oder Sprengstoffen zweiter Ordnung spricht. Die ersten Explosivstoffe, zu denen insbesondere die Schießpulver gehören, sollen dadurch gekennzeichnet sein, daß sie schon durch bloße Wärmeübertragung ohne Druck von Schicht zu Schicht sich entzünden; die weit schwerer entzündbaren Explosivstoffe zweiter Ordnung dadurch, daß sie praktisch nur durch die Stoßwirkung der Initiator-Explosion, also durch die Übertragung der lebendigen Kraft von Molekül zu Molekül zur vollen Detonationszersetzung gelangen können. Diese Unterscheidung kann keine scharfe sein; sie paßt sich vielmehr nur der üblichen Verwendungsart der Explosivstoffe an. Es wäre sonst nicht zu erklären, daß Sprengstoffe, wie z. B. die Pikrinsäure, durch anfängliche Entzündung und spätere Explosion unter besonderen Umständen doch zur Detonation kommen können; bei Bränden von Sprengstoffabriken hat man häufig Detonationen beobachtet, insbesondern, wenn die äußeren Umstände so lagen, daß der Druck eine beträchtliche Größe annehmen konnte. Es richtet sich dies nach den verbrennenden Mengen und der Art der Lagerung. Steigert sich bei der Verbrennung und Explosion der Druck so stark, daß eine Stoßwelle sich bilden kann, so ist die Detonation der übrigen Sprengstoffmasse die Folge. Auch lassen sich Pulverarten bei gewaltiger Drucksteigerung oder durch Einleitung ihres Zerfalls mittels eines genügend starken Initialzündmittels zur Detonation bringen.

Die Wirkung des Knallquecksilbers, überhaupt der Initiatoren auf den Sprengstoff denkt man sich als diejenige eines Stoßes: Die Auslösungsenergie, die zur Einleitung der Detonation bei Initialsprengmitteln gehört, ist relativ gering; so kann durch Anschlagen einer Violoncellsaite Jodstickstoff zur Detonation gebracht werden (Champion u. Pellet); bei Knallquecksilber genügt ein schwacher Stoß, eine geringe Reibung oder eine kleine Zündflamme. Das Knallquecksilber zersetzt sich fast momentan, es entsteht also ein außerordentlich hoher Druck, da das Knallquecksilber schon vollständig zersetzt zu sein scheint, während die Gase noch nahezu das Volumen des festen Knallquecksilbers einnehmen. Bei geeigneter Pressung von Knallquecksilber (spezifisches Gewicht 4,43) kann ein außerordentlich hoher Druck entstehen. Infolge davon und infolge der Temperaturerhöhung erhalten die Gasteilchen Geschwindigkeiten, die von der Ordnung sehr hoher Geschoßgeschwindigkeiten sind. Die Teile des zersetzten Initiators A stoßen entweder direkt auf den Explosivstoff B, der zur Detonation gebracht werden soll, oder durch Vermittlung eines Luftwellenstoßes. So kann z. B. eine Dynamit-Patrone eine in einiger Entfernung liegende zweite Patrone durch „Influenz" entzünden; mittels einer primären Detonation von 10 kg Dynamit kann die Explosion einer zweiten Ladung noch bis zu einer Entfernung von 4,5 m herbeigeführt werden. Und Nitroglyzerin, das in einem Brennpunkt eines Hohlspiegels explodiert, kann Nitroglyzerin, das im konjugierten Brennpunkt eines zweiten, dem ersten zugewandten koaxialen Spiegels sich befindet, nach E. Mach zur Detonation bringen; dabei hat E. Mach durch die Schlierenmethode nachgewiesen, daß es sich um einen einfachen Stoß ohne Periodizität handelt. Die Stoßwelle war mit der Hand zu fühlen. Von dem österreichischen General Heß ist die Wirkung des Luftwellen-Stoßes in sinnreicher Weise photographisch konstatiert worden: er ließ zwei Sprengstoffpatronen, die 40 cm voneinander entfernt aufgehängt waren, nachts gleichzeitig detonieren; die aufgenommenen Photographien zeigten deutlich zwischen den beiden Sprengstoffmassen eine leuchtende Zone komprimierten Gases.

Eine eigentümliche Theorie bezüglich der Wirkung eines Initial-Zündstoffs auf einen Sprengstoff hat F. Abel aufgestellt: Jeder Sprengstoff soll auf eine besondere Schwingungszahl der Explosionswirkung abgestimmt sein, und nur dann soll eine zuverlässige Übertragung der Zündung eintreten, wenn die Explosionswellen beider Sprengstoffe in Resonanz stehen, wie dies aus der Akustik bekannt ist. Z. B. vermöge Nitroglyzerin, auf Schießbaumwolle explodierend, diese letztere nicht zu zünden, da keine Resonanz stattfinde. Aus demselben Grunde wirke Jodstickstoff und Chlorstickstoff nicht auf Nitroglyzerin. Dagegen besitze Knallquecksilber den Wellensynchronismus gegenüber den Wellen anderer Stoffe in besonderem Maße. Mit Recht wenden sich Berthelot, V. Meyer, L. Wöhler u. a. gegen diese Theorie. Berthelot hebt hervor, daß, wenn diese Theorie vom Wellen-Synchronismus zutreffen würde, ein Sprengstoff A einen anderen B zünden müßte, falls das Umgekehrte der Fall ist. Nun bringt, wie erwähnt, z. B. Nitroglyzerin auf trockener Schießbaumwolle diese letztere nicht zur Detonation (trockene Schießbaumwolle wird fortgeblasen; ist sie aber komprimiert oder feucht, so detoniert sie), wohl aber läßt Schießbaumwolle auf Nitroglyzerin dieses letztere detonieren. V. Meyer führt an, daß jeder Sprengstoff der beste Initialzündstoff für sich selbst sein müßte, und doch bleiben bei Dynamit- und anderen Explosionen häufig Teile unverändert, während andere Teile explodieren.

Die Eigenschaft, die Detonation der Sprengstoffe auszulösen, kommt übrigens nicht allein dem Knallquecksilber zu. Die moderne Chemie kennt eine ganze Reihe derartiger Verbindungen. Von diesen sind die wichtigsten das Silber- und das Bleisalz der Stickstoffwasserstoffsäure und der Knallsäure, ferner Schwefel-, Chlor- und Jod-Stickstoff, sowie organische Verbindungen der Chlorsäure und der Überchlorsäure und der Superoxyde. Ihr Initiervermögen hat Wöhler untersucht.

Die richtige Erklärung der Initialzündung ist offenbar die, daß es sich um eine einfache Stoßwirkung handelt, und die Hauptbedingung dafür, daß eine Detonation sich fortpflanzt und nicht erlischt, dürfte die sein, daß der Druck niemals kleiner wird, als derjenige war, der zum Einleiten der Detonation notwendig ist, daß vielmehr der Druck sich zu einem Maximum steigert. Z. B. kann in einem Federkiel eine Knallsilberexplosion deshalb nicht übertragen werden, weil die Umfassungswände zu weich sind und die Stoßwirkung zu stark abgeschwächt wird.

Bei der Messung der Geschwindigkeit des Detonationstoßes fand Vieille, daß das Einschlußmaterial des Knallquecksilbers für die Intensität des Stoßes von großer Bedeutung ist. Die größten Geschwindigkeiten ergaben sich beim Einschluß in Kupfer oder Kartonpapier, während Seidenpapier, Federposen und leichte Eisenhüllen geringere Geschwindigkeiten ergaben.

Ebenso ist es denkbar, daß eine Detonation von Pikrinsäure, Nitroglyzerin oder dergl. in einer langen Glasröhre erlischt, wohl aber in einer Stahlröhre oder Bleiröhre sich fortpflanzt, da die Glasröhre zu früh zertrümmert wird, die Zähigkeit und der Trägheitswiderstand des Bleis und des Stahls dagegen ein zu frühes Nachlassen des Drucks verhindert. Eine Explosion von Nitroglyzerin kann sich auf darunterliegende Schießbaumwolle deshalb nicht übertragen, weil die Teile der lockeren Schießbaumwolle nachgeben, wodurch eine Druckverminderung eintritt. Wird das Nitroglyzerin dagegen auf feuchte Schießwolle gebracht, so detoniert diese mit.

Auch die sogenannten Sprengstoffe erster Ordnung, vor allem die Nitrozellulose-Schießpulver können wie erwähnt unter Umständen detonieren. Dies wird der Fall sein können:

a) Wenn sie durch starke Initialzündung zum Zerfall gebracht werden. — Nach Versuchen von L. Wöhler detonieren z. B. 0,5 g

Schießbaumwolle mit 0,20 g Knallquecksilber gerade noch, mit 0,15 g Knallquecksilber dagegen nicht mehr. — Auch Schwarzpulver kann unter Umständen, nämlich bei sehr starker Einschließung und sehr kräftiger Zündung durch Knallquecksilber, detonationsartig explodieren; doch bleibt seine Umsetzungsgeschwindigkeit (ca. 300 m/sec) wesentlich hinter derjenigen der richtig detonierenden Sprengstoffe zurück.

b) Wenn die Ladedichte zu groß ist und damit der Gasdruck zu hoch wird; und zwar kann die Detonation um so leichter eintreten, je kleiner das einzelne Pulverkorn ist. Z. B. kamen in einem fremden Staate bei Verwendung der normalen Pulverladung und der normalen Pulversorte nacheinander mehrere Fälle von Zerspringen der Gewehre vor; die Untersuchung ergab, daß in der betreffenden Munitionsfabrik die Geschoß-Einsetzmaschine einen Defekt erlitten hatte und daß infolge davon in mehrere Patronen zwei Geschosse nacheinander eingepreßt worden waren (beim Fehlen einer automatischen Gewichtskontrolle war dies nicht bemerkt worden). Die Pulverladung war auf diese Weise stark komprimiert, die Pulverkörner zu Staub verkleinert; dadurch entstanden Detonationen mit außerordentlich hohen Gasdrücken.

Die Geschwindigkeit, mit der die Umsetzung im Fall der Explosion oder Detonation fortschreitet, soll nach einigen Forschern bei gasförmigen Explosivstoffen vom Druck und von der Temperatur abhängen. So hat Dixon bei der Explosion des Knallgasgemisches ein schwaches Anwachsen der Fortpflanzungsgeschwindigkeit der Explosionswelle bei steigendem Druck beobachtet, nämlich bei den Drücken 200, 300, 500, 1500 mm W.-S. eine Geschwindigkeit von 2627, 2705, 2725, 2872 m/sec (mit den größten Abweichungen von z. B. 2872 ± 10 bei 6 Versuchen). Die Änderung der Temperatur soll den umgekehrten Einfluß haben, nach Dixons Versuchen würde eine Erhöhung der Temperatur eine Abnahme der Geschwindigkeit bewirken; Dixon fand bei Wasserstoff-Sauerstoff-Explosion (Temperaturerhöhung 90^0) eine Abnahme der Geschwindigkeit von zirka 30 m/sec, nämlich bei 10^0 eine Geschwindigkeit von 2821, bei 90^0 eine solche von 2790 m/sec. Die gleiche Erscheinung zeigte sich beim Äthylen-Sauerstoff-Gemisch. Von großem Einfluß auf die Geschwindigkeit ist der Feuchtigkeitsgehalt.

Bei festen und flüssigen Explosivstoffen ist die Fortpflanzungsgeschwindigkeit mit der Dichte und folglich mit dem Druck variabel.

Die experimentelle Bestimmung der Fortpflanzungsgeschwindigkeit geschieht meistens in der Weise, daß man den Sprengstoff in langgestreckter Form anordnet und daß zwischengeschaltete Drähte oder Stanniolstreifen oder dgl., deren Abstände vorher gemessen wurden, bei der Explosion der Reihe nach durchgebrannt werden. Dabei werden ebenso viele Stromkreise, z. B. eines Funkenchronographen, unterbrochen (vgl. darüber Band III).

Dautriche verwendet das folgende Differentialverfahren (s. Abb. 7): Eine Momentanzündschnur *ACBDA* von bekannter Explosionsgeschwindigkeit wird an einer Stelle *A* entzündet. Die Explosionen schreiten in den Zweigen *ACB* und *ADB* fort und treffen sich in einem Punkt *B*. — Dieser Punkt *B*, in welchem die beiden Detonationswellen zusammenprallen, wird dadurch markiert, daß unter die Zündschnur eine Bleiplatte gelegt wird; die Stelle des Zusammenstoßes macht sich durch ein verstärktes Eindrücken in die Bleiplatte in scharfer Weise bemerklich. Wird nun der zu untersuchende Sprengstoff *EF* in den einen Zweig eingeschaltet, so verschiebt sich der Eindruck *B* auf der Bleiplatte. Aus dieser Verschiebung ergaben sich z. B. für Kieselgur-Dynamit von verschiedener Kompression, nämlich von den Dichten 0,63; 1,54; 1,62; 1,69; 1,71 die Explosionsgeschwindigkeiten von bzw. 1991; 5230; 6794; 4207; 2470 m/sec. Danach würde die Verdichtung dieses Dynamits nur bis zu einer gewissen Grenze eine Vergrößerung der Explosionsgeschwindigkeit nach sich ziehen. (Diese Methode ließe sich auch dazu benützen, um die Detonation der Sprengladungen z. B. in einem Bohrloch zu verfolgen.)

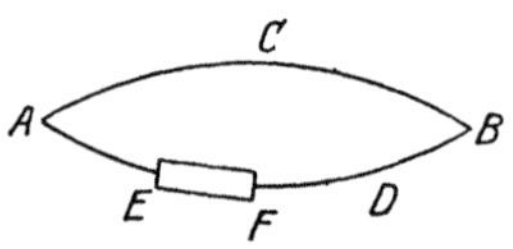

Abb. 7.

Es scheint, daß die Explosionsgeschwindigkeit eines gegebenen Sprengstoffs von gegebener Dichte usw., wenigstens von einem bestimmten Durchmesser der Einschlußröhre ab, eine absolute Konstante, also nicht im Verlauf derselben Explosion variabel ist. Bichel und Mettegang, sowie H. Kast hat wenigstens bei Pikrinsäure und Trinitrotoluol Konstanz der Detonationsgeschwindigkeit entlang einer längeren Sprengstoffstrecke festgestellt.

Eine gesetzmäßige Beziehung für die rechnerische Bestimmung der Explosionsgeschwindigkeit v von explodierbaren Gasgemischen sucht Berthelot dadurch zu gewinnen, daß er sie mit der Molekulargeschwindigkeit des Reaktionsgemisches, die zu der Explosionstemperatur T_0 gehört, identifiziert:

$$v = 29{,}354 \cdot \sqrt{\frac{T_0}{\delta}},$$

wo δ die Dichte der Explosionsprodukte, bezogen auf Luft, bedeutet. Dixon andererseits setzt die Geschwindigkeit v in Beziehung zur Schallwellengeschwindigkeit. Für Cyan z. B. berechnete Berthelot 2195 und beobachtete 2490 m/sec; Dixon (vgl. van t'Hoff) berechnete hierfür 2310 und fand 2321 m/sec. Rechnung und Versuch stimmen zwar häufig sehr gut miteinander überein; doch finden sich in einzelnen Fällen auch Unstimmigkeiten; wie z. B. bei der Mischung von Methan bzw. von Kohlenoxyd mit Sauerstoff. In diesen Fällen muß die Annahme einer nicht quantitativen Umsetzung, wie sie dem Gasgleichgewicht bei der Umsetzungstemperatur entspricht, gemacht werden.

Nach den bisherigen Darlegungen sind die Größen, von denen der Zahlenwert einer Detonationsgeschwindigkeit abhängt, die folgenden:

a) Die Festigkeit des Einschlusses. Bei kleinen Ladedichten nimmt die Umsetzungsgeschwindigkeit mit der Festigkeit des Einschlusses zu, bis die maximale Geschwindigkeit v der Stoßwelle erreicht wird. Bei hohen Ladedichten ergibt sich nach Kast von einem bestimmten Patronendurchmesser ab mit Verstärkung des Einschlusses keine oder doch nur eine ganz geringe Erhöhung von v. Dautriche findet bei Pikrinsäure keine Vergrößerung von v durch festere Einschließung (Kupferröhre gegenüber Papierhülle), bei Trinitrotoluol und Trinitrobenzol nur eine geringe Vergrößerung, und zwar nur bei kleinen Ladedichten. Comey maß bei Dynamit ebenfalls nur eine geringe Erhöhung von v durch Verstärkung des Einschlusses (Eisenröhre gegen Papierhülle).

b) Der Durchmesser der Sprengstoffstrecke. Nach Kast soll die Detonationsgeschwindigkeit von einheitlichen Nitrosprengstoffen (Pikrinsäure und Trinitrotoluol) nur bis zu einem Durchmesser von 10 mm mit diesem zunehmen.

c) Die kubische Dichte des Sprengstoffs. Dautriche hatte beobachtet, daß die Detonationsgeschwindigkeit v zunächst mit der Dichte zunimmt, dann ein Maximum erreicht und sodann bei weiterer Vergrößerung der Dichte rasch abnimmt. Kast findet dies bestätigt bei dem Ammonsalpetersprengstoff Monachit, dagegen nicht bei einheitlichen Nitrokörpern.

d) Die Art der Zündung. Durch Verstärkung der Zündung kann, wie schon erwähnt, bei sonst gleichen Umständen die Übergangszeit bis zum Erreichen der konstanten Detonationsgeschwindigkeit verkleinert werden (z. B. Anwendung einer Zündpatrone aus einem brisanteren Sprengstoff oder dergl). Auch kann bei äußerst starker Zündung durch einen schnell detonierenden Sprengstoff die Detonationsgeschwindigkeit eines langsamer detonierenden Sprengstoffs additiv beeinflußt werden (z. B. ein Pikrinsäurekörper auf Dinitrobenzol).

e) Die chemische Zusammensetzung. Die Detonationsgeschwindigkeit nimmt, nach Versuchen von Kast, zugleich mit der

Menge des detonierbaren Bestandteils, z. B. des Nitroglyzerins, zu und ab. Im übrigen ist die chemische Zusammensetzung der Sprengstoffe und ihr Energieinhalt maßgeblich für die Größe der Detonationsgeschwindigkeit.

4. Brisanz eines Sprengstoffs. Die Detonationsgeschwindigkeit hat ihre hauptsächliche Bedeutung in der Auswahl der verschiedenen Sprengstoffe hinsichtlich ihrer Brisanz oder Offensivität.

Was diesen Begriff der Brisanz betrifft, so herrscht zur Zeit noch nicht einmal über die genaue Definition eine Übereinstimmung, vollends also nicht über das rechnerische und experimentelle Maß für die Brisanz. Ganz allgemein wird ein Sprengstoff *A* „brisanter" oder „offensiver" oder „schärfer" als ein anderer *B* genannt, wenn unter sonst gleichen Umständen *A* mehr zertrümmernd, zermalmend, weniger schiebend wirkt als der Sprengstoff *B*.

Von neueren Forschern sehen die einen in der Größe der Detonationsgeschwindigkeit allein, die anderen in der Stärke der Initialwirkung, die der betreffende Sprengstoff auf einen zu zündenden Sprengstoff ausübt, das wesentliche Charakteristikum; andere in dem Ergebnis der Bleiplatten- oder Bleizylinderprobe — (auf einen Amboß wird ein Stauchblock aus Blei mit aufgelegter Stahlscheibe gelegt, auf die Stahlplatte der Sprengstoff). Die Größe der Stauchung des Bleikörpers soll ein Maß für den Vergleich der Brisanz ergeben; mitunter (bei Sprengkapseln) läßt man den Sprengstoff auch direkt auf die Bleiplatte wirken; auch wird statt einer Bleiplatte oder eines Bleizylinders ein Zylinder aus weichem Kupfer in besonderer Apparatur gewählt, mittels der die Wirkung auf einen Stahlstempel durch die Stauchung des Kupferzylinders gemessen wird. Wieder andere glauben in der „Bleiblockprobe" oder „Bleipöllerprobe" oder „Trauzlprobe", s. auch § 20 am Schluß (ein Bleiblock erhält eine zylindrische Höhlung; diese wird mit dem Sprengstoff gefüllt und sodann verdämmt, das Volumen des entstehenden Hohlraums wird gemessen), ein Maß für die Brisanz sehen zu können; jedoch wird die Wirkung im Bleiblock nicht allein durch den Stoß der Gase, sondern auch durch den von der Gasmenge abhängigen Gasdruck beeinflußt. — P. Vieille, E. Sarrau, J. E. Petavel, C. E. Bichel und Blochmann brachten innerhalb kräftiger Versuchsbomben Sprengstoffe zur Zersetzung und suchten den Verlauf des entstehenden Gasdrucks zu registrieren, um auf diese Weise Anhaltspunkte für die Brisanz der Sprengstoffe zu gewinnen: je steiler unter gleichen Versuchsbedingungen die Druck-Zeit-Kurve ansteigt, um so brisanter wird der Sprengstoff genannt; diese Untersuchungsmethede gestattet wohl am besten die Lösung der Brisanzfrage. Ph. Heß (1873) und neuerdings Comey und Holmes ließen Sprengstoffe in einem als Pendel aufgehängten Mörser explodieren (vgl. die Methode des „canon pendule" von Didion, Band III) und maßen den Maximalausschlag des Pendels. Ähnlich verfuhren Hall und Howell, jedoch mit der Abänderung, daß aus einem ruhenden Mörser gegen die Platte eines ballistischen Pendels geschossen wurde. Ferner wurden früher beim Schwarzpulver Probemörser verwendet, die mit dem Sprengstoff geladen und mittels deren eine bekannte Last emporgeschleudert wurde (Zahnstangen-Eprouvette); auch der Rückstoß wurde gemessen u. a. m. Doch können die letzteren Methoden nur über die Brisanz des Schwarzpulvers Aufschluß geben.

Um in das Wesen der Brisanz eines Sprengstoffs einen Einblick zu erhalten, hat man offenbar eine zweifache Wirkung desselben Sprengstoffs zu unterscheiden:

Während der Umsetzung des Sprengstoffs in gasförmige Bestandteile liegt ein Stoßvorgang vor; die kleinsten Teile des Sprengstoffs entfernen sich mit einer schließlichen Geschwindigkeit, von der oben die Rede war, der Detonationsgeschwindigkeit v, aus ihrer Ruhelage und stoßen gegen die Umfassungswände. Nach der Umwandlung des Sprengstoffs hat man ein hocherhitztes Gas- und Dampfgemenge; dieses dehnt sich aus und leistet Arbeit, indem es die umgebende Luft zurückschiebt oder die durch den vorhergehenden Stoß erschütterten Umfassungswände zertrümmert und deren Teilen lebendige Kräfte erteilt. Diese beiden Vorgänge, Stoßvorgang und Arbeitsleistung, werden im allgemeinen zeitlich nicht völlig getrennt sein, sondern insofern ineinander übergehen, als die Arbeitsleistung schon begonnen haben kann, wenn ein Teil der Gesamtmasse des Sprengstoffs noch in der Umsetzung begriffen ist.

Je nach dem Zwecke, um den es sich handelt, wird der Sprengstoff derart ausgewählt werden müssen, daß die eine oder andere Wirkung überwiegt. Über die näheren Einzelheiten vergleiche man die Lehrbücher der Sprengtechnik von Guttmann, Brunswig, Kast, sowie z. B. die Aufsätze von C. E. Bichel. Hier sei nur einiges wenige angeführt:

In weichem Boden, bei Erdwällen, werden durch Sprengstoffe von geringer Stoßkraft, aber von bedeutendem Arbeitsvermögen, größere Mengen Erde herausgeschleudert, als durch Sprengstoffe mit größter Detonationsgeschwindigkeit und folglich größter Stoßkraft. Ebenso, je weicher die Kohle eines Kohlenflözes ist, eine um so geringere Stoßkraft des Sprengstoffs darf angewendet werden, damit die Kohle nicht allzusehr zertrümmert wird. Die Geschoßtreibmittel in den Geschützen und Handfeuerwaffen sollen überhaupt nicht zertrümmernd, sondern nur schiebend wirken; die auf das Geschoß zu übertragende

Arbeit soll die Hauptsache sein; man wird deshalb einen so milden Explosivstoff verwenden, daß die gesamte Ladung etwas früher verbrannt ist, als bis das Geschoß die Mündung verläßt. Anders dagegen bei den Brisanzgranaten der Artillerie, bei den Torpedos, den Minen usw. Die Granate soll zertrümmert werden (allerdings nur so, daß die Teile noch genügende Größe besitzen und ausreichende lebendige Kraft erhalten). Bei sehr hartem Fels wird man sehr brisante Sprengstoffe anwenden; denn mit einem Sprengstoff von geringer Stoßkraft kann ein solches Material nicht bewältigt werden; man erhielte eine ungenügende Zertrümmerung des Gesteins und damit geringe Gesteinsförderung; es entstünde nicht ein „werfender" Sprengschuß, sondern die Verdämmung wird herausgeschossen. Ebenso werden zur Zertrümmerung von Beton, Eisen, Stahl, Panzerungen usw. Sprengstoffe von höchster Brisanz benützt.

Es handelt sich nun darum, welches das geeignete rechnerische und experimentelle Maß für die Stoßwirkung einerseits und die Arbeitsleistung andererseits sein wird.

a) Die Stoßwirkung. E. Redl glaubt darauf aufmerksam machen zu sollen, daß ein richtiges Maß für diese Wirkung nicht gegeben sein könne durch den Kurvenverlauf bei der Druckregistrierung nach Vieille, Petavel, Bichel u. a., da für sehr verschiedenartige Sprengstoffe unter Umständen fast der gleiche Kurvenverlauf sich ergeben könne.

C. E. Bichel definierte anfangs die Stoßwirkung B („Brisanz") durch das halbe Produkt aus der Masse m des Sprengstoffs und dem Quadrat der Detonationsgeschwindigkeit v, $B = \frac{1}{2} m v^2$; doch ist diese Anschauung schon häufiger widerlegt worden; auch Redl erwähnt, daß diese Definition zu Widersprüchen mit der Beobachtung führt.

H. Kast sieht als Maß für die Brisanz den sogenannten Brisanzwert an, diesen nimmt er proportional $f \cdot s \cdot v \cdot 10^{-3}$. Dabei ist f die oben erwähnte „spezifische Kraft" des Explosivstoffs, bezogen auf Atm., kg u. lit, also $f = 1$ Atm. $\mathfrak{v}_0$ (lit/kg)$\cdot \frac{T_0}{273}$; s das spezifische Gewicht in kg/lit; v die Detonationsgeschwindigkeit in m/sec. Z. B. für Nitroglyzerin ist nach Kast $\mathfrak{v}_0 = 715$ lit/kg; $t_0 = 4250^0$ C, also $T_0 = 4250 + 273$, somit $f = 12285$; $s = 1{,}60$ kg/lit; $v = 7800$ m/sec; folglich der Brisanzwert nach Kast proportional $12{,}285 \cdot 1{,}60 \cdot 7800 = 145900$. Die nachstehende Tabelle gibt für einige Explosivstoffe die Kastschen Brisanzwerte.

Cl. Herlin berechnet die Brisanz mittels $B = Q \cdot d^{1+k} \cdot v^k$, wo wiederum Q die erzeugte Wärmemenge, d die Dichte, v die Detonationsgeschwindigkeit und k einen empirisch zu bestimmenden Faktor bedeutet.

Sprengstoff	Zusammensetzung	Spez. Gewicht s kg/lit	Wärmegehalt Q Cal/kg	Explosionstemperatur °C	Spez. Gasvolumen v_0 lit/kg	Spezifischer Druck f	Detonationsgeschwindigkeit v m/sec	Brisanzwert $f \cdot s \cdot v \cdot 10^{-3}$
Schwarzpulver	75% KNO_3 10% S 15% Kohle	1,2	665	2380	280	2810	400	1350
Ammonsalpeter	NH_4NO_3	1,0	347	1230	980	5575	1920	10704
Ammonperchlorat	NH_4ClO_4	1,17	312	1410	763	4860	2500	14216
Dinitrobenzol	$C_6H_4(NO_2)_2$	1,50	870	2500	670	7035	6100	64400
Schießbaumwolle	$[C_6H_7O_2(NO_3)_3]n$	1,30	1025	3100	765	9765	6300	79800
Trinitrotoluol	$C_6H_2CH_3(NO_2)_3$	1,59	950	2820	690	8080	6700	86100
Tetranitromethylanilin	$C_6H_2CH_3(NO_2)_3N \cdot NO_2$	1,63	1090	3370	710	9790	7200	114900
Nitroglyzerin	$C_3H_5(NO_3)_3$	1,60	1455	4250	715	12240	7450	145900
Sprenggelatine	92 Nitroglyzerin 8 Nitrozellulose	1,63	1540	4300	710	12285	7800	156300
Mannithexanitrat	$C_6H_8(NO_3)_6$	1,73	1454	4370	694	12190	8260	174230
Hexogen	$C_3H_6N_6O_6$	1,70	1365	3400	908	12619	8380	179790
Pentaerythrittetranitrat	$C[CH_2NO_3]_4$	1,62	1528	4300	780	13500	8400	183670

E. Redl definiert die Brisanz B als diejenige Bewegungsgröße, die in der Zeiteinheit durch die Explosion ausgelöst wird; dieser Wert $\frac{mv}{t}$ wird reduziert auf die Einheit der Oberfläche der Sprengstoffmasse. Redl stellt für diesen reduzierten Wert einen der direkten Messung leichter zugänglichen Ausdruck auf, gegen dessen Ableitung manches eingewendet werden könnte; indessen ist durch das erwähnte Prinzip vielleicht ein richtiger Weg gewiesen, und es würde eine dankbare Aufgabe sein, durch weitere Versuche und Berechnungen zu konstatieren, ob auf Grund des Vorschlags von Redl tatsächlich alle Sprengstoffe hinsichtlich ihrer Brisanz zweckmäßig charakterisiert werden können. Erwähnt sei noch, daß nach Redl schon das Produkt aus Ladedichte bzw. Dichte des Sprengstoffs und Detonationsgeschwindigkeit, also $B = \Delta \cdot v$ bzw. $B = d \cdot v$, sich den praktischen Erfahrungen gut anschließt.

Der Gedankengang von Redl kann folgendermaßen ausgedrückt werden: Die Stärke des Stoßes ist gegeben durch die Bewegungsgröße mv, das Produkt aus der stoßenden Masse m der Sprengstoffteile und der Geschwindigkeit v (Detonationsgeschwindigkeit). Diese Bewegungsgröße ist gleich dem Zeitintegral des Stoßdrucks, der die Dauer t sec besitzt. Dividiert man dieses Zeitintegral durch die Stoßdauer t, so erhält man den mittleren Stoßdruck in kg. Danach wäre die Brisanz eines Sprengstoffs auch definiert als die Größe des mittleren Stoßdrucks, der bei der Umsetzung des Sprengstoffs auf 1 cm^2 der Einschließungswände ausgeübt wird, falls der Sprengstoff im eigenen Volumen sich zersetzt; die Brisanz ist danach in kg pro cm^2 ausgedrückt.

Dieser Druck ist wohlgemerkt nicht identisch mit dem statischen Maximaldruck, mit dem die erzeugten Gase auf 1 cm^2 die Einschließung drücken und der sich aus dem Abelschen Gesetz ergibt,

$$p = (f\Delta):(1 - \alpha\Delta);$$

sondern er ist der dynamische Druck des Detonationswellenstoßes.

So stellte Redl für die nachgenannten Sprengstoffe eine Skala auf, in der dem Knallquecksilber willkürlich der reduzierte Stoßdruck 100 zuerteilt ist.

Brisanzskala:

Sprengstoff	Werteverhältnis
Knallquecksilber . . .	100
Sprenggelatine	65
Pikrinsäure	63
Nitroglyzerin	61
Nitrotoluol	57
Nitromannit	56
Ammonal	52
Gurdynamit	50
Nitrozellulose	41

Diese Werteverhältnisse ergeben sich aus der Redlschen Formel für die Brisanz

$$B = \text{const} \cdot \Delta \cdot v \sqrt{\mathfrak{v}_0 \cdot s \cdot \frac{1 - x}{1 - \alpha} \cdot T},$$

wo Δ die Ladedichte, v die Detonationsgeschwindigkeit, $\mathfrak{v}_0$ das spez. Volumen der Explosionsprodukte bei 0^0 und 760 mm, s das spez. Gewicht, T die absolute Explosionstemperatur, α das spez. Volumen der festen Rückstände, $1 - x$ die Anzahl der Gewichtseinheiten der Gase bedeutet, die aus der Gewichtseinheit des Sprengstoffs entwickelt werden. Fast genau dieselbe Rangordnung ergibt sich aus der Formel

$$B = \text{const} \cdot \Delta \cdot v.$$

Und was die einfachen experimentellen Proben betrifft, so hat sich durch die Untersuchungen insbesondere von Wöhler und Matter gezeigt, daß die Brisanz als Stoßwirkung bei Initialzündmitteln noch am besten durch die Bleiplattenprobe oder durch die Wirkung auf einen phlegmatisierten Sprengstoff wiedergegeben wird, bei Sprengstoffen jedoch durch die Brisanzprobe mittels des Stauchzylinders. Die anderen Proben dagegen, wie die Schießmörserprobe, die Pendelprobe usw. können nicht wohl das geeignete Maß für den reinen Detonationsstoß liefern. Denn die Mörserprobe ergibt die gegen die Schwere geleistete Arbeit. Und bei dem ballistischen Pendel ist der Sinus des halben Maximalausschlags (für dieselbe Pendelvorrichtung) proportional dem Produkt aus der stoßenden Masse m der Gase und der Geschwindigkeit v_1 dieser Gase; dabei bedeutet jedoch v_1 nicht die Detonationsgeschwindigkeit, sondern für das Hall-Howellsche Pendel ist v_1 diejenige Geschwindigkeit, mit welcher die Gase, die sich bereits auszudehnen begonnen haben, an der Pendelplatte ankommen.

b) Die Arbeitsleistung. Das bei der Zersetzung des Sprengstoffs gebildete Gasgemenge kann durch seine Expansion Arbeit leisten: Der Zusammenhang der die Sprengladung einschließenden Gesteinsmassen usw. wird getrennt, die Teile werden fortgeschleudert, sie erhalten Bewegungsenergie. Diese Arbeit berechnet Redl nach den Grundsätzen der mechanischen Wärmetheorie für expandierende Gase bei konstantem Druck. Er erhält so für die obigen Sprengstoffe die folgenden Werteverhältnisse und zeigt, daß dieselbe Rangordnung mittels der Trauzlprobe sich ergibt. Hieraus erhellt, daß die Trauzlprobe keine eigentliche Brisanzprobe ist.

Arbeitsskala.

Sprengstoff	Werteverhältnis	Trauzlprobe
Ammonal	124	137
Nitromannit	102	125
Nitroglyzerin	100	115
Sprenggelatine	100	100
Nitrozellulose	88	81
Nitrotoluol	87	70
Pikrinsäure	81	58
Gurdynamit	79	67
Knallquecksilber . . .	36	29

Zusammenfassend kann folgendes gesagt werden: Die Auswahl eines Sprengstoffs muß sich nach der Verwendungsart richten: Wenn eine direkte Nahewirkung beabsichtigt ist, wenn z. B. eine Eisenbahnschiene durch frei aufliegenden Sprengstoff gesprengt werden soll, so ist für die Wirkung maßgebend der auf die Flächeneinheit entfallende Stoßdruck (in kg/m^2) des Sprengstoffs. Und die experimentelle Ermittlung des zugehörigen Brisanzwertes wird in diesem Fall am zweckmäßigsten erfolgen mittels der Bleizylinderprobe oder auch der Stauchprobe mit aufgesetztem Kupferzylinder. Aber die Stauchtabelle, aus welcher im letzteren Falle die Größe des Stoßdrucks zu entnehmen ist, gibt nur einen Vergleichswert. Wenn dagegen mehr eine Art von Fernwirkung, in der größeren Entfernung *rm* vom Sprengstoff, in Frage kommt, wie z. B. bei Bergwerkssprengungen, so ist für die Wirkung maßgebend die gesamte Druckkraft (in kg), welche auf die ganze Oberfläche der von den Explosionsgasen gebildeten Kugel mit Radius *rm* entfällt und welche die gewünschte Arbeit leisten kann. Die experimentelle Ermittlung der zugehörigen Wirkung erfolgt dann zweckmäßig durch eine Versuchssprengung oder auch mittels der Bleiverdrängung im Trauzlschen Bleizylinder.

Diese Ansicht betreffs der Auswahl von Sprengstoffen scheint auch diejenige von E. Redl, R. Rüdenberg (s. w. u. in § 21) und R. Becker zu sein.

Selbstverständlich werden die Sprengstoffe nicht lediglich nach der Größe der Brisanz ausgewählt; vielmehr kommen noch in Betracht: Die physikalischen Eigenschaften (spez. Gewicht, Plastizität usw.), die Empfindlichkeit gegen Schlag und Stoß (geprüft durch die Fallhammermethode), die Empfindlichkeit gegen Reibung (z. B. Friktionspendel), die Empfindlichkeit gegen Feuer, die Giftigkeit (Gehalt an CO u. a.), bei Sicherheitssprengstoffen die Länge und die Dauer der Stichflamme (geprüft durch photographische Registrierung), die Lagerbeständigkeit und endlich der Preis.

Eine mathematische Theorie der langsamen und gesteigerten Verbrennung und der Detonation haben in neuerer Zeit insbesondere H. Mache (zum Teil mit L. Flamm) und R. Becker entwickelt (s. Lit.-Note).

Der Gegensatz zwischen der Detonation und der gesteigerten Verbrennung einer Explosivstoffmenge läßt sich nach der Theorie von R. Becker und nach der Erfahrung folgendermaßen kennzeichnen: Man denke sich ein längeres Glasrohr, das am einen Ende offen, am anderen Ende geschlossen ist, mit dem (festen oder flüssigen oder gasförmigen) Explosivstoff gefüllt, und es werde am offenen Ende gezündet. Alsdann schreitet, sowohl bei der Detonation, als auch bei der Verbrennung, die Reaktionsfläche oder die Zone, in welcher gerade die Zersetzung sich vollzieht, nach dem geschlossenen Ende zu fort, bei der Detonation mit einer Geschwindigkeit D, die nach Kilometern pro Sekunde zählt, bei der Verbrennung mit einer Geschwindigkeit D, die nach Zentimetern oder Metern pro Sekunde zu rechnen ist. Diese Richtung nach dem geschlossenen Ende zu sei als die positive Richtung bezeichnet, die entgegengesetzte nach dem offenen Ende zu als die negative. Zwischen der Reaktionsfläche und dem geschlossenen Ende befindet sich dann der noch unzersetzte Explosivstoff, zwischen der Reaktionsfläche und dem offenen Ende befinden sich die durch die Zersetzung gebildeten Gase oder die Schwaden; der Druck im unzersetzten Explosivstoff sei p_1, der Druck innerhalb der Schwaden sei p_2. Diese Schwaden nun haben bei der Detonation eine positive Geschwindigkeit W, sie stürzen nach dem Explosivstoff zu, und ihr Druck p_2 ist dabei sehr viel größer als der Druck p_1 im unzersetzten Explosivstoff; es geht also eine Welle sehr hohen Drucks nach dem geschlossenen Ende hin. Dagegen bei der Verbrennung schlägt die Flamme nach außen, die Schwaden haben eine negative Geschwindigkeit W, ihr Druck p_2 ist ein wenig kleiner als derjenige p_1 in dem noch unzersetzten gasförmigen oder flüssigen Explosivstoff. Also

Detonation: $p_2 \gg p_1$; W positiv.
Verbrennung: $p_2 < p_1$; W negativ.

Dieser Unterschied im Vorzeichen der Schwadengeschwindigkeit W bringt es mit sich, daß die Hülle selbst bei der Detonation keinen Bewegungsimpuls in der positiven Richtung erhalten kann, vielmehr höchstens in der negativen Richtung; und manche Erscheinungen, die im 5. Abschnitt erwähnt sind, erklären sich vielleicht am ungezwungensten hieraus. Dagegen bei der Verbrennung, wo die Schwaden nach dem offenen Ende zu sich bewegen, muß nach dem Schwerpunktssatz die Hülle selbst einen Bewegungsantrieb in positiver Richtung erhalten (Raketeneffekt); hiervon wird in § 59 die Rede sein.

§ 17. Speziell die Verbrennung von Schießpulvern bei deren Verwendung in der Waffe. Brisanz eines Geschoßtreibmittels.

1. Bei der Waffe handelt es sich stets um einen halbfesten Einschluß des Pulvers, nämlich nach hinten und nach der Seite durch die Hülse, die ihrerseits am Stoßboden und an der Rohrwandung eine feste Hinterlage besitzt, andererseits durch das Geschoß, das im Rohr beweglich ist, aber zunächst die Hülse verlassen muß, in welche es mit einem gewissen Druck eingesetzt ist, und das sodann in die Züge sich einpressen muß.

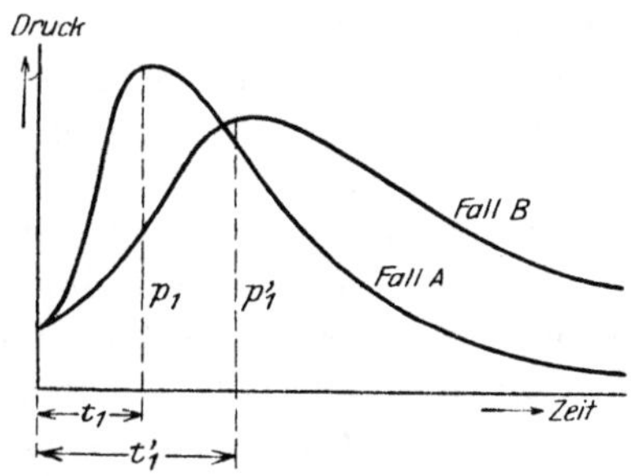

Abb. 8.

Über die Art und Weise, wie das Pulver in diesem einseitig variablen Raum sich zersetzt, läßt sich zunächst folgendes aussagen:

Es seien mit derselben Waffe, aber mit verschiedenen Pulversorten bei gleicher Ladedichte Rücklaufmesserkurven aufgenommen worden. So erhält man für irgendeine Zeit die Wege des Geschosses im Rohr, und daraus die Geschwindigkeiten des Geschosses und die beschleunigenden Kräfte, und damit annähernd auch die Gasdrücke p in Funktion der Zeit (vgl. Bd. III).

Dabei zeigt sich nun für zwei unter sich verschiedene Pulversorten, daß in einem Fall A, der dem Vorgang der Detonation näher liegt als ein Fall B, der Maximalgasdruck größer ausfällt und früher eintritt als in dem Fall B (vgl. die Abb. 8, $p_1 > p_1'$ und $t_1 < t_1'$).

Man wird nicht anstehen, zu erklären, daß in dem Fall A die „Verbrennungsgeschwindigkeit des Pulvers", d. h. die zeitliche Zunahme des jeweils verbrannten Bruchteils der Ladung durchschnittlich größer gewesen sei als in dem Fall B, also daß in derselben Waffe, für dasselbe Geschoß und für dieselbe ursprüngliche Ladedichte das Pulver A sich brisanter, schärfer erwiesen habe als das Pulver B.

Unter der Voraussetzung, daß dies zutrifft, erhält man in Übereinstimmung mit den in Nr. 16 angeführten allgemeinen Grundsätzen, bezüglich der Größen, durch welche die Verbrennungsgeschwindigkeit eines Pulvers in der Waffe beeinflußt wird und durch deren Variation folglich diese Geschwindigkeit einigermaßen wird geregelt werden können, die nachstehende Abhängigkeit: die Verbrennungsgeschwindigkeit ist abhängig von dem jeweils herrschenden Druck. Dieser richtet sich:

a) Nach der anfänglichen Ladedichte. Die Verbrennungsgeschwindigkeit wächst mit der Gedrängtheit der (noch unverbrannt gedachten) Pulverladung, also mit Zunahme des Ladungsgewichts, das im gleichen Laderaum untergebracht ist, oder mit Abnahme des Pulverraumes, der die gleiche Ladung aufnimmt.

b) Nach der chemischen Zusammensetzung des Pulvers; übrigens in einer Weise, die noch nicht mit genügender Sicherheit quantitativ vorausgesagt werden kann. Schwarzpulver scheint in derselben Handfeuerwaffe und unter auch sonst ganz gleichen Umständen schneller zu verbrennen als das nitroglyzerinhaltige Würfelpulver; dieses schneller als das Schießwoll-Blättchenpulver, gleiche Oberflächen und gleiche Form der Pulverkörner vorausgesetzt.

c) Nach dem Gewicht des Geschosses und dessen Forcierung, sowie nach der Laborierung der Ladung. Die Verbrennungsgeschwindigkeit wird anfangs um so rascher zunehmen, je langsamer sich der Raum hinter dem Geschoß vergrößert; — ein Umstand, der u. a. von den Widerständen abhängt, die dieser Vergrößerung entgegenstehen, einschließlich des Trägheitswiderstands des Geschosses selbst. Die Verbrennungsgeschwindigkeit wächst also cet. par. mit Vergrößerung des Geschoßgewichts, mit dem Einpressungs- und Reibungswiderstand, etwas auch mit dem Drallwinkel der

Züge. Wird z. B. das Geschoßgewicht bei gleicher Ladung sukzessiv gesteigert, so wächst der Maximalgasdruck und tritt früher ein. Im allgemeinen wächst dann auch die Mündungsenergie des Geschosses, wenigstens bis zu einer gewissen Grenze (über letztere Beziehung gibt A. Noble zahlreiche Messungsresultate an). Wird andererseits das Geschoßgewicht mehr und mehr verkleinert, so bleibt, falls bei normaler Ladung das Pulver gerade verbrannt war, wenn das Geschoß die Mündung passiert, eine immer größere Menge von Pulver unverbrannt übrig. Wird aus einem Gewehr mit normaler Ladung ohne Geschoß gefeuert, so wird nahezu die ganze Ladung unverbrannt herausgeschleudert. Von Wichtigkeit ist ferner nach den Erfahrungen von K. Becker bei Geschützen der mehr oder weniger feste Abschluß der Pulverladung durch Kartuschdeckel. Ebenso die Art der Verteilung der gleichen Pulvermenge in der Kartusche: eine Ladung von gleichem Gewicht gibt als ganze Kartusche in einem einzigen Beutel eine etwas höhere Mündungsgeschwindigkeit als bei der Laborierung in Teilkartuschen. Auch ist unter sonst gleichen Bedingungen die Anordnung in langer, schmaler Kartusche, die vom Stoßboden bis zum Geschoßboden reicht, für die Größe und die Gleichmäßigkeit der Verwertung günstiger als eine kurze Kartusche, welche hinter dem Geschoßboden noch Raum läßt.

d) Nach der anfänglichen Temperatur des Pulvers. Der Maximaldruck und die Mündungsgeschwindigkeit des Geschosses steigern sich um so mehr, je mehr die Pulvertemperatur von vornherein der Entzündungstemperatur genähert ist. Nach W. Heydenreich bewirkt bei Geschützen eine Zunahme der Pulvertemperatur um 1^0 C eine Vergrößerung der Mündungsgeschwindigkeit um 0,05 bis $0{,}20\,^0/_0$ (je nach Geschütz, Geschoß und Pulversorte) und eine Vergrößerung des Maximalgasdrucks um 0,29 bis $0{,}77\,^0/_0$. Der Einfluß der Pulvertemperatur ist (nach K. Becker) unter sonst gleichen Bedingungen bei verschiedener Ladedichte ein verschiedener. Er ist daher z. B. bei gleicher Ladung und in gleichem Geschütz für Geschosse mit längerem Geschoßzapfen (konischer Verjüngung am Ende) ein anderer als für Geschosse mit kürzerem Zapfen. Auch ist die Beziehung zwischen Anfangsgeschwindigkeit und Temperatur durchaus nicht in allen Fällen eine lineare, wie es nach der erwähnten Näherungsregel von Heydenreich angenommen werden könnte. In der auswärtigen Literatur wird die Änderung der Anfangsgeschwindigkeit (durch eine Änderung der Temperatur gegenüber deren Normalwert) durch die Beziehung gegeben, welche in Bd. I S. 508 erwähnt ist.

Für ein Gewehr mit normaler Munition haben C. Cranz und R. Rothe (vgl. Lit.-Note) im ballistischen Laboratorium die Abhängigkeit der Mündungsgeschwindigkeit v des Geschosses von der anfänglichen Temperatur t^0 C festgestellt (die Messungen wurden ausgeführt von Oblt. Schatte):

Temperatur t =	−20	−10	0	+10	+20	+30	+40	+50	+60	+70° C
Anfangsgeschwindigkeit v_3 =	840,2	855,4	863,7	868,6	873,4	878,1	882,8	889,2	891,6	896,0 m/sec

e) Nach der Art und Stärke der Zündung, also nach der Beschaffenheit und der Masse des Zündsatzes und evtl. der Beiladung. Je heftiger die Entflammung des Pulvers erfolgt, um so rascher verbrennt ceteris paribus das Pulver. Doch wird dieser Einfluß sich nur im ersten Teil der Druck-Zeit-Kurve zeigen.

f) Nach der Größe, Form, Oberflächenbeschaffenheit und Dichte des Pulverkorns. Die Verbrennungsgeschwindigkeit steigert sich unter sonst gleichen Umständen mit der Verkleinerung des Korns und mit der Vergrößerung des Verhältnisses zwischen Oberfläche und Masse des Korns. W. Wolff hat für ein parallelepipedisches Korn einige Messungen der Verbrennungsdauer τ in der Versuchsbombe nach dem Vieilleschen Verfahren ausgeführt:

Pulverform	Ladedichte Δ	Verbrennungsdauer τ gemessen
1,093 cm × 0,987 × 0,174 cm	0,098	0,0305 sec
	0,193	0,0178 „
0,663 cm × 0,587 × 0,049 cm	0,098	0,0075 „
	0,193	0,0039 „

An und für sich ist es keineswegs selbstverständlich, daß die Verbrennungsweise einer und derselben Pulversorte in der Waffe ebenso erfolgt wie in der Versuchsbombe. W. Wolff hat eine verhältnismäßig kleine Versuchsbombe benützt. Aber O. Schmitz (Fr. Krupp) hat durch seine zahlreichen Versuche (Art. Monatsh. 1914, Nr. 86, S. 96) nachgewiesen, daß nur dann eine direkte Übertragung der Verbrennungsfunktion von der Versuchsbombe auf die Waffe für eine bestimmte Pulversorte mit genügender Genauigkeit praktisch zulässig ist, wenn eine so große Bombe zur Verwendung gelangt, daß die Pulverladung in derselben Weise gelagert werden kann, wie dies in der Waffe geschieht und wenn die Registrierungen sehr genau erfolgen (vgl. auch § 18). Aus diesem Grunde brauchen die Wolffschen Zahlenwerte für die Verbrennungsweise in der Waffe nicht ohne weiteres maßgebend zu sein.

g) Nach dem Feuchtigkeitsgehalt des Pulvers. Ein Feuchtigkeitsgehalt bedingt eine andere chemische Zusammensetzung des Pulvers und muß daher auf den Druckverlauf einwirken; zu bemerken ist, daß Nitroglyzerinpulver weniger hygroskopisch ist als Nitrozellulosepulver. Schwankungen des natürlichen Feuchtigkeitsgehalts des Pulvers beeinflussen in erster Linie die Geschwindigkeit, mit welcher sich die Entzündung in der Ladung fortpflanzt. Diese Geschwindigkeit wird mit wachsendem Feuchtigkeitsgehalt kleiner, wodurch die Ausnutzung sinkt. Eine Näherungsregel von K. Becker zur Berücksichtigung des Feuchtigkeitsgehalts findet sich in Bd. I S. 508 unten.

Was nun die genauere quantitative Definition des Begriffs der Verbrennungsgeschwindigkeit eines Schießpulvers anlangt, so hat man, besonders aus historischen Gründen, zweierlei Definitionen zu unterscheiden.

a) Bei der älteren Begriffsbestimmung wird von dem einzelnen Pulverkorn ausgegangen, und es wird angenommen, daß die einzelnen Körner in äquidistanten Schichten abbrennen. Bis zur Zeit t von der Zündung ab sei die Verbrennung eines Korns von der betreffenden ursprünglichen Kornoberfläche aus senkrecht zu der Oberfläche um die Strecke e fortgeschritten. Dann heißt $\frac{de}{dt}$ die Verbrennungsgeschwindigkeit zur Zeit t. Diese möge der Kürze halber die lineare Verbrennungsgeschwindigkeit genannt werden. Die Voraussetzung für die Möglichkeit dieser Definition ist die, daß in der Tat die Form des Korns gewahrt bleibt, also das Piobertsche Gesetz von dem Abbrennen in äquidistanten Schichten wirklich zutrifft. Bei Röhrenpulvern scheint die Verbrennung in der Tat mit genügender Genauigkeit in parallelen Schichten zu erfolgen, wie sich verschiedentlich beim Schießen in Wasser aus der Ausmessung der Pulverreste ergab.

Bemerkt sei noch, daß in der inneren Ballistik meistens, so z. B. von W. Wolff u. a., angenommen wird, daß die einzelnen Körner der gesamten Pulverladung gleichzeitig von der Entflammung ergriffen werden. Wäre dies genau der Fall, so müßte es gleichgültig sein, an welcher Stelle der Ladung die Zündung erfolgt; aber Versuche von Poppenberg und von Kirner haben bewiesen, daß der Gasdruck und die Geschoßgeschwindigkeit (beim Schuß aus der Infanteriewaffe) etwas verschieden ausfällt, je nachdem Hinterzündung oder Vorderzündung angewendet wird. Streng genommen müßte daher noch mit einer von Null verschiedenen Übertragungsgeschwindigkeit der Entflammung von Korn zu Korn gerechnet werden. Doch scheint diese Geschwindigkeit bei der gebräuchlichen Zündung immerhin so groß zu sein, daß sie praktisch nicht berücksichtigt zu werden braucht, zumal wenn stets dieselbe Zündungsart, etwa stets Hinterzündung benützt wird.

b) Die neuere Begriffsbestimmung, die man Moisson und P. Charbonnier verdankt, bezieht sich auf die Verbrennung der ganzen Ladung. Hier handelt es sich also um die sog. kubische

Verbrennungsgeschwindigkeit des Pulvers. Man versteht darunter den Differentialquotient $\frac{dy}{dt}$, wo y den bis zur Zeit t, vom Beginn der Zündung ab, verbrannten Bruchteil der gesamten Pulverladung bedeutet. Hiervon wird weiter unten ausführlicher die Rede sein.

2. Brisanz eines Geschoßtreibmittels. Es handelt sich nun um das genauere quantitative Maß für die Brisanz eines Pulvers bei dessen Verwendung in einer Waffe.

Zunächst mögen einige frühere Versuche zur Lösung dieses Problems besprochen werden.

a) P. Vieille u. a. schlugen vor, einen Vergleichsmaßstab für die Verbrennung eines Pulvers auch beim Schuß aus einer Waffe dadurch zu gewinnen, daß der Druckverlauf in Funktion der Zeit bei der Verbrennung eines Pulvers in der Versuchsbombe registriert wird (über das experimentelle Verfahren vgl. Bd. III). Einem Pulver A wird eine größere Verbrennungsgeschwindigkeit, eine größere Brisanz, als einem anderen Pulver B zugeschrieben, wenn (s. Abb. 9) die Maximalsteigung der Druck-Zeit-Kurve bei A größer ist als bei B, also wenn der Neigungswinkel α der Wendepunktstangente bei A größer ist als derjenige α_1 bei B. Es zeigt sich alsdann experimentell und auch theoretisch (vgl. weiter unten § 18), daß auch der Maximaldruck bei Pulver A größer ausfällt als bei Pulver B (in der Abb. 9 $p > p_1$) und daß die gesamte Verbrennungsdauer für A kleiner ist für B (in der Abb. 9 $t < t_1$). Danach wäre $\operatorname{tg} \alpha$ ein Maß für die Brisanz.

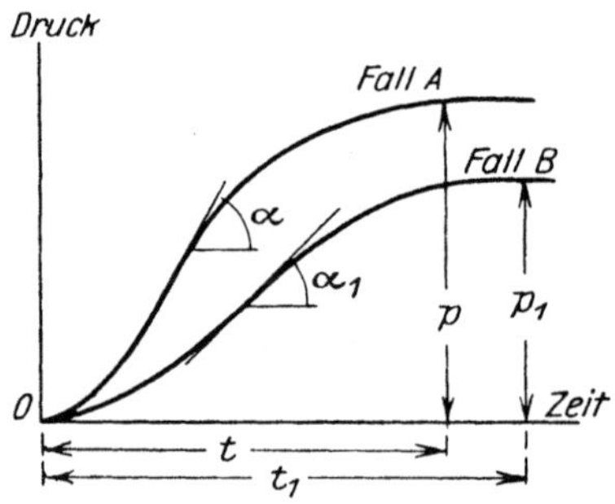

Abb. 9.

In diesem Vorschlag von Vieille liegt jedenfalls ein richtiger Gedanke, der sich in der inneren Ballistik als fruchtbringend erwiesen hat. Dieser Gedanke ist der, daß man von Druck-Zeit-Registrierungen in der Versuchsbombe ausgehen könne. Indessen ist gegen die Methode, so wie sie von Vieille angewendet wurde, zweierlei einzuwenden. Erstens waren seine Druckdiagramme, da er die Zusammendrückung eines Kupferzylinders registriert und dabei keinerlei optische Vergrößerung benutzt, zu unsicher und unbestimmt, es ist vorausgesetzt, daß die jeweilige Stauchung auch dem richtigen Druck entspricht. Zweitens war die in der Bombe angewendete Ladedichte wesentlich verschieden von der Anfangsladedichte beim Schuß aus der Waffe; wenn auch, wie O. Poppenberg früher gezeigt hat, die Art der Pulververbrennung nicht wesentlich von der Ladedichte abhängt, so lassen sich die Resultate, die mittels der Bombenregistrierungen gewonnen sind, nicht ohne weiteres auf die Waffe übertragen, da bei dem Verfahren von Vieille die Druckregistrierung nicht genau genug ist.

b) E. Vallier und nach dessen Vorgang W. Heydenreich nahm als Maß für die Brisanz das sog. Druckverhältnis. Das ist das Verhältnis $p_m : p_1$ zwischen dem mittleren Gasdruck p_m in der Waffe und dem Maximalgasdruck p_1. Dieser letztere p_1 (in kg pro m^2) wird durch die bekannte Messung mit dem Nobleschen Stauchapparat, vgl. Bd. III, erhalten; der erstere p_m aus der folgenden Überlegung: Wenn p_m den mittleren Gasdruck in kg pro m^2 und q den Querschnitt der Seele in m^2 darstellt (s. Abb. 10), ist $p_m \cdot q$ der mittlere Gasdruck in kg; bezeichnet man also mit x_e (in m) die ganze Länge des gezogenen Teils, also den ganzen Weg des Geschoßbodens, so ist $p_m \cdot q \cdot x_e$ die Arbeit des mittleren Gasdrucks bis zur Mündung. Diese Arbeit wird gleichgesetzt der lebendigen Kraft $\frac{1}{2} m \cdot v_e^2$ des Geschosses an der Mündung $\left(\frac{G}{9{,}81}\right.$ die Geschoßmasse; v_e die Geschwindigkeit des Geschosses an der Mündung in $\left.\mathrm{m/sec}\right)$, somit ist das Druckverhältnis:

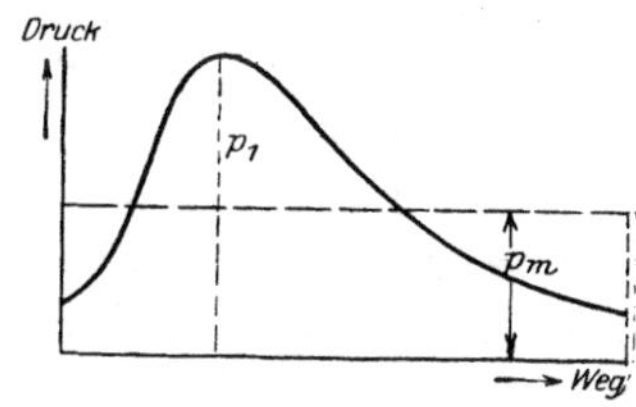

Abb. 10.

$$\eta = \frac{G \cdot v_e^2}{g \cdot 2 \cdot q \cdot p_1 \cdot x_e}.$$

Vallier und Heydenreich ließen sich nun durch den folgenden Gedankengang leiten. Mutmaßlich ist ein frühzeitiges Eintreten des Maximalgasdrucks ein Anzeichen für ein rasches Abbrennen des Pulvers. Und da sich zeigt, daß, je früher unter sonst gleichen Umständen das Maximum des Gasdrucks eintritt, um so größer auch dieser Maximalbetrag p_1 im Vergleich zu dem mittleren Gasdruck p_m ist, so schließt er, daß die Verbrennungsgeschwindigkeit und damit die Brisanz gleichzeitig mit $\frac{1}{\eta}$ zu- und abnehme und nennt ein Geschützpulver:

„scharf", wenn $\eta < 0{,}45$ (für Steilfeuergeschütze verwendet, kleine Ladungen),

„mittel", wenn $\eta = 0{,}45$ bis $0{,}60$,

„mild", wenn $\eta > 0{,}60$ (für Flachbahngeschütze verwendet).

Insofern sieht W. Heydenreich das Druckverhältnis η als „zuverlässigsten Maßstab für die Beurteilung der Pulververbrennung“ an, jedoch gilt diese Betrachtung nur für eine bestimmte Waffe bei bestimmtem Geschoß.

Würde die angeführte zahlenmäßige Beziehung für die Brisanz eines Pulvers beim Schuß aus der Waffe allgemein zutreffen, so hätte man zwar nicht einen Maßstab dafür, um vorherzusagen, wie sich ein Pulver in einer Waffe, die noch nicht fertig vorliegt, sondern erst projektiert ist, verhalten wird, aber wenigstens dafür, wie sich ein Pulver in einer bestimmten Waffe verhalten hat, mit der bereits Schießversuche angestellt werden konnten und speziell der Maximalgasdruck p_1 und die Mündungsgeschwindigkeit v_e des Geschosses gemessen wurden.

Die schärfste Probe auf die allgemeine Verwendbarkeit der Heydenreichschen Zahlenbeziehung wird die sein, daß man untersucht, ob sie auch für eine Handfeuerwaffe zutrifft. Nun zeigte sich bei einem Gewehr das Druckverhältnis $\eta = 0{,}348$. Nach obiger Zahlenfolge für η müßte also erklärt werden, daß das Pulver sich ohne Zweifel als „brisant“ erwiesen habe. Man muß aber in Rücksicht ziehen, daß bei Gewehren das Gasdruckverhältnis 0,2 — 0,39 beträgt und bedingt ist durch die größere kalibermäßige Rohrlänge. Die Rücklaufmesserkurven ergeben, daß der Maximalgasdruck keineswegs auffallend früh eingetreten ist; der Geschoßboden hat schon einen Weg von 13 bis 14 % seines Gesamtwegs im Rohr zurückgelegt, bis der Gasdruck sein Maximum erreicht. Und durch Auffangen der unverbrannten Pulverreste (vgl. Bd. III) zeigte sich, daß, wenn das Geschoß die Mündung verläßt, alles Pulver gerade oder gerade noch nicht vollständig verbrannt ist. Danach aber müßte man über dasselbe Pulver aussagen, daß es eher „milde“ als „sehr scharf“ in der Waffe gewirkt habe.

Aus diesen und anderen derartigen Resultaten läßt sich entnehmen, daß die angeführte Vallier-Heydenreichsche Skala nur für bestimmte Geschosse und Waffen gilt, denn in der Berechnung von η sind die charakteristischen Größen für die betreffende Waffe, Kaliber, Lauflänge, Geschoßgewicht und Anfangsgeschwindigkeit des Geschosses enthalten. Der Begriff der Brisanz ist kein feststehender; ein Pulver kann für eine Waffe zu brisant sein, während es für eine andere zu faul ist.

3. C. Cranz hat 1907 ein experimentelles Verfahren veröffentlicht, das gestattet, die Dauer der Pulverbrennung beim Schuß aus einer gegebenen Waffe zu messen; dieses Verfahren ist in Band III dieses Lehrbuchs im einzelnen beschrieben, auch sind Beispiele für solche Messungen angeführt.

Für den praktischen Gebrauch ist die Methode etwas umständlich. Ferner läßt sich für eine erst projektierte, noch nicht fertig vorliegende Waffe auch mit dieser Methode nicht im voraus ermitteln, welches die Verbrennungsdauer eines Pulvers und damit die Brisanz sein wird.

4. A. Preuß (Versuchsanstalt Neumannswalde) beurteilt die Schärfe eines Pulvers nach der von ihm sogenannten „Entwicklungszeit des Schusses“. Es wird mit dem Boulengé-Apparat die Zeit gemessen von demjenigen Moment ab, in dem beim Abfeuern der Handfeuerwaffe ein Hebelkontakt unterbrochen wird, bis zu demjenigen Moment, in dem das aus der Mündung austretende Geschoß einen Draht durchreißt.

Diese so gewonnene „Schußentwicklungszeit“ ist zwar aus zwei Gründen im allgemeinen nicht notwendig genau gleich der eigentlichen Verbrennungsdauer des Pulvers: Erstens ist sie eventuell zu groß, um das Zeitintervall von der Unterbrechung des Hebelkontaktes ab bis zum Beginn der Pulververbrennung. Zweitens ist sie, z. B. in dem Fall, wo das Pulver verbrannt ist, ehe das Geschoß die Mündung erreicht, zu groß, um das Zeitintervall von dem Ende der Pulverbrennung ab bis zu dem Moment des Geschoßbodenaustritts aus der Mündung. Das Verfahren kann aber wohl als ein solches zur allgemeinen Unterscheidung von verschiedenen Pulversorten angesprochen werden, die aus einer und derselben (schon vorliegenden) Waffe verschossen werden sollen, und hat insofern wohl seine Bedeutung.

Zu den vorhin erwähnten Versuchen, einen quantitativen Maßstab für die Brisanz eines Pulvers zu gewinnen, ist noch allgemein zu bemerken, daß es jedenfalls keinen Sinn hätte, von der Schußbrisanz eines gegebenen Pulvers als eines Stoffs an und für sich, ohne Bezugnahme auf eine bestimmte Waffe, zu sprechen, also zu erklären, ein Pulver von diesen oder jenen physikalischen und chemischen Eigenschaften werde beim Schuß aus einer beliebigen Waffe z. B. „sehr brisant“ oder „sehr milde“ sich verhalten. Denn dasselbe Pulver kann, wie schon erwähnt, in der einen Waffe als sehr scharf, in einer andern Waffe als sehr mild sich erweisen: Wollte man ein feinkörniges Pistolenpulver aus einem Gewehr mit normaler Ladedichte verschießen, so riskiert man Detonationserscheinungen, Ausbauchungen des Laufs, Zerstörung des Verschlusses usw.; und wenn ein Gewehrpulver aus einem großen Geschütz verschossen würde, könnten dieselben Erscheinungen auftreten.

Es kann sich also nur darum handeln, zu untersuchen, wie sich ein bestimmtes Pulver in einer bestimmten Waffe, bei Verwendung eines bestimmten Geschosses und bei bestimmter Ladung verhalten habe, oder, noch besser, wie sich das bestimmte Pulver in der bestimmten Waffe, die erst projektiert wird, verhalten werde.

Die neueste Entwicklung der inneren Ballistik gibt nun in der Tat Mittel an die Hand, um diese Frage auf Grund von geeigneten Bombenversuchen (vgl. § 36) oder von Schießversuchen mit dem betreffenden Pulver und einer verwandten Waffe (vgl. § 38) und nachfolgenden Berechnungen mit einer, wie es scheint, ausreichenden Genauigkeit zu beantworten. Damit erhält man (vgl. § 18) für eine bestimmte Pulversorte und eine projektierte Waffe den jeweils verbrannten Bruchteil y der Ladung in Funktion der Zeit t; und das zugehörige Kurvendiagramm bildet alsdann ein Mittel, um die Brauchbarkeit des Geschoßtreibmittels zu beurteilen, wie sie in der betreffenden Waffe sich gestalten wird.

§ 18. Verbrennungsgesetz.

In § 17 hat sich gezeigt, daß die Verbrennungsgeschwindigkeit eines Pulvers hauptsächlich von dem Verlauf des Druckes abhängt, unter dem die Verbrennung des Pulvers vor sich geht, während der zeitliche Verlauf des Druckes bestimmt wird von den chemischen und physikalischen Eigenschaften der Pulversorte (Dichte, Oberflächenbeschaffenheit, Porosität usw.), sowie der jeweiligen Form und Größe des Pulvers. Jetzt handelt es sich um die quantitative Festlegung dieser Abhängigkeiten. Die Funktionsgleichung, welche dies leistet, heißt das Verbrennungsgesetz. Ein solches Gesetz wird in der inneren Ballistik benötigt zur thermodynamischen Lösung des innerballistischen Hauptproblems. Einen wichtigen Teil dieses Problems bildet die am Schluß von § 17 angeführte Aufgabe, für ein projektiertes Waffensystem und für eine bestimmte Pulversorte im voraus zu ermitteln, welcher Bruchteil der Gesamtladung nach irgend einer Zeit verbrannt, speziell wann die Verbrennung der Ladung beendet sein wird.

Im folgenden soll in Kürze dargelegt werden, wie sich das Verbrennungsgesetz im Lauf der Zeit allmählich entwickelt hat.

A. Aufstellung des Verbrennungsgesetzes auf Grund geometrischer Beziehungen.

Nach Piobert (1839) soll das Abbrennen der einzelnen Körner einer Pulverladung im geschlossenen Raum in ähnlicher Weise vor sich gehen, wie ein Metallstück allmählich aufgelöst wird, das in einer das Metall angreifenden Säure frei aufgehängt ist: Die Zersetzung schreitet von allen freien Oberflächen her fort und ist bis zu einem bestimmten Moment um dieselbe Wegstrecke senkrecht zu jeder Oberfläche fortgeschritten. Dieses Gesetz des „Abbrennens in äquidistanten Schichten“, oder, wie es meistens ausgedrückt wird, des „Abbrennens in parallelen Schichten“ wurde von Piobert für Schwarzpulver aufgestellt. Gerade für dieses Pulver gilt jedoch, den Untersuchungen von P. Vieille zufolge, das Piobertsche Gesetz im allgemeinen nicht, sondern nur dann, wenn das Schwarzpulverkorn bei der Fabrikation ausnahmsweise stark gepreßt worden war, so daß das spezifische Gewicht $\gtreqless 1{,}85$ ist, während dieses für gewöhnlich 1,65 ist. Dagegen soll nach Vieille jenes Gesetz ziemlich gleichmäßig für die neueren gelatinierten Pulver gelten. Der Beweis wurde durch Beobachtung an erloschenen Resten zu erbringen gesucht, und eine Bestätigung soll darin liegen, daß die Verbrennungsdauer des Korns proportional der Korndicke gefunden wurde. (In Wirklichkeit scheint nur für die Röhrenpulver der Artillerie die Gültigkeit des Piobertschen Gesetzes bewiesen zu sein.)

Unter der Annahme, daß die Körner sämtlich zu gleicher Zeit zu brennen beginnen, und daß sie tatsächlich alle nach äquidistanten Schichten abbrennen, verfahren E. Sarrau, Ingalls, P. Vieille, F. Gossot und R. Liouville, W. Wolff u. a. in der folgenden Weise, um den Vorgang der Verbrennung rechnerisch zu verfolgen.

Nach der Zeit t Sekunden vom Beginn der Verbrennung ab sei die Schichtendicke e (m) abgebrannt; so bedeutet $\frac{de}{dt}$, wie erwähnt, die lineare Verbrennungsgeschwindigkeit des Korns. Diese hängt nach Vieille wesentlich vom Druck p (kg/m²) ab, der in diesem Augenblick in dem Gasraum herrscht, und es wird hierfür die Beziehung angenommen

$$\frac{de}{dt} = \lambda \cdot p^k, \tag{1}$$

wo λ eine Konstante des betreffenden Pulvers sein soll (nach W. Wolff ist übrigens λ auch abhängig von der Größe des Verbrennungsraums und vom Ladungsgewicht).

Für den Exponenten k nahmen St. Robert, Frankland, sowie Gossol-Liouville auf Grund ihrer Versuche mit neueren Pulvern 0,66, Roux & Sarrau 0,5; Rovel 0,25; Castan 0,6; Sébert, Hugoniot, Moisson, Mata, v. Wuich, Kaiser, Charbonnier, Schmitz, H. Lorenz, Mache, Nowakowski $k = 1$; Vieille fand, daß k von der Pulversorte abhängt.

Die Konstante λ wurde meistens folgendermaßen empirisch ermittelt. Bei konstantem Druck $p = p_0$, nämlich beim gewöhnlichen Atmosphärendruck $p_0 = 10\,333$ kg/m², ist $\frac{de}{dt}$ konstant, gleich der halben kleinsten Dimension des Korns dividiert durch die Verbrennungszeit

τ_0, die bei dem Druck p_0 beobachtet wird, $\frac{de}{dt}$ für $p = p_0$ gleich $\frac{a}{2 \cdot \tau_0}$, somit

$$\frac{de}{dt} = \frac{a}{2 \cdot \tau_0} \cdot \left(\frac{p}{p_0}\right)^k. \tag{2}$$

Ferner ist die Beziehung aufzustellen zwischen der bis jetzt abgebrannten Schichtendicke e des Korns und dem Bruchteil y des gesamten Ladungsgewichts, der bis zur Zeit t verbrannt ist. Die Betrachtungen mögen an die Vorstellung eines parallelepipedischen Korns angeknüpft werden, das die Kantenlängen $a < b < c$ besitzt. Bis zur Zeit t sei die Verbrennung von allen Oberflächen her um e vorgeschritten; alle Kanten sind somit um $2\,e$ verkleinert; das noch unverbrannte Volumen des Korns ist $(a - 2\,e) \cdot (b - 2\,e) \cdot (c - 2\,e)$. Der verbrannte Bruchteil des Kornvolumens ist $\frac{abc - (a-2e) \cdot (b-2e) \cdot (c-2e)}{abc}$. Ebenso groß ist der verbrannte Bruchteil y der Gesamtladung, also das Verhältnis des verbrannten Pulvergewichts zum gesamten ursprünglichen Ladungsgewicht, vorausgesetzt, daß alle Körner gleichzeitig und gleichmäßig sich entflammen, sämtlich nach dem Piobertschen Gesetz abbrennen und dieselben Dimensionen und gleiche Dichte besitzen. Dann ist

$$y = 2\,e\left(\frac{1}{a} + \frac{1}{b} + \frac{1}{c}\right) - 4\,e^2\left(\frac{1}{ab} + \frac{1}{ac} + \frac{1}{bc}\right) + 8\,e^3 \cdot \frac{1}{abc}.$$

Dabei sind a, b, c, e in gleicher Maßeinheit (m) zu rechnen. Wenn e gleich der halben kleinsten Dimension des Korns geworden ist, ist das ganze Korn und somit die ganze Ladung abgebrannt; in der Tat wird $y = 1$ für $e = \frac{a}{2}$.

Was die Oberflächen betrifft, so verhält sich die Gesamtoberfläche zu dem Gesamtvolumen anfangs wie $\frac{2\,ab + 2\,ac + 2\,bc}{abc} = 2\left(\frac{1}{a} + \frac{1}{b} + \frac{1}{c}\right)$. Unmittelbar vor beendeter Verbrennung ist die Oberfläche eines Blättchens $(b - a) \cdot (c - a)$. Somit verhält sich die gesamte Endoberfläche zu der anfänglichen Gesamtoberfläche wie $(b - a) \cdot (c - a)$ zu $(2\,ab + 2\,ac + 2\,bc)$.

Führt man die Berechnung von y in ähnlicher Weise, wie es vorhin geschehen ist, für andere Kornformen durch, so erhält man folgende Zusammenstellung:

Der verbrannte Bruchteil der Ladung ist

$$y = \alpha_1 \cdot e + \beta_1 \cdot e^2 + \gamma_1 \cdot e^3. \tag{3}$$

Dabei haben α, β, γ die folgenden Werte:

Kornform	$\alpha_1 =$	$\beta_1 =$	$\gamma_1 =$
Für das Parallelepiped mit den Kanten $a < b < c$	$2\left(\frac{1}{a}+\frac{1}{b}+\frac{1}{c}\right)$	$-4\left(\frac{1}{ab}+\frac{1}{ac}+\frac{1}{bc}\right)$	$+\frac{8}{abc}$
Speziell für den Würfel, mit der Kante a	$+\frac{6}{a}$	$-\frac{12}{a^2}$	$+\frac{8}{a^3}$
Speziell Parallelepipedon mit quadratischer Basis (quadratische Blättchen von der Kantenlänge b und der Dicke $a < b$)	$2\left(\frac{2}{b}+\frac{1}{a}\right)$	$-4\left(\frac{1}{b^2}+\frac{2}{ab}\right)$	$+\frac{8}{b^2 a}$
Vollzylinder (kreisförmige Stäbchen); Durchmesser d, Höhe h	$2\left(\frac{2}{d}+\frac{1}{h}\right)$	$-4\left(\frac{1}{d^2}+\frac{2}{d \cdot h}\right)$	$+\frac{8}{d^2 h}$
Hohlzylinder (Röhrenpulver); innerer Durchmesser d_c, äußerer Durchmesser d_a, Höhe h	$2\left(\frac{2}{d_a - d_i}+\frac{1}{h}\right)$	$-\frac{8}{h \cdot (d_a - d_i)}$	0
Kugel, Durchmesser d	$\frac{6}{d}$	$-\frac{12}{d^2}$	$+\frac{8}{d^3}$

Neben dieser Beziehung (3) wurde weiterhin, statt (2), häufig das Gasgesetz benutzt, von dessen Verwendung in der inneren Ballistik später eingehender die Rede sein soll; man erhält damit eine Beziehung zwischen dem augenblicklichen Gasdruck p und dem Bruchteil y der Ladung, der zur Zeit t abgebrannt ist. Es handle sich vorläufig um die Verbrennung eines Pulvers in dem konstanten Raum der Versuchsbombe. Deren leergedachter Verbrennungsraum betrage V_0 (cbm). Da zur Zeit t von der gesamten Ladung (L kg) $L \cdot y$ kg verbrannt sind, so steht den Gasen der Raum $J = V_0 - \alpha \cdot L \cdot y - \frac{L \cdot (1-y)}{s}$ m³ zur Verfügung (s spezifisches Gewicht der noch unverbrannten Körner in kg/m³, α das Kovolumen in m³/kg). Bei dem Normaldruck 10333 (kg/m²) und der Normaltemperatur 0° C würden die $L \cdot y$ kg Pulvergase den Raum $L \cdot y \cdot \mathfrak{v}_0$ einnehmen, wobei $\mathfrak{v}_0$ das spezifische Volumen in m³/kg darstellt. Die absolute Verbrennungstemperatur sei T_0, so ist der Druck

$$p = \frac{10333 \cdot \mathfrak{v}_0 \cdot L \cdot y}{J} \cdot \frac{T_0}{273} = \frac{f \cdot L \cdot y}{J} = \frac{f \cdot L \cdot y}{V_0 - \alpha L y - \frac{L \cdot (1-y)}{s}}. \tag{4}$$

Zusammen hat man folgende Gleichungen:

$$\frac{de}{dt} = \lambda \cdot p^k = \frac{a}{2 \cdot \tau_0}\left(\frac{p}{p_0}\right)^k, \tag{I}$$

$$y = \alpha_1 \cdot e + \beta_1 e^2 + \gamma_1 \cdot e^3, \tag{II}$$

$$p = \frac{f \cdot L \cdot y}{V_0 - \alpha L y - \frac{L}{s}(1-y)}. \tag{III}$$

[Hier bedeuten: a die kleinste Dimension des Korns (m); $\alpha_1, \beta_1, \gamma_1$ die Werte in obiger Tabelle; τ_0 die Verbrennungsdauer des Korns (sec) bei gewöhnlichem Atmosphärendruck p_0; f die „Kraft“ des Pulvers (m); L (kg) die Pulverladung; V_0 (m³) den Verbrennungsraum; α (m³/kg) das Kovolumen; p den Gasdruck (kg/m²) zur Zeit t; e (m) die bis dahin verbrannte Schichtendicke des Korns; y den verbrannten Bruchteil der Ladung.]

Es ist in verschiedener Weise versucht worden, entweder die Gleichungen (I) und (II) oder die Gleichungen (II) und (III) dazu zu verwenden, um den Verlauf der Pulverbrennung in der Bombe zu berechnen:

a) Es seien bekannt $a, \alpha_1, \beta_1, \gamma_1, k$ (z. B. $k = 0{,}66$) und τ_0. Ferner habe man durch Druckregistrierungen den Gasdruck p in Funktion der Zeit t gemessen; und zwar bei der Verbrennung des Pulvers in der Versuchsbombe etwa nach der Methode von Vieille durch Registrierung des zeitlichen Verlaufs der Stauchung eines Kupferzylinders. Die Gleichung (I) liefert alsdann für jede Zeit t die lineare Verbrennungsgeschwindigkeit $\frac{de}{dt}$. Integriert man ferner (I) nach t von $t = 0$ bis t, so wird

$$e = \frac{a}{2 \cdot \tau_0 \cdot p_0{}^k} \cdot \int_0^t p^k(t) \cdot dt. \tag{5}$$

Dieses Integral läßt sich mittels des Integraphen mechanisch in Funktion von t auswerten; man gewinnt somit für jede Zeit t die bis dahin verbrannte Schichtendicke e; dazu aus (II) den bis dahin verbrannten Bruchteil y der Ladung. Setzt man ferner in (5) e gleich der halben kleinsten Dimension, $e = \frac{a}{2}$, so wird die obere Grenze des Integrals gleich der totalen Verbrennungsdauer τ des Pulvers, somit

$$1 = \frac{1}{\tau_0 \cdot p_0{}^k} \cdot \int_0^\tau p^k(t) \cdot dt, \tag{6}$$

woraus man die totale Verbrennungszeit τ erhalten könnte.

In dieser oder wenigstens in ähnlicher Weise verfahren z. B. Gossot und Liouville.

b) Wiederum sei der zeitliche Verlauf des Gasdrucks p durch Druckregistierungen in dem konstanten Raum der Versuchsbombe erhalten worden. Man kennt dann zu jedem Wert von t den zugehörigen Wert von p und somit auch von $\frac{dp}{dt}$. Zu dem Wert von p

gehört nach (III) ein bestimmter Wert von y und nach (II) ebenso ein bestimmter Wert von e; ferner ist mit $\frac{dp}{dt}$ wegen (III) auch $\frac{dy}{dt}$ und wegen der abgeleiteten Gleichung (II) auch $\frac{de}{dt}$ eindeutig bestimmt. Man kann also auch mit Hilfe von (II) und (III) für jede Zeit t die verbrannte Schichtendicke e, den verbrannten Bruchteil y der Ladung und die augenblickliche lineare Verbrennungsgeschwindigkeit $\frac{de}{dt}$ ermitteln. Endlich hat man nur in (III) $y = 1$ zu setzen, um denjenigen Druck zu erhalten, bei dem die Pulververbrennung gerade beendet ist, und aus den Druckregistrierungen hat man dazu die totale Verbrennungsdauer τ. Diesen Weg schlägt z. B. W. Wolff ein.

Alle diese Versuche, den Verlauf der Pulverbrennung auf solche Weise rechnerisch aus Druckregistierungen zu gewinnen, hatten zu keinem völlig befriedigenden Resultat geführt; und zwar aus folgenden Gründen:

Die Druckregistrierungen im konstanten Raum der Vieille'schen Versuchsbombe lieferten den Verlauf des Gasdrucks p nicht genau genug, weil die Gasdruck-Registrierung in einem zu kleinen Maßstab genommen wurde und weil die Anordnung der Ladung in den zu kleinen Bomben nicht in derselben Weise erfolgen konnte wie im Verbrennungsraum der Waffe. Auch ist es unwahrscheinlich, daß das Piobert'sche Gesetz von der Verbrennung der Pulverkörner nach äquidistanten Schichten in den Fällen der Praxis, auch bei den neueren Pulvern, wirklich allgemein zutrifft. Auf den letzteren Punkt hat insbesondere P. Charbonnier in bestimmter Weise aufmerksam gemacht: Wenn die Pulverkörner derartig gelagert sind, daß sie sich gegenseitig berühren, beeinflussen sie sich während des Abbrennens so, daß in einer bestimmten Zeit von den verschiedenen Oberflächenelementen des Korns aus die Verbrennung um verschiedene Wegstrecken e vorgeschritten ist. Unsere Erfahrungen haben zu demselben Resultat geführt. Das Piobertsche Gesetz kann am ehesten noch für die großen Abmessungen von Artilleriepulver, zumal von nitroglyzerinhaltigem Pulver, als richtig angesehen werden. Dagegen bei den kleinen Blättchen von neuerem Gewehrpulver ist dies nicht der Fall. Wenn man die Verhältnisse des Schusses so wählt, daß sicher größere Mengen unverbrannten Pulvers aus der Mündung der Waffe herausgeschleudert werden, so kann man neben zahlreichen größeren Blättchen, die überhaupt noch nicht entflammt sind, mittlere Stücke finden, die halb verbrannt sind, sowie sehr kleine und unregelmäßig geformte kleine Stückchen, deren Verbrennung fast vollständig beendet ist und an denen die ursprüngliche Form meistens kaum mehr zu erkennen ist. Mit dem Mikroskop ist dabei zu erkennen, daß man in den kleinen Stückchen nicht lediglich die Trümmer von größeren vor sich hat, die etwa beim Herausschleudern zerbrochen wären. Die Ausmessung solcher Blättchen, bei denen die ursprüngliche Form annähernd erhalten blieb, zeigte ferner so große Unterschiede in den Dickendimensionen, daß diese Unterschiede durch die Fabrikationsweise nicht erklärt werden können. Alle diese Beobachtungen beweisen zweierlei: erstens, daß bei enger Lagerung der Pulverelemente im Verbrennungsraum und bei einseitiger Zündung keineswegs alle freien Oberflächen sämtlicher Körner (Pulverelemente) gleichzeitig entflammen; zweitens, daß bei solcher Anordnung das Gesetz von dem Abbrennen der Pulverelemente nach äquidistanten Schichten wenigstens bei kleinen Pulverelementen als kaum angenähert richtig anzusehen ist.

B. Neuere Formulierung des Verbrennungsgesetzes.

1. P. Charbonnier suchte deshalb das Verbrennungsgesetz für die ganze Ladung, statt für das einzelne Pulverkorn, aufzustellen. Nur die Form der betreffenden Funktion wird aus dem Verbrennungsgesetz für das einzelne Korn gewonnen. Dieses letztere Gesetz war (s. o.) das folgende. Wenn y den zur Zeit t verbrannten Bruchteil der Ladung vorstellt, war

$$y = \alpha_1 e + \beta_1 e^2 + \gamma_1 e^3;$$

dabei

$$\frac{de}{dt} = \lambda \cdot p^k.$$

Daraus folgt

$$\frac{dy}{dt} = (\alpha_1 + 2\beta_1 e + 3\gamma_1 e^2)\frac{de}{dt}.$$

Da nun e eine gegebene Funktion von y ist, so wird

$$\frac{dy}{dt} = A_1 \cdot \varphi(y) \cdot p^k; \quad (A_1 \text{ eine Konstante des Pulvers}). \tag{7}$$

Z. B. für ein kugelförmiges Korn, vom ursprünglichen Radius R und dem variablen Radius r zur Zeit t, ist die Dicke der abgebrannten Schicht

$$e = R - r; \quad \frac{e}{R} = 1 - u, \quad \text{wo } u = \frac{r}{R}; \quad \frac{du}{dt} = -\frac{1}{R} \cdot \frac{de}{dt}.$$

Nun war, nach obiger Tabelle, für eine Kugel

$$y = \frac{3}{R} e - \frac{3}{R^2} e^2 + \frac{e^3}{R^3} = 3(1-u) - 3(1-u)^2 + (1-u)^3 = 1 - u^3.$$

Folglich ist

$$\frac{dy}{dt} = \frac{dy}{du} \cdot \frac{du}{dt} = (-3u^2)\left(\frac{-\lambda p^k}{R}\right)$$

oder

$$\frac{dy}{dt} = + \frac{3}{R}(1-y)^{\frac{2}{3}} \cdot \lambda \cdot p^k;$$

somit

$$\varphi(y) = (1-y)^{\frac{2}{3}}.$$

Dieses Resultat läßt sich, ohne Benutzung der obigen Ausdrücke für $\alpha_1 \beta_1 \gamma_1$, direkt wie folgt ableiten. Das ursprüngliche Volumen des kugelförmigen Korns ist $V_0 = \frac{4}{3} R^3 \pi$, die ursprüngliche Oberfläche $4 R^2 \pi$. Der Bruchteil y der verbrannten Ladung ist gleich dem Verhältnis $\frac{4}{3}(R^3 - r^3)\pi$ zu $\frac{4}{3} R^3 \pi$ des verbrannten Kornvolumens zu dem ursprünglichen Kornvolumen, oder

$$y = 1 - \left(\frac{r}{R}\right)^3 = 1 - u^3;$$

also

$$\frac{dy}{dt} = \frac{dy}{du} \cdot \frac{du}{dr} \cdot \frac{dr}{dt} = (-3u^2)\frac{1}{R} \cdot \left(-\frac{de}{dt}\right) = \frac{3}{R}(1-y)^{\frac{2}{3}} \cdot \lambda \cdot p^k,$$

wie oben. Daraus folgt wiederum, daß $\varphi(y) = (1-y)^{\frac{2}{3}}$ ist. Dieses Ergebnis kann auch so ausgedrückt werden: $\varphi(y)$ bedeutet das Verhältnis zwischen der variablen Oberfläche zu der ursprünglichen Oberfläche des Korns; denn dieses Verhältnis ist gleich $4 r^2 \pi : 4 R^2 \pi$ oder, da $r : R = u$ und $u = (1-y)^{\frac{1}{3}}$ ist, ist das Oberflächenverhältnis gleich $(1-y)^{\frac{2}{3}}$. Analog wird für den Würfel ebenso $\varphi(y) = (1-y)^{\frac{2}{3}}$; für den Vollzylinder $\varphi(y) = (1-y)^{\frac{1}{2}}$ (wenn von den beiden Endkreisen abgesehen wird).

Da nun die Form $(1-y)^\beta$ für $\varphi(y)$ bei der Kugel, dem Würfel und dem Vollzylinder zutrifft, wenn die Entzündung von außen her erfolgt, so nahm Charbonnier allgemein das Verbrennungsgesetz in der Form an

$$\frac{dy}{dt} = A_1 (1-y)^\beta \cdot p^k \quad \text{bzw.} \quad = A_1 \cdot y^{\beta_1} \cdot p^k. \tag{8}$$

Die erste Form für Pulver, die er „degressive" nennt, d. h. für solche, deren Oberflächen im Lauf der Verbrennung abnehmen (z. B. Zündung von Kugeln oder Würfeln von außen her); die letztere Form für sog. „progressive" Pulver, d. h. wenn die Emissionsoberflächen zunehmen, also wenn z. B. ein Würfel von innen aus abbrennt.

Der von P. Charbonnier gebrachte Fortschritt bestand also darin, daß er das Verbrennungsgesetz wesentlich allgemeiner faßte, und weiterhin darin, daß er die Konstanten A_1, k und β (bzw. β_1) dieses Verbrennungsgesetzes (8) auf Grund von Bombenversuchen empirisch ermittelte, die mit dem betreffenden Pulver durchgeführt werden. Letzteres sollte auf Grund der folgenden Überlegung geschehen:

Es mögen in der Bombe vom konstanten Inhalt V (m^3) L (kg) des betreffenden Pulvers zur Entzündung gebracht werden. Das Kovolumen des Pulvers sei α (m^3 pro kg). Der Gasdruck p sei nach dem Vielleschen Verfahren in Funktion der Zeit registriert (vgl. Bd. III). Auf diese Weise wird eine Druck-Zeit-Kurve $p = f(t)$, mit der Zeit t als Abszisse, erhalten. Diese Kurve besitzt einen Wendepunkt. Der Gasdruck, genauer der Überdruck über den äußeren Atmosphärendruck, habe in diesem Wendepunkt den Betrag p_i, und der schließliche Maximaldruck, der in der Bombe eine Zeitlang fast konstant bleibt, sei mit p' bezeichnet; der Wert des Differentialquotienten im Wendepunkt, also der Tangens des Neigungswinkels der Wendetangente mit $\left(\frac{dp}{dt}\right)_i$. Indem man ferner zwei unter sich verschiedene Ladungen in der Bombe verwendet, mögen zwei Kurven gewonnen sein, mit den Wendepunktsordinaten p_{i_1} und p_{i_2} und mit den Maximalordinaten (Maximalgasdrücken) p_1' und p_2', ferner mit den Differentialquotienten in den beiden Wendepunkten $\left(\frac{dp}{dt}\right)_{i_1}$ und $\left(\frac{dp}{dt}\right)_{i_2}$.

Dann hat man die folgenden drei Gleichungen, die sogleich nachher abgeleitet werden sollen:

$$p_i = \frac{k}{k+\beta} \cdot p', \tag{9}$$

$$\left(\frac{dp}{dt}\right)_i = \frac{A_1 \cdot k^k \cdot \beta^\beta}{(k+\beta)^{k+\beta}} \cdot p'^{1+k}, \tag{10}$$

$$\left(\frac{dp}{dt}\right)_{i_1} : \left(\frac{dp}{dt}\right)_{i_2} = (p_1' : p_2')^{1+k}. \tag{11}$$

Aus Gleichung (11) ergibt sich die Konstante k. Sodann die Konstante β aus (9). Endlich die Konstante A_1 aus (10). Durch diese Konstante A_1 sollte nach Charbonnier die Brisanz des betreffenden Pulvers charakterisiert sein. Für die Verwendung des betr. Pulvers beim Schuß in der Waffe läßt Charbonnier diese Konstante aus zwei Teilen bestehen; der eine soll charakteristisch sein für das Pulver und das Geschütz; der andere soll die Versuchsergebnisse in der Bombe für den Schuß in der Waffe verbessern.

Ableitung der Gleichungen (9) bis (11):

Zur Zeit t sei der Bruchteil y der Gesamtladung L verbrannt, dann ist, wie schon oben angedeutet,

$$p = \frac{10\,333 \cdot \mathfrak{v}_0 \cdot L \cdot y \cdot T_0}{273 \cdot \left[V_0 - \alpha L y - \frac{L}{s}(1-y)\right]}.$$

Nun führt Charbonnier die Vernachlässigung ein, den (von y tatsächlich abhängigen) Wert des Klammerausdrucks im Nenner zu ersetzen durch den einfacheren Ausdruck $V_0 - \alpha L$, der von y unabhängig ist (Charbonnier begründet diese Vernachlässigung durch eine Überlegung bezüglich der Wärmeausdehnung der Pulverblättchen). So ist

$$p = \frac{10333 \cdot \mathfrak{v}_0 \cdot L \cdot y \cdot T_0}{273 \cdot (V_0 - \alpha L)} = \frac{f L y}{V_0 - \alpha L}.$$

Wenn alles Pulver verbrannt ist, also $y = 1$ geworden ist, hat bei diesem Bombenversuch der Gasdruck sein Maximum p' erreicht, d. h. es ist $p' = \frac{f L}{V_0 - \alpha L}$. Somit hat man $p = p' \cdot y$. In dieser Gleichung hängen p und y von der Zeit t ab; p' ist konstant. Daraus folgt:

$$\frac{dp}{dt} = p' \cdot \frac{dy}{dt} = p' \cdot A_1 (1 - y)^{\beta} \cdot p^k = A_1 \cdot p' \left(1 - \frac{p}{p'}\right)^{\beta} \cdot p^k.$$

Zur Bestimmung des Wendepunkts ist die zweite Ableitung zu bilden und der Null gleich zu setzen. Dies gibt, da in dem Wendepunkt $p = p_i$ ist,

$$0 = -\beta \cdot (p' - p_i)^{\beta - 1} \cdot p_i^k + (p' - p_i)^{\beta} \cdot k \cdot p_i^{k-1}$$

oder Gleichung (9). Damit wird

$$\left(\frac{dp}{dt}\right)_i = A_1 \cdot p' \left(1 - \frac{p_i}{p'}\right)^{\beta} \cdot p_i^k$$

oder wegen (9)

$$\left(\frac{dp}{dt}\right)_i = A_1 \cdot p'^{\,1+k} \cdot \frac{k^k \cdot \beta^{\beta}}{(k+\beta)^{k+\beta}},$$

wie in (10).

Hieraus folgt (11) unmittelbar. Damit sind die Gleichungen (9) bis (11) abgeleitet.

2. F. Krupp (O. Schmitz) ging sodann 1913, s. Lit.-Note, noch einen Schritt weiter als Charbonnier. Er macht sich frei von der Voraussetzung Charbonniers, daß die Funktion $\varphi(y)$ notwendig entweder die Form $(1 - y)^{\beta}$ oder die Form y^{β_1} haben müsse. Diese Formen hatte, wie oben erwähnt, Charbonnier aus den geometrischen Entwicklungen des früheren Verbrennungsgesetzes übernommen. Krupp-Schmitz dagegen setzt lediglich voraus, daß die kubische Verbrennungsgeschwindigkeit $\frac{dy}{dt}$ des Pulvers (y dabei der bis zur Zeit t verbrannte Bruchteil der ursprünglichen Ladung) von dem jeweiligen Gasdruck p und von y abhänge; und da zahlreiche Versuche von Krupp ergeben hatten, daß für die modernen kolloidalen Pulversorten mit großer Annäherung der Exponent $k = 1$ gesetzt werden könne, so nimmt Krupp-Schmitz die Verbrennungsgeschwindigkeit gleich dem Produkt aus einer Funktion $\varphi(y)$ und der ersten Potenz des Drucks,

$$\frac{dy}{dt} = \varphi(y) \cdot p. \tag{12}$$

Die Funktion $\varphi(y)$ oder vielmehr $\int_0^y \frac{dy}{\varphi(y)}$ wird von Krupp-Schmitz für das betreffende Pulver rein empirisch durch sehr vervollkommnete Bombenversuche ermittelt. Aus diesem Grund kann die Charbonniersche Konstante A_1 entbehrt werden, indem sie in $\varphi(y)$ subsummiert gedacht wird. Krupp-Schmitz weist nach (s. Lit.-Note), daß bei seiner Art der Druckregistrierung in der Bombe eine direkte Übertragung der Verbrennungsfunktion $\varphi(y)$ von der Bombe auf das Geschütz zulässig ist. Die empirische Bestimmung von $\varphi(y)$ vollzieht sich nämlich folgendermaßen: F. Krupp (O. Schmitz) benutzt für Geschützpulver eine große Versuchsbombe von 3,35 lit Inhalt, in welcher die Ladung von L kg hinsichtlich der Abmessungen des Korns und hinsichtlich der Laborierung in ähnlicher Weise, wie dies im Geschütz selbst geschehen soll, gelagert und verbrannt werden kann. Mittels Stempel und Druckfeder wird in ca. 100facher Vergrößerung der Druck p in der Bombe als Funktion der Zeit registriert

$$p = f(t). \tag{13}$$

Es ist nun, wenn V_b (m^3) das Volumen der Bombe bedeutet, ferner f die spez. Kraft des Pulvers, d. h. eine Abkürzung für den Ausdruck $10333 \cdot \mathfrak{v}_0 \cdot \frac{T_0}{273}$, $\mathfrak{v}_0$ das spez. Volumen des Pulvers in m^3/kg, T_0 die absolute Verbrennungstemperatur, y den bis zur Zeit t in der Bombe verbrannten Bruchteil der Gesamtladung L kg vom spez. Gewicht s (kg/m^3), und wenn der jeweilige Gasdruck p in kg/m^2 gemessen wird,

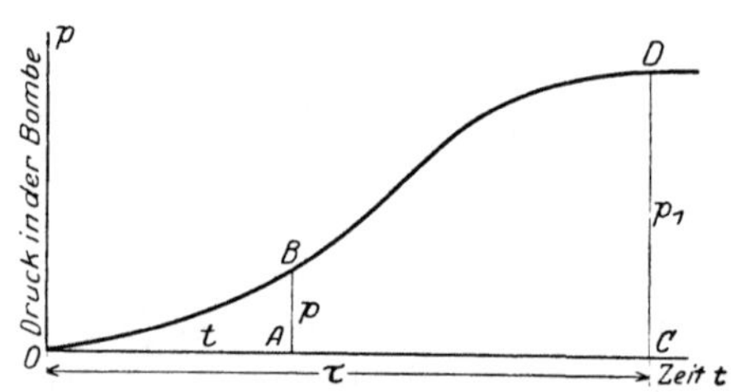

Abb. 11a.

$$p = \frac{f L y}{V_b - \alpha L y - \frac{L}{s}(1 - y)}. \tag{14}$$

Man kennt somit zu jeder Zeit t nicht nur den Druck p in der Bombe (aus der Registrierung, Gleichung $p = f(t)$), sondern auch den Bruchteil y der verbrannten Ladung.

Integriert man mit Hilfe des Integraphen von Abdank-Abakanowitz die Kurvenfläche $p = f(t)$, vgl. Abb. 11a, bis zu irgend einer Zeit t, so hat man $\int_{t=0}^{t=t} p \cdot dt$, und da zu jeder Zeit t wegen (13) und (14) auch y bekannt ist, so ist damit

$$\int_{y=0}^{y=y} p \cdot dt = \int_0^y \frac{dy}{\varphi(y)} \tag{15}$$

als die variable Kurvenfläche OAB gegeben, die in Funktion von t oder y ausgewertet wird.

Nunmehr ist man imstande, die am Schluß von § 17 erwähnte Aufgabe mit Hilfe von Bombenversuchen zu lösen, nämlich anzugeben, welcher Bruchteil y der Ladung nach irgend einer Zeit t beim Schuß in der Waffe verbrannt sein wird, speziell welches die gesamte Verbrennungsdauer des Pulvers ist und ob bei dem Austritt des Geschosses aus der Mündung der projektierten Waffe die Pulverladung ihre richtige Ausnutzung gefunden haben wird oder nicht. Wie dies geschehen kann, ist in § 36 bis 38 des näheren ausgeführt.

1907 versuchte C. Cranz (vgl. Lit.-Note) eine Berechnung der gesamten Verbrennungsdauer τ' beim Schuß aus der Waffe auf Grund der Konstanz des Zeitintegrals $\int p^k \cdot dt$ zu gewinnen: Es war oben ausgeführt worden, daß aus der Annahme des Piobertschen Gesetzes vom Abbrennen der Pulverkörner in parallelen Schichten folgt

$$\frac{de}{dt} = \frac{a}{2 \cdot \tau_0} \left(\frac{p}{p_0}\right)^k, \quad \text{woraus} \quad e = \frac{a}{2 \cdot \tau_0 \cdot p_0{}^k} \cdot \int_0^t p^k \cdot dt .$$

Wenn die abgebrannte Schichtendicke e gleich der halben kleinsten Dimension des parallelepipedischen Pulverkorns geworden ist, $e = \frac{a}{2}$, so ist t gleich der Verbrennungsdauer τ des Pulvers, also

$$1 = \frac{1}{\tau_0 \cdot p_0{}^k} \cdot \int_0^\tau p^k \cdot dt .$$

Da nun τ_0, p_0 und k Konstante sind, so ist folglich für dieselbe Pulversorte $\int_0^\tau p^k \cdot dt$ konstant, unabhängig von dem Verlauf von p, also gleich groß für die Verbrennung des Pulvers in der Bombe und in der Waffe. Es wurde nun für ein Gewehrpulver der Druck in der Versuchsbombe zeitlich registiert, der Druck zur Zeit t sei p. Die Zeit bis zum Ende der Verbrennung in der Bombe sei mit τ bezeichnet (in Abb. 11a ist $\tau = OC$). Andererseits wurde aus Rücklaufmesserversuchen, unter Berücksichtigung der Widerstände, der zeitliche Gasdruckverlauf in einem Gewehr gewonnen; hier sei der Druck zur Zeit t mit p' bezeichnet, und die Zeit bis zum Ende der Pulverbrennung im Gewehr mit τ', so besteht Gleichheit zwischen den Zeitintegralen

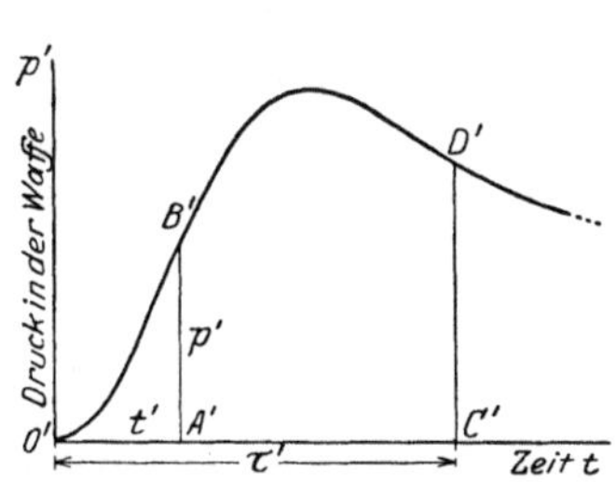

Abb. 11b.

$$\int_0^\tau p^k \cdot dt = \int_0^{\tau'} p'^k \cdot dt . \tag{16}$$

In den Abb. 11a und 11b bedeutet dies, daß die Kurvenflächen OCD und $O'C'D'$ gleich sind, falls $k = 1$ ist; übrigens wurde damals, nach dem Vorgang von Gossot-Liouville, $k = 0{,}66$ gewählt. Zunächst wurde das Integral auf der linken Seite berechnet, indem die Kurve $p^{0,66}$ gezeichnet und mit dem Integraphen bis zur Maximalordinate befahren wurde. Sodann wurde für den Schuß aus dem Gewehr die Kurve $p'^{0,66}$ gezeichnet und mit dem Integraphen so weit befahren, bis das Integral auf der rechten Seite gleich dem auf der linken wurde. Bei dem betreffenden Zahlenbeispiel fand sich so eine Verbrennungsdauer τ' beim Schuß aus dem Gewehr: $\tau' = 0{,}00127$ sec (während mit Hilfe des Funkenchronographen und mit sukzessivem Abschneiden des Laufs $\tau' = 0{,}00185$ sec erhalten worden war).

Diese damalige Ermittlung der totalen Verbrennungsdauer τ' beim Schuß konnte nicht befriedigen, da die Registrierung des Drucks p in der Bombe noch nach dem Vielleschen Verfahren erfolgte und da die Gültigkeit des Gesetzes von einem Abbrennen der Pulverkörner in parallelen Schichten angezweifelt werden mußte.

Völlig unabhängig hiervon und ohne Zugrundelegung der Piobertschen Hypothese hat nun, wie erwähnt, F. Krupp (O. Schmitz) 1913 die Konstanz des Zeitintegrals der Gasdrücke $\int p \cdot dt$ (also für $k = 1$) nachgewiesen; er hat diesen Nachweis durch seine rationelleren Bomben-Registrierungen und durch so zahlreiche Messungen geführt, daß man, wenigstens bezüglich der neueren Pulversorten, von einem empirischen Gesetz wird sprechen dürfen, wie Krupp-Schmitz dies tut. Da Krupp-Schmitz außerdem als erster dieses Zeitintegral benutzt hat, um das Hauptproblem der inneren Ballistik auf Grund von Bombenversuchen einer befriedigenden Lösung näher zu führen, so möchten wir vorschlagen, jene Tatsache kurz als das Krupp-Schmitzsche Gesetz zu bezeichnen. Dieses lautet also:

Das Zeitintegral $\int p \cdot dt$, genommen bis zu irgendeiner Zeit t, in dem der bestimmte Bruchteil y der Ladung verbrannt ist, hat für dieselbe Pulversorte einen konstanten Wert, der unabhängig ist vom Verlauf des Gasdrucks und mit dem Wert von y sich bestimmt.

Das neue Verbrennungsgesetz $\frac{dy}{dt} = A_1 \cdot \varphi(y) \cdot p$ oder, wenn die Charbonniersche Charakteristik A_1 des betreffenden Pulvers in der Funktion $\varphi(y)$ enthalten gedacht wird, indem diese Funktion nicht mehr notwendig das Verhältnis der Oberflächen darstellt, sondern empirisch erhalten wird, einfacher

$$\frac{dy}{dt} = \varphi(y) \cdot p \quad \text{(s. o. Gleichung (12))},$$

ist in den letzten Jahren von Létang und von Schweickert (s. Lit.-Note) auch theoretisch, nämlich mit Hilfe der kinetischen Gastheorie abgeleitet worden. Die sicherste Ableitung scheint uns jedoch diejenige zu sein, die sich direkt auf die Kruppschen Versuche stützt: Wir nehmen an, daß die kubische Verbrennungsgeschwindigkeit $\frac{dy}{dt}$ proportional ist der ersten Potenz des jeweiligen Gasdrucks p, $\frac{dy}{dt} = \varphi \cdot p$; dabei ist der Proportionalitätsfaktor φ abhängig von der Pulversorte. Um jedoch auch die eventuelle Änderung von f, α und $\mathfrak{v}_0$ einzubeziehen, nehmen wir allgemeiner den Faktor φ als eine Funktion von y und damit von t. Da nun y das Verhältnis zwischen dem bis zur Zeit t verbrannten Ladungsteil und zwischen der ursprünglichen Ladung bedeutet, so ist bei der Zündung $y = 0$ und am Ende der Verbrennung $y = 1$. Die Gesamtverbrennungszeit sei τ, so folgt

$$\int_{t=0}^{t=\tau} p \cdot dt = \int_{y=0}^{y=1} \frac{dy}{\varphi(y)}.$$

In dieser Gleichung hat man rechts eine Konstante, also muß auch $\int_0^\tau p \cdot dt$ für dieselbe Pulversorte eine Konstante sein, unabhängig von der Ladedichte und damit vom Druckverlauf. Oder umgekehrt können wir annehmen, daß der bis zur Zeit t verbrannte Bruchteil y der Ladung insofern vom Druck abhängt, als y allein eine Funktion des Zeitintegrals des Drucks oder eine Funktion der bis dahin reichenden Kurvenfläche sei,

$$y = F\left(\int_0^t p \cdot dt\right).$$

Hieraus folgt durch Ableitung nach t: $\frac{dy}{dt} = F' \cdot p$. Dabei ist F' eine Funktion von t und damit von y. Bezeichnen wir diese Funktion mit $\varphi(y)$, so hat man wieder $\frac{dy}{dt} = \varphi(y) \cdot p$.

Wir haben die Richtigkeit dieser Schlußfolgerungen an mehreren Kruppschen Originalkurven geprüft. Davon seien 8 Registrierungen angeführt. Die ersten drei beziehen sich auf dieselbe Pulversorte S.D. und dieselbe Registrierbombe vom Inhalt 3,450 dm³, aber auf sehr verschiedene Ladedichten, nämlich auf die Ladungen 0,8 kg, 0,7 kg, 0,4 kg, je plus 3 g Schwarzpulver. Die Abszissen waren die Wege des Trommelumfangs (die Umfangsgeschwindigkeiten dabei verschieden, aber bekannt, nämlich bzw. 12; 11; 5 m/sec); die Ordinaten waren die zugehörigen Wege des Lichtpunkts bei der optisch-photographischen Registrierung, wobei jedesmal an 4 Stellen des Umfangs zum Zweck der Eichung für 4 bis 5 verschiedene Drücke die zugehörigen verschiedenen Ausschläge des Lichtpunkts photographisch markiert waren. Die Ausmessung der Kurven mittels des Mikroskopes und ihre Planimetrierung mit dem Polarplanimeter erfolgte im ballistischen Laboratorium. Die wahren Endpunkte der Verbrennung sind nicht mit Sicherheit anzugeben, die Genauigkeit der Schätzung ihrer Lage betrug etwa $\pm$ 1, bzw. $\pm$ 0,4, bzw. $\pm$ 0,4 sec $\cdot 10^{-3}$. Deshalb wurde als ideeller Endpunkt jedesmal derjenige Punkt genommen, der sich aus dem allerletzten Teil der Kurve ergibt, wenn man die Kurve im bisherigen Sinn ihres Verlaufs bis zu den Horizontalen des Druckmaximums fortsetzt. Auch die Anfangspunkte der Verbrennung waren nur bis auf $\pm$ 1,5, bzw. $\pm$ 1,5, bzw. 2,0 sec $\cdot 10^{-3}$ anzugeben, aber für das Resultat der Planimetrierung kommt die Ungenauigkeit der Anfangspunkte nicht in Betracht, da die Kurven mit horizontaler Tangente abgehen. Die Flächen unter den Druckkurven ergaben sich so bei den Ladungen 0,8 bzw. 0,7 bzw. 0,4 kg zu 45,4 bzw. 41,0 bzw. 19,1 cm²; und bezogen auf die gleiche Geschwindigkeit des Trommelumfangs (diejenige mit der Ladung 0,8 kg) zu 45,4 bzw. 45,6 bzw. 45,8 cm². Dies bedeutet eine *sehr befriedigende Übereinstimmung zwischen dem Versuch und der Folgerung aus dem Verbrennungsgesetz.* Im Mittel hat man für diese Pulversorte S.D. als Wert von $\int_0^\tau p \cdot dt$ 45,6 cm² auf dem Papier $= 15{,}8$ kg/cm² · sec.

Die Einzelwerte bei diesen 3 Messungen sind die folgenden:

1. für die Ladung 0,8 kg

$t =$	0	0,8	2,5	4,1	5,8	7,5	9,2	10,8	12,5	14,2	15,8	17,5	sec $\cdot 10^{-3}$
$p =$	0	4	12	33	90	159	240	326	440	580	769	1030	kg/cm²

$t =$	19,16	20,83	22.50	23,25	sec $\cdot 10^{-3}$
$p =$	1380	1860	2580	3010	kg/cm²

2. für die Ladung 0,7 kg

$t =$	0	0,9	2,7	4,6	6,4	8,2	10,0	11,5	13,6	15,5	17,3	19,1	sec $\cdot 10^{-3}$
$p =$	0	4	8	16	36	77	137	202	274	363	481	620	kg/cm²

$t =$	20,9	22,73	24,55	26,36	28,18	28,61	sec $\cdot 10^{-3}$
$p =$	801	1040	1345	1770	2360	2510	kg/cm²

3. für die Ladung 0,4 kg

$t =$	0	2	6	10	14	18	22	26	30	34	38	42	46	50	52,6	sec $\cdot 10^{-3}$
$p =$	0	2	4	8	20	45	89	146	223	321	435	587	792	1063	1280	kg/cm²

Die letzten Zahlen für p bedeuten dabei die Maximaldrücke (3010, bzw. 2510, bzw. 1280 kg/cm²), und die letzten Zahlen für t (also 23,25, bzw. 28,61, bzw. 52,6 Tausendstel Sekunden), bedeuten die totalen Verbrennungsdauern.

Für das verwendete Röhren-Pulver S. D. (langgeschnitten) ist etwa: „Kraft“ f (in kg/cm² · lit/kg) $= 9000$; Kovolumen α (in lit/kg) $= 1{,}0$; spezifisches Gewicht des Korns s (in kg/lit) $= 1{,}64$.

Fünf weitere Kruppsche Druckregistrierungen mit S. D.-Pulver (kurzgeschnitten, etwa 110 mm lang) bezogen sich auf 0,400 kg; 0,600 kg; 0,700; 0,750; 0,800 kg Ladung mit je 3 g Schwarzpulver. Die Abszissen-Zentimeter multipliziert mit bzw. 1,000; 1,000; 1,000; 1,000; 0,833 sec·10^{-3}/cm ergaben die Zeiten t; die Ordinatenwerte (mm) multipliziert mit bzw. 41,8; 41,8; 42,2; 42,2; 41,8 kg·cm^{-2}/mm ergaben die Drücke p:

4. Ladung 0,400 kg; Laderaum 3,240 dm^3, Ladedichte 0,123$_3$ kg·dm^{-3}

$t =$	0	2,00	4,00	6,00	8,00	10.0	12,0	14,0	16,0	18,0	sec·10^{-3}
$p =$	0	4	25	50	79	121	159	201	246	297	kg/cm^2
$\int p\cdot dt =$	0	0,02	0,06	0,13	0,22	0,42	0,68	1,06	1,49	2,05	kg·cm^{-2}·sec

$t =$	20,0	22,0	24,0	26,0	28,0	30,0	32,0	34,0	36,0	sec·10^{-3}
$p =$	360	431	507	602	710	836	1000	1180	1380	kg/cm^2
$\int p\cdot dt =$	2,70	3,49	4,40	5,56	6,90	8,47	10,35	12,45	15,00	kg·cm^{-2}·sec

5. Ladung 0,600 kg; Laderaum 3,240 dm^3, Ladedichte 0,185 kg·dm^{-3}

$t =$	0	2,00	4,00	6,00	8,00	10,0	12,0	14,0	16,0	18,0	sec·10^{-3}
$p =$	0	4	13	29	54	109	172	246	330	427	kg/cm^2
$\int p\cdot dt =$	0	0,02	0,06	0,12	0,21	0,37	0,60	0,99	1,57	2,30	kg·cm^{-2}·sec

$t =$	20,0	22,0	24,0	26,0	28,0	30,0	sec·10^{-3}
$p =$	557	720	945	1235	1630	2230	kg/cm^2
$\int p\cdot dt =$	3,26	4,52	6,17	8,28	11,18	15,00	kg·cm^{-2}·sec

6. Ladung 0,700 kg; Laderaum 3,230 dm^3, Ladedichte 0,216$_5$ kg·dm^3

$t =$	0	2,00	4,00	6,00	8,00	10,0	12,0	14,0	16,0	18,0	sec·10^{-3}
$p =$	0	8	38	101	169	257	375	513	705	970	kg·cm^{-2}
$\int p\cdot dt =$	0	0,02	0,06	0,15	0,41	0,84	1,49	2,36	3,54	5,20	kg·cm^{-2}·sec

$t =$	20,0	22,0	24,0	sec·10^{-3}
$p =$	1340	1880	2740	kg·cm^{-2}
$\int p\cdot dt =$	7,52	10,72	15,25	kg·cm^{-2}·sec

7. Ladung 0,750 kg; Laderaum 3,230 dm^3, Ladedichte 0,232 kg·dm^{-3}

$t =$	0	2,00	4,00	6,00	8,00	10,0	12,0	14,0	16,0	sec·10^{-3}
$p =$	0	13	72	144	240	350	502	691	980	kg·cm^{-2}
$\int p\cdot dt =$	0	0,02	0,10	0,29	0,74	1,33	2,14	3,35	5,03	kg·cm^{-2}·sec

$t =$	18,0	20,0	22,0	sec·10^{-3}
$p =$	1380	1980	2960	kg·cm^{-2}
$\int p\cdot dt =$	7,40	10,70	15,55	kg·cm^{-2}·sec

8. Ladung 0,800 kg; Laderaum 3,450 dm^3, Ladedichte 0,238 kg·dm^{-3}

$t =$	0	1,67	3,34	5,00	6,67	8,34	10,00	11,67	13,33	sec·10^{-3}
$p =$	0	4	13	28	59	117	196	280	376	kg·cm^{-2}
$\int p\cdot dt =$	0	0,00	0,02	0,05	0,09	0,23	0,49	0,87	1,42	kg·cm^{-2}·sec

$t =$	15,0	16,67	18,33	20,0	21,67	23,33	25,00	sec·10^{-3}
$p =$	502	665	879	1170	1575	2140	2960	kg·cm^{-2}
$\int p\cdot dt =$	2,19	3,15	4,45	6,17	8,28	11,40	15,65	kg·cm^{-2}·sec

Darnach sind die Werte des Zeitintegrals der Drücke bis zum Erreichen des Druckmaximums in den Fällen 4 bis 8 bzw.

$$\int p\cdot dt = 15{,}00;\ 15{,}00;\ 15{,}25;\ 15{,}55;\ 15{,}65.$$

Sie sind also zwar nicht völlig unabhängig von der Ladedichte, sondern sie steigen hier mit der Ladedichte etwas an. Aber die Unterschiede sind nicht groß; die größte Differenz gegenüber dem Mittelwert beträg bei diesen 5 Messungen etwas weniger als 2,5 % des Mittelwertes. Um zu prüfen, ob vielleicht das von einigen Ballistikern benützte Verbrennungsgesetz

$$\frac{dy}{dt} = \psi(y) \cdot p^{\frac{2}{3}}.$$

genauer zutrifft, haben wır zu diesen 5 Messungen Nr. 4 bis 8 auch die Werte $\int p^{\frac{2}{3}} \cdot dt$ (die Integrale wieder erstreckt bis zur Erreichung des Druckmaximums) mit dem Planimeter ausgewertet. Es fand sich $\int p^{\frac{2}{3}} \cdot dt$ bzw. = 18,03; 16,38; 15,42; 15,25; 15,52 $(kg/cm^2)^{\frac{2}{3}} \cdot sec$; das Mittel ist 16,12, der größte Unterschied dem gegenüber ist 1,91 oder 11,8 % des Mittels.

Ein erheblicher Teil der Schwankungen rührt möglicherweise her von der Reibung des Stempels, auf den bei der Registrierung die kräftige Feder etwas einseitig gedrückt hat. Jedenfalls darf aus diesen 8 Registrierungen geschlossen werden, daß für das verwendete Pulver das Verbrennungsgesetz von Charbonnier, Gleichung (7) mit $k = 1$,

$$\frac{dy}{dt} = \varphi(y) \cdot p$$

als ausreichend genau betrachtet werden kann.

Betreffs der obigen Druck-Registrierungen (Nr. 1 bis 8), hat neuerdings O. Poppenberg (s. Lit.-Note) die nachstehenden Untersuchungen angestellt, die sich auf die analytische Darstellung und die Verwendung von solchen mit der Versuchsbombe gewonnenen Registrierungen beziehen, und H. Muraour (s. Lit.-Note) ist auf Grund von ähnlichen Erwägungen zu dem gleichen Resultat gelangt:

Die Auswertungen der angeführten Druck-Zeit-Kurven und einiger weiterer mittels der Kruppschen Einrichtung aufgenommener Kurven lassen ein einfaches Näherungsgesetz der Druckzunahme in Funktion der Zeit erkennen. Läßt man den ersten Teil der Kurven, etwa bis 300 kg/cm², außer Betracht, so können die Kurven durch die Formel

$$p = k \cdot e^{a \cdot t} \tag{a}$$

dargestellt werden. Dabei ist k der Wert von p für $t = 0$, also z. B. $k = 300$. Die Wahl dieses Faktors k ergibt sich aus der Tatsache, daß anfangs die Verbrennung unregelmäßig verläuft. Beweisend hierfür sind die unter Versuchsnummer 7 und 8 angeführten Ergebnisse; bei 8 steigt die Kurve trotz höherer Ladedichte zunächst langsamer an, was sich nur durch die verschiedene Wirkung der Zündung und damit der anfänglichen Pulververbrennung erklären läßt; ob noch andere Umstände die Wahl des Faktors k in der Gleichung begründen, soll nicht untersucht werden. Die angeführte Formel deckt sich mit den praktisch ermittelten Werten des Drucks fast vollkommen von 300 oder 400 kg/cm² an bis kurz vor dem Maximaldruck, so daß sie mehr leistet, als man von einer Näherungsformel erwarten kann. Der tiefere Grund dürfte darin zu suchen sein, daß die Exponentialkurve $p = k \cdot e^{at}$ auch auf anderen Gebieten als das Gesetz des organischen Wachsens sich erwiesen hat (darüber vergleiche man z. B. Scheffers, G.: Lehrbuch der Mathematik, 6. Aufl., S. 310, Berlin 1925). Speziell hier, bei Explosionen im geschlossenen Raum, läßt sich dieses Gesetz von der natürlichen Kumulierung wie folgt ausdrücken: Die Steigerung des Gasdrucks p mit der Zeit t ist in jedem Moment proportional der Höhe p des Drucks, die bis dahin schon erreicht ist. Danach ist

$$\frac{dp}{dt} = a \cdot p \tag{b}$$

durch Integration dieser einfachen Differentialgleichung erhält man $p = k \cdot e^{at}$, wobei k die willkürliche Integrationskonstante darstellt. Für die angeführten Untersuchungsergebnisse sind die Werte von a die nachstehenden $\left(\text{in } \frac{1}{\sec \cdot 10^{-3}}\right)$:

für Versuch Nr. 1: $a = 0{,}1763$	für Versuch Nr. 5: $a = 0{,}1345_4$
„ „ „ 2: $a = 0{,}1470$	„ „ „ 6: $a = 0{,}1623_8$
„ „ „ 3: $a = 0{,}0748$	„ „ „ 7: $a = 0{,}1740$
„ „ „ 4: $a = 0{,}0846$	„ „ „ 8: $a = 0{,}1750$

Der experimentelle Befund der ungefähren Gleichheit der Flächen der Druck-Zeit-Kurven beim Schießen mit verschiedener Ladedichte derselben Pulversorte ergibt sich auch aus der angeführten Näherungsgleichung $p = k \cdot e^{at}$. Hier bedeutet p den variablen Gasdruck in kg/cm²; der Exponent a ist für einen variablen Kurvenpunkt geometrisch einfach die reziproke Subtangente (welch letztere bekanntlich bei der Exponentialkurve konstante Größe hat); t ist die variable Verbrennungszeit in $\sec \cdot 10^{-3}$, gerechnet von dem Kernpunkt ab, in welchem $p = k$, z. B. $p = 300$ kg/cm² ist; speziell diese Zeit von $p = k$ ab bis zum Maximaldruck p_1 sei mit τ bezeichnet, so daß $p_1 = k \cdot e^{a \cdot \tau}$ ist. Alsdann ist die zwischen der Kurve und der Abszissenachse der Zeiten t liegende Fläche (in $\text{kg/cm}^2 \cdot \sec \cdot 10^{-3}$), von dem Punkt mit $p = k$ bis zum Punkt des Maximaldrucks $p = p_1$, oder die Fläche von $t = 0$ bis $t = \tau$, gegeben durch

$$\int_0^\tau p \cdot dt = \frac{k}{a} \cdot \left[e^{at}\right]_{t=0}^{t=\tau} = \frac{k \cdot e^{a\tau} - k}{a} = \frac{p_1}{a} - \frac{k}{a}. \tag{c}$$

Und die ganze Kurvenfläche, vom Beginn der Zündung ab bis zum Erreichen des Maximaldrucks p_1, kann, da die Druck-Zeit-Kurve anfangs auf eine längere Strecke hin fast mit der Abszissenachse zusammenfällt und sich von dieser relativ langsam abhebt, näherungsweise der ganzen Fläche der Exponentialkurve gleichgesetzt werden; denn diese steigt für negative Werte t asymptotisch von der Abszissenachse auf. Dann hat man

$$\int_{-\infty}^\tau p \cdot dt = \frac{k}{a} \cdot \left(e^{a\tau} - e^{-a \cdot \infty}\right) = \frac{k}{a} \cdot e^{a\tau} = \frac{p_1}{a}. \tag{d}$$

Diese Größe $\frac{p_1}{a}$ stellt dann für ein bestimmtes Pulver eine charakteristische Konstante dar; sie ist geometrisch das Rechteck aus der Ordinate p_1 des Maximaldrucks und der Subtangente $\frac{1}{a}$.

Bei den bisher vorliegenden Untersuchungsergebnissen scheint der Quotient $\frac{p_1}{a}$ in der Tat konstant zu sein; er ist bei den obigen Kurven 1 bis 3 bzw. 17100; 17100; 17800, im Mittel also 17300 ($\text{kg/cm}^2 \cdot \sec \cdot 10^{-3}$) oder 17,3 (kg/cm²·sec); und bei den übrigen 5 Kurven (Nr. 5 bis 8) liegt der Wert zwischen 16300 und 17200. Also auch bei diesen letzteren zeigte sich die ungefähre Konstanz (ebenso bei den weiteren Untersuchungen), obwohl bei den Versuchen Nr. 5

bis 8 das Volumen der Bombe durch Einlagerung von Druckmeßeinrichtungen beeinflußt war.

Die annähernde Konstanz des Quotienten aus dem Maximaldruck p_1 und dem Exponenten a bietet ein einfaches Mittel, um aus der Beobachtung bei einer bestimmten Ladedichte das Verhalten desselben Pulvers bei einer beliebigen anderen Ladedichte abzuleiten: Durch einen Versuch sei für eine bestimmte Druck-Zeit-Kurve der Exponent a ermittelt worden. Dann gibt $\frac{p_1}{a}$ die für die übrigen Berechnungen notwendige Konstante. Z. B. soll aus der ersten Kurve eine zweite Kurve abgeleitet werden, bei welcher der Maximaldruck 2510 kg/cm² ist; der Wert von a ergibt sich für diese zweite Kurve zu $\frac{2510}{17300}$ oder 0,145; will man eine dritte Kurve berechnen, mit $p_1 = 1280$ kg/cm², so hat man zu nehmen $a = \frac{1280}{17300} = 0{,}074$ usw. Die so errechneten a-Werte stimmen mit den praktisch ermittelten a-Werten über Erwarten gut überein. Die für den zu erreichenden Maximaldruck notwendige Pulvermenge gibt die Abelsche Gleichung. Und die Verbrennungszeit ergibt sich aus $\text{lognat}\, p = \text{lognat}\, k + a \cdot t$. Z. B. welche Verbrennungszeit gehört zu dem Druck 1380 bei Kurve Nr. 1? Für k sei 240 gewählt, wozu $t = 9{,}2$ sec $\cdot 10^{-3}$ gehört. Für $p = 1380$ erhält man aus der angegebenen Gleichung den Wert $t = 9{,}9 \cdot$ sec $\cdot 10^{-3}$; also vom Moment der Zündung ab $t = 9{,}9 + 9{,}2$ oder 19,1 (sec $\cdot 10^{-3}$); die obige Tabelle Nr. 1 (für die Ladung 0,8 kg) gibt für den Druck $p = 1380$ kg/cm² die Zeit $t = 19{,}16$ (sec $\cdot 10^{-3}$), also fast genau dasselbe.

Strenggenommen muß übrigens bei der Verbrennung des Röhrenpulvers nicht nur die Oberfläche sich etwas ändern, sondern auch der Einfluß des Kovolumens mit der Verbrennung des Pulvers wachsen. Der Exponent a kann also nicht völlig konstant sein; die benützten Werte a stellen daher Mittelwerte dar. Der Exponent a ist der Vermehrungsfaktor und muß sich zusammensetzen aus dem spezifischen Verbrennungsfaktor b des betr. Pulvers, ferner aus der Reaktionsfläche, d. h. der jeweiligen Oberfläche O des Pulvers, und aus einer Funktion $f(\alpha)$ des Kovolumens α, so daß zu setzen ist

$$a = b \cdot O \cdot f(\alpha). \qquad \text{(e)}$$

Diese Annahme soll zunächst bezüglich des Einflusses der Oberfläche geprüft werden: Zu diesem Zweck wurden in der Bombe zwei Pulver in gleicher Menge verschossen, wobei in chemischer Hinsicht die Masse die gleiche war, aber die Oberflächen sich wie 1 : 2 verhielten. Bei diesem Doppelversuch war also konstant b und $f(\alpha)$, variabel nur O.

a) 0,700 kg Pulver; äußerer Durchmesser 4,9 mm, innerer Durchmesser 2,9 mm; Länge 110 mm.

für $t = 0$	1	2	3	4	5	7	8	9	9,5	sec $\cdot 10^{-3}$
fand sich $p = 0$	106,4	262	402,7	596,7	1204	1719	2400	2566	2581	kg/cm²

Fläche der Kurve 67,8 (in den Einheiten des gezeichneten Diagramms); Verbrennungsdauer (von $p = 200$ kg/cm² ab bis zum Maximaldruck 2581 kg/cm²) gleich 7,05 (sec $\cdot 10^{-3}$).

b) 0,7 kg Pulver; äußerer bzw. innerer Durchmesser 8,7 bzw. 4,7 mm; Länge 110 mm.

für $t = 1$	3	5	7	9	11	13	15	17	19	21	sec $\cdot 10^{-3}$
fand sich $p = 7{,}4$	71,33	152	247,9	360,5	514,8	727	1008	1406	2025	2509	kg/cm²

Fläche der Kurve (in den gleichen Einheiten wie bei a)) 137,4; Verbrennungsdauer von $p = 200$ kg/cm² ab bis zum Maximaldruck gleich 14,2 sec $\cdot 10^{-3}$.

Wird also die Reaktionsfläche O zweimal so groß, so wird die Verbrennungsdauer halb so groß, ebenso die Fläche unter der Druck-Zeit-Kurve.

Die Veränderung der Oberfläche während der Verbrennung läßt sich beim Röhrenpulver angenähert durch die Formel ermitteln

$$\frac{O_1}{O} = 1 - \frac{(2y+1)(r-\varrho)}{l+2(r-\varrho)}; \tag{f}$$

darin bedeutet O die ursprüngliche Oberfläche; O_1 die variable Oberfläche, die vorhanden ist, wenn der Bruchteil y der Pulverladung verbrannt ist; r der äußere und ϱ der innere Durchmesser des Röhrenpulvers; l die Länge; r, ϱ und l in derselben Maßeinheit.

Der Einfluß des Kovolumens auf den Exponenten a kann durch die Abel-sche Gleichung ermittelt werden, welche zweckmäßig durch eine Exponentialgleichung ersetzt wird:

$$p = k_1 \cdot \frac{y}{0,1} \cdot e^{c\left(\frac{y}{0,1}-1\right)}; \tag{g}$$

dabei ist k_1 der Wert des Drucks p für $y = 0,1$. So ist die Möglichkeit gegeben, für die verschiedenen Ladedichten den jeweiligen Einfluß des Kovolumens zu berechnen; der Exponent dieser letzteren Gleichung (g) ist dann gleich dem Wert von $f(\alpha)$. Die auf diesem Wege durchgeführten Berechnungen decken sich mit den nach der Näherungsgleichung (a) erhaltenen Werten, welch letztere Gleichung aber den Vorteil wesentlich größerer Einfachheit besitzt. Der Exponent der Näherungsgleichung (a), also das Produkt $a = b \cdot O \cdot f(\alpha)$, stellt in gewisser Hinsicht einen Ausdruck für die Brisanz eines Pulvers dar; dabei bezieht sich bei einem Pulver der Begriff „Brisanz" auf die Geschwindigkeit der Verbrennung und nicht wie bei Sprengstoffen auf die Geschwindigkeit der Stoßwelle.

Bei allen solchen Druckregistrierungen in der Versuchsbombe nimmt man wahr, daß der Gasdruck nach Erreichung eines Maximums infolge des Wärmeübergangs auf die Bombenwandung mehr oder weniger rasch bis zu einem bestimmten Betrag abfällt. Der Druckabfall erfolgt aber schon bis zum Ansteigen des Drucks auf das gemessene Druckmaximum. Dieses letztere ist also zu klein. Es fragt sich, welche Korrektion an dem gemessenen Druckmaximum anzubringen ist, wie groß somit das wahre Druckmaximum ist. Mit dem Druckverlust durch die Abkühlung an der Bombenwand hat sich 1925 H. Muraour am eingehendsten beschäftigt (s. Lit.-Note). Hier sollen nur einige der Hauptresultate seiner Untersuchung erwähnt werden: Bei demselben Pulver ist die Anzahl der Kalorien, welche an die Wandung abgegeben werden, unabhängig von der Ladedichte konstant. Der Druckverlust in % ist bei derselben Versuchsbombe und bei gleicher Ladedichte um so größer, je größer die Verbrennungsdauer des Pulvers ist, und zwar gemäß der folgenden kleinen Tabelle zwischen der Verbrennungsdauer τ (in 10^{-3} sec) bei der Ladedichte 0,2 und zwischen dem prozentualen Druckverlust C:

$\tau =$	5	10	15	20	25	30	35	40	45	50	55	60	65	(10^{-3} sec)
$C =$	3,2	4,5	5,1	5,4	5,7	6,0	6,4	6,7	7,0	7,2	7,5	7,8	8,1	(%)

$\tau =$	70	80	90	100	(10^{-3} sec)
$C =$	8,4	9,0	9,7	9,8	(%)

Und wenn eine andere Versuchsbombe oder eine andere Ladedichte vorliegt, so ist der prozentuale Druckverlust proportional der Erkaltungsoberfläche und umgekehrt proportional der Ladung. So gibt Muraour die folgende Berechnungsformel: Für irgend ein bestimmtes Pulver (das durch seine Verbrennungsdauer τ bei der Ladedichte 0,2 charakterisiert ist), wird der prozentuale Druckverlust erhalten, indem man den zugehörigen Wert C der vorigen Tabelle multipliziert mit dem Bruch

$$\frac{1}{7{,}774}\cdot\frac{\text{Erkaltungsoberfläche in cm}^2}{\text{Ladungsgewicht in g}}$$

Beispiel: Innere Oberfläche der Bombe 1658,7 cm²; Volumen der Bombe 3,353 Liter; Ladung 900 g; also Ladedichte 0,268; $\frac{\text{Abkühlungsoberfläche}}{\text{Ladungsgewicht}}=\frac{1658{,}7}{900}$ $= 1{,}843$; das Pulver verbrennt bei der Ladedichte 0,2 in 30 Tausendstel Sekunden; dazu gehört nach der Tabelle der Wert $C = 6{,}0$. Also beträgt der Verlust gegenüber dem wahren Druck $\frac{1}{7{,}774}\cdot 1{,}843\cdot 6{,}0 = 1{,}422\,\%$. Der gemessene Druck ist 3450 kg/cm², also ist der korrigierte (wahre) Druck $3450\cdot\frac{100}{100-1{,}422}$ $= 3500$ kg/cm². Der Druckverlust durch Abkühlung beträgt somit $3500 - 3450$ $= 50$ kg/cm². Auch die Anzahl Kalorien Wärme, die in die Wandung übergeht, läßt sich damit erhalten. Muraour hat seine Untersuchung auch auf die Vorgänge beim Schuß aus der Waffe ausgedehnt; dies ist weiter unten in § 28 kurz erwähnt.

Zusammenfassung. Das Verfahren, um zu ermitteln, welcher Bruchteil y der ganzen Ladung L kg bis zu einem bestimmten Moment des Schusses aus einer schon vorliegenden oder erst projektierten Waffe verbrennt, speziell welches die gesamte Dauer τ der Pulververbrennung beim Schuß sein wird, ist das folgende: Man verbrennt in einer Kruppschen Bombe eine Ladung des Pulvers, die in ähnlicher Weise in der Bombe laboriert ist, wie dies für dasselbe Pulver beim Schuß aus der Waffe geschehen soll, und registriert den zeitlichen Verlauf des Gasdrucks p in der Bombe mit Hilfe von Stempel, Druckfeder und photographischer Vergrößerung. Man hat damit für jede Zeit t den Gasdruck p in der Bombe und wegen obiger Gl. (14) auch den bis dahin verbrannten Bruchteil y der Ladung. Das Druck-Zeit-Diagramm trägt man auf (Abb. 11a) und integriert die Druckkurve bis t oder, was dasselbe ist, bis y mit Hilfe des Integraphen. Andererseits ermittelt man den Verlauf des Drucks p', wie er, unter Verwendung derselben Pulversorte, bei dem Schuß aus der betreffenden Waffe sich ergibt. Dies geschieht entweder auf Grund von Rücklaufmesser-Registrierungen, mit Berücksichtigung der Widerstände des Geschosses im Rohr, oder besser durch direkte Registrierung des Druckverlaufs p' in der Waffe mittels

Stempel, Druckfeder und optischer Vergrößerung. Auch diese Drücke p', die in der Waffe herrschen, trägt man in einem Diagramm auf, mit der Zeit t als Abszisse und dem Druck p' als Ordinate. Diese Kurve p' (vgl. obige Abb. 11b) befährt man gleichfalls mit dem Integraphen, und zwar so weit, bis das Zeitintegral dieses Drucks p' gleich dem vorhin genannten Zeitintegral $\int\limits_0^y p \cdot dt$ geworden ist. (Geometrisch gesprochen, man bestimmt $O'A'$ so, daß Fläche $O'A'B'$ gleich Fläche OAB wird.) Man kennt dann für die Waffe die Zeit t, die zu y gehört; oder man hat umgekehrt für irgend eine Zeit t den Bruchteil y der verbrannten Ladung.

Speziell wenn man in der ersten Kurve $p(t)$ oder OBD, die sich auf den Versuch mit der Bombe bezieht, bis zum Ende der Verbrennung des Pulvers geht (also von $y = 0$ bis $y = 1$ oder von $t = 0$ bis $t = \tau$) und in der zweiten Kurve $p(t)$ oder $O'B'D'$ so weit, daß die betreffenden Zeitintegrale gleich werden

$$\int\limits_{y=0,\ t=0}^{y=1,\ t=\tau} p \cdot dt = \int\limits_{y=0,\ t=0}^{y=1,\ t=\tau'} p' \cdot dt, \tag{17}$$

so erhält man damit die gesamte Dauer τ' der Pulververbrennung in der Waffe. Geometrisch gesprochen, heißt dies: in der zweiten Kurve $O'B'D'$ sucht man die Abszisse $O'C'$ und damit Punkt D' so zu bestimmen, daß die Kurvenfläche $O'C'D'$ gleich der bis zur Maximalordinate CD reichenden Fläche OCD wird. (In Ermanglung eines Integraphen kann diese Ermittlung näherungsweise auch geschehen, indem man die beiden Diagramme auf gleichartigem Zeichenpapier in großem Maßstab aufträgt, das Flächenstück OCD ausschneidet und mit einer feinen Wage abwägt, sodann auch die zweite Kurvenfläche ausschneidet und von rechts her sukzessiv so viel abnimmt, bis die beiden Flächenstücke OCD und $O'C'D'$ gleiches Gewicht zeigen.)

Will man endlich die Zeit kennen von dem Moment ab, in dem das Geschoß im Rohr sich zu bewegen beginnt, bis zum Ende der Pulververbrennung, sowie den Weg, den das Geschoß bis zum Ende der Pulververbrennung zurücklegt, so wird man folgendermaßen verfahren.

Es sei P_0, in kg pro qm gemessen, der Einpressungsgasdruck, also derjenige Betrag, zu dem der Gasdruck p' in der Waffe angewachsen sein muß, wenn sich das Geschoß eben in die Züge einzupressen beginnt; V_0 (in cbm) sei der Verbrennungsraum der Waffe, L (kg) die in der Waffe zu verwendende Ladung des Pulvers, um das es sich handelt; und mit y_0 sei der Bruchteil der Ladung bezeichnet, der bis zu diesem Moment schon abgebrannt ist; dann hat man

$$P_0 = \frac{f L y_0}{V_0 - \alpha L y_0 - \frac{L}{s}(1 - y_0)}. \tag{18}$$

Aus dieser Gleichung ergibt sich y_0, wenn der Einpressungsdruck P_0 bekannt ist (dieser wird, wenigstens näherungsweise, durch Fallhammerversuche ermittelt werden können, wenn Waffe und Geschoß gegeben sind). Man integriert nun erstens die zum Bombenversuch gehörige erste Kurve OBD der Drücke p in der Bombe von $y = 0$ bis $y = y_0$; zweitens die zum Schuß aus der Waffe gehörige zweite Kurve $O'B'D'$ der Drücke p' in der Waffe, und zwar so weit, bis dieses zweite Integral gleich dem ersten geworden ist,

$$\int_{y=0}^{y=y_0} p \cdot dt = \int_{y=0,\ t=0}^{y=y_0,\ t=\tau_0} p' \cdot dt,$$

so hat man mittels dieser Gleichsetzung die obere Integrationsgrenze für den Schuß aus der Waffe, diese Grenze sei mit τ_0 bezeichnet. Dies ist das Zeitintervall vom Beginn der Pulververbrennung bis zum Beginn der Geschoßbewegung. Zieht man diesen Wert τ_0 von dem vorhin ermittelten Wert τ' (Zeit vom Beginn der Pulververbrennung bis zum Ende der Pulververbrennung) ab, so ist $\tau' - \tau_0$ die gesuchte Zeit. Und da vermöge der Lösung des innerballistischen Problems zu jeder Zeit t der Geschoßbewegung der zugehörige Weg x des Geschoßbodens bekannt ist, so kennt man damit auch den Ort, an dem sich der Geschoßboden befindet, wenn alles Pulver gerade verbrannt ist.

Nachdem bisher der Explosionsvorgang selbst in chemischer und physikalischer Hinsicht untersucht worden ist, sollen im folgenden Abschnitt 5 die Wirkungen der Explosion betrachtet werden.

Fünfter Abschnitt.

Mechanik der Explosionen; die mechanischen Wirkungen von Explosionen auf die Umgebung.

§ 19. Allseitiger Einschluß; Wirkung auf die Wände. Vieillesche Druckwellen und Problem von Lagrange. Gefahren der Hohlladung. Erosionserscheinungen.

Findet die Pulverexplosion in einer Versuchsbombe statt, so besteht im normalen Falle die mechanische Wirkung auf die Bombe lediglich in einer kleinen elastischen Ausdehnung der Bombe und, falls die Bombe eine Stauchvorrichtung enthält, in dem Zurücktreiben des Stempels. Wird in diesem Falle der Kupferzylinder der Stauchvorrichtung durch eine starke Spiralfeder ersetzt, und wird die Bewegung des Stempels registriert, so erkennt man, daß nach der Zündung der Gasdruck in der Bombe, je nach der Pulversorte und der Ladedichte, mehr oder weniger rasch bis zu einem Maximum ansteigt und dann sehr bald wieder etwas abnimmt, letzteres offenbar infolge der Abkühlung der Pulvergase an den Wänden der Bombe.

Ähnliches findet in der Waffe statt. Auch hier hat man in den ersten Momenten der Explosion einen festen Einschluß der Pulvergase zwischen den Seitenwandungen des Pulverraums, dem Stoßboden und dem Geschoßboden. Das Geschoß weicht jedoch nach der Mündung zu aus. Der Raum, in dem sich die Pulvergase ausbreiten können, vergrößert sich mit wachsender Geschwindigkeit; der Gasdruck sinkt daher infolge der Arbeitsleistung und Volumvergrößerung, nachdem er zu einem Maximum angestiegen war, um einen weit bedeutenderen Betrag herab, als dies in der Versuchsbombe in derselben Zeit allein durch die Abkühlung der Gase und das Zurückgehen des Stempels der Fall ist. Ist endlich das Geschoß ausgetreten, so geht der innere Überdruck auf Null herab. Die Mechanik der Bewegung des Geschosses selbst, — die Aufgabe, zu berechnen, welchen Weg ein gegebenes Geschoß in einer gegebenen Waffe bei gegebenem Pulver bis zu einem bestimmten Moment im Rohr zurückgelegt hat, welche Geschwindigkeit das Geschoß in diesem Moment besitzt und durch welche Kraft das Geschoß in der Richtung der Seelenachse beschleunigt wird, — bildet, wie schon erwähnt, das „spezielle innerballistische Hauptproblem“. Mit diesem Kern der inneren Ballistik beschäftigen sich die späteren Abschnitte 6 bis 9. Hier möge noch mit einigen Worten von der mechanischen Wirkung der Pulverexplosion auf die Inanspruchnahme der Rohrwandung und weiter von den Wirkungen der Gasbewegung die Rede sein.

1. Die elastische Dehnung der Rohrwandung wird zur Zeit mit Hilfe der gewöhnlichen Festigkeitstheorie berechnet. Die zugehörigen Winkler-Krupp-Kaiserschen Formeln mögen in folgendem kurz angeführt werden, und zwar ohne deren Ableitung, da die näheren Einzelheiten in die Waffenkonstruktionslehre gehören. Dabei sei ausdrücklich darauf hingewiesen, daß diese Formeln für den Fall des Schusses aus der Waffe unmöglich genaue Werte liefern können, da sie unter der für die gewöhnliche Festigkeitslehre geltenden Voraussetzung konstanter Kräfte entwickelt sind. Der Gasüberdruck in der Waffe steigt vielmehr in sehr kurzer Zeit von Null zu mehreren tausend Atmosphären an und fällt dann wieder rasch zu Null ab. Infolge davon zeigt sich beim allmählichen Abdrehen von Rohren die Festigkeit häufig weit größer, als sie nach der statischen Festigkeitstheorie sein müßte. Darüber hat W. Heydenreich einige Beobachtungen mitgeteilt. Offenbar spielt hier der von der Massenträgheit herrührende Widerstand eine bedeutende Rolle neben dem Kohäsionswiderstand. Wie auf sonstigen Gebieten der Technik die Notwendigkeit einer dynamischen Festigkeitstheorie sich immer mehr geltend macht, so wird voraussichtlich auch in der Waffenkonstruktionslehre die rasche Veränderlichkeit des Gasdruckes eine Berücksichtigung erheischen; die theoretische Behandlung gründet sich naturgemäß auf die Theorie der partiellen Differentialgleichungen, da die Zeit als weitere Variable hinzukommen muß. Dziobek, Pilgram und L. Klein haben solche Berechnungen begonnen.

Winkler-Krupp-Kaisersche Formeln: Unter Voraussetzung eines homogenen und beiderseits offenen Hohlzylinders, der einem inneren Druck p_i kg/mm² unterworfen ist, mit innerem, resp. äußerem Durchmesser d_i resp. d_a $\left(\frac{d_a}{d_i} = k\right)$ erhält man für die innen resp. außen stattfindende Inanspruchnahme J_i resp. J_a in tangentialer Richtung, innerhalb der Querschnittsebene oder auch für die relativen Durchmesseränderungen $\Delta d_i : d_i$ und $\Delta d_a : d_a$ folgende Ausdrücke, in denen E wie üblich den Elastizitätsmodulus bedeutet:

$$\frac{\Delta di}{di} = \frac{J_i}{E} = \frac{2 p_i}{3 E} \cdot \frac{2 k^2 + 1}{k^2 - 1}; \quad \frac{\Delta d_a}{d_a} = \frac{2 p_i}{E(k^2 - 1)}.$$

Sicherheit gegen bleibende Deformation, mit Rücksicht auf die größte Beanspruchung der inneren Teile des Rohres, ist bei einem einfachen Rohr und dem Gasdruck p_i dann vorhanden, wenn, $d_a = d_i \sqrt{\frac{3 J' + 2 p_i}{3 J' - 4 p_i}}$ (nach Winkler) oder, mit Berücksichtigung der Axialspannung, $d_a = d_i \sqrt{\frac{J' + 0{,}4 p_i}{J' - 1{,}3 p_i}}$ (nach C. v. Bach) gewählt wird, wobei J' die größte zulässige Inanspruchnahme des Materials auf Zug ist — nach Kaiser $J' = 8$ kg/mm² für gewöhnliche Geschützbronze, $J' = 30$ für Nickelstahl.

Da $J_a : J_i = 3 : (2 k^2 + 1)$, so werden die äußeren Schichten weniger beansprucht als die inneren; eine Vergrößerung der Wandstärke über ein gewisses Maß hinaus (ca. 1,5 Kaliber) gibt danach keinen nennenswerten Zuwachs an Widerstandsfähigkeit mehr. Handelt es sich daher um große Drücke, so werden bei Geschützen beringte Rohre angewendet. Auf einen ersten Zylinder wird eine zweite Ringlage im warmen Zustand aufgezogen, deren innerer Durchmesser im kalten Zustand etwas kleiner ist als der äußere Durchmesser der ersten Ringlage; beim Erkalten findet Zusammenziehung statt, und auf den inneren Zylinder wird von außen ein Druck ausgeübt; durch diesen äußeren Zylinder wird der erste Zylinder tangential auf Druck beansprucht, durch den inneren Gasdruck dagegen auf Zug; auf diese Weise können beide Beanspruchungen für eine ganz bestimmte Ringschichte, etwa die äußere, sich aufheben. — Die Theorie beringter Rohre mit dem Wertheimschen Wert $\frac{1}{3}$ für das Verhältnis der spezifischen Volumen- und Längenänderung hat besonders eingehend Kaiser durchgeführt. — Es seien im Ruhezustand die beiden Durchmesser der ersten Lage d_{a_1} und d_{i_1}; $d_{a_1} : d_{i_1} = k_1$, dasselbe für die zweite Lage d_{a_2} und d_{i_2}, $d_{a_2} : d_{i_2} = k_2$; $(3 k_1^2) : (2 k_1^2 + 1) = y_1$; $(3 k_2^2) : (2 k_2^2 + 1) = y_2$. Der innere

Gasdruck sei p_1 kg/mm²; p_2 der Druck zwischen beiden Lagen, falls innen Druck p_1 herrscht (falls dagegen p_1 aufhört, sei der Druck p_2 durch $\mathfrak{p}_2$ ersetzt, wobei $p_2 - \mathfrak{p}_2 = p_{n_2}$). E_1 und E_2 seien die Elastizitätsmoduln für die Materialien der ersten und zweiten Lage, J_1 und J_2 die zulässigen Inanspruchnahmen auf Zug. Dann ist der Druck p_2, der zwischen den beiden Lagen herrschen muß, damit J_1 nicht überschritten wird, $p_2 = [2p_1 - 3J_1(y_1 - 1)] : (2y_1)$; ferner muß sein $k_2 = \sqrt{(3J_2 + 2p_2) : (3J_2 - 4p_2)}$. Von den drei Größen p_2, k_1, k_2 ist eine zu wählen, z. B. k_1. Der innere Druck p_1, dem ein gegebener Doppelzylinder widerstehen kann, ist $p_1 = 1{,}5\,[J_1(y_1 - 1) + J_2 y_1 (y_2 - 1)]$. Das sogenannte Schrumpfmaß $D_1 = d_{a_1} - d_{i_2}$ der beiden Lagen erhält man aus $\mathfrak{D}_1 = D_1 : d_{a_1}$ $= \left[J_2 - \frac{E_2}{E_1}\left\{J_1 - \frac{4}{3}(p_1 - p_2)\right\}\right] : (J_2 + E_2)$. Sind k_1, k_2, E_1, E_2 bekannt, so läßt sich für jeden inneren Druck p_1 der Druck p_2 zwischen beiden Lagen berechnen, nämlich:

$$p_2 = \frac{E_1 (k_1^2 - 1)\,\mathfrak{D}_1}{\frac{2}{3}\left[k_1^2 + 2 + \frac{E_1}{E_2}\frac{k_1^2 - 1}{k_2^2 - 1}(2k_2^2 + 1)\right]} + \frac{2p_1}{\text{dasselbe}} \equiv \mathfrak{p}_2 + p_{n_2}.$$

Im Ruhezustand ist dann die größte Inanspruchnahme auf Druck (— Zeichen) auf der Innenseite der ersten Lage gleich $-(2k_1^2 \mathfrak{p}_2) : (k_1^2 - 1)$ und auf der Innenseite der zweiten Lage auf Zug gleich $[2(2k_2^2 + 1) \cdot \mathfrak{p}_2] : [3(k_2^2 - 1)]$.

Die Bohrungsverengerung Δd_{i_1} der inneren Lage nach Aufziehen der zweiten ist gleich $-(d_{i_1} 2k_1^2 \mathfrak{p}_2) : [E_1(k_1^2 - 1)]$; die Bohrungserweiterung durch den Gasdruck p_1 ist $\Delta d_{i_1} = (d_{i_1} J_1) : E_1$.

Will man einen Zylinder von gegebener Gesamtdicke ($k_s = d_{a_2} : d_{i_1}$) in die zwei Lagen so teilen, daß dessen Widerstand ein Maximum wird, so hat man zu nehmen $k_1 = k_2 = k = \sqrt{k_s}$; $y_1 = y_2 = y = (3k^2) : (2k^2 + 1)$; in diesem Falle ist $p_1 = 1{,}5\,J(y^2 - 1)$; $p_2 = 1{,}5\,J(y - 1)$.

Beispiel (nach Kaiser): Gegeben sei $d_{i_1} = 200$ mm; $k_1 = 2$; also d_{a_1} $= + 400$ mm; $y_1 = \frac{4}{3}$. Ferner sei $p_1 = 2000$ Atm = ca. 20 kg/mm²; $J_1 = J_2 = J$ $= 24$ kg; $E_1 = E_2 = E = 20\,000$.

Daraus folgt $p_2 = 6$ kg und $k_2 = 1{,}323$; damit ergibt sich folgende Dimensionierung des Zylinders:

$d_{i_1} = 200$ mm; $d_{a_1} = k_1 \cdot d_{i_1} = 400$ mm; $d_{a_2} = k_2 \cdot d_{a_1} =$ ca. 530 mm;

Die Gesamtwandstärke ist $\delta = 165$ mm $= 0{,}825\, d_{i_1}$. Das Schrumpfmaß D_1 ergibt sich aus $D_1 = d_{a_1} \cdot \mathfrak{D}_1$, wo $\mathfrak{D}_1 = \frac{4}{3} \cdot \frac{p_1 - p_2}{J + E}$, damit wird $D_1 = 0{,}37$ mm. Die Bohrungserweiterung der ersten Lage unter Einwirkung von p_1 wird Δd_{i_1} $= 0{,}24$ mm; der Druck $\mathfrak{p}_2$ zwischen beiden Lagen im Ruhezustand ist $\mathfrak{p}_2 = 3{,}5$ kg; die maximale Inanspruchnahme der ersten Lage im Ruhezustand ist gleich

$$-\frac{2k_1^2}{k_1^2 - 1} \cdot \mathfrak{p}_2 = -9{,}3 \text{ kg};$$

die maximale Inanspruchnahme der zweiten Lage im Ruhezustand ist gleich

$$\frac{2(2k_2^2 + 1)}{3(k_2^2 - 1)} \cdot \mathfrak{p}_2 = 14 \text{ kg}.$$

War die erste Lage vor dem Aufziehen der zweiten genau auf den Durchmesser $d_{i_1} = 200$ mm ausgebohrt worden, so tritt nach dem Aufziehen der zweiten Lage eine Bohrungsverengerung $\Delta d_{i_1} = -0{,}093$ mm ein.

Der innere Druck, den ein unberingter Zylinder von der Gesamtwanddicke des beringten Zylinders (nämlich $\delta = 165$ mm; $d_{a_2} = 530$ mm; $d_{i_1} = 200$ mm; $k_s = d_{a_2} : d_{i_1} = 2{,}65$) bei einer Inanspruchnahme von 24 kg zu ertragen vermag, beträgt nach der Winklerschen Formel $p_i = 14{,}41$ kg = ca. 1400 Atmosphären.

Dagegen der maximale innere Druck, den der beringte Zylinder von der Gesamtdicke $\delta = 165$ mm und dem Kaliber $d_{i_1} = 200$ mm bei vorteilhaftester Konstruktion innerhalb der Elastizitätsgrenze Widerstand leistet ($k_1 = k_2 = \sqrt{k_s} = \sqrt{2{,}65} = 1{,}62788$, also $d_{a_1} = 325$ mm; $p_2 = 9{,}428$ kg; $D_1 = 0{,}26$ mm; $p_1 = 21{,}326$ kg) ergibt sich zu ca. 2100 Atmosphären. — Mit der Theorie der Rohre von n Lagen, die von Kaiser ausgebildet wurde, läßt sich naturgemäß auch diejenige der Stahldrahtrohre erledigen; hierüber, sowie über die Ringkonstruktion ohne anfängliche Pressung und über die Konstruktion der Schildzapfen und Verschlüsse, vgl. die Kaiserschen Arbeiten.

Erwähnt sei übrigens zu Vorstehendem, daß die Zulässigkeit der ganzen Berechnungsweise, auf welcher sich die Theorie der künstlichen Rohrkonstruktion aufbaut, von vielen Praktikern bestritten wird. Der erste Skeptiker in dieser Hinsicht war Völler von der Firma Rheinmetall; dieser hat auch zuerst erfolgreich F.K.-96-Rohre als Vollrohre gebaut.

Eine experimentelle Messung der kurzdauernden elastischen Rohrerweiterung beim Schuß ist von anderer Seite damit versucht worden, daß um das Rohr ein Bleiring gelegt und dessen innerer Durchmesser vor- oder nachher ermittelt wurde. Es steht zu vermuten, daß hierbei eine andere Wirkung, als die in Frage stehende, nämlich die Wirkung der kräftigen Transversalschwingungen des Laufs gemessen wurde. Wir haben ferner versucht, nach zwei elektrischen Methoden die Frage zu lösen: nämlich einmal durch elektrische Momentphotographie des Laufs im Ruhezustand und während des Schusses, sodann mit Hilfe eines an der Oberfläche des Laufes angebrachten elektrischen Kontaktes, der bei der momentanen Rohrerweiterung einen durch ein Spiegelgalvanometer anzuzeigenden elektrischen Strom schließen sollte. Infolge der Erschütterungen, die der Lauf als Ganzes beim Schuß erfährt, ist bis jetzt bei Gewehren kein Resultat erzielt worden, von dem behauptet werden könnte, daß alle denkbaren Fehlerquellen dabei ausgeschieden seien.

Zur Mechanik der Explosionswirkungen müssen auch diejenigen Wirkungen gerechnet werden, die sich auf die Bewegung der Ladung im Rohr, die bleibenden Rohrerweiterungen und die Rohrzerreißungen, die Gefahren der Hohlladung, ferner auf die sog. Erosionserscheinungen in Geschützrohren und endlich auf das Ausströmen der Pulvergase aus der Mündung der Waffe beziehen.

2. Über das Lagrangesche Problem und die Vielleschen Druckwellen. Bleibende Rohraufbauchungen. Gefahren der Hohlladung.

a) Das sog. Lagrangesche Problem bezieht sich auf die Frage: wie bewegt sich beim Schuß aus einer Feuerwaffe die Pulverladung im Seelenraum, während das Geschoß beschleunigt durch das Rohr geht, und wie sind räumlich und zeitlich die Drücke verteilt? Die experimentelle Beantwortung dieser Frage stößt auf sehr große Schwierigkeiten, weil die betreffenden Bewegungen und Druckänderungen in außerordentlich kurzen Zeiten sich abspielen und weil dabei der Seelenraum während des Schusses durch die Rohrwandung, den Stoßboden und den Geschoßboden nach außen hin abgeschlossen ist. Die Bewegungen der verbrannten und unverbrannten Ladung werden sich vielleicht niemals völlig einwandfrei registrieren lassen. Zur Registrierung der Druckänderungen wird später möglicherweise der Kathodenstrahlen-Oszillograph gute Dienste leisten; jedoch wären zu solchen Versuchen bedeutende Mittel erforderlich; und bis jetzt scheinen auch derartige Versuche noch von keiner Seite in Angriff genommen zu sein. Man ist daher vorläufig auf die analytische Behandlung mit den Hilfsmitteln der mathematischen Physik angewiesen; als unabhängige Variable treten dabei die Koordinaten eines beliebigen Punkts im Seelenraum der Schußwaffe und die Zeit auf; es handelt sich deshalb um ein System von partiellen Differentialgleichungen. Aber auch bei der analytischen Behandlung ist eine strenge und vollständige Lösung des Problems wegen dessen großer Kompliziertheit so gut wie ausgeschlossen ohne sichere empirische Unterlagen. Der erste, der sich mit einer analytischen Lösung beschäftigt hat, war der bekannte Mathematiker J. L. Lagrange; dieser scheint während der großen französischen Revolution veranlaßt worden zu sein, seine mathematische Wissenschaft für praktische Zwecke des Volkes zur Verfügung zu stellen; vielleicht mehr der Not gehorchend als dem eigenen Trieb hat er jene ballistische Aufgabe zu behandeln sich entschlossen. Veröffentlicht wurden seine Entwicklungen erst 1832 durch S. D. Poisson. Des weiteren haben sich mit der analytischen Weiterführung seiner Lösung beschäftigt insbesondere Vieille, Hugoniot, Charbonnier, Gossot-Liouville und Love-Pidduck.

Wie es bei sehr verwickelten Problemen wohl stets am zweckmäßigsten sein wird, hat Lagrange die Aufgabe zunächst unter den einfachsten Voraussetzungen und daher mit weitgehenden Abstraktionen angefaßt. Diese Voraussetzungen sind die folgenden: 1. Die Ladung ist vollständig vergast, wenn das Geschoß seine Bewegung beginnt; eine Bewegung unverbrannter Pulverteile kommt also nicht in Betracht; 2. es handelt sich um ein ideales Gas; das Verhältnis der beiden spezifischen Wärmen ist konstant; 3. die Zustandsänderung des Gases ist eine adiabatische; 4. die Pulvergase sind frei von jeder Turbulenz; sie bewegen sich in parallelen Schichten, so daß innerhalb desselben Querschnitts senkrecht zur Seelenachse Druck und Geschwindigkeit in jedem Moment konstant sind; 5. Reibung zwischen Geschoß und Rohrwandung ist nicht vorhanden; 6. entsprechend dem damaligen Stand der Waffentechnik ist natürlich der Innendurchmesser des Seelenraums durchweg konstant, also der Durchmesser des Pulverraums gleich dem Kaliber genommen und ist von

Zügen, und daher von einer Geschoßdrehung und von einem Einpressungsdruck abgesehen. Die mathematischen Entwicklungen sind z. B. in dem Werk von Gossot-Liouville über innere Ballistik (S. 110 bis 180) und ebenso in klarer Weise von A. E. H. Love und F. B. Pidduck (s. Lit.-Note) behandelt. Die letzteren haben auch ein Zahlenbeispiel (Kaliber des Geschützes 15 cm; Geschoßgewicht $G = 50$ kg; Ladungsgewicht $L = 12$ kg, Kordit; Länge des Geschoßwegs im Rohr 6 m, Verbrennungsraum 30 lit) vollständig durchgerechnet. Dieses sei zum Teil kurz angeführt:

a) Zur Zeit $t = 0$ beginne das Geschoß seine Bewegung, und das Pulver sei ganz vergast; das Gas ist in diesem Augenblick noch in Ruhe; im ganzen Verbrennungsraum, am Seelenboden und am Geschoßboden, herrsche der gleiche Gasdruck von 6333 Atm. Wenn das Geschoß sich in Bewegung setzt, muß vom Geschoßboden eine Welle ausgehen, und der Druck am Geschoßboden muß sich vermindern.

b) Nach $t = 0{,}0004772$ sec hat der Geschoßboden von seiner Ruhelage aus einen Weg von 2,4 cm zurückgelegt. Die Welle ist jetzt in der Mitte zwischen Geschoßboden und Seelenboden angelangt. Der Druck auf den Geschoßboden ist jetzt nur noch 5651 Atm. Das Geschoß besitzt eine Geschwindigkeit von 99,6 m/sec. Das Gas zwischen der Mitte und dem Seelenboden ist noch in Ruhe; am Seelenboden herrscht also noch der Druck von 6333 Atm.

c) Nach $t = 0{,}0009544$ sec ist die Welle am Seelenboden angelangt, wo der Druck 6333 Atm beträgt. Das Geschoß hat bis dahin den Weg von 9,28 cm zurückgelegt und besitzt nunmehr eine Geschwindigkeit von 187,7 m/sec. Am Geschoßboden hat sich der Druck auf 5097 Atm. erniedrigt. Die Welle wird nun am Seelenboden reflektiert.

d) Nach $t = 0{,}0014785$ sec ist die reflektierte Welle in der neuen Mitte zwischen Seelenboden und Geschoßboden angelangt. Geschwindigkeit des Geschosses jetzt 275,4 m/sec; Geschoßweg bis dahin 21,4 cm. Druck auf den Seelenboden 5171 Atm; auf den Geschoßboden 4599 Atm.

e) Nach $t = 0{,}002117$ sec Ankunft der Welle am Geschoßboden. Geschoßgeschwindigkeit 371,8 m/sec. Geschoßweg bis dahin 42,19 cm. Druck auf den Seelenboden 4169 Atm. Druck auf den Geschoßboden 4102 Atm. Die Welle geht nun vom Geschoßboden aus wieder zurück.

f) Nach $t = 0{,}002898$ sec ist die Welle nach der neuen Mitte zwischen Geschoßboden und Seelenboden zurückgelangt. Geschoßweg bis dahin 75,4 cm. Geschoßgeschwindigkeit 466,2 m/sec. Druck auf Seelenboden 3316 Atm, am Geschoßboden 2970 Atm.

g) Nach $t = 0{,}003859$ sec Welle am Seelenboden angelangt. Geschoßweg bis dahin 124,3 cm. Geschoßgeschwindigkeit 550,4 m/sec. Gasdruck auf Seelenboden 2610, auf Geschoßboden 2162 Atm.

h) Nach $t = 0{,}005154$ sec ist die Welle, nach ihrer Reflexion am Seelenboden, in der Mitte zwischen dem Seelenboden und der jetzigen Lage des Geschoßbodens angekommen. Geschoßweg von der Ruhelage aus 202,1 cm. Geschoßgeschwindigkeit 632,5 m/sec. Druck auf den Seelenboden 1728, auf den Geschoßboden 1535 Atm.

i) Nach $t = 0{,}007137$ sec letztmaliger Aufstoß der Welle auf den Geschoßboden. Geschoßweg bis dahin 335,6 cm. Geschoßgeschwindigkeit 718,3 m/sec. Druck auf den Seelenboden 1086, auf den Geschoßboden 1030 Atm.

k) Nach $t = 0{,}01023$ sec ist die Welle in der neuen Mitte zwischen Geschoßboden und Seelenboden angelangt. Geschoßweg bis dahin 571,9 cm. Geschoßgeschwindigkeit 801,3 m/sec. Druck auf den Seelenboden 650, auf den Geschoßboden 582 Atm.

Auch für mehrere Zwischenpunkte zwischen dem Seelenboden und der jeweiligen Lage des Geschoßbodens hat Pidduck die Gasdrücke berechnet. In der folgenden kleinen Tabelle sind für die erwähnten Momente a bis k zusammengestellt: die jeweiligen Drücke auf den Seelenboden, die Drücke in der betreffenden Mitte zwischen Seelenboden und Geschoßboden, die Drücke auf den Geschoßboden, die mittleren Drücke, die bei gleichmäßiger Gasdichte in dem betreffenden Raum zwischen Seelenboden und Geschoßboden herrschen würden, und die zugehörigen Geschoßgeschwindigkeiten:

	a	b	c	d	e	f	g	h	i	k	
Druck auf Seelenboden	6333	6333	6333	5171	4169	3316	2610	1728	1086	650	metr. Atm.
Druck in der Mitte	6333	6333	5712	5152	4152	3304	2404	1708	1071	641	„
Druck auf Geschoßboden	6333	5651	5097	4599	4102	2970	2162	1535	1030	581,6	„
Mittlerer Druck	6333	6155	5693	5015	4146	3218	2388	1664	1066	629,2	„
Geschoß-geschwindigkeit	0	99,64	187,7	275,4	371,8	466,2	550,4	632,5	718,3	801,3	m/sec

Sowohl Gossot-Liouville wie Love-Pidduck betonen alle Unsicherheiten der Berechnung. Gossot und Liouville gelangen schließlich zu der Vermutung, daß in Wirklichkeit die Unterschiede in den Drücken auf den Stoßboden und auf den Geschoßboden niemals sehr bedeutende Beträge annehmen werden und daß es, um die lebendige Kraft der (verbrannten und unverbrannten) Ladung L (kg) einigermaßen zu berücksichtigen, vielleicht genügen werde, statt des Geschoßgewichts G (kg) zu nehmen: $G \cdot \left(1 + \vartheta \cdot \frac{L}{G}\right)$, wobei ϑ eine numerische Konstante sei. Die Klammer $1 + \vartheta \cdot \frac{L}{G}$ würde dann das Verhältnis G der Drücke auf den Seelenboden und auf den Geschoßboden darstellen. Gossot und Liouville schlagen dabei vor: $\vartheta = \frac{3}{11}$, gültig zwischen $\frac{L}{G} = 0{,}3$ und $\frac{L}{G} = 1{,}0$. Krupp-Schmitz nimmt $\vartheta = 0{,}5$, wie schon früher Sébert und Piobert getan hatten. Mit $\vartheta = 0{,}5$ scheinen sich auch Love und Pidduck abzufinden.

Erwähnt soll noch werden, daß G. Schweickert (s. Lit.-Note) mit Hilfe von Betrachtungen auf Grund der kinetischen Gastheorie den folgenden Ausdruck für das Verhältnis $p_g : p_s$ zwischen dem jeweiligen Gasdruck p_g auf den Geschoßboden und dem Gasdruck p_s auf den ruhenden Seelenboden erhalten hat:

$$p_g = p_s \cdot \left(1 - \frac{v^2}{a^2}\right),$$

dabei ist v die variable Geschwindigkeit des Geschosses im Rohre, a die Molekulargeschwindigkeit der Pulvergase, beide in der gleichen Maßeinheit gemessen. Daraus würde folgen, daß der Überdruck p_g auf den Geschoßboden Null wird, wenn die Geschoßgeschwindigkeit v gleich der Molekulargeschwindigkeit a geworden ist. Größer als a könnte danach die Mündungsgeschwindigkeit eines Geschosses niemals werden.

Der Verfasser möchte lediglich auf die Arbeiten von Gossot-Liouville, Love-Pidduck und Schweickert hinweisen und seinerseits von jeder Wiedergabe der betreffenden Formeln und jeder Weiterführung der mathematischen Entwicklungen bezüglich des Lagrangeschen Problems absehen, weil nach seiner Ansicht die redlichen Versuche von Hugoniot und Gossot-Liouville deutlich zeigen, daß es unter jenen Voraussetzungen, die für die modernen Schußwaffen teils sicher nicht zutreffen, teils wahrscheinlich nicht zutreffen, aussichtslos ist, zu einem brauchbaren Ergebnis zu kommen, ehe nicht das Experiment die Wege genügend geebnet hat. Vielmehr soll im folgenden zunächst zusammengestellt werden, was dem Verfasser an Versuchen bezüglich der Bewegung der Ladung und bezüglich der Druckunterschiede zwischen Stoßboden und Geschoßboden usw. bekannt geworden ist.

Die unverbrannten Pulverreste scheinen zum Teil erhebliche Geschwindigkeiten anzunehmen, vgl. die photographischen Aufnahmen im Anhang zu Band III, Bild Nr. 14 (Schuß mit verminderter Ladung aus Gewehr M/98) und Bild Nr. 30 (Schuß mit normaler Schwarzpulverladung aus Gewehr M/71). A. Preuß hat an einem Geschoß, das im Gewehrlauf steckte, den deutlichen Eindruck eines Pulverblättchen am Boden des Bleigeschosses festgestellt.

Wie P. Mauser dem Verfasser vor dem Kriege mitteilte, hat Mauser einige Versuche mit einem Gewehr angestellt, in dessen Wandung (im Verbrennungsraum und im gezogenen Teil) eine Anzahl von sehr kleinen, leicht gehenden Stempeln eingesetzt worden waren, die am völligen Austreten verhindert waren; es zeigte sich, daß im allgemeinen, wie zu erwarten war, die Stempel nach außen gedrückt wurden; dagegen am Übergangsteil zwischen Verbrennungsraum und gezogenem Teil wurde der betreffende Stempel nach innen gezogen. Dies deutet darauf hin, daß dort eine Saugwirkung, vielleicht auch eine Wirbelbildung eintritt, und daß dasjenige, was P. Charbonnier über die von ihm so genannte „veine gazeuse“ ausführt, wenigstens zum Teil zutreffend zu sein scheint.

A. Indra (s. Lit.-Note) will aus Druckmessungen an einem Geschütz einen periodischen Verlauf des Gasdrucks konstatiert haben. Der Verfasser steht, wie schon erwähnt, den Ausführungen von Indra mit einigem Mißtrauen gegenüber und vermutet, daß die Periodizität durch die Schwankungen der Messungsresultate vorgetäuscht worden ist.

P. Vieille operierte 1890 mit sehr langen, röhrenartigen Versuchsbomben. An den beiden Enden der mehrere Meter langen Stahlrohre waren Stauchvorrichtungen zur Messung des Gasdrucks angebracht; die beiderseits auftretenden Drücke wurden auf zwei rotierenden Trommeln zeitlich registriert. Damit erhielt Vieille folgende Ergebnisse: Wenn die Pulverladung im Innern des Rohrs gleichmäßig verteilt worden war, zeigte sich beiderseits ein normales Ansteigen des Drucks; der Maximaldruck hatte gleichfalls eine normale Höhe, d. h. diejenige, die gemäß dem Abelschen Gesetz zu erwarten stand. War dagegen die Ladung auf der einen Seite angehäuft worden, so beobachtete man, daß an beiden Seiten der Druck unter periodischen Schwankungen anstieg. (Bei Verwendung eines Federmanometers hätte sich als Druck-Zeit-Kurve eine ansteigende Wellenlinie ergeben müssen; da aber Stauchzylinder aus Kupfer benutzt wurden und diese sich nicht wieder zusammenziehen, fielen natürlich die Minima der Wellenlinie weg, und es entstand an Stelle einer aufsteigenden Wellenlinie eine aufsteigende Treppenkurve.) Dabei wechselten die Maxima beiderseits zeitlich ab; d. h. ein Maximum des Drucks links lag immer zwischen zwei Maxima des Drucks rechts, und umgekehrt. Ferner steigerte sich der maximale Endwert des Drucks ganz bedeutend und konnte das Dreifache des normalen Betrags annehmen. Diese Erscheinung trat um so mehr hervor, je größer die Ladedichte und je brisanter das Pulver gewählt war.

Diese Tatsachen erklärte sich P. Vieille wie folgt: Von dem einen Ende A der Röhre aus, nämlich demjenigen, an dem sich die Ladung befindet und wo die Entzündung erfolgt, wird eine Gassäule durch das Rohr geschleudert. Sie kommt am andern Ende B an, verliert hier, durch die feste Abschlußwand aufgehalten, ihre lebendige Kraft, und der Druck steigert sich infolge davon bei B bedeutend. Die Gasmasse kehrt nun von B nach dem ersten Ende A zurück und wird hier wieder reflektiert; die Geschwindigkeit aber, mit der sie von neuem nach dem Ende B geht, ist jetzt gegenüber dem erstenmal dadurch vergrößert, daß fortwährend weiteres Pulver verbrennt. Die Verbrennung erfolgt um so rascher, je höher der Druck sich steigert. Und so steigern sich die Gasverdichtungen beiderseits periodisch zu beträchtlicher Höhe.

Damit stimmen die Erfahrungen überein, die P. Vieille erhielt, wenn er die röhrenförmige Bombe an Schnüren aufhängte: Der Gesamtschwerpunkt zwischen Ladung und Rohr muß in Ruhe bleiben. Aber da die Gasmasse nach der einen Seite B geht, muß die Bombe selbst nach der andern Seite A gehen. Dieses Ausweichen der Bombe nach der Seite wurde zeitlich registriert; es erfolgte, wie vorauszusehen war, periodisch. Aus den Registrierungen konnten die Kräfte berechnet werden, die dabei im Innern wirkten (ähnlich wie bei dem Gewehr- und Geschützrücklaufmesser); und diese Kräfte stimmten überein mit den nach der ersten Methode, nämlich mittels der Stauchapparate erhaltenen Gasdrücken.

Die geschilderte Erscheinung ergab sich bei der Bombe sowohl mit kleiner Ladedichte und bei Verwendung von Pulvern großer Brisanz, als auch mit hoher Ladedichte, wobei ein Pulver mittlerer Brisanz genügte. Je kürzer aber die röhrenförmige Bombe gewählt war, um so weniger trat das Phänomen hervor.

b) In der Waffe werden diese Erscheinungen in detonationsartigen Wirkungen, bleibenden Rohrausbauchungen, Rohrzerreißungen usw. sich geltend machen; und zwar muß dem Gesagten zufolge die Rohrausbauchung je unmittelbar hinter dem Geschoßboden eintreten. Vieille gibt an, daß solche Erscheinungen insbesondere bei sehr kleiner Ladedichte und sehr wenig brisanten Pulvern beobachtet wurden, und sucht dies folgendermaßen zu erklären: In der Waffe ändert sich durch das Vorschreiten des Geschosses die Länge des Gasraums; erst wenn das Geschoß eine gewisse Wegstrecke zurückgelegt hat, sind die Bedingungen für das Auftreten jener periodischen Druckänderungen gegeben. Diese werden nicht eintreten, wenn die Verbrennung sehr früh beendigt ist, oder wenn das Geschoß so rasch den Lauf durcheilt, daß eine zweite Welle das Geschoß nicht mehr erreichen kann. Nur wenn das Pulver langsam verbrennt und ein zweiter, dritter usw. Druckwellenstoß das Geschoß trifft, wird die Erscheinung sich einstellen. Daß diese mit dem Anwachsen der Ladung verschwindet, hat nach Vieille folgenden doppelten Grund: Erstens die Verbrennung ist eine Funktion des Drucks; der Druck wächst aber in derselben Waffe mit der Ladung; das Pulver wird also um so schneller abbrennen, je größer die Ladung ist. Zweitens werden die Gasverdichtungen, die von dem Anprall der Gassäule gegen den Geschoßboden herrühren, um so geringer sein, je größer die Geschwindigkeit des Geschosses und folglich je größer die Ladung ist. Auch wenn etwa ein erster Stoß der Gassäule auf den Geschoßboden schon erfolgt ist, wird ein zweiter Stoß um so weniger wahrscheinlich sein, je größer die Geschwindigkeit ist, mit der das Geschoß dem Stoß enteilt, je mehr also die Geschwindigkeit des Geschosses sich der Fortpflanzungsgeschwindigkeit der Gasverdichtungen (nach Vieille 600 bis 1200 m/sec.) nähert.

Wenn alle diese Schlußfolgerungen von Vieille zutreffen, so müßten in solchen Fällen, in denen sich an einem Geschützrohr eine unerwartete Rohraufbauchung eingestellt hat, als Hilfsmittel gegen weitere solche Erscheinungen empfohlen werden: abgeänderte Lagerung der Kartusche; Änderung der Ladedichte; Wahl einer anderen Pulversorte.

c) Ohne Zweifel hängen mit diesen Vielleschen Druckwellen und den dadurch hervorgerufenen abnormalen Drücken auch diejenigen Tatsachen zusammen, die man häufig durch die Bezeichnung „Gefahren der Hohlladung“ charakterisiert. Einige der betreffenden Tatsachen seien zunächst angeführt: Es ist seit langer Zeit bekannt, daß, wenn im Lauf eines Gewehrs ein Geschoß stecken geblieben ist — etwa in der Mitte des Laufs oder mehr nach der Mündung — man sich hüten muß, das steckengebliebene Geschoß etwa durch eine Patrone mit blinder Ladung, also ohne Geschoß, herausschießen zu wollen. Zwar liegt es zunächst nahe, anzunehmen, daß der Gasdruck bei diesem Schuß besonders klein sein werde, weil der Raum, der den Gasen anfangs zu ihrer Ausbreitung zur Verfügung steht, weit größer ist als bei dem normalen Schuß. Tatsächlich aber können unter Umständen in solchen Fällen derartig hohe Drücke auftreten, daß Zerreißungen oder wenigstens bleibende Aufbauchungen des Laufs die Folge sind. Und zwar zeigt sich eine solche Aufbauchung, wenn sie eintritt, stets unmittelbar hinter dem Geschoßboden; um so wahrscheinlicher tritt die Erscheinung auf, je weiter nach der Mündung zu das Geschoß stecken geblieben ist; wird ein Geschoß von der Mündung her einige Zentimeter weit in den Lauf eingetrieben und der Schuß mit blinder Ladung abgegeben, so kann es vorkommen, daß das vordere Laufstück ganz abgerissen wird. Damit soll übrigens nicht behauptet werden, daß jene Erscheinungen unter allen Umständen eintreten. Nach den Erfahrungen von K. Becker ist es bei Geschützen möglich, stecken gebliebene Geschosse mit vorsichtiger Ladungssteigerung ohne jede erkennbare Schädigung aus dem Rohr frei zu machen. A. Preuß (Versuchsanstalt Neumannswalde) hat 1909 an Gewehren konstatiert, daß die Aufbauchung oder Zerreißung des Laufs auch dann unmittelbar hinter der Stelle des Geschoßbodens zu erwarten ist, wenn an einer anderen (weiter nach hinten liegenden) Stelle der Lauf durch Abdrehen weniger widerstandsfähig gemacht worden war; ferner daß die Erscheinung der Aufbauchung nur auftritt, wenn die gewöhnliche Hinterzündung angewendet wird; entzündet man die Pulverladung an ihrer Vorderseite, so ist nach Preuß keine Aufbauchung zu beobachten.

Was die Erklärung dieser bei Hohlladung gemachten Erfahrungen betrifft, so sucht A. Preuß diese Erklärung darin, daß die unverbrannten Pulverkörner geschoßartig wirken. Er sagt: „Es unterlag für uns keinem Zweifel mehr, daß nur die nach vorne getriebenen Pulverkörner die Aufbauchung bzw. Sprengung verschulden, indem sie, noch nicht in Gas aufgelöst, sondern in gewissem Sinne feste Körper darstellend, gleich feinen Schroten nach vorne getrieben werden und vermöge ihrer lebendigen Kraft teils am Geschoßboden zerschellen und ihre Partikel zur Seite spritzen, teils aber auch den Geschoßboden durch mechanische Einwirkung stauchen. Die Sprengung durch etwa eingeschlossene Luft ist durch eingehende Versuche längst widerlegt.“ Ein Beweis für die Richtigkeit dieser Erklärung soll darin liegen, daß der Geschoßboden, wie schon erwähnt, Eindrücke von unverbrannten Pulverkörnern aufweist, und daß, wenn man ein Bleigeschoß in normaler Stellung dicht an die Mündung des Gewehrs legt und den Schuß mit blinder Ladung abgibt, das Geschoß in seinem hinteren Teil stark gestaucht wird.

Die Erklärungsweise von A. Preuß hat zunächst manches für sich. Indessen läßt sich allein durch den mechanischen Stoß der unverbrannten Pulverkörner doch die starke seitliche Wirkung, senkrecht zur Seelenachse, nicht verstehen; denn diese Wirkung weist auf kurz dauernde Drücke von 10000 bis 15000 kg/cm² hin. In Hinblick auf die oben angeführten Versuche von Vieille wird man vielmehr annehmen, daß es sich um Detonationswirkungen handelt, hervorgerufen durch Vieillesche Druckwellen. Dabei ist nicht ausgeschlossen, daß manche Pulverkörner erst am Geschoßboden zur Detonation gelangen.

Erwähnt sei noch ein Fall, der bei einem auswärtigen Schießversuch beobachtet wurde: In einem Geschützrohr war ein Meßei liegen geblieben, und zwar ungefähr in der Mitte des Rohrs. Dabei lag das Meßei derart, daß der Stempel der Stauchvorrichtung nach dem Verbrennungsraum zugekehrt war. Da keine Stange zur Hand war, womit das Meßei herausgestoßen werden konnte, so wurde allein mit Hilfe einer Kartusche, also ohne Geschoß, das Meßei herausgeschossen. Nach dem Auseinandernehmen des Meßeis zeigte der Kupferzylinder eine hyperboloidische Stauchung, der ein Druck von 8000 Atm. entsprach. Diese Form eines Rotationshyperboloids bei der Stauchung der Kupferzylinder, im Gegensatz zu der gewöhnlichen Tönnchenform (s. o. Abb. 6), ist geradezu charakteristisch für Detonationen.

Falls nahe der Mündung eines Gewehrlaufs ein fester oder halbfester größerer Sperrgegenstand sich befindet, oder wenn der Mündungsdeckel aufgesetzt ist oder dgl., und man mit normaler

Patrone, also mit Geschoß einen Schuß abgibt, so kann gleichfalls Aufbauchung oder Zerreißen des Rohrs an der Mündung oder Abreißen eines Rohrstücks an der Mündung die Folge sein. Solche Erscheinungen dürften in der sehr starken Verdichtung der im Rohr befindlichen Luft, die nicht rasch genug entweichen kann, ihre Ursache haben. Es ist eine Wirkung nach Art derjenigen des pneumatischen Feuerzeugs. [Daß schon bei sehr kleinen Geschwindigkeiten bedeutende Gasdrücke und Temperaturerhöhungen auftreten können, zeigt das folgende Rechnungsbeispiel nach St. Robert: Eine vertikal gestellte Bombe besitze eine vertikale zylindrische Bohrung von 1 cm^2 Querschnitt und 20 cm Höhe; es wird ein gut eingeschliffener, mit sehr geringer Reibung gehender Stempel auf das obere Ende der Bohrung aufgesetzt und zunächst festgehalten. Dadurch ist eine Luftsäule von 20 cm^3 Inhalt abgeschlossen, diese Innenluft besitze eine Anfangstemperatur von 0^0 C und stehe unter dem gewöhnlichen Atmosphärendruck. Der Stempel samt einem Zulagegewicht habe ein Gewicht von nur 9,3 kg. Läßt man den Stempel frei, so fällt er in die Bohrung herein, wobei die Luft in der Bohrung komprimiert wird. Wenn der Stempel die tiefste Lage erreicht hat, herrscht, wie die Rechnung unter Annahme einer adiabatischen Zustandsänderung zeigt, für einen Moment in der Bohrung ein Luftdruck von 257 Atm. und eine Temperatur von 1100^0 C. Vollends bei Geschoßgeschwindigkeiten ergeben sich leicht außerordentlich hohe Druck- und Temperatursteigerungen.]

3. **Erosionserscheinungen an Geschützrohren (Rohrausbrennungen). Lebensdauer einer Schußwaffe.** Die großkalibrigen Rohre der schweren Flachbahngeschütze besitzen bekanntlich zum Teil eine relativ nur kurze Lebensdauer. So sollen (vgl. Lit.-Note) amerikanische Geschütze von 12,7; 15,2; 20,3; 25,4; 30,5 cm Kaliber resp. 200; 166; 125; 100; 83 Schüsse, einzelne englische Geschütze von 30,5 cm nur 60 Schüsse vertragen haben; mit der Zunahme der Ladung unter sonst gleichen Umständen nimmt die Lebensdauer ab: Besonders in der Gegend des Übergangskonus zwischen Verbrennungsraum und gezogenem Teil bildet sich beim Schießen zunächst ein Netzwerk von feinen Sprüngen. Bei weiterem Schießen nimmt die Tiefe und Breite besonders der zur Rohrachse parallelen Sprünge zu; schließlich vereinigen sich die Risse und Sprünge, und es entsteht eine neue Oberfläche der Bohrung, aus der die Überreste der ursprünglichen Bohrung in Form von Graten und Inseln hervorragen. Mit dem Fortschreiten dieses Zerstörungsprozesses nimmt die Schußweite und die Schußpräzision ab, bis schießlich die Rohre ganz unbrauchbar werden.

Über die Ursache dieser Erscheinung hat sich eine ziemlich umfangreiche Literatur angesammelt (vgl. Lit.-Note); doch kann nicht behauptet werden, daß schon vollständige Übereinstimmung der Meinungen bestehe. Dabei ist zu bemerken, daß, wenn häufig die Bezeichnung „Ausbrennungserscheinung“ neben der Bezeichnung „Erosionserscheinung“ verwendet wird, damit nicht gesagt sein soll, daß die Ursache der allmählichen Zerstörung der Rohre ausschließlich in Wärmewirkungen gesucht werden solle. Besonders gründliche Erörterungen der Frage haben K. Becker und Justrow veröffentlicht. Becker unterscheidet eine Reihe von Einflüssen, die bei dem Vorgang der Erosion einzeln oder auch gleichzeitig wirksam sein können.

a) Thermische Einflüsse: Infolge der hohen Verbrennungstemperatur der neueren Pulver wird die innerste Schicht der Bohrung erweicht, so daß sie weniger widerstandsfähig wird.

b) Chemische Einflüsse: Je nach der Beschaffenheit des Stahls und der Zusammensetzung des Pulvers soll entweder eine Entkohlung oder eine Kohlenstoffaufnahme in den oberen Schichten der Bohrung erfolgen. Dadurch wird die Konstitution des Metalls verändert und die Haltbarkeit beeinträchtigt. Am häufigsten wird eine Härtung der obersten Schichten angenommen (z. B. von P. Vieille): Die heißen Gase erwärmen die Oberfläche der Bohrung sehr stark; wenn nun das Geschoß den Lauf verläßt, so findet infolge der plötzlichen Entspannung der Gase eine rasche Abkühlung derselben und damit der Seelenwandung statt, so daß der Stahl in den oberen Schichten der Bohrung gehärtet wird.

c) Okklusion: Die Seelenwandungen werden beim Schuß erhitzt. Hierdurch werden die Poren des Stahls erweitert. Infolge ihres hohen Drucks pressen sich die Gase in großer Menge in diese Poren ein, sie werden vom Metall „okkludiert“. Bei dem Sinken der Temperatur schließen sich später die Poren, und wenn nun auch der Gasdruck in der Bohrung nachläßt, so treten die hochgespannten okkludierten Gase aus den Poren wieder aus, sie bahnen sich einen Ausweg ins Freie. Man hätte danach eine Erscheinung wie bei dem bekannten „Spratzen“ eines Metalls. — Auf diese Weise wird also die Metalloberfläche allmählich gelockert (Theorie von Klever).

d) Statische Einflüsse werden z. B. von P. Siwy und von Tschernow hervorgehoben: Bei der natürlichen Rohrkonstruktion tritt durch den Schuß rasch eine hohe tangentielle Zugbeanspruchung des Rohrmetalls auf und verschwindet ebenso wieder rasch. Bei der künstlichen Rohrkonstruktion ist die innerste Schicht bereits im Ruhezustande tangentiell auf Druck beansprucht; beim Schuß geht diese Beanspruchung durch Null hindurch und in eine Zugbeanspruchung über. Diese Wechsel in der Beanspruchung haben zur Folge, daß das Material ein kristallinisches Gefüge erhält, so daß seine Widerstandsfähigkeit vermindert wird. Nach längerem Feuern kommt zu der ursprünglichen tangentiellen Druckbeanspruchung noch eine weitere Druckbeanspruchung hinzu, die von der einseitigen Erwärmung der innersten Schichten herrührt. Das Metall sucht infolge davon auszuweichen; es bilden sich kleine axial verlaufende Grate. Bei der Abkühlung fehlt alsdann dieses Material, das in Form von Graten über die normale Bohrungsoberfläche vorgepreßt worden war, und es entstehen die feinen Risse. Diese Risse sind die Anfänge der weiteren Erosionen. Ähnliches geht in axialer Richtung vor sich; denn axial ist das Kernrohr im Ruhezustand meistens auf Druck beansprucht; beim Schuß aber geht diese Beanspruchung durch Null hindurch auf eine Zugbeanspruchung über.

e) Dynamische Einflüsse (Stichflammenwirkung). Zwischen der Bohrung und dem Geschoß entweichen Gase nach der Mündung zu; entweder deshalb, weil infolge von Laufwärmung und Gasdruck eine Bohrungserweiterung eingetreten ist; oder aber weil diese Gase durch die vorhin erwähnten Sprünge und Risse in der Bohrung sich durchzwängen können. Die durchströmenden Gase besitzen eine sehr große Geschwindigkeit und eine hohe Temperatur; die innersten Schichten der Bohrung werden erweicht, und das Metall wird weggerissen, ähnlich wie ein Gießbach die Erde aufreißt. Am stärksten ist die Wirkung da, wo sie am längsten andauert, also an den Orten, wo das Geschoß noch eine kleine Geschwindigkeit besitzt; die Ausbrennungen erstrecken sich daher auf die dem Übergangskonus benachbarten Stellen der Bohrung.

f) P. Charbonnier stellt sich die dynamischen Einflüsse etwas anders vor, nämlich folgendermaßen: Er nimmt einen regelrechten Gasstrom beim Schuß an („veine gazeuse“). Dieser führt aus dem Laderaum mit dem größeren Querschnitt in den gezogenen Teil mit dem kleineren Querschnitt. Der Gasstrom folgt aber nicht dem Profil der beiden Rohrteile, sondern er schnürt sich in der Gegend des Übergangskonus ein. Dadurch bilden sich dort Ringzonen, in denen die Wände von dem eigentlichen Gasstrom nicht berührt werden. In diesen Ringzonen bilden sich Wirbel und heftige Stauungen; die lebendige Kraft der Gasteile ist hier vermindert, Druck und Temperatur erhöht. Man hat also eine Erscheinung wie bei Flüssen, in denen an Stellen mit scharfen Krümmungen und Verengungen ebenfalls solche Zonen relativer Ruhe, also ohne fortschreitende Bewegung, sich bilden und infolgedessen Wirbel und Stauungen entstehen, die das Ufer zernagen.

Dies sind die hauptsächlichsten Einflüsse, die vorhanden sein könnten. Vieille nimmt zur Erklärung der Erosionserscheinungen eine Kombination der Einflüsse b) und e) zu Hilfe (Härtung in dünner Schicht durch die Wirkung der kohlenstoffhaltigen Gase von hoher Temperatur; Zerspringen dieser Schicht in ein regelmäßiges Netzwerk; Erweiterung der Sprünge durch die durchstreichenden Gase). Ähnlich Yarnell und Vasseur.

R. Alger führt gegen die Stichflammentheorie an: Erstens, daß die Abnutzung an den Feldern ungefähr doppelt so stark ist wie an den Zügen, während doch nach jener Theorie das Umgekehrte zu erwarten wäre, da das Führungsband des Geschosses an den Feldern genauer anliege als an den Zügen; zweitens, daß die größte Ausbrennung nicht am Anfang der Züge, sondern weiter innerhalb des Rohrs zu erwarten wäre, da der Maximaldruck und damit die maximale Stichflammenwirkung erst eintrete, wenn das Geschoß einen gewissen Weg zurückgelegt habe. Alger erklärt seinerseits die Erscheinung rein thermisch aus der hohen Verbrennungstemperatur und der Dauer der Einwirkung (die kurzen Rohre von Gewehren und Mörsern halten Tausende von Schüssen aus); je größer das Kaliber, um so größer ist die auf 1 cm^2 des Bohrungsumfangs entfallende Wärmemenge und um so länger dauert auch, bei gleicher Rohrlänge usw., im allgemeinen die Einwirkung.

Nach Tschernow findet eine Riß- und Gratbildung durch Hervorpressen des Metalls statt (vgl. d)); alsdann Stichflammenwirkung (vgl. e)). Er erinnert daran, daß ähnliche Risse auf der Oberfläche von Matrizen entstehen, die zum Pressen von glühenden Metallgegenständen dienen und die zwischen je zwei Schlägen durch Wasser gekühlt werden, während die Matrizen, die beim Kaltprägen von Münzen verwendet werden, unversehrt bleiben. Auch die Oberfläche eines Walzwerks, das bei Berührung mit dem zu pressenden glühenden Körper eine Temperaturerhöhung unter starkem Druck erleidet und nachher durch einen Wasserstrom gekühlt wird, zeigt dieselbe Veränderung.

Nach Justrow erfolgt die Abnützung der Rohre in erster Linie durch die Einflüsse des Gasdrucks und der Gastemperatur. Der

Gasdruck bewirkt eine Ausdehnung des Rohrs, ein „Atmen" des Rohrs; am stärksten im Augenblick des Maximaldrucks. Dadurch hebt sich die Rohrwandung vom Führungsband etwas ab (die Kalibervergrößerung bei 3000 kg/cm² Maximaldruck kann für das 8-mm-Gewehr 0,019 mm, für das 42-cm-Geschütz 1 mm betragen). Es entsteht so ein Spalt zwischen Rohr und Führungsband; und in diesen Spalt können sich die Stichflammen hineindrängen. Eine weitere Ausdehnung des Rohrs entsteht durch die Temperaturerhöhung des Rohres. Justrow bringt auch für diesen Einfluß eine größere Tabelle; aus dieser Tabelle sei hier nur erwähnt, daß für die Temperaturerhöhung des Führungsbands beim Durchgang des Geschosses durch das Rohr z. B. die nachfolgenden Beträge angegeben werden: Bei der 7,5-cm-Kanone bzw. bei dem 42-cm-Mörser 850° bzw. 970° C. Seine Untersuchungen faßt Justrow in einer Formel für die zulässige Schußzahl Z zusammen. Noch zulässig soll eine Schußzahl dann sein, wenn die Mündungsgeschwindigkeit v_0 des Geschosses nicht um wesentlich mehr als 10% durch die Rohrausbrennung gesunken und der Geschoßflug noch einwandfrei geblieben ist, oder auch, wenn die Länge des Verbrennungsraumes sich nicht um mehr als $0{,}0015 \cdot \lambda^2 \cdot D$ cm gesteigert hat (λ die Rohrlänge in Kalibern, D das Kaliber in cm), also z. B. bei der 15-cm-Kanone $L/45$ darf der Verbrennungsraum sich nicht um mehr als $0{,}0015 \cdot 45^2 \cdot 15$ oder rund 45 cm verlängert haben. Es ist

$$Z = \frac{x \cdot y}{D^2} \cdot \frac{C \cdot v_0^2}{\lambda} \cdot \frac{\sigma \cdot \varepsilon}{\nu \cdot k_q} \quad \text{(Lebensdauerzahl)},$$

dabei sind σ (Streckgrenze, 5000 kg/cm²) und ε (Dehnung, 15%) charakteristisch für die Festigkeitseigenschaften des Rohrmaterials; ν und k_q für die Festigkeitseigenschaften des Führungsbandmaterials. Den Reibungskoeffizient ν nimmt Justrow gleich 0,2 für Kupferbänder und gleich 0,25 für Messing, legiertes Zink, Eisen und für die Infanteriegeschosse. Die Quetschbelastung k_q ist nach ihm gleich 2500 kg/cm² bei Kupfer und gleich 3300 bei Messing, legiertem Zink, Elektrolyteisen und bei den Infanteriegeschossen, endlich gleich 3800 bei Martineisen. D ist, wie erwähnt, das Kaliber in cm; λ die Rohrlänge in Kalibern; C ist das Geschoßgewicht (g) dividiert durch D^3; v_0 ist die Anfangsgeschwindigkeit des Geschosses (m/sec). Der Faktor x hängt ab von der Größe des (am neuen Rohr gemessenen) Maximaldrucks und ist bzw. = 1,25; 0,15; 0,05; 0,02; 0,001 bei einem Maximaldruck von 1000; 2000; 2500; 3000; 4000 kg/cm². Diese Zahlen gelten für 25% Nitroglyzeringehalt des Pulvers; bei 40% Nitroglyzeringehalt verkleinert sich x um 10%; bei reinem Nitrozellulosepulver vergrößert sich x um 10%. Der Faktor y hängt ab vom Kaliber D (cm) und von der Feuergeschwindigkeit, die nicht mehr als $\frac{441}{D^2}$ in der Minute betragen soll, also z. B. bei der 7,5-cm-Kanone nicht mehr als $\frac{441}{7{,}5^2}$ oder rund 8 pro Minute. Nach Justrow ist für ein Kaliber von $D = 0{,}8$; 5,25; 7,5; 10,5; 15; 21; 30,5; 42 cm der Wert des Faktors y bzw. 0,03; 0,32; 0,46; 0,66; 0,86; 0,94; 0,95; 0,96. Die Formel soll nur gelten für die betreffende Ladung, um die es sich handelt, ferner nur für ein festes Ansetzen des Artilleriegeschosses (Verwendung von Patronenmunition setzt die Lebensdauer herab); endlich nur für die gebräuchliche Rohrkonstruktion (nicht etwa auch für Drahtrohre; diese besitzen eine kürzere Lebensdauer).

Zahlenbeispiel: Gasdruckmaximum 4000 kg/cm²; Kaliber $D = 21$ cm; Anfangsgeschwindigkeit $v_0 = 1500$ m/sec; Rohrlänge 100 Kaliber; Geschoßgewicht 102 kg; Kupferbandführung.

Danach ist $\lambda = 100$; $x = 0{,}001$; $y = 0{,}94$; $\sigma = 5000$; $\varepsilon = 15$; $\nu = 0{,}2$; $k_q = 2500$; $C = \frac{102\,000}{213} = \sim 11$. Somit ist die maximale Schußzahl

$$Z = \frac{0{,}001 \cdot 0{,}94}{21^2} \cdot \frac{11 \cdot 1500^2}{100} \cdot \frac{5000 \cdot 15}{0{,}2 \cdot 2500} = 79\,.$$

Auffallen muß, daß danach die Lebensdauer mit dem Quadrat der Mündungsgeschwindigkeit v_0 zu- und abnimmt. Es wird daher untersucht werden müssen, ob die Formel genügend allgemeine Gültigkeit hat.

Sonstige Formeln für die Lebensdauerzahl eines Geschützrohrs sind verschiedentlich aufgestellt worden. So soll z. B. nach den Erfahrungen der englischen Admiralität sein:

$$Z = \text{const}\,\frac{p_1^{1,7}}{v_0^2 \cdot D \cdot (D - 0{,}79)}\,;$$

dabei p_1 der Maximaldruck in kg/cm²; v_0 die Mündungsgeschwindigkeit des Geschosses in m/sec; D das Kaliber in cm. Nach Siwy soll die Abnutzung der Rohre proportional der Pulverladung pro 1 cm des Seelenumfangs, der Schußdauer und der Dichte der Pulvergase sein usw.

Als Schutzmittel gegen die Erosion von Geschützrohren wurde z. B. empfohlen: Anwendung von staubförmigem Graphit im Rohr, wodurch dieses vor der direkten Berührung mit den heißen Gasen geschützt werden soll (Acheson Graphite Co. in Niagara Falls); ferner Zusätze von Graphit oder von reiner feinverteilter Kohle zu der Geschützladung, wodurch eine Erniedrigung der Verbrennungstemperatur bewirkt werden soll, indem sich nur CO, nicht auch CO_2 bilde (Monni) und anderes mehr. K. Becker (s. Lit.-Note) macht eine Reihe von beachtenswerten Vorschlägen, wie durch eingehende Versuche die ganze Frage der Rohrausbrennungen systematisch geklärt werden könnte.

§ 20. Einerseits Luft, andererseits ein fester Körper.

Bekanntlich kann eine Dynamitpatrone, frei auf einer Metallplatte liegend, durch ihre Explosion ein Loch durch die Platte schlagen oder eine Platte, Eisenbahnschiene usw. sprengen. Knallsilber, auf eine Glasplatte oder Blechplatte oder Visitenkarte gelegt und mit dem elektrischen Funken entzündet (s. Abb. 12), schlägt ein Loch hindurch, dessen Durchmesser ungefähr demjenigen des Knallsilberhäufchens entspricht. Papier, auf den Tisch gelegt, wird blasenförmig nach oben gebogen, Stanniol durchschlagen und nach oben ausgefranst (E. Mach). Diese letztere Wirkung erklärt E. Mach daraus, daß das Papier oder Stanniolblatt kräftig nach unten gegen den Tisch gedrückt worden war; der Gegendruck des Tisches bewirkt sodann die Ausbauchung. (E. Mach berichtet, daß ein Wasserbottich, in dem eine starke Patrone entzündet wurde, sich hoch hob, und daß bei einer großen Knallsilberexplosion die Wandschränke in das Zimmer hereinstürzten.) Diese Erscheinungen lassen sich vielleicht am einfachsten nach den Bemerkungen von § 16 Schluß oder auch durch die beim Abströmen der Sprengstoffgase auftretende Saugwirkung erklärt denken.

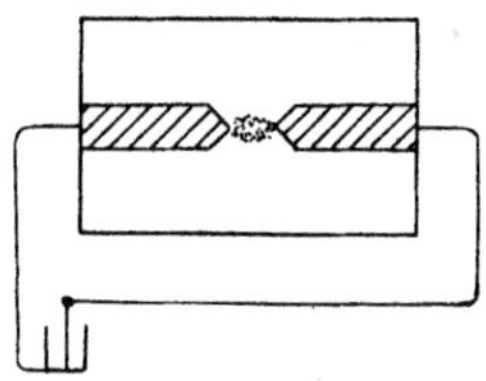

Abb. 12.

Es fragt sich, weshalb die auf eine Metallplatte gelegte Sprengpatrone nach unten ein Loch schlagen kann, während doch nach oben scheinbar kein Hindernis für das Entweichen der Gase vorhanden ist. Der Trägheitswiderstand der Luft ist es nicht, der das Entweichen der Gase verhindert. Denn E. Mach wies nach, daß unter der Glocke der Luftpumpe die Wirkung von Knallsilber, das auf ein Kartenblatt gelegt ist, ebenso stattfindet, wie in der freien Luft. Vielmehr ist die Erklärung (wenigstens nach E. Mach) die folgende:

Wird eine kräftige Spiralfeder, durch einen Bindfaden in zusammengepreßtem Zustand gehalten, auf ein Stück Wachs gelegt, so springt nach dem Durchbrennen des Bindfadens die Feder nach oben; die Wachsplatte aber wird nach unten eingedrückt; dabei stützt sich die untere Hälfte der Feder gegen die obere. Analog, wenn Dynamit oder Knallsilber auf einer Metallplatte explodiert, so verwandelt sich der Sprengstoff in sehr kurzer Zeit vollständig in Gas, dadurch entsteht ein hoher Druck und folglich bedeutende Geschwindigkeiten der Gasteilchen. Die eine Hälfte der Gasmasse wird nach unten, die andere nach oben geschossen. Die große Geschwindigkeit der Gasteilchen zeigt sich deutlich, wenn man nach

E. Mach die Knallsilberexplosion auf einem Kartenblatt erfolgen läßt, das auf der einen Seite einer Art Wage sich befindet (s. Abb. 13). Der Zeiger der Wage erhält keinen merklichen Ausschlag, da das Kartenblatt schon durchlocht ist, ehe sich die Wage in Bewegung setzen kann; von der ganzen Bewegungsgröße $m \cdot v$ des Knallsilbers (m Masse des Knallsilbers, v Geschwindigkeit der Teilchen) überträgt sich also auf den übrigen Teil des Kartenblattes und damit auf die Wage nur ein äußerst geringer Teil. Man erinnert sich hierbei an die in Band I besprochenen Schußwirkungen (Durchschießung einer frei aufgehängten Glasplatte usw.). Ein sehr kräftiger Aus-

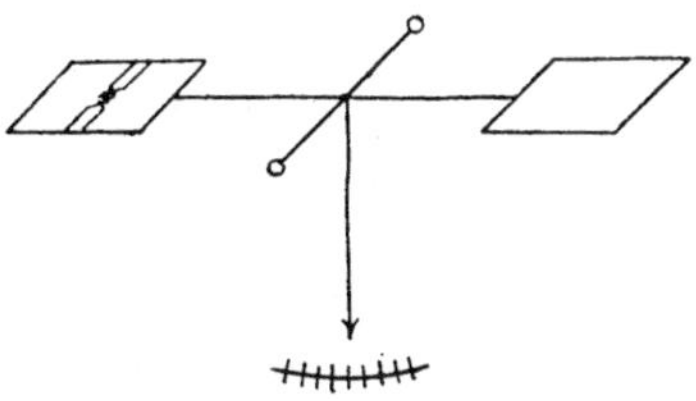

Abb. 13.

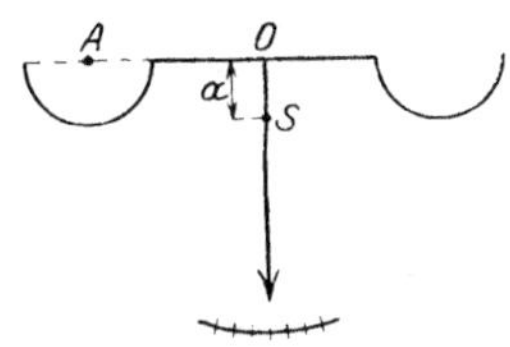

Abb. 14.

schlag der Wage wird dagegen erhalten, wenn die Explosion des Knallsilbers im Mittelpunkt A einer Halbkugelschale aus Messingblech erfolgt, die mit Seidenpapier überzogen ist (s. Abb. 14). Die Halbkugel wird jetzt nicht mehr durchschlagen, da die Hälfte des Explosionsstoßes durch Vermittlung der Luft auf die gesamte Oberfläche der Schale verteilt wird. Wie eine leichte Rechnung zeigt, wirkt von der Bewegungsgröße $\frac{1}{2} m \cdot v$ der unteren Hälfte des Knallsilberhäufchens $\frac{m \cdot v}{4}$ in vertikaler Richtung abwärts auf die Wage, falls man annimmt, daß diese Bewegungsgröße in der Schale bleibt (entsprechend demjenigen Fall beim ballistischen Pendel, wo das Geschoß im Pendel stecken bleibt, dagegen in dem wahrscheinlicheren Falle einer fast vollkommenen Reflexion der Gase wirkt nach unten $\frac{m\,v}{2}$; dieser Ausdruck ist alsdann gleich $\frac{2}{\pi} \cdot M \cdot \frac{a}{b} \cdot T \cdot g \cdot \sin \frac{\alpha}{2}$, wo $a = OS$ = Abstand des Drehpunkts O vom Schwerpunkt S der Wage, $b = OA$ = Abstand von Drehpunkt und Knallsilberhäufchen; M, T, α bzw. Masse, Schwingungsdauer und Ausschlagswinkel der Wage bedeutet. Mach fand damit für Knallsilber als Fortpflanzungsgeschwindigkeit des Explosionsstoßes $v = 1750$ m/sec.

Eine ungefähre Messung dieser Fortpflanzungsgeschwindigkeit erhielt E. Mach 1880 auch durch die folgende Anordnung (s. Abb. 15): AB und CD sind zwei gleiche und gleich lange, parallele Knallsilberhäufchen auf berußter Platte. Durch einen elektrischen Funken wird gleichzeitig bei A und bei C gezündet. Da der Ruß durch die Schallwellen von AB und CD aus weggefegt wird, und nur an den Stellen liegen bleibt, an denen die Schallwellen von entgegengesetzten Richtungen her sich treffen, so entsteht zwischen AB und CD eine schiefe Interferenzrußlinie $A_1 B_1$, die ziemlich scharf begrenzt ist. In derselben Zeit, in der die Explosion von A nach O, ebenso von C nach O_1 fortschreitet, gelangt die Schallwelle von A nach A_1, von E nach E_1, von B nach B_1, ebenso von C nach C_1, F nach F_1, D nach D_1. Es ist also $\sin \alpha$ gleich dem Verhältnis der Fortpflanzungsgeschwindigkeit s der Schallwellen (des Explosionsstoßes) zu derjenigen v der Explosion. Wäre nun s konstant gleich zirka 333 m/sec (nur abhängig von der Temperatur), so hätte man in diesem Verfahren ein gutes Mittel zur Messung der Fortpflanzungsgeschwindigkeit v einer Explosion. Über die Größe von s wissen wir leider sehr wenig; in der Nähe des Sprengstoffs wird s annähernd gleich der Fortpflanzungsgeschwindigkeit der Detonation sein, mit steigender Entfernung aber in die Schallgeschwindigkeit übergehen. Mit der Annahme s (im Mittel) $= 400$ m/sec erhielt E. Mach für Knallsilber $v = 1700$ bis 2000 m/sec. Bei direkter Messung hat Bichel ungefähr $v = 4000$ m/sec gefunden. Daraus ergibt sich, daß die Annahme Machs, $s = 400$, nicht zutreffend sein kann.

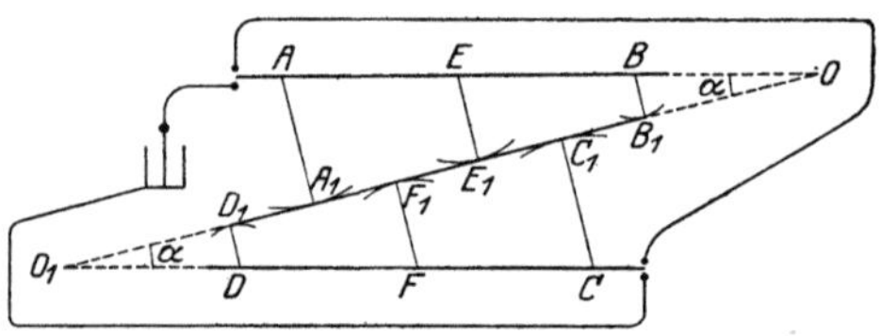

Abb. 15.

In der Sprengstoff-Chemie und -Technik sucht man die Stoßwirkung eines detonierenden Sprengstoffes, wie schon oben angedeutet, auf folgende Weise messend zu prüfen: Entweder, wie bei Initialsprengstoffen, wird der Sprengstoff in eine dünne Kupferhülle eingeschlossen, die auf eine Bleiplatte gelegt wird; man mißt die Dicke der Platte, die noch durchlocht wird (Bleiplattenprobe); oder man mißt durch Wägen die Abnahme des Gewichts der Platte; besser noch prüft man nach Wöhler die Initialzündmittel auf phlegmatisiertem Sprengstoff. Bei eigentlichen Sprengstoffen verwendet man eine Einrichtung, ähnlich dem Nobleschen Stauchapparat (Brisanzmesser), oder bringt man eine abgemessene Menge des Sprengstoffes ungefähr in die Mitte eines größeren Bleiblocks, der verschlossen wird. Es wird der Rauminhalt der Höhlung bestimmt, die sich im Innern des Bleiblockes bildet (Trauzl-Probe). Bei diesem letzteren Verfahren mißt man jedoch nicht die Stoßwirkung, sondern die Arbeit der Bleiverdrängung durch den statischen Gasdruck $p = f\triangle(1 - \alpha\triangle)^{-1}$, der von dem spezifischen Volumen, der Verbrennungstemperatur und der Ladedichte abhängt. Oder endlich wird eine abgewogene Menge des Sprengstoffes in einer Bombe entzündet, die einen mit geringer Reibung gehenden Stempel von bedeutendem Gewicht besitzt. Bei der Explosion wird der Stempel um ein bestimmtes Maß in die Höhe getrieben; diese letztere Methode gestattet nach den Angaben von Bichel, die statische Druckwirkung von der dynamischen Stoßwirkung rechnerisch zu scheiden.

Zu der Messung des Arbeitsvermögens eines Sprengstoffs mittels der Trauzl-Probe sei noch angeführt, wie innerhalb der flaschenförmigen Erweiterung des Bleizylinders meist Anzeichen dafür erkennbar sind, daß zwei Wellen aufgetreten sein müssen: In dem mittleren Querschnitt senkrecht zur Zylinderachse sieht man einen stehen gebliebenen Interferenz-Kranz von Blei. In dem aufrecht stehenden Bleizylinder ist ohne Zweifel eine Welle von unten nach oben und eine andere Welle von oben nach unten gegangen; diese beiden Wellen sind in dem mittleren Querschnitt zusammengetroffen und haben sich in ihrer Wirkung teilweise aufgehoben, so daß dort das Blei weniger nach außen gedrängt wurde. Diese ziemlich scharfen, 2 bis 3 mm dicken Interferenzringe hat der Verfasser an Trauzl-Zylindern, welche nach dem Versuch längs der Zylinderachse durchgeschnitten worden waren, in mehreren Dutzend Fällen beobachtet.

Auch der Ort der Zündung ist von Einfluß auf die Wirkung und auf die Fortpflanzungsgeschwindigkeit der Stoßwelle. Bewiesen wurde diese Tatsache dadurch, daß längere Sprengstoffsäulen in einiger Entfernung über dem Brisanzmesser (Stauchapparat), und zwar senkrecht über diesem hängend, zur Detonation gebracht wurden. Wenn die Sprengstoffsäule oben gezündet wurde, also möglichst weit entfernt von der Stauchvorrichtuug, so war die Stauchung wesentlich größer, als wenn die Sprengstoffsäule an dem nach dem Apparat hin gerichteten Ende, also unten, gezündet wurde. Bei Zündung in der Mitte der Säule lag das Ergebnis der Stauchung zwischen denjenigen bei Oberzündung und bei Unterzündung.

§ 21. Explosionen in freier Luft.

Es möge eine große Menge eines Pulvers in der Luft explodieren, beispielsweise 1500 kg Schwarzpulver. Bei gewöhnlichem Atmosphärendruck und bei 0° C würden die entstehenden Gase eine Kugel von nur ca. 4,5 m Radius einnehmen, bei Atmosphärendruck und der Explosionstemperatur eine Kugel von ca. 9,5 m Radius. Durch den hohen Explosionsdruck und bei der hohen Temperatur erhalten jedoch die Gasteilchen bedeutende Geschwindigkeiten nach allen Seiten, nach denen sie entweichen können. Sie stoßen auf die umgebende Luft, und so entsteht eine Druckwelle verdichteter Luft, die sich kugelförmig um die Explosionsstelle O ausdehnt. Die Luftschicht $1 - 1$ gelangt nach $2 - 2$, die Schicht $2 - 2$ nach $3 - 3$ usw. Es schreitet so eine Verdichtungswelle der Luft mit der Schallgeschwindigkeit im weiteren Sinne s (m/sec) nach außen fort. Haben die Luftteilchen der einzelnen Schichten ihre Geschwindigkeiten verloren, so kehren sie in die Gleichgewichtslage zurück, da um O herum jetzt ein luftverdünnter Raum entstanden ist; zuerst die Teilchen der Schicht $1 - 1$, dann diejenigen der Schicht $2 - 2$ usf. Es muß also auf die Verdichtungswelle eine Verdünnungswelle folgen.

Was die Fortpflanzungsgeschwindigkeit s dieser Luftwellen anlangt, so hat hierüber E. Mach den für die Aerodynamik wichtigen Satz bewiesen, daß die Schallgeschwindigkeit s keineswegs immer gleich der normalen Schallgeschwindigkeit $s_0 = 330{,}7 + 0{,}66\,t$ m/sec ist (t Temperatur der Luft), sondern daß ihre Größe wesentlich von der Art und der Intensität der Erregung der Luftwellen abhängt: Bei Explosionen aller

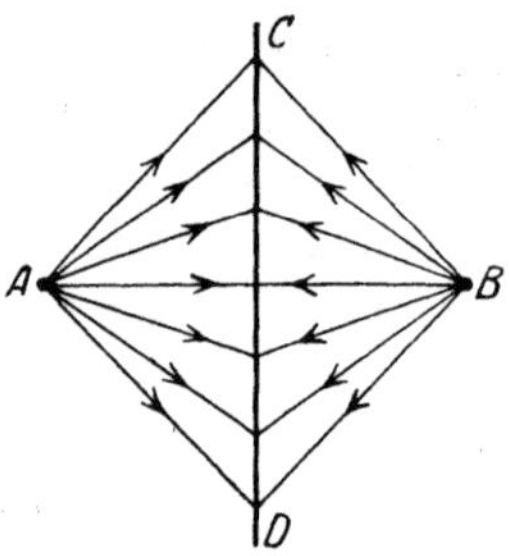

Abb. 16a.

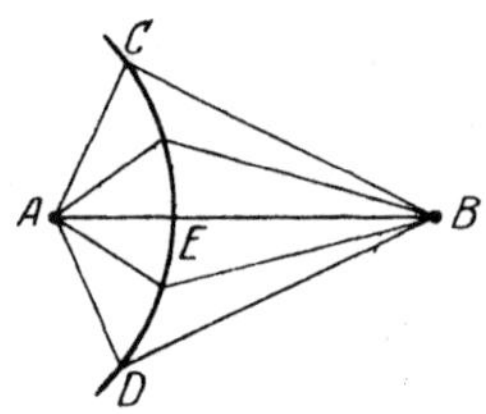

Abb. 16b.

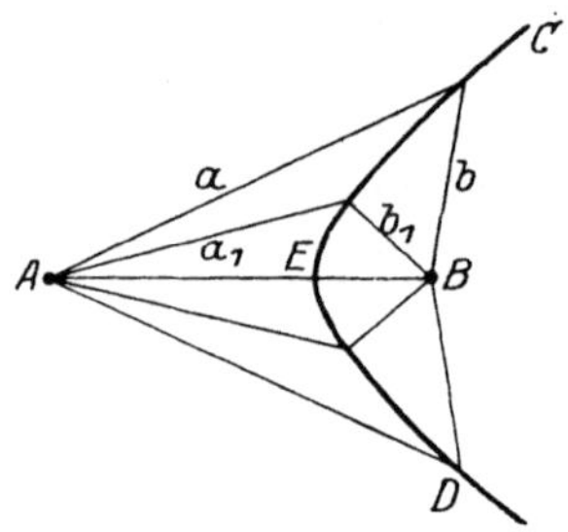

Abb. 16c.

Art, auch bei Erregung von Luftwellen durch elektrische Funken, ist s anfangs größer als s_0 und nimmt mit der Entfernung von der Erregungsstelle ab, bis sie schließlich gleich der normalen Schallgeschwindigkeit s_0 wird (bei Explosionen von starken Zündhütchen und bei großen Pulverexplosionen ist s anfangs 700 m/sec und darüber, bei elektrischen Funken 400 m/sec und darüber). Von den zahlreichen Versuchen, die E. Mach zum Beweise dieses Satzes ausführte, seien einige wenige kurz erwähnt.

a) In A und B (s. Abb. 16a) seien zwei gleich große Knallsilberhäufchen, die auf einer berußten Platte liegen, gleichzeitig elektrisch entzündet. Der Ruß wird von der Platte weggefegt und bleibt nur entlang der Interferenzlinie CD liegen, in deren Punkten die Schallwellen, von entgegengesetzten Seiten kommend, zusammenstoßen. Wird nun der Versuch derart wiederholt, daß in B mehr Knallsilber aufgelegt wird als in A, so erhält man eine krumme Linie CED (s. Abb. 16b); dabei liegt E näher an A als an B, da die Geschwindigkeit der Schallwelle aus B wegen der größeren Intensität der Erregung eine höhere ist als die Geschwindigkeit der Schallwelle aus A.

b) In A und B befinden sich wieder zwei kleine Knallsilberhäufchen auf einer berußten Platte (s. Abb. 16c), B wird um eine sehr kleine Zeitdifferenz τ später entzündet als A; man erhält die krumme Interferenzlinie CED. Wäre nun die Schallgeschwindigkeit s konstant, so müßte folgendermaßen geschlossen werden: Die Strecke $AC = a$ wird in $\frac{a}{s}$ Sekunden, die Strecke $BC = b$ in $\frac{b}{s}$ Sekunden zurückgelegt. Die Differenz $\frac{a-b}{s}$ ist gleich der gegebenen Zeitdifferenz τ; es müßte also sein $a - b = \tau \cdot s = \text{const}$, d. h. die Kurve müßte eine Hyperbel sein. Nun zeigte die Ausmessung der Differenzen $a - b$, $a_1 - b_1$ usw., daß diese Differenzen mit der Entfernung des betreffenden Kurvenpunktes C von A und B abnahmen, nicht konstant waren; also mußte auch $\tau \cdot s$ abnehmen, und, da τ die gegebene Zeitdifferenz ist, muß die Schallgeschwindigkeit s um so mehr abnehmen, je größer die Entfernung von der Erregungsstelle ist.

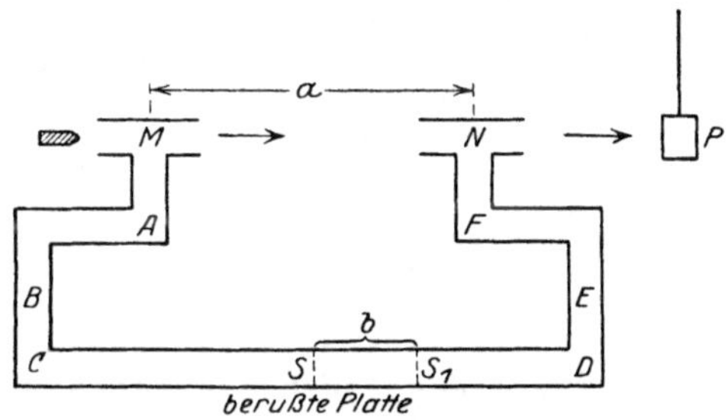

Abb. 17.

Die Tatsache, daß bei starken Schallerregungen die Schallgeschwindigkeit nicht den normalen Wert hat, ergab sich auch aus folgendem.

c) Es wurde versucht, die Geschwindigkeit einer Pistolenkugel durch die Verschiebung von Rußinterferenzstreifen zu messen: Von einer Röhre M (s. Abb. 17) geht ein Kanal $ABCDEF$ nach einer zweiten Röhre N, die in der Verlängerung von M steht. CD ist eine schmale berußte Platte. Der Abstand der beiden Röhrenmitten ist bekannt, gleich a. Wird in der Richtung des Pfeils durch die Röhren geschossen, so geht zunächst eine Luftwelle von M aus in der Richtung $ABCS$ weiter. Eine gewisse Zeitdifferenz nachher gelangt ein zweiter Druckimpuls von N aus über FED nach der Platte. Der Interferenzstreifen S_1, der hierbei auf der berußten Platte entsteht, muß gegenüber der Plattenmitte S um eine gewisse Strecke $SS_1 = b$ nach D zu verschoben sein. Die Geschoßgeschwindigkeit wurde weiterhin durch ein ballistisches Pendel P gemessen. Angenommen nun, die Schallgeschwindigkeit betrage 333 m/sec, so legt die von M ausgehende Welle den Weg $MABCS_1$ oder l_1 in $l_1 : 333$ sec, ebenso die Welle aus N den Weg $NFEDS_1$ oder l_2 in $l_2 : 333$ sec zurück. Die Zeitdifferenz ist $\frac{l_1 - l_2}{333} = \frac{2b}{333}$, die Geschoßgeschwindigkeit somit $v = \frac{a \cdot 333}{2b}$. Gemessen wurden a und b. Die so erhaltene Geschwindigkeit v ergab sich als viel zu klein. Somit mußte die wahre Schallgeschwindigkeit (Fortpflanzungsgeschwindigkeit des Luftwellenstoßes) wesentlich größer als 333 m/sec, nämlich über 400 m/sek gewesen sein.

Ferner wurde von Comey die Geschwindigkeit gemessen, mit der sich in der Luft eine durch eine Detonation erzeugte Luftwelle fortpflanzt; Comey maß nach der Methode von Dautriche (s. o.) die Zeit, die zu der Übertragung der Detonation einer ersten Sprengstoffpatrone durch die Luft hindurch auf eine zweite Sprengstoffpatrone notwendig ist. Als mittlere Geschwindigkeit der Fortpflanzung eines solchen Detonationswellenstoßes durch die Luft hindurch fand er bei Dynamit:

Dynamit mit % Nitroglyzerin	Detonationsgeschwindigkeit	Fortpfl. Geschw. des Detonationswellenstoßes in der Luft							
		bis 127 mm	254 mm	381 mm	508 mm	635 mm	711 mm	1076 mm	Entfernung
60%	5795 m/sec	5346	5224	—	4295	—	—	2733	m/sec
25%	3349 „	3426	3502	3250	2939	2572	2357	—	„

Analog hat P. Vieille die Geschwindigkeit der Fortpflanzung des Detonationsstoßes in der Luft für Knallquecksilber ermittelt; er fand in 113 cm bzw. 386 cm Entfernung eine Geschwindigkeit von 1144 bzw. 805 m/sec Außerdem wurde gezeigt, daß die Geschwindigkeit der Fortpflanzung der Stoßwelle von der Menge des Sprengstoffs, seinem Einschluß und von der Beschaffenheit des Mediums, in dem die Fortpflanzung stattfindet, sowie von dessen Druck abhängt:

Geschwindigkeit in 113 cm Entf.	bei H_2	Luft	CO_2
1 Atm. Druck	2104	1041	814 m/sec
22 „ „	1555	576	363 „

Bezüglich weiterer experimenteller Untersuchungen von Dixon, Wolff, le Chatelier, Jouguet und Stodola vgl. die Lit.-Note.

Die Tatsache, daß die Schallgeschwindigkeit bei Explosionen anfangs größer als die gewöhnliche Schallgeschwindigkeit s_0 (ca. 333 m/sec) ist, hat nichts Sonderbares an sich, wenn man bedenkt, daß diese Zahl 333 nur unter der Voraussetzung sehr kleiner Amplituden der Luftteilchen innerhalb der Schallwelle gilt. Nur wenn die Wegstrecken, die von den Luftteilchen bei deren Schwingungen hin und her zurückgelegt werden, sehr klein sind, ist die Fortpflanzungsgeschwindigkeit von dieser Amplitude unabhängig. (Ebenso ist die Schwingungsdauer eines Pendels unabhängig von dem Ausschlagwinkel nur, solange die Ausschlagwinkel klein sind.) Im Falle der Explosionen hat man sich zu denken, daß die Luftteilchen in endlich großen Amplituden hin und her schwingen, und dann ist die Fortpflanzungsgeschwindigkeit der Luftwellen durch die Amplitude bedingt, die mit der Entfernung von der Explosionsstelle schnell abnimmt. Solche Luftwellen großer Exkursion nennt man Riemannsche Wellen. Schon Poisson hat gezeigt, und Riemann hat später 1860 ausführlich bewiesen, daß nur so lange, als die Geschwindigkeiten der hin- und hergehenden Luftteilchen sehr klein sind, für jeden Ton, den schwachen und den starken, die Fortpflanzungsgeschwindigkeit der Schallwellen dieselbe ist. Also nur solange die Dichtigkeitsunterschiede der Luft innerhalb der Welle sehr klein sind, ist die Fortpflanzungsgeschwindigkeit einer Lufterschütterung gleich der normalen Schallgeschwindigkeit. Dagegen wenn die Geschwindigkeiten der Luftteilchen und die Dichtenunterschiede bei einer Störung des Gleichgewichts endlich groß sind, ist die Schallgeschwindigkeit größer als die gewöhnliche. Z. B. bei einer Explosion von 1500 kg Granatfüllung wurden von W. Wolff die Fortpflanzungsgeschwindigkeiten der Luftverdichtungswelle in den Entfernungen 10; 25; 50; 100 ... m von der Explosionsstelle zu resp. 857,8; 464,6; 376,3; 350,7 usf. m/sec gemessen. Die normale Schallgeschwindigkeit war dabei mit Rücksicht auf die Lufttemperatur $s_0 = 340{,}87$ m/sec. Nach der Theorie Riemanns ergeben sich die Geschwindigkeiten der Luftteilchen innerhalb der Welle in der Richtung vom Explosionsherd weg zu resp. 428,4; 102,0; 27,9; 7,4 usw. m/sec. Allerdings gilt die Riemannsche Theorie, streng genommen, nur für ebene Wellen, während es sich im Fall der Wolffschen Messungen um kugelförmige Wellen handelt.

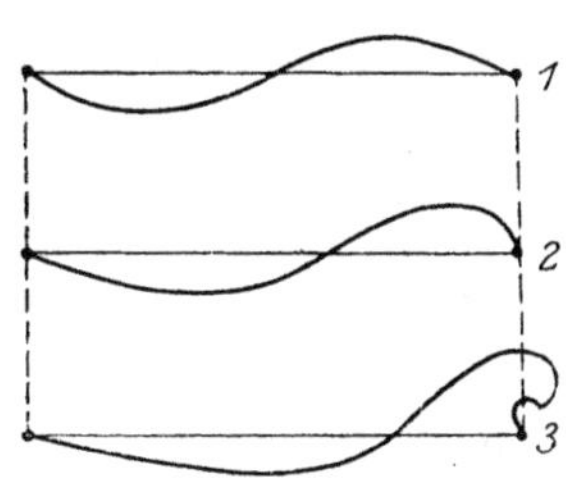

Abb. 18.

Die Form der Luftwellen muß der Riemannschen Theorie zufolge eine allmähliche Änderung erfahren, indem die größeren Dichten eine größere Fortpflanzungsgeschwindigkeit besitzen als die kleineren Dichten. Wenn also die Welle fortschreitet, drängt sich das Gebiet der Luftverdichtung immer weiter nach vorn zusammen, der Dichtenabfall in der Welle wird nach vorn zu größer und größer, und schließlich geht die Welle in einen Verdichtungstoß über. (Beim Wasser, s. Abb. 18, überstürzen sich schließlich die Wellen, die nach dem seichten Ufer zu laufen, die Wellenberge pflanzen sich hier gleichfalls schneller fort, als die Wellentäler, wegen der Reibung des Wassers am Boden. Ein solches Sichüberstürzen ist bei Luftwellen selbstverständlich nicht möglich, da es sich um longitudinale Verdichtungs- und Verdünnungswellen handelt.)

B. Riemann hatte bei seinen theoretischen Untersuchungen das gewöhnliche adiabatische Verdichtungsgesetz $\frac{p}{p_0} = \left(\frac{V_0}{V}\right)^k$ zwischen Druck p und Volumen V eines Gases vorausgesetzt. Hugoniot (vgl. Lit.-Note) zeigte 1884, daß dieses bei den unstetigen Verdichtungsstößen nicht mehr gelten könne, und stellte darum ein etwas komplizierteres Adiabatengesetz auf, das mehr dynamischen Charakter haben soll. Damit führte er die Berechnungen von neuem durch. Lord Rayleigh bestritt 1896 auf Grund von theoretischen Erwägungen überhaupt die Möglichkeit des Auftretens von unstetigen Drucksteigerungen im Sinne Riemanns; aber es gelang bald darauf Stodola, mit Hilfe von manometrischen Messungen der Drücke solche unstetige Druckerhöhungen, also solche Riemannsche Verdichtungsstöße innerhalb eines durch eine Lavaldüse mit Überschallgeschwindigkeit gehenden Gasstrahls experimentell nachzuweisen. Prandtl (s. Lit.-Note) berechnete, wie steil die Front einer Stoßwelle abfällt, und gab eine Formel für die Länge des Wellenkopfs. Es zeigte sich, daß starke Stoßwellen, wenn auch nicht streng mathematisch, so doch praktisch mit genügender Annäherung als unstetige Wellen betrachtet werden können.

Solche unstetige Stoßwellen liegen überall da vor, wo die Luft oder ein anderes Gas eine starke und rasche Erschütterung erfährt; ferner bei den starken Explosionen. Die Luft-Kopfwelle, die ein mit Überschallgeschwindigkeit fliegendes Geschoß begleitet und die Knallerscheinungen hervorruft (Bd. I, S. 40 u. 41), ist eine Riemannsche Welle. Das sog. Seeschießen, über das z. B. am Bodensee nicht selten berichtet wird (Geräusch wie von fernen Kanonenschüssen), wird zum Teil ebenfalls durch das Auftreten von unstetigen Verdichtungsstößen der Luft erklärt (vorausgesetzt, daß hierbei nicht tatsächlich doch fernes Schießen vorlag).

Die quantitativen Beziehungen für Stoßwellen, und zwar sowohl für ebene, wie für kugelförmig sich ausbreitende Wellen, hat in jüngster Zeit R. Rüdenberg ins einzelne theoretisch entwickelt. Einige der betr. Formeln sind weiter unten wiedergegeben.

Was die Wirkungen von Explosionswellen betrifft, wie sie sich in größeren Entfernungen vom Explosionsherde feststellen lassen, so wird in vielen Berichten über große Explosionen zwischen direkten und indirekten Explosionswirkungen unterschieden. Die ersteren bestehen darin, daß die Trümmer zerstörter Gegenstände vom Explosionsherde O weg geschleudert werden (positive Richtung); diese Wirkungen sind bei weitem die kräftigeren, und in der Nähe von O treten diese ausschließlich auf. In größeren Entfernungen jedoch werden indirekte Wirkungen, Saugwirkungen, beobachtet, die darin bestehen, daß die Trümmer nach dem Explosionsherde hin zu geworfen werden (negative Richtung). W. Wolff stellte eine Reihe von Fensterscheiben in verschiedenen Entfernungen vom Explosionsherde O auf. Bis 25 m Entfernung von O waren fast alle Splitter von O weggeschleudert. Je weiter jedoch die Scheiben von O entfernt aufgestellt waren, um so größer wurde der Prozentsatz der Splitter, die nach dem Magazin O hin zu gefallen waren. Schließlich zeigten sich die Trümmer nur noch nach O hin zu geworfen. Die Ursache dieser eigentümlichen Erscheinung sucht Wolff in folgendem: Wie schon oben erwähnt, rückt das Gebiet der größeren Dichten im Verlauf der Welle immer näher zusammen, das Gebiet der kleineren Dichten wird immer breiter. In größeren Entfernungen von O sind also mehr Teilchen vorhanden, die sich innerhalb der Welle in negativer, als solche, die sich in positiver Richtung bewegen. Da nun die Verdichtungswelle schließlich in einen sehr kurz dauernden Stoß übergeht, so ist dessen Zeitdauer zu klein, als daß die betreffenden mechanischen Wirkungen in positiver Richtung ausgeübt werden könnten. Dagegen währt die darauf folgende Verdünnung lange genug, um die Trümmerstücke in negativer Richtung zu bewegen. Abgesehen von der Änderung der Wellenform, kommt vielleicht außerdem folgendes hinzu: Wenn ein Luftteilchen eine Schwingungsbewegung ausführt, so geht es von seiner Ruhelage A aus zunächst in positiver Richtung. Es kommt in B zur Ruhe, schwingt sodann in der negativen Richtung zurück, geht durch die Gleichgewichtslage A hindurch nach B_1, kehrt von da in positiver Richtung nach A zurück usw. Die Geschwindigkeit des Teilchens ist also Null bei Beginn der Schwingung in A, sodann in B, ferner in B_1 usw. Das Geschwindigkeitsmaximum M_1, das innerhalb der ersten Viertelschwingung zwischen A und B liegen muß, und das sich auf die positive Richtung bezieht, wird bei Schallschwingungen im allgemeinen kleiner sein als das Geschwindigkeitsmaximum M_2, mit dem am Ende der zweiten Viertelschwingung das Teilchen in negativer Richtung durch die Gleichgewichtslage A hindurchgeht. Es ist also wohl denkbar, daß zwar in kleineren Entfernungen der Schallwelle vom Explosionsherd O schon das Geschwindigkeitsmaximum M_1 genügt, eine bestimmte mechanische Wirkung auszuüben, z. B. Glasscheiben in positiver Richtung wegzudrücken, daß aber in größeren Entfernungen, nachdem die Luftwellen schon mehr gedämpft sind, erst das größere Geschwindigkeitsmaximum M_2 der Teilchen bei ihrem Zurückschwingen für die fragliche Wirkung ausreicht.

Erwähnt sei noch, daß W. Wolff bei seinen schon beschriebenen Versuchen auch das zeitliche Eintreffen der positiven (d. h. vom Explosionsherd O fort gerichteten Wirkung) und der negativen (d. h. nach O zu gerichteten Wirkung) mit Luftstoßanzeigern maß, indem er die Platten der Luftstoßanzeiger entsprechend stellte. Es zeigte sich, daß beide Wirkungen an demselben Ort annähernd gleichzeitig eintrafen, aber daß die positive Wirkung ihr Maximum bei O hatte und weiterhin zu Null abnahm, die negative Wirkung bei O Null war und weiterhin bis zu einem Maximum anstieg. Daraus folgt, daß es eine bestimmte Entfernung vom Explosionsherd geben muß, wo die beiden Wirkungen sich aufheben. Ob damit die von Wolff berichteten Erscheinungen an Glasscheiben usw. sich erklären, muß noch untersucht werden.

Von Thomas wird angegeben, daß sich zwischen dem Gebiete der direkten und demjenigen der indirekten Wirkung eine neutrale Zone befinde, in der überhaupt keine Zertrümmerungserscheinungen beobachtet werden. Es dürfte von Interesse sein, noch weitere Beobachtungen hierüber zu sammeln und, falls das Vorhandensein einer neutralen Zone einwandfrei feststeht, die Ursache dieser Erscheinung zu erforschen.

a) Eine erste Erklärung könnte darin liegen, daß der Übergang von dem Gebiet der positiven Wirkung zu dem Gebiet der negativen Wirkung (s. oben) nur allmählich erfolgt, so daß zwischen beiden Gebieten tatsächlich ein neutrales Gebiet mit Wirkung Null läge.

b) Es könnte aber zweitens eine wesentlich andere Ursache maßgebend sein, die Reflexion der Luftstoß- oder Explosionswellen. In der Meteorologie wird bei einigen Schallphänomenen beobachtet, daß zwischen zwei Zonen der Hörbarkeit eine „Zone des Schweigens" liegt, und man pflegt diese damit zu erklären, daß die Schallstrahlen gekrümmt sind (s. weiter unten); an den höheren und dünneren Schichten der Atmosphäre werden die Schallstrahlen total reflektiert. Eine Theorie der Erscheinung hat neuerdings S. Fujiwhara gegeben: Die Schallstrahlen werden in bewegter Luft oder auch in Luft, deren Temperatur mit der Höhe variiert, gekrümmt; so folgt auf ein Gebiet der normalen Hörbarkeit ein ringförmiges Gebiet des Schweigens, auf dieses nach außen hin ein Gebiet anormaler Hörbarkeit des Schalls (über diese Theorie, sowie über frühere diesbezügliche Theorien von Stokes, Reynold u. a. vgl. die Lit.-Note). In ähnlicher Weise könnte z. B. die Beobachtung erklärt werden, daß bei der Explosion des Dynamitmagazins an der Jungfraubahn der Knall der Explosion in der nördlichen Schweiz nicht gehört wurde (neutrale Zone der

Hörbarkeit), während am Bodensee und nördlich davon die Explosion wahrgenommen wurde.

c) Drittens wäre es möglich, daß rings um den Explosionsherd herum, in mehr oder weniger regelmäßigen Abständen von demselben, je ein Stau vorhanden ist. Damit wären die interessanten Beobachtungen zu verstehen, welche in neuerer Zeit F. Wächter mitgeteilt hat, der auf dem Gebiete der Sprengstofftecknik besonders reichliche Erfahrungen zu sammeln Gelegenheit hatte. Am 16. Juni 1917 fand auf dem Steinfeld bei Wiener-Neustadt eine Explosionskatastrophe statt, bei der mehr als $2^1/_2$ Millionen Kilogramm Sprengstoffe zur Explosion gelangten. Die Explosion war so furchtbar, daß sogar in dem 35 bis 40 km entfernten Wien zahlreiche Glasscheiben zertrümmert wurden. In dem Fabrikort Blumau, 4 bis 8 km vom Explosionsort entfernt, lagen in bestimmten Abständen vom Explosionsherd die Glassplitter innerhalb der Räume, sie hatten dort zahlreiche Arbeiter verletzt; in anderen Fabrikslokalen waren die zerbrochenen Fensterscheiben auf die Gasse hinausgesaugt worden. Der Ort Siegersdorf, 3 km entfernt vom Herd, war fast ganz zerstört. An einem ganz freistehenden, weniger als 2 km vom Explosionsherd entfernten Gebäude aber war merkwürdigerweise gar keine Beschädigung erfolgt. Und kaum 300 m von der Explosionsstelle entfernt war ein Laternenmast allein unversehrt geblieben; auch die daran befestigte Glaslaterne und der Auersche Gasglühlichtkörper zeigten sich unbeschädigt.

Von solchen Stauerscheinungen wird in § 23, 3 die Rede sein; z. B. davon, daß, wenn ein Knallsilberhäufchen auf einer berußten Platte zur Entzündung gebracht wird, durch die Explosion der Ruß im allgemeinen weggeblasen wird, daß der Ruß aber liegen bleibt in zwei bis drei scharfen Kreisringen um den Explosionsort herum. Möglicherweise handelt es sich hier um eine ähnliche Wirkung, nämlich um diejenige eines periodisch auftretenden Staues.

Anhang.

Über die Gesetze der Verdichtungsstöße.

Im folgenden sollen einige der schon erwähnten Formeln über Stoßwellen ohne Ableitung zusammengestellt und durch Zahlenbeispiele erläutert werden.

1. Luftwellen. Es bedeute: v (m/sec) die Strömungsgeschwindigkeit der Luft; w (m/sec) die Fortpflanzungsgeschwindigkeit der erzeugten Luftwelle; a (m/sec) die gewöhnliche Schallgeschwindigkeit in der Luft vor dem Eintreffen der Stoßwelle, z. B. $a = 340$ m/sec; T_0 die ursprüngliche Temperatur der Luft im absoluten Maße; ϱ_0 die ursprüngliche Luftdichte, d. h. die Masse der in $1\,m^3$ enthaltenen Luft, z. B. $\frac{1,225}{9,81}\left(\frac{kg\cdot sec^2}{m^4}\right)$; p_0 den ursprünglichen Luftdruck (kg/m^2); c_p die spezifische Wärme bei konstantem Druck in kg-Kalorien pro 1 kg, also $c_p = 0,238$; k das Verhältnis der spezifischen Wärmen, $k = 1,405$. Ferner bedeute: Δp (in kg/m^2) den durch den Wellenstoß erzeugten Druckanstieg; $\Delta\varrho$ $\left(\text{in } \frac{kg\cdot sec^2}{m^4}\right)$ die Dichtezunahme in der Welle; ΔT die Temperaturzunahme; i die Dichte des durch die Welle erzeugten Impulsstroms, das ist die auf $1\,m^2$ entfallende Druckkraft der Welle (in kg/m^2), und wenn die Welle auf ein völlig starres Hindernis auftrifft und dabei vollständige Reflexion der Welle eintritt, ist i die halbe auf $1\,m^2$ kommende wirksame Kraft; endlich A die in der Volumeinheit enthaltene Gesamtenergie der Welle (in mkg/m^3). Dann ist für ebene Luftwellen, je in Funktion von w:

$$v = \frac{2}{1+k}\cdot w\left(1 - \frac{a^2}{w^2}\right), \tag{1}$$

$$\Delta p = \frac{2\cdot\varrho_0}{1+k}\cdot(w^2 - a^2), \tag{2}$$

$$\Delta\varrho = \varrho_0\cdot\frac{1-\left(\frac{a}{w}\right)^2}{\frac{k-1}{2}+\left(\frac{a}{w}\right)^2}, \tag{3}$$

$$\Delta T = \frac{2k}{(1+k)^2}\cdot\frac{w^2\left[1-\left(\frac{a}{w}\right)^2\right]}{c_p\cdot 427\cdot 9,81}\cdot\left[1+\frac{1}{k}\cdot\left(\frac{a}{w}\right)^2\right], \tag{4}$$

$$i = \varrho_0\cdot\frac{w^2-a^2}{\frac{k-1}{2}+\left(\frac{a}{w}\right)^2}, \tag{5}$$

$$A = \frac{2\varrho_0}{k-1}(w^2-a^2)\cdot\frac{1+\frac{1}{k-1}\cdot\left(\frac{a}{w}\right)^2}{1+\frac{2}{k-1}\cdot\left(\frac{a}{w}\right)^2}. \tag{6}$$

Hieraus leitet R. Rüdenberg Näherungsformeln ab, einerseits für schwache Wellen, andererseits für starke Luftstöße:

Schwache Wellen $\left(\frac{v}{a} \text{ und damit } \frac{v}{w} \text{ klein gegen } 1\right)$:

$$w = a; \quad \text{genauer} \quad w = a + \frac{1+k}{4}v, \tag{7}$$

$$\Delta p = \varrho_0\cdot a\cdot v, \tag{8}$$

$$\Delta \varrho = \varrho_0 \cdot \frac{v}{a}, \tag{9}$$

$$\Delta T = \frac{a \cdot v}{427 \cdot c_p \cdot 9{,}81}, \tag{10}$$

$$i = \varrho_0 \cdot a \cdot v, \tag{11}$$

$$A = \frac{k}{k-1} \cdot i = \frac{k}{k-1} \cdot \varrho_0 \, a \, v. \tag{12}$$

Starke Wellen $\left(\frac{a}{w}\text{ klein gegen } 1\right)$:

$$v = \frac{2}{1+k} w; \quad \text{oder} \quad w - v = \frac{k-1}{k+1} \cdot w, \tag{13}$$

$$\Delta p = \frac{2}{1+k} \varrho_0 \cdot w^2 = \frac{1+k}{2} \cdot \varrho_0 \, v^2, \tag{14}$$

$$\Delta \varrho = \frac{2}{k-1} \cdot \varrho_0, \tag{15}$$

$$\Delta T = \frac{k}{2} \cdot \frac{v^2}{c_p \cdot 9{,}81 \cdot 427} = \frac{2k}{(1+k)^2} \cdot \frac{w^2}{c_p \cdot 9{,}81 \cdot 427}, \tag{16}$$

$$A = i = \frac{2}{k-1} \varrho_0 \, w^2 = \frac{(k+1)^2}{2(k-1)} \cdot \varrho_0 \, v^2. \tag{17}$$

Beispiel: Starke Luftstoßwelle von der Fortpflanzungsgeschwindigkeit $w = 3000$ m/sec; ursprüngliche Temperatur $+15^0$ C, also $T_0 = 273 + 15 = 288$, folglich

$$a = \sqrt{(k-1)\,427 \cdot 9{,}81 \cdot c_p \cdot T_0} = \sqrt{k \cdot \frac{p_0}{\varrho_0}} = \sqrt{0{,}405 \cdot 427 \cdot 9{,}81 \cdot 0{,}238 \cdot 288} = 340\,.$$

Es wird die Stoffgeschwindigkeit

$$v = \frac{2}{2{,}405} \cdot 3000 = 2460 \text{ (m/sec)};$$

die Druckzunahme

$$\Delta p = \frac{2}{2{,}405} \cdot \frac{1{,}225}{9{,}81} \cdot 3000^2 \text{ (kg/m}^2\text{)} = 93 \text{ (kg/cm}^2\text{)};$$

die relative Dichtenänderung

$$\frac{\Delta \varrho}{\varrho_0} = \frac{2}{0{,}405} = 5\,;$$

die Temperaturzunahme

$$\Delta T = \frac{2 \cdot 1{,}405}{2{,}405^2} \cdot \frac{3000^2}{0{,}238 \cdot 427 \cdot 9{,}81} = 4350\,;$$

die Druckkraft der Welle auf 1 m²

$$i = \frac{2 \cdot 1{,}225}{0{,}405 \cdot 9{,}81} \cdot 3000^2 \text{ (kg/m}^2\text{)} = 5\,400\,000 \text{ (kg/m}^2\text{)}.$$

Die Energie der Welle ebenso groß (in mkg/m³).

Ein kurzer Abriß aus einer von R. Rüdenberg aufgestellten Tabelle ist der folgende (dabei sind zur Vermeidung unbequemer Zahlen die Maßeinheiten etwas anders gewählt).

Wellengeschwindigkeit w (m/sec)	Stoffgeschwindigkeit v (m/sec)	Drucksteigerung Δp (kg/cm²)	Temperatursteigerung ΔT °C	Relative Dichteänderung $\frac{\Delta \varrho}{\varrho_0}$	Impulsdichte i (kg/cm²)	Gesamte Energie A (mkg/lit)
340	0	0	0	0	0	0
500	224	1,39	86,8	0,81	2,5	54,0
1000	734	9,2	465	2,77	34,6	445
1500	1181	22,2	1075	3,74	105	1170
2000	1611	40,3	1925	4,20	210	2240
2500	2035	63,6	3020	4,44	346	3565
3000	2460	92,3	4350	4,58	516	5300
3500	2880	126	5940	4,66	713	7270
4000	3300	165	7750	4,72	943	9610
4500	3710	209	9820	4,76	1202	12200
5000	4135	258	12100	4,78	1490	15100

2. Explosionswellen, die sich in der Luft kugelförmig ausbreiten.

Der Sprengstoff, durch dessen Explosion eine Stoßwelle erzeugt wird, bilde ursprünglich eine Kugel vom Radius R (m); das verwendete Sprengstoffgewicht sei Q (kg); das spez. Gewicht des unzerlegten Sprengstoffs sei γ (kg/m³), z. B. für Nitroglyzerin $\gamma = 1600$, so daß $Q = \frac{4}{3} R^3 \pi \gamma$ oder $R = \left(\frac{3\,Q}{4\,\pi\,\gamma}\right)^{\frac{1}{3}}$. Ferner bedeute ϱ_0 die Dichte der Explosionsgase bei 0° C Temperatur und bei Atmosphärendruck, z. B. liefert 1 kg Nitroglyzerin 713 lit $= 0{,}713$ m³ Gase von 0° und 760 mm, also wiegt ein Kubikmeter der Gase $\frac{1}{0{,}713}$ kg, die Masse von 1 m³ oder die Dichte im technischen Maß ist $\frac{1}{0{,}713 \cdot 9{,}81} = 0{,}143$. E sei das Arbeitsvermögen des Sprengstoffs (in mkg für 1 kg), z. B. ist für Nitroglyzerin der Wärmegehalt gleich ca. 1480 Cal, also ist das Arbeitsvermögen $1480 \cdot 427 = 635\,000$ (mkg/kg). Weiter sei n die sog. Vergasungsziffer, d. h. das Volumen des aus 1 kg entstandenen Gases bei 0° C und 760 mm dividiert durch das Volumen von 1 kg des festen Sprengstoffs, oder auch: das Verhältnis der Dichte $\frac{\gamma}{g}$ des festen Sprengstoffs zur Dichte ϱ_0' der Explosionsgase, so daß $\gamma = g\,n\,\varrho_0'$ ist; z. B. bei Nitroglyzerin hat 1 kg des festen Sprengstoffs das Volumen $\frac{1}{1{,}6}$, andererseits gibt 1 kg bei der Explosion 713 lit von 0° und 1 Atm., also ist $n = \frac{713}{\frac{1}{1{,}6}} = 1140$. ϱ_0 sei wie früher die Dichte der umgebenden Luft, also z. B. $\varrho_0 = \frac{1{,}225}{9{,}81} = 0{,}125$.

Von der explodierenden Sprengstoffkugel geht ein Verdichtungswellenstoß aus. Die Ausbreitungsgeschwindigkeit der Welle an der

Oberfläche der Sprengstoffkugel, also in der Entfernung R (m) vom Explosionszentrum, sei w_0 (m/sec); dieselbe Geschwindigkeit in der größeren Entfernung r (m) sei w (m/sec); i_0 bedeute die Dichte des Impulsstroms an der Oberfläche des Sprengstoffs in kg/m², also i_0 gleich der halben wirksamen Kraft der Stoßwelle auf 1 m² eines starren Hindernisses, das sich unmittelbar an der Oberfläche des Sprengstoffs befindet, oder gleich der ganzen wirksamen Kraft auf 1 m² einer am Sprengstoff anliegenden Wand, die weggestoßen wird. Endlich bedeute $\Sigma i_0 = 4\pi R^2 \cdot i_0$ den Gesamtimpuls der Welle an der Oberfläche der Sprengstoffkugel (in kg); ebenso $\Sigma i = 4\pi r^2 \cdot i$ den Gesamtimpuls in der größeren Entfernung r; dabei ist $i : i_0 = R^2 : r^2$, folglich $\Sigma i = \Sigma i_0$.

Die Wellengeschwindigkeit w_0 an der Oberfläche des Sprengstoffs ergibt sich aus:

$$w_0 = \sqrt{\frac{\varrho_0'}{\varrho_0} g E}; \tag{18}$$

sodann die Impulsdichte i_0 daselbst wegen (5) und (18) aus:

$$i_0 = \frac{\varrho_0 (w_0^2 - a^2)}{\frac{k-1}{2} + \left(\frac{a}{w_0}\right)^2} = \frac{2}{k-1} \cdot g \cdot \varrho_0' \cdot \varepsilon \cdot E, \tag{19}$$

wobei zur Abkürzung gesetzt ist

$$\varepsilon = \frac{1 - \left(\frac{a}{w_0}\right)^2}{1 + \frac{2}{k-1} \cdot \left(\frac{a}{w_0}\right)^2} = \frac{1 - \frac{\varrho_0 a^2}{\varrho_0' \cdot 9{,}81 \cdot E}}{1 + \frac{2.}{k-1} \cdot \frac{\varrho_0 a^2}{\varrho_0' \cdot 9{,}81 \cdot E}}. \tag{20}$$

Dieser Faktor ε ergibt sich, für große Werte von w_0 $\left(\frac{a}{w_0} \text{ klein}\right)$, als sehr wenig von 1 verschieden; infolge davon ist die wirksame Kraft i_0 des Wellenstoßes auf 1 m², $i_0 = \frac{2}{k-1} g \varrho_0' \varepsilon E$, von der Luftdichte nahezu unabhängig; die Formel (19) gilt daher mit großer Annäherung für ein beliebiges Medium, in dem die Explosion erfolgt (also auch z. B. bei Unterwassersprengungen), vorausgesetzt natürlich, daß w_0 gegen den a-Wert des betreffenden Mediums groß ist.

Der gesamte Impuls $\Sigma i_0 = \Sigma i$ (kg) an der Oberfläche des Sprengstoffs oder auch in einer beliebigen anderen Entfernung vom Explosionszentrum ist wegen $\Sigma i_0 = 4\pi R^2 i_0$ und wegen $Q = \frac{4}{3} R^3 \pi \gamma$ aus (19) wie folgt zu berechnen:

$$\begin{aligned} \Sigma i_0 &= 4\pi \left(\frac{3Q}{4\pi\gamma}\right)^{\frac{2}{3}} \cdot \frac{2}{k-1} g \varrho_0' \varepsilon E = 2\,\frac{\sqrt[3]{36\pi}}{k-1} \cdot \frac{\sqrt[3]{\gamma}}{n} \cdot \varepsilon \cdot E \cdot \sqrt[3]{Q^2} \\ &= 23{,}9 \cdot \frac{\sqrt[3]{\gamma}}{n} \cdot \varepsilon \cdot E \cdot \sqrt[3]{Q^2}. \end{aligned} \tag{21}$$

Kennt man auf diese Weise aus den Eigenschaften (γ, ϱ_0', E) des Sprengstoffs und aus dessen Gewicht Q den gesamten Impuls $\Sigma i_0 = \Sigma i$, so läßt sich die Fortpflanzungsgeschwindigkeit w, die die Welle in einer beliebigen Entfernung r (m) vom Zentrum besitzt, aus der Gleichung vierten Grades in w berechnen, die aus der obigen Gl. (5) sich ergibt zu:

$$\frac{w^2 - a^2}{\frac{k-1}{2} + \left(\frac{a}{w}\right)^2} = \frac{i}{\varrho_0} = \frac{\Sigma i}{4\pi\varrho_0 r^2} = \frac{\Sigma i_0}{4\pi\varrho_0 r^2}. \tag{22}$$

Zur bequemeren Berechnung leitet Rüdenberg hieraus Näherungsformeln für kleine und für große Entfernungen r ab: Für kleine Entfernungen r, und für sehr starke Wellen $\left(\frac{a}{w} \text{ klein}\right)$ ist angenähert

$$w = \sqrt{\frac{k+1}{k-1}a^2 + \frac{k-1}{8\pi\varrho_0}\cdot\frac{\Sigma i_0}{r^2}}, \tag{23}$$

für große Entfernungen und schwache Wellen ist ebenso

$$w = \sqrt{a^2 + \frac{k+1}{8\pi\varrho_0}\cdot\frac{\Sigma i_0}{r^2}}, \tag{24}$$

woraus zu ersehen ist, daß, wie schon oben erwähnt wurde, die Fortpflanzungsgeschwindigkeit w der Stoßwelle mit wachsender Entfernung r vom Explosionszentrum kleiner und kleiner wird und sich immer mehr dem Wert $w = a$ der normalen Schallgeschwindigkeit nähert.

Die Dichte i des Impulsstromes (in kg/m^2) für irgendeine Entfernung r (m), also die daselbst wirksame Stoßkraft der Welle gegen eine Wand von 1 m^2, die zurückweicht oder zertrümmert wird, oder die halbe Stoßkraft gegen eine die Welle zurückwerfende starre Wand von 1 m^2 ergibt sich aus Gl. (21) und mit Rücksicht auf $i = \frac{\Sigma i}{4\pi r^2} = \frac{\Sigma i_0}{4\pi r^2}$ aus der folgenden Gleichung:

$$i = \frac{2}{k-1}\cdot\left(\frac{3}{4\pi}\right)^{\frac{2}{3}}\cdot\frac{\sqrt[3]{\gamma}}{n}\cdot\varepsilon\cdot E\cdot\frac{\sqrt[3]{Q^2}}{r^2}. \tag{25}$$

Bei der praktischen Verwendung dieser Formeln wird es sich in erster Linie um die Formeln (19), (21) und (25) handeln, also bzw. um i_0, Σi_0 oder Σi und um i. Und bei der Auswahl des Sprengstoffes ist zu berücksichtigen, ob eine möglichst große bzw. kleine Fernwirkung oder eine möglichst große bzw. kleine Nahwirkung erzielt werden soll.

Die Absicht einer Fernwirkung liegt vor z. B. bei der Sprengung von Minen, von Mauerwerken und Felsen, bei der Erzeugung von möglichst weitgreifenden Sprengtrichtern in Erdreich usw., und beim Granatschuß insofern, als der Wellenstoß der Explosionsgase in möglichst großem Abstand um das explodierende Geschoß zertrümmernd wirken soll. Hierzu muß der Gesamtimpuls $\Sigma i_0 = \Sigma i$ (vgl. Formel 21) ein Maximum sein. Nach den Berechnungen von Rüdenberg ist in dieser Hinsicht Pikrinsäure 1,6 mal so wirksam als Knallquecksilber.

Dagegen ist eine Nahewirkung in allen denjenigen Fällen gegeben, wo das zertrümmernde Material in unmittelbarer Berührung mit dem Sprengstoff ist; z. B. bei der Sprengung von Brücken und Eisenbahnschienen in der Luft mittels Dynamitpatronen oder bei der Zerstörung von Schiffswandungen mittels Minen und Torpedos. Hierzu ist die Dichte i_0 des Impulsstroms an der Oberfläche des Sprengstoffs, gemessen in kg/m² oder auch in Atmosphären, möglichst groß zu wählen [vgl. Gl. (19)]. Nach Rüdenberg ist hierfür Knallquecksilber 1,6 mal so wirksam als Pikrinsäure. Übrigens auch beim Granatschuß hat man insofern eine Nahewirkung, als die am Sprengstoff unmittelbar anliegende Geschoßhülle gesprengt und den Sprengstücken eine möglichst große Geschwindigkeit erteilt werden soll; diese wächst mit ϱ_0' und E, und nach Gl. (19) wächst damit die Geschwindigkeit w_0 der Stoßwelle und nach Gl. (13) die Stoffgeschwindigkeit v.

Nach vorstehenden Gesichtspunkten ist der Sprengstoff auszuwählen; dabei ist natürlich auch der Grad der Sensibilität zu berücksichtigen.

Was die Art der Entzündung betrifft, so müßte im allgemeinen eine Zündung im Zentrum der Sprengstoffmasse am wirkungsvollsten sein, weil alsdann die Richtung der Stoßwellen von vornherein die beabsichtigte ist und bleibt (nur bei den Treibladungen der Geschütze und Handfeuerwaffen, bei denen sich der Druck erst allmählich entwickeln soll, ist die allgemein übliche Zündung von außen her auch theoretisch zweckmäßig).

Zu der Gleichung (21) für Σi_0 ist noch folgendes zu erwähnen. In der Sprengstofftechnik wird die Arbeitsleistung eines Sprengstoffs häufig, wie schon zweimal angeführt worden ist, dadurch ermittelt, daß eine bestimmte Menge des Sprengstoffs innerhalb eines Bleiblocks zur Entzündung gebracht wird. Bei dieser sog. Trauzl-Probe wird die Größe V_T des entstandenen Hohlraums als Maß für die Arbeitsleistung genommen. Rüdenberg hat nun gefunden, daß (wenn man von Schwarzpulver absieht, das eine Ausnahme bildet) V_T dem Wert von Σi_0 (Gl. 21) proportional, also $V_T : \Sigma i_0$ für die verschiedenen Sprengstoffe konstant ist. Z. B. ergibt sich bei der Trauzl-Probe und bei Verwendung von je 10 g Sprengstoff:

bei Knallquecksilber	eine Höhlung $V_T = 150$ cm³	dabei ist $\Sigma i =$	34000
„ Nitroglyzerin	„ „ 600 „	„ „ =	142000
	Verhältnis 1 : 4	Verhältnis	1 : 4,1

Die Gleichung (25) für den in r (m) Entfernung zu erwartenden Stoßdruck i auf ein Quadratmeter eines Hindernisses kann nach Rüdenberg benützt werden zur Ermittlung der Größe der Gefahrzone um eine Sprengstoff-Fabrik oder ein Sprengstoff-Lager. Wenn von einem ersten Sprengstoff mit den Eigenschaften γ_1, n_1, E_1 aus einer Erfahrung gefunden worden ist, daß bei der Verwendung von Q_1 kg des Sprengstoffs z. B. Fensterscheiben in der Entfernung r_1 (m) gerade nicht mehr oder gerade noch zertrümmert werden, und ein zweiter Sprengstoff mit den Eigenschaften γ_2, n_2, E_2 und vom Gewicht Q_2 verwendet werden soll, so ist im zweiten Fall der Radius r_2 der Gefahrzone zu ermitteln aus:

$$\frac{\sqrt[3]{\gamma_1}}{n_1} \cdot E_1 \cdot \frac{\sqrt[3]{Q_1^2}}{r_1^2} = \frac{\sqrt[3]{\gamma_2}}{n_2} \cdot E_2 \cdot \frac{\sqrt[3]{Q_2^2}}{r_2^2};$$

d. h. es muß der Ausdruck $\frac{\sqrt[3]{\gamma}}{n} E \frac{\sqrt[3]{Q^2}}{r^2}$ als Invariante behandelt werden.

Und wenn es sich um denselben Sprengstoff handelt, muß $\frac{Q^{\frac{2}{3}}}{r^2}$ invariant sein, oder

$$\frac{r_2}{r_1} = \sqrt[3]{\frac{Q_2}{Q_1}}. \tag{26}$$

Auch der gegenseitige Abstand von Seeminen, die so verankert werden sollen, daß keine Gefahr gegenseitiger Zündung besteht, könnte vielleicht nach diesem Gesetz (26) geregelt werden.

Zahlenbeispiel zu den Formeln (18) bis (26):
Nitroglyzerin, $E = 635000$ (mkg/kg); $\gamma = 1600$ (kg/m³); $Q = 1$ kg; $n = 1140$; $\varrho_0 = 0{,}125$; $k = 1{,}405$; $\varrho_0' = \frac{1}{0{,}713 \cdot 9{,}81} = 0{,}14$;

also
$$\varepsilon = \frac{1 - \frac{0{,}125}{0{,}14} \cdot \frac{340^2}{9{,}81 \cdot 635000}}{1 + \frac{2}{0{,}405} \cdot \frac{0{,}125}{0{,}14} \cdot \frac{340^2}{9{,}81 \cdot 635000}} = 0{,}91 = \sim 1.$$

Damit wird der Gesamtimpuls

$$\Sigma i_0 = \Sigma i = 23{,}9 \cdot \frac{\sqrt[3]{1600}}{1140} \cdot 0{,}91 \cdot 635000 \cdot 1^{\frac{2}{3}} = 142000 \text{ kg};$$

dies ist die gesamte Druckkraft, die von 1 kg Nitroglyzerin ausgeht und sich sodann als Welle ausbreitet.

Die Wellengeschwindigkeit w_0 an der Oberfläche des Sprengstoffs ist

$$w_0 = \sqrt{\frac{0{,}14}{0{,}125} \cdot 9{,}81 \cdot 635000} = 2650 \text{ m/sec}.$$

Ihr Verhältnis zur normalen Schallgeschwindigkeit a ergibt sich auch aus der Gleichung

$$\varepsilon = \frac{1-\left(\frac{a}{w_0}\right)^2}{1+\frac{2}{k-1}\cdot\left(\frac{a}{w_0}\right)^2}; \text{ es wird hier } \frac{w_0}{a} = 7{,}8.$$

In der Entfernung von z. B. 10 m vom Explosionsherd ist die Fortpflanzungsgeschwindigkeit w der Explosionswelle in der Luft nach Gl. (23):

$$w = \sqrt{\frac{1{,}405+1}{1{,}405-1}\cdot 340^2 + \frac{0{,}405\cdot 142\,000}{4\cdot 3{,}14\cdot 0{,}125\cdot 10^2}} = 830 \text{ m/sec.}$$

Die Druckkraft i auf eine nachgiebige Wand von 1 m² Flächeninhalt in der Entfernung 10 m vom Zentrum ist nach Gl. (25):

$$i = \frac{2}{1{,}405-1}\cdot\left(\frac{3}{4\cdot 3{,}16}\right)^{\frac{2}{3}}\cdot\frac{\sqrt[3]{1600}}{1140}\cdot 0{,}91\cdot 635\,000\cdot\frac{1^{\frac{2}{3}}}{10^2} = 112 \text{ kg.}$$

Wenn eine Wand in der Entfernung $r_1 = 2$ m bei Verwendung von $Q_1 = 1$ kg Nitroglyzerin gerade nicht mehr eingedrückt wurde und man wissen will, in welcher Mindestentfernung r_2 eine gleichgroße Wand von gleicher Festigkeit bei Verwendung von $Q_2 = 8$ kg Nitroglyzerin noch Widerstand leistet, so ergibt sich r_2 aus

$$\frac{r_2}{2} = \sqrt[3]{\frac{8}{1}};\ r_2 = 4 \text{ m.}$$

§ 22. Größere Explosionen unter Wasser.

Für einen Beobachter, der aus einiger Entfernung die Vorgänge bei einer Unterwasserexplosion ohne die Hilfe von Meßinstrumenten verfolgt, ist der charakteristische Verlauf der folgende: Unmittelbar nach der Zündung ist ein Knall hörbar; wenn die Hand in das Wasser getaucht ist, wird ein Schlag empfunden, der an einen elektrischen Schlag erinnert. Nach einem Zeitraum, der, je nach der Tiefe der Sprengladung unter dem Wasserniveau, bis 6 Sekunden betragen kann, wird ein sanftes Aufwölben der Oberfläche beobachtet, in breiter Fläche hebt sich das Wasser wenige Meter domartig empor, aus der Mitte dieses Doms schießt dann plötzlich eine Wassergarbe heraus, die zunächst geringen Durchmesser besitzt, und die sich allmählich immer mehr nach allen Seiten vergrößert. Begleiterscheinungen sind: Herausschleudern von getöteten Fischen aus dem Wasser, Entzündung anderer Unterwasserminen bis auf mehrere Kilometer Entfernung. Über derartige Beobachtungen berichten Bertelli, Abbot, Moisson, Rudolph, Ploch. Eine Theorie dieser Erscheinungen hat Moisson aufgestellt.

Messende Versuche wurden insbesondere von R. Blochmann und C. E. Bichel durchgeführt: Ein in das Wasser getauchtes, geschlossenes Dynamometer enthält einen beweglichen Stempel; durch den

Wasserdruck wird der Stempel zurückgetrieben, und dieser drückt eine geeichte Spiralfeder zusammen. Eine mitbewegte Schreibfeder schreibt auf einer rotierenden Trommel. Es wurden bei brisanten Sprengstoffen stets zwei Maxima des Druckes konstatiert, die zeitlich voneinander völlig getrennt sind, und zwar um 0,8 bis 0,9 Sekunden, bei Pulvern fand sich nur ein Maximum. Blochmann erklärt den ersten Impuls durch Vibrationsbewegung des Wassers, den zweiten durch die Massenbewegung des Wassers; Bichel führt den ersten auf die Stoßwirkung des Sprengstoffes, den zweiten auf den Druck der entwickelten Gasmenge zurück.

Es scheint danach, daß die Meinung der beiden Beobachter dieselbe ist, nämlich die folgende: Nach der Zündung wird durch den entstehenden Explosionsdruck das umgebende Wasser komprimiert. Eine longitudinale Verdichtungswelle wird ausgelöst, die sich als Schallwelle im Wasser nach allen Seiten ausbreitet. Die Fortpflanzungsgeschwindigkeit dieser Schallwelle dürfte, nach der Analogie der Schallwellen in der Luft, bei großen Unterwasserexplosionen etwas höher sein als die gewöhnliche Schallgeschwindigkeit, die man in Wasser bei schwächerer Schallbewegung beobachtet hat (ca. 1440 m/sec). Durch die Wirkung dieser Schallwelle wird der erste Impuls im Dynamometer erzeugt, und auf die in das Wasser gehaltene Hand wirkt die Schallwelle wie ein elektrischer Schlag. Bei dieser ersten Wirkung handelt es sich also nicht um eine Fortführung der Wasserteile selbst auf größere Entfernungen hin, sondern nur um die Fortpflanzung eines Bewegungszustandes im Wasser, der Schallwelle, die Wasserteilchen schwingen an ihrer Stelle.

Die Gase drängen alsdann die darüberliegenden Wassermengen nach oben und dehnen sich dabei aus. Es wird ein Wasserzylinder nach oben herausgeschossen, wobei die umliegenden Wassermassen die Rolle der Geschützwandung spielen (Heraustreiben der Wassergarbe). Je tiefer sich die Sprengladung unter dem Niveau befindet, eine um so längere Zeit wird dabei unter sonst gleichen Umständen vergehen, bis der über der Sprengladung stehende Wasserzylinder sich nach oben in Bewegung setzen konnte. Die Wirkung dieses Schusses auf das Dynamometer ist in dem zweiten Maximum gegeben. Bei diesem zweiten Teil des Vorganges handelt es sich um eine translatorische Bewegung der Wassermassen selbst, nämlich um die relativ langsame Wasserverdrängung nach oben. Was die Dombildung anlangt, so hält es Blochmann für unzweifelhaft, daß sie dem Vibrationsstoß (der longitudinalen Schallwelle) ihre Entstehung verdankt. Bichel hat mehrere verschiedene Sprengstoffe, wie Schießbaumwolle, Pikrinsäure, Trinitrotoluol, Ammonkarbonit usw. unter Wasser detonieren lassen und gefunden, daß bei demselben statischen Verdrängungsdruck (bedingt durch Ladedichte, spez. Volumen, Verbrennungstemperatur, Kovolumen) das erste Maximum um so kleiner ist, je kleiner die Detonationsgeschwindigkeit des Sprengstoffs ausfällt. Es ist also unter den vier erwähnten Sprengstoffen am kleinsten bei Ammonkarbonit. Man wird sich somit vorzustellen haben, daß bei kleineren Detonationsgeschwindigkeiten der Schallwellenimpuls aus dem Grund geringer ausfällt als bei größeren, weil die Gase Zeit haben, das Wasser zurückzudrängen, ehe die ganze Sprengstoffmasse vergast ist; der anfängliche Druck, und folglich der die Schallwelle auslösende Anfangsstoß, ist dadurch geringer.

Anmerkung.

Modellübertragungsregeln für die Wirkungen von Explosionen.

Wenn Explosionsversuche an einem verkleinerten Modell ausgeführt werden sollen, wenn dabei das gleiche Material des getroffenen Körpers, die gleichen Medien und derselbe Explosivstoff vorausgesetzt ist, und wenn gegenüber der Wirklichkeit alle Längenabmessungen l des Modellversuchs im Verhältnis λ (z. B. $\lambda = \frac{1}{10}$), folglich alle Flächen wie λ^2; alle Volumina wie λ^3 verkleinert werden, so kann die Frage entstehen, in welchem Verhältnis die Explosivstoffgewichte Q verkleinert gewählt werden müssen, damit die spezifische Beanspruchung der getroffenen Wand unverändert bleibt; ferner in welchem Verhältnis die Geschwindigkeiten v, die Beschleunigungen b und die Zeiten t sich abändern.

Zur Aufstellung solcher Modellregeln schlägt der Verfasser die folgenden Erwägungen vor: Es sei zunächst vorausgesetzt, daß bei dem Aufprall der Explosionswellen und Explosionsgase auf eine Wand diese Wand nicht als Ganzes mit einer merklichen Geschwindigkeit in der Stoßrichtung zurückgeht. Der Stoßdruck p pro Flächeneinheit des von dem Explosionsstoß getroffenen Körpers, z. B. der gestoßenen Platte, soll konstant bleiben. Die Platte habe in Wirklichkeit eine Auftrefffläche von z. B. $100\,m^2$, und es sei z. B. $\lambda = \frac{1}{10}$ gewählt, so hat in dem verkleinerten Modell die Platte eine Fläche von $1\,m^2$; der Stoßdruck P auf die ganze Fläche ist im Modell λ^2mal kleiner als in Wirklichkeit. Nun ist für den Stoßdruck p pro Flächeneinheit, welcher unverändert bleiben soll, maßgebend die Impulsstromdichte i der auftreffenden Explosionswellen und -Gase; i ist aber proportional $\frac{\sqrt[3]{Q^2}}{l^2}$, d. h. proportional der Potenz $\frac{2}{3}$ des Explosivstoffgewichts Q und umgekehrt proportional dem Quadrat des Abstandes l der Platte vom Explosionszentrum (vgl. Rüdenberg, R.: Fortpflanzungsgeschwindigkeit und Impulsstärke von Verdichtungsstößen, Artill. Monatshefte Nr. 113,

1916, Mai-Heft). Dieser Bruch bleibt bei dem Übergang von der Wirklichkeit zum Modell dann konstant, wenn Q sich verkleinert wie λ^3. Also muß das Ladungsgewicht im Verhältnis λ^3 verkleinert werden. Dann ist angenähert konstant auch die lebendige Kraft $\frac{\mu v^2}{2} \cdot \frac{1}{l^3}$ der Wellen und Gase pro Volumeinheit; und da die Masse μ und das Volumen l^3 wie λ^3 sich ändern, so folgt daraus, daß die Geschwindigkeiten v konstant bleiben (in der Tat ist z. B. die Detonationsgeschwindigkeit eines Sprengstoffs eine Konstante dieses Stoffs, unabhängig von der Masse des Sprengstoffs). Und da $v = \frac{l}{t}$ ist, ändern sich die Zeiten t wie λ; die Beschleunigungen b ändern sich wie λ^{-1}, d. h. sie vergrößern sich wie $1:\lambda$. Und wenn ein Teil des Zielkörpers deformiert wird, so ist die pro Volumeinheit des Zielkörpers entwickelte Deformationsarbeit, die von der Dimension des Ausdrucks $\frac{P \cdot l}{l^3}$ ist, ebenfalls angenähert konstant.

Zusammenfassung. Alle Längen, Breiten, Höhen verkleinern sich wie λ, alle Flächen wie λ^2, alle Räume wie λ^3, alle Gewichte und Massen wie λ^3, die Zeiten wie λ, die Beschleunigungen wie λ^{-1}; die Geschwindigkeiten bleiben unverändert; auch angenähert die spezifischen Spannungen, die auf die Flächeneinheit der getroffenen Zielfläche entfallenden Stoßdrücke, die auf die Volumeinheit entfallenden Bewegungsenergien der Explosivwellen und -Gase und die auf die Volumeinheit des Zielkörpers bezogenen Deformationsarbeiten bleiben konstant; die auf die ganzen Zielflächen entfallenden Energien verkleinern sich wie die Ladungen, nämlich wie λ^3 und die Stoßdrücke auf die ganzen Zielflächen wie λ^2.

Der Grund dafür, daß die Froudeschen Modellregeln (Längen verkleinert wie λ, Flächen wie λ^2, Räume, Gewichte und Massen wie λ^3, Geschwindigkeiten und Zeiten wie $\sqrt{\lambda}$, Beschleunigungen unverändert) hier nicht völlig erhalten bleiben, liegt in folgendem: Bei den Froudeschen Regeln handelt es sich um Kräfte, welche ähnlich wie die Schwerkräfte, auf die Massen der Körper wirken; in der Tat ist die Grundbedingung bei der Ableitung der Froudeschen Regeln die, daß die in Betracht kommenden Beschleunigungen ebenso konstant bleiben, wie die Schwerebeschleunigung g in der Nähe der Erdoberfläche unverändert bleibt. Dagegen hier bei den Explosionswellen und -Gasen spielt die Beschleunigung durch die Erdanziehung eine untergeordnete Rolle; und hier handelt es sich beim Stoß der Explosionswellen und -Gase um Kräfte, welche auf die Oberflächen der Körper einwirken. Deshalb sind hier die Gesamtstoßkräfte auf eine Fläche nicht wie λ^3, sondern wie λ^2 zu verkleinern; nicht die Beschleunigungen bleiben gleich, sondern die Geschwindigkeiten; die Zeiten verkleinern sich nicht wie $\sqrt{\lambda}$, sondern wie λ. Das Zahlenbeispiel in dem späteren § 42, Nr. 8, welches lediglich aus der Erfahrung entnommen ist, scheint eine experimentelle Gewähr dafür zu bieten, daß die oben aufgestellten Modellregeln wenigstens angenähert zutreffen, und zwar angenähert auch dann, wenn ein Teil des gestoßenen Körpers in der Stoßrichtung ausweicht; denn in diesem Beispiel ist der Geschoßboden nicht fest, sondern er bewegt sich in der Stoßrichtung fort; absolute Sicherheit gibt keines der verschiedenen Systeme von Modellregeln.

§ 23. Über die Vorgänge an der Mündung der Schußwaffe.

1. **Austrittsgeschwindigkeit der Explosionsgase.** Zunächst sind einige Ergebnisse der Thermodynamik vorauszuschicken. In einem großen Kesselraum befinde sich eine ruhende Gasmasse vom Innendruck p_i (kg/m²), der absoluten Temperatur T_i und dem spezifischen Volumen $\mathfrak{v}_i$ (m³/kg); im äußeren Luftraum herrsche der gewöhnliche Atmosphärendruck $p_a = 10333$ (kg/m²); unter k sei das Verhältnis $c_p : c_v$ der beiden spezifischen Wärmen des Gases verstanden; g ist $= 9{,}81$. Es handle sich um ein vollkommenes Gas, das durch eine einfache abgerundete Öffnung von Kreisform gleichmäßig und wirbelfrei ins Freie ausströmt; angenommen ist eine adiabatische Zustandsänderung; von der Reibung sei abgesehen. Dann hat man zur Ermittlung der Ausströmungsgeschwindigkeit w und des Ausströmungsdrucks p_m zwei Fälle zu unterscheiden.

Erstens sei $\frac{p_a}{p_i} > \left(\frac{2}{k+1}\right)^{\frac{k}{k-1}}$ oder, kurz geschrieben, $\frac{p_a}{p_i} > \beta$, wobei β für vollkommene Gase angenähert gleich $\frac{1}{2}$ ist. Dann ist in der Öffnung der Gasdruck p_m gleich dem Außendruck p_a, also gleich dem Atmosphärendruck, und die Ausströmungsgeschwindigkeit berechnet sich aus

$$w^2 = 2g \cdot \frac{k}{k-1} \cdot p_i \mathfrak{v}_i \cdot \left[1 - \left(\frac{p_a}{p_i}\right)^{\frac{k-1}{k}}\right], \tag{1}$$

und die Temperatur des Gases beim Austritt ist $T = T_i \left(\frac{p_a}{p_i}\right)^{\frac{k-1}{k}}$

Dieser Fall $\frac{p_a}{p_i} > \beta$ kommt bei Schußwaffen nicht wohl in Betracht; denn bei Schußwaffen ist wohl immer der Innendruck p_i noch größer als etwa 2 Atm., wenn das Geschoß im Begriff ist, die Mündung zu verlassen. Diesen ersten Fall haben wir deshalb nicht weiter zu verfolgen.

Zweitens sei $\frac{p_a}{p_i} < \beta$; d. h. die Hälfte des Innendrucks sei noch wesentlich größer als 1 Atm. In diesem Fall ist bei der gewöhnlichen Form der Gewehr- und Geschützmündungen der Mündungsdruck p_m (unabhängig von dem Außendruck p_a) gleich dem sogen. kritischen Druck, $p_m = \beta \cdot p_i$. Mit diesem Druck also strömt das Gas aus der Mündung aus; und da jetzt p_m größer als 1 Atm. ist, erfolgt das Ausströmen mit einem Überdruck, erst nach der Mündung sinkt der Gasdruck allmählich auf den Außendruck herab. Wegen dieses Überdrucks, mit dem das Gas ausströmt, muß sich der Gasstrahl ausbreiten. Die Ausströmungsgeschwindigkeit w unmittelbar am Ende der einfachen Öffnung (oder auch am Ende einer sich nicht erweiternden, vielmehr zylindrischen oder konisch sich verengenden Ausströmungsdüse) ist dann gegeben durch

$$w^2 = 2g \cdot \frac{k}{k-1} \cdot p_i \mathfrak{v}_i \cdot \left[1 - \left(\frac{p_m}{p_i}\right)^{\frac{k-1}{k}}\right],$$

oder da jetzt

$$\frac{p_m}{p_i} = \beta = \left(\frac{2}{k+1}\right)^{\frac{k}{k-1}}$$

ist, so hat man (wenn man zugleich die Reibung durch einen Faktor φ berücksichtigt, der übrigens von 1 wenig verschieden ist):

$$w = \varphi \cdot \sqrt{2g \cdot \frac{k}{k+1} \cdot p_i \mathfrak{v}_i}, \tag{2}$$

und falls das Gas vor dem Ausströmen nicht in Ruhe war, sondern schon vorher eine Anfangsgeschwindigkeit w_i besitzt, so ist

$$w = \sqrt{\varphi^2 \cdot 2g \frac{k}{k+1} \cdot p_i \mathfrak{v}_i + w_i^2}. \tag{3}$$

Wenn man die maximale Geschwindigkeit, mit der die Pulvergase aus der Mündung einer Schußwaffe austreten, überhaupt theoretisch berechnen will, so hat dies mit der Gleichung (3) zu geschehen; w_i ist dabei gleich der Mündungsgeschwindigkeit v_0 des Geschosses selbst zu nehmen. Übrigens kann diese theoretische Berechnung nur eine ganz rohe Annäherung geben. Denn eine Reihe von Voraussetzungen, die bei der Aufstellung der Formel (3) gemacht sind, treffen bei der Schußwaffe in Wirklichkeit nicht zu: Erstens ist die Strömung des Gases keine stationäre, vielmehr ändert sich die Ausströmungsgeschwindigkeit und der Druck an der gleichen Stelle sogar sehr rasch; zweitens ist die Strömung nicht wirbelfrei, also keine Potentialbewegung; drittens ist durch die Gleichung (3) der Einfluß des mitaustretenden Geschosses nicht berücksichtigt; wenn der Geschoßboden gerade die Mündung passiert, müssen die Pulvergase, durch das Geschoß an der geradlinigen Vorwärtsbewegung in Richtung der verlängerten Seelenachse etwas behindert, seitlich ausweichen.

Beispiel. Der Gasdruck im Seelenraum eines Gewehrs unmittelbar vor dem Geschoßaustritt sei $p_i = 430 \cdot 10000$ (kg/m²); k sei (nach § 38) für die Pulvergase zu 1,66 angenommen. Der Seelenraum betrage 37 cm³; die Pulverladung von 3,2 g sei gerade vollständig verbrannt, wenn das Geschoß austritt; die Pulvergase nehmen dann beim Austritt einen Raum $37 \cdot 10^{-6}$ (m³) ein und haben ein Gewicht von $3{,}2 \cdot 10^{-3}$ kg; somit ist

$$\mathfrak{v}_i = \frac{37 \cdot 10^{-6}}{3{,}2 \cdot 10^{-3}} = 1{,}16 \cdot 10^{-2}\,(\mathrm{kg/m^3}). \quad w_i \text{ ist } = v_0 = 885 \text{ m/sec};$$

Also ergibt sich die Austrittsgeschwindigkeit mit $\varphi = 1$ zu

$$w = \sqrt{2 \cdot 9{,}81 \cdot \frac{1{,}66}{2{,}66} \cdot 430 \cdot 10^4 \cdot 1{,}16 \cdot 10^{-2} + 885^2} = \text{ca. } 880 \text{ m/sec}$$

(gemessen wurde vom Verfasser mit elektrischer Funken-Kinematographie $w = \sim 1600$ m/sec; allerdings nicht unmittelbar in der Gewehr-Mündung, sondern 4 cm davon entfernt, während sich obige Formel auf die Mündung bezieht).

2. Mündungsfeuer. Mündungsfeuerdämpfer. Knalldämpfer. Hinsichtlich des Mündungsfeuers pflegt man zu unterscheiden zwischen dem „Feuer aus der Mündung“ und dem eigentlichen „Mündungsfeuer“. Das erstere tritt, wenn es überhaupt vorhanden ist, unmittelbar an der Mündung der Schußwaffe auf und entsteht durch Pulverteile, die bis dahin noch nicht verbrannt sind; bei großen Mörsern ist es zuweilen in Form von feurigen Schlangen, die aus der Mündung zu kriechen scheinen, nachts zu sehen.

Das eigentliche Mündungsfeuer ist eine sekundäre Explosionserscheinung: In dem austretenden Pulvergasgemisch befindet sich außer CO_2 und H_2O auch CO und H. Dieses Kohlenoxydgas und Wasserstoffgas kann, wenn es mit dem Sauerstoff der äußeren Luft sich mischt und wenn dabei die Entzündungstemperatur (750° C) erreicht oder überschritten ist, zur nachträglichen Explosion gelangen. Das Mündungsfeuer tritt dann in größerer oder kleinerer Entfernug von der Mündung in der Form eines Feuerballs auf. Die Erscheinung wird befördert durch mäßigen Feuchtigkeitsgehalt der Luft; dagegen durch einen starken Feuchtigkeitsgehalt der Luft, durch Nebel, Tau, Tropfenbildung und tiefe Lufttemperatur wird die Erscheinung verringert, das Mündungsfeuer wird dann weniger intensiv, während die Rauchbildung zunimmt (außerdem nimmt das Mündungsfeuer nach K. Becker zu mit der Feuergeschwindigkeit, also wohl mit der Erwärmung des Rohrs).

Da beobachtet worden ist, daß bei schweren Flachbahngeschützen, mit hoher Anfangsgeschwindigkeit des Geschosses und daher mit hohem Mündungsgasdruck, sich das Mündungsfeuer zum Teil erst in 150 m Entfernung von der Mündung oder in noch größerer Entfernung bildet, so ist nicht sehr wahrscheinlich, daß das Pulvergasgemisch bis auf diese große Entfernung hin eine Temperatur von mehr als 750° C beibehalten haben konnte. Wir vermuten vielmehr, daß der Stau, von dem nachher die Rede sein wird, die Ursache der sekundären Explosion bildet; nämlich in der Gegend des Staus nimmt die Geschwindigkeit der Gasströmung zeitweilig wieder stark ab und nimmt zugleich der Druck und damit die Temperatur des Gasgemisches wieder stark zu (vgl. Lit. Note, Cranz und Glatzel).

Zur Abdämpfung des Mündungsfeuers sind sowohl chemische, wie auch mechanische Mittel versucht worden. Die chemischen Mittel bestehen darin, daß man dem Pulver Salze beigibt, welche reichlich CO_2 entwickeln, denn CO_2 wirkt bekanntlich hemmend auf die Verbrennungen (Näheres über diese Salze s. bei H. Brunswig, vgl. Lit.-Note). Was die mechanischen Mittel anlangt, so wirkt eine direkt an der Mündung angebrachte konische oder parabolische Düse der Hauptsache nach als einfache Rohrverlängerung: Der Gasstrahl wird durch eine solche Düse etwas mehr zusammengehalten, aber das Volumen der Feuererscheinung bleibt angenähert gleich; das Mündungsfeuer wird schmaler, aber länger. Eine Rohrverlängerung dämpft das Mündungsfeuer und zugleich den Knall um so mehr, je größer die Verlängerung ist; aber dieser ist praktisch sehr bald eine Grenze gesetzt.

Der relativ beste mechanische Effekt gegen Mündungsfeuer und zugleich gegen Knall scheint noch erreicht zu werden, wenn man an der Mündung der Waffe eine Kammer anbringt, in welcher der Druck und die Geschwindigkeit der Gase bedeutend herabgesetzt werden und aus welcher weiterhin das Geschoß durch eine enge Öffnung ins Freie gelangt; in einer solchen Kammer wird die Bewegungsenergie der Pulvergase zu einem großen Teil in Wirbelenergie und in Wärme umgesetzt. Dies ist z. B. der Fall bei dem Rückstoßverstärker des Maschinengewehrs; in der Kammer dieses Rückstoßverstärkers werden die Gase gehemmt, und wenn an dem äußeren Ende des Rückstoßverstärkers noch eine konische Düse befestigt wird, so kann jetzt diese Düse, wenn sie richtig konstruiert ist, annähernd wie eine Laval-Düse wirken, d. h. der Ausströmungsdruck ist dann dem Außendruck (1 Atm.) näher gebracht, die Gase strömen mit weniger Überdruck aus.

Alle mechanischen Vorrichtungen, die den Knall abdämpfen, bewirken auch eine Abdämpfung des Mündungsfeuers. Denn bei den Knalldämpfern muß man darauf ausgehen, Geschwindigkeit und Druck der Pulvergase zu erniedrigen. Beim Maximschen Knalldämpfer befindet sich an der Mündung eine zylindrische Kammer, durch deren mittlere Bohrung das Geschoß gerade noch, ohne anzustreifen, hindurchgehen kann, und in deren Schaufelgängen die Gase einen großen Teil ihrer Geschwindigkeit und ihres Drucks verlieren. Daß dies in der Tat der Fall ist, läßt sich aus der photographischen Aufnahme Nr. 23 des Anhangs im Gegensatz zu Nr. 9 deutlich erkennen: Auf dem Bild Nr. 23 mit dem Knalldämpfer hat sich die Kopfwelle des Geschosses sofort, ungestört durch die Pulvergase, entwickelt, nachdem das Geschoß aus dem Knalldämpfer ins Freie ausgetreten ist.

Der Rückstoß der Waffe wird bei dem Maximschen Knalldämpfer, der (im Gegensatz zu dem Rückstoßverstärker des Maschinengewehrs) mit dem Lauf fest verbunden ist, etwas vermindert, weil die Austrittsgeschwindigkeit der Pulvergase vermindert ist.

3. **Stauerscheinungen.** Von Interesse ist es, die Bewegung der Gase bei und nach deren Austritt aus der Mündung einer Schußwaffe im Einzelnen weiter zu verfolgen.

Die photographischen Abbildungen 1 bis 10 des Anhangs beziehen sich auf das deutsche Infanteriegewehr M. 98 (sichtbar ist noch die Gewehrmündung; und diese Gewehrmündung ist mit einem Gewinde nur deshalb versehen, weil dieses Gewehr gelegentlich auch zum Aufschrauben des Maximschen Knalldämpfers benützt wurde). Zuerst wird, während das Geschoß noch im Rohr sich befindet, aus der Mündung diejenige Luftmasse ausgestoßen, die vor dem Geschoß gelagert war; beim Vorrücken des Geschosses im Rohr wird diese Luft mit wachsender Geschwindigkeit herausgedrängt; sie stößt gegen die äußere ruhende Luft und erzeugt eine Stoßwelle, die sich kugelförmig ausbreitet (Bild 1 bis 3; in Bild 3 ist innerhalb der Welle eine Staulinie sichtbar). Ehe noch das Geschoß die Mündung erreicht hat, haben sich (Bild 4) geringe Mengen von Pulvergasen zwischen Geschoßmantel, und Rohrwandung hindurchgezwängt und sind vor dem Geschoß aus der Mündung ausgetreten. Nun tritt auch das Geschoß aus der Mündung aus. Wenn der Geschoßboden die Mündung passiert (Bild 5), beginnt die Hauptmasse der hochgespannten Gase auszuströmen, die dem Geschoß seine beschleunigte Bewegung durch das Rohr gegeben hatten. Diese Gase stoßen ihrerseits gegen die äußere Luft und erzeugen die Welle des eigentlichen Waffenknalls. Sie umhüllen das Geschoß und eilen diesem zunächst voraus, mit einer maximalen Geschwindigkeit, die höher ist als die doppelte Geschoßgeschwindigkeit. Es ist damit die (von Radaković an einem Gewehr und von C. Crehore und O. Squier an einem Geschütz durch Geschwindigkeitsmessungen festgestellte) Tatsache verständlich, daß unmittelbar nach der Mündung auf eine kurze Strecke hin das Geschoß noch weiter beschleunigt wird. Zugleich sieht man aus den Aufnahmen, daß die Wellengeschwindigkeit stets etwas größer ist als die Geschwindigkeit der Pulvergase. In einer Entfernung von etwa 35 cm nach der Mündung haben die Pulvergase unter dem Reibungseinfluß der ruhenden äußeren Luft bereits so viel an Geschwindigkeit eingebüßt, daß das Geschoß die Gase überholt hat. Erst jetzt (vgl. Bild 9) zeigt sich das Geschoß von der normalen Kopfwelle begleitet; lehrreich ist hierbei, daß die Kopfwelle erst von der Knallwelle ab beginnt und daß sie daher wie ein kegelförmiges Dach auf die Wellenfläche aufgesetzt zu sein scheint. In der Tat, eine Kopfwelle kann sich nur bilden, wenn das Geschoß bezüglich des umgebenden gasförmigen Mediums eine Relativgeschwindigkeit besitzt, die größer ist als die Schallgeschwindigkeit daselbst; innerhalb der Welle aber haben die Gase und hat die Luft noch eine Geschwindigkeit (bezüglich der äußeren Atmosphäre), welche größer ist als die Differenz zwischen der Geschoßgeschwindigkeit und zwischen der Schallgeschwindigkeit, die daselbst besteht.

Diese Aufnahmeserie (Schlierenaufnahmen Bild 1 bis 9, zusammengefaßt in Nr. 10) hat der Verfasser 1911 im ehemaligen ballistischen Laboratorium erzeugt und seitdem wiederholt in öffentlichen Vorträgen beschrieben; die Auslösung des Beleuchtungsfunkens erfolgte bei diesen Aufnahmen unter Verwendung teils des Rücklaufs der Waffe, teils der Gasausströmung. Ähnliche Aufnahmen über die Vorgänge an der Mündung einer Schußwaffe hat ungefähr um dieselbe Zeit W. A. Hyde (Nordamerika) in sehr vollkommener Weise erzeugt und publiziert; ihm gebührt daher die Priorität; die Funkenauslösung hat Hyde dabei in der Weise bewirkt, daß die aus der Mündung austretenden Gase oder das Geschoß selbst die Überbrückung zwischen zwei vor der Mündung gespannten Drähten herstellten; auf den Bildern von Hyde sind deshalb die Drähte sichtbar, jedoch bringen diese Drähte keine Störung der Aufnahmen mit sich (s. Lit.-Note: Hyde). In neuester Zeit (1925) stellte Ph. P. Quayle von neuem eine funkenphotographische Bilderfolge über das Ausströmen der Gase aus der Mündung der Waffe her. Der Beleuchtungsfunke wurde entweder durch den Rücklauf eines Waffenteils oder durch das Geschoß selbst zum Übergehen gebracht; im letzteren Fall dadurch, daß die Kopfwelle des Geschosses einen in der Nähe der Flugbahn aufgestellten Lufstoßunterbrecher trifft, dadurch tritt ein Relais in Aktion, und der Entladungskreis eines Kondensators wird geschlossen. Auf den Bildern von Quayle macht sich zwar die Dauer des Beleuchtungsfunkens geltend (dortige Abbildungen 7, 8, 9, 16, 27, 33 des fliegenden Gewehrgeschosses), aber trotzdem treten alle Einzelheiten deutlich hervor. Quayle gibt an, daß die unter gleichen Schußbedingungen von einem Schuß zum andern auftretenden Streuungen in der Lage des Geschosses bei seinem Verfahren der Funkenauslösung mittels des Luftstoßunterbrechers sehr klein geblieben seien. Er versuchte auch, die Geschwindigkeit der Knallwelle zu ermitteln, und fand diese Wellengeschwindigkeit bei einer seiner Aufnahmen größer als $^2/_3$ der Geschoßgeschwindigkeit. Bei diesem Anlaß seien noch zwei lehrreiche Aufnahmen erwähnt, die Quayle ausgeführt hat: Erstens eine Schußaufnahme, bei welcher das Pistolengeschoß eine mit einer Mischung von Wasserstoffgas und Luft gefüllte Seifenblase durchsetzt; da die Schallgeschwindigkeit in Wasserstoffgas wesentlich größer ist als in Luft von gleicher Temperatur, so zeigt sich die Geschoßkopfwelle an der Stelle der durchschossenen Seifenblase kräftig nach außen verbogen. Zweitens die Photographie eines fliegenden Leuchtspurgeschosses. Die nach hinten aus dem Geschoß ausströmenden Gase bringen es mit sich, daß der sonst auf der Rückseite des Geschosses vorhandene luftverdünnte Raum und die dort abgehende Schwanzwelle gänzlich fehlen.

Auf wesentlich andere Weise hat 1925 in Frankreich M. J. Kampé de Fériet die Ausströmung der Gase aus der Mündung von Geschützen photographisch untersucht (s. Lit.-Note). In der von Kampé de Fériet benutzten photographen Kamera befindet sich unmittelbar vor der photographischen Platte, also zwischen dem Objektiv und der Platte, ein verstellbarer schmaler Schlitz A. Dieser wird parallel gestellt zu der Flugbahnstrecke, um welche es sich handelt; also wenn z. B. der Apparat in der Nähe der Mündung seitlich der Schußebene aufgestellt ist und horizontal geschossen wird, steht der Schlitz A horizontal, und zwar so, daß die betreffende Flugbahnstrecke, die Mitte des Objektivs und der zu der Flugbahnstrecke parallele Schlitz A in einer Ebene liegen; entlang des Schlitzes bewegt sich auf der photographischen Platte das verkleinerte Bild des Geschosses oder das Bild der aus der Mündung austretenden Wolke von Pulvergasen. Als Lichtquelle wird bei Tagesschießen das vom hellen Himmel einfallende reflektierte Sonnenlicht, bei Nachtschießen Magnesiumblitzlicht verwendet. Und nun handelt es sich um ein doppeltes Aufnahmeprinzip. Erstens, wenn eine Einzelphotographie des fliegenden Geschosses erzeugt werden soll, so wird die photographische Platte parallel zu dem Schlitz A bewegt, und zwar in der Bewegungsrichtung des Geschoßbilds auf der Platte und mit der Geschwindigkeit des Geschoßbilds. Infolge dessen befindet sich das Bild des Geschosses in relativer Ruhe bezüglich der photographischen Platte; es entsteht so in der Zeit, in welcher das Geschoß durch das Gesichtsfeld des Apparats sich bewegt, ein scharfes Bild des Geschosses. Dieses erste Prinzip ist bekanntlich nicht neu, sondern es ist das Verfahren des Bilderausgleichs bei der Ernemannschen Zeitlupe; darüber s. Band III. Zweitens, wenn die Geschoßgeschwindigkeit gemessen oder das Ausströmen der Pulvergase aus der Mündung registriert werden soll, so wird die photographische Platte in einer Richtung B bewegt, welche senkrecht steht zu der Richtung des Schlitzes A und folglich senkrecht zu der Richtung der Geschoßbewegung. Würde nun allein das Geschoß sich bewegen, die photographische Platte in Ruhe sein, so würde das Geschoßbild in der kurzen Zeit, während welcher die Kamera geöffnet ist, eine kontinuierliche und angenähert gerade Linie in der Richtung A erzeugen. Würde dagegen nur die Platte sich bewegen, das Geschoß ruhen, so würden die aufeinanderfolgenden Lagen des ruhenden Geschoßbilds auf der bewegten Platte eine gerade Linie in der Richtung B, also senkrecht zu A bilden. Durch das Zusammenwirken der beiden Bewegungen entsteht also eine Kurve oder hier angenähert eine gerade Linie, welche schief zu A und B steht, auf der Platte; und wenn zugleich vor dem Schlitz der Zinken einer geeichten Stimmgabel schwingt, kann aus der Neigung der schiefen Geraden und den photographierten Stimmgabelschwingungen die Geschwindigkeit des Geschosses abgelesen werden. Ebenso ist es möglich, das Ausströmen der Pulvergase aus der Mündung zeitlich zu registrieren. Auch dieses Registrierprinzip ist nicht neu. Es ist vielmehr dasselbe, das z. B. C. Cranz und K. R. Koch 1899 bis 1901 zur photographischen Registrierung der Gewehrlaufschwingungen und C. Cranz zur Registrierung der Verschlußbewegungen an Selbstladewaffen angewendet haben[1]. Das allgemeine Registrierverfahren ist näm-

[1] Cranz, C. und K. R. Koch: Münch. Akad. Abhandl. 19, S. 447; 1899, 20, S. 591, 1900; 21, S. 559, 1901; C. Cranz: Anwendung der Momentphotographie auf die Untersuchung von Schußwaffen, Halle a. S. 1901, und spanische

lich folgendes: Dicht vor der photographischen Platte oder dem Filmstreifen befindet sich eine feste Schlitzblende und daran der Zinken einer Registrierstimmgabel; der Schlitz ist parallel gestellt zu der Richtung A, in welcher sich das Bild des Gegenstandes bewegt, um dessen Bewegungsregistrierung es sich handelt; die photographische Platte oder der Film wird in einer dazu senkrechten Richtung B hinter dem Schlitz bewegt; aus der entstehenden Kurve, einschließlich derjenigen der Stimmgabelschwingungen wird der zeitliche Verlauf der Bewegungen des Gegenstandes abgelesen. Neu ist dem gegenüber bei Kampé de Fériet sowohl der Gesamtapparat, den er zu den erwähnten Zwecken konstruiert hat und der, wie es scheint, eine bemerkenswerte Präzision der Messungen ermöglicht, als auch die 1919 von ihm durchgeführte Anwendung jenes Prinzips auf die photographische Registrierung der Gasbewegungen an der Mündung einer 30 cm-Kanone; dabei Ladung 120 kg französ. BM_{17}-Pulver; $v_0 = 720$ m/sec; Länge des Schlitzes entsprechend einer Flugbahnstrecke von 25 m von der Mündung ab; das Geschoßgewicht 440 kg. Das Ergebnis war das folgende: 0,0015 sec vor dem Geschoßaustritt erscheinen an der Mündung schwach leuchtende Gasmassen, welche eine Geschwindigkeit von 300 m/sec besitzen. Bei dem Geschoßbodenaustritt bewegen sich die Pulvergase nach der Seite mit einer Geschwindigkeit von 2000 m/sec. Wenn sich das Geschoß ein wenig von der Mündung entfernt hat, besitzen die Gase auch eine Geschwindigkeit nach vorwärts im Betrag von 1400 m/sec; die Gase überholen deshalb zunächst das Geschoß und hüllen es völlig ein. Nach 0,001 sec vom Geschoßaustritt ab gerechnet bilden die Gase einen Pilz, der eine Ausdehnung von 1,40 m nach vorwärts und von 2 m nach rechts und links besitzt; der Geschoßboden ist dabei 70 cm von der Mündung entfernt, und die Gasgeschwindigkeit beträgt jetzt nach vorwärts nur noch 1000 m/sec, nach der Seite 780 m/sec. Nach 0,002 sec erstreckt sich der Pilz 2,40 m nach vorwärts, 2,5 m nach rechts und links; der Geschoßboden ist 1,4 m von der Mündung entfernt; die Geschwindigkeit des Pilzes beträgt nach vorwärts 750 m/sec, nach der Seite 530 m/sec usf. Die Geschwindigkeit der Gasmasse nach vorwärts und nach der Seite nimmt rasch ab; das Geschoß hat den Gaspilz überholt nach 0,007 sec, nämlich bei einem Abstand von 5 m zwischen Mündung und Geschoßboden. Nach 0,025 sec ist die Ausdehnung des Pilzes nach vorn 9,1 m, nach rechts und links 7,7 bis 8 m geworden. Und jetzt leuchtet plötzlich die Gasmasse hell auf (Mündungsfeuer, réinflammation). Die Geschwindigkeit des Gaspilzes steigert sich dabei wieder von 120 m/sec auf 180 m/sec und nimmt sodann (nach 0,045 sec) wieder ab. Das Geschoß selbst ist dabei vollständig außerhalb der Gasmasse und hat sich von dieser um mehr als 5 m bereits entfernt; es wird somit durch das Mündungsfeuer nicht in seinem Fluge gestört. Dies einige der erstmaligen quantitativen Feststellungen von Kampé de Fériet über den Gegenstand.

Wir kehren nun zurück zu unseren photographischen Schlierenaufnahmen (Anhang, Abb. 1 bis 9). Dort ist auf den meisten dieser Aufnahmen eine eigentümliche Staulinie sichtbar, welche senkrecht zu der verlängerten Seelenachse verläuft. Um diese Staulinie möge es sich jetzt handeln. Zugleich sei auf die Abb. 32 und 33 des Anhangs aufmerksam gemacht, wo beim Schuß aus einem Gewehr und einer Pistole auch ohne Anwendung

---

Übersetzung von Génova: Madrid 1904, ferner C. Cranz und F. Külp: Beiträge zur Waffenuntersuchung. Artill. Monatsh. Nr. 89, 1914, S. 251 u. 262).

eines Schlierenverfahrens zwei aufeinanderfolgende Gasstaue AB und EF in den photographischen Aufnahmen deutlich zutage treten. An jeden der beiden Gasstaue schließen sich Wirbel an, die nach der Seite und nach rückwärts laufen, an den ersten Stau AB der Ringwirbel $AC \frown BD$, an den zweiten Stau der Ringwirbel $EG \frown FH$.

Es wird häufig angenommen, daß der Druck (und damit die Temperatur) der Pulvergase von der Mündung ab nur abnehme und daß dementsprechend die Geschwindigkeit der Pulvergase zunächst nur zunehme (bis sie durch die Reibung in der ruhenden äußeren Luft allmählich wieder abnimmt und schließlich Null wird). Dies ist nicht der Fall. Vielmehr nimmt der Gasdruck zwar zunächst ab, dann aber in fast unstetiger Weise wieder zu; hierauf erfolgt von neuem eine Abnahme des Drucks und dann wieder eine Zunahme usf., bis sich schließlich der ganze Gasstrahl in eine Wirbelmasse auflöst. Und zwar liegen, falls ein Gas mit Überschallgeschwindigkeit aus einem so großen Gasreservoir ins Freie ausströmt, daß die Ausströmungsgeschwindigkeit konstant ist, jene Druckmaxima (und damit zugleich Geschwindigkeitsminima) an der gleichen Stelle, und die Wellenlänge λ dieser stehenden Schwingungen, d. h. die Entfernung zwischen je zwei aufeinanderfolgenden solchen Druckmaxima (oder „Stodolaschen Verdichtungsstößen“) läßt sich nach Prandtl und Kármán theoretisch durch eine einfache Beziehung ermitteln, welche die Schallgeschwindigkeit und das Verhältnis zwischen Außendruck p_a und Innendruck p_i enthält; R. Emden hat experimentell für das Verhältnis zwischen der Wellenlänge λ (mm) und dem Durchmesser d (mm) der kreisförmigen Ausströmungsöffnung die Formel erhalten $\frac{\lambda}{d} = 0{,}79 \cdot \sqrt{\frac{p_i}{p_a} - 1{,}90}$. In unserem Fall, wo es sich um eine Schußwaffe handelt, ist die Ausströmungsgeschwindigkeit der Pulvergase nicht konstant; sie nimmt vielmehr an derselben Stelle mit wachsender Zeit rasch ab, da der Innendruck p_i rasch abnimmt; daher wird λ kleiner und kleiner. Die Stelle des ersten außerhalb der Mündung gelegenen Druckmaximums rückt also mit wachsender Zeit immer näher an die Mündung heran. C. Cranz und B. Glatzel haben für den Schuß aus einem modernen Infanteriegewehr das Gebiet zwischen der Mündung und der Stelle des ersten darauf folgenden Druckmaximums (Staus) experimentell näher untersucht [1]). Und zwar wurde die Kontur des Gasstrahls und die Lage des ersten Druckmaximums mittels des Schlierenverfahrens sichtbar gemacht, und gleichzeitig wurde die Geschwindigkeit und die Richtung der Pulvergasströmung mit Hilfe von Sonden durch Ausmessung des Mach-

[1]) Vgl. Lit.-Note: Cranz und Glatzel; dort weitere Literatur: E. Mach, R. Emden, L. Prandtl, E. Magin, Th. Meyer, A. Steichen.

schen Winkels an den verschiedenen Stellen innerhalb jenes Gebiets bestimmt; vgl. die photographischen Aufnahmen Nr. 12, 13, 14 und 15. In Nr. 12 ist ein solches Gebiet, wie es beim Schuß aus dem Infanteriegewehr M. 98 aufgenommen wurde, wiedergegeben; und in Nr. 13 bis 15 Beispiele der Sondenmessungen. Durch diese letzteren Messungen zeigte sich, daß von der Mündung AB ab (vgl. die nebenstehende schematische Abbildung 19a) in den mittleren Teilen des Gasstrahls die Gasgeschwindigkeit zunimmt, daß sie dann aber in der Nähe der Staulinie DE schnell bedeutend abnimmt. Dementsprechend muß der Druck in DE wieder stark zugenommen haben. Aus diesem Grund pflegt DC (s. Abb. 19b) in der Gasturbinentechnik die Stelle des „Stodolaschen Verdichtungsstoßes" genannt zu werden; wir nennen diese Stelle der Kürze halber „Stau" oder „Staulinie", weil die Geschwindigkeit in diesem Flächenstück (das sich in der Photographie als Linie darstellt) wieder kleiner ist als unmittelbar vorher und nachher.

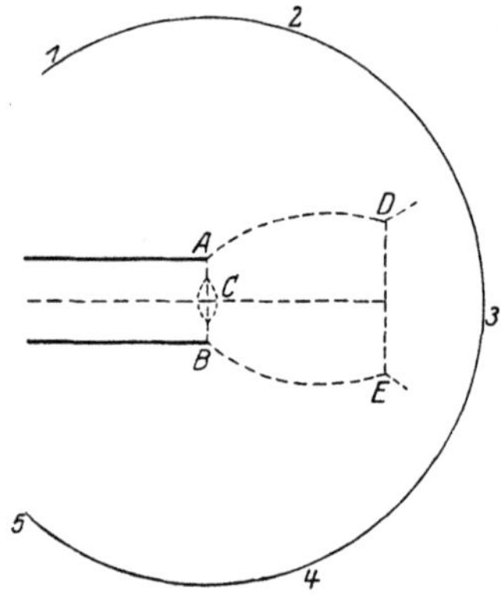

Abb. 19a.

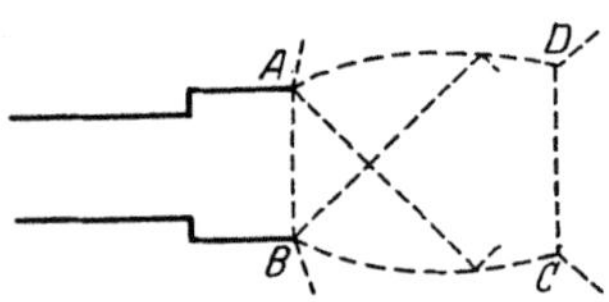

Abb. 19b.

Diese Staulinie also zieht sich beim Schuß aus einer Feuerwaffe allmählich nach der Mündung hin zurück, weil der Ausströmungsdruck kleiner und kleiner wird. Das ist durch die photographischen Aufnahmen kenntlich gemacht, die in Bild Nr. 11 des Anhangs zusammengestellt sind; diese Aufnahmen beziehen sich auf immer spätere Momente des Schusses, nämlich der Reihe nach auf diejenigen, in denen das fliegende Geschoß bzw. 7,5; 10; 20; 25; 30 dm von der Mündung entfernt sich befindet. Über einige weitere Einzelheiten der Aufnahmen, insbesondere über eine Brechung der an der Sonde auftretenden Welle speziell an der äußeren Grenze des Gasstroms (Aufnahme Nr. 13), ferner über den experimentellen Nachweis einer gegen Schluß der Ausströmung der Pulvergase eintretenden Luftverdünnung im Rohr, vergleiche man die Abhandlung selbst.

Quantitative Messungen über die periodische Druckänderung an den Staustellen lassen sich mit Hilfe des Machschen Interferenz-Refraktometers (s. Band III) durchführen. Derartige photographische Aufnahmen (bezüglich des Ausströmens von Druckluft aus einer Düse) sind schon vor längerer Zeit durch E. Mach und P. Sacher und besonders L. Mach (1897, s. Lit.-Note) bewirkt worden. Da auch L. Mach eine Ausmessung seiner Interferenzaufnahmen nicht durchgeführt hat, wurden 1924 im Institut für technische Physik (ehem. ballist. Laboratorium) auf Veranlassung des Verfassers durch W. Pupp solche Aufnahmen wiederholt und wirklich ausgemessen. In Nr. 19 des Anhangs ist eine solche Aufnahme an einer Druckluftdüse (und in Nr. 20 die Aufnahme einer Kerzenflamme) wiedergegeben, wie sie von W. Pupp mit Hilfe des Interferenzrefraktors erzielt wurde. Die nebenstehende schematische Abbildung 20a zeigt vergrößert das System der verbogenen Interferenzlinien, mit den inselartigen Gebilden, und die nebenstehende Abb. 20b gibt dazu das Schlierenbild. Die mikroskopische Ausmessung der Interferenzaufnahme (Nr. 19 des Anhangs) erfolgte in 30 aufeinanderfolgenden äquidistanten Schnitten quer zur Strahlrichtung. Je zwei aufeinanderfolgende Querschnitte haben den Abstand 0,803 mm voneinander. Die Ausströmungsöffnung hat den Durchmesser ' 9 mm. In jedem der 30 Schnitte quer zum Strahl wurden fünf Kreisringe gezeichnet, deren Mittelpunkte in der Mittelachse des Strahls liegen. Der innerste Ring hat den Radius 1 mm, der nächste Ring hat den Radius 2 mm usf. Auf diese Weise wurde vom äußersten Ring aus die Druckverteilung in jedem Ring gemäß dem Verfahren festgestellt, das in Band III näher geschildert und durch ein Zahlenbeispiel erläutert ist. In der umstehenden kleinen Tabelle (S. 194) sind zu den 20 ersten Querschnitten die Drücke wenigstens für den innersten Ring, also für die Achsenmitte angegeben.

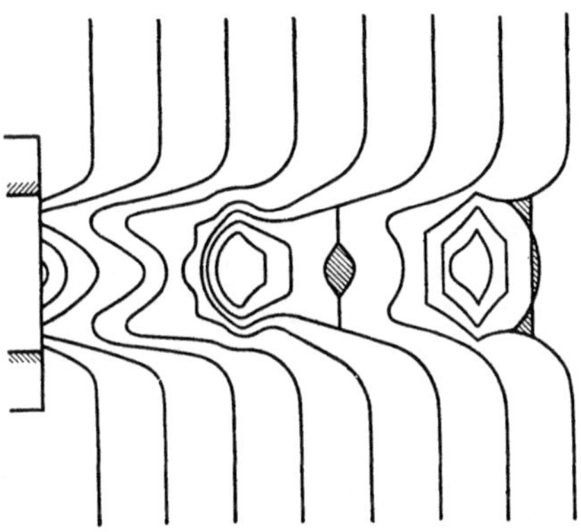

Abb. 20a.

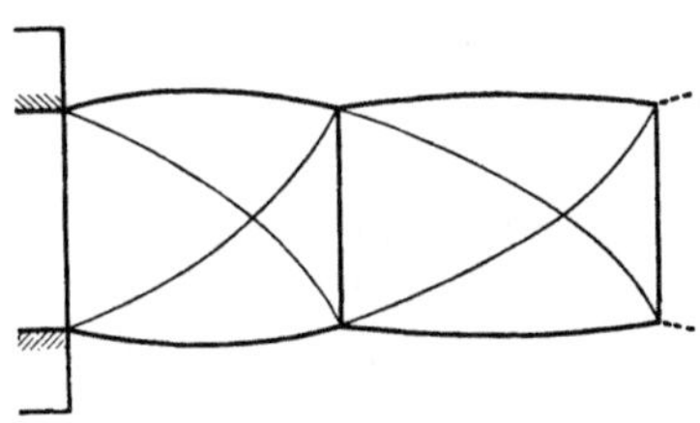

Abb. 20b.

Das erste Maximum des Drucks liegt innerhalb der Düse; bis zur Mündung hin hat sich der Druck bereits bis auf 1,85 Atm. erniedrigt. Und was nun die aufeinanderfolgenden Staue, also die relativen Druckmaxima betrifft, die außerhalb der Düse liegen, so findet sich der erste Stau bei Querschnitt Nr. 12; der zweite Stau liegt bei

Nummer des Querschnitts	Druck in der Mitte des Strahls	Nummer des Querschnitts	Druck in der Mitte des Strahls	Nummer des Querschnitts	Druck in der Mitte des Strahls
1	1,85 Atm.	8	$0{,}72_7$ Atm.	15	2,14 Atm.
2	1,79 „	9	1,32 „	16	1,85 „
3	1,67 „	10	1,73 „	17	1,67 „
4	1,40 „	11	1,91 „	18	1,32 „
5	1,29 „	12	2,61 „ (Maximum)	19	1,05 „
6	1,00 „	13	2,28 „	20	1,00 „
7	$0{,}68_5$ „	14	2,22 „		

Querschnitt Nr. 29 usf. Dies also die Druckänderung in der verlängerten Mittelachse der Düse, also in der Mitte des Gasstrahls; man sieht, daß hier stellenweise der Druck weit unter eine Atmosphäre sinkt (z. B. im 7. Querschnitt) und daß er dann wieder an den Staustellen weit über eine Atmosphäre ansteigt (z. B. auf 2,61 Atm. im 12. Querschnitt). Am Rand des Gasstrahls, nämlich im 4. Ring z. B., ändert sich der Druck verhältnismäßig weit weniger; dort ist er im Querschnitt Nr. 1, 6, 7, 12, 20 bzw. 1,44, 1,47, 1,28, 1,45, 1,47 Atm. Die gesamte Verteilung des Drucks hat W. Pupp in einem aus Pappkartons bestehenden Modell, dessen Photographie in dem Bild Nr. 21 des Anhangs wiedergegeben ist, anschaulich dargestellt. Wenn auch diese einzelne Aufnahme samt den zugehörigen Ausmessungen und Berechnungen zu weitergehenden quantitativen Schlußfolgerungen noch nicht ausreicht, so ist doch dadurch experimentell festgestellt, daß in diesen Stauen, wie sie sich bei den Schlierenaufnahmen unmittelbar zeigen, und wie sie auch bei den Interferenzaufnahmen durch das Auftreten der Inseln sich ergeben, der Gasdruck ein relatives Maximum (und zugleich die Strömungsgeschwindigkeit ein relatives Minimum) besitzt.

Die Entstehung dieser Staue erklärt sich wohl am ungezwungensten folgendermaßen: Bei allen deformierbaren Körpern erhöht sich ihr statisch gemessener Widerstand gegen Deformation um so mehr, je größer die Geschwindigkeit ist, um die es sich dabei handelt. Einige Beispiele seien, zum Teil von neuem, in aller Kürze angeführt. Ein Luftstrahl von hoher Strömungsgeschwindigkeit fühlt sich wie ein fester Körper an. Mit einer sehr rasch rotierenden Papierwalze läßt sich Stahl polieren. Beim steilen Einschuß eines modernen Infanteriegeschosses in Wasser wird das Stahlmantelgeschoß zerquetscht; beim flachen Einschießen ricochettiert es an der Wasseroberfläche wie an einem festen Körper. Wird ein Häufchen Knallsilber in freier Luft auf ein Blatt Papier gelegt und mit einem elektrischen Funken gezündet, so wird bekanntlich das Papier durchlocht; aber die Durchlochung tritt nicht ein, wenn der Versuch in einem stark luftverdünntem Raum ausgeführt wird; also in freier

Luft erfolgt die Explosion in ähnlicher Weise, wie wenn das Knallsilber in einem engen Behälter eingeschlossen oder wie wenn es verdämmt worden wäre. Diese Verdämmung wird durch die umgebende Luft bewirkt, die gegenüber der großen Explosionsgeschwindigkeit des Knallsilbers nicht rasch genug auszuweichen vermag und daher einen großen Widerstand darbietet. Eine Kerzenflamme wurde vom Verfasser durchschossen (s. photogr. Abbildung Nr. 27 des Anhangs), später zeigte sich die Flamme gelöscht und die Kerze zertrümmert; aber die Aufnahme beweist, daß dazu eine geraume Zeit erforderlich war; denn, nachdem sich das Geschoß schon um mehrere Zentimeter wieder von der durchschossenen Flamme entfernt hat, steht diese noch scheinbar unbeweglich, wie ein fester Körper, und Stoßwellen breiten sich innerhalb derselben von der Durchschießungsstelle aus.

So wird auch in unserem Falle der Stau dadurch zustande kommen, daß durch die mit hoher Geschwindigkeit ausströmenden Pulvergase die äußere Luft zusammengepreßt wird, bis der Widerstand, welcher durch das Beharrungsvermögen des entstehenden elastischen Luftpolsters hervorgerufen wird, so groß geworden ist, daß eine weitere Beschleunigung der Luftteilchen verhindert ist. Ein Analogon, das man bei strömendem Wasser beobachtet, ist folgendes (s. Abb. 21).

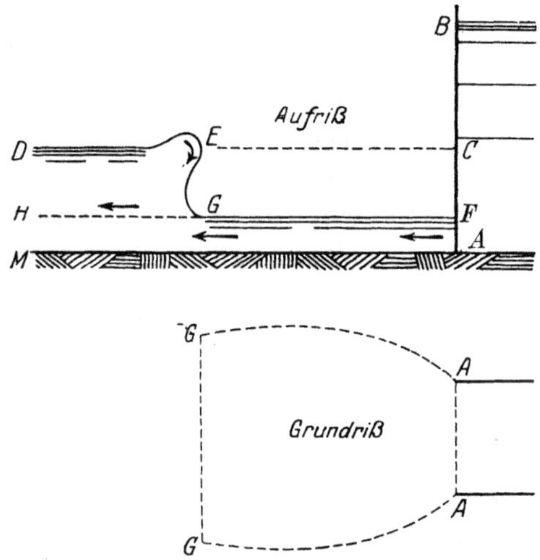

Abb. 21.

An einer Seeschleuse AB stehe oberhalb das Wasser auf der Höhe AB, unterhalb auf der Höhe AC. Das Schleusentor werde so weit aufgezogen, daß das Wasser aus der Öffnung AF ausströmt. Wäre keine Reibung vorhanden, so würde in dem Gebiet $FAMH$ das Wasser beliebig weiter strömen, unterhalb des ruhenden Wassers $CFHD$. Tatsächlich herrscht aber Reibung zwischen dem strömenden Wasser und dem ruhenden Wasser. Infolgedessen wird das ruhende Wasser oberhalb FH von dem strömenden Wasser unterhalb FH mitgerissen, und die Folge ist, daß der Wasserstrahl von C ab bis E eine Strecke weit sinkt, so daß man bei GE einen Stau erblickt. Je kleiner die Druckhöhendifferenz, also je kleiner die Ausflußgeschwindigkeit des Wassers aus der Öffnung AF ist, um so mehr rückt dieser Stau

GE nach *AC* hin und umgekehrt. So entsteht auch im Fall des Schusses die Staulinie als der Wellenkamm eines relativen Druckmaximums, das durch den Anprall der aus der Waffe austretenden Pulvergase gegen die dagegen relativ ruhende äußere Luft hervorgerufen wird.

Die Staulinien werden in der technischen Physik möglicherweise zur Erklärung manch anderer Erscheinungen beigezogen werden müssen, z. B. der folgenden: Wenn man auf eine berußte Glasplatte ein Knallsilberhäufchen legt und über der Platte eine zweite Platte parallel zur ersten in kleinem Abstand anbringt und das Knallsilber durch einen elektrischen Funken zündet, so wird der Ruß weithin weggeblasen; aber in 1 bis 2 scharf begrenzten Kreisringen (um die Explosionsstelle herum) bleibt der Ruß liegen. E. Mach, der sich mit den Rußfiguren viel und erfolgreich beschäftigt hat, gibt eine etwas unwahrscheinliche Erklärung für diese Erscheinung; der Verfasser möchte vermuten, daß es sich hier nicht um Interferenzlinien handelt, die durch Reflexion entstanden sind, sondern einfach um Staulinien; es dürfte sich lohnen, dies näher zu untersuchen. F. Wächter bringt 1923 in seinem schon erwähnten Aufsatz mit dem Titel „Über einige merkwürdige Eigenschaften der Gase" (s. Lit.-Note) aus dem Gebiet der Sprengstofftechnik und Astronomie einige weitere Tatsachen bei, die er mit dem bei hohen Geschwindigkeiten erzeugten Widerstand der Gase zu erklären sucht; manches von dem, was F. Wächter anführt, wird vielleicht Widerspruch erzeugen; aber vieles davon deckt sich mit den Anschauungen des Verfasers, der den Aufsatz von F. Wächter zum näheren Studium empfiehlt.

§ 24. Über den Knall.

Man verdankt E. Mach die Erkenntnis, daß bei den modernen Gewehren und Geschützen, deren Geschosse mit Überschallgeschwindigkeit verfeuert werden, zwei Knalle zu unterscheiden sind; der Waffenknall und der Geschoßknall.

1. Der Waffenknall rührt der Hauptsache nach her von der plötzlichen Ausbreitung der aus der Mündung der Waffe in die freie Luft austretenden hochgespannten Pulvergase, durch welche die umgebende Luft komprimiert wird und eine kräftige Luftwelle entsteht (auf den photographischen Aufnahmen Nr. 4 bis 9 des Anhangs ist die Welle des Waffenknalls sichtbar). In den Fällen, wo ein Mündungsfeuer, also eine sekundäre Explosion (s. oben) auftritt, kann der Waffenknall unter Umständen als ein mehr oder weniger deutlich erkennbarer Doppelknall auf das Ohr wirken.

Im Mittelalter scheint die Ansicht verbreitet gewesen zu sein, der Knall der Waffe werde dadurch erzeugt, daß beim Schuß eine

Luftverdünnung in der Seele der Waffe herrsche und daß die äußere Luft in diesen luftverdünnten Raum hereinstürze. Der Mathematiker N. Tartaglia, der 1537 ein Buch über die Lehre vom Wurf geschrieben hat, berichtet allen Ernstes: Bei gleicher Ladung trägt der zweite Schuß weiter als der erste, weil bei diesem die Kugel erst Bahn in der Luft machen muß; nachher aber wirkt die warm werdende Büchse wie ein Schröpfkopf und saugt das Pulvergas ein, so daß spätere Schüsse eine kleinere Tragweite haben. Zum Beweise erzählt er: „... daß auf eyne Zeit ettliche große Stuck losgeschossen worden; unterdessen sey eyn Hund herzugelaufen und habe seyne Schniechse (Schnauze) in das eyne noch heiße Stück gesteckt; da habe die Hitze dem Hund den Kopf ins Rohr gezogen, daß der Hund beinahe ersticket sey und man ihn mit großer Mühe von dem Stuck wegreissen müssen" (Jähns).

Der Ansicht, daß der Knall einer Schußwaffe durch eine Saugwirkung entsteht, begegnet man auch heutzutage noch bisweilen. Wenn diese Ansicht richtig wäre, so würde zuerst eine Luftverdünnung, nicht eine Luftverdichtung am Trommelfell des Ohrs oder an der Mikrophonplatte ankommen; ein Knall entsteht sowohl, wenn z. B. eine elektrische Glühbirne auf den Fußboden fällt und zerbricht, als auch wenn z. B. die Pneumatik eines Autos platzt; der Waffenknall würde dem ersteren Knall ähnlich sein. Daß aber diese Erklärungsweise nicht zutrifft, ergibt sich schon daraus, daß es sich alsdann um nie mehr als 1 Atm. Druckunterschied handeln könnte und beim Verkürzen des Gewehrlaufs müßte der Knall der Waffe gleich bleiben oder eher etwas geringer als stärker werden; tatsächlich wächst die Knallstärke bei der Laufverkürzung und hat ihr Maximum, wenn der Lauf bis zur Stelle des höchsten Gasdrucks verkürzt wird. Richtig an jener Erklärungsweise für die Entstehung des Waffenknalls ist nur die Tatsache, daß unmittelbar nach dem Austritt der Pulvergase zeitweilig eine Luftverdünnung im Rohr vorhanden ist. Der Verfasser hat dies durch folgenden Versuch gezeigt: Häuft man auf dem Laufende und ein wenig über die Mündung hinaus Werg oder Flaumfedern so auf, daß der Weg für das Geschoß frei bleibt, so wird beim Schuß zwar der größte Teil des Wergs oder der Federn weggeschleudert; allein einzelne Fasern des Wergs oder einzelne Flaumfedern zeigen sich stets in die Mündung hineingezogen. Auch bei den oben erwähnten photographischen Aufnahmen von Cranz und Glatzel hat sich die zeitweilige Luftverdünnung im Rohr gezeigt (vgl. Anhang, Bild Nr. 11, und dazu den Text der Originalarbeit).

Die Fortpflanzungsgeschwindigkeit des Waffenknalls ist in nächster Nähe der Mündung jedenfalls etwas größer als die normale Schallgeschwindigkeit, wird jedoch bald dieser gleich. Und was die Hörweite des Geschützdonners anlangt, so gibt sie W. Krebs (auf eigene Verantwortung hin) zu mehr als 200 km an. Ziemlich festzustehen scheint, daß mitunter innerhalb des Gebiets der Hörweite Zonen vorhanden sind, in denen vom Geschützdonner nichts oder auffallend wenig zu hören ist — sog. Zonen des Schweigens — und daß diese Teilgebiete zeitlich wechseln. Falls in der Tat, wie behauptet wird, das Auftreten einer solchen Zone des Schweigens an die Bedingung geknüpft ist, daß Wind weht, der nach der Höhe zu veränderliche Geschwindigkeit hat, dürfte sich diese Erscheinung folgendermaßen erklären (dazu s. Lit.-Note): Bei Windstille breiten sich von einer Explosionsstelle aus die Knallwellen kugelförmig aus, die Schallstrahlen sind die Radien (s. Abb. 22a). Wenn ein horizontaler Wind weht, der nach der Höhe zunimmt, so werden die Halbkugeln verzerrt, und die Schallstrahlen werden gekrümmt, etwa wie in Abb. 22b. Es müßte eine interessante Aufgabe sein, diese Frage statistisch und weiterhin analytisch oder graphisch vollständig zu lösen, also zunächst

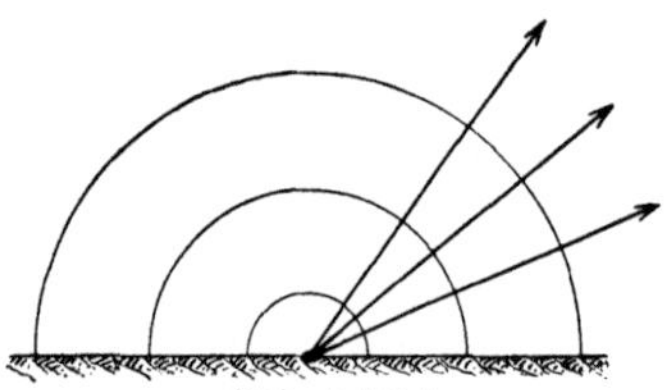

Abb. 22a.

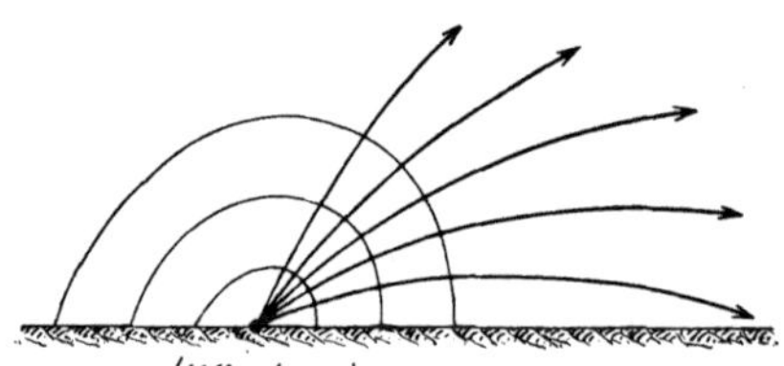

Abb. 22b.

alle zuverlässigen Berichte über derartige Zonen der Unhörbarkeit samt den meteorologischen Daten zu sammeln, sodann das System der Differentialgleichungen, die nach jener Hypothese den Vorgang wiedergeben, aufzustellen und aus ihnen zu konstatieren, ob und unter welchen Bedingungen der veränderliche Wind zu Zonen der Unhörbarkeit Anlaß gibt, wo diese Zonen liegen müssen und welche Ausdehnung sie haben; endlich ob beim Schießen aus Geschützen die einseitige Fortbewegung der Pulvergase von der Mündung ab dabei eine Rolle spielt oder nicht. Eine mathematische Theorie der Schallstrahlenkrümmung haben E. A. Milne, B. A. und E. Esclangon begonnen (s. Lit.-Note).

2. Die Kopfwelle des Geschosses erzeugt ebenfalls eine Knallempfindung, wenn die betreffende Luftwelle am Ohr des Beobachters ankommt; dieser Geschoßknall pflanzt sich nur so lange mit der Geschwindigkeit v des Geschosses fort, als diese über der normalen Schallgeschwindigkeit s liegt, denn andernfalls wird das Geschoß überhaupt nicht mehr von der Kopfwelle begleitet, sondern diese läuft dem Geschoß voraus (vgl. in Nr. 17 des Anhangs die Aufnahme

eines Infanteriegeschosses mit Überschallgeschwindigkeit, das Geschoß wird von der Kopfwelle begleitet; in Nr. 22 die Aufnahme desselben Geschosses mit nahezu Schallgeschwindigkeit; Kopfwelle und Schwanzwelle beginnen sich vom Geschoß abzulösen).

Danach kann man bei Geschossen, deren Anfangsgeschwindigkeit v_0 größer als die Schallgeschwindigkeit s ist ($s = 331 + 0{,}61 \cdot \tau$ m/sec; τ die Temperatur der Luft in ^{0}C) auf beiden Seiten der Geschoßbahn und nahe derselben zwei Knalle hören, den Mündungs- oder Waffenknall und den Kopfwellen- oder Geschoßknall. In der Regel wird der (scharfe und helle) Geschoßknall vor dem (dumpferen) Waffenknall gehört. Der betreffende Zeitunterschied zwischen der Ankunft des Geschoßknalls und der etwas späteren Ankunft des Waffenknalls heißt der „Knallabstand" (sec). Für einen Beobachter, der sich, unweit der Flugbahn bleibend, immer mehr vom Geschütz in der Schußrichtung entfernt, wächst der Knallabstand zuerst, und zwar so lange, bis die Geschoßgeschwindigkeit v auf die normale Schallgeschwindigkeit s herabgesunken ist, also bis die Kopfwelle sich vom Geschoß ablöst. Von da ab bleibt dieser Zeitabstand zwischen den beiden Knallen konstant; er ist dann bei den Feldkanonen 0,7 bis 1,3 sec, bei den 10-cm-Kanonen 1,2 bis 2 sec, bei den neueren 12-cm- bis 17-cm-Kanonen 3 bis 6 sec, und bei den schwersten Flachbahngeschützen geht er bis über 20 sec.

Dagegen für einen Beobachter, der sich senkrecht zur Flugbahn immer weiter nach der einen oder andern Seite entfernt, wird unter sonst gleichen Umständen der Knallabstand immer kleiner, bis er schließlich Null wird und nur noch ein einziger Knall hörbar ist. Den geometrischen Ort der Beobachtungspunkte, in denen der Knallabstand einen konstanten Wert, z. B. 0,2 sec, besitzt, hat A. Timpe (s. Lit.-Note) rechnerisch und graphisch untersucht. Speziell alle Punkte, in denen dieser Abstand gerade Null ist, in denen also gerade noch ein einziger Knall hörbar ist, liegen (in der Horizontalebene durch die Mündung) auf einer Geraden; diese geht durch die Mündung, und der Winkel β zwischen dieser Geraden und der Horizontalprojektion der Schußebene ist durch die Gleichung bestimmt

$$\cos\beta = \frac{s}{v_0}.$$

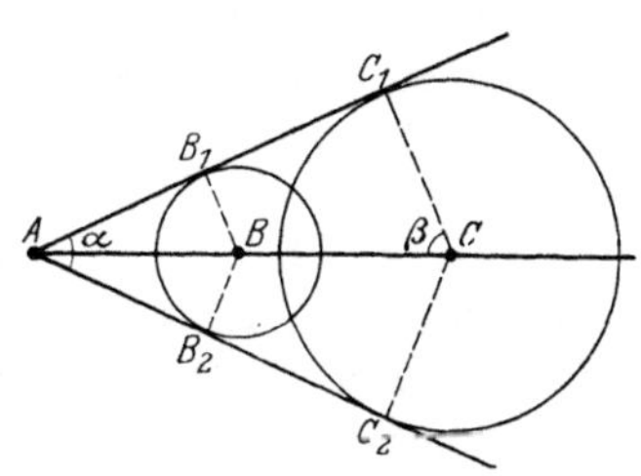

Abb. 23.

Denn die Kopfwelle ist nichts anderes als die Einhüllende der unendlich vielen kugelförmigen Elementarwellen der Luft, die entstehen, wenn die Geschoßspitze gegen die ruhende Luft stößt. Die Geschoßspitze befinde sich (vgl. die nebenstehende schematische Abbildung 23) jetzt in A, die Luftstoßwelle um A hat noch den Radius Null. Eine Sekunde vorher habe sich die Geschoßspitze in B befunden; die dort erzeugte Luftwelle hat sich bis jetzt auf eine Kugel mit Radius $BB_1 = BB_2$ ausgebreitet, wobei dieser Radius gleich der mittleren Schallgeschwindigkeit s ist. Zwei Sekunden vorher war die Geschoßspitze in C; die Stoßwelle, die hier erzeugt worden war, hat bis jetzt den Radius $CC_1 = 2 \cdot BB_1 = 2s$ angenommen, usf. Da nun AB ein Maß für die Geschoßgeschwindigkeit v, BB_1 ein Maß für die mittlere Schallgeschwindigkeit s ist, so ist $\sin\frac{\alpha}{2} = \frac{s}{v}$. Die photographische Aufnahme Nr. 18 des Anhangs soll die Entstehung der Kopfwelle als Einhüllende der Elementarwellen zeigen; das Bild ist vom Verfasser dadurch erzeugt worden, daß mit dem Infanteriegeschoß durch ein Rohr hindurchgeschossen wurde, das oben und unten mit Löchern versehen ist; aus diesen Löchern quellen getrennte Bündel von Elementarwellen hervor und werden dadurch auf der Photographie sichtbar, während sich sonst die sukzessiven Elementarwellen gegenseitig überdecken. Das Analogon zur Kopfwelle des Geschosses bei der Bewegung eines Schiffs in ruhendem Wasser ist die Bugwelle (vgl. Bild 30 und 31 des Anhangs, kleinere bzw. größere Schiffsgeschwindigkeit, und daher größerer bzw. kleinerer Winkel der Bugwelle); der Geschoßgeschwindigkeit v entspricht dabei die Fahrtgeschwindigkeit des Schiffs; der Schallgeschwindigkeit s entspricht die Geschwindigkeit, mit der sich die durch das Schiff erzeugten Oberflächenwellen des Wassers ausbreiten.

Ist nun C in der obigen schematischen Textabbildung 23 speziell die Mündung der Waffe, so ist die Kugelwelle mit dem Radius CC_1 einerseits die erste Elementarwelle des Geschoßknalls, andererseits aber auch die Welle des Waffenknalls; und da sich beide Wellen mit der Schallgeschwindigkeit s ausbreiten, so werden diese beiden Knalle von einem Beobachter, der sich auf einer der Geraden CC_1 oder CC_2 befindet, gleichzeitig gehört. Dies gilt, wie aus der photographischen Aufnahme Nr. 9 des Anhangs hervorgeht, allerdings nur angenähert, wenn sich der Beobachter sehr nahe an der normalen Mündung der Schußwaffe befindet; denn im allgemeinen ist die Fortpflanzungsgeschwindigkeit des Waffenknalls in der nächsten Nähe der Mündung noch etwas größer als die normale Schallgeschwindigkeit; aber speziell bei Verwendung des Maximschen Schalldämpfers (vgl. Bild Nr. 23 des Anhangs) fällt diese Störung nahezu fort. Man sieht also, daß die Geschoßkopfwelle nach rückwärts ihre Begrenzung in einer Kugelwelle hat; diese Kugelwelle ist die Mündungsknallwelle (vgl. Nr. 4 bis 9 und Nr. 23 des Anhangs), oder wenn zentral durch ein geschlossenes Rohr hindurchgeschossen worden war (vgl. Nr. 16 des Anhangs), so ist es die erste Elementarwelle nach dem Austritt des Geschosses aus dem Rohr.

Mit der Diskussion der auf dem Kruppschen Schießplatz gewonnenen Erfahrungen über den Knall hat sich E. Mach und nach ihm E. Ökinghaus eingehend beschäftigt (s. Lit.-Note). Die theoretischen Folgerungen E. Machs haben sich seitdem durchweg bewährt. Eine unbewußte und deshalb um so glänzendere Bestätigung der Kopfwellentheorie von E. Mach lieferten z. B. Versuche, die 1891 zur Ermittlung der Fortpflanzungsgeschwindigkeit des Geschützknalls und des Wertes der Schalluhren als Entfernungsmesser angestellt worden sind (s. Lit.-Note). Es handelte sich um die Prüfung der Montaudonschen Schalluhr, die zum Zweck der Distanzmessung konstruiert worden ist. Das Resultat der Untersuchung war, daß dieser Apparat als Entfernungsmesser ganz ungeeignet ist. Die Beobachter fanden folgendes: „Beim Blindschießen und beim Schießen mit Anfangsgeschwindigkeiten kleiner als die gewöhnliche Schallgeschwindigkeit ergibt sich als mittlere Knallgeschwindigkeit 333 m/sec. Bei größeren Anfangsgeschwindigkeiten werden größere und größere Knallgeschwindigkeiten gemessen. Der Abgangswinkel ist dabei von Einfluß; das Geschoß beeinflußt tatsächlich die Fortpflanzungsgeschwindigkeit des Knalls. Bis die Geschoßgeschwindigkeit unter die gesetzmäßige Schallgeschwindigkeit (333 m/sec) herabgesunken ist, bleibt die Knallgeschwindigkeit gleich der Geschoßgeschwindigkeit; von da ab eilt der Knall in gleichbleibender Geschwindigkeit dem Geschoß voraus.“ Wie es scheint, ohne etwas von den Machschen Arbeiten zu wissen, erhielten also die Beobachter genau dasselbe Resultat. Dieses Beispiel zeigt aber andererseits sehr deutlich den Wert theoretischer Untersuchungen für die Praxis des Artilleristen: Mit Kenntnis der schon 4 Jahre zurück veröffentlichten Arbeiten von E. Mach hätten sich die Beobachter ihre (offenbar sehr exakt durchgeführten) mühsamen und kostspieligen Schießversuche völlig ersparen können.

In neuester Zeit (1925, s. Lit.-Note) sind die Verhältnisse des akustischen Felds der Schußwaffen und Geschosse besonders eingehend von P. Charbonnier und von E. Esclangon untersucht worden. Wegen der zahlreichen Beobachtungen und der vielen interessanten Einzelheiten, die in den betreffenden beiden Arbeiten enthalten sind, soll das Studium derselben noch speziell empfohlen werden.

P. Charbonnier untersucht insbesondere die Geschoßwellen mit geometrischen und analytischen Hilfsmitteln; dabei leitet er die Machsche Gleichung $\sin\frac{\alpha}{2} = \frac{s}{v}$ in sinnreicher Weise aus einer Minimaleigenschaft ab. Er bespricht die verschiedenen Teile der Welle, erörtert auch die Bewegung eines Luftteilchens, wie sie in der Nähe des fliegenden Geschosses unter dem Einfluß der Geschoßwelle vor sich geht, sowie die Anzahl der möglichen Luftstöße, welche zum Ohr des Beobachters gelangen können. Zum Schluß wendet er seine Theorien an auf die Erscheinungen, welche mit dem bei Gewittern auftretenden Donner verbunden sind, auf die Wasserwellen am fahrenden Schiff, auf den Dreiecksflug, der bei dem Zug von Wandervögeln beobachtet wird, auf die Messung der Geschoßgeschwindigkeit mit Hilfe von zwei am Erdboden aufgestellten Gossotschen Luftstoßanzeigern, sowie auf einige Begegnungsaufgaben.

E. Esclangon behandelt unter anderem insbesondere die Unterschiede, welche sich bei den zwei Knallen, dem Geschützknall und dem Geschoßknall, in physiologischer Hinsicht einerseits und in physikalischer Hinsicht andererseits geltend machen. Dabei werden zahlreiche diesbezügliche Gehöreindrücke und die zugehörigen Apparatenregistrierungen angeführt, auch die betreffenden in Betracht kommenden Apparate samt ihrer Theorie erwähnt. Esclangon findet, daß der Geschützknall nach dem anfänglichen Druckstoß einen wegen der niedrigen Frequenz nicht mehr hörbaren Anteil (Infra-son) liefere; daher rühre es, daß in vielen Fällen ein weniger laut hörbarer Geschützknall doch eine größere Amplitude der Registrierkurve mit mehreren nachfolgenden Vibrationen ergibt, während zugleich der kräftig hörbare Geschoßknall nur eine kleine Amplitude ergebe, ohne wesentliche Vibrationen. Zu der Arbeit von Esclangon muß noch bemerkt werden, daß keineswegs Sébert und Labouret die ersten waren, welche das Auftreten der beiden Knalle bei demselben Schuß, sowie die sonstigen akustischen Beziehungen erkannt und richtig erklärt haben, daß vielmehr den Physikern E. Mach und P. Salcher die Priorität zukommt. E. Mach betont in den Sitzungsberichten der Wiener Akademie, Bd. 97, Abt. IIa, Oktober 1888 ausdrücklich, der größte Teil der von Sébert veröffentlichten Darlegungen sei schon in der früheren Arbeit von Mach und Salcher (aus dem Jahre 1887) enthalten, ein anderer Teil der Ausführungen von Sébert sei nach den Versuchen und Entwicklungen von Mach unrichtig.

Bisher war stillschweigend vorausgesetzt, daß es sich um Flachbahngeschütze handle. Bei größerer Rohrerhöhung vermindert sich der Knallabstand unter sonst gleichen Umständen mehr und mehr; und bei den sehr steilen Schüssen der Flakgeschütze ist kein Doppelknall mehr hörbar. Im Fall detonierender Geschosse kann für einen Beobachter selbstverständlich ein dritter Knall hörbar sein; und wenn der Geschützknall oder der Geschoßknall an einer Felswand oder einem Waldrand reflektiert wird, können im ganzen vier und mehr Knalle gehört werden.

3. Was die Abdämpfung des Knalls anlangt, so kann in freier Luft der Geschoßknall überhaupt nicht beseitigt werden, falls $v_0 > s$ ist; es kann sich also nur um die Abdämpfung des Waffenknalls handeln. Die Versuche, mittels Zentrifugalkräfte oder elektrischer Kräfte eine Waffe zu schaffen, bei der kein Knall (außerdem keine Feuererscheinung und kein hoher Druck auf die Seitenwandung des Rohrs) beim Schuß auftritt, haben bis jetzt zu keinem nennenswerten Erfolg geführt. Bei den Feuerwaffen hat man zur Knallabdämpfung naturgemäß darauf auszugehen, die kinetische Energie der Pulvergase möglichst zu vermindern. Schon oben in § 23, 2 ist kurz angegeben worden, wie dies geschehen kann und wie dies z. B. beim Maximschen Knalldämpfer mit einigem Erfolg bewirkt ist; als nachteilige Begleitumstände sind zu erwähnen die starke Erwärmung des Knalldämpfers bei längerem Schießen, die Erschwerung des Zielens, die Schwerpunktsverlegung und die Gewichtsvermehrung.

4. Die praktischen Verwendungen der Knallwelle des Geschosses bzw. der Waffe beziehen sich auf folgendes:

a) Auf die Messung der Anfangsgeschwindigkeit v_0 des Geschosses (darüber s. Bd. III); beim Knallunterbrecher von A. von

Burgsdorff wird die Mündungsknallwelle, bei demjenigen von Gossot die Geschoßkopfwelle dazu benützt, einen elektrischen Strom zu unterbrechen.

b) O. von Eberhard (s. Lit.-Note) hat in einer eingehenden Untersuchung nachgewiesen, daß die Messung der Zeitdifferenz zwischen Kopfwellenknall und Detonationsknall in der Nähe des Auftreffpunkts beim Schießen mit Aufschlagzündern dazu verwendet werden kann, um bei großen Endgeschwindigkeiten v_e und großen Fallwinkeln ω mit Hilfe zweier Meßstationen den Fallwinkel ω auf 1 Grad genau und die Endgeschwindigkeit v_e auf 1,5 m/sec genau zu ermitteln. Auch den Einfluß des Winds hat er dabei berücksichtigt. Auf diese Studie, die für das ballistische Messungswesen der Zukunft eine größere Bedeutung gewinnen kann, sei ebenfalls noch speziell aufmerksam gemacht.

c) Während des Kriegs haben die Schallmeßverfahren zur Aufsuchung des Standorts feindlicher Geschütze eine Bedeutung erlangt. Als im deutschen Heer bald nach Beginn des Kriegs Herbst 1914 der Bedarf nach solchen Verfahren sich ergab, erinnerte man sich bei der deutschen Artillerie-Prüfungs-Kommission sofort an die früheren Arbeiten von E. Mach und an dessen Erklärung des Doppelknalls bei demselben Schuß; und man wußte daraus, daß und weshalb zur Schallmeßerkundung nur der Geschützknall verwendet werden dürfe. Bei dem „Zeitunterschiedsverfahren" werden 3 Beobachtungsstationen A, B, C benützt. O sei der Standort des feuernden feindlichen Geschützes (s. die schematische Abbildung 24 nebenan). Man mißt die Zeitunterschiede τ_A bzw. τ_B, um welche der Geschützknall aus O später in A bzw. in B ankommt, als in C. Man kennt dann $AA_1 = s \cdot \tau_A$ und $BB_1 = s \cdot \tau_B$. Denkt man sich also um A einen Kreis geschlagen mit dem bekannten Radius $s \cdot \tau_A$ und ebenso um B einen Kreis mit dem bekannten Radius $s \cdot \tau_B$, so ist der gesuchte Punkt O nichts anderes als der Mittelpunkt desjenigen Kreises, der durch C geht und die beiden gegebenen Kreise berührt (Apolloniusproblem). Da die Mittelpunkte aller Kreise, die durch einen gegebenen Punkt gehen und einen gegebenen Kreis berühren, auf einer Hyperbel liegen, so läßt sich O praktisch als der Schnitt von zwei Hyperbeln konstruieren; man wird zu diesem Zweck zwei Hyperbelnetze zu den festen Beobachtungs-

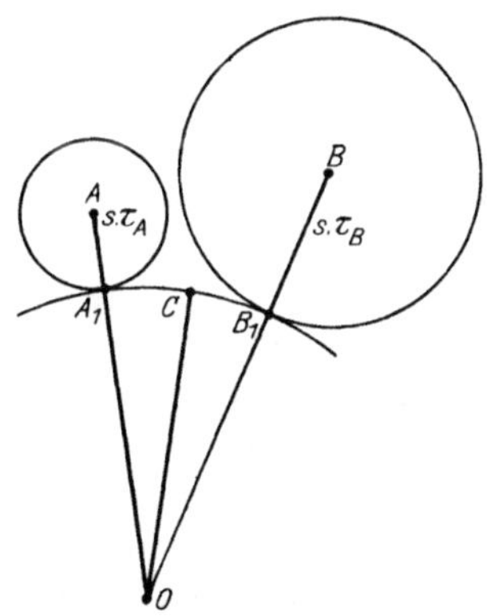

Abb. 24.

stellen A, B, C zeichnen und an die betreffenden Hyperbeln der einen und anderen Schar sogleich die betreffenden Zeitunterschiede τ_A bzw. τ_B anschreiben; durch einfache graphische Interpolation läßt sich so der Ort O finden.

Von merklichem Einfluß ist hierbei der Wind; die Windgeschwindigkeit sei w (m/sec); die Korrektion, die an der Messung τ_A bzw. τ_B anzubringen ist, damit der Einfluß des Winds ausgeschaltet wird, ist angenähert

$$\pm\, 0{,}9 \cdot B \cdot w \cdot \cos\alpha \ \left(\text{in } \frac{1}{100} \text{ sec}\right);$$

dabei bedeutet B (km) die betreffende Basis AC bzw. BC und α den Winkel, den die Windrichtung mit dieser Basis bildet; man hat zu nehmen $+$ oder $-$, je nachdem die Windkomponente $w \cdot \cos\alpha$ von der dem Geschütz näheren Beobachtungsstelle (z. B. C) der betreffenden Basis zu der entfernteren (z. B. A) hin weht oder von der entfernteren zur näheren.

[Bei der Ableitung dieses Ausdrucks ist vorausgesetzt, daß $\frac{w^2}{s^2}$ gegen 1 zu vernachlässigen ist und daß für $s^2 + s \cdot w \cdot (\cos\beta_1 + \cos\beta_2)$ ein konstanter Mittelwert $1{,}1 \cdot 10^5$ (m^2/sec^2) genommen werden kann. Dabei bedeutet, z. B. betreffs der Messungsbasis $B = AC$, β_1 den Winkel zwischen OA und der Windrichtung und β_2 den Winkel zwischen OC und der Windrichtung.]

Der Windeinfluß fällt weg bei Verwendung der Schallwellen, die sich im Erdboden oder im Wasser fortpflanzen.

J. Chapelon (s. Lit.-Note) hat die Größe des wahrscheinlichen Fehlers untersucht, welcher bei der Schallmeßerkundung zu erwarten ist.

Bei diesem Anlaß darf nicht unerwähnt bleiben der Richtungshörer von Hornbostel und Wertheimer. Der Apparat gestattet, die Richtung zu erkennen, aus welcher ein Schall kommt. Die Erfindung beruht darauf, daß, wenn die Verbindungslinie der beiden Ohren nicht senkrecht, sondern schief zur Schallrichtung steht, der Schallreiz nicht gleichzeitig die beiden Ohren trifft, sondern mit einer zeitlichen Differenz. Der Ohrenabstand wird künstlich auf etwa 2 bis 3 m vergrößert („künstlicher Riese") und damit die Empfindlichkeit vermehrt, indem an den beiden Enden einer Stange und senkrecht zu ihr Hörtrichter angebracht werden, von welchen Gummischläuche zu den Ohren des Beobachters gehen, der sich in der Mitte der Stange befindet. Wenn die Stange z. B. in einer horizontalen Ebene um eine vertikale Mittellinie so lange gedreht wird, bis der von der gleichen Schallquelle wiederholt ankommende Schall in beiden Ohren gleichzeitig vernommen wird, so ist die Schallquelle in der vertikalen Mittelebene senkrecht zur Stange gelegen; z. B. ein auf dem Erdboden stehendes feindliches Geschütz im horizontalen Mittellot zur Stange.

Ein Seitenrichtungseindruck wird noch deutlich empfunden bei einer Differenz von ca. $\frac{1}{33\,000}$ sec. Das Verfahren ist von M. Reich, H. Schmidt und G. Veenekamp (s. Lit.-Note) zur Messung von Schallgeschwindigkeiten in festen, flüssigen und gasförmigen Körpern benützt worden.

Sechster Abschnitt.

Theoretischer Ansatz für die Lösung des innerballistischen Hauptproblems.

I. Voraussetzung, daß das Treibmittel bei Beginn der Geschoßbewegung in Gasform vorliegt.

(Fall einer sehr raschen Verbrennung des Pulvers. Druckluftgeschütze; Luftgewehre.)

§ 25. Einleitung, Beziehungen aus der Wärmemechanik.

Für die gewöhnliche Schießpraxis der neueren Pulver hat dieser Fall I nur geringe Bedeutung. Indessen sind manche Ballistiker geneigt, anzunehmen, daß die aus diesen besonderen Verhältnissen sich ergebenden Folgerungen, wenigstens zum Teil, auch für solche Fälle eine gewisse Gültigkeit behalten, wo, wie beim gewöhnlichen Schuß, das Pulver zu Beginn der Geschoßbewegung noch nicht vollständig vergast ist.

Zur Einleitung sei in aller Kürze an die zugehörigen Beziehungen der Wärmemechanik erinnert.

Eine Gasmasse vom Gewicht L kg, der absoluten Temperatur T_0, dem Druck p_0 und dem Volumen V_0 gehe in den Zustand (T, p, V) über. Ist diese Zustandsänderung eine adiabatische, d. h. eine solche, bei der keine Wärme nach außen abgeleitet oder von außen zugeführt wird, so ist, wenn das nachherige Volumen V bekannt ist, die Temperatur T und der Druck p bestimmt durch:

$$\frac{T}{T_0} = \left(\frac{V_0}{V}\right)^{\gamma-1}; \qquad \frac{p}{p_0} = \left(\frac{V_0}{V}\right)^{\gamma};$$

dabei stellt γ das Verhältnis $c_p : c_v$ der beiden spezifischen Wärmen des Gases bei konstantem Druck und konstanter Temperatur vor; für Luft $\gamma = 1{,}41$.

Die von dem Gas hierbei geleistete Arbeit A ist

$$A = 427 \cdot L \cdot c_v \cdot (T_0 - T) = \frac{p_0 V_0}{\gamma - 1} \cdot \left[1 - \left(\frac{V_0}{V}\right)^{\gamma-1}\right].$$

War bei der Zustandsänderung die Temperatur konstant geblieben (isothermische Änderung), so verhalten sich die Drucke umgekehrt wie die Volumina, und die Gasarbeit ist gleich der zugeführten oder abgeführten Wärme

$$\frac{p}{p_0} = \frac{V_0}{V}; \qquad A = p_0 V_0 \cdot \log\text{nat}\left(\frac{V}{V_0}\right).$$

Die allgemeinste Zustandsänderung eines Gases, die die beiden vorerwähnten umfaßt, ist die polytropische:

$$\frac{p}{p_0} = \left(\frac{V_0}{V}\right)^m; \qquad \frac{T}{T_0} = \left(\frac{V_0}{V}\right)^{m-1}; \qquad A = \frac{p_0 V_0}{m-1} \cdot \left[1 - \left(\frac{V_0}{V}\right)^{m-1}\right].$$

Mit $m = 1$ liegt die isothermische, mit $m = \gamma$ die adiabatische Änderung vor.

In dem Fall des Schusses bedeutet, falls es sich um eine Pulverladung L handelt, die, wie unter I. zunächst angenommen wird, vollständig verbrannt ist, ehe das Geschoß sich zu bewegen beginnt, p_0 oder $p_{\max}$ den Anfangsdruck und damit zugleich den Maximaldruck der Pulvergase. Dieser Druck wird aus Druckmessungen erhalten oder, noch weniger sicher, mittels des Abelschen Gesetzes berechnet:

$$p_0 = p_{\max} = \frac{f L}{V_0 - \alpha L},$$

dabei ist $V_0 - \alpha L$ jetzt das Anfangsvolumen, das den Gasen zur Ausbreitung zur Verfügung steht, α das Kovolumen; $f = \frac{10333 \cdot \mathfrak{v}_0 \cdot T_0}{273}$; $\mathfrak{v}_0$ das spez. Volumen; T_0 die Temperatur, die die Gase bei Beginn der Geschoßbewegung besitzen, also die Verbrennungstemperatur; L die Pulverladung; V_0 der Inhalt der Pulverkammer.

Wenn es sich dagegen um ein Treibmittel handelt, das schon von vornherein in Gasform gegeben ist, z. B. um Verwendung von Preßluft in einem Druckluftgeschütz, so bedeutet p_0 den Druck, unter dem die Preßluft in der Luftkammer vom Volumen V_0 steht; T_0 die absolute Temperatur dieser Preßluft unmittelbar vor dem Schuß.

Auf Grund dieser Beziehungen seien die in Betracht kommenden Formeln für drei verschiedene Annahmen angeschrieben:

a) Vielfach wird angenommen, daß die Bewegung des Geschosses durch den Lauf so rasch vor sich gehe, daß die Zustandsänderung des Pulvergasgemisches als eine adiabatische betrachtet werden könne. Das Geschoß sei nach t sec, vom Beginn seiner Bewegung ab gerechnet, im Rohr um x Meter vorgerückt; der Raum hinter dem Geschoß hat sich dadurch um $q \cdot x$ m³ vergrößert (q der Querschnitt des gezogenen Teils in m²). Dadurch ist die **Temperatur** der Pulvergase von T_0 gesunken auf T, wobei

$$T = T_0 \left(\frac{V_0 - \alpha L}{V_0 - \alpha L + q \cdot x}\right)^{\gamma - 1}. \tag{1}$$

Der **Gasdruck** hat sich vom Anfangs- und zugleich Maximalwert p_0 erniedrigt auf p:

$$p = p_0 \left(\frac{V_0 - \alpha L}{V_0 - \alpha L + q \cdot x}\right)^{\gamma} = f L \cdot \frac{(V_0 - \alpha L)^{\gamma - 1}}{(V_0 - \alpha L + q x)^{\gamma}} \tag{2}$$

Die von den Pulvergasen bei ihrer Ausdehnung geleistete äußere Arbeit besteht in der Energie der Bewegung, die das Geschoß in der Richtung der Seelenachse und um die Längsachse bis zu dem betrachteten Augenblick t erhalten hat, ferner in der Bewegungsenergie der Pulverladung, der Arbeit gegen den äußeren Luftdruck und gegen die Widerstände innerhalb des Rohrs, und in der Bewegungsenergie, die der Luft vor dem Geschoß und die der Waffe erteilt wird (Rücklaufbewegung und Vibration der Waffe). Um nun die Geschwindigkeit v (m/sec) zu berechnen, die das Geschoß vom Gewicht G kg nach Zurücklegung des Wegs x m in Richtung der Seelenachse besitzt, wird meistens die Voraussetzung gemacht, daß von der Arbeit der Pulvergase ein konstanter Bruchteil $\frac{1}{n}$ auf die lebendige Kraft der Translationsbewegung des Geschosses verwendet sei. Dabei sei jedoch sogleich bemerkt, daß damit nur eine rohe Annäherung erzielt werden wird; denn n ist nicht von vornherein bekannt, sondern muß, wenn ein Geschütz rechnerisch projektiert werden soll, aus den Verhältnissen einer ähnlichen Waffe ermittelt werden (vgl. die Beispiele weiter unten); aber zweifelsohne ist n weder von einer Waffe zur andern, noch für dieselbe Waffe während desselben Schusses konstant. Besser ist es, $n \cdot \frac{G}{g}$ als eine fingierte Geschoßmasse zu betrachten, die berechnet werden kann (vgl. § 27). Dann aber muß noch eine **Einpressungsarbeit** A hinzugefügt werden. Damit hat man zur Berechnung der **Geschoßgeschwindigkeit** v die Gleichung

$$A + n \frac{G \cdot v^2}{2g} = \frac{p_0 \cdot (V_0 - \alpha L)}{\gamma - 1} \cdot \left[1 - \left(\frac{V_0 - \alpha L}{V_0 - \alpha L + q x}\right)^{\gamma - 1}\right]$$

$$= \frac{f L}{\gamma - 1} \cdot \left[1 - \left(\frac{V_0 - \alpha L}{V_0 - \alpha L + q x}\right)^{\gamma - 1}\right] \tag{3}$$

Setzt man in diesen Gleichungen x speziell gleich der ganzen Länge des gezogenen Teils, $x = x_e$, so bedeutet in (1) T speziell die **Temperatur der Pulvergase an der Mündung**, $T = T_e$; in (2) p den **Mündungsgasdruck**, $p = p_e$; in (3) v die **Mündungsgeschwindigkeit des Geschosses**, $v = v_e$.

Vorstehende Verwendung der Wärmemechanik für ballistische Verhältnisse scheint auf St. Robert (1860) zurückzugehen.

Die Formeln (1) bis (3) könnten noch in der Richtung modifiziert werden, daß bei deren Ableitung durch Integration der betreffenden Differentialgleichungen außerdem die Veränderlichkeit der spezifischen Wärmen mit der Temperatur berücksichtigt wird, z. B. durch die von anderer Seite vorgeschlagene lineare Beziehung $\gamma = a + b\,T$, wo a und b Konstanten des betreffenden Pulvers sind. Wir möchten jedoch auf das Anschreiben der zugehörigen Gleichungen, die an Stelle der Gleichungen (1) bis (3) treten würden, verzichten, da diesen Gleichungen auch nach jener Modifikation nur eine sehr beschränkte Verwendbarkeit zukommen würde.

b) Noble und Abel behaupteten (für Schwarzpulver), daß die Wärme des Pulverrückstands, der sich bildet, hinreicht, um in jedem Moment die durch Arbeitsleistung aufgezehrte Wärme zu ersetzen, so daß das isothermische Gesetz angenommen werden könne. In diesem Fall wäre $T = T_0 = T_e = \text{const.}$ Der Gasdruck p nach dem Geschoßweg x ist

$$p = p_0 \cdot \frac{V_0 - \alpha L}{V_0 - \alpha L + q x} = \frac{f L}{V_0 - \alpha L + q x}, \tag{4}$$

und die Geschwindigkeit v des Geschosses ist gegeben durch:

$$A + n \cdot \frac{G \cdot v^2}{2g} = p_0 (V_0 - \alpha L) \log\text{nat} \frac{V_0 - \alpha L + q x}{V_0 - \alpha L} = f L \log\text{nat} \frac{V_0 - \alpha L + q x}{V_0 - \alpha L} \tag{5}$$

c) Da tatsächlich beim Schuß Wärme in das Rohr übergeht und der Grund zu der Vermutung vorliegt, daß, wenigstens bei den neueren Pulversorten, die Temperatur der Pulvergase während des Durchgangs des Geschosses durch das Rohr nicht konstant bleibt, so dürfte den wirklichen Verhältnissen beim Schuß noch am besten eine polytropische Zustandsänderung der Pulvergase entsprechen, mit einem Exponenten m, der empirisch zu ermitteln ist. Die zugehörigen Gleichungen sind folgende:

$$T = T_0 \left(\frac{V_0 - \alpha L}{V_0 - \alpha L + q x}\right)^{m-1} \tag{6}$$

(Temperatur der Gase nach Geschoßweg x);

$$p = p_0 \left(\frac{V_0 - \alpha L}{V_0 - \alpha L + q x}\right)^{m} = f L \cdot \frac{(V_0 - \alpha L)^{m-1}}{(V_0 - \alpha L + q x)^m} \tag{7}$$

(Druck p nach Geschoßweg x);

$$\begin{aligned} A + n \cdot \frac{G v^2}{2g} &= \frac{p_0 (V_0 - \alpha L)}{m-1} \cdot \left[1 - \left(\frac{V_0 - \alpha L}{V_0 - \alpha L + q x}\right)^{m-1}\right] \\ &= \frac{f L}{\gamma - 1} \cdot \left[1 - \left(\frac{V_0 - \alpha L}{V_0 - \alpha L + q x}\right)^{m-1}\right] \end{aligned} \tag{8}$$

(Geschwindigkeit v des Geschosses nach Geschoßweg x).

Die Zeit t ergibt sich durch Integration aus $v = \frac{dx}{dt}$ oder aus $t = \int \frac{dx}{v(x)}$, wobei $v(x)$ nach Gl. (8) erhalten ist.

Schlüssel der Bezeichnungen: x der Weg des Geschoßbodens (in m) nach t sec vom Beginn der Geschoßbewegung ab gerechnet; v (m/sec) die Geschwindigkeit des Geschosses, p der Gasdruck (kg/qm); T die absolute Temperatur der Pulvergase zur selben Zeit; G (kg) das Geschoßgewicht; V_0 (m^3) das Volumen des leer gedachten Verbrennungsraums bzw. der Preßluftkammer; p_0 (kg pro m^2) der Druck der Pulvergase bzw. der Preßluft bei Beginn der Geschoßbewegung; im ersteren Fall p_0 entweder mit dem Stauchapparat als der Maximalgasdruck gemessen, oder berechnet aus $p_0 = \frac{fL}{V_0 - \alpha L}$; dabei $f = \frac{10333 \cdot T_0 \cdot \mathfrak{v}_0}{273}$; L (kg) das Gewicht der Pulverladung; α (m^3/kg) das Kovolumen; $\mathfrak{v}_0$ (m^3/kg) das spezifische Volumen des Pulvers; T_0 dessen absolute Verbrennungstemperatur; im Fall der Verwendung von Preßluft ist T_0 die absolute Temperatur der Preßluft in der Preßluftkammer bei Beginn der Geschoßbewegung; m der empirisch zu ermittelnde Exponent der polytropischen Zustandänderung (häufig $m = 1{,}1$ bei neueren Pulvern gewählt); $g = 9{,}81$; q Querschnitt des gezogenen Teils (in m^2); $n \cdot \frac{G}{g}$ eine fingierte Geschoßmasse (vgl. § 27); A (mkg) die bei der Einpressung des Geschosses in den gezogenen Teil zu leistende Deformationsarbeit (vgl. § 38 und 50).

§ 26. Einige Anwendungen: Frühere Methode von Fr. Krupp. Methode von W. Bergmann. Aufgabe über ein Dynamitgeschütz. Methode von Silfersparre.

1. Frühere Methode von Fr. Krupp zur Lösung der innerballistischen Aufgaben (vgl. die Lit.-Note).

Es wird näherungsweise vorausgesetzt, daß das Pulver vollständig vergast ist, ehe das Geschoß seine Bewegung beginnt; n wird $= 1$, $m = 1{,}11$ gewählt; auf die Berücksichtigung des Kovolumens α wird verzichtet, d. h. es wird αL neben V_0 vernachlässigt; auch auf Einrechnung von A wird verzichtet. Also hat man

$$\text{a) } p_0 = \frac{fL}{V_0}; \qquad \text{b) } p = p_0 \left(\frac{V_0}{V_0 + q \cdot x}\right)^{1,11}; \qquad \text{c) } T = T_0 \cdot \left(\frac{V_0}{V_0 + q \cdot x}\right)^{0,11};$$

$$\text{d) } \frac{G v^2}{2 \cdot 9{,}81} = \frac{p_0 V_0}{0{,}11} \cdot \left[1 - \left(\frac{V_0}{V_0 + qx}\right)^{0,11}\right] = \frac{fL}{0{,}11} \cdot \left[1 - \left(\frac{V_0}{V_0 + qx}\right)^{0,11}\right].$$

Wenn man das Kaliber $2R$ und folglich den Querschnitt q des gezogenen Teils, ferner den Verbrennungsraum V_0, das Geschoßgewicht G und das Ladungsgewicht L kennt, wenn ferner der Maximalgasdruck p_0 an der betreffenden Waffe gemessen ist, bzw. wenn für die betreffende projektierte Waffe der Maximalgasdruck p_0 vorgeschrieben oder gewählt ist, so erhält man der Reihe nach: aus Gleichung a) den Wert von f, sodann mittels Gleichung b) zu jedem Geschoßweg x den zugehörigen Gasdruck p, mittels c) die jeweilige Temperatur T der Pulvergase und mittels d) die jeweilige Geschoßgeschwindigkeit v.

Kennt man dagegen die Mündungsgeschwindigkeit v_e des Geschosses durch Messung an der fertigen Waffe oder durch Wahl für eine projektierte Waffe (also $v = v_e$ für $x = x_e$ = Länge des gezogenen Teils), außerdem V_0, L und G, so erhält man aus d) den Wert von $\frac{f\,L}{0{,}11}$ und damit den Wert von f, sodann aus a) den Maximalgasdruck p_0; weiter gibt dann b) den Verlauf des Gasdrucks p, c) den Verlauf der Gastemperatur und d) den Verlauf der Geschoßgeschwindigkeit v für beliebige Geschoßwege x. Tabellen für die Funktionen $1 - z^{0,11}$ und $z^{1,11}$, wo $z = \frac{V_0}{V_0 + q x}$ bedeutet, sind in der früheren Kruppschen Rechenvorschrift (vgl. Lit.-Note) beigefügt.

Die Konstante $\frac{f L}{0{,}11}$, allgemeiner $\frac{f L}{m-1}$ hat die folgende mechanische Bedeutung. Denkt man sich das Rohr unendlich verlängert, setzt man also in Gl. d) $x = \infty$, so wird $\frac{G \cdot v_\infty^2}{2 \cdot g} = \frac{f L}{m-1}$; d. h. diese Konstante ist der Grenzwert, dem die lebendige Kraft des Geschosses unter den erwähnten Voraussetzungen zustreben würde.

Erstes Zahlenbeispiel. Es sei das Geschoßgewicht $G = 4{,}5$ kg; die Ladung $L = 1{,}4$ kg; der Verbrennungsraum $V_0 = 1{,}64 \cdot 10^{-3}$ m²; der Seelenraum $V_0 + q \cdot x_e = 10{,}068 \cdot 10^{-3}$ m²; das Kaliber $2\,R = 0{,}0785$ m; die Mündungsgeschwindigkeit v_e sei gemessen zu 510,3 m/sec.

Es ist $\left(1 - \frac{V_0}{V_0 + q x_e}\right)^{0.11} = \left(1 - \frac{1{,}64}{10{,}068}\right)^{0{,}11} = 0{,}181$; somit nach Gleichung d) $\frac{4{,}5 \cdot 510{,}3^2}{2 \cdot 9{,}81} = \frac{f L}{0{,}11} \cdot 0{,}181$; daraus die maximale Gasarbeit $\frac{f L}{0{,}11} = 235\,000$ mkg; folglich nach a) der Maximalgasdruck $p_0 = \frac{235000 \cdot 0{,}11}{1{,}64 \cdot 10^{-3}} = 1580 \cdot 10^4$ kg/m² $= 1580$ kg/cm². Der Gasdruck an der Mündung nach b) $p_e = 1580 \cdot \left(\frac{1{,}64}{10{,}068}\right)^{1{,}11}$ $= 210$ kg/cm².

Zweites Beispiel. Änderung der Mündungsgeschwindigkeit durch Verkürzung oder Verlängerung des Rohrs, bei gleichem Ladungsgewicht L, Geschoßgewicht G, Querschnitt q, Verbrennungsraum V_0 und gleicher Pulversorte. Es sei in einem ersten Fall der Geschoßweg im Rohr x', in einem zweiten x'', die entsprechenden Mündungsgeschwindigkeiten seien v' und v'', so ergibt sich, durch Anschreiben der Gleichung d) für diese beiden Fälle und Division der so entstandenen Gleichungen:

$$v' : v'' = \sqrt{1-\left(\frac{V_0}{V_0+q\,x'}\right)^{0,11}} : \sqrt{1-\left(\frac{V_0}{V_0+q\,x''}\right)^{0,11}}.$$

Der Verbrennungsraum sei konstant 7,7 lit; der Seelenraum zunächst 60,8, nach der Verkürzung 57,2 lit, so vermindert sich die Mündungsgeschwindigkeit, die zunächst 293 m/sec gewesen sein möge, auf:

$$293 \cdot \sqrt{\frac{1-\left(\frac{7,7}{57,2}\right)^{0,11}}{1-\left(\frac{7,7}{60,8}\right)^{0,11}}} = 289 \text{ m/sec.}$$

2. Methode von W. Bergmann (Stockholm 1908; vgl. Lit.-Note). Bergmann nimmt in den obigen Gleichungen (6) bis (8) $m = 1,1$; das Kovolumen des Pulvers wird berücksichtigt; der Wert von $\frac{f}{n(m-1)}$, der kurz mit N bezeichnet sei, wird als eine Konstante des betreffenden Pulvers behandelt und auf die zu konstruierende Waffe angewendet, nachdem N durch einen Schießversuch mit einer möglichst ähnlichen Waffe und mit derselben Pulversorte ermittelt ist. Zur Berechnung des Maximalgasdrucks wird eine Sarrausche Formel benützt, die später besprochen werden wird (vgl. § 29). Man hat so die folgenden Gleichungen:

$$\frac{G\cdot v_e^2}{2\cdot g} = N\cdot L\,(1-\mathfrak{z}^{0,1}). \tag{a}$$

wo

$$\mathfrak{z} = \frac{V_0-\alpha L}{V_0-\alpha L+q\,x_e}$$

ist,

$$p_{\max} = \text{const}\,\frac{\sqrt{L\cdot G\cdot \Delta}}{(2\,R)^2}; \tag{b}$$

dabei Δ = Ladedichte (Ladung in kg dividiert durch Verbrennungsraum in Liter). Die näheren Einzelheiten sollen an einem Zahlenbeispiel nach Bergmann erläutert werden.

Zahlenbeispiel. Bei einem schon vorhandenen Geschütz war: Geschoßgewicht $G = 6,7$ kg; Mündungsgeschwindigkeit $v_e = 470$ m/sec; Kaliber $2\,R = 0,084$ m; Ladungsgewicht $L = 1,5$ kg; Kovolumen $\alpha = 0,49\cdot 10^{-3}$ m³/kg; Verbrennungsraum $V_0 = 1,81\cdot 10^{-3}$ m³; Seelenraum $V_0 + q\cdot x_e = 11,98\cdot 10^{-3}$ m³; Maximalgasdruck $p_{\max} = 1850\cdot 10^4$ kg/m².

Die Konstante N bestimmt sich somit aus der Gleichung (a):

$$\frac{6,7\cdot 470^2}{2\cdot 9,81} = N\cdot 1,5\cdot\left[1-\left(\frac{1,81\cdot 10^{-3}-0,49\cdot 10^{-3}\cdot 1,5}{11,98\cdot 10^{-3}-0,49\cdot 10^{-3}\cdot 1,5}\right)^{0,1}\right] = N\cdot 1,5\cdot 0,21,$$

woraus

$$N = 239,3\cdot 10^3.$$

Dies soll angewendet werden auf ein zu konstruierendes Geschütz mit: Geschoßgewicht $G = 6,0$ kg; Mündungsgeschwindigkeit $v_e = 490$ m/sec; Kaliber $2\,R = 0,080$ m. Die Pulversorte soll dieselbe sein. Der Maximalgasdruck soll höchstens = ca. 1900 kg/cm² werden.

Zu diesem Zweck wird zunächst versucht, den Wert $N = 239{,}3 \cdot 10^3$, ebenso den Wert $1 - \mathfrak{z}^{0,1} = 0{,}21$ der eckigen Klammer, endlich denjenigen von $\Delta = \frac{1{,}5}{1{,}81} = 0{,}83$ (kg/lit) direkt von dem Modellgeschütz auf das zu konstruierende Geschütz zu übertragen. Damit wird für das letztere Geschütz mit Rücksicht auf Gl. (a):

$$\frac{6 \cdot 490^2}{2 \cdot 9{,}81} = 239{,}3 \cdot 10^3 \cdot L \cdot 0{,}21,$$

daraus

$$L = 1{,}46 \text{ kg}.$$

In der Sarrauschen Formel (b) wird die Konstante aus den Daten des Versuchsgeschützes ermittelt, es ist somit, da bei beiden Geschützen versuchsweise Δ als gleich angenommen ist,

$$\frac{p_{\max}}{1850 \cdot 10^4} = \sqrt{\frac{1{,}46 \cdot 6}{1{,}5 \cdot 6{,}7}} \cdot \left(\frac{0{,}084}{0{,}080}\right)^2; \quad p_{\max} = 1904 \cdot 10^4 \text{ kg/m}^2 = 1904 \text{ kg/cm}^2.$$

Die gestellte Bedingung ist somit erfüllt.

Der Verbrennungsraum ergibt sich aus

$$V_0 = \frac{L}{\Delta} = \frac{1{,}46}{0{,}83} = 1{,}759 \text{ lit}.$$

Der Seelenraum aus der Bedingung:

$$0{,}21 = 1 - \left[\frac{1{,}759 \cdot 10^{-3} - 0{,}49 \cdot 10^{-3} \cdot 1{,}46}{V_0 + R^2 \pi \cdot x_e - 0{,}49 \cdot 10^{-3} \cdot 1{,}46}\right]^{0,1},$$

also Seelenraum

$$V_0 + R^2 \pi x_e = 11{,}025 \cdot 10^{-3} \text{ m}^3 = 11{,}025 \text{ lit}.$$

Im ganzen sind die Resultate für das zu konstruierende Geschütz die folgenden: Ladung 1,46 kg; Verbrennungsraum 1,759 lit; Seelenraum 11,025 lit; damit ist zu erwarten, daß die Mündungsgeschwindigkeit, wie verlangt, 490 m/sec und der Maximalgasdruck ca. 1900 kg/cm² werden, wenn dasselbe Pulver verwendet wird.

3. Aufgabe über ein (früheres amerikanisches) Dynamitgeschütz. Folgende Daten seien über ein Druckluftgeschütz bekannt, das zum Schleudern von Dynamitgeschossen bestimmt ist (vgl. Lit.-Note, Wille): Kaliber 38,1 cm; Rohrlänge 9,14 m; Geschoßgewicht 590 kg; Inhalt des Luftbehälters, der die zu einem Schuß gehörige Preßluft von 350 Atm. enthält, gleich 1,375 m²; Mündungsgeschwindigkeit v_e des Geschosses 200 m/sec.

Welcher Bruchteil $\frac{1}{n}$ der von der Luft bei ihrer Ausdehnung geleisteten Arbeit ist im Moment des Geschoßaustritts auf die Geschoßenergie durchschnittlich verwendet (diese Zahl n soll etwa zur Projektierung eines anderen derartigen Geschützes benützt werden). Wie hoch ist ungefähr die Temperatur der Luft beim Geschoßaustritt, wenn sie anfangs 20° C war? Wie groß ist der Mündungsdruck p_e? Vom Kovolumen der Luft soll näherungsweise abgesehen werden; m sei $= 1{,}41$ gewählt.

In den Gleichungen (6) bis (8) hat man $p_0 = 350 \cdot 10\,333$ kg/m²; $V_0 = 1{,}375$ m³; $q = 0{,}114$ m²; Seeleninhalt $= 1{,}375 + 0{,}114 \cdot 9{,}14 = 2{,}42$ m³, $T_0 = 273 + 20$. Folglich ist der Mündungsdruck $p_e = 350 \cdot 10\,333 \cdot \left(\frac{1{,}375}{2{,}42}\right)^{1,41} = 160 \cdot 10\,333$ kg/m² $= 160$

Atm. Die Mündungstemperatur $T_0 = 293\left(\frac{1{,}375}{2{,}42}\right)^{0{,}41} = 232$, oder $= -45^0$ C. Ferner gibt Gl. (8):

$$\frac{590 \cdot 200^2}{2 \cdot 9{,}81} = \frac{1}{n} \cdot \frac{350 \cdot 10333 \cdot 1{,}375}{0{,}41}\left[1 - \left(\frac{1{,}375}{2{,}42}\right)^{0{,}41}\right]; \qquad \text{also } n = 2{,}025$$

$$\text{oder } \frac{1}{n} = \text{ca. } 50\,^0/_0\,.$$

4. Methode von Silfersparre (vgl. Lit.-Note). Diese Methode fällt streng genommen nicht mehr völlig unter die obige Annahme I, daß das Pulver bei Beginn der Geschoßbewegung vergast sein sollte; denn Silfersparre benützt eine polytropische Zustandsänderung der aus der gesamten Ladung entwickelten Gase erst von der Stelle des Druckmaximums ab; vom Beginn der Geschoßbewegung an bis zum Eintritt des Druckmaximums wird der Verlauf des Gasdrucks in Funktion des Wegs näherungsweise als ein linearer berechnet. Dennoch möge diese Methode, als Übergang zum Folgenden, an dieser Stelle kurze Erwähnung finden.

Bezeichnet man den jeweiligen Raum $V_0 + qx$ hinter dem Geschoß kurz mit V, $V_0 + q \cdot x_e$ speziell mit V_e (Seelenraum), so war, bei Vernachlässigung des Kovolumens, $p = p_0 \cdot \left(\frac{V_0}{V}\right)^m = p_0\left(\frac{V_0 : L}{V : L}\right)^m$. Der Exponent m wird $= 1{,}2$ gewählt. Statt der Räume V_0, V, V_e selbst werden die spezifischen Räume $\frac{V}{L} = W$, $\frac{V_0}{L} = W_0$ eingeführt, also diese Räume (in Litern) bezogen auf 1 kg der Pulverladung. Also hat man $p = p_0\left(\frac{W_0}{W}\right)^{1{,}2}$. Ausgegangen wird hierbei von demjenigen Druck $p_0 = p_{\text{det}}$, den man hätte, wenn das Pulver bei der Ladedichte 1 ($W = W_0 = 1$) zur Detonation gelangen würde. Der Detonationsdruck ist dabei z. B. für Nobelpulver zu 16144 kg/cm² $= 16144 \cdot 10^4$ kg/m² ermittelt; man hat somit für $W = W_0 = 1$ lit/kg: $p = p_0 = p_{\text{det}} = 16144 \cdot 10^4$ kg/m², folglich ist

$$p = 16144 \cdot 10^4 \cdot \left(\frac{1}{W}\right)^{1{,}2}. \tag{a}$$

Daraus ergibt sich z. B. für

$$W = 10\,(\text{lit/kg}) \quad p = 16144 \cdot 10^4 \cdot \frac{1}{10^{1{,}2}} = 1019 \cdot 10^4\ \text{kg/m}^2.$$

Wenn sich W um dW ändert, wird eine Gasarbeit $p \cdot dW$ geleistet, die in kg/m² mal lit/kg oder in 10^{-3} mkg pro 1 kg Pulver zu rechnen ist, wenn W, wie erwähnt, in lit/kg gerechnet wird. Das Integral, die zu dem spezifischen Raum W gehörige Gasarbeit in mkg pro 1 kg Pulver, sei mit A bezeichnet, so ist

$$A = \int p \cdot dW = 16144 \cdot 10^4 \cdot 10^{-3} \int \frac{dW}{W^{1{,}2}} = \frac{16144 \cdot 10}{0{,}2}\left(1 - \frac{1}{W^{0{,}2}}\right)$$

oder

$$A = 807{,}2 \cdot 10^3 \left(1 - \frac{1}{W^{0,2}}\right); \qquad (A \text{ in mkg/kg}; \qquad W \text{ in lit/kg}). \quad \text{(b)}$$

Z. B. für $W = 10$ lit/kg ergibt sich $A = 298 \cdot 10^3$ mkg/kg $= 298$ mt/kg.

Die Beziehungen (a) und (b) hat Silfersparre in Tabellen niedergelegt, wovon der Anfang der Tabelle für Nobelpulver hier gegeben sei:

für $\frac{V}{L} = W$ (lit/kg) =	1	2	3	4	5	6	
ist Gasdruck p (kg/cm²) =	16144	7028	4319	3059	2340	1881	usw.
und Gasarbeit A (mt/kg) =	0	104,6	159,3	195,5	222,1	243,1	

Für zwei verschiedene Pulversorten sind solche Tabellen gegeben. Mit diesen Tabellen an Stelle der Gleichungen (a) und (b), sowie mit den zugehörigen Diagrammen des Drucks und der Gasarbeit operiert sodann Silfersparre bei der Lösung der innerballistischen Aufgaben. Wie dies des näheren geschieht, möge an einem seiner Beispiele gezeigt werden.

Zahlenbeispiel. Es soll eine Kanone konstruiert werden mit Laderaum $V = 64$ lit, Seelenraum $V_e = 462{,}9$ lit, Ladungsgewicht $L = 40$ kg Nobelpulver, Seelenquerschnitt 458,25 cm², Geschoßgewicht $G = 215$ kg, Gasdruckmaximum $p_{max} = 2200$ kg/cm². Nach welchem Weg des Geschoßbodens wird dieser Maximaldruck erreicht und wie groß wird die Mündungsgeschwindigkeit v_e des Geschosses sein?

Aus obiger Tabelle findet sich (für $p = 2200$), daß bis zum Eintritt des Maximaldrucks von 2200 kg/cm² der ganze spezifische Raum W oder $\frac{V}{L}$ hinter dem Geschoß $= 5{,}25$ lit/kg geworden ist und daß eine Gasarbeit $A = 229$ mt/kg geleistet wurde. An der Mündung ist der spezifische Raum $\frac{V_e}{L}$ $= \frac{462{,}9}{40} = 11{,}57$ lit/kg. Diesem entspricht gemäß der Tabelle eine Arbeit von 312 mt/kg. Somit ist von der Stelle des Druckmaximums ab bis zur Mündung eine Arbeit von $312 - 229 = 83$ mt/kg geleistet.

Die Arbeit vom Beginn der Geschoßbewegung ab bis zum Druckmaximum errechnet Silfersparre in der Weise, daß er auf dieser Strecke die Druckwegkurve durch eine schiefe gerade Linie ersetzt; der mittlere Druck ist $\frac{2200}{2}$ kg.cm² $= \frac{2200}{2} \cdot 10^4$ kg/m². Der bis zum Druckmaximum durch die Geschoßbewegung frei gewordene spezifische Raum W ist $5{,}35 - \frac{64}{40}$ oder 3,75 lit/kg oder $3{,}75 \cdot 10^{-3}$ m³/kg. Somit ist die Arbeit bis dahin $= \frac{2200}{2} \cdot 10^4 \cdot 3{,}75 \cdot 10^{-3}$ mkg pro 1 kg der Ladung $= 41{,}25$ mt/kg. Im ganzen ist also die Arbeit vom Beginn der Geschoßbewegung bis zur Mündung $= 41{,}25 + 83 = 124{,}25$ mt/kg. Diese, multipliziert mit der Ladung 40 kg, gibt die Geschoßenergien in mt, also ist

$$124{,}25 \cdot 40 \cdot 10^3 \text{ (mkg)} = \frac{215 \cdot v_e^2}{2 \cdot 9{,}81}, \quad \text{woraus} \quad v_e = 673{,}8 \text{ m/sec}.$$

Endlich der Weg des Geschoßbodens bis zur Stelle des Druckmaximums ergibt sich folgendermaßen: Der spezifische Raum zwischen der Anfangslage des Geschoßbodens und der Lage beim Druckmaximum war 5,35 — 1,6 = 3,75 lit/kg, dieser Raum selbst ist folglich $3{,}75 \cdot 40$ lit $= 3{,}75 \cdot 40 \cdot 10^{-3}$ m³. Der Querschnitt ist $458{,}25 \cdot 10^{-4}$ m². Also ist der fragliche Weg des Geschoßbodens

$$= \frac{(5{,}35 - 1{,}6) \cdot 40 \cdot 10^{-3}}{458{,}25 \cdot 10^{-4}} = 3{,}273 \text{ m}.$$

Die Resultate sind somit: Mündungsgeschwindigkeit 673,8 m/sec; Weg des Geschoßbodens bis zum Eintritt des Maximaldrucks 3,27 m.

Bei diesem Anlaß sei noch erwähnt, daß P. Siwy 1907 (vgl. Lit.-Note) eine graphische Methode zur Lösung der innerballistischen Aufgaben angedeutet hat, die mit der im vorhergehenden besprochenen Methode von Silfersparre zwar nicht identisch, aber einigermaßen verwandt ist, wiewohl Siwy sein Verfahren durchaus selbständig entwickelt hat. Auch Siwy will mit den Druck- und Arbeitsdiagrammen, bezogen auf die Gewichtseinheit der Pulverladung, operieren. Er hat Vorschläge darüber angedeutet, daß die innerballistischen Lösungsmethoden mehr als bisher auf graphische Grundlagen gestellt werden sollten. Leider hat er seine Vorschläge so allgemein gehalten und so wenig ins einzelne ausgeführt, daß sie, wie es scheint, bisher keine praktische Verwendung gefunden haben. Wir möchten daher darauf verzichten, die Siwyschen Vorschläge des Näheren zu besprechen.

II. Voraussetzung, daß das Pulver noch nicht verbrannt ist, wenn das Geschoß seine Bewegung im Rohr beginnt.

§ 27. Aufstellung des Gleichungssystems. Zusammenstellung. Schlüssel der Bezeichnungen.

Nach t sec. vom Beginn der Geschoßbewegung ab sei das Geschoß um x m im Rohr vorgerückt. Die Translationsgeschwindigkeit des Geschosses von dem Gewicht G kg oder der Masse $m = \frac{G}{g}$ sei bezüglich des Rohrs $v = \frac{dx}{dt}$; der auf den Geschoßboden wirkende Gasdruck habe in diesem Augenblick den Betrag p (kg/m²). Von der ganzen Pulverladung L kg möge bis dahin der Bruchteil y verbrannt sein.

1. Durch die Verbrennung dieser $L \cdot y$ kg Pulver ist eine Gesamtenergie $E = Q_1 \cdot L \cdot y$ Cal oder $427 \cdot Q_1 L y$ mkg vorhanden; diese bedeutet die Gesamtenergie in kg-Kalorien bzw. in mkg, die durch die Verbrennung von $L \cdot y$ kg Pulver bei Ausschluß von Arbeitsleistung

und Wärmeabgabe frei wird (wahrer Wärmegehalt mal $L \cdot y$) plus der Wärmemenge, die schon vor der Explosion in diesen $L \cdot y$ kg Pulver enthalten war.

Die gesamte Energiemenge E (mkg) findet sich in dem betrachteten Augenblick in folgende Teile zerlegt vor: Ein Teil E_1 ist auf die lebendige Kraft der Vorwärtsbewegung des Geschosses verwendet. Ein anderer E_2 auf die Energie der Rotationsbewegung des Geschosses um seine Längsachse. Ferner ein Betrag E_3 auf die Bewegungsenergie des verbrannten und des unverbrannten Teils der Pulverladung. E_4 auf die Bewegungsenergie, die die Waffe oder ein bestimmter Teil derselben nach rückwärts erhalten hat, samt etwaiger Rotationsenergie der Waffe, ferner samt Erschütterungs- und Vibrationsarbeit an ihr, Federspannungen usw. Ein Betrag E_5 ist die Arbeit zur Überwindung des äußeren Luftdrucks. E_6 die Arbeit zur Überwindung des Luftwiderstands, allgemein die Energie, die bis dahin auf die vor dem Geschoß befindliche Luft übertragen wurde. E_7 bedeutet die Arbeit, die zur Überwindung der Reibung zwischen den Geschoßleisten und den Zugflanken, ferner der Reibung zwischen der äußeren Mantelfläche des Geschosses und der Rohrwandung aufgewendet ist. Dieser letztere Anteil kommt vorzugsweise bei den Geschossen ohne Führungsbänder, also den Infanteriegeschossen, in Betracht. Dazu kommt mit E_8 die im Anfang der Geschoßbewegung auftretende Einpressungsarbeit. Ein weiterer Teil E_9 ist die Wärme, die durch Wärmeleitung von den heißen Pulvergasen in das Rohr und die Patronenhülse, zum Teil auch in das Geschoß oder umgekehrt übergeht; in E_9 sei ferner einbegriffen die Energie, die etwa durch vorzeitiges Austreten von Pulvergasen zwischen Geschoß und Rohr durch den Verschluß verloren geht.

Ein letzter Teil E_{10} endlich ist die Gesamtwärme $c_v \cdot T \cdot L \cdot y$ (kg-Cal) $= 427 \cdot c_v T \cdot L \cdot y$ mkg der entstandenen Pulvergase, deren absolute Temperatur T und deren mittlere spezifische Wärme c_v sei. Diese Wärme E_{10} weniger derjenigen, die vor der Explosion in den $L \cdot y$ kg Pulver enthalten war, ist diejenige Wärmemenge, die man wiedergewinnen würde, wenn man die in dem fraglichen Augenblick gebildeten heißen Gase in einem Kalorimeter auf die ursprüngliche Temperatur des Pulvers abkühlen würde.

Der erste Hauptsatz der mechanischen Wärmetheorie lautet hier $E = E_1 + E_2 + \ldots + E_{10}$ oder

$$427 \cdot Q_1 \cdot L \cdot y = E_1 + E_2 + \ldots + E_9 + c_v \cdot T \cdot L \cdot y \cdot 427.$$

Da nun $Q_1 = c_v \cdot T_0$ gesetzt werden kann, wo T_0 die absolute Verbrennungstemperatur des Pulvers bedeutet, so hat man

$$427 \cdot c_v \cdot L \cdot y \cdot (T_0 - T) = E_1 + E_2 + \ldots + E_9. \qquad (1)$$

Von den Energiebeträgen der rechten Seite läßt sich ein Teil berechnen. Zunächst ist, wenn $v = \frac{dx}{dt}$ die augenblickliche Translationsgeschwindigkeit des Geschosses und m die Geschoßmasse bedeutet, die zugehörige kinetische Energie

$$E_1 = \frac{m}{2} \cdot v^2.$$

E_2 mit dem ersten Teil von E_7 zusammen läßt sich berücksichtigen, indem man die Geschoßmasse m ersetzt durch

$$m\left(1 + \frac{\varrho^2}{R^2} \cdot \operatorname{tg} \alpha_2 \cdot \frac{\operatorname{tg} \alpha_2 + \nu}{1 - \nu \cdot \operatorname{tg} \alpha_2}\right).$$

Hier bedeutet ϱ den Trägheitshalbmesser des Geschosses um seine Längsachse (in m); $2\,R\,(m)$ das Kaliber; α_2 den als konstant angenommenen Drallwinkel des Geschützes (nur um Geschütze möge es sich handeln); ν den Reibungskoeffizienten zwischen dem Material des Geschoßführungsbands und demjenigen der Zugflanken. Die Begründung wird später in § 46 gegeben werden. Sie ist darin zu suchen, daß der Widerstand, den das Geschoß in Richtung der Seelenachse durch den Normaldruck und die Reibung in den Zügen erleidet, sich zu $m \cdot \frac{\varrho^2}{R^2} \operatorname{tg} \alpha_2 \cdot \frac{\operatorname{tg} \alpha_2 + \nu}{1 - \nu \cdot \operatorname{tg} \alpha_2} \cdot \frac{dv}{dt}$ berechnet, so daß dieser Widerstand proportional der beschleunigenden Kraft $m \frac{dv}{dt}$ ist.

Was E_3 anlangt, so berechneten Piobert und St. Robert auf Grund gewisser Annahmen (vgl. Band III, § 73) die Bewegungsenergie der gesamten Ladung zu $\frac{L}{2\,g} \cdot \frac{v^2 - v \cdot v_r + v_r^2}{3}$, wobei v die Geschoßgeschwindigkeit und v_r die Rücklaufgeschwindigkeit des Rohrs bezüglich des Erdbodens bedeutet.

Über diesen Betrag besteht aber große Unsicherheit (vgl. § 19, Abs. 2, Problem von Lagrange), da über die tatsächliche Bewegung der gebildeten Pulvergase und des noch unverbrannten Teils der Ladung beim Schuß so gut wie nichts bekannt ist. Hugoniot (vgl. Lit.-Note) nimmt an, daß die Pulvergase in Wellenbewegung geraten: Eine Stoßwelle trifft gegen den Seelenboden, wird hier reflektiert und geht nach dem Geschoßboden. Hier zurückgeworfen, geht sie wieder nach rückwärts, stößt abermals gegen das Geschoß, das dabei beschleunigt durch das Rohr sich bewegt usw., schließlich rückt das Geschoß unter dem Einfluß des letzten Wellenstoßes, der das Geschoß noch erreicht, durch das Rohr. Nach dieser Theorie müßten die Bewegungsrichtungen der Pulvergasmoleküle innerhalb der Seele nicht nach allen Seiten gleichmäßig verteilt sein, sondern die Verschiebungen der Moleküle in Richtung der Seelenachse müßten vorherrschen. P. Charbonnier hat daran mehrere Folgerungen über die Größe des Gasdrucks angeknüpft, der an verschiedenen Stellen des Seelenraums herrschen wird. Indes ist diese Theorie, wiewohl sie durch die Experimente von P. Vieille mit langen Rohren bewahrheitet ist, für den Schuß aus der Waffe selbst noch nicht einwandfrei bewiesen, bleibt also für den Schuß vorläufig eine wahrscheinliche Hypothese. Bis die betreffenden Umstände völlig geklärt sind, und bis Gesetzmäßigkeiten bekannt sind, ist es am zweckmäßigsten, das Verfahren von Sébert (vgl. Band III, § 72) beizubehalten, das sich seitdem immer wieder wohl bewährt hat: Dieser Ballistiker nahm an, die Bewegung der Pulverladung könne ausreichend durch die Fiktion wiedergegeben werden, daß die eine Hälfte der Ladung mit dem Geschoß nach vorwärts, die andere Hälfte mit der Waffe nach rückwärts gehe. Dann ist die Masse m des Geschosses zu ersetzen durch $m\left(1+0{,}5\cdot\frac{L}{G}\right)$. Damit hat man den Energieteil E_3 berücksichtigt.

Im ganzen ist also bis jetzt, statt der wahren Geschoßmasse m, eine fingierte Geschoßmasse m' einzuführen, die den Betrag hat:

$$m' = m\left(1+0{,}5\,\frac{L}{G}\right)\left(1+\frac{\varrho^2}{R^2}\operatorname{tg}\alpha_2\cdot\frac{\operatorname{tg}\alpha_2+\nu}{1-\nu\operatorname{tg}\alpha_2}\right).$$

Ferner die Rücklaufenergie E_4: Die Masse des rücklaufenden Teils der Waffe sei m_r; ihre Geschwindigkeit zur Zeit t sei bezüglich des Erdbodens bei freiem Rücklauf ohne Rohrdrehung gleich v_r. Für die Bewegung des Geschosses bezüglich des Erdbodens möge die Geschwindigkeit der Vorwärtsbewegung zur gleichen Zeit mit v_g bezeichnet sein. Die zugehörige fingierte Geschoßmasse ist m'. Da innerhalb des Seelenraums auf 1 m² der Gasdruck p, also auf die ganze Querschnittsfläche q der Gasdruck $p\,q$ (kg) herrscht, so ist

$$m'\cdot\frac{dv_g}{dt} = p\,q;\qquad m_r\cdot\frac{dv_r}{dt} = p\,q.$$

Unter v sei nunmehr die Geschoßgeschwindigkeit bezüglich des Rohrs verstanden. Diese ist dann

$$v = v_g + v_r.$$

Da $\frac{d(v_g+v_r)}{dt} = \frac{dv}{dt} = p\,q\left(\frac{1}{m'}+\frac{1}{m_r}\right)$, so hat man

$$m'\cdot\frac{m_r}{m_r+m'}\cdot\frac{dv}{dt} = p\,q.$$

Das heißt, wenn man die Beschleunigungen des Geschosses nicht bezüglich des festen Erdbodens, sondern bezüglich des frei zurücklaufenden Rohrs rechnet, so hat man als Geschoßmasse

$$\mu = \frac{m'\cdot m_r}{m_r+m'}$$

zu nehmen. Die lebendige Kraft des Geschosses relativ zum Rohr wird dann $\frac{\mu}{2} v^2$; sie ist, wie leicht zu sehen, gleich der Summe

$$\tfrac{1}{2} m' v_g^2 + \tfrac{1}{2} m_r v_r^2.$$

Mit dieser Einführung von μ als endgültiger fingierter Geschoßmasse ist nunmehr der Anteil E_4 berücksichtigt (in dieser Weise ist zuerst H. Mache in seiner weiter unten anzuführenden Arbeit vorgegangen). Will man schließlich wieder von den Geschwindigkeiten v bezüglich des Rohrs auf die Geschoßgeschwindigkeiten bezüglich des Erdbodens übergehen, so hat man alle Werte v mit $\frac{m_r}{m_r + m'}$ zu multiplizieren, da nach dem Schwerpunktssatz $m' \cdot v_g = m_r v_r$, also $v = v_r + v_g = v_g \cdot \frac{m_r + m'}{m_r}$. Dies gilt, wenn bis zum Geschoßaustritt der Rücklauf als ein freier betrachtet werden kann. (Der Fall, daß der Bremsdruck schon vorher beginnt, wird später besprochen werden.)

E_5 braucht neben E_1 in den seltensten Fällen berücksichtigt zu werden, da E_5 relativ sehr klein ist.

Für E_6 hat Hugoniot einen mathematischen Ausdruck aufgestellt. Übrigens kann es fraglich sein, ob man neben E_9 diesen Teil E_6 besonders in Rechnung zu stellen hat. Denn es ist zu berücksichtigen, daß wohl bei keinem Geschoß ein völlig gasdichter Abschluß zwischen Geschoß und Rohrwandung besteht, sondern daß von Anfang an Pulvergase vorzeitig nach der Mündung zu entweichen. Diese Gase besitzen wegen des hohen Gasdrucks sehr bald eine Geschwindigkeit, die diejenige des Geschosses selbst übersteigt; sie werden also ihrerseits die Luft in Bewegung setzen und aus dem Rohr hinausdrängen. Bei den Infanteriegeschossen, insbesondere denen mit Stahlmantel, sind jene Gasmengen nicht unbeträchtlich; voraussichtlich trifft ähnliches für die Artilleriegeschosse zu. Es sei deshalb die Energie E_6 der Luftbewegung in E_9 subsummiert.

Von E_7 ist oben schon erwähnt der erste Teil. Der zweite Teil, zusammen mit E_8, d. h. mit der Arbeit der Einpressung des Geschosses in die Züge sei mit A bezeichnet. Für den Beginn der Geschoßbewegung im Rohr hat man als Anfangsdruck $p = P_0$ den Forcierungswiderstand P_0 in Rechnung zu setzen. In diesem Augenblick sei der Bruchteil y_0 der Treibladung verbrannt. Man hat daher als Anfangsbedingungen

$$t = 0, \quad v = 0, \quad p = P_0, \quad y = y_0.$$

Danach ist

$$427 \cdot c_v \cdot L \cdot y \cdot (T_0 - T) = \frac{\mu v^2}{2} + A + E_9; \tag{2}$$

dabei

$$\mu = \frac{m' m_r}{m' + m_r}, \quad \text{wo } m' = m \cdot \left(1 + 0{,}5 \frac{L}{G}\right) \cdot \left\{1 + \frac{\varrho^2}{R^2} \operatorname{tg} \alpha_2 \cdot \frac{\operatorname{tg} \alpha_2 + \nu}{1 - \nu \cdot \operatorname{tg} \alpha_2}\right\}. \tag{2a}$$

Die Größe μ sei neben der wirklichen Geschoßmasse m als fingierte Geschoßmasse eingeführt; — es ist dies ein Verfahren, das in der technischen Mechanik bekanntlich vielfach zur Verwendung gelangt und das in der inneren Ballistik zuerst wohl von N. Sabudski: Gasdruck des rauchlosen Pulvers, Petersburg 1894, und neuerdings u. a. auch von P. Charbonnier benutzt wurde.

Nun möge zunächst angenommen sein (diese Annahme wird weiterhin als eine unrichtige nachgewiesen werden), daß von dem Betrage E_θ abgesehen werden könne, der sich auf Abgabe von Wärme der Pulvergase an Rohr und Geschoß bezieht. Dann geht die Gleichung (2) über in:

$$427 \cdot c_v \cdot L \cdot y \cdot (T_0 - T) = \frac{\mu v^2}{2} + A. \tag{3}$$

2. Dazu kommt die allgemeine Gasgleichung. Das spezifische Volumen des Pulvers möge wiederum $\mathfrak{v}_0$ sein, d. h. aus 1 kg des Pulvers bilden sich bei der Verbrennung, ohne sichtbaren Rückstand, $\mathfrak{v}_0$ m³ Gase bei dem Normaldruck 10333 kg/m², und bei der absoluten Temperatur 273. Nun sind bis jetzt $L \cdot y$ kg Pulver verbrannt, die Temperatur der Gase beträgt T, und der Raum, der den Gasen tatsächlich zur Verfügung steht, ist J m³, somit ist der Druck p der Gase (in kg/m²) der folgende:

$$p = 10333 \cdot \frac{\mathfrak{v}_0 L y}{J} \cdot \frac{T}{273}, \tag{4}$$

dabei

$$\begin{aligned} J &= V_0 + R^2 \pi \cdot x - \alpha \cdot L \cdot y - \frac{L}{s}(1 - y) \\ &= V_0 - \frac{L}{s} + R^2 \pi x - L \cdot y \cdot \left(\alpha - \frac{1}{s}\right). \end{aligned} \tag{4a}$$

Der Raum J setzt sich nämlich zusammen aus dem leergedachten Verbrennungsraum V_0 m³, ferner aus dem Raum $R^2 \pi \cdot x$ m³, der durch das Fortschreiten des Geschosses um x (m) in der Seele bis dahin hinter dem Geschoß frei geworden ist. Davon ist abzuziehen das Molekularvolumen $\alpha \cdot L \cdot y$ der bis dahin entstandenen Pulvergase (α das Kovolumen des Pulvers in m³ pro 1 kg), sowie der Raum $\frac{L}{s}(1 - y)$ der noch unverbrannten Ladung, die den Bruchteil $1 - y$ von L ausmacht (s das spezifische Gewicht des Pulverkorns in kg/m³).

Führt man das Produkt $L \cdot y \cdot T$ aus (4) in (3) ein, bezeichnet ferner wie üblich den Bruch $\frac{10333 \cdot \mathfrak{v}_0 \cdot T_0}{273}$ mit f („Kraft" des Pulvers) und berücksichtigt, daß bekanntlich die Gaskonstante

$$\frac{10333 \cdot \mathfrak{v}_0}{273} = 427 \cdot (c_p - c_v)$$

oder

$$\frac{10333 \cdot \mathfrak{v}_0}{427 \cdot 273 \cdot c_v} = \frac{c_p}{c_v} - 1 = \gamma - 1$$

ist (c_p und c_v die spezifischen Wärmen der Pulvergase bei konstantem Druck, resp. bei konstantem Volumen, $\frac{c_p}{c_v} = \gamma$), so erhält man unter der genannten vorläufigen Voraussetzung:

$$f \cdot L \cdot y - J \cdot p = \frac{\mu}{2} v^2 \cdot (\gamma - 1) + A(\gamma - 1). \tag{5}$$

Diese Gleichung (5), die die Hauptgleichung der inneren Ballistik heißen möge, und die (abgesehen von dem Glied $A(\gamma - 1)$) schon 1864 von Résal aufgestellt und weiterhin insbesondere von Sarrau u. a. benutzt wurde, läßt sich auch auf andere Weise kürzer ableiten (vgl. § 38, B).

Die Zustandsänderung der Pulvergase ist jedoch keineswegs eine adiabatische, wie in § 28 eingehend nachgewiesen wird. Der Bruch γ verliert dadurch seine bisherige Bedeutung als Verhältnis der beiden spezifischen Wärmen, die übrigens selbst zu wenig genau bekannt und zu wenig konstant sind, als daß sie sicher zu berechnen wären. Man hat sich vielmehr in Gleichung (5) den Faktor γ aus der Erfahrung bestimmt zu denken, mit dem weiteren Vorbehalt, daß die Rechnung in Zonen durchgeführt werde, wenn γ sich als veränderlich erweist. In dieser Weise möge nunmehr die Gleichung (5) aufgefaßt werden, die die zeitliche Ausdehnung der Pulvergase im Rohr charakterisiert.

Dazu kommt die Bewegungsgleichung des Geschosses entlang der Seelenachse:

$$\mu \frac{dv}{dt} = p \cdot R^2 \pi - W \cdot R^2 \pi. \tag{6}$$

Dabei stellt W die (durch den Seelenquerschnitt dividierte) Resultante der sämtlichen Widerstände in Richtung der Seelenachse dar, welche das Geschoß erfährt, wenn es sich in die Züge einpreßt und seine fortschreitende Bewegung im Rohr ausführt, und welche durch die Einführung der fingierten Geschoßmasse μ noch nicht $\left(\text{in } \mu \cdot \frac{dv}{dt}\right)$ berücksichtigt sind; es ist also

$$R^2 \pi \cdot \int_0^x W dx = A.$$

3. Endlich das Gesetz für die Verbrennungsweise des Pulvers. Falls man dieses gemäß der Piobert-Sarrau-Vieilleschen Annahme auf das einzelne Korn beziehen kann, so lauten die

diesbezüglichen Gleichungen (vgl. § 18) folgendermaßen: Zur Zeit t, vom Beginn der Geschoßbewegung ab gerechnet, sei von allen Oberflächen her die Schichtendicke e m abgebrannt; die Form des Pulverkorns sei durch die früher erwähnten Koeffizienten $\alpha_1\ \beta_1\ \gamma_1$ gegeben, so ist

$$y = \alpha_1 e + \beta_1 e^2 + \gamma_1 e^3, \tag{7}$$

wobei

$$e = \frac{a}{2 \cdot \tau_0 \cdot p_0{}^k} \cdot \int_0^t p^k \cdot dt + e_0 \tag{8}$$

ist. Hierin ist a die kleinste Dimension des Korns; τ_0 die Verbrennungsdauer des Korns in sec bei dem konstanten Druck p_0. Der Exponent k sei empirisch ermittelt.

Falls dagegen, wie gewöhnlich der Fall ist, eine größere Zahl von Pulverkörnern unregelmäßig oder in Bündeln, mit gegenseitiger Berührung, nebeneinander liegen, ist die Charbonniersche Annahme wahrscheinlicher (vgl. § 18):

$$\frac{dy}{dt} = A_1 \cdot \varphi(y) \cdot p^k. \tag{9}$$

Diese Gleichung (9) bildet im letzteren Fall das Verbrennungsgesetz, statt (7) und (8). A_1 ist eine empirisch zu gewinnende Pulverkonstante.

Der mathematische Ansatz des innerballistischen Hauptproblems liegt in dem System der Gleichungen (5), (6), (7), (8) bzw. der Gleichungen (5), (6), (9) vor. Im ersten Fall hat man vier Differentialgleichungen mit vier unbekannten Funktionen der Zeit t, nämlich mit y, p, e und x (samt den Ableitungen v und $\frac{dv}{dt}$ von x nach t); im letztern Fall drei Gleichungen mit den drei unbekannten Funktionen y, p und x. Die Anfangsbedingungen sind: $t = 0$, $x = 0$, $\frac{dx}{dt} = 0$, $y = y_0$, $e = e_0$, $p = P_0$, $A = 0$. Hier ist y_0 derjenige Bruchteil der Ladung, der beim Beginn der Geschoßbewegung verbrannt ist, bzw. e_0 die bis dahin abgebrannte Schichtendicke. P_0 bedeutet den experimentell zu ermittelnden Einpressungswiderstand in kg, dividiert durch den Seelenquerschnitt in m². y_0 läßt sich daraus mit Hilfe des Abelschen Gesetzes berechnen, also aus

$$P_0 = \frac{f L y_0}{J_0} = \frac{f L y_0}{V_0 - \alpha L y_0 - \frac{L}{s}(1 - y_0)}.$$

Bezüglich der Bedeutung von V_0 sei noch erwähnt, daß V_0 nur dann den (leeren) Pulverraum selbst darstellt, wenn unmittelbar mit dem Anfang der Geschoßbewegung auch die Einpressung beginnt. Dies ist der Fall bei angesetzten Geschossen. Wenn dagegen Patronenmunition verwendet ist, muß sich das Geschoß zunächst aus der Patronenhülse freimachen; es muß der Druck P_0' überwunden werden, mit welchem das Geschoß in die Hülse eingepreßt worden war. Dabei wird ein gewisser Bruchteil y_0' der Ladung verbrannt sein. Dann wird das Geschoß im allgemeinen eine kurze Wegstrecke allein unter dem Einfluß des Gasdrucks frei zurücklegen, und jetzt erst wird das Geschoß in die Züge sich einzupressen beginnen; seine Geschwindigkeit v wird für eine kurze Zeit wieder merklich kleiner werden können und wird erst weiterhin bis zur Mündung wachsen. Man wird also bei Patronenmunition streng genommen die Geschoßbewegung in drei Perioden zu untersuchen haben: erste Periode vom Freiwerden des Geschosses aus der Hülse bis zum Beginn der Einpressung in die Züge; zweite Periode vom Beginn der Einpressung in die Züge bis zum Ende ($y = 1$) der Pulververbrennung; dritte Periode von da ab bis zum Durchgang des Geschoßbodens durch die Mündung. Bei angesetzten Geschossen fällt die erste Periode weg, handelt es sich also nur um zwei Perioden der Geschoßbewegung.

Im folgenden ist das System der Differentialgleichungen, wodurch das „innerballistische Hauptproblem" charakterisiert ist, samt Schlüssel der Bezeichnungen zusammengestellt, und zwar für die beiden Fälle: Frühere Annahme einer Verbrennung aller einzelnen Pulverkörner nach „parallelen Schichten" und neuere Annahme Charbonniers über das Verbrennungsgesetz; aber beidemal für angesetzte Geschosse.

Zusammenstellung.

Erster Fall. Piobertsche Annahme einer Verbrennung der einzelnen Pulverkörner nach parallelen Schichten.

$$J \cdot p + \frac{\mu}{2} v^2 (\gamma - 1) + A(\gamma - 1) = f L y \tag{I}$$

(innerballistische Hauptgleichung; Gesetz von der Erhaltung der Energie mit allgemeinem Gasgesetz).

$$\mu \cdot \frac{dv}{dt} = p \cdot q - W \cdot q \quad \text{(Newtonsches Bewegungsgesetz).} \tag{II}$$

$$\left.\begin{aligned} y &= \alpha_1 e + \beta_1 e^2 + \gamma_1 e^3 & \text{(III)} \\ \frac{de}{dt} &= \frac{a}{2 \cdot \tau_0} \cdot \left(\frac{p}{p_0}\right)^k & \text{(IV)} \end{aligned}\right\} \text{(Verbrennungsgesetz).}$$

Anfangsbedingungen: Für $t = 0$ ist: $v = 0$, $x = 0$, $p = P_0$, $J = J_0$, $y = y_0$, $e = e_0$, $A = 0$.

Zweiter Fall. Charbonniersche Annahme über das Verbrennungsgesetz.

$$J \cdot p + \frac{\mu}{2} v^2 (\gamma - 1) + (\gamma - 1) A = f L y \text{ (innerball. Hauptgleichung).} \quad \text{(V)}$$

$$\mu \cdot \frac{dv}{dt} = p \cdot q - W \cdot q \text{ (Newtonsches Bewegungsgesetz).} \quad \text{(VI)}$$

$$\frac{dy}{dt} = A_1 \cdot \varphi(y) \cdot p^k \text{ (Verbrennungsgesetz).} \quad \text{(VII)}$$

Anfangsbedingungen: Für $t = 0$ ist: $v = 0$, $x = 0$, $p = P_0$, $J = J_0$, $y = y_0$, $A = 0$.

Abkürzungen:

f Abkürzung für: $f = \frac{10333 \cdot \mathfrak{v}_0 \cdot T_0}{273}$ („Kraft“ des Treibmittels);

μ „ „ $\mu = \frac{m' \cdot m_r}{m_r + m'}$,

wo $m' = m\left(1 + 0{,}5 \cdot \frac{L}{G}\right)\left\{1 + \frac{\varrho^2}{R^2} \operatorname{tg} \alpha_2 \cdot \frac{\operatorname{tg} \alpha_2 + \nu}{1 - \nu \cdot \operatorname{tg} \alpha_2}\right\}$ (fingierte Geschoßmasse);

m „ „ $m = \frac{G}{9{,}81}$;

J „ „ $J = V_0 + qx - \alpha L y - \frac{L}{s}(1 - y)$ (freier Gasraum nach Geschoßbodenweg x);

J_0 mit y_0 verbunden durch: $J_0 = V_0 - \alpha L y_0 - \frac{L}{s}(1 - y_0)$ (freier Gasraum bei Beginn der Geschoßbewegung);

e_0 mit y_0 verbunden durch: $y_0 = \alpha_1 e_0 + \beta_1 e_0^2 + \gamma_1 e_0^3$,

P_0 „ y_0 „ „ : $P_0 = \frac{f L y_0}{V_0 - \alpha L y_0 - \frac{L}{s}(1 - y_0)}$.

Bedeutung der Buchstaben: $2R$ das Kaliber (m); q oder $R^2\pi$ der Querschnitt des gezogenen Teils der Seele (m^2); V_0 der Verbrennungsraum (m^3), allgemein der leer gedachte Raum hinter dem Geschoß, wenn dieses sich zu bewegen beginnt; L die Pulverladung (kg); G das Geschoßgewicht (kg); m die Geschoßmasse $\left(\frac{\text{kg} \cdot \sec^2}{\text{m}}\right)$; m_r die Masse der rücklaufenden Teile; μ eine fingierte Geschoßmasse (s. o.); ϱ der Trägheitsradius des Geschosses um dessen Längsachse (m), dabei $\frac{\varrho^2}{R^2}$ nicht sehr verschieden von 0,6; α_2 der als konstant angenommene Drallwinkel der Züge; ν der Reibungskoeffizient des Geschosses im Rohr.

Ferner bedeutet für das Pulver: $\mathfrak{v}_0$ das spez. Volumen (m^3/kg); T_0 die absolute Verbrennungstemperatur; α das Kovolumen (m^3/kg); s das spez. Gewicht des Pulverkorns (kg/m^3); a die kleinste Dimension des Korns (m); α_1, β_1, γ_1 die Konstanten des Pulverkorns, die durch die Tabelle in § 18 A aus der Form des Pulverkorns zu berechnen sind τ_0 die Verbrennungsdauer des Pulverkorns (in sec) bei dem Druck; p_0 (kg/m^2); y_0 der bis zum Beginn der Geschoßbewegung im Rohr verbrannte Bruchteil der Ladung; e_0 die bis dahin abgebrannte Schichtendicke des Pulverkorns (m); P_0 der Einpressungswiderstand (kg/m^2).

Weiter bezeichnet: $v = \frac{dx}{dt}$ diejenige Geschwindigkeit, die das Geschoß in Richtung der Seelenachse bezüglich des Rohrs besitzt (m/sec), wenn seit dem Beginn der Geschoßbewegung t sec verflossen sind, wobei der Geschoßboden von seiner Ruhelage aus um x (m) im Rohr vorgerückt ist; p ist der Druck der Pulvergase (kg/m^2) in diesem Moment; y der Bruchteil der Ladung, der bis dahin verbrannt ist; e die bis dahin abgebrannte Schichtendicke des Pulverkorns (m); J der Raum, der den Gasen zwischen Stoßboden und Geschoßboden in diesem Augenblick tatsächlich zur Ausbreitung zur Verfügung steht W der von x und wohl auch von $\frac{dx}{dt}$ abhängige, durch den Seelenquerschnitt dividierte Reibungswiderstand (kg/m^2) zwischen dem Geschoß und der inneren Rohrfläche an denjenigen Flächenteilen, welche zur Seelenachse parallel sind, also der Gesamtwiderstand, der in $\mu \cdot \frac{dv}{dt}$ nicht bereits einbegriffen ist. A (mkg) die Arbeit gegen diesen Widerstand, einschließlich der Einpressungsarbeit, also

$$A = q \cdot \int_0^x W \cdot dx.$$

γ und k pflegen als Konstanten behandelt zu werden, die empirisch zu ermitteln sind. P. Charbonnier nimmt $\gamma = 1{,}25$; Fr. Krupp $\gamma = 1{,}11$. Was den Exponenten k betrifft, so setzen (s.o.) St. Robert für Schwarzpulver und Vieille, Gossot und Liouville für die modernen Kolloidpulver $k = \frac{2}{3}$; Rovel $k = \frac{1}{4}$; Roux, Sarrau und Ingalls $k = \frac{1}{2}$; Castan $k = 0{,}6$; Jacob $k = \frac{3}{4}$; Centerval $k = 0{,}9$; Sébert Hugoniot, Mata, Moisson, Wuich, Kaiser und Charbonnier $k = 1$. H. Mache hat neuerdings eingehend nachgewiesen, daß für die Kolloidpulver der letztere Wert $k = 1$ den Erfahrungen, insbesondere den Messungen von Petavel, am besten entspricht. Im folgenden ist daher dieser Wert benützt. Wie die hier auftretenden Konstanten P_0, γ, f und α ermittelt werden können, soll später gezeigt werden.

Mit der Lösung des innerballistischen Problems auf theoretischer Grundlage, also mit der Integration des angeführten Systems von Differentialgleichungen, beschäftigt sich der 7. Abschnitt. Dabei kann es sich vorläufig nur um eine Näherungslösung handeln, und zwar aus folgenden Gründen: Im folgenden wird zunächst die Wärmeabgabe an das Rohr und das Geschoß besprochen; es wird sich zeigen, daß es nicht gestattet sein kann, diesen Energieanteil (E_9) zu vernachlässigen, wie es von seiten mehrerer Ballistiker geschehen ist. Bei der vom Verfasser vorgeschlagenen Näherungslösung (§ 38) wird diese Wärmeabgabe dadurch Berücksichtigung finden, daß der Faktor γ nicht gleich dem Verhältnis der beiden spezifischen Wärmen gesetzt, sondern als eine rein empirische Zahl ermittelt wird, und zwar entlang des Rohrs zonenweise verschieden. Wie das geschehen kann, wird dort ausgeführt werden. Das Abelsche Gasgesetz als Ersatz für die van der Waalssche Gleichung ist nicht sicher genug. Unsicher ist ferner die oben erfolgte Berechnung der kinetischen Energie E_3 der verbrannten und der unverbrannten Ladung. Die Annahme, daß der Druck p der Pulvergase mit ausreichender Genauigkeit für denselben Moment die gleiche Größe innerhalb des ganzen Seelenraums besitze, ist nicht einmal wahrscheinlich, es werden vielmehr Druckwellen zwischen Stoßboden und Geschoßboden hin- und hergehen; aber die Untersuchungen über das diesbezügliche „Problem von Lagrange“ (s. oben § 19, 2 und Lit.-Note 19) sind nicht weit genug gefördert, daß in dieser Hinsicht sichere Gesetzmäßigkeiten benützt werden könnten. Auch über das vorzeitige Ausströmen von Pulvergasen, die sich zwischen Geschoß und Rohrwand hindurchzwängen, ist nichts Gesetzmäßiges auszusagen. Sehr unsicher ist ferner die Ermittlung der Widerstände, welchen das Geschoß bei seinem Durchgang durch das Rohr ausgesetzt ist; ein Teil davon soll durch die Einführung einer fiktiven Geschoßmasse μ berücksichtigt sein, ein anderer durch Benützung einer Funktion W von x. Nur ein Notbehelf ist es dabei, wenn $W(x)$ durch sukzessive Fallhammerschläge ermittelt wird; vermutlich wird W und ebenso der Reibungskoeffizient ν, der in μ enthalten ist, nicht nur von x, sondern auch von v abhängen. Endlich die Faktoren f, α, γ, welche bei der Lösung eine wichtige Rolle spielen, lassen sich experimentell nicht sicher genug ermitteln, und vermutlich sind diese Faktoren überhaupt keine eigentlichen Konstanten, sondern unbekannte Funktionen.

§ 28. Über die beim Schuß in den Lauf übergehende Wärme. Arbeitsbilanz. Nutzeffekt. Temperatur des Laufs.

1. Laufwärme. Daß die Zustandsänderung der Pulvergase während der Bewegung des Geschosses durch das Rohr beim Schuß nicht als eine adiabatische betrachtet werden kann, wie in den innerballistischen Näherungslösungen mehrerer Autoren angenommen ist, sondern daß eine beträchtliche Wärmemenge in das Rohr übergeht, läßt sich bekanntlich schon mit der bloßen Hand fühlen. Nach 50 Schnellfeuerschüssen aus einem neueren Gewehr ist die Temperatur im Innern des Laufs so hoch gestiegen, daß beim Eingießen von Wasser in den Lauf Dampfbildung erfolgt. Die Wassermenge, die in den Kühlmantel eines neueren Maschinengewehrs gebracht wird, kann sich nach wenigen hundert Schüssen bis zum Sieden erwärmen; ohne Kühlung kann das Rohr sich beim Schießen so stark erhitzen, daß es rotglühend wird und sich verbiegt, usw.

Messende Versuche über den Wärmeübergang in das Rohr wurden zuerst 1870 von St. Robert an Gewehren, 1875 von Noble und Abel an Geschützen durchgeführt (vgl. Lit.-Note). St. Robert füllte nach dem Schuß den Gewehrlauf mit Quecksilber und bestimmte mittels eines in den Lauf eingeführten Thermometers die Temperaturerhöhung. Er fand, daß 881 bis 1093 g cal in den Lauf übergingen. Die Pulverladung betrug 4,5 g Schwarzpulver; auf 1 g der Ladung gingen also 195,8 bis 242,9 cal über. Die Verbrennungswärme des Schwarzpulvers ist nach R. Bunsen und L. Schischkoff 619,5 cal pro 1 g; also nahm der Lauf 31,7 bis 39,3% der gesamten in dem Pulver enthaltenden Wärme auf. Bei andern Versuchen wurden Serien von 5, 10 usw. bis 50 Schüssen abgegeben, und nach jeder Serie wurde die Temperaturmessung vorgenommen. Bei der Umrechnung des Resultats auf 1 Schuß fand St. Robert einen immer geringeren Wärmeübergang in den Lauf, den geringsten bei der Serie von 50 Schüssen. Dies rührt ohne Zweifel daher, daß in diesem Falle vom ersten Schuß ab bis zum Ablesen der Temperatur des Quecksilbers eine immer längere Zeit verstrich, je größer die Schußserie war, und daß sich indessen eine beträchtliche Wärmemenge in die Luft zerstreut hatte. Wenn also Brynk aus den letzteren Versuchen von St. Robert die Folgerung zieht, daß mit Vergrößerung der Schußzahl in den einzelnen Serien die pro Schuß an den Lauf abgegebene Wärmemenge bedeutend abnehme, so kann diesem Schluß nicht völlig beigestimmt werden.

Noble und Abel brachten das Geschützrohr nach dem Schießen in ein Wasserbad und fanden bei verschiedenen Geschützen 4,2% und 17% der Gesamtwärme des Pulvers in die Rohrwandung übergegangen. Es ist zu vermuten, daß auch hier ein Teil der Laufwärme an die Luft abgegeben wurde, bis die betreffenden Manipulationen zur kalorimetrischen Messung ausgeführt waren.

Rechnerische Ermittelungen der Laufwärme wurden von Longridge 1883, Tobell 1888, Oekinghaus 1900 und Hirsch 1906 versucht (vgl. Lit.-Note); daß es dabei nicht ohne Hypothesen und Vernachlässigungen abgehen kann, dürfte einleuchtend sein. Speziell Longridge und Tobell, sowie Indra beschäftigten sich auch mit der Frage nach der Ursache der Lauferwärmung beim Schuß. Longridge und Indra kommen durch theoretische Betrachtungen, die zum Teil recht hypothetischer Natur sind, zum Teil auf wenig sicheren Versuchszahlen gegründet zu sein scheinen, zu dem Resultat, daß nur der geringste Teil der Laufwärme durch direkte Mitteilung der Wärme der Pulvergase bewirkt wird, daß vielmehr der größte Teil dieser Wärme von dem Stoß der Pulvergase herrührt. Tobell findet umgekehrt, daß der Flammenwirkung der größte Anteil zukomme, der Reibung zwischen Geschoß und Lauf ein kleinerer, und daß die übrigen Wärmequellen demgegenüber verschwinden. H. Muraour dehnte 1925 seine schon oben in § 18 erwähnte Untersuchung über den Druckverlust durch Abkühlung der Pulvergase an den Wänden der Versuchsbombe zum Schluß auch auf den Schuß aus der Waffe aus und gelangt dabei zu dem Ergebnis, daß die Hauptursache für die Rohrerwärmung beim Schuß nicht liegt in dem Übergang der Wärme von den Pulvergasen auf die Rohrwandung, sondern in den mechanischen Arbeiten (der Reibung, der Einpressung in die Züge usw.), die sich in Wärme umsetzen. Es wäre zu wünschen, daß noch weitere Versuche durchgeführt würden, um die interessante Frage nach den Ursachen der Lauferwärmung zu lösen, — falls es überhaupt möglich ist, diese Ursachen zahlenmäßig genau auseinanderzuhalten.

Für ein Gewehr und das zugehörige Blättchenpulver führten C. Cranz und R. Rothe nach zwei verschiedenen Methoden die Messung der Wärme durch, die bei einem Schuß an den Lauf abgegeben wird (vergleiche Lit.-Note).

Die erste Methode, die die genauere sein dürfte, beruht auf folgendem Gedankengang. Es wird aus dem Gewehr in gleichen Zeitintervallen von 30 Sekunden je ein Schuß abgegeben. Dabei steigt die mittlere Temperatur des Gewehrlaufes allmählich mehr und mehr, bis sich eine Art von stationärem Zustand („quasistationärer Zustand") einstellt. Wenn nämlich die von einem Schuß an den Lauf abgegebene Wärme Q gleich der ist, die das Gewehr in 30 Sekunden nach außen verliert, so wird die Temperatur periodisch zwischen zwei konstanten und meßbaren Grenzwerten hin- und herschwanken; der Mittelwert der Temperatur sei t_0. Alsdann führt man, ohne an der Versuchsanordnung etwas zu ändern, dem Gewehr statt durch den Schuß durch eine geeignete künstliche Heizung von innen Wärme zu. Ist q die Wärmemenge, die pro Sekunde nötig ist, um beim stationären Zustand die Temperatur des Gewehrlaufes auf demselben konstanten Wert t_0 zu halten, so ist $Q = 30 \cdot q$. Da in diese Formel die Temperatur selbst nicht eingeht, so kann statt ihrer jede eindeutige Funktion der Temperatur zur Messung benutzt werden. Bei den Versuchen wurde der mit der Temperatur veränderliche elektrische Widerstand des Gewehrlaufes gemessen, und damit wurde zugleich ein Maß für die mittlere Temperatur des Laufes gewonnen. Es wurde also bei diesem Verfahren gewissermaßen der Lauf selbst als elektrisches Thermometer benützt (wie in Band III als Fernrohr). [Die mittlere Temperatur des Laufes zu messen, ist aus folgendem Grunde zweckmäßig: Würde man die Temperatur t_0 an einem bestimmten Punkte des Laufes messen, so wäre es streng genommen erforderlich, im zweiten Teile des Versuchs die künstliche Heizung des Gewehrs so vorzunehmen, daß dabei dieselbe Temperaturverteilung längs des Laufes eintritt, wie beim Schießen. Mißt man jedoch die mittlere Temperatur, so ist die gleiche Temperaturverteilung im zweiten Teile des Versuchs nur insoweit erforderlich, als die Wärmeleitungsfähigkeiten, die innere und die äußere, nicht merklich geändert werden.]

Die Ausführung des Versuches gestaltete sich also wie folgt. Am Anfange und Ende des Laufes wurden je zwei dicke Kupferdrähte auf dem Lauf angelötet, von denen je einer zur Stromzuführung, die beiden andern zur Abnahme des Potentials dienten. Es wurde so der Widerstand mit Hilfe einer Lindeckschen Kompensationsschaltung von Schuß zu Schuß und schließlich nach Eintritt des quasistationären Zustandes gemessen. Alsdann wurde ein Manganindraht von 1 mm Durchmesser und von der Länge des Gewehrlaufes an seinen beiden Enden mit je zwei Kupferdrähten (zur Stromzuführung und zur Spannungsabnahme) verlötet, mit dünnem Asbestpapier umwickelt und durch die Bohrung des Laufes gezogen, dessen Anfang und Mündung alsdann durch Asbestwolle verstopft wurde. Dieser Draht wurde nun durch den Strom einer Akkumulatorenbatterie so weit erwärmt, bis die mittlere Temperatur des Gewehrlaufes zu derselben Höhe angestiegen war, wie beim ersten Teil des Versuches, d. h. bis der Widerstand des Laufes derselbe wurde, wie früher beim

Schießen (wo die mittlere Temperatur nach 105 Schüssen stationär und gleich 122° C geworden war). Dabei gab die Messung der Stromstärke i und der Klemmspannung e am Heizdraht die Werte: $i = 15{,}3$ Amp., $e = 5{,}69$ Volt. Es wurden also im Heizdraht in jeder Sekunde $0{,}239 \cdot 15{,}3 \cdot 5{,}69 = 20{,}81$ cal frei. Auf einen Schuß entfällt somit eine Wärmemenge von $30 \cdot 20{,}81 = 624{,}3$ cal. Im Mittel zweier Versuche und nach Vornahme gewisser Korrektionen ergab sich für die pro Schuß an den Lauf abgegebene Wärmemenge 620 Grammkalorien. Über die näheren Einzelheiten des Verfahrens, die Untersuchungen des Genauigkeitsgrades, sowie über die theoretische Begründung der Methode vergleiche man die Arbeit selbst.

Die zweite Methode, die für dasselbe Gewehr benützt wurde, ist die übliche kalorimetrische: Der Lauf des Gewehres, der von Schaft, Visier und Korn befreit war, wurde von der Mündung bis nahe an den Hülsenkopf mit einem dünnwandigen zylindrischen Blechmantel von ca. 4,5 cm Durchmesser umgeben. Das Gewehr wurde vertikal abwärts gerichtet; Gewehr samt Mantel zum Zweck des Wärmeschutzes mit einem hölzernen Kasten umgeben. Der Blechmantel wurde mit 1,2 lit Wasser gefüllt, so daß der Lauf ganz von Wasser umspült war. Ein Ringrührer wurde im Wasser auf und ab geführt. Zur Messung der Temperatur des Wassers diente ein Thermoelement. Der Wasserwert der ganzen Anordnung wurde mit Hilfe von durchgeleitetem Wasserdampf ermittelt.

[Eine ganz rohe Überschlagsmessung ist ohne Zweifel auch mittels eines Maschinengewehrs möglich, das einen Kühlmantel besitzt: Beispielshalber mögen in letzteren 3,25 lit Wasser gebracht worden sein; nach 467 Schnellfeuerschüssen möge sich das Wasser von 6 auf 79° C erhitzt haben. Das Gewicht des Laufs betrage 1,85 kg, dasjenige des Mantels 10,57 kg (spezifische Wärme 0,114); der Mantel habe sich auf 50° erwärmt. Dann ist von dem Wasser, dem Lauf und dem Mantel die Wärmemenge aufgenommen worden:

$$3{,}25 \cdot (79 - 6) + 1{,}85 \cdot 0{,}114 \cdot (79 - 6) + 10{,}57 \cdot 0{,}114 \cdot (50 - 6) = 305{,}7 \text{ kg-Cal});$$

durch Division mit 467 erhält man die pro 1 Schuß aufgenommene Wärmemenge zu 0,65 kg-Cal oder 650 g-cal.]

2. Energieberechnungen. Kalorimetrische Messungen nach Band III, §§ 55 bis 57 ergaben im Mittel von 10 Beobachtungen als Verbrennungswärme (Wärmegehalt) des benützten Pulvers 863 cal/g (Wasser als Dampf). Die Pulverladung betrug bei den Schießversuchen 3,2 g, also ist die bei einem Schuß entwickelte Gesamtenergie 2762 cal. Diese Energie verteilt sich beim Schuß wie folgt:

Die an den Lauf abgegebene Wärmemenge beträgt (s. oben) 620 cal pro Schuß; dies macht 22,4% (nach der kalorimetrischen Methode 24%) der ganzen Ladungsenergie aus, womit nichts darüber ausgesagt sein soll, wieviel von der Laufwärme durch Leitung von den heißen Gasen, wieviel von der Reibung zwischen Geschoß und Rohr herrührt.

Die Energie der Translationsbewegung des Geschosses an der Mündung oder die sog. „nützliche Energie" berechnet sich aus der Anfangsgeschwindigkeit 870 m/sec und dem Geschoßgewicht von 10 g zu 38 mkg = 905 cal = 32,4% der Ladungsenergie.

Die Energie der Rotationsbewegung des Geschosses an der Mündung ergibt sich aus dem Trägheitsmoment T des Geschosses um seine Längsachse und aus der Winkelgeschwindigkeit w an der Mündung. Letztere Geschwindigkeit ist, bei einer Drallänge von 0,24 m gleich $\frac{2\pi \cdot 870}{0{,}24}$ (vgl. § 44) $- 22800 \text{ sec}^{-1}$. Das Trägheitsmoment wurde nach Band III § 5 zu $0{,}662 \cdot 10^{-8}$ (kg · m · sec²) ermittelt.

Somit ist der Betrag der fraglichen Energie $T\cdot\frac{w^2}{2} = 1{,}72$ mkg = 4,0 cal = 0,14% der Ladungsenergie.

Wenn die Waffe (4,1 kg) frei zurücklaufen kann, beträgt ihre Rückstoßenergie 1,3 mkg = 3 cal = 0,12% der Ladungsenergie für den Moment, in dem das Geschoß durch die Mündung geht.

Der Rest von 1230 cal = ca. 45% der ganzen Energie bezieht sich auf die Wärme und die Bewegungsenergie der Pulverladung im Moment des Geschoßaustritts, und zwar der gebildeten Pulvergase und der etwa noch unverbrannten Pulverblättchen (diese Energie setzt sich weiterhin zu einem großen Teil in Schallbewegung um); ferner auf die Wärme, die in der Patronenhülse enthalten ist, welch letztere weiterhin ausgeworfen wird; endlich auf diejenige Bewegungsenergie der äußeren Luft, die sich bis dahin durch das Vorwärtsgehen des Geschosses usw. erzeugt hatte.

Arbeitsbilanz.

Zusammenstellung für einen Schuß (vgl. Lit.-Note):

a) In der Ladung vorhandene Wärme	2762 cal =	1170 mkg	
b) Wärmeübergang in den Lauf einschießlich Vibrationsarbeit usw. des Laufes und sonstiger mechanischer, an die Waffe abgegebener Energie, die in Wärme verwandelt ist . . .	620 cal =	263 mkg =	22,4% von a)
c) Energie der Translationsbewegung des Geschosses im Moment des Geschoßaustritts	905 cal =	384 mkg =	32,4%
d) Energie der Rotationsbewegung des Geschosses in demselben Moment .	4 cal =	1,7 mkg =	$0{,}1_4$%
e) Rückstoßenergie	3 cal =	1,3 mkg =	$0{,}1_2$%
f) Rest (s. oben)	1230 cal =	520 mkg =	45%
b) bis f) zusammen:	2762 cal =	1170 mkg,	wie oben.

Für die Bewegungsenergie der Pulvergase wurde, wie schon erwähnt, von St. Robert u. a. ein Rechnungsausdruck aufgestellt (vgl. auch Band III, § 73); dieser ist jedoch der ganzen Ableitung zufolge sehr unsicher; aus diesem Grunde wurde oben von der zahlenmäßigen Berechnung abgesehen.

Die Translationsenergie des Geschosses an der Mündung, die sog. Mündungsenergie, ist die verwendbare Arbeit, die bis dahin vom Pulver geleistet worden ist; sie entspricht der am Zylinder oder Kolben gemessenen indizierten Arbeit bei der Gaskraftmaschine. Ihr Wert beträgt 17 bis 35% von der ganzen in der Pulverladung enthaltenen Energie. Da man dafür sorgt, daß bis zum Geschoßaustritt möglichst alles Pulver abgebrannt ist, und da die neueren Pulver ohne wesentlichen Rückstand abbrennen, so ist dies das Analogon zum thermischen Wirkungsgrad der Gaskraftmaschine.

Der Absolutwert der Mündungsenergie bewegt sich zwischen 300 bis 400 mkg bei Gewehren und 41430000 mkg bei einem großen Schiffsgeschütz (demjenigen von 40,64 Kaliber mit Rohrlänge 50 Kaliber). Die letztere Energie ist gleich der Wucht, die ein Granitblock von der Größe eines ziemlich geräumigen Zimmers, 10 m lang, 10 m breit, 5 m hoch, hätte, wenn er aus der Höhe von 33 m herabstürzen würde. Noch anschaulicher führt Schwinning (s. Lit.-Note) die Größe einer derartigen Geschoßenergie vor Augen, indem er sie mit der Wucht eines fahrenden Schnellzuges vergleicht: Das 620 kg schwere

Geschoß der 35,5-cm-Marinekanone von 50 Kaliber Länge, mittels einer Pulverladung von 255 kg Röhrenpulver verfeuert, liefert eine Mündungsenergie von 27650 mt. Dies ist das 2,9 fache der Energie eines mit 90 km stündlicher Geschwindigkeit fahrenden D-Zuges von 300 Tonnen Gewicht, bestehend aus Lokomotive mit Tender, Gepäckwagen und vier sechsachsigen D-Zugwagen.

[Beiläufig erwähnt, wenn man nur z. B. eine Mündungsarbeit von 12772 mt annimmt, die durch die chemische Energie des Explosivstoffs in etwa $\frac{1}{100}$ sec geleistet wird, und die Frage stellt, welche Stromstärke notwendig wäre, um in derselben Zeit dieselbe Arbeit mittels eines elektrischen Stroms von 1000 V Spannung zu leisten, so ergibt sich als Antwort: Eine Stromstärke von 12500000 A, falls man von allen elektrischen und mechanischen Verlusten gänzlich absieht. Daraus ist zu entnehmen, was von der angeblichen Erfindung einer elektromagnetischen Kanone, also einer feuerlosen, knallosen und drucklosen Kanone, zu halten ist. Mittels elektrischer Ströme könnte diese Arbeit nur auf einer sehr langen Strecke oder mit Rotation nur in sehr langer Zeit geleistet werden.]

Es handelt sich jetzt um die Transmission dieser Energie. In den seltensten Fällen wird die Mündungsenergie zugleich die Nutzarbeit darstellen. Diese wird vielmehr erst in größerer Entfernung geleistet. Auf dem Wege des Geschosses bis zu dessen Aufschlag im Ziel geht ein Teil seiner Translationsenergie durch die Wirkung des Luftwiderstands verloren. Dieser Teil wird verwendet zu fortwährender Neubildung von Luftwellen, zur Überwindung von Reibung und zur Arbeit gegen den Atmosphärendruck wegen der am hinteren Geschoßende eintretenden Saugwirkung, die ihrerseits wieder je nach der Gestaltung des hinteren Geschoßendes mehr oder weniger kräftige Wirbel zur Folge hat. Z. B. das 445 kg schwere Geschoß der Kruppschen 30,5-cm-Schiffskanone mit Rohrlänge 40 Cal besitzt eine Mündungsgeschwindigkeit von 820 m/sec oder eine Mündungsenergie von 15250 mt. Wäre die Lafette für eine Erhöhung von 44° konstruiert, so wäre die Schußweite 34 km; nach 95 sec würde das Geschoß unter einem Auffallwinkel von $51\,{}^1/_4{}^0$ mit einer Geschwindigkeit von 396 m/sec im Mündungshorizont aufschlagen. Von der Mündungsenergie sind alsdann noch ca. 23% übrig. Diese Zahl 23% zu der Schußweite 34 km ist dasjenige, was bei einer Gaskraftmaschine der mechanische Wirkungsgrad genannt wird. Weit ungünstiger noch als bei den großen Geschützen ist dieser Wirkungsgrad bei den Handfeuerwaffen. Z. B. ist beim Infanteriegewehr die Geschoßenergie, die an der Mündung fast 400 mkg betrug, schon in 1100 m Entfernung, also nach einem Flug von 2,4 sec, auf 40 mkg herabgesunken, also auf etwa 10% ihres Wertes reduziert. Der resultierende Wirkungsgrad, nämlich die Nutzenergie im Verhältnis zu der ganzen, durch die Pulverladung gegebenen Energie, ist in 1100 m Entfernung somit etwa 3,5%.

Dies beweist nicht, daß eine Schußwaffe eine sehr minderwertige Gaskraftmaschine darstellt, sondern daß der Vergleich zwischen einer Schußwaffe und einer Arbeitsmaschine nur bis zu einem sehr beschränkten Maße einen Sinn hat. Ein solcher Vergleich ist z. B. von anderer Seite bezüglich eines ausländischen Geschützes folgendermaßen durchgeführt worden: Ein Geschoß von 917 kg aus einem 100-t-Geschütz mit einer Mündungsgeschwindigkeit von 523 m/sec verfeuert, besitzt eine Mündungsenergie von 12772000 mkg. Diese Arbeit wird von den Pulvergasen in $\frac{1}{100}$ sec verrichtet; es würde somit auf 1 sec eine Arbeit von 1300000000 mkg entfallen, was einer Leistungsfähigkeit von 17 Millionen Pferdestärken entspricht. Da jedoch das Rohr nach etwa 100 Schüssen unbrauchbar wird, so hat es, als Gaskraftmaschine betrachtet, im ganzen nur eine Sekunde lang in dieser Weise gearbeitet. Diese 100 Schuß kosten 300000 M.; zu derselben Arbeit von 1300 Millionen mkg braucht eine 100 pferdige Dampfmaschine etwa 44 Stunden, bedarf dabei 4400 kg Steinkohlen im Werte von 70 M., bleibt aber erhalten.

Bei einer Schußwaffe handelt es sich eben nicht um Kreisprozesse im Sinne der Gasmotorentechnik, nicht um eine kontinuierliche, regelmäßige Leistung einer mechanischen Arbeit, sondern es sollen momentane Gewaltleistungen erzielt, große Energiemengen in Bruchteilen einer Sekunde zur Entwicklung gebracht werden; man wünscht, bei möglichster Handlichkeit des Gewehrs, möglichst leichter Fahrbarkeit des Feldgeschützes, bei möglichst geringem Patronengewicht und bei möglichster Sicherheit für den Schützen bzw. für die Bedienungsmannschaft einige hundert- oder tausendmal eine möglichst große lebendige Kraft des Geschosses am Ziel in kürzester Zeit erhalten zu können, wenn es notwendig ist. Höchstens also mit einer Benzinfeuerspritze oder dgl. ließe sich der Vergleich weiter durchführen. Endzweck einer Benzinfeuerspritze ist schließlich nicht, andauernd Wasser zu fördern, andauernd Gebäude mit Wassermassen zu überschwemmen, sondern sie soll ermöglichen, im Bedürfnisfalle Leben und Eigentum wirksam zu schützen; man nimmt deshalb vielleicht verhältnismäßig starken Benzinverbrauch in Kauf, wenn nur die Maschine, sehr rasch verwendbar, leicht fahrbar und den Anstrengungen während des Gebrauchs und während der raschen Fahrt vollkommen gewachsen und imstande ist, einen möglichst großen Wasserstrahl auf große Entfernung zu werfen, wo es notwendig ist. Ebenso ist der Endzweck unserer Schußwaffen schließlich nicht, unter möglichster Ersparnis an Pulver andauernd zerstörend zu wirken, sondern der Endzweck der Geschützbewaffnung ist, der Nation den äußeren und inneren Frieden zu erhalten.

3. Temperaturerhöhung des Laufes während des Schießens. Temperaturverteilung längs des Laufes. Änderung der Anfangsgeschwindigkeit des Geschosses mit der Temperatur des Laufes.

Die während des oben erwähnten Dauerschießens in regelmäßigen Zeitabständen von 30 sec gemessenen mittleren Temperaturen des Gewehrlaufes gestatteten, die von einem Schuß bewirkte Temperaturerhöhung des Laufes zu ermitteln. Die erhaltenen Beobachtungen lassen sich für die ersten 100 Schüsse angenähert durch die Formel darstellen:

$$\varDelta t = 3{,}2\cdot\left(1-\frac{x}{100}\right)^2, \qquad (x \leqq 100).$$

Dabei bedeutet $\varDelta t$ den Temperaturanstieg für einen Schuß, nachdem vorher x Schüsse abgegeben sind, regelmäßiges Schießen in 30 sec Zeitabstand vorausgesetzt. Von etwa 100 Schüssen ab ist der stationäre Zustand eingetreten. Bei wenigen und schnell hintereinander abgegebenen Schüssen wird man, falls das Gewehr nicht schon zuvor warm geschossen ist, danach für jeden Schuß aus diesem Gewehr rund 3° Erhöhung der mittleren Temperatur des Laufes anzunehmen haben.

Die Temperaturerhöhungen an einzelnen Stellen der Laufoberfläche des Gewehrs wurden nach Band III, § 4 thermoelektrisch ermittelt: Am Patronenlager betrug die Temperaturerhöhung pro Schuß 1,75 bis 2,0°; am Ende des hölzernen Handschutzes 4,6°; zwischen Korn und Mündung 2,6°.

Der auf dieses Gewehr aufgesetzte Knalldämpfer von Maxim erwärmte sich äußerlich bei einem Schuß, bzw. bei 2, 3, 5, 10 je rasch nacheinander abgegebenen Schüssen von 22° auf 41° bzw. von 20,5 auf 57,5°, von 21 auf 73,5°, von 22 auf 93° und (bei Schnellfeuer von 10 Schüssen) von 24 auf 148° C (Messungen von Hörer Oblt. Eckardt).

Bei Gewehr M 71 mit Schwarzpulverladung fand sich dicht vor dem Visier nach der Mündung zu eine Temperaturerhöhung an der Außenfläche des Laufs von 3,4° pro Schuß bei Anwendung von scharfer Ladung. Dagegen nur von 2,1° bei gleichgroßer blinder Ladung. Ähnlich in der Mitte und an der Mündung.

Dieses letztere Resultat scheint, im Widerspruch zu einer häufig zitierten Beobachtung von St. Robert zu stehen, wonach sich der Lauf bei normaler Ladung am wenigsten, bei blinder Ladung etwas mehr, bei hohler Ladung (vgl. § 19, 2c) am meisten erwärmen soll. Wird aus einem neueren Gewehr ohne Geschoß, nur mit Pulverladung und Wattepfropfen geschossen, so wird der größte Teil der Pulverladung unverbrannt herausgeschleudert; es tritt nur eine sehr geringe Temperaturerhöhung ein.

Die Unterschiede des Temperaturanstieges pro Schuß für die verschiedenen Laufstellen sind natürlich verursacht durch die verschiedene Dicke des Laufes sowie durch den Wärmeschutz, den die Holzteile des Gewehrs dem Lauf samt Patronenlager gewähren. Der Lauf des Gewehrs M 98 S wurde durch eine Anzahl von Schüssen erwärmt, alsdann wurde während der Abkühlung seine Temperatur durch ein Thermoelement gemessen, das, durch dünne Porzellanröhrchen isoliert, in die Bohrung des Laufes eingeführt wurde. Die Lötstelle wurde von 10 zu 10 cm erst in der einen, dann in der anderen Richtung verschoben; und aus beiden Ablesungen, die natürlich wegen der fortschreitenden Abkühlung etwas verschieden waren, wurde das Mittel genommen. Es fand sich so in den Entfernungen 0, 10, 20, 30, 40, 50, 60, 70 cm von der Mündung die Temperatur im Laufinneren zu resp. 30; 41,5; 50; 62,5; 70; 70,5; 60; 48° C. In dieser Weise ist also die Temperatur längs des Laufes zu gleicher Zeit verteilt.

Die Erhöhung der Lauftemperatur während des Dauerschießens muß eine Rückwirkung auf die Mündungsgeschwindigkeit des Geschosses ausüben. Es zeigte sich, daß, wenn das Gewehr allmählich auf ca. 100° C erhitzt war, die Mündungsgeschwindigkeit v_e gegenüber derjenigen bei gewöhnlicher Temperatur des Laufes um wenige m pro sec sank und daß sich bei weiterer Erhitzung des Gewehrs v_e nicht unbeträchtlich steigerte (über die näheren Einzelheiten vgl. die Arbeit selbst, s. Lit.-Note). Wahrscheinlich überwog also zunächst der Einfluß der Lauferweiterung und bewirkte eine Verminderung von v_e.

Wir kehren nunmehr zu dem innerballistischen Hauptproblem selbst zurück und haben dabei zwei Gruppen von Näherungslösungen zu unterscheiden.

Das Grundprinzip aller im folgenden zu besprechenden Näherungslösungen der ersten Gruppe besteht darin, daß gesucht wird, auf thermodynamischer und thermochemischer Grundlage eine rein theoretische Beantwortung der Frage zu erzielen, welches bei einer schon vorhandenen oder erst projektierten Waffe samt zugehörigem Pulver und Geschoß der zeitliche Verlauf des Geschoßwegs, der Geschoßgeschwindigkeit, des Gasdrucks und der Pulververbrennung im Rohr sein werde.

Dagegen bei den Näherungslösungen der zweiten Gruppe wird von allen thermodynamischen und thermochemischen Betrachtungen abgesehen, und es wird die rein empirische Erkenntnis zugrunde gelegt, daß die Zeitdiagramme der Geschoßwege, Geschoßgeschwindigkeiten und Gasdrücke in allen Fällen der Praxis einen typischen Verlauf aufweisen. Auf diese Art kann gleichfalls, wenigstens für eine schon vorhandene Waffe samt Munition, unter der Bedingung, daß mit dieser Waffe gewisse der Messung leicht zugängliche Größen, wie z. B. die Mündungsgeschwindigkeit des Geschosses oder der Maximalgasdruck oder beides, bereits experimentell ermittelt sind, der zeitliche Verlauf des Geschoßwegs, der Geschoßgeschwindigkeit und des Gasdrucks näherungsweise festgelegt werden.

Siebenter Abschnitt.

Erste Gruppe von Näherungslösungen des innerballistischen Hauptproblems.

§ 29. Methoden von E. Sarrau (1876).

E. Sarrau hat sich das Verdienst erworben, zum erstenmal gezeigt zu haben, daß auf thermodynamischer Grundlage eine praktisch verwendbare Lösung des innerballistischen Problems möglich ist; er ist in diesem Sinn bahnbrechend geworden. Wenn auch die Resultate, zu denen Sarrau gelangt ist, für die neueren Pulver weniger zutreffen, als für die älteren Schwarzpulversorten, so wird wegen der sehr allgemeinen Gesichtspunkte, die er gegeben hat, immer wieder auf seine Arbeiten zurückgegriffen werden. Hier seien nur die Voraussetzungen, die er bei seinen Berechnungen benützt hat, sowie einige der Hauptresultate kurz angeführt. Über die Entwicklung seiner Berechnungen selbst möge auf die Arbeiten von Sarrau selbst, ferner auf die ausführlichen Wiedergaben derselben durch Longridge, Brynk, Bollé und andere hingewiesen werden (vgl. Lit.-Note).

In § 27 war durch die Gleichungen (1) bis (8) der mathematische Ansatz des Problems gegeben worden. In der dortigen Gl. (1) vernachlässigt Sarrau die Energie-Anteile E_2, E_4 und E_5. Die Anteile E_7 bis E_9 werden dadurch eingerechnet, daß in Gl. (5) c_p und c_v und damit $\gamma = \frac{c_p}{c_v}$ empirisch bestimmt werden sollen. Weiter vernachlässigt er in dem Ausdruck J (Gl. (4a) von § 27) die algebraische Summe $-\alpha L y - \frac{L}{s}(1-y)$, die mit y variabel ist, gegenüber V_0. In Gl. (6) wird W gegenüber $R^2 \pi \cdot p$ vernachlässigt; d. h. es wird der Gasdruck absichtlich mit der beschleunigenden Kraft identifiziert, die auf das Geschoß wirkt; und in der Gl. (8) wird e_0 gleich Null gesetzt, d. h. angenommen, daß für $t = 0$ und $v = 0$ auch $e = 0$ sei.

Mittels Reihenentwicklungen, deren Konvergenz von vornherein vorausgesetzt wird, und gewisser Vernachlässigungen bei den Rechnungen, sowie auf Grund von Erfahrungsdaten gelangt Sarrau schließlich u. a. zu den folgenden Beziehungen für die Mündungsgeschwindigkeit v_e des Geschosses, für den Maximalgasdruck p_1 auf den Geschoßboden und den Maximaldruck p_1' auf den Seelenboden:

Sarrausche Formeln:

A. Für rauchgebende Pulver ist

$$v_e = A \cdot \frac{(L \cdot x_e)^{\frac{3}{8}} \cdot \Delta^{\frac{1}{4}}}{(G \cdot 2\,R)^{\frac{1}{4}}} \cdot \left(1 - B \cdot \frac{\sqrt{G \cdot x_e}}{2\,R}\right); \tag{1}$$

beziehungsweise:

$$v_e = C \cdot \frac{L^{\frac{3}{8}} \cdot \Delta^{\frac{1}{4}} \cdot x_e^{\frac{3}{16}}\,(2\,R)^{\frac{1}{8}}}{G^{\frac{7}{16}}}. \tag{1a}$$

Die Formel (1) wird benützt für mildes Pulver; ein solches soll dann vorliegen, wenn der Zahlenwert des Audrucks $\frac{B \cdot \sqrt{G \cdot x_e}}{2\,R} < 0{,}273$ wird, andernfalls soll ein brisantes Pulver vorliegen und wird Formel (1a) verwendet.

$$p_1 = D \cdot \frac{\Delta \cdot (G \cdot L)^{\frac{1}{2}}}{(2\,R)^2} = D \cdot \frac{L^{1,5} \cdot G^{0,5}}{V_0 \cdot (2\,R)^2}, \tag{2}$$

$$p_1' = E \cdot \frac{\Delta \cdot L^{\frac{3}{4}} \cdot G^{\frac{1}{4}}}{(2\,R)^2}. \tag{2a}$$

B. Für Nitrozellulosepulver ist

$$v_e = A' \cdot \frac{\Delta^{\frac{1}{3}} \cdot L^{\frac{1}{2}} \cdot x_e^{\frac{1}{3}}}{G^{\frac{1}{6}} \cdot (2\,R)^{\frac{2}{3}}} \cdot \left(1 - B' \cdot \frac{L^{\frac{1}{3}} \cdot G^{\frac{2}{3}} \cdot x_e^{\frac{1}{3}}}{(2\,R)^2}\right), \tag{3}$$

$$p_1' = E' \cdot \frac{\Delta^{\frac{4}{3}} \cdot L^{\frac{3}{4}} \cdot G^{\frac{7}{12}}}{(2\,\mathrm{R})^{\frac{8}{3}}}. \tag{4}$$

Hier bedeutet, wie bisher: G Geschoßgewicht; L Pulverladung; $2\,R$ Kaliber; V_0 Pulverraum; Δ Ladedichte $= \frac{L}{V_0}$; x_e Länge des gezogenen Teils oder Länge des Geschoßbodenwegs im Rohr; A, B, C, D, E, A', B', E' sind Konstanten, die von den Eigenschaften des betreffenden Pulvers und etwas auch vom Kaliber abhängen. Im gegebenen Fall hat man diese Konstanten experimentell zu ermitteln. Dabei braucht man zur Bestimmung von A und B, ebenso von A' und B' zwei verschiedene Schießresultate (etwa für zwei verschiedene Ladungen); für C resp. D, E und E' genügt je ein einziges Messungsresultat. Natürlich ändern sich die Zahlenwerte der Konstanten mit den gewählten Maßeinheiten für G, L, $2\,R$ usw. Bezüglich der früheren französischen Schwarzpulversorten gibt Sarrau Tabellen für diese Konstanten; Tabellen allgemeinerer Art findet man in dem Werke von Brynk.

§ 30. Über die Methode von J. Ingalls (1903). Prüfung der Methode.

J. Ingalls (Nordamerika) hat auf Grund der folgenden Voraussetzungen eine theoretische Lösung aufgestellt (vgl. Lit.-Note): Es wird ebenfalls Verbrennung des einzelnen Pulverkorns in parallelen Schichten angenommen, also das System der Gleichungen (I) bis (IV) von § 27 zugrunde gelegt. Der Exponent k in dem Verbrennungsgesetz Gl. (IV) wird $= 0{,}5$ gewählt. Vom Einpressungs- und Reibungswiderstand wird abgesehen ($W = 0$ in Gl. (6) und $P_0 = 0$). Ferner wird angenommen, daß der Druck bei Beginn der Geschoßbewegung noch Null sei ($e_0 = 0$, $y_0 = 0$, $v = 0$, $t = 0$). Die Zustandsänderung der Pulvergase ist als eine polytropische mit $\gamma = 1{,}33$ vorausgesetzt. Der Ort des Gasdruckmaximums wird nicht aus der allgemeinen Beziehung für den Gasdruck, sondern durch gewisse Näherungsannahmen erhalten.

Wir müssen darauf verzichten, hier das Lösungssystem von Ingalls wiederzugeben, da es aus einer größeren Anzahl von Formeln und Tabellen besteht. (In der neuesten Auflage des Werks: J. M. Ingalls, Interior ballistics, New-York 1912 bei John Wiley, findet man von S. 92 ab die Formelzusammenstellung; im Anhang die Tabellen.) Es sollen vielmehr an dieser Stelle die Resultate einiger Kontrollberechnungen angeführt werden:

Prüfung der Lösungsmethoden von Ingalls: J. H. Hardcastle gibt an, daß er bei der Durchrechnung von mehreren Dutzenden von Beispielen kein ernstliches Mißverhältnis zwischen den Resultaten der Rechnung nach der Ingallsschen Methode und denen des Experiments wahrgenommen habe.

Zahlreiche Kontrollberechnungen wurden ferner im ballistischen Laboratorium durch die Herren Lt. Kol und Lt. Siegert auf unsere Anregung hin ausgeführt. Dabei dienten zum Vergleich die Ergebnisse von Rücklaufmesser-Versuchen, die früher von W. Wolff im Militärversuchsamt ausgeführt und veröffentlicht worden sind, sowie von analogen Versuchen, die im ballistischen Laboratorium an zwei verschiedenen Exemplaren von Rücklaufmesser-Gewehren angestellt wurden, endlich die Ergebnisse der Versuche mit dem Geschützrücklaufmesser, die früher W. Heydenreich publiziert hat (vgl. Lit.-Note). Die mit den Rücklaufmessern erhaltenen Resultate eignen sich besonders gut gerade zur Prüfung von solchen Lösungsmethoden, bei denen der Gasdruck mit der beschleunigenden Kraft identifiziert ist, weil der Rücklaufmesser nur die Beschleunigung des Geschosses, nicht den Gasdruck selbst liefert.

Bei einem ersten Gewehr mit normaler Ladung fanden sich dabei zu den Geschoßbodenwegen 50,5; 75,8; 101,0; 151,4; 214,5; 290,3; 378,6; 441,7; 567,9; 631,0; 690,2 mm die folgenden Differenzen zwischen den nach Ingalls berechneten und den gemessenen Gasdrücken p: bzw. $-27{,}6$; $-27{,}4$; $-21{,}7$; $-15{,}0$; $-7{,}6$; $-0{,}2$; $+11{,}5$; $+22{,}6$; $+45{,}8$; $+54{,}2$; $66{,}8\,^0/_0$. Die Unterschiede in der Geschoßgeschwindigkeit v waren geringer, nämlich bzw. $+3{,}2$; $-6{,}8$; $-7{,}7$; $-7{,}3$; $-7{,}0$; $-6{,}1$; $-4{,}6$; $-3{,}5$; $-1{,}4$: ± 0; $+1{,}4\,^0/_0$. Dabei waren der Rechnung als Daten zugrunde gelegt: Die Abmessungen des Pulverkorns, das spezifische Gewicht des Pulvers; das Geschoßgewicht; das Ladungsgewicht; die Ladedichte; das Kaliber und die Geschoßgeschwindigkeit für zwei sehr verschiedene Geschoßbodenwege. Bei demselben Gewehr und etwas verminderter Ladung betrug der größte Unterschied zwischen der Rechnung nach Ingalls und der Messung: für den Gasdruck $+112\%$, für die Geschwindigkeit -8%.

Bei einem andern Gewehr lieferte die Vergleichung dreier verschiedener Messungsreihen mit den zugehörigen Rechnungsresultaten nach Ingalls Unterschiede speziell in Beziehung auf den Mündungsgasdruck im Betrag von $+50{,}6$; $+32{,}5$; $+82{,}6\%$. Dabei sollte nach der Theorie von Ingalls alles Pulver verbrannt sein, wenn das Geschoß im Lauf einen Weg von 294 mm zurückgelegt hat; tatsächlich ist jedoch die Verbrennung nach einem mehr als doppelt so großen Weg des Geschoßbodens beendigt.

Wesentlich kleiner gestalten sich die Unterschiede zwischen der Rechnung nach Ingalls und der Messung bei Geschützen. Die Differenzen für die Gasdrücke hielten sich vielfach innerhalb der wahrscheinlichen Beobachtungsfehler, und nur in zwei Fällen erreichten sie bedeutendere Beträge, nämlich von 15,7 und $21{,}5\%$. Selbstverständlich sind in allen angeführten Zahlen die Messungsfehler noch enthalten.

Nach diesen Kontrollen dürfte das Lösungssystem von J. Ingalls wenigstens für die Geschütz-Ballistik gute Dienste zu leisten im Stande sein. Dagegen scheint es in seiner Anwendung auf die Gewehr Ballistik leicht zu versagen. Offenbar ist es von seinem Urheber auch in erster Linie für die Berechnungen an Geschützen bestimmt.

§ 31. Über die Methoden von O. Mata (1890), von J. B. Henderson-H. R. Hassé (1922) und von A. G. Hadcock (1917). Prüfung der Methode Mata.

A. O. Mata (Spanien) hat 1890 auf ähnlichen Grundlagen wie Ingalls eine Lösung aufgestellt, die ein ziemlich ausgedehntes Rechnungsverfahren erfordert. Es wird ebenfalls ein gleichzeitiges Abbrennen der einzelnen Pulverkörner nach parallelen Schichten vorausgesetzt; die Zustandsänderung der Gase wird als eine isothermische aufgefaßt ($m = 1$); es wird $e_0 = 0$ gesetzt, d. h. näherungsweise angenommen, daß die Pulververbrennung mit der Geschoßbewegung beginnt.

Zahlreiche Prüfungen der Methode wurden im ballistischen Laboratorium durch Hörer Lt. Kol ausgeführt; die Resultate von Messungen mit dem Geschützrücklaufmesser wurden mit den Rechnungsergebnissen nach Mata verglichen. Diese Kontrollberechnungen ergaben bei einer ersten Sorte von Geschützpulver eine gute Übereinstimmung der Gasdrücke, nämlich Unterschiede, die zwischen 1 und $2{,}3\%$ lagen. Dagegen fanden sich bei einer zweiten Sorte von Geschützpulver bedeutende Unterschiede für den Gasdruck, nämlich 27%, 34% usw.

B. J. B. Henderson und H. R. Hassé (1922) suchen auf Grund ihrer Betrachtungen betreffs der Verbrennungswärme, der spezifischen Wärme und der Verbrennungstemperatur eines Pulvers die Résalsche Hauptgleichung (Energiegleichung) zu verbessern, indem sie an Stelle von $p \cdot J + (\gamma - 1)\mu \frac{v^2}{2} = f L y$ die etwas allgemeinere Gleichung annehmen:

$$p \cdot J + \text{const}_1 \cdot \mu \frac{v^2}{2} + \text{const}_2 \cdot \left(\frac{\mu v^2}{2}\right)^2 = f L y.$$

Dabei nimmt Henderson den Ausdruck J für den Gasraum näherungsweise gleich $V_0 + q x - \alpha_0 L$, so daß J allein von x abhängt; α_0 ist ein Mittelwert von α und $\frac{1}{s}$. Damit wird die Rechnung durchgeführt.

C. A. G. Hadcock (1917) ersetzt die Résalsche Hauptgleichung durch eine empirische Beziehung: Dabei wird die Funktion $J = V_0 + q x - \frac{L}{s} - L y\left(\alpha - \frac{1}{s}\right)$ von x und y ebenfalls näherungsweise durch eine solche von x allein ersetzt, $J = V_0 + q x - \alpha_0 L$. Die empirische Beziehung für die Energieverteilung wird verschieden gewählt je nach der Periode der Geschoßbewegung, welche betrachtet wird: In der ersten Periode, welche vom Beginn der Pulververbrennung bis zum Beginn der Einpressung des Geschosses in die Züge reicht, wird statt der Résalschen Hauptgleichung genommen $p \cdot \left(\frac{V + q x - \alpha_0 L}{L \cdot y}\right)^{1,1} = k_0$, dabei geht y von 0 bis y_0. In der zweiten Periode, derjenigen der weiteren Pulververbrennung ohne weitere Einpressung bis zum Ende der Verbrennung, wird gesetzt $p \cdot \left(\frac{V_0 + q x - \alpha_0 L}{L \cdot y}\right)^{1,1} = k_0 + k_0' \cdot \left(\frac{y_0}{y}\right)^{1,1}$; k_0 und k_0' sind Konstanten, welche empirisch bestimmt werden sollen. In der dritten Periode, der Periode einer adiabatischen Ausdehnung der Pulvergase mit Exponent $\gamma = 1{,}2$ bis zum Durchgang des Geschosses durch die Mündung, nimmt Hadcock die Beziehung an: $p \cdot (V_0 + q x - \alpha_0 L)^{1,2} = \text{const}$. Es ist leicht zu sehen, daß man für jede Periode die nötige Anzahl von Gleichungen für die unbekannten Funktionen hat. Z. B. in den beiden ersten Perioden hat man 1. die betreffende empirische Beziehung für die Energie-Gleichung zwischen p, x und y; 2. die Bewegungsgleichung $\frac{\mu}{q} \cdot v \cdot \frac{dv}{dx} = p$, 3. das Verbrennungsgesetz $\frac{dy}{dt} = A_1 \cdot \varphi(y) \cdot p$ oder $\frac{dy}{dx} \cdot v = A_1 \cdot \varphi(y) \cdot p$; also 3 Gleichungen für die 3 unbekannten Funktionen p, v, x von y.

Bei diesem Anlaß sei auf eine größere Arbeit von F. Desmazières aufmerksam gemacht, worin von den verschiedenen Methoden zur Lösung des innerballistischen Hauptproblems, die im Laufe der Entwicklung der Ballistik aufgestellt worden sind, eine Anzahl auseinandergesetzt und eingehend besprochen wird: Mémorial de l'Artill. franç. Bd. 3, Heft 4, 1924; S. 1013: Röggla; S. 1034: Hadcock; S. 1039: Bianchi; S. 1047: Regii; S. 1052: Nowakowski; S. 1058: Mache und Lorenz; S. 1067: Henderson und Hassé; S. 1075: Krupp-Schmitz; S. 1083: Cranz; S. 1095: Webster.

Ferner sei bei dieser Gelegenheit an dem Beispiel des Nitrozellulosepulvers der zahlenmäßige Betrag des Fehlers angeführt, der entsteht, wenn das Kovolumen gleich dem reziproken spezifischen Gewicht des Korns, $\alpha = \frac{1}{s}$, oder wenigstens von beiden ein Mittelwert genommen wird: Für das Nitrozellulosepulver fand sich experimentell das spezifische Vol. $\mathfrak{v}_0$ der entstehenden Pulvergase, mit Wasser in Dampfform, zu $\mathfrak{v}_0 = 0{,}990\,(\mathrm{m}^3/\mathrm{kg})$, das Kovolumen α z. B. zu $\alpha = 1{,}1 \cdot 10^{-3}\,(\mathrm{m}^3/\mathrm{kg})$; rund zu $1 \cdot 10^{-3}$; man ist also hier einigermaßen berechtigt, das Kovolumen gleich dem tausendsten Teil des spezifischen Vol. zu setzen: $\alpha = 1 \cdot 10^{-3}$ oder $0{,}99 \cdot 10^{-3}\,(\mathrm{m}^3/\mathrm{kg})$. Das spezif. Gewicht des Korns ist $s = 1{,}62 \cdot 10^3\,\mathrm{kg/m}^3$, oder $\frac{1}{s}$ ist $= 0{,}617 \cdot 10^{-3}\,\mathrm{m}^3/\mathrm{kg})$. Also ist die Differenz zwischen α und $\frac{1}{s}$ unter Umständen immerhin beträchtlich, nämlich $0{,}383 \cdot 10^{-3}$.

Z. B. sei der Verbrennungsraum $V_0 = 3{,}3 \cdot 10^{-3}\,(\mathrm{m}^3)$; die Ladung $L = 1{,}7\,\mathrm{kg}$; der Querschnitt $q = 0{,}02\,(\mathrm{m}^2)$; $\alpha = 1 \cdot 10^{-3}$; $\frac{1}{s} = 0{,}617 \cdot 10^{-3}$; der Mittelwert α_0 also $= 0{,}808 \cdot 10^{-3}$; nach dem Geschoßbodenweg $x = 0{,}1$ m sei die Ladung verbrannt, also $y = 1$ geworden. Dann ist der richtige Wert von J gegeben durch $J = V_0 - \frac{L}{s} + q \cdot x - L \cdot y\left(\alpha - \frac{1}{s}\right)$, wobei $y = 1$ ist, also ist $10^3 \cdot J = 3{,}3 - 1{,}05 + 2{,}0 - 0{,}65 = 3{,}60$. Der Näherungswert, der bei jenen Lösungsmethoden angenommen wird, ist entweder $\left(\text{wenn } \alpha \text{ einfach } = \frac{1}{s} \text{ gesetzt wird}\right)$: $J = V_0 - \frac{L}{s} + qx$; $10^3 \cdot J = 4{,}25$; oder $\left(\text{wenn mit } \alpha_0 = \frac{1}{2}\left(\alpha + \frac{1}{s}\right) = 0{,}808 \text{ gerechnet wird}\right)$: $J = V_0 - L \cdot \alpha_0 + qx$; $10^3 \cdot J = 3{,}93$. Der Wert von J wird also im ersteren Fall zu groß um $4{,}25 - 3{,}60$ oder um $18\,{}^0/_0$ des wahren Wertes; im zweiten Fall zu groß um $3{,}93 - 3{,}60$, oder um $9{,}1\,{}^0/_0$. Dies ein Beispiel für ein Geschütz; bei Gewehren kann der Fehler noch erheblicher werden.

§ 32. Methoden von G. Bianchi (1910) und S. Regii (1917/1919).

A. Die Methode Bianchis ist als eine Verallgemeinerung der vorerwähnten Methode Matas gedacht. Die Grundlagen des Verfahrens, das G. Bianchi (Italien) 1910 aufgestellt und später etwas vervollkommnet hat, sind die folgenden: In der Newtonschen Bewegungsgleichung wird vom Widerstand abgesehen, d. h. p stellt die beschleunigende Kraft auf das Geschoß, nicht den Gasdruck selbst, dar. Es wird ein gleichzeitiges Abbrennen der einzelnen Pulverkörner nach parallelen Schichten vorausgesetzt. In dem Ausdruck für den Raum J, der in irgendeinem Moment des Schusses den Pulvergasen zur Ausbreitung zur Verfügung steht, wird das veränderliche Kovolumen der verbrannten und unverbrannten Ladung vernachlässigt. Die Verbrennungsgeschwindigkeit wird proportional der ersten Potenz des Drucks p gesetzt; von der Reibungs- und Einpressungsarbeit A wird abgesehen.

Man hat also die folgenden Gleichungen (vgl. auch § 27, Gl. (1) bis (8) und (I) bis (IV)):

$$J \cdot p + \frac{m}{2} v^2 (\gamma - 1) = f L y, \tag{a}$$

$$m \frac{dv}{dt} = m \frac{v\,dv}{dx} = p \cdot q, \tag{b}$$

$$y = \alpha_1 \, e + \beta_1 e^2 + \gamma_1 e^3, \tag{c}$$

$$\frac{de}{dt} = A_1 \cdot p; \tag{d}$$

$$\text{dabei } J = V_0 - \alpha L + q \cdot x, \; J_0 = V_0 - \alpha L.$$

Es wird zunächst v, sodann J und p als Funktion von e ausgedrückt; also die bis zur Zeit t verbrannte Schichtendicke e des Pulverkorns als Parameter der Lösung gewählt [des näheren ist bei Bianchi die Variable nicht e selbst, sondern z, wo $e = \frac{a}{2} \cdot z$ gesetzt ist und a die kleinste Dimension des Korns bedeutet, ist der Lösungsparameter; im Prinzip kommt dies jedoch auf das Gesagte hinaus].

Da $dJ = q \cdot dx$ ist, folgt aus Gl. (b) mit (d):

$$m \cdot \frac{dv}{dt} = \frac{q}{A_1} \cdot \frac{de}{dt}; \quad v = \frac{q}{A_1 m} \cdot (e - e_0); \quad dv = \frac{q}{A_1 m} \cdot de;$$

$$p = \frac{m \cdot v \cdot dv}{q \cdot dx} = \frac{m \cdot v \cdot dv}{dJ} = m \cdot \left(\frac{q}{A_1 m}\right)^2 \cdot \frac{(e - e_0) \cdot de}{dJ}.$$

Setzt man diese Werte von p und v in Gl. (a) ein und berücksichtigt Gl. (c), so wird:

$$\frac{J}{dJ} \cdot m \cdot \left(\frac{q}{A_1 m}\right)^2 \cdot (e - e_0) \cdot de + \frac{m}{2} \cdot (\gamma - 1) \left(\frac{q}{A_1 m}\right)^2 (e - e_0)^2$$
$$= f L (\alpha_1 e + \beta_1 e^2 + \gamma_1 e^3).$$

Dies ist eine Differentialgleichung zwischen J und e, die durch Trennung der beiden Variablen integriert werden kann. Man erhält somit J in Funktion von e und damit den Geschoßweg x in Funktion von e. Der weitere Verlauf der Berechnung läßt sich daraus erkennen.

Die Werte e_0 und A_1 werden folgendermaßen erhalten: der zu Beginn der Geschoßbewegung ($t = 0$) schon verbrannte Bruchteil y der Ladung ergibt sich aus dem gemessenen Einpressungsgasdruck P_0, also aus $P_0 = \frac{f L y_0}{V_0 - \alpha L}$; dann folgt e_0 aus $y_0 = \alpha_1 e_0 + \beta_1 e_0^2 + \gamma_1 e_0^3$ (wobei Bianchi in seinem ursprünglichen Vorschlag das Glied $\gamma_1 e_0^3$ gegenüber den beiden anderen vernachlässigte). Was ferner die Konstante A_1 betrifft, so ist zu deren Bestimmung ein besonderer Beschuß notwendig, bei dem die Ladung gerade vollständig verbrannt ist, wenn das Geschoß aus der Mündung der Waffe austritt. Ist nämlich die Ladung vollständig verbrannt, d. h. ist $y = 1$ geworden, so sei $v = v'$. Dann ist nach dem obigen $e = \frac{a}{2}$, also $v' = \frac{q}{A_1 m}\left(\frac{a}{2} - e_0\right)$ geworden. Wenn man also unter den erwähnten ganz speziellen Bedingungen die Mündungsgeschwindigkeit v' des Geschosses mißt, so sind in dieser Gleichung bekannt: v', m, q, a, e_0, folglich läßt sich A_1 berechnen.

Prüfungen der Bianchischen Methode. Kontrollberechnungen wurden früher im ballistischen Laboratorium durch Hörer Oblt. Wißmann durchgeführt; für ein Gewehr, und zwar bei Verwendung verschiedener Ladungen, und außerdem für mehrere Geschütze wurden die Rechnungsresultate nach Bianchi mit den zugehörigen Ergebnissen der Rücklaufmesserversuche verglichen. Es zeigte sich folgendes:

a) Für ein Gewehr mit normaler Ladung: Um die Übereinstimmung der gemessenen und der errechneten Mündungsgeschwindigkeit v_e herbeizuführen, mußte die Konstante $\gamma = 1{,}41$ gewählt werden. Dann aber ergab sich ein Unterschied zwischen dem errechneten und dem gemessenen Maximalgasdruck p_1 im Betrag von 356 Atm. oder von $13{,}1\,^0/_0$, und der Geschoßweg bis zum Eintritt des Maximums ergab sich viel zu klein, nämlich gleich 17,4 mm statt 95 mm.

Wurde dagegen γ so bestimmt, daß die Maximaldrücke übereinstimmten, so war $\gamma = 1{,}74$ zu nehmen, und die v_e stimmten nicht überein.

b) Für dasselbe Gewehr mit halber Ladung: Damit die berechnete und die gemessene Mündungsgeschwindigkeit v_e übereinstimmten, mußte $\gamma = 1{,}334$ gewählt werden, dann wurde aber ein bedeutender Unterschied in den Maximaldrücken p_1 erhalten. Sollten die letzteren für Rechnung und Messung gleich sein, so mußte $\gamma = 1{,}79$ genommen werden:

c) Für ein Geschütz: Um die Übereinstimmung der Maximaldrücke herbeizuführen, müßte $\gamma = 1{,}095$ sein, doch wurde damit $v_e = 545{,}6$, statt 492 m/sec erhalten. Sollten dagegen die v_e übereinstimmen, so müßte $\gamma = 1{,}26$ sein usf.

Aus diesen Kontrollberechnungen von Oblt. Wißmann geht hervor, daß Bianchi richtig gehandelt hat, indem er schließlich selbst vorschrieb, daß der Faktor γ verschieden gewählt werden solle, einerseits für die Berechnung des Maximaldrucks und andererseits für die Berechnung der Mündungsgeschwindigkeit.

Der Ort des höchsten Gasdrucks war in allen durchgerechneten Fällen zufolge der Rechnung erheblich näher der Anfangslage des Geschosses im Rohr, als die Rücklaufmesserversuche ergeben hatten. Der Grund für dieses Ergebnis dürfte u. a. darin liegen, daß in dem Ausdruck J (vgl. § 27, Gl. 4a) der veränderliche Wert $-\alpha L y - \frac{L}{s}(1-y)$ durch den konstanten Wert $-\alpha L$ durchweg ersetzt wird.

Abgesehen von dem benützten Verbrennungsgesetz ist die Methode von Bianchi, wie sich in § 36 zeigen wird, einigermaßen der Methode von P. Charbonnier ähnlich, die etwas früher publiziert wurde und die Bianchi offenbar unbekannt geblieben war.

B. S. Regii nimmt das Verbrennungsgesetz für alle gebräuchlichen kolloidalen Pulversorten in der Form an: $\frac{dy}{dt} = A_1 \cdot \sqrt{1 - K \cdot y \cdot p}$, wo A_1 und K aus Bombenversuchen nach Art derjenigen von Krupp-Schmitz ermittelt werden sollen. Regii rechnet mit einer fiktiven Geschoßmasse; den Gasraum J nimmt auch er näherungsweise als allein von x abhängig an, $J = V_0 + q \cdot x - L \cdot \alpha_0$. Sein Lösungsverfahren ist sonst im großen ganzen ähnlich demjenigen von Bianchi; aber hervorzuheben ist, daß Regii sucht, praktisch brauchbare Formeln für die Berechnung des Maximaldrucks und der Mündungsgeschwindigkeit zu gewinnen. Die Genauigkeit seiner Ausdrücke konnte von uns nicht mehr geprüft werden. Im übrigen sei auf die kritischen Bemerkungen von Desmazières (l. c.) hingewiesen.

§ 33. Über die Methode von F. Wrede-Centervall.

Die Methode findet man ausführlich beschrieben in dem Lehrbuch von Bergmann, wo auch ein Zahlenbeispiel durchgerechnet ist (s. Lit. Note).

Es handelt sich gleichfalls um eine rein theoretische Lösung, deren Grundgedanken hier nur kurz angedeutet werden sollen: Es wird Abbrennen der Pulverkörner in parallelen Schichten angenommen. Die Verbrennungsgeschwindigkeit nimmt Centervall proportional der $k$ten Potenz des Drucks p, $\frac{dy}{dt} = c \cdot p^k$, wobei c und k von der Pulversorte abhängen, z. B. $k = 0{,}9$. Es wird nun die Geschoßbewegung in sehr viele kleine Intervalle, je von 0,002 sec, eingeteilt und von einem Zeitintervall zum andern weitergerechnet. Zunächst wird für das erste Zeitintervall $\Delta t = 0{,}002$ sec der mittlere Druck geschätzt und mittels $\Delta y = c \cdot p^{0,9} \cdot \Delta t$ der in diesem ersten Zeitintervall verbrannte Teil der Ladung berechnet. Nun wurde auf Grund der Bombenversuche von Rumford, Sarrau und Sohlmann eine Tabelle aufgestellt für die Gasdichte in Funktion des jeweiligen Drucks p. Auf diese Weise kennt man den Druck und, nachdem der Geschoßweg geschätzt ist, die Geschoßgeschwindigkeit. So wird von einem Intervall zum nächsten weitergerechnet und fortwährend geschätzt. Es ist klar, daß dieses sukzessive Operieren mit Mittelwerten und mit Abschätzen sehr mühsam ist. Bergmann sagt über dieses Verfahren: „Die Durchführung einer derartigen Berechnung ist eine tagelange mühevolle Arbeit.“ Bemerkt sei noch, daß zur Berücksichtigung der Energie des Rückstoßes, der Ladungs- und der Rotationsenergie usw. mit einer fingierten Geschoßmasse μ gerechnet wird, an Stelle der eigentlichen Geschoßmasse — ähnlich wie dies durch

Sabudski, Charbonnier usw. geschieht — und daß auch der Einpressungswiderstand in der Rechnung erscheint.

Wie ein Versuch gezeigt hat, den früher im ballistischen Laboratorium Hörer Oblt. Letzsch durchführte, läßt sich das Verfahren auf Gewehre nicht mit Erfolg anwenden. Es ist möglich, daß für die Geschützballistik die Methode genügend scharfe Werte liefert. Indessen ist sie erstens sehr mühsam, zweitens nicht allgemein anwendbar, da die betreffenden Tabellen nur für einige spezielle (ausländische) Pulversorten aufgestellt sind.

§ 34. Die älteren Methoden von Gossot-Liouville (1905/1913).

Auch bei diesen Methoden ist die Gültigkeit der Piobertschen Annahme von einem gleichzeitigen Abbrennen der Pulverkörner in parallelen Schichten vorausgesetzt, also das System der Gl. (1) bis (8) von § 27 zugrunde gelegt. Während aber bei den im vorhergehenden besprochenen Verfahren diese Gleichungen benützt werden, um durch deren Integration zu einer Lösung des innerballistischen Problems zu gelangen, schlugen 1905 Gossot und Liouville (Frankreich) einen anderen Weg ein. Sie verwendeten das thermodynamische Gleichungssystem nur dazu, um diejenigen Kombinationen der Parameter des Problems aufzufinden, die für eine empirische Lösung geeignet sind. Im übrigen werden die Energieanteile E_2 bis E_6 in Gl. (1) von § 27 unberücksichtigt gelassen; in Gl. (6) wird $W=0$, in Gl. (8) $e_0=0$ genommen; der variable Ausdruck $-\alpha L y - \frac{L}{s}(1-y)$ in Gl. (4a) wird konstant $= -0{,}9\,L$ gesetzt; der Exponent k in Gl. (8) wird auf Grund französischer Versuche $=0{,}66$ gewählt, und bezüglich des Ausdrucks für y in Gl. (7) wird über die Form des Pulverkorns die Voraussetzung gemacht, daß in $y=\alpha_1 e+\beta_1 e^2+\gamma_1 e^3$ das letzte Glied $\gamma_1 e^3$ gegen die beiden andern durchweg vernachlässigt werden könne.

Unter diesen Voraussetzungen lautet, falls man aus den Gl. (1) bis (8) von § 27 den Gasdruck p eliminiert und $\frac{dv}{dt}=\frac{d}{dx}\left(\frac{1}{2}v^2\right)$, $\frac{de}{dt}=v\cdot\frac{de}{dx}$ einführt, das System der Gleichungen folgendermaßen:

$$427\cdot(Q_1-c_v T)\cdot L y=\frac{m v^2}{2}, \tag{a}$$

$$\frac{m}{2}\cdot\frac{d(v^2)}{R^2\pi}=\frac{10333\cdot \mathfrak{v}_0}{V_0+R^2\pi x-0{,}9\,L}\cdot L y\cdot\frac{T}{273}\cdot dx, \tag{b}$$

$$y=\alpha_1 e\left(1+\frac{\beta_1}{\alpha_1}e\right), \tag{c}$$

$$\frac{de}{dx}\cdot v=\frac{a}{2\,\tau_0 p_0^{\frac{2}{3}}}\cdot\frac{m^{\frac{2}{3}}}{(R^2\pi)^{\frac{2}{3}}}\left[\frac{d\left(\frac{1}{2}v^2\right)}{dx}\right]^{\frac{2}{3}}. \tag{d}$$

Durch Elimination von T und y aus (a), (b), (c) erhält man hieraus:

$$427 \cdot Q_1 L \cdot \alpha_1 e\left(1+\frac{\beta_1}{\alpha_1} e\right)-\frac{c_v \cdot 273\, m \cdot 427}{10333 \cdot \mathfrak{v}_0 \cdot R^2 \pi} \cdot \frac{d\left(\frac{v^2}{2}\right)}{dx} \cdot\left(V_0+R^2 \pi x-0{,}9\, L\right)=\frac{m v^2}{2} \tag{e}$$

$$\frac{de}{dx} v=\frac{a \cdot m^{\frac{2}{3}}}{2 \tau_0 p_0^{\frac{2}{3}}\left(R^2 \pi\right)^{\frac{2}{3}}}\left[\frac{d\left(\frac{v^2}{2}\right)}{dx}\right]^{\frac{2}{3}}. \tag{f}$$

In diesem System von simultanen Gleichungen (e) und (f) sind die Variablen e, v und x. Es sind also v und e ganz bestimmte Funktionen des Geschoßwegs x, wobei für den Beginn der Geschoßbewegung, also für $x=0$, $v=0$ ist und $e_0=0$ genommen wird. Gossot und Liouville benützten nun das folgende sinnreiche Verfahren. Sie ersetzen die hier vorkommenden Variablen e, v, x durch solche andere Variable, daß die beiden simultanen Differentialgleichungen (e) und (f) rein numerischer Natur werden. Dann sind offenbar zwei von diesen Variablen ganz bestimmte numerische Funktionen der dritten Variablen und deren Anfangswert. Diese numerischen Funktionen brauchen alsdann nicht durch Integration der Differentialgleichungen erhalten zu werden, sondern es ist die Möglichkeit gegeben, sie empirisch zu gewinnen. Dies bewerkstelligen die Verfasser mit Hilfe einer großen Zahl von französischen Versuchsdaten. Die Einzelberechnungen seien hier nicht angeführt, vielmehr nur die Resultate, zu denen die Autoren auf diese Weise gelangten.

Es bedeute: V_0 den Pulverraum (lit); $V_0+R^2 \pi x$ den Seelenraum hinter dem Geschoß für den Geschoßweg x(dm) in lit; $2R$ das Kaliber (dm); G das Geschoßgewicht (kg); L das Ladungsgewicht (kg); u einen Verbrennungsmodulus; die Variable l ist an Stelle des Geschoßwegs eingeführt und definiert durch $l=\frac{V_0+R^2 \pi x-0{,}9\, L}{V_0-0{,}9\, L}$; v ist die Geschwindigkeit, die das Geschoß nach Zurücklegen des Weges x besitzt (dm/sec); p_1' der Maximalgasdruck (kg/dm²) auf den Stoßboden; δ ist definiert durch $\delta=\frac{L}{V_0-0{,}9\, L}$ oder, wenn $\Delta=\frac{L}{V_0}$ die Ladedichte bedeutet, durch $\frac{1}{\Delta}-\frac{1}{\delta}=0{,}9$; ϑ ist eine Konstante des betreffenden Pulvers. K und B sind als reine Konstanten gedacht. Diese Zahlenwerte K und B wurden in der ursprünglichen Arbeit von Gossot und Liouville 1905 nicht mitgeteilt. Dies geschah später 1907 durch E. Emery, der die Lösungsmethode von Gossot-Liouville und von P. Charbonnier eingehend kritisiert hat (vgl. Lit.-Note). Er gab an: $\log B=0{,}34559-2$; $\log K=4{,}060$ (nach Gossot-

Liouville); dagegen findet Emery selbst, daß man zu unterscheiden habe: für lange Kanonen sei $\log K = 4{,}15$; für kurze Kanonen und Mörser $\log K = 4{,}18$ zu nehmen.

Lösungssystem von Gossot-Liouville 1905:

$$v^2 = \frac{L}{G} \cdot l \cdot f(u), \tag{I}$$

wo $f(u) = [\text{Num}\log 9{,}172] \cdot u(1-u)$, wenn u zwischen 0 und 0,246

$= [\quad\text{„}\quad 8{,}806] \cdot \sqrt{u \cdot (1-u)}$, „ u „ 0,246 „ 0,429

$= [\quad\text{„}\quad 8{,}546] \cdot u^{\frac{1}{8}}$, „ $u > 0{,}429$ ist;

$$\left(\frac{p_1'}{K}\right)^{\frac{5}{3}} = \delta \cdot \left(\frac{L}{G}\right)^{\frac{3}{2}} \cdot \left(\frac{G}{4 R^2 \cdot \vartheta}\right)^2; \tag{II}$$

$$\delta \cdot \left(\frac{u}{B}\right)^4 = \left(\frac{l \cdot L}{G}\right)^{\frac{3}{2}} \cdot \left(\frac{G}{4 R^2 \cdot \vartheta}\right)^3. \tag{III}$$

Ist also z. B. gegeben: Ladung L, Mündungsgeschwindigkeit $v = v_e$, Kaliber $2R$, ganzes Seelenvolumen $V_0 + R^2 \pi \cdot x_e$, wo x_e der ganze Geschoßbodenweg im Rohr, Pulverraum V_0, Geschoßgewicht G, und wird das Gasdruckmaximum p_1' gesucht, so berechnet man zunächst l und δ aus deren Definitionsgleichungen. Damit erhält man: aus (I) den Wert von $f(u)$, somit auch u (nach graphischer Darstellung von $f(u)$); sodann aus (III) die Pulverkonstante ϑ, endlich aus (II) das Druckmaximum p_1'.

Prüfungen dieser Methode: 1. Die Formel (II) ergab, wenn sie zur Ermittlung von Vergleichswerten für den maximalen Gasdruck bei Gewehren angewendet wurde, nur innerhalb ziemlich enger Grenzen von L und G eine brauchbare Übereinstimmung mit der Beobachtung. Die Formel (I) für die Geschwindigkeit v ließ 1906, da die Konstanten B und K damals noch nicht mitgeteilt waren, keine direkte Prüfung an der Hand etwa von Rücklaufmesserversuchen zu. Deshalb wurde vom Verfasser 1906 der folgende indirekte Weg zur Kontrolle eingeschlagen: Denkt man sich aus (II) und (III) ϑ eliminiert und alsdann u in (I) eingesetzt, so ist $\frac{G v^2}{l \cdot L}$ eine gegebene Funktion von u und damit von einer bestimmten Kombination der Größen p_1', δ, l, L, G, die leicht angeschrieben werden kann. Diese Funktion zwischen $\frac{G v^2}{l L}$ und jener Kombination wurde mit Hilfe einer Versuchsreihe aufgestellt, die der Rücklaufmesser für ein bestimmtes erstes Geschütz geliefert hatte. Wurde alsdann die betreffende Tabelle auf ein anderes Geschütz angewendet, für welches gleichfalls Rücklaufmesserversuche vorlagen, so zeigte sich eine ziemlich gute Übereinstimmung zwischen Rechnung und Beobachtung. Dagegen versagte dieselbe Tabelle bei der Anwendung auf ein Gewehr. Der Grund für dieses Versagen dürfte auch hier u. a. darin liegen, daß für Gewehre der Ausdruck $-\alpha L y - \frac{L}{s}(1-y)$ noch weniger genau als für Geschütze konstant gleich $-0{,}9\,L$ gesetzt werden kann.

2. Nachdem 1907 durch Emery (s. Lit.-Note) die Werte der Konstanten B und K bekannt gegeben worden waren, fand im ballistischen Laboratorium

eine systematische Prüfung der Gossot-Liouvilleschen Formeln auf Grund der Emeryschen Zahlenwerte statt; diese Prüfung wurde durchgeführt von Hörer Oblt. Schade für Geschütze und von Hörer Oblt. Stahlknecht für Gewehre. Die Kontrollberechnungen bezogen sich dabei auf folgende drei Aufgaben: Erstens, gemessen sei der Maximalgasdruck p_1' (außerdem sei bekannt Ladung, Kaliber, Verbrennungsraum, Seelenraum, Geschoßgewicht), gesucht ist die Mündungsgeschwindigkeit v. Zweitens, gemessen sei v, gesucht p_1'. Drittens, aus den Verhältnissen einer ähnlichen Waffe, in der dieselbe Pulversorte verwendet wird, soll die Pulverkonstante ϑ ermittelt werden; diese soll alsdann angewendet werden, um sowohl den Maximaldruck p_1', als auch, nach Berechnung von u aus ϑ, die Mündungsgeschwindigkeit v zu ermitteln.

Ein Zahlenbeispiel für die erste Aufgabe ist folgendes: Nach den Angaben, die von W. Heydenreich veröffentlicht sind, hat man für ein Geschütz: Maximaldruck $p_1' = 139\,455$ kg/dm²; Geschoßgewicht $G = 7{,}04$ kg; Pulverladung $L = 0{,}64$ kg; Kaliber $2R = 0{,}88$ dm; Verbrennungsraum $V_0 = 1{,}83$ lit; ganzer Seelenraum $V_0 + R^2 \pi x_e = 12{,}17$ lit.

Zunächst ergibt sich

$$l = \frac{12{,}17 - 0{,}9 \cdot 0{,}64}{1{,}83 - 0{,}9 \cdot 0{,}64} = 0{,}96409\,; \qquad \delta = \frac{0{,}64}{1{,}83 - 0{,}9 \cdot 0{,}64} = 0{,}50794\,.$$

Sodann wird die Konstante $\frac{G}{4R^2\vartheta}$ berechnet aus (II), nämlich aus:

$$\left(\frac{139\,455}{K}\right)^{\frac{5}{3}} = 0{,}508 \cdot \left(\frac{0{,}64}{7{,}04}\right)^{\frac{3}{2}} \cdot \left(\frac{G}{4R^2 \cdot \vartheta}\right)^2, \qquad \text{wobei} \quad \log K = 4{,}18\,;$$

daraus

$$\frac{G}{4R^2\vartheta} = 57{,}126\,.$$

Nun ergibt sich u aus (III), also aus:

$$\left(\frac{u}{B}\right)^4 \cdot 0{,}508 = \left(\frac{0{,}964 \cdot 0{,}64}{7{,}04}\right)^{\frac{3}{2}} \cdot 57{,}126^3, \qquad \text{wobei} \quad \log B = 0{,}34559 - 2\,;$$

es wird $u = 0{,}219$. Somit ist nach (I)

$$v^2 = \frac{0{,}64}{7{,}04} \cdot 0{,}964 \cdot (\operatorname{Num}\log 9{,}172) \cdot 0{,}219\,(1 - 0{,}219)\,;$$

die berechnete Mündungsgeschwindigkeit ist somit $v = 4719$ dm/sec $= 471{,}9$ m/sec (gemessen 452 m/sec; Differenz 4,4%).

Wird umgekehrt die Mündungsgeschwindigkeit als gegeben betrachtet und wird der Maximalgasdruck gesucht (wozu eine graphische Darstellung der Funktion $f(u)$ erforderlich ist, um zu $f(u)$ den Wert von u zu gewinnen), so ergibt sich der Reihe nach: Aus (I) $f(u) = 2331 \cdot 10^5$; dazu $u = 0{,}195$, somit nach (III) $\frac{G}{4R^2\vartheta} = 66{,}55$. Also wegen (II) Maximaldruck $p_1' = 167\,500$ kg/dm² $= 1675$ kg/cm² (gemessen mittels einer Hebelpressen-Stauchtabelle, also immerhin zu klein: 1394, Differenz 19,6%).

In dieser Weise wurden 12 Zahlenbeispiele zu der ersten Aufgabe, 12 Zahlenbeispiele zu der zweiten Aufgabe und 6 Beispiele zu der dritten Aufgabe berechnet. Das Resultat war:

a) Wenn man aus dem gemessenen Maximaldruck die Mündungsgeschwindigkeit mittels des obigen Gleichungssystems berechnete, so lieferte diese Berechnung sowohl für Steilfeuergeschütze, als für Flachbahngeschütze und für Gewehre gute Ergebnisse, nämlich es bewegten sich die Differenzen zwischen der errechneten und der gemessenen Mündungsgeschwindigkeit in den Grenzen 1 und 6%.

b) Wenn man dagegen umgekehrt aus der gemessenen Mündungsgeschwindigkeit den Maximalgasdruck ermittelte, so erhielt man Unterschiede bis zu 77% zwischen dem errechneten und dem mittels Stauchapparat gemessenen Maximaldruck.

c) Wurde ferner aus den Messungsergebnissen an einer ähnlichen Waffe und bei derselben Pulversorte zunächst die Pulverkonstante ϑ ermittelt und alsdann dieser Wert von ϑ auf die zu untersuchende Waffe angewendet, so erhielt man gleichfalls gute Werte für die Mündungsgeschwindigkeit (Differenzen zwischen Messung und Rechnung zwischen 1,6 und 6,5%).

d) Das Rechnungsverfahren von Gossot-Liouville, das nur für neuere Pulversorten bestimmt ist, lieferte, wie vorauszusehen, in seiner Anwendung auf die Berechnung der Mündungsgeschwindigkeit bei älteren Pulversorten zum Teil sehr große Unterschiede zwischen Rechnung und Messung.

Später (1913) haben Gossot und Liouville ihr Lösungssystem zu verbessern gesucht. Abgesehen davon, daß in Gleichung (I) die Zahl 9,172 durch 9,20 und $\log K = 4{,}06$ durch $\log K = 4{,}10$ von ihnen ersetzt wurde, fand eine andere Zonenteilung bezüglich des Verbrennungsmodulus u statt; auch wurden etwas andere empirische Beziehungen gewählt:

Lösungssystem von Gossot-Liouville 1913.

a) Wenn u zwischen 0,14 und 0,18 liegt:

$$v^2 = A' \cdot \frac{L}{G} \cdot l \cdot U \cdot (1 - U), \tag{I$_a$}$$

wo zur Abkürzung $U = \beta \cdot u^2$;

$$\left(\frac{p_1'}{K}\right)^{\frac{5}{8}} = \delta \cdot \vartheta^2 \cdot \frac{L}{G} \cdot \left(1 - \frac{L}{G}\right)^{\frac{5}{3}}; \quad \log K = 3{,}883; \tag{II$_a$}$$

$$\delta \cdot \left(\frac{U}{B_1}\right)^2 = \vartheta^3 \cdot \left(\frac{l\,L}{G}\right)^{\frac{3}{2}}, \tag{III$_a$}$$

dabei $\log \beta = 1{,}06787$; $\log A' = 8{,}99743$; $\log B_1 = 0{,}75905 - 3$.

b) Wenn u zwischen 0,18 und 0,24 liegt:

$$v^2 = A \cdot \frac{L}{G} \cdot l \cdot u (1 - u); \tag{I$_b$}$$

(II$_b$) wie (II$_a$);

$$\delta \cdot \left(\frac{u}{B}\right)^4 = \left(\frac{l\,L}{G}\right)^{\frac{3}{2}} \cdot \vartheta^3, \tag{III$_b$}$$

dabei $\log A = 9{,}20$; $\log B = 0{,}34559 - 2$.

c) Wenn u zwischen 0,24 und 0,28 liegt:

$$v^2 = A'' \cdot \frac{L}{G} \cdot l \cdot U (1 - U), \tag{I$_c$}$$

wo zur Abkürzung $U = \beta_1 \cdot u^{\frac{8}{5}}$;

$(\mathrm{II_c})$ wie $(\mathrm{II_a})$;

$$\delta \cdot \left(\frac{U}{B_1'}\right)^{\frac{5}{2}} = \left(\frac{l\,L}{G}\right)^{\frac{3}{2}} \cdot \vartheta^3, \qquad (\mathrm{III_c})$$

dabei $\log \beta_1 = 0{,}55278$; $\log A'' = 9{,}09644$; $\log B_1' = 0{,}90572$.

Die Bedeutung der Buchstaben l, δ, v, p_1', L, G ist dieselbe wie früher.

§ 35. Die neuere Lösungsmethode von Gossot-Liouville (1922).

Ihr oben erwähntes Lösungsprinzip haben die beiden französischen Ballistiker beibehalten; geändert sind im wesentlichen nur die Rechenformeln, durch welche die sehr zahlreichen französischen Versuchsergebnisse für die Lösung verwendet werden.

Um die Benützung des Buchs von Gossot-Liouville zu erleichtern, sollen die dortigen Bezeichnungen nunmehr beibehalten werden, zumal da dem Buch umfangreiche Tabellen beigegeben sind.

Buchstabenbezeichnungen und Einheiten:

Die Einheiten sind dm, kg, sec; also für Geschwindigkeiten dm/sec, für Gasdrücke kg/dm^2.

a = Kaliber; p = Geschoßgewicht; ω = Ladungsgewicht; c = ganzes Seelenvolumen, einschließlich des leer gedachten Verbrennungsraumes; c' = Volumen des leeren Verbrennungsraumes, vom Stoßboden bis zum Boden des angesetzten Geschosses; V = Mündungsgeschwindigkeit des Geschoßbodens; P = Gasdruckmaximum auf den Stoßboden; P_u = Gasdruckmaximum auf den Geschoßboden; u = ganzer Weg des Geschoßbodens im Rohr, von der Anfangsstellung des Geschosses im Rohr ab; u_1 = Geschoßbodenweg bis zum Eintritt des Gasdruckmaximums; U = ganze Seelenlänge vom Stoßboden des geschlossenen Rohrs ab bis zur Mündung; x ist ein variabler Verbrennungsmodulus des Pulvers, der auch bei derselben Pulversorte mit dem jeweiligen Geschoßweg und folglich mit der Geschoßgeschwindigkeit und dem Gasdruck sich ändert; φ und ϑ dagegen sind zwei Konstanten, die das betreffende Pulver als Stoff kennzeichnen und die folglich, unabhängig von dem Geschütz, in dem das betreffende Pulver verwendet wird, durch besondere Laboratoriumsversuche ermittelt werden können; beide hängen ab von den Dimensionen des Korns, und ϑ ist vor allem proportional der Verbrennungsdauer des Pulverkorns bei dem Druck Eins, φ proportional der sog. „Kraft“ f des Pulvers, also proportional der absoluten Verbrennungstemperatur und dem spezifischen Volumen.

Abkürzungen:

$$\varsigma = c - 0{,}9 \cdot \omega\,, \qquad (1) \qquad\qquad \varsigma' = c' - 0{,}9 \cdot \omega\,, \qquad (2)$$

$$l = \log \frac{\varsigma}{\varsigma'} \text{ oder } 10^l = \frac{\varsigma}{\varsigma'}, \qquad (3) \qquad\qquad \varrho = \frac{c}{c'}, \qquad (4)$$

$$\varDelta = \frac{\omega}{c'}, \qquad (5) \qquad\qquad \delta = \frac{\omega}{\varsigma'}, \qquad (6)$$

$$z = \frac{\omega}{p} = \varDelta \cdot \frac{c'}{p}, \qquad (7)$$

$$\frac{1}{\varDelta} - \frac{1}{\delta} = 0{,}9\,, \qquad (8)$$

[folgt aus (5) und (6)],

$$\left(\frac{x}{B}\right)^4 = \xi_0 \cdot l^{\frac{3}{2}}, \qquad (9)$$

dabei $\log B = 0{,}345\,59 - 2$ oder, kürzer geschrieben, $\log B = \overline{2}{,}345\,59$,

$$\delta \cdot \left(\frac{x}{B}\right)^4 = \varphi^{\frac{1}{2}} \cdot \Theta^3 \cdot (z\,l)^{\frac{3}{2}} = \varphi^{\frac{1}{2}} \cdot \Theta^3 \cdot \left(\frac{c'}{p}\right)^{\frac{3}{2}} (\varDelta \cdot l)^{\frac{3}{2}}, \qquad (9')$$

$$\Theta = \frac{p}{a^2} \cdot \frac{1}{\vartheta}, \qquad (10)$$

$$\delta \cdot \xi_0 = \varphi^{\frac{1}{2}} \cdot \Theta^3 \cdot z^{\frac{3}{2}}, \qquad (11)$$

[folgt aus (9) und (9′)],

$$\delta \cdot (\varrho - 1) = \varDelta \cdot (10^l - 1)\,, \qquad (12)$$

[folgt aus (1), (2), (3), (5), (6)],

$$\frac{\pi}{4} \cdot \frac{a^3}{c} \cdot \frac{U}{a} = 1 - \left(1 - \frac{1}{m^2}\right) \frac{1}{\varrho}, \qquad (13)$$

wobei m den Durchmesser des Verbrennungsraums in Kalibern bedeutet (folgt aus geometrischen Betrachtungen).

Die Mündungsgeschwindigkeit V, der Höchstgasdruck P auf den Stoßboden und der Verbrennungsparameter x läßt sich alsdann wie folgt in erster und in zweiter Annäherung berechnen:

In erster Annäherung mittels der folgenden Gleichungen (I) bis (III):

Gleichung für V:

$$V^2 = A \cdot z \cdot l \cdot F(x)\,. \qquad (\mathrm{I})$$

Gleichung für P:

$$\left(\frac{P}{K}\right)^{\frac{5}{3}} = \delta \cdot z^{\frac{3}{2}} \cdot \Theta^2 = \delta \cdot z^{\frac{3}{2}} \cdot \left(\frac{p\,a}{a^3 \cdot \vartheta}\right)^2. \qquad (\mathrm{II})$$

Gleichung für x:

$$\delta \cdot \left(\frac{x}{B}\right)^4 = (l\,z)^{\frac{3}{2}} \cdot \Theta^3 = (l \cdot z)^{\frac{3}{2}} \cdot \left(\frac{p\,a}{a^3 \cdot \vartheta}\right)^6. \qquad (\mathrm{III})$$

Dabei ist

$$\log A = 9{,}1600; \quad \log K = 4{,}0400; \quad \log B = \overline{2}{,}34559\,.$$

Ferner ist die Funktion $F(x)$ durch die folgenden Zonengesetze gegeben:

für $0 < x \leqq 0{,}246$ ist:

$$F(x) = \gamma_1 \cdot x \cdot (1 - x); \qquad \log \gamma_1 = 0{,}012\,,$$

für $0{,}246 < x \leqq \frac{3}{7}$ ist:

$$F(x) = \gamma_2 \cdot x^{\frac{1}{2}} \cdot (1 - x)^{\frac{1}{2}}; \quad \log \gamma_2 = \overline{1}{,}646\,,$$

für $\frac{3}{7} < x \leqq 1$ ist:

$$F(x) = \gamma_3 \cdot x^{\frac{1}{8}}; \qquad \log \gamma_3 = \overline{1}{,}38649\,.$$

In den ähnlichen und ähnlich geladenen Feuerwaffen sollen die Variablen z, l, δ, Θ identisch sein, ebenso die drei Funktionen V, P, x.

In zweiter Annäherung:

A. Berechnung der Mündungsgeschwindigkeit V:

Es ist $V^2 = \varphi \cdot A \cdot z \cdot l \cdot F(x)$; $\log A = 9{,}1600$; dabei sind folgende Fälle zu unterscheiden:

1. Fall. $l < 1$ und $z < \frac{1}{2}$:

für x zwischen 0 und 0,1684 ist:

$$F(x) = \gamma \cdot x; \quad \log \gamma = \overline{1}{,}96763\,,$$

speziell für $x = 0{,}1684$ ist:

$$\log F(x) = \overline{1}{,}19396; \quad \text{also nach (9)} \ \log\left(\xi_0 \cdot l^{\frac{3}{2}}\right) = 3{,}52296\,,$$

für x zwischen 0,1684 und 0,1913 ist:

$$F(x) = \alpha \cdot \beta \cdot x^2 (1 - \beta x^2); \quad \log \alpha = \overline{1}{,}84715; \quad \log \beta = 1{,}07028\,,$$

speziell für $x = 0{,}1913$ ist:

$$\log F(x) = \overline{1}{,}23630; \quad \log\left(\xi_0 \cdot l^{\frac{3}{2}}\right) = 3{,}74204\,,$$

für x zwischen 0,1913 und 0,2239 ist:

$$F(x) = \gamma_1 \cdot \beta_1 \cdot x (1 - \beta_1 x); \quad \log \gamma_1 = \overline{1}{,}88890; \quad \log \beta_1 = 0{,}24304\,,$$

speziell für $x = 0{,}2239$ ist:

$$\log F(x) = \overline{1}{,}26600; \quad \log\left(\xi_0 \cdot l^{\frac{3}{2}}\right) = 4{,}01784\,,$$

für x zwischen 0,2239 und 0,429 ist:

$$F(x) = \gamma_2\, x^{\frac{1}{2}} (1 - x)^{\frac{1}{2}}; \quad \log \gamma_2 = \overline{1}{,}64600\,,$$

speziell für $x = 0{,}429$ ist:

$$\log F(x) = \overline{1}{,}340\,49\,; \quad \log\left(\xi_0 \cdot l^{\frac{3}{2}}\right) = 5{,}145\,72\,,$$

für x zwischen 0,429 und 1 ist:

$$F(x) = \gamma_3\, x^{\frac{1}{8}}; \quad \log \gamma_3 = \overline{1}{,}382\,50\,,$$

speziell für $x = 1$ ist:

$$\log F(x) = \overline{1}{,}386\,49\,; \quad \log\left(\xi_0 \cdot l^{\frac{3}{2}}\right) = 6{,}617\,64\,.$$

2. Fall. $l \geqq 1$ und $z < \frac{1}{2}$.

In diesem Fall wird der Ausdruck für V^2 außer mit φ noch mit einem Korrektionsfaktor r versehen, welch letzterer von l abhängt. Es ist:

$$V^2 = \varphi \cdot r \cdot z \cdot l \cdot F(x)\,,$$

A und $F(x)$ haben dieselben Werte wie im Fall $l < 1$. Der Faktor r wird entweder einer bequemen Tabelle entnommen, die gegeben wird, oder wird r wie folgt berechnet:

a) Für $1 \leqq l \leqq 1{,}20$ ergibt sich r aus $r \cdot l = 1$, man hat also einfach

$$V^2 = \varphi \cdot A \cdot z \cdot F(x)\,.$$

b) Für $1{,}20 < l \leqq 1{,}35$ ergibt sich r aus:

$$1 - r = [\mathrm{Num}\log \overline{1}{,}1355]\, \sin^{\frac{1}{2}} 400\,(l-1)$$

(die Winkel in Graden).

c) Für $l > 1{,}35$, nämlich für $1{,}35 < l < 1{,}50$, folgt r aus:

$$r - 0{,}85 = \sqrt{C} \cdot \mathrm{tg}\, \frac{\psi}{2}\,;$$

dabei ψ aus:

$$\mathrm{tg}\, \psi = \frac{2\sqrt{C}}{1{,}15 - 1}\,; \quad \log C = \overline{3}{,}1067\,; \quad \log \sqrt{C} = \overline{2}{,}552\,85\,.$$

3. Fall. $z > \frac{1}{2}$.

In diesem Fall wird p ersetzt durch $p' = p\left(1 + \frac{3}{11} \cdot \frac{\omega}{p}\right)$; und danach wird wie folgt gerechnet:

Die Gleichungen (7), (9'), (10), (11) werden bzw. ersetzt durch die folgenden Gleichungen (7'), (9''), (10'), (11'):

$$z' = \frac{\omega}{p\left(1 + \frac{3}{11}\,\frac{\omega}{p}\right)} = \frac{z}{1 + \frac{3}{11}\, z}\,, \tag{7'}$$

$$\left(\frac{x'}{B}\right)^4 = \xi_0' \cdot l^{\frac{3}{2}}\,, \tag{9''}$$

$$\Theta' = \Theta \cdot \left(1 + \frac{3}{11}\, z\right), \tag{10'}$$

$$\xi_0' = \xi_0 \cdot \left(1 + \frac{3}{11}\, z\right)^{\frac{3}{2}}. \tag{11'}$$

Dementsprechend wird in den Formeln

$$V^2 = \varphi \cdot A \cdot z \cdot l \cdot F(x) \quad \text{und} \quad V^2 = \varphi \cdot A \cdot r \cdot z \cdot l \cdot F(x)$$

statt x bzw. z geschrieben: x', z'.

B. Berechnung des Maximalgasdrucks P.

1. Fall. $z < \frac{1}{2}$.

Es ist

$$P = \varphi \cdot H \cdot \delta \cdot \xi_0^{\,n},$$

dabei ist für $\log \xi_0 < 3{,}72$:

$$n = \frac{1}{3}, \quad \log H = 4{,}17,$$

für $3{,}72 \leqq \log \xi_0 \leqq 4{,}88$:

$$n = \frac{1}{4}, \quad \log H = 4{,}48,$$

für $\log \xi_0 > 4{,}88$:

$$n = \frac{1}{8}, \quad \log H = 5{,}09.$$

2. Fall. $z > \frac{1}{2}$.

Man rechnet mit dem oben erwähnten ξ_0', statt mit ξ_0, und es ist dann

$$P = \varphi \cdot H' \cdot \delta \cdot \xi_0'^{\,n},$$

dabei ist für $\log \xi_0' < 4{,}86$:

$$n = \frac{2}{7}, \quad \log H' = 4{,}325,$$

für $\log \xi_0' \geqq 4{,}86$:

$$n = \frac{1}{10}, \quad \log H' = 5{,}225.$$

C. Der durch das Kaliber a dividierte Weg u_1 des Geschoßbodens bis zum Eintritt des Gasdruckmaximums ergibt sich entweder aus:

$$\frac{u_1}{a} = \frac{4}{\pi} \cdot \frac{c'}{a^3} \cdot \frac{\Delta}{\delta} \cdot \left[10^{1,6} \cdot \xi_0^{-\frac{1}{3}} - 1\right] \tag{IV}$$

oder, was dasselbe ist, aus

$$\log \frac{\varsigma}{\varsigma'} = 1{,}6 - \frac{1}{3} \log \xi_0.$$

Ob durch diese sämtlichen Rechenformeln die französischen Beobachtungsdaten in mathematischer Hinsicht auf die glücklichste Art dargestellt sind, kann hier nicht untersucht werden.

Beispiele.

Zur Erläuterung des Rechenverfahrens sollen drei besonders einfache Beispiele im einzelnen besprochen werden, darunter ein Zahlenbeispiel.

1. Von den zehn Größen $a, c, c', p, \omega, x, \vartheta, \varphi, V, P$ seien gegeben $a, c, c', p, \omega, x, \varphi$ (nämlich $\varphi = 1$), gesucht sind V, P, ϑ.

Dann ist bekannt: ς mit Gleichung (1); ς' mit (2); δ mit (6); Δ mit (5); l mit (3); z mit (7). Nun hat man, da x gegeben sein soll, mit (9) den Wert von ξ_0; mit Gleichung (11) oder mit (9') hat man Θ und folglich mit (10) die Pulverkonstante ϑ.

Dann erhält man aus Gleichung (I) ohne weiteres V und aus (II) P; endlich aus (IV) den Weg u_1 des Geschoßbodens beim Eintritt des Höchstgasdrucks.

2. Gewählt seien a, c, c', p, ω, V und φ; gesucht seien x, ϑ, P.

Man kennt ς aus (1); ς' aus (2); δ aus (6): Δ aus (5); l aus (3); z aus (7). Dann gewinnt man aus (I), da V gegeben ist, $F(x)$ und folglich x; somit ξ_0 aus (9) und damit u_1 aus (IV). Die Gleichung (11) gibt Θ, folglich hat man ϑ aus (10) und P aus (II).

In anderen Fällen muß man mit Hilfe eines rationellen Probierens und damit geeigneter Eingabelung oder mit Hilfe von Einführung neuer Variablen die Unbekannten aufsuchen; Gossot und Liouville besprechen eingehend die verschiedenen in Betracht kommenden innerballistischen Aufgaben und geben Differentialformeln und Tabellen, durch die die Lösung erleichtert wird.

Wünscht man den Verlauf des Gasdrucks auf den Geschoßboden, so hat man sich nur das Rohr sukzessiv abgeschnitten zu denken; bei diesem Abschneiden ändert sich die Mündung und damit $c, \varsigma, l, \varrho, V$ und u; man kennt also V in Funktion von u, erhält folglich durch eine Differentiation den variablen Gasdruck oder vielmehr die beschleunigende Kraft auf das Geschoß pro 1 dm² der Geschoßbodenfläche $\frac{a^2 \pi}{4}$, nämlich

$$\frac{p}{g} \cdot \frac{d^2 u}{d t^2} \cdot \frac{4}{a^2 \pi} \quad \text{oder} \quad \frac{p}{g} \cdot \frac{4}{a^2 \pi} \cdot V \cdot \frac{d V}{d u}.$$

3. Zahlenbeispiel:

Gegeben sei Kaliber $a = 0{,}7799$ dm; ganzer Seelenraum $c = 8{,}93$ dm³; Verbrennungsraum $c' = 0{,}990$ dm³; Geschoßgewicht $p = 7{,}2$ kg; Ladungsgewicht $\omega = 0{,}5445$ kg; Mündungsgeschwindigkeit $V = 4500$ dm/sec; Pulverkonstante $\varphi = 1$.

Gesucht Pulverkonstante ϑ; Verbrennungsmodulus x; Gasdruckmaximum P.

Der Reihe nach ist:

$$\varrho = \frac{c}{c'} = \frac{8{,}93}{0{,}990} = 9\,; \qquad \Delta = \frac{\omega}{c'} = \frac{0{,}5445}{0{,}990} = 0{,}550\,;$$

$$z = \frac{\omega}{p} = \frac{0{,}5445}{7{,}2} = 0{,}07563\,; \quad \varsigma = c - 0{,}9 \cdot \omega = 8{,}93 - 0{,}9 \cdot 0{,}5445 = 8{,}44\,;$$

$$\varsigma' = c' - 0{,}9 \cdot \omega = 0{,}990 - 0{,}9 \cdot 0{,}5445 = 0{,}500\,;$$

$$\delta = \frac{\omega}{\varsigma'} = \frac{0{,}5445}{0{,}500} = 1{,}089; \quad l = \log \frac{\varsigma}{\varsigma'} = \log \frac{8{,}44}{0{,}500} = 1{,}227\,37\,.$$

Also ist $l > 1$; $z < \frac{1}{2}$. Danach ist die Hilfsgröße r notwendig, die sich aus l ergibt mittels:

$$1 - r = [\text{Num} \log 0{,}1355 - 1] \cdot \sin^{\frac{1}{2}} 400\,(1{,}227\,37 - 1)\,;$$
$$\text{daraus } r = 0{,}870\,.$$

Nunmehr ergibt sich $F(x)$ und folglich auch x vermöge der Gleichung:

$$V^2 = A \cdot r \cdot z \cdot l \cdot F(x), \text{ wo } V = 4500; \quad r = 0{,}870; \quad z = 0{,}07563; \quad l = 1{,}227\,37\,;$$
$$\log A = 9{,}1600 \text{ ist;}$$

es wird $\log F(x) = 0{,}239\,35 - 1$; dazu ergibt sich $x = 0{,}195$.

Sodann folgt ξ_0 aus:

$$\left(\frac{x}{B}\right)^4 = \xi_0 \cdot l^{\frac{3}{2}}, \text{ wo } \log B = 0{,}34559 - 2; \quad x = 0{,}195; \quad l = 1{,}227 \text{ ist.}$$

Damit wird $\log \xi_0 = 3{,}64450$.

Sodann berechnet sich das Gasdruckmaximum P aus:

$$P = H \cdot \delta \cdot \xi_0{}^n, \text{ wo } \log H = 4{,}170; \quad \delta = 1{,}089; \quad n = \tfrac{1}{3}; \quad \log \xi_0 = 3{,}64450 \text{ ist;}$$

man erhält $P = 264100 \text{ kg/dm}^2 = 2641 \text{ kg/cm}^2$.

Weiter folgt die Pulverkonstante ϑ aus:

$$\delta \cdot \left(\frac{x}{B}\right)^4 = (l \cdot z)^3 \cdot \left(\frac{p}{a^2 \vartheta}\right)^3,$$

wo jetzt $\delta = 1{,}089$; $l = 1{,}227$; $z = 0{,}07563$; $p = 7{,}2$;

$a = 0{,}7799$, also $\frac{p}{a^2} = 11{,}838$, und $\log B = 0{,}34559 - 2$ ist.

Es wird $\log \frac{1}{\vartheta} = 0{,}71458$; $\frac{1}{\vartheta} = 5{,}183$.

Zusammen sind die Resultate: Modulus $x = 0{,}195$; Pulverkonstante $\frac{1}{\vartheta} = 5{,}513$; Gasdruckmaximum auf den Stoßboden $P =$ ca. 2640 kg/cm^2.

Der Geschoßbodenweg u_1 bis zum Eintritt dieses Maximums ergibt sich aus

$$u_1 = \frac{4}{\pi} \cdot \frac{c'}{a^2} \cdot \frac{\varDelta}{\delta} \left[10^{1{,}6} \cdot \xi_0{}^{-\frac{1}{3}} - 1\right], \text{ wo } \log \xi_0 = 3{,}64480;$$

$$\varDelta = 0{,}550; \quad \delta = 1{,}089; \quad a = 0{,}7799; \quad c' = 0{,}990 \text{ ist,}$$

zu $u_1 = 1{,}49$ dm.

Zu einer einwandfreien Prüfung des Verfahrens für mehrere unter sich verschiedene Waffensysteme und Pulversorten wäre unter anderem die Kenntnis der Pulverkonstanten ϑ und φ für diese verschiedenen Pulversorten unbedingt erforderlich. Die Ermittlung dieser Konstanten muß mittels gesonderter Laboratoriumsversuche geschehen; für ϑ muß die Verbrennungsdauer bei konstantem Druck, für φ die Verbrennungstemperatur und das spezifische Volumen gemessen werden. Über ϑ finden sich einige Zahlenangaben in dem Buch von Gossot-Liouville. Dagegen über φ ist allzuwenig mitgeteilt. Seite 191 ist gesagt: „Dans ce qui suit, on a supposé $\varphi = 1$, c'est-à-dire qu'on a pris pour unité la valeur de φ généralement réalisée pour les poudres actuellement en service . . .“ Und in den Anwendungsbeispielen ist im allgemeinen $\varphi = 1$, nur zweimal φ von 1 verschieden, nämlich $\varphi = 1{,}09$; $\varphi = 1{,}15$ gewählt. Einige kritische Bemerkungen von Cranz zu diesem Lösungsverfahren findet man in den Artill. Monatsh. 1922, Nr. 185, S. 183.

§ 36. Methoden von Moisson (1887), Charbonnier (1908), Sugot (1913), Krupp-Schmitz (1913).

Bei den in §§ 29 bis 35 besprochenen Näherungslösungen von Sarrau, Ingalls, Mata, Bianchi, Wrede-Centerval und Gossot-Liouville war die Piobertsche Hypothese von einem gleichzeitigen Abbrennen der Pulverkörner in äquidistanten Schichten für die Aufstellung des Verbrennungsgesetzes zugrunde gelegt worden. Nunmehr handelt es sich um die neueren Lösungsmethoden, bei denen diese

Hypothese nach und nach fallen gelassen und durch ein allgemeineres Verbrennungsgesetz ersetzt wurde. P. Charbonnier gebührt das Verdienst, mit jener Hypothese prinzipiell gebrochen zu haben (vgl. auch § 18). Er selbst ist bei der Aufstellung seines Lösungssystems in bewußter Weise von der Lösung ausgegangen, die schon im Jahr 1887 von A. Moisson versucht worden ist. Deshalb soll hier zunächst die Arbeit von Moisson kurze Erwähnung finden. (Dabei mögen jedoch unsere Bezeichnungen verwendet und der Übersichtlichkeit halber einige Vereinfachungen angewandt werden, da lediglich das Prinzip dieser Lösung charakterisiert werden soll.)

1. Lösung von A. Moisson 1887. Moisson operiert nicht mit der linearen Verbrennungsgeschwindigkeit $\frac{de}{dt}$, die sich auf das Abbrennen des einzelnen Korns bezieht, sondern mit der kubischen $\frac{dy}{dt}$, die auf das Abbrennen der ganzen Ladung Bezug hat. Es tritt deshalb bei ihm nicht die bis zur Zeit t vom Beginn der Geschoßbewegung an abgebrannte Schichtendicke e des einzelnen Korns als Variable in dem Rechnungssystem auf, sondern der bis dahin verbrannte Bruchteil y der ganzen Ladung. Unter der Voraussetzung kugelförmiger Körner gelangt er so zu dem Verbrennungsgesetz $\frac{dy}{dt} = A_1 \cdot \varphi(y) \cdot p$, wo $\varphi(y) = (1-y)^{\frac{2}{3}}$ (wie schon in § 18 gezeigt wurde). Die Zustandsänderung der Gase nimmt Moisson als eine isothermische; es wird also in der Gleichung (5) von § 27 $\gamma = 1$ gesetzt. Von dem Widerstand W (in Gleichung (6) von § 27) wird abgesehen. Endlich wird näherungsweise angenommen, daß der bei Beginn der Geschoßbewegung schon abgebrannte Teil y_0 der Ladung vernachlässigt werden könne ($y = 0$ für $v = 0$ und $t = 0$). Auch von der Berücksichtigung des Kovolumens wird abgesehen. Das Gleichungssystem (V) bis (VII) von § 27 Schluß ist alsdann das folgende:

$$J \cdot p = f L y, \quad \text{wo} \quad J = V_0 + q \cdot x \text{ ist,} \tag{1}$$

$$m \frac{dv}{dt} = m \cdot \frac{d^2 x}{dt^2} = p \cdot q, \tag{2}$$

$$\frac{dy}{dt} = A_1 \cdot (1-y)^{\frac{2}{3}} \cdot p. \tag{3}$$

Aus (2) und (3) folgt $\frac{m}{q} \cdot \frac{dv}{dt} = \frac{dy}{A_1 \cdot (1-y)^{\frac{2}{3}} \cdot dt}$, woraus durch Integration sich ergibt: $v = \frac{1}{B} \cdot [(1-y)^{\frac{1}{3}} - 1]$, wobei die Integrationskonstante aus der Anfangsbedingung: $y = 0$ für $v = 0$ bestimmt und zur Abkürzung $\frac{m A_1}{3 \cdot q} = B$ gesetzt wurde. Führt man also den Wert

$y = 1 - (Bv + 1)^3$ und ebenso den Wert von $p = \frac{m}{q} \cdot \frac{d^2 x}{dt^2}$ in (1) ein, so erhält man die Gleichung:

$$(V_0 + q \cdot x) \cdot \frac{m}{q} \cdot \frac{d^2 x}{dt^2} = fL \cdot \left[1 - \left(B \cdot \frac{dx}{dt} + 1\right)^3\right].$$

Das ist eine Differentialgleichung zwischen dem Geschoßweg x und der Zeit t. Wenn man diese Gleichung in der Form schreibt

$$\frac{m}{2qfL} \cdot \frac{d(v^2)}{1 - (Bv + 1)^3} = \frac{dx}{V_0 + qx},$$

so sind die Variablen v und x getrennt, und man erhält folglich ohne weiteres ein erstes Integral. Der weitere Verlauf der Lösung läßt sich aus diesen Bemerkungen übersehen.

2. Lösung von P. Charbonnier 1908. Die Fortschritte, die P. Charbonnier in der inneren Ballistik gebracht hat, bestehen in der Aufstellung eines allgemeineren Verbrennungsgesetzes und in der Wahl eines geeigneten Parameters des mathematischen Lösungssystems.

Charbonnier nahm zunächst den Gedanken Moissons, die Verbrennungsgeschwindigkeit nicht auf das einzelne Pulverkorn, sondern auf die Gesamtheit der Ladung zu beziehen, also lediglich mit der Verbrennungsgeschwindigkeit $\frac{dy}{dt}$ zu operieren, wieder auf (s. o. § 18), verallgemeinerte aber das Gesetz Moissons dahin, daß er

$$\frac{dy}{dt} = A_1 \cdot \varphi(y) \cdot p^k$$

nahm, wo nur die Form der Funktion $\varphi(y)$ aus den Erwägungen abgeleitet ist, die zu der Piobertschen Hypothese gehört hatten. Nach dieser Piobert-Vielleschen Hypothese bedeutet $\varphi(y)$ das Verhältnis der momentanen Verbrennungsoberfläche des Pulverkorns zu seiner ursprünglichen Oberfläche, an der die Zündung eingeleitet wird. Diese Funktion $\varphi(y)$ bestimmt Charbonnier empirisch, indem er nur die Form derselben jener Hypothese entlehnt, und zwar durch folgende Überlegung: Für ein kugelförmiges Korn, welches von außen her gezündet wird, ergibt sich jenes Verhältnis $= (1 - y)^{\frac{2}{3}}$; desgleichen ist für einen Würfel, der ebenso gezündet wird, dessen Oberfläche also ebenfalls beim Abbrennen nach und nach abnimmt, $\varphi(y) = (1 - y)^{\frac{2}{3}}$. Und bei einem sehr langen massiven Zylinder müßte sein $\varphi(y) = (1 - y)^{\frac{1}{2}}$. Die Verbrennungsoberfläche nimmt bei diesen drei Kornformen ab, wenn die Zündung von außen her erfolgt. Schreitet dagegen die Verbrennung von innen nach außen fort, so ist bei der Kugel und dem Würfel das Verhältnis $\varphi(y)$ der Oberflächen gleich $y^{\frac{2}{3}}$, beim Vollzylinder (wenn die beiden Endkreise nicht berücksichtigt werden) gleich $y^{\frac{1}{2}}$. Die brennende Oberfläche nimmt dabei zu. So wählt Charbonnier allgemein $\varphi(y) = (1 - y)^{\beta}$ für sog. „degressive" Pulver, d. h. solche Pulver, deren Verbrennungsoberfläche abnimmt, und $\varphi(y) = y^{\beta_1}$ für sog. „progressive" Pulver, d. h. für Pulver mit zunehmender Verbrennungsoberfläche.

Die drei Konstanten A_1, k und β (bzw. statt dessen β_1) sollen, was besonders wichtig ist, durch Messungen an der Versuchsbombe ermittelt werden, die mit dem betreffenden Pulver angestellt werden. Wie diese Ermittlung geschieht, ist in § 18 eingehend dargelegt worden. Ferner nahm Charbonnier die Variable y, oder den bis zur Zeit t abgebrannten Bruchteil der Gesamtladung, als unabhängige Veränderliche der Lösung, d. h. er ging darauf aus, den jeweiligen Gasraum J, die Geschoßgeschwindigkeit und den Gasdruck p je in Funktion von y auszudrücken; diese Wahl hat sich als durchaus zweckmäßig erwiesen.

Im übrigen wird, was das System der Gleichungen (1) bis (7) und (9) von § 27 betrifft, der Ausdruck (4a) oder

$$J = V_0 + q\,x - \alpha\,L\,y - \frac{L}{s}(1 - y)$$

dadurch von Charbonnier vereinfacht, daß der von y abhängige Summand

$$\alpha\,L\,y + \frac{L}{s}(1 - y)$$

durch den konstanten Wert αL ersetzt wird: Es ist dies eine wichtige Vernachlässigung, von der schon in § 31, Schluß, die Rede war und weiterhin noch die Rede sein wird; die Berechtigung für diesen Ersatz sucht Charbonnier durch Erwägungen bezüglich der Wärmeausdehnung der noch unverbrannten Ladung zu begründen. Der Exponent k in dem Verbrennungsgesetz (Gleichung (9) von § 27) wird von Charbonnier $= 1$ gewählt; dies geschieht mit Rücksicht auf französische Versuche, und weil es sich zeigt, daß nur mit dieser Wahl von k eine praktisch verwendbare Lösung zu gewinnen ist. Die Energieanteile E_7 bis E_9 in Gleichung (1) von § 27 werden dadurch eingerechnet, daß γ empirisch ermittelt wird (gleich 1,25). Zur Berücksichtigung der Energieanteile E_2 bis E_6 wird mit einer fingierten Geschoßmasse μ, statt mit der eigentlichen Geschoßmasse m, operiert, wie dies früher schon N. Sabudski in der inneren Ballistik getan hatte; dabei ist

$$\mu = m\left(1 + 0{,}5\,\frac{L}{G}\right).$$

Endlich führt Charbonnier, um die Lösung zu verschärfen, noch zwei Korrektionsfaktoren i und j ein, wovon der erstere mit m, der zweite mit A_1 multipliziert gedacht ist; beide Faktoren sollen Charakteristiken der betreffenden Waffe sein und empirisch durch besondere Schießversuche mit dieser Waffe ermittelt werden, nämlich i durch einen Schuß mit einem sehr brisanten Pulver, j durch einen Schuß mit einem sehr milden Pulver.

Der mathematische Teil der Charbonnierschen Lösung soll nun angegeben und zu diesem Zweck zunächst das betreffende System von Differentialgleichungen (§ 27, Gleichungen (V) bis (VII)) wiederholt werden, modifiziert für die speziellen Annahmen von Charbonnier.

$$J \cdot p + \frac{\mu}{2}(\gamma - 1)v^2 = f \cdot L \cdot y, \text{ wobei } J = V_0 + qx - \alpha L \text{ ist;} \tag{1}$$

$$p = \frac{\mu}{q} \cdot \frac{dv}{dt} = \frac{\mu}{q} \cdot v \cdot \frac{dv}{dx}; \tag{2}$$

$$\frac{dy}{dt} = v \cdot \frac{dy}{dx} = A_1 \cdot \varphi(y) \cdot p. \tag{3}$$

Dies sind 3 Gleichungen für die 3 unbekannten Funktionen von $x: p$, v und y; oder auch für die 3 unbekannten Funktionen von y: p, v und J (und damit x). Diese 3 Gleichungen gelten bis zum Ende der Verbrennung der Pulverladung, also bis $y = 1$ geworden ist. Zu Beginn der Geschoßbewegung sei: $t = 0$; $p = P_0$ (Einpressungswiderstand); $x = 0$, $J = V_0 - \alpha L = J_0$, $v = 0$, $y = y_0$. Dabei ist y_0 aus der Bedingung $P_0 = \frac{fL \cdot y_0}{V_0 - \alpha L}$ zu ermitteln.

Aus (2) und (3) folgt $dv = \frac{q}{A_1 \cdot \mu} \cdot \frac{dy}{\varphi(y)}$, also durch Integration

$$v = \frac{q}{A_1 \mu} \cdot \int_{y_0}^{y} \frac{dy}{\varphi(y)} \text{ oder kurz } v = \frac{q}{A_1 \mu} \cdot V(y, y_0). \tag{4}$$

Man kennt damit v in Funktion von y.

Da ferner $J = V_0 + qx - \alpha L$, also $dJ = q \cdot dx$ ist, so wird aus (2) $p = \frac{\mu \cdot v \cdot dv}{dJ}$, somit geht Gl. (1) in die folgende über:

$$\frac{\mu \cdot v \cdot dv \cdot J}{dJ} + \frac{\mu}{2}(\gamma - 1)v^2 = fLy. \tag{5}$$

Hier könnte man auf der rechten Seite y als Funktion von v ausdrücken, indem man Gl. (4) nach y auflöst; man würde alsdann v in Funktion von J oder, was dasselbe ist, die Geschoßgeschwindigkeit v in Funktion des Geschoßwegs x erhalten. Dieses Verfahren hat, wie wir sahen, Moisson eingeschlagen. Charbonnier zieht es vor, den bis zu dem betreffenden Moment verbrannten Bruchteil y der Ladung als unabhängigen Parameter zu wählen, also in Gl. (5) v in y auszudrücken, (vermöge (4)); dies gibt

$$\frac{dJ}{J} = \mu \cdot \left(\frac{q}{A_1 \mu}\right)^2 \cdot \frac{V(y, y_0)}{\varphi(y)} \cdot \frac{dy}{fLy - \frac{\mu}{2}(\gamma - 1)\left(\frac{q}{A_1 \mu}\right)^2 \cdot V^2_{(y, y_0)}}.$$

Durch Integration wird

$$\frac{\gamma-1}{2}\cdot\log\operatorname{nat}\frac{J}{J_0}=r\cdot\int\limits_{y_0}^{y}\frac{V(y,y_0)}{y\cdot\varphi(y)}\cdot\frac{dy}{1-r\cdot\frac{(V(y,y_0))^2}{y}}, \qquad (5)$$

wobei zur Abkürzung

$$r=\frac{\gamma-1}{2}\cdot\frac{\mu}{fL}\cdot\left(\frac{q}{A_1\mu}\right)^2$$

gesetzt ist.

Für die Ausführung der Integration wendet Charbonnier auf den zweiten Bruch unter dem Integralzeichen Reihenentwicklung an. Die Gleichung sei dann zur Gewinnung einer raschen Konvergenz für den Augenblick kurz geschrieben:

$$\frac{\gamma-1}{2}\log\operatorname{nat}\frac{1}{\Theta}=D, \qquad \text{oder} \qquad \Theta^{-\frac{\gamma-1}{2}}=e^D; \qquad 1-\Theta^{+\frac{\gamma-1}{2}}$$

$$=1-e^{-D}=D-\frac{D^2}{2!}+\text{usw.}\ldots$$

Charbonnier weist nach, daß die Reihe rasch konvergiert, und beschränkt sich daher auf das erste Glied der Entwicklung. So erhält man

$$1-\left(\frac{J_0}{J}\right)^{\frac{\gamma-1}{2}}=r\cdot\int\limits_{y_0}^{y}\frac{V(y,y_0)}{y\cdot\varphi(y)}\,dy. \qquad (6)$$

Diese Gleichung liefert den Gasraum $J=V_0+qx-\alpha L$ und folglich den Geschoßweg x in Funktion von y.

Die Vernachlässigung, die bei der Aufstellung der Gl. (6) begangen wurde, läuft, wie Charbonnier zeigt, darauf hinaus, daß an Stelle der Gl. (1) die andere Gleichung gesetzt ist:

$$p\cdot J^{\frac{\gamma+1}{2}}=fLy\cdot J_0^{\frac{\gamma-1}{2}}. \qquad (7)$$

Man erkennt, daß auf solche Weise für jeden beliebig anzunehmenden Wert von y, — vom Anfang der Geschoßbewegung, also von $y=y_0$ ab, bis zum Ende der Verbrennung des Pulvers, also bis $y=1$ —, berechnet werden kann: aus (4) die jeweilige Geschoßgeschwindigkeit v; aus (6) der Raum J hinter dem Geschoß und damit der Geschoßweg x; alsdann aus (1) oder (7) der zugehörige Gasdruck p, speziell auch der Maximaldruck; endlich die Zeit t aus $dt=\frac{dx}{v}$. Das Problem ist also im Prinzip gelöst bis zum Ende der Verbrennung der Pulverladung, ($y=1$). Für diesen Moment sei $v=v'$, $p=p'$, $J=J'$, $x=x'$. Dann wird von da ab mittels der bekannten Formeln für eine polytropische Zustandsänderung der Pulvergase weitergerechnet, d. h. es ist weiter

$$p = p'\left(\frac{J'}{J}\right)^{\gamma}; \qquad \frac{\mu v^2}{2} = \frac{\mu v'^2}{2} + \frac{p' J'}{\gamma - 1} \cdot \left[1 - \left(\frac{J'}{J}\right)^{\gamma - 1}\right].$$

Für den Maximalgasdruck werden von Charbonnier besondere Ausdrücke aufgestellt; auch werden Differential-Formeln abgeleitet. Weiter wird auch für den Fall, daß in dem Verbrennungsgesetz $\frac{dy}{dt} = A_1 \cdot \varphi(y) \cdot p^k$ der Exponent k von 1 verschieden anzunehmen ist, der Weg zur Gewinnung einer Lösung angedeutet; indessen gestaltet sich die Lösung so kompliziert, und es werden so zahlreiche Vernachlässigungen erforderlich, daß der Lösung für diesen allgemeineren Fall vorläufig kaum eine praktische Bedeutung zukommen wird.

Endlich der spezielle Fall $\varphi(y) = 1$, also der Fall des Verbrennungsgesetzes $\frac{dy}{dt} = A_1 \cdot p$, wird unter der Voraussetzung $y_0 = 0$ von Charbonnier eingehend erörtert („poudre à combustion constante“).

Bemerkungen zu der Charbonnierschen Methode; Kontrollberechnungen dazu. Methode von Sugot.

a) 1909 wurde im ballistischen Laboratorium ein Beispiel für ein neueres Gewehr von Hörer Oberleutnant Letzsch vollständig durchgeführt. Mittels Druckregistrierung an einer Versuchsbombe nach der Vieilleschen Methode wurden die Konstanten A_1 und β in dem Verbrennungsgezetz $\frac{dy}{dt} = A_1 (1 - y)^{\beta} \cdot p$ ermittelt und alsdann die Gasdrucke, Geschoßgeschwindigkeiten usw. nach Charbonniers Vorschrift berechnet. Von den Charbonnierschen Korrektionsfaktoren i und j wurde dabei zunächst kein Gebrauch gemacht. In diesem Fall ergab sich die Mündungsgeschwindigkeit des Geschosses angenähert richtig, (die Differenz gegenüber dem Mittel der Messungen nicht viel größer als der wahrscheinliche Fehler der Messung). Der Geschoßweg bis zum Eintritt des Gasdruckmaximums fand sich in Übereinstimmung mit der Messung durch den Rücklaufmesser. Ferner zeigte sich, gleichfalls in Übereinstimmung mit der Beobachtung, daß das Pulver beim Austritt des Geschosses aus der Mündung nahezu, aber noch nicht vollständig verbrannt ist. Dagegen ergab sich der Maximalgasdruck durch die Rechnung um ca. 38 % höher als durch die Messung mit dem Stauchapparat. Hiervon fällt ein beträchtlicher Teil, nämlich etwa 14 %, keinesfalls der Rechnungsmethode von Charbonnier zur Last, sondern rührt daher, daß der Gasdruck auf Grund einer Stauchtabelle ermittelt wurde, die mit der Hebelpresse, also statisch, gewonnen worden war. Indessen war im Verlauf der Berechnung deutlich zu erkennen, daß die Ursache dieser Abweichung zwischen der Rechnung und der Messung zu einem anderen Teil auch darin liegt, daß Charbonnier an Stelle des genauen Wertes $J = V_0 + q x - \alpha L y - \frac{L}{s}(1 - y)$ den angenäherten Wert $J = V_0 + y x - \alpha L$ benützt, daß er also den freien Gasraum hinter dem Geschoß nicht als Funktion der beiden

Variablen x (Geschoßweg) und y (Bruchteil der verbrannten Ladung), sondern nur als Funktion der einen Variablen x betrachtet. Weiter war zu erkennen, daß die Vieillesche Gasdruckregistrierung zu ungenaue Werte liefert.

b) M. Sugot hat (vgl. Lit.-Note) 1913 eine längere Arbeit über die Methode von Charbonnier veröffentlicht. Darin sucht er die vorhin erwähnte Vernachlässigung, die sich Charbonnier bezüglich des Gasraums J gestattet, zu vermeiden. Zu diesem Zweck schreibt er

$$J = V_0 + q x - \alpha L y - \frac{L}{s}(1-y) = (V_0 + q x - \alpha L)\,\{1 + b \cdot \vartheta' (1 + k' \cdot y)\},$$

also in der Form eines Produkts, dessen erster Faktor mit dem Charbonnierschen Ausdruck für den Gasraum J identisch ist und dessen zweiter Faktor eine von y abhängige Korrektionsgröße darstellt. Auf diese Weise führt Sugot alsdann die Integration durch, und zwar ebenfalls mit Hilfe von Reihenentwicklungen. Dabei ist sich Sugot wohl bewußt, daß der Gasraum J, der die algebraische Summe einer linearen Funktion von x und einer linearen Funktion von y ist, nicht streng das Produkt einer solchen Funktion von x und einer solchen Funktion von y sein kann, und daß daher der Faktor ϑ' keine Konstante, sondern eine noch zu bestimmende Funktion des Geschoßwegs x ist. Er wendet deshalb eine sukzessive Approximation an und kann schließlich zeigen, daß eine ausreichende Genauigkeit mit seinem Verfahren zu erzielen ist. Sugot geht also in ähnlicher Weise vor, wie dies fast um dieselbe Zeit Schmitz (s. w. u.) 1913 mit einer ersten und zweiten Annäherung getan hat. (In Wirklichkeit ist es nicht nötig, das Verfahren der sukzessiven Annäherung anzuwenden; vielmehr läßt sich der genaue Ausdruck für J gleich von vornherein benützen und die Differentialgleichung zwischen J und y in der Form einer Eulerschen Gleichung mit rechter Seite $\frac{dJ}{dy} + f(y) \cdot J = \text{const}$ schreiben und integrieren; darüber siehe w. u. die Anmerkung zu der Methode von Schmitz § 36, 3 Schluß).

Der Grund dafür, daß Sugot, wie früher Charbonnier, zur Ausführung der Integration die Reihenentwicklung und nicht das so naheliegende und bequeme Hilfsmittel der graphischen Integration oder das mechanische Hilfsmittel des Integraphen von Abdank-Abakanowitz benützt, dürfte darin zu suchen sein, daß beide Autoren bestrebt sind, geschlossene Formelausdrücke für den Gasdruck p, speziell für den Maximalgasdruck, zu bilden.

Wir müssen davon absehen, hier das umfangreiche Formel- und Tabellensystem von Sugot wiederzugeben; möchten vielmehr auf die betreffende Arbeit selbst verweisen. In dieser führt Sugot zum Schluß eine große Anzahl von Kontrollberechnungen zur Prüfung der Genauigkeit durch. Ohne Zweifel ist es danach Sugot gelungen, die Lösung Charbonniers zu verschärfen. G. Leplat hat 1925 durch Herstellung von bequemen Abakentafeln die Lösung von Charbonnier-Sugot noch weiter vereinfacht; s. Lit.-Note.

c) E. Bollé hat 1913 ebenfalls die Genauigkeit der Charbonnierschen Methode geprüft. Dabei wird $\alpha = 0{,}3 \cdot 10^{-3}$, $\gamma = 1{,}2$ genommen. Die Pulverkonstanten β und A_1 werden nicht nach der Vorschrift Charbonniers durch Registrierungen mit der Versuchsbombe gewonnen. Vielmehr wird β zufolge der früheren Piobertschen Hypothese vom Abbrennen der einzelnen Pulverkörner nach parallelen Schichten gleich $\frac{2}{3}$ gesetzt, da es sich um würfelförmiges Pulver handelt. Und A_1 wird dadurch ermittelt, daß an einem bestimmten Geschütz die Mündungsgeschwindigkeit v_e des Geschosses gemessen und daraus mittelst der Charbonnierschen Formeln A_1 berechnet wird; dieser Wert von A_1 wird alsdann auf andere Geschütze übertragen, in denen dieselbe Pulversorte verwendet wird. Es ergibt sich dabei eine gute Übereinstimmung zwischen Rechnung und Messung. Dabei sei noch bemerkt, daß dieses Verfahren, die Genauigkeit der Charbonnierschen Lösung zu prüfen, von Sugot kritisch besprochen wird.

d) O. Schmitz gibt in seiner schon erwähnten Arbeit (vgl. Lit.-Note) eine eingehende Kritik der Charbonnierschen Lösung. Diese Kritik bezieht sich insbesondere auf das Verbrennungsgesetz und auf die Vieillesche Versuchsbombe, mittelst deren die Druckregistrierung erfolgt. Es wird gezeigt, daß und weshalb es notwendig ist, den Rauminhalt der Versuchsbombe so groß zu wählen, daß er ungefähr dem Verbrennungsraum der Waffe entspricht, und auch die Anordnung der Pulverladung in der Versuchsbombe möglichst ähnlich derjenigen in der Waffe zu treffen. (Dabei sei der Vollständigkeit halber erwähnt, daß etwas früher schon Sugot vorgeschlagen hat, als Versuchsbombe ein abgeschnittenes und dann verschlossenes Rohr eines dem zu untersuchenden möglichst ähnlichen Geschützes zu benützen; O. Schmitz hatte bei Veröffentlichung seines Aufsatzes die Arbeit von Sugot noch nicht gekannt.) Am Schlusse seines Aufsatzes teilt O. Schmitz die Resultate einer Kontrollberechnuug mit; für ein Geschütz wurde die Mündungsgeschwindigkeit v_e des Geschosses und der Maximalgasdruck p_1 ermittelt: erstens durch Messung; zweitens durch Rechnung nach Charbonnier auf Grund von Bombenversuchen für f und α einerseits und für A_1 und β andererseits; drittens durch Rechnung nach der sogleich anzuführenden Methode von O. Schmitz auf Grund von Registrierungen an einer geeigneteren Versuchsbombe; es fand sich

durch den Versuch	$v_e = 400$ m/sec,	$p_1 = .850$ kg/cm²
durch Rechnung nach Charbonnier	$v_e = 433$ „	$p_1 = 1120$ „
„ „ „ Schmitz	$v_e = 400$ „	$p_1 = 845$ „

Auch hier lag also, ähnlich wie dies bei dem Beispiel von Oblt. Letzsch der Fall gewesen war, der nach Charbonnier errechnete Maximaldruck erheblich höher als der gemessene. Von den Charbonnierschen Korrektionsfaktoren i und j war auch bei diesem Beispiel kein Gebrauch gemacht worden. Daraus folgt, daß man, für eine scharfe Lösung nach Charbonniers Vorschlägen, diese Charbonnierschen Faktoren i und j in der Tat nicht entbehren kann.

3. Lösung von Fr. Krupp (O. Schmitz) 1913/14. Schon in § 18 wurde auseinandergesetzt, daß Fr. Krupp (O. Schmitz) hinsichtlich der rein empirischen Ermittlung der Verbrennungsfunktion einen Schritt weiter gegangen ist, als alle seine Vorgänger. Er setzt zwar gleichfalls voraus, daß das Verbrennungsgesetz die allgemeine Charbonniersche Form habe $\frac{dy}{dt} = A_1 \cdot \varphi(y) \cdot p$; aber er verzichtet darauf, für $\varphi(y)$ eine bestimmte mathematische Funktion, etwa $(1-y)^\beta$ oder y^{β_1} oder dgl., im voraus anzunehmen und alsdann die zu dem betreffenden Pulver gehörenden Zahlenwerte von A_1 und β durch Bombenversuche zu ermitteln; vielmehr gewinnt er die Funktion $A_1 \cdot \varphi(y)$ selbst rein empirisch durch Druckregistrierung an einer zweckmäßig gebauten Versuchsbombe. Darin liegt das wesentlich Neue in der Lösungsmethode von Krupp (Schmitz) und zugleich der Fortschritt, der durch ihn in der inneren Ballistik erreicht worden ist. Daß $\frac{dy}{dt}$ proportional der ersten Potenz des Drucks ist, hat Schmitz, wie er angibt, durch sehr zahlreiche Versuche der Firma Fr. Krupp als für die modernen kolloidalen Pulversorten gültig nachgewiesen.

Die Ermittlung der Funktion $A_1 \varphi(y)$ beruht darauf, daß

$$\int_0^t p \cdot dt = \int_0^y \frac{dy}{A_1 \cdot \varphi(y)} = f(y)$$

für dasselbe Pulver lediglich eine Funktion von y ist, also unabhängig davon, ob die Verbrennung des Pulvers in dem konstanten Volumen der Versuchsbombe oder in dem variablen Seelenraum der Waffe erfolgte, wenn nur beidemal die Abmessungen der Pulverkörner dieselben und die Lagerung der Ladungen ähnlich waren.

Man verbrennt also in einer Versuchsbombe von dem Volumen V_b eine bestimmte Ladung L_b des Pulvers (unter möglichst ähnlichen Verhältnissen, wie sie später für dieselbe Pulversorte in der zu untersuchenden Waffe vorhanden sein werden), und registriert dabei mittels einer Schmitzschen Druckfeder und in photographischer Vergrößerung den Gasdruck p_b in der Bombe als Funktion der Zeit t. Die betreffende Druck-Zeit-Kurve befährt man mit dem Fahrstift des Integraphen und erhält so $\int p_b \cdot dt$ für beliebige Werte von t oder auch für beliebige Werte von p_b. Da nun nach dem Abelschen Gesetz

$$p_b = \frac{f \cdot L_b \cdot y}{V_b - \alpha L_b \cdot y - \frac{L_b}{s}(1-y)}$$

ist, so läßt sich zu jedem Wert von p_b der zugehörige Bruchteil y der bis dahin verbrannten Ladung berechnen, man kennt somit $\int_0^t p \cdot dt$ oder $\int_0^y \frac{dy}{A_1 \cdot \varphi(y)}$ als Funktion von y. Diese Funktion sei mit $z(y)$ bezeichnet und graphisch dargestellt. Nunmehr wird zu der Waffe übergegangen, in der die Ladung L im Pulverraum V_0 zur Entzündung gebracht wird, wodurch das Geschoß von der Masse m bzw. der fiktiven Masse μ, die Krupp-Schmitz gleich $i \cdot \frac{G + 0{,}5\,L}{9{,}81}$ nimmt (i zwischen 1,03 und 1,05), im Rohr seine Beschleunigung erhält. Wieder wie früher sei der Gasdruck $p \cdot q$, die Geschoßgeschwindigkeit v, wenn das Geschoß den Weg x zurückgelegt hat und Ly kg Pulver verbrannt sind. Aus der Newtonschen Bewegungsgleichung $\mu \frac{dv}{dt} = p\,q$ folgt:

$$\frac{\mu}{q} \cdot v = \int p \cdot dt = z(y) - z(y_0);$$

dabei ergibt sich y_0, wie früher gezeigt wurde, aus dem Einpressungsgasdruck P_0.

Bezeichnet man $z(y) - z(y_0)$ kurz mit $\xi(y)$, so ist

$$v = \frac{q}{\mu} \cdot \xi(y). \tag{a}$$

Man hat also v in Funktion von y.

Weiter verfährt Krupp-Schmitz in ähnlicher Weise wie Charbonnier; jedoch wendet er erstens nicht Reihenentwicklungen an, sondern er ermittelt die auftretenden Integrale mit dem Integraphen; zweitens berücksichtigt er (ähnlich wie Sugot) durch sukzessive Annäherung die Abhängigkeit des Gasraums J von x und von y. Letzteres geschieht bei O. Schmitz in der Weise, daß J zunächst näherungsweise mit konstantem Kovolumen (Kovolumen im weiteren Sinne) berechnet und sodann durch eine Korrektion ergänzt wird, die sich auf unendlich kleine Intervalle bezieht, so daß die Berücksichtigung jener Abhängigkeit zu einer strengen wird.

Der Ausdruck $J = V_0 + qx - \alpha L y - \frac{L}{s}(1 - y)$ wird also zunächst $\left(\text{mit der Annahme } \alpha = \frac{1}{s}\right)$ ersetzt durch den Näherungsausdruck $J = V_0 + qx - \frac{L}{s}$, woraus folgt $dJ = q \cdot dx$. Es ist folglich $p = \frac{\mu}{q} \cdot \frac{dv}{dt} = \frac{\mu \cdot v \cdot dv}{q \cdot dx} = \frac{\mu \cdot v \cdot dv}{dJ}$. Damit, sowie mit (a) wird die Résalsche Hauptgleichung (obige Gleichung (1)) $J \cdot p + \frac{\mu}{2}(\gamma - 1) v^2 = f L y$ zu der folgenden:

$$\frac{dJ}{J} = \frac{\mu v \cdot dv}{f L y - \frac{\mu}{2}(\gamma - 1) v^2} = \frac{q^2}{\mu} \cdot \frac{\xi \cdot d\xi}{f \cdot L \cdot y - \frac{1}{2}(\gamma - 1)\frac{q^2}{\mu} \cdot \xi^2}.$$

Berechnet man also für eine große Anzahl von Werten y und damit von Werten ξ die Werte von $f L y - \frac{\mu}{2}(\gamma - 1)\frac{q^2}{\mu} \cdot \xi^2$ oder von $p \cdot J$, ferner ebenso die Werte von $\frac{q^2}{\mu} \cdot \frac{\xi}{p \cdot J}$, trägt diese letzteren Werte als Funktion von ξ graphisch auf und befährt die entstehende Kurve mit dem Integraphen, so hat man log nat $\frac{J}{J_0}$ für die verschiedenen Werte von ξ oder von y. Dabei integriert man mechanisch vom Anfang der Geschoßbewegung ab bis zum Ende der Pulverbrennung; also von $y = y_0$; $\xi = 0$, $v = 0$, $t = 0$, $J = J_0$ ab bis $y = 1$.

Nunmehr wird nachträglich noch die Verschiedenheit von α und $\frac{1}{s}$ in Rechnung gezogen: Man denke sich den Geschoßweg in sehr viele, sehr kleine Teilstrecken zerlegt; für diese kennt man aus der vorhin erwähnten Integration die Verhältnisse $\frac{J_1}{J_0}, \frac{J_2}{J_1}, \frac{J_3}{J_2}$ usw. Diese seien mit $N_1, N_2, N_3 \ldots$ bezeichnet, so daß das Produkt $N_1 \cdot N_2 \cdot N_3 \ldots$ oder N gleich $\frac{J}{J_0}$ ist. Nun war vorher beispielsweise die Vergrößerung des Gasraums J_1 auf J_2 zu groß genommen, nämlich um $\left(\alpha - \frac{1}{s}\right) L \cdot \Delta y$, wo Δy den Unterschied der y-Werte in dem betreffenden Intervall bedeutet. Genauer als $J_2 = J_1 \cdot N_2$ ist also

$$J_2 = N_2 \cdot \left\{J_1 - \left(\alpha - \frac{1}{s}\right) L \cdot \Delta y\right\}.$$

Fährt man so fort, so wird schließlich

$$J = N\left(J_0 - \left(\alpha - \frac{1}{s}\right) L \int \frac{dy}{N}\right),$$

womit J in Funktion von y bekannt ist. Der weitere Gang der Berechnung ist daraus ersichtlich.

Anmerkung.

Zurückführung auf eine lineare Differentialgleichung mit Störungsglied.

In einem Anhang zu der erwähnten Arbeit von O. Schmitz (s. Lit. Note) hat C. Cranz ergänzend ausgeführt, daß und wie die Lösung auf die Integration einer linearen Differentialgleichung mit Störungsglied hinauskommt, und daß das von O. Schmitz angewendete Verfahren sukzessiver Annäherung in der Tat zur richtigen Endformel führt. Dies möge hier kurz gezeigt werden.

Es war

$$v = \frac{q}{\mu}\,\xi(y) = \frac{q}{\mu}\,(z(y) - z(y_0)),$$
$$J = V_0 + q\,x - \alpha\,L\,y - \frac{L}{s}(1 - y) = f(x, y).$$

Wenn man das totale Differential von J bildet, so erhält man

$$dJ = \frac{\partial J}{\partial x} dx + \frac{\partial J}{\partial y} dy = q\,dx - L\left(\alpha - \frac{1}{s}\right) dy.$$

Führt man den hieraus sich ergebenden Wert von $q \cdot dx$ in die Newtonsche Bewegungsgleichung

$$\mu \frac{dv}{dt} = \mu\,v \frac{dv}{dx} = p\,q$$

ein, so wird

$$p = \frac{\mu}{q} \cdot \frac{v\,dv}{dx} = \frac{\mu\,v\,dv}{dJ + L\left(\alpha - \frac{1}{s}\right) dy} = \frac{q^2}{\mu} \frac{\xi(y) \cdot \xi'(y) \cdot dy}{dJ + L\left(\alpha - \frac{1}{s}\right) dy}.$$

Also nimmt die Résalsche Hauptgleichung der inneren Ballistik oder die Gleichung

$$J \cdot p + \frac{\mu}{2}(\gamma - 1) \frac{q^2}{\mu^2} \xi^2(y) = f\,L\,y$$

die folgende Form an:

$$\frac{\frac{q^2}{\mu}\cdot\xi(y)\cdot\xi'(y)\cdot dy}{dJ+L\left(\alpha-\frac{1}{s}\right)dy}\cdot J+\frac{\mu}{2}(\gamma-1)\left(\frac{q}{\mu}\right)^2\xi^2(y)=fLy,$$

oder

$$\frac{dJ}{dy}-\frac{q^2}{\mu}\cdot\frac{\xi\cdot\xi'}{fLy-\frac{\gamma-1}{2}\frac{q^2}{\mu}\xi^2}\cdot J=-L\left(\alpha-\frac{1}{s}\right).$$

Hier sei der Nennerausdruck des zweiten Glieds, nämlich

$$fLy-\frac{\gamma-1}{2}\frac{q^2}{\mu}\xi^2(y)$$

mit $\psi(y)$ bezeichnet, woraus durch Ableitung nach y folgt

$$fL-(\gamma-1)\frac{q^2}{\mu}\cdot\xi\xi'=\psi'(y)$$

oder

$$\frac{q^2}{\mu}\xi\xi'=\frac{1}{\gamma-1}(fL-\psi').$$

Somit läßt sich die Differentialgleichung in der Form schreiben:

$$\frac{dJ}{dy}-\frac{1}{\gamma-1}\cdot\frac{fL-\psi'(y)}{\psi(y)}\cdot J=-B,$$

wo die Konstante $L\left(\alpha-\frac{1}{s}\right)$ zur Abkürzung $=B$ gesetzt ist.

Das Integral dieser Differentialgleichung zwischen J und y ist das folgende:

$$J=N\left(J_0-B\int_{y_0}^{y}\frac{dy}{N}\right),$$

$$\text{wo}\ \log\text{vulg}\, N=\frac{0{,}4343}{\gamma-1}fL\int_{y_0}^{y}\frac{dy}{\psi(y)}-\frac{1}{\gamma-1}\log\text{vulg}\frac{\psi}{\psi_0};$$

$$\psi=fLy-\frac{\gamma-1}{2}\frac{q^2}{\mu}\xi^2(y);\qquad \psi_0=fLy_0-\frac{\gamma-1}{2}\frac{q^2}{\mu}\xi^2(y_0);$$

und dieses N ist mit dem Schmitzschen N identisch, wie man durch Differentiation nach y nachweisen kann. Dabei ist die Integrationskonstante so bestimmt, daß für den Beginn der Geschoßbewegung, also für $x=0$, $v=0$, $y=y_0$, der Wert von $J=J_0$ wird. In der Tat ist für $y=y_0$: $\psi=\psi_0$; $\log N=0$; $N=1$; $B\int_{y_0}^{y}\frac{dy}{N}=B\int_{y_0}^{y_0}dy=0$; $J=J_0$. Auf diese Weise erhält man für einen beliebigen Wert von y nicht nur die Geschoßgeschwindigkeit v, sondern auch den freien Gasraum J und folglich den Geschoßweg x. Der zugehörige Gasdruck ergibt sich aus $p=\frac{\psi}{J}$.

Dieses Ergebnis, zu dem der Verfasser vor 1913 geführt worden war, daß nämlich ein sukzessives Annäherungsverfahren überhaupt nicht angewendet werden **muß**, daß vielmehr die lineare Differentialgleichung zwischen J und y auch bei Verwendung der **genauen** Beziehung für $J(x, y)$ aufgestellt und integriert werden kann, hat neuerdings auch F. **Desmazières** (vgl. Lit. Note) erhalten. Der Unterschied ist nur der, daß die betr. lineare Differentialgleichung nicht zwischen J und y gebildet wird, wo $J = V_0 - \frac{L}{s} + q\,x - L\cdot y\left(\alpha - \frac{1}{s}\right)$ ist, sondern zwischen $V_0 - \frac{L}{s} + q\,x$ und y oder, was prinzipiell dasselbe ist, zwischen x und y. Von der Einrechnung von y_0 und der Reibungsarbeit A wird abgesehen. Das Neue und Wertvollste an der Arbeit von **Desmazières** sind die von ihm gegebenen Diagramme der Lösung.

In § 38, G wird weiterhin gezeigt werden, daß auch bei Berücksichtigung des variablen **Reibungswiderstandes** $W(x)$, den das Geschoß im Laufe findet, die Differentialgleichung zwischen dem genauen Wert von J und zwischen y aufgestellt und integriert werden kann.

Beispiel zu dem Verfahren von Krupp-Schmitz.

Im folgenden ist zur Erläuterung und **Prüfung** des **Schmitzschen** Verfahrens ein Zahlenbeispiel durchgeführt. In einer Versuchsbombe vom Inhalt V_b (m³) wird eine Ladung L_b (kg) der betreffenden Pulversorte, um die es sich handelt, zur Explosion gebracht. Der entstehende Gasdruck p_b (kg/m²) in der Bombe wird vom Beginn der Verbrennung ab ($y = 0$; $p_b = 0$) bis zum Ende der Verbrennung ($y = 1$; $p_b = p_{\max}$) in Funktion der Zeit t mittels einer **Schmitzschen** Druckfeder und photographischer Vergrößerung registriert. Die erzeugte Registrierung $p_b(t)$ wird mit dem Integraphen befahren. Man kennt folglich für die verschiedenen Zeiten t oder auch für die verschiedenen Drücke p_b die zugehörigen Werte von $\int_0^t p_b\cdot dt$. Zu jedem Wert von p_b gehört aber ein bestimmter Wert von y. Dieser berechnet sich aus

$$p_b = \frac{f\,L\,y}{V_b - \frac{1}{s}L_b - L_b\left(\alpha - \frac{1}{s}\right)y},$$

oder noch einfacher, da in der Bombe $p_{\max}$ (für $y = 1$) gleich $\frac{f\,L}{V_0 - \alpha\,L_b}$ ist, aus der Gleichung

$$y = \frac{V_b - \frac{1}{s}L_b}{L_b\left(\alpha - \frac{1}{s}\right) + (V_b - \alpha\,L_b)\cdot\frac{p_{\max}}{p_b}}.$$

Folglich kann man eine Tabelle anlegen, die für die verschiedensten Werte von y, von $y = 0$ bis $y = 1$, die Werte des Integrals $\int_0^t p_b\cdot dt$ liefert. Diese Integralwerte seien kurz mit $\xi(y)$ bezeichnet.

Für die Waffe selbst sei L (kg) die Ladung der gleichen Pulversorte; q oder $R^2\pi$ (m²) der Querschnitt des gezogenen Teils; G (kg) das Geschoßgewicht; $\mu = 1{,}05\cdot\frac{G + 0{,}5\,L}{9{,}81}$ die fingierte Geschoßmasse; V_0 (m³) der Inhalt des Verbrennungsraums; P_0 (kg/m²) der Einpressungswiderstand; y_0 der bei Beginn der Geschoßbewegung verbrannte Bruchteil der Ladung, berechnet aus

$$P_0 = \frac{f L y_0}{J_0}; \quad J_0 = V_0 - \alpha L y_0 - \frac{L}{s}(1 - y_0).$$

Zu einer beliebigen Zeit t sei x (m) der Weg des Geschosses im Rohr; p (kg/m²) der Gasdruck; v (m/sec) die Geschoßgeschwindigkeit; y der bis dahin verbrannte Ladungsteil; J (m³) der freie Gasraum. Man berechnet alsdann in der angegebenen Weise für die verschiedenen Werte von y die Werte von J und damit von x, von v und von p.

Für ein Gewehr war: $q = 0{,}518 \cdot 10^{-4}$; $V = 3{,}85 \cdot 10^{-6}$; $fL = 267$; $\mu = 1{,}196 \cdot 10^{-3}$; $f = 83500$; $\alpha = 1{,}1 \cdot 10^{-3}$; $P_0 = 560 \cdot 10^4$; $y_0 = 0{,}0366$; $J_0 = 1{,}741 \cdot 10^{-6}$.

Zunächst wurden Druckregistrierungen mit einer Versuchsbombe und dem betreffenden Pulver durchgeführt. Der Umfang der Registriertrommel war 50,0 cm; die Tourenzahl 8500 pr. Min.; 1 cm der Zeitabszisse war also $= \frac{60}{50 \cdot 8500} = 1{,}412 \cdot 10^{-4}$ sec. Der Maximaldruck in der Bombe $p_{max} = 2415 \cdot 10^4$ kg/m²; 1 mm der Gasdruckordinaten in der Photographie stellte $19{,}35 \cdot 10^4$ kg/m² Druck dar. Mit Einsetzung der Werte L_b, V_b, α, s für die Bombe ergab sich zu jedem Wert p_b des Drucks in der Bombe der Wert von y aus der Gleichung

$$y = \frac{1{,}12}{0{,}12 + \frac{p_{max}}{p_b}},$$

wobei $p_{max} = 2415 \cdot 10^4$ war.

So fand sich zu: $p_b = 0$; 0,77; 1,55; 1,93; ... 73,1; 79,2; 87,0; ... 2160; 2350; 2415 mal 10^4 kg/m² ein Wert von y resp. gleich 0; 0,000357; 0,000718; ... 0,0336; 0,0365; 0,0402; ... 0,902; 0,974; 1,0. Die Druck-Zeit-Kurve $p_b(t)$ wurde mit dem Integraphen befahren, dadurch ergab sich $\int_{y_0=0{,}0366}^{y} p_b(t) \cdot dt$ oder $z(y) - z(y_0)$ oder $\xi(y)$ für die verschiedenen Werte von y. Hier mögen nur einige wenige Zahlen der ganzen Berechnung wiedergegeben werden. Für $y = 0{,}0366\ldots$; 0,98; 0,99; 1,00 fand sich bzw. $\xi = 0$; ...; 34,8; 36,7; 39,35 mal 564,8; ferner $\psi(y) = 9{,}772$; ...; 156,2; 149,0; 128,7. $\log N$ bzw. $= 0$; ...; 1,374; 1,525; 1,743; weiter (mittels des Integraphen) $B \cdot \int \frac{dy}{N}$ bzw. $= 0$; ...; 0,6272; 0,6278; 0,6280 mal 10^{-6}; $J = 1{,}7408$; ...; 26,37; 37,30; 61,589 mal 10^{-6}. Daraus ergab sich x bzw. $= 0$; ...; 0,503; 0,715; 1,180; ferner p oder $\frac{\psi}{J}$ bzw. $= 560$; ...; 593; 398; 209 mal 10^4; v bzw. $= 0$; ...; 851; 896; 958.

Ergebnis: a) Maximaldruck berechnet 3750 kg/cm²; gemessen wurde mit dem Stauchapparat 3580; wenn man berücksichtigt, daß nach den neuen Ergebnissen von Seehase (vgl. Lit.-Note) der wirkliche, dynamische Druck bei Verwendung von Kupferzylindern etwa 10% höher liegt als der statische, mit Hilfe der Presse erhaltene Druck, so dürfte dieses Resultat der Wahrheit nahe kommen. b) Mündungsgeschwindigkeit berechnet 891 m/sec; gemessen 885 m/sec. c) Das Pulver ist nach der Rechnung noch nicht vollständig, jedoch zu 99% verbrannt, wenn das Geschoß durch die Mündung geht (übereinstimmend mit der Beobachtung nach der in Band III angegebenen Methode). d) Weg des Geschosses bis zum Eintritt des Gasdruckmaximums nach der Berechnung 40 mm; dabei Geschoßgeschwindigkeit 334 m/sec.

§ 37. Lösungsmethoden von H. Mache (1916/18), H. Lorenz-Danzig (1917) und A. Nowakowski (1917.)

A. H. Mache (s. Lit.-Note) nimmt, auf Grund der Versuche von Petavel und der eigenen Forschungen, die Verbrennungsgeschwindigkeit des Pulvers proportional der 1. Potenz des Drucks. Das Kovolumen α des Pulvers setzt er gleich dem spez. Volumen $\frac{1}{s}$; so daß der freie Gasraum für einen beliebigen Augenblick nicht durch $J = V_0 + qx - \alpha L y - \frac{L}{s}(1 - y)$ dargestellt wird, wo y den in diesem Augenblick verbrannten Bruchteil der Ladung bedeutet, sondern durch $J = V_0 + qx - \alpha L$. Dadurch wird bei ihm dieser Gasraum abhängig allein von dem Geschoßweg x; und da er diesen Weg von einem Punkt ab zählt, der so liegt, daß nur die ganze Ladung ohne Zwischenräume hinter ihm liegt, so wird $J = qx$.

Die laufenden Widerstände bringt Mache in ähnlicher Weise in Rechnung, wie dies schon früher N. Sabudski getan hat, nämlich durch Einführung einer fingierten Geschoßmasse μ. Wohl als Erster berücksichtigt ferner Mache in seiner Lösung die Einpressungsarbeit λ.

Was das Verbrennungsgesetz im einzelnen betrifft, so geht Mache wieder, wie die Ballistiker vor Charbonnier es taten, von der Form des einzelnen Pulverkorns aus und setzt Verbrennung in Parallelschichten voraus. Es sei $2s$ die Dicke des Korns zur Zeit t; $2s_0$ die anfängliche Dicke. Er erhält dann den Moment der vollendeten Pulververbrennung ($t = t_1$, $v = v_1$, $x = x_1$) mittels des speziellen Wertes $s = 0$. Nur drei Haupttypen von Pulvern werden unterschieden: Erstens „Lamellenpulver“, bei dem die Anfangsdicke $2s_0$ des Korns klein ist gegenüber den beiden Flächenseiten, so daß das Abbrennen vom Rande her vernachlässigt werden kann und die gesamte Oberfläche bis zum Schluß durch das Abbrennen nicht wesentlich verändert wird (Blättchenpulver, Streifenpulver usw.). Zweitens „Stabpulver“, bei dem der Querschnitt des stabförmigen Korns ein Kreis oder ein Quadrat oder ein beliebiges reguläres Polygon ist. Drittens „Würfelpulver“, dessen Körner die Form einer Kugel, eines Würfels oder überhaupt eines regulären Polyeders haben.

Die lineare Verbrennungsgeschwindigkeit $\frac{ds}{dt}$ wird dann $= -c_1 p$ gesetzt; c_1 die Verbrennungsgeschwindigkeit bei dem Druck $p = 1$.

Für das „Lamellenpulver“ ist der zur Zeit t abgebrannte Bruchteil der Ladung $y = \frac{s_0 - s}{s_0}$; also $\frac{dy}{dt} = -\frac{ds}{dt} \cdot \frac{1}{s_0} = \frac{c_1}{s_0} \cdot p$. Folglich ist die Bewegungsgleichung

$$\mu \frac{dv}{dt} = pq = \frac{s_0 q}{c_1} \cdot \frac{dy}{dt}, \quad \frac{dv}{dt} = v_1 \cdot \frac{dy}{dt}, \quad \text{wo } v_1 = \frac{s_0 q}{c_1 \mu} \text{ gesetzt ist.}$$

Daraus $$v = v_1(y - y_0) \quad \text{oder} \quad y = y_0 + \frac{v}{v_1}.$$

Damit nimmt, weil $J = qx$ ist, die Résalsche Hauptgleichung die Form an:

$$pqx = Lf\left(y_0 + \frac{v}{v_1}\right) - (\gamma - 1)\left(\frac{\mu}{2} v^2 + \lambda\right).$$

Dies in die Newtonsche Bewegungsgleichung eingesetzt, gibt:

$$\frac{dv}{dt} \text{ oder } v\frac{dv}{dx} = \frac{1}{x}\left\{\frac{fL}{\mu}\left(y_0 + \frac{v}{v_1}\right) - (\gamma - 1)\frac{\lambda}{\mu} - \frac{\gamma - 1}{2} v^2\right\}.$$

Also erhält man eine Differentialgleichung von der Form:

$\frac{dx}{x} = \frac{v \cdot dv}{A + Bv + Cv^2}$, wobei A, B, C gewisse Konstanten bedeuten.

Bei dem „Stabpulver" ist $y = \frac{s_0^2 - s^2}{s_0^2}$. Die Differentialgleichung erhält dieselbe Form; indessen mit anderer Bedeutung der Konstanten A, B, C. Für „Würfelpulver" ist $y = \frac{s_0^3 - s^3}{s_0^3}$. Es ergibt sich eine Differentialgleichung von der allgemeinen Form:

$$\frac{dx}{x} = \frac{v\,dv}{A + Bv + Cv^2 + Dv^3}.$$

Durch Integration der betreffenden Differentialgleichung erhält man die Beziehung zwischen dem Geschoßweg x und der Geschoßgeschwindigkeit v; hieraus vermöge der Résalschen Hauptgleichung den Gasdruck p für jeden Geschoßweg x.

Ist die Verbrennung beendigt, d. h. ist $s = 0$, $y = 1$, $v = v_1(1 - y_0)$ geworden, so wird mit den adiabatischen Formeln bis zur Mündung weitergerechnet.

Der Wert von c_1 und damit von v_1 soll durch Messung der Verbrennungsgeschwindigkeit bei dem Atmosphärendruck $p = 1$ erhalten werden.

Wie leicht zu sehen ist, hat in dem Verbrennungsgesetz $\frac{dy}{dt} = A_1 \cdot \varphi(y) \cdot p$ die Funktion $\varphi(y)$ bei Mache die folgende Form für die drei Pulversorten: Es ist $\varphi(y) = (1 - y)^{\beta_1}$, wo β_1 bzw. $= 0, \frac{1}{2}, \frac{2}{3}$ ist. Denn wie erwähnt, ist für das Lamellenpulver, das Stabpulver und das Würfelpulver $y = 1 - \left(\frac{s}{s_0}\right)^\beta$, wo β bzw. $= 1, 2, 3$ ist. Folglich wird die kubische Verbrennungsgeschwindigkeit $\frac{dy}{dt} = -\frac{\beta}{s_0^\beta} \cdot s^{\beta-1} \cdot \frac{ds}{dt}$ und da $\frac{ds}{dt} = -c_1 \cdot p$ gesetzt ist, so wird $\frac{dy}{dt} = +\frac{\beta \cdot c_1}{s_0^\beta} \cdot s^{\beta-1} \cdot p$. Ersetzt man hier s durch seine Funktion von y, nämlich durch $s = s_0(1 - y)^{\frac{1}{\beta}}$, so wird $\frac{dy}{dt} = \frac{\beta \cdot c_1}{s_0^\beta} \cdot s_0^{\beta-1} \cdot (1 - y)^{1 - \frac{1}{\beta}} \cdot p = \frac{\beta \cdot c_1}{s_0} \cdot (1 - y)^{\frac{\beta - 1}{\beta}} \cdot p = A_1 \cdot (1 - y)^{\beta_1} \cdot p$, wo

$\beta_1 = 0, \frac{1}{2}, \frac{2}{3}$ wird, wenn β die Werte 1, 2, 3 annimmt. A_1 wird dadurch ermittelt, daß c_1 die lineare Verbrennungsgeschwindigkeit $w = \frac{ds}{dt}$ beim Druck $p = 1$ bedeutet; wenn also wieder $2 \cdot s_0$ die ursprüngliche Dicke des Korns ist, so hat man $A_1 = \frac{\beta \cdot w}{s_0} = \frac{w}{s_0 \cdot (1 - \beta_1)}$.

B. H. Lorenz macht ähnliche Voraussetzungen wie H. Mache, jedoch nimmt er den bei Beginn der Geschoßbewegung verbrannten Bruchteil y_0 der Ladung und ebenso die Einpressungsarbeit gleich Null. Auf diese Weise erhält er u. a. den Satz, daß das Verhältnis des bis zum Eintreten des Maximaldrucks reichenden Geschoßwegs zu der freien Länge des Verbrennungsraums unabhängig sei von den Pulvereigenschaften, nämlich $= 2{,}72$.

Neu ist bei H. Lorenz ferner die Berücksichtigung der Abkühlung der Pulvergase an den Wänden des Rohrs, es geschieht dies durch geeignete Modifikation des Wertes von f.

C. A. Nowakowski berücksichtigt, daß das Kovolumen α des Pulvers nicht in allen Fällen genügend genau gleich dem reziproken Werte $\frac{1}{s}$ des spezifischen Korngewichts ist, und gelangt so wiederum (vgl. § 36. 3, Anmerkung) zu einer linearen Differentialgleichung mit Störungsglied. Besonders eingehend behandelt Nowakowski die Frage der Einpressungsarbeit auf theoretischem Wege. Vor allem dadurch ist die Arbeit von Nowakowski bedeutungsvoll.

Gemeinsam ist diesen drei Lösungsmethoden, von Mache, von Lorenz und von Nowakowski, daß bei der Aufstellung des Verbrennungsgesetzes von der geometrischen Form des Korns ausgegangen, also die Annahme einer Verbrennung in äquidistanten Schichten gemacht wird, wovon im § 18 die Rede war. Aber im einzelnen weisen die Lösungen charakteristische Unterschiede auf. Diese drei Methoden Mache, Lorenz und Nowakowski gehören ohne Zweifel zu den wichtigsten Lösungsverfahren, die im Laufe der Entwicklung der Ballistik vorgeschlagen wurden; es wäre deshalb zu wünschen, daß solche Ballistiker, die dazu in der Lage sind und denen reichliches und einwandfreies Beobachtungsmaterial zur Verfügung steht, diese drei Methoden einer eingehenden Prüfung auf ihre Genauigkeit und praktische Verwendbarkeit unterziehen; dem Verfasser war dies leider bis jetzt nicht möglich.

§ 38. Graphisches Lösungsverfahren von C. Cranz (1918).

Dieses Verfahren möge im folgenden in einer solchen Form dargestellt werden, daß dieser § 38 für sich, ohne Bezugnahme auf die früheren Nummern, gelesen und benützt werden kann. Zu diesem

Zweck sind die zu benützenden Grundgleichungen, wiewohl diese schon in § 27 abgeleitet wurden, noch einmal in aller Kürze, aber in etwas anderer Weise entwickelt; ein praktisches Zahlenbeispiel ist angefügt.

A. Bezeichnungen.

$2R$ (m) das Kaliber;

q oder $R^2\pi$ (m^2) der Querschnitt des gezogenen Teils der Seele, mit den Zügen;

V_0 (m^3) der Verbrennungsraum, d. h. der leergedachte Raum zwischen dem Stoßboden und dem Geschoßboden für den Augenblick, in dem das Geschoß seine Bewegung im Rohr beginnt und von dem ab die Zeit t (sec) gezählt wird;

L (kg) die Pulverladung;

G (kg) das Geschoßgewicht;

$m = \frac{G}{9{,}81}\left(\frac{\text{kg sec}^2}{\text{m}}\right)$ die wahre Geschoßmasse;

μ eine scheinbare Geschoßmasse (s. w. u.);

m_r die Masse der rücklaufenden Teile der Waffe;

ϱ (m) der Trägheitshalbmesser des Geschosses um dessen Längsachse; dabei $\frac{\varrho^2}{R^2}$ wenig verschieden von 0,6;

α_2 der als konstant angenommene Drallwinkel der Züge, bei der Berechnung von μ verwendet (wenn α_2 veränderlich ist, wird μ sowohl mit dem Anfangsdrallwinkel als auch mit dem Enddrallwinkel berechnet und ein Mittelwert genommen);

f (m) die „Kraft" des Pulvers; Abkürzung für $\frac{10333 \cdot \mathfrak{v}_0\, T_0}{273}$; $\mathfrak{v}_0$ das spezifische Volumen (m^3/kg) des Pulvers; T_0 die absolute Verbrennungstemperatur;

α (m^3/kg) das Kovolumen des Pulvers; über die Ermittlung von f und α s. w. u.;

s (kg/m^3) das durchschnittliche spezifische Gewicht des Pulverkorns;

$B = L\left(\alpha - \frac{1}{s}\right)$, Abkürzung;

$V = V_0 - \frac{L}{s} + q \cdot x$, Abkürzung;

$V_0' = V_0 - \frac{L}{s}$, Abkürzung;

P_0 (kg/m^2) der Einpressungswiderstand, d. h. der bei Beginn der Geschoßbewegung herrschende Gasdruck; darüber vgl. § 38. D u. § 46;

$A\,(\text{mkg}) = q \cdot \int_0^x W(x) \cdot dx$ die bei der Einpressung des Geschosses in die Züge zu leistende Deformationsarbeit samt der Arbeit gegen die Reibung am Geschoßmantel. Auch darüber vgl. § 38. D u. § 46. Dort sind zwei experimentelle Methoden zur Bestimmung von P_0 und A erwähnt, die man anwenden kann, bis bessere Mittel gefunden sind.

x (m) der Weg, den das Geschoß (und zwar der Boden des Geschosses) von dem Beginn der Geschoßbewegung ab in der Zeit t sec im Rohr zurücklegt; wenn das Rohr zurückläuft, soll x nicht in Beziehung auf den Erdboden, sondern in Beziehung auf das Rohr gerechnet werden;

x' derselbe Weg am Ende der Pulververbrennung;

x_e derselbe beim Austritt des Geschoßbodens aus der Mündung; also x_e die Länge des gezogenen Teils des Rohrs plus dem Abstand zwischen Geschoßboden und vorderer Fläche des Führungsbandes;

$v = \frac{dx}{dt}$ (m/sec) diejenige Geschwindigkeit bezüglich des Rohrs, die das Geschoß in Richtung der Seelenachse besitzt, wenn der Geschoßboden von der Ruhelage des Geschosses aus um x (m) im Rohr vorgerückt ist;

$w = \frac{\mu}{2} v^2$ Abkürzung für die Wucht der scheinbaren Geschoßmasse μ in diesem Augenblick;

v' dieselbe Geschoßgeschwindigkeit im Augenblick der vollendeten Pulververbrennung; dabei $t = t'$;

v_e dieselbe für den Augenblick, in dem der Geschoßboden die Mündung passiert; dabei $t = t_e$;

p, p', p_e der Druck der Pulvergase (kg/m²) für dieselben drei Augenblicke;

y der Bruchteil der Ladung L, der zur Zeit t verbrannt ist; also verbrannt Ly kg; nicht verbrannt $L(1-y)$ kg;

y_0 derselbe Bruchteil für den Beginn der Geschoßbewegung, wobei der Gasdruck P_0 ist;

J (m³) der freie Gasraum bei dem beliebigen Geschoßweg x (m); d. h. der Raum zwischen Stoßboden und Geschoßboden, der abzüglich des Kovolumens $\alpha L y$ der bis dahin gebildeten Pulvergase und abzüglich des Volumens $\frac{L}{s}(1-y)$ der noch nicht verbrannten Pulverkörner zur Zeit t den Gasen tatsächlich zur Ausbreitung zur Verfügung steht, also $J = V_0 + qx - \alpha L y - \frac{L}{s}(1-y) = V_0' + qx - By$;

(Die meisten früheren Autoren gestatten sich die Vernachlässigung, $J = V_0 + qx - \alpha L$ zu setzen, also $\alpha = \frac{1}{s}$ zu nehmen, so daß J nur eine Funktion von x wird, während in Wirklichkeit J von x und y abhängt.)

J_0 derselbe Gasraum für den Beginn der Geschoßbewegung, also für $x = 0$, $v = 0$, $y = y_0$, somit $J_0 = V_0' - By_0$;

J' derselbe Gasraum für den Augenblick, in dem alles Pulver verbrannt, also $y = 1$, $v = v'$, $x = x'$, $t = t'$ geworden ist, $J' = V_0' + qx' - B = V_0 + qx' - \alpha L$;

J_e derselbe Gasraum für den Augenblick des Geschoßaustritts (also gleich dem ganzen Seelenraum $V_0 + qx_e$ abzüglich des Kovolumens αL der ganzen vergasten Ladung, falls beim Geschoßaustritt alles Pulver verbrannt ist);

ν der Reibungskoeffizient des Geschosses im Rohr; bei Kupferbandführung und Stahlseele etwa $\nu = 0{,}176$;

γ eine empirische Konstante, wofür zunächst der Wert $\gamma = 1{,}11$ für Geschütze und $\gamma = 1{,}22$ für Gewehre bei rauchlosem Pulver gewählt werden soll.

B. Das Prinzip des Lösungsverfahrens.

Die Aufgabe ist: Für eine noch nicht vorhandene, vielmehr erst geplante Waffe, für die das Kaliber, der Verbrennungsraum, das Geschoß, die Führungsart, der Drall, die Rohrlänge, die Pulverladung, die Pulversorte usw. gewählt worden sind, soll der Verlauf des Gasdrucks, der Geschoßgeschwindigkeit und der Pulververbrennung in Funktion des Geschoßwegs und der Zeit im voraus ermittelt werden.

Die Entwicklung der Grundgleichungen soll hier in aller Kürze angedeutet werden:

Man stelle sich für den Augenblick vor, daß die beiden Vorgänge der Pulververbrennung und der Geschoßbewegung nicht gleichzeitig erfolgen, sondern nacheinander, daß also zuerst das Geschoß an seiner Stelle bleibe, $x = 0$ sei, aber von der Ladung L der Bruchteil y verbrenne, dann das Geschoß um x (m) im Rohr vorrücke, aber kein weiteres Pulver verbrenne. [Eine solche Zerlegung ist a priori nicht ohne weiteres zulässig; aber in § 27, Gl. (5) ist durch eine andere Ableitung gezeigt worden, daß diese Zerlegung doch auf die richtige Gleichung führt.] Wenn dies der Fall wäre, hätte man nach dem Abelschen Gesetz zuerst das Gasvolumen J_{0y}, wo

$$J_{0y} = V_0 - \alpha L y - \frac{L}{s}(1 - y)$$

und den Druck

$$p_{0y} = \frac{f L y}{J_{0y}}, \text{ also } p_{0y} \cdot J_{0y} = f L y;$$

nachher den größeren Gasraum

$$J = V_0 + qx - \alpha L y - \frac{L}{s}(1 - y)$$

und den Druck p.

Die Gasarbeit hat in diesem Fall, nach einer bekannten Formel für die adiabatische Zustandsänderung, den Betrag:

$$\frac{p_{0y} \cdot J_{0y} - p \cdot J}{\gamma - 1},$$

wobei γ das Verhältnis der beiden spezifischen Wärmen bedeutet.

Diese Arbeit der Pulvergase besteht in der Arbeit A, die bei dem Einpressen des Geschosses in die Züge und gegen die Reibung am Geschoßmantel geleistet wird, und in der kinetischen Energie $\frac{\mu}{2}v^2$ des Geschosses von der scheinbaren Masse μ, wo

$$\mu = \frac{m' \cdot m_r}{m' + m_r}; \quad m' = m\left(1 + 0{,}5\frac{L}{G}\right)\left\{1 + \frac{\varrho^2}{R^2}\cdot \operatorname{tg}\alpha_2 \cdot \frac{\operatorname{tg}\alpha_2 + \nu}{1 - \nu\cdot\operatorname{tg}\alpha_2}\right\}.$$

Durch die Einführung dieser scheinbaren Geschoßmasse μ werden gleichzeitig berücksichtigt: Die Rotationsenergie und die Arbeiten zur Überwindung des Normaldrucks und der Reibung in den Zügen (zweites Glied in der geschweiften Klammer), die Bewegungsenergie der Ladung (nach der Hypothese von Sébert, zweites Glied in der runden Klammer) und die Energie des Rücklaufs.

Tatsächlich ist jedoch die Zustandsänderung keine rein adiabatische. Die Wärmeabgabe der heißen Pulvergase an das Rohr und das Geschoß, ferner das Ausströmen von Pulvergasen, welche sich vorzeitig zwischen Rohr und Geschoß hindurchzwängen, weiter die Lagrangesche Wellenbewegung der Gase innerhalb des Rohrs, endlich die Arbeit, welche zu dem beschleunigten Herausdrängen der vor dem Geschoß im Rohr befindlichen Luft aus der Mündung erforderlich ist, möge berücksichtigt werden, indem γ nicht gleich dem Verhältnis der spezifischen Wärmen gesetzt, sondern als eine rein empirische Zahl ermittelt wird, die entlang des Rohrs zonenweise verschieden ist (über die Art dieser Ermittlung s. w. u.).

Man hat danach die Energiegleichung:

$$f L y - p J = (\gamma - 1)\left(\frac{\mu}{2}v^2 + A\right),$$

eine Gleichung, die unter dem Namen der Résalschen Hauptgleichung in der inneren Ballistik häufig verwendet worden ist (übrigens meistens unter Vernachlässigung von A).

Dazu kommt die Newtonsche Bewegungsgleichung:

$$\mu\frac{dv}{dt} = p\cdot q \quad \text{oder} \quad \frac{\mu\cdot v\cdot dv}{q\cdot dx} = p$$

(darüber vergleiche auch den Schluß der Arbeit).

Da $J = V_0' + qx - By$, also $dJ = q\cdot dx - B\cdot dy$, so läßt sich die Bewegungsgleichung in der Form schreiben:

$$\frac{\mu\cdot v\cdot dv}{dJ + B\cdot dy} = p.$$

Setzt man diesen Ausdruck für p in die Energiegleichung ein, so wird

$$\frac{\mu\ v\cdot dv\cdot J}{dJ + B\cdot dy} + (\gamma - 1)\left(\frac{\mu v^2}{2} + A\right) = f L y.$$

18*

Die veränderliche Wucht der scheinbaren Geschoßmasse ist zur Abkürzung mit w bezeichnet, woraus folgt:

$$\frac{dw}{dy} = \frac{\mu \cdot v \cdot dv}{dy}.$$

Weiter sei die Abkürzung eingeführt:

$$f L y - (\gamma - 1)(w + A) = \psi.$$

Dann lautet die Energiegleichung:

$$\frac{dw}{dJ + B \cdot dy} \cdot J = \psi$$

oder

$$\frac{dJ}{dy} = \frac{dw}{dy} \cdot \frac{J}{\psi} - B.$$

Da sich zeigen wird, daß w und damit ψ für ein bestimmtes Pulver eine gegebene Funktion von y ist, und da B eine Konstante darstellt, so liegt eine lineare Differentialgleichung erster Ordnung mit Störungsglied zwischen den Veränderlichen J und y vor. Die Anfangswerte sind J_0 und y_0, wobei

$$J_0 = V_0' - B y_0;$$

$$y_0 = \frac{P_0 V_0'}{P_0 B + f L};$$

$$\left(v = 0; \quad w = 0; \quad \frac{dw}{dy} = \frac{\mu \cdot v \cdot dv}{dy} = 0 \text{ (wegen } v = 0); \quad x = 0; \quad t = 0\right).$$

Diese Differentialgleichung wird graphisch integriert. Das benützte graphische Verfahren hat sich in zahlreichen Beispielen weit bequemer und bei der praktischen Ausführung auch genauer erwiesen, als die Berechnung der Integralgleichung in geschlossener Form.

Was das Verbrennungsgesetz anbelangt, so wird hier nicht von der Form des einzelnen Pulverkorns ausgegangen, es wird nicht eine Verbrennung der Pulverkörner in Parallelschichten vorausgesetzt, sondern nur die Annahme gemacht, daß die allgemeine Charbonniersche Form der Verbrennungsgleichung für jede Pulversorte zutreffe:

$$\frac{dy}{dt} = \varphi(y) \cdot p,$$

daß also die Verbrennungsgeschwindigkeit $\frac{dy}{dt}$ dargestellt werden könne durch das Produkt aus dem jeweiligen Gasdruck p und einer Funktion φ von y allein, welch letztere für die betreffende einzelne Pulversorte und die Art der Lagerung charakteristisch ist.

Diese die Pulversorte kennzeichnende Funktion $\varphi(y)$ gewinnt Charbonnier (s. oben) in der Weise, daß er ganz bestimmte Potenzfunktionen, nämlich entweder $\varphi(y) = A_1 (1 - y)^{\beta_1}$ oder $\varphi(y) = A_2 \cdot y^{\beta_2}$

zugrunde legt, worin für die einzelne Pulversorte zwei Konstanten A_1 und β_1 bzw. A_2 und β_2 freigelassen werden. Diese Konstanten werden aus der Gestalt der Druck-Zeit-Kurve erhalten, die bei der Verbrennung des Pulvers in dem konstanten Volumen der Versuchsbombe gewonnen wird. Krupp-Schmitz geht (s. o.) einen Schritt weiter und ermittelt den ganzen Verlauf der Verbrennungsfunktion, nämlich des Zeitintegrals des Drucks $\int p\,dt$ oder $\int \frac{dy}{\varphi(y)}$, rein empirisch durch Druckregistrierungen in der Versuchsbombe.

Im Gegensatz dazu soll hier die Verbrennungsfunktion $\int \frac{dy}{\varphi(y)}$ der betreffenden Pulversorte durch eigentliche Schießversuche ermittelt werden. Diese Schießversuche sollen mit derjenigen Pulversorte, um die es sich handelt, und mit einer Vergleichswaffe durchgeführt werden, die der geplanten Waffe möglichst ähnlich gewählt wird; insbesondere soll auch die Führungsart des Geschosses in beiden Waffen möglichst ähnlich sein. Bei dem Schießen aus der Vergleichswaffe muß mindestens der Maximalgasdruck und die Mündungsgeschwindigkeit gemessen werden; besser ist es, wenn für die verschiedenen Geschoßwege x der Verlauf des Gasdrucks p und der Geschoßgeschwindigkeit v in der Vergleichswaffe registriert wird (Rücklaufmessungen mit Stimmgabel- oder Trommelregistrierung, oder auch Anbringung einer mit Stromunterbrechungsringen versehenen Verlängerungsstange am Geschoß und Anwendung des Photo-Polarisations-Chronographen nach Crehore und Squier oder dgl., vgl. Bd. III. Darüber s. w. u.).

Es möge noch einmal kurz gezeigt werden, wie sich aus einer solchen Feststellung die Verbrennungsfunktion einer Pulversorte ergibt:

Aus der Verbrennungsgleichung

$$\frac{dy}{dt} = \varphi(y) \cdot p$$

und der Bewegungsgleichung

$$\frac{\mu}{q} \cdot \frac{dv}{dt} = p$$

folgt

$$\frac{dy}{\varphi(y)} = \frac{\mu}{q}\, d v .$$

Da im Anfang der Geschoßbewegung, also für $v = 0$, der Bruchteil $y = y_0$ der Ladung verbrannt sein soll, so wird:

$$\frac{\mu v}{q} = \int_{y_0}^{y} \frac{dy}{\varphi(y)} = f(y) - f(y_0) .$$

Das heißt, für irgendeine bestimmte Pulversorte ist die Funktion $\frac{\mu v}{q}$ von y bis auf eine Konstante die gleiche, in welcher Waffe und mit welcher Ladung die Pulversorte auch verwendet wird. Geometrisch gesprochen: Nimmt man (vgl. Abb. 25) die Werte y als wagerechte Abszissen, die Werte $\frac{\mu v}{q}$ als lotrechte Ordinaten, so hat man bei Verwendung der gleichen Pulversorte in verschiedenen Waffen immer dieselbe Kurve der $\frac{\mu v}{q}$-Werte; nur die Abszissenachse hat man jedesmal derartig parallel mit sich zu verschieben, daß die Kurve durch den zu der betreffenden Waffe gehörenden Abszissenpunkt $y = y_0$ geht.

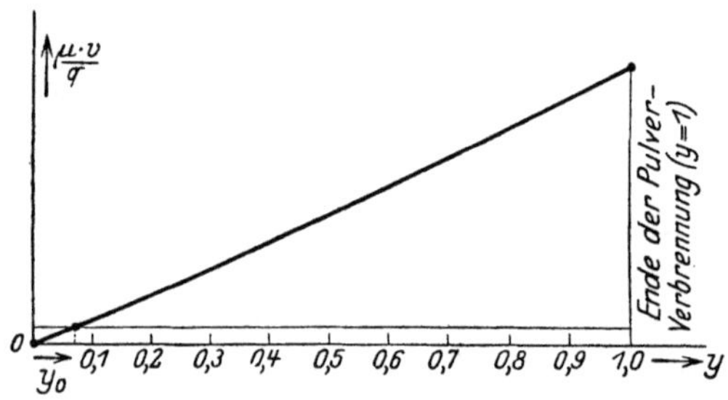

Abb. 25.

Wenn nun für die Vergleichswaffe aus einer Rücklaufmessung oder dgl. die Reihe der zusammengehörenden Wertetripel p, v, x bis zur Mündung vorliegt, so läßt sich auch leicht angeben, welcher Bruchteil y der Ladung bei irgendeinem Weg x des Geschoßbodens schon verbrannt ist. Denn aus der Energiegleichung

$$J \cdot p + (\gamma - 1)\left(\frac{\mu}{2} v^2 + A\right) = f L y,$$

wo

$$J = V_0' + q x - B y,$$

folgt

$$y = \frac{p(V_0' + q x) + (\gamma - 1)\left(\frac{\mu}{2} v^2 + A\right)}{f L + p B}.$$

Da für die Vergleichswaffe V_0', q, γ, μ, A, f, L, B als bekannt zu betrachten sind, so kann man zu jedem Wertetripel p, x, v den zugehörigen Wert von y berechnen. Man kennt somit für die Vergleichswaffe p, x, v und damit auch $\frac{\mu v}{q}$ als Funktion von y. Diese letztere Funktion $\frac{\mu v}{q}$ trägt man graphisch auf, mit y als Abszisse, bis zum Endwert $y = 1$ (Ende der Pulververbrennung). Die entstehende Kurve geht durch den Abszissenpunkt

$$y = y_0 = \frac{P_0 V_0'}{f L + P_0 B}.$$

Alsdann wird zu der geplanten Waffe übergegangen. Für diese berechnet man den neuen Wert y_0 (mit den zu ihr gehörenden Werten V_0', P_0, L, während f, α, s dieselben bleiben, da es sich um die gleiche Pulversorte handeln soll). Man verschiebt also in dem vorher erwähnten Diagramm die Abszissenachse parallel mit sich, so daß die Kurve jetzt durch den neuen Abszissenpunkt $y = y_0$ hindurchgeht. Damit ist für die aufeinanderfolgenden Werte von y, von $y = y_0$ bis $y = 1$, zu der geplanten Waffe je der Wert von $\frac{\mu v}{q}$ und damit von v und von $\frac{\mu}{2} v^2 = w$ bekannt. Die Kurve $\frac{\mu v}{q}$ als Funktion von y wird differentiiert, d. h. es wird für zahlreiche Werte von y die Tangente gezogen; multipliziert man $\frac{\mu}{q} \cdot \frac{dv}{dy}$ mit $q \cdot v$, so erhält man $\frac{dw}{dy}$. Ebenso berechnet man punktweise

$$\psi = f L y - (\gamma - 1)(w + A).$$

Durch graphische Integration der Gleichung

$$\frac{dJ}{dy} = \frac{dw}{dy} \cdot \frac{J}{\psi} - B$$

erhält man somit die Werte J in Funktion von y, bis zu dem Werte $y = 1$. Mit J ist auch der Geschoßweg x in Funktion von y bekannt. Endlich ergibt sich die Reihe der zugehörigen Gasdrücke aus

$$p = \frac{\psi}{J}.$$

Speziell für $y = 1$, also für die Stelle der vollendeten Pulververbrennung, seien die ermittelten Werte von J, p, v, x, ψ bezeichnet mit J', p', v', x', ψ'. Von da ab wird, falls nicht schon die Mündung erreicht ist, mit den Ausdrücken für die polytropische Zustandsänderung bis zur Mündung weitergerechnet, also mit

$$p = p' \cdot \left(\frac{J'}{J}\right)^{\gamma},$$

$$\frac{\mu}{2} v^2 = \frac{\mu}{2} v'^2 + \frac{p' J'}{\gamma - 1} \left[1 - \left(\frac{J'}{J}\right)^{\gamma - 1}\right].$$

Die letztere Gleichung sagt aus, daß der Zuwachs an kinetischer Energie des Geschosses gleich ist der Arbeit, die bei der Entspannung des Gases längs der Polytrope geleistet wird.

Die Durchlaufzeiten t ergeben sich, da jetzt $v = \frac{dx}{dt}$ in Funktion von x bekannt ist, aus

$$t = \int_0^x \frac{dx}{v(x)}$$

durch mechanische oder graphische Integration.

Liegen keine Rücklaufregistrierungen oder dgl. für die Vergleichswaffe vor, ist vielmehr nur der Maximalgasdruck und die Mündungsgeschwindigkeit gemessen, so hat man zunächst aus diesen Messungsergebnissen mit Hilfe einer Tabelle nach Art der Vallierschen oder Heydenreichschen den Verlauf des Gasdrucks p und der Geschwindigkeit v in Funktion des Geschoßwegs x zu berechnen (siehe weiter unten §§ 39 bis 42).

Die Wärmeabgabe an das Rohr und das Geschoß äußert sich darin, daß die Gasarbeit und damit γ einen anderen Wert erhält, als wenn mit $\gamma = \frac{c_p}{c_v}$ gerechnet würde. Man hat also γ empirisch zu bestimmen. Wie dies geschehen kann, möge noch kurz angeführt werden. Da die Wärmeabgabe entlang des ganzen Rohrs im allgemeinen nicht konstant sein wird, empfiehlt es sich, für γ zwei verschiedene Mittelwerte zu wählen, indem die Messungen des Maximalgasdrucks und der Mündungsgeschwindigkeit zu Hilfe genommen werden: Wenn man für die Vergleichswaffe p, x, v und $\frac{\mu v}{q}$ in Funktion von y erhalten hat, geht man nicht sogleich zu der geplanten Waffe über, sondern man führt auch noch für die Vergleichswaffe selbst die erwähnte Integration der Differentialgleichung graphisch durch. Man ermittelt also für die Vergleichswaffe J in Funktion von y und berechnet daraus die Reihe der Gasdrücke

$$p = \frac{\psi(y)}{J(y)}.$$

Diese Gasdrücke p stellt man in Funktion von y graphisch dar und entnimmt aus der graphischen Darstellung speziell den Höchstdruck $p_{\max}$. Letzterer Wert wird mit demjenigen Höchstgasdruck $p_{\max}$ verglichen, der einwandfrei gemessen ist. Stimmt der graphisch gewonnene Maximalgasdruck mit dem gemessenen Maximalgasdruck nicht genügend überein, so wiederholt man für die Vergleichswaffe das Verfahren mit einem anderen γ, bis man durch Eingabeln den richtigen Wert von γ für die erste Periode (bis zum Ende der Pulververbrennung) gefunden hat. Alsdann berechnet man, wie angegeben, die Mündungsgeschwindigkeit v_e (mit $J = J_e$) und vergleicht den so berechneten Wert v_e mit dem gemessenen Wert v_e. Sind auch diese Werte nicht genügend gleich, so wiederholt man die Berechnung der zweiten Periode mit einem anderen Wert von γ, bis die beiden v_e-Werte übereinstimmen. In diesem Fall gilt das erste gefundene γ für die erste Periode, das zweite für die zweite Periode. Ist nur die erste Periode vorhanden, d. h. ist das Pulver noch nicht verbrannt, wenn das Geschoß die Mündung erreicht, so wählt man die γ-Werte verschieden in der ersten und in der zweiten Hälfte des

Rohrs; nämlich in der ersten mittels des gemessenen Maximalgasdrucks, in der zweiten mittels der gemessenen Mündungsgeschwindigkeit.

C. Graphische Ausführung der Lösung im einzelnen.

1. Vorbereitende Ermittlungen für die Vergleichswaffe.

Die Vergleichswaffe möge der geplanten Waffe ähnlich sein; in beiden möge dieselbe Zündungsart gewählt sein; die Pulversorte für Kartusche und Beiladung soll beiderseits gleich sein; die Forcierung (Durchmesser, Breite und Zahl der Führungsringe) soll ähnlich sein; die Kaliber und die Ladedichten sind nicht allzu verschieden vorausgesetzt.

Man kennt für die Vergleichswaffe unmittelbar $2R$, q, V_0, L, G, m_p, m, α_2, folglich auch μ; ferner s, und durch Messungen im konstanten Verbrennungsraum (s. w. u.) die Pulverkonstanten f und α, womit auch $V_0' = V_0 - \frac{L}{s}$ und $B = L\left(\alpha - \frac{1}{s}\right)$ vorliegt.

P_0 (in kg/m²) wird am besten gemessen (s. w. u.); liegt keine solche Messung vor, so nimmt man nach H. Lorenz $P_0 = \frac{10^5}{R}$; z. B. für ein Geschoß von 20 cm Kaliber, also von $R = 0{,}1$, wäre danach $P_0 = 10^6$ kg/m² (= 100 kg/cm²).

Die Einpressungsarbeit A (mkg) ist, wie schon angedeutet, von Anfang an als eine Konstante in der Rechnung zu führen, $A = P_0 \cdot q \cdot b$, falls das Geschoß angesetzt wird und ein einziges schmales Führungsband von der Breite b besitzt. In anderen Fällen, insbesondere wenn das Geschoß unter erheblichem Druck in eine Patronenhülse eingepreßt ist und in den Zügen entlang der ganzen zylindrischen Mantelfläche geführt wird, wie z. B. bei den meisten Gewehrgeschossen, ist A eine Funktion von x. Z. B. bei einem Infanteriegewehr ist der Anfangsdruck P_0 streng genommen derjenige Druck, mit dem das Geschoß in der Patronenhülse festgehalten wird. Hat das Geschoß diesen Widerstand überwunden, so legt es zunächst einen Weg von wenigen Millimetern ohne merklichen Widerstand zurück und beginnt erst dann in die Züge sich einzupressen. Von dieser Stelle ab sind also dann die Werte A zu rechnen. Durch Fallhammerversuche oder dgl. seien für zahlreiche, genügend dicht aufeinander folgende Geschoßwege x die Einpressungswiderstände bestimmt; man trägt diese in Funktion von x graphisch auf und integriert die entstehende Weg-Widerstand-Kurve; für die Integralwerte in Funktion von x wird eine Tabelle angelegt. Die Funktion $A(x)$ wird in solchen Fällen von einer gewissen kleineren oder größeren Wegstrecke x ab ganz oder nahezu linear ansteigen.

Mit dem Anfangsdruck P_0 kennt man auch y_0 aus

$$y_0 = \frac{P_0 V_0'}{P_0 B + f L}. \tag{1}$$

Es mögen nun mit der Ladung L kg an der Vergleichswaffe Schießversuche durchgeführt sein, wodurch die Gasdrücke p und die Geschoßgeschwindigkeiten v für eine Reihe von aufeinanderfolgenden Geschoßwegen x, von $x = 0$ bis $x = x_e$, erhalten worden seien (Rücklaufmessungen; oder unmittelbare Registrierungen des zeitlichen Druckverlaufs; oder Registrierungen mit dem Polarisations-Photo-Chronographen; oder wenigstens Messungen des Maximalgasdrucks und der Mündungsgeschwindigkeit, woraus nach §§ 39 bis 42 gleichfalls die Reihen der p, v, y erhalten werden können). Man stellt diese Funktionen $p(x)$ und $v(x)$ durch Kurven dar. Die p-Kurve wird in ihrem meist etwas unsicheren ersten Teil unter Umständen so verbessert, daß für $x = 0$, $p = P_0$ ist.

Und bei der Aufstellung der Reihe der p-Werte hat man dafür zu sorgen, daß die wirklichen Gasdrücke p notiert werden. Dies geschieht ohne weiteres, falls der zeitliche Druckverlauf selbst, z. B. mit einer geeichten Feder nach Schmitz oder nach Nernst und Pier registriert worden war. Wenn dagegen Rücklaufmessungen durchgeführt worden waren, so hat man zu bedenken, daß der Rücklaufmesser nur die beschleunigenden Kräfte, nicht die Gasdrücke p selbst liefert. Der Gasdruck p auf die Querschnittseinheit ist gleich der beschleunigenden Kraft $\frac{\mu}{q} \cdot \frac{dv}{dt}$ plus dem Gesamtwiderstand pro Flächeneinheit. Von letzterem ist derjenige Teil, der von den schiefgestellten Zugflanken herrührt und der mit dem Drallwinkel Null würde, schon in der Formel für μ berücksichtigt (vgl. §§ 46 und 50). Dagegen ist noch der sonstige Reibungswiderstand, der z. B. durch Fallhammermessungen ermittelt werden kann, hinzuzufügen.

Sodann werden für mehrere aufeinanderfolgende Werte x, jedenfalls bis über die Stelle des Gasdruckmaximums hinaus, die zusammengehörenden Werte p, v, x (und unter Umständen von A, wenn A nicht konstant ist) jedesmal in die Gleichung eingetragen:

$$y = \frac{p\,(V_0' + q\,x) + (\gamma - 1)\left(\frac{\mu}{2} v^2 + A\right)}{f L + p B} \tag{2}$$

und daraus je der Wert von y berechnet. Dabei wird γ zunächst $= 1{,}11$ gewählt (nach Fr. Krupp).

In einem Koordinatensystem mit y als wagerechter Abszisse trägt man nunmehr die zu den berechneten y-Werten zugehörenden Werte von $\frac{\mu v}{q}$ als Ordinaten auf und legt durch die Ordinatenendpunkte eine mit einer Straaklatte ausgeglichene Kurve. Diese Kurve muß durch den Punkt $y = y_0$ der Abszissenachse gehen. Sie bleibt, bis auf eine Konstante, auch für die geplante Waffe bestehen und bildet daher die Unterlage für das Weitere.

Ehe jedoch zu der geplanten Waffe übergegangen wird, ist es zweckmäßig, zuvor den Wert γ empirisch so zu verbessern, daß die Wärmeabgabe am besten in Rechnung gestellt ist. Zu diesem Zweck führt man das Verfahren auch für die Vergleichswaffe weiter durch und ermittelt die Reihen der p und v auch noch thermodynamisch, speziell den Maximalgasdruck $p_{\max}$ und die Mündungsgeschwindigkeit v_e, während diese Werte schon vorher aus den Messungen empirisch vorlagen.

An der erwähnten Kurve der $\frac{\mu v}{q}$ zieht man in den Punkten mit den Abszissen $y = y_0$; 0,1; 0,2; ... bis $y = 1$ die Tangenten, etwa mit Hilfe des Spiegellineals von E. Reusch, womit die Differentialquotienten $\frac{\mu}{q} \cdot \frac{dv}{dy}$ für diese Punkte ohne weiteres entnommen werden können. Diese werden mit den zugehörigen Werten von v und mit der Konstanten q multipliziert. Dadurch erhält man für die Werte $y = y_0$; 0,1; 0,2 usw. die Werte von $\mu \cdot v \cdot \frac{dv}{dy}$ oder von $\frac{dw}{dy}$, wo w der Kürze halber für $\frac{\mu v^2}{2}$ gesetzt ist. Außerdem bildet man für die gleichen y-Werte die Reihen der Werte w und der Werte ψ; die letztere mit

$$\psi = f L y - (\gamma - 1)(w + A). \tag{3}$$

Wenn dabei A nicht eine Konstante ist, d. h. nicht lediglich die Einpressungs-Arbeit bedeutet, so kennt man A in Funktion von y, weil man A (s. oben) in Funktion von x, aber x in Funktion von v kennt.

Nach diesen Vorbereitungen ist man imstande, durch graphische Integration der Differentialgleichung

$$\frac{dJ}{dy} = \frac{dw}{dy} \cdot \frac{J}{\psi} - B \tag{4}$$

die Werte J in Funktion von y zu erhalten. Die Integration erstreckt sich von dem Beginn der Geschoßbewegung, also von $x = 0$, $v = 0$, $t = 0$, $y = y_0$, $J = J_0$, wo

$$J_0 = V_0' - B y_0 \tag{5}$$

ist, bis zum Ende der Pulververbrennung, also bis $y = 1$, wobei dann $x = x'$, $v = v'$, $w = w'$, $\psi = \psi'$, $J = J'$ gesetzt seien.

Von den gebräuchlichen Methoden zur graphischen Integration von Differentialgleichungen erster Ordnung empfiehlt sich im vorliegenden Falle am meisten die folgende, von **Massau** und C. **Runge** stammende (vgl. die schematische Abb. 26).

Wie zuvor seien die y als wagerechte Abszissen aufgetragen, $OA_1 = y_0$; $OB_1 = 0{,}1$; $OC_1 = 0{,}2$ usw. (0,1 der Einheit von y etwa gleich 5 oder 10 cm). Aber die lotrechten Ordinaten sollen jetzt die J-Werte darstellen (eine Einheit von 1000 J etwa gleich 5 oder 10 cm). Den allmählichen Aufbau der Integralkurve beginnt man in dem Punkt A mit den Koordinaten $OA_1 = y_0$, $A_1 A = J_0$. In diesem Punkt A zieht man eine Gerade AB_2, für die der Tangens ihres Horizontalneigungswinkels gleich dem Wert von $\frac{dw}{dy} \cdot \frac{J}{\psi} - B$ für diesen Punkt A ist; denn dieser Richtungstangens ist gleich dem dortigen Wert von $\frac{dJ}{dy}$. Dabei ist nach dem Vorhergehenden

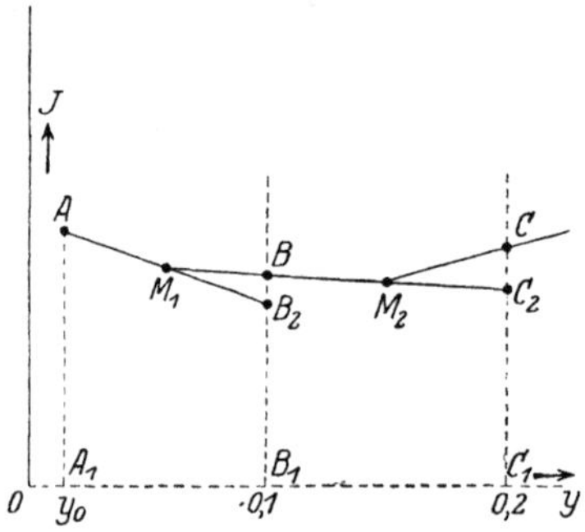

Abb. 26.

für $y = y_0$, $v = 0$, $w = 0$, $\frac{dw}{dy} = 0$, $\psi = fLy_0 - (\gamma - 1)A$, $J = J_0$. Also ist hier dieser Richtungstangens gleich $-B$. Die so gezogene Gerade schneidet die Lotrechte von B_1 in B_2. Damit kennt man die Werte J und y für B_2, nämlich $J = B_1 B_2$, $y = OB_1 = 0{,}1$, folglich auch die zugehörigen Werte von $\frac{dw}{dy}$ und ψ und kann somit auch für den Punkt B_2 jenen Richtungstangens $\frac{dw}{dy} \cdot \frac{J}{\psi} - B$ ermitteln. Die zugehörige Richtungsgerade, die diesen neuen Richtungstangens besitzt, zieht man jedoch nicht durch B_2 selbst, sondern durch die Mitte M_1 zwischen A und B_2. Dies sei die Gerade $M_1 B$, die die Lotrechte von B_1 in B trifft. Damit hat man für diesen Wert $y = 0{,}1 = OB_1$ der unabhängigen Veränderlichen einen genaueren Wert von J konstruiert, als $B_1 B_2$ war; nämlich genauer ist $J = B_1 B$. Von dem so gewonnenen zweiten Punkt B der Integralkurve schreitet man nun ebenso zu einem dritten Punkt C fort, wie man vorhin von dem ersten Punkt A aus den zweiten B erhalten hatte. Man berechnet also für die Koordinaten $y = OB_1 = 0{,}1$; $J = B_1 B$ dieses zweiten Punktes B wiederum den Richtungstangens $\frac{dw}{dy} \cdot \frac{J}{\psi} - B$ und zieht unter dieser Richtung eine Gerade BC_2 durch B. Diese Gerade schneidet die Lotrechte von C_1 im Punkt C_2. Für dessen Koordinaten $y = 0{,}2 = OC_1$ und $J = C_1 C_2$ berechnet man von neuem den Richtungstangens, zieht jedoch die betreffende Richtungsgerade nicht durch C_2 selbst, sondern durch die Mitte M_2 von BC_2. Dies ist die Gerade $M_2 C$, die die Lotrechte von C_2 in dem Punkt C trifft. So fährt man fort bis zur Abszisse $y = 1$. Dann legt man durch die Punkte A, B, C, D ... eine Kurve, deren Tangenten in diesen Punkten die gezogenen Geraden AB_2, BC_2, CD_2 usw. sind. Diese Kurve stellt die graphisch gewonnene Integralkurve $J(y)$ dar. (Man kann dieses Integrationsverfahren nach Runge beliebig verbessern, indem man die in den Punkten A, B, C, D... gewonnenen Werte des Richtungstangens $\frac{dJ}{dy}$ in Funktion von y aufträgt und graphisch integriert. Da jedoch hier nur ein verhältnismäßig kleiner Bereich $y = y_0$ bis $y = 1$ in Frage kommt und die Zwischenräume 0,1; 0,2; 0,3 ... ziemlich enge gewählt worden sind, genügt meist das geschilderte Verfahren.)

Nunmehr kennt man zu den verschiedenen Werten y, von $y = y_0$ bis $y = 1$, die Werte des freien Gasraums J. Damit berechnet man die Gasdrücke $p = \frac{\psi}{J}$ und vergleicht die so errechneten Gasdrücke p mit denjenigen Gasdrücken p, die man vorher auf Grund der Schießversuche mit dieser Vergleichswaffe bereits empirisch erhalten und verwendet hatte.

Stimmt der vorhin graphisch ermittelte Wert des Maximalgasdrucks $p_{\max}$ nicht genügend mit dem gemessenen Wert $p_{\max}$ überein, so liegt der Grund — vorausgesetzt, daß die übrigen Konstantenwerte richtig eingesetzt wurden — in erster Linie in der Wahl von $\gamma\,(= 1{,}11)$. Man nimmt also ein anderes γ an und wiederholt das Verfahren, bis eine befriedigende Übereinstimmung erreicht ist, d. h. bis der Unterschied zwischen dem berechneten und dem gemessenen $p_{\max}$ innerhalb der wahrscheinlichen Streuung liegt, wie sie bei der Messung sich zeigt. Diesen Wert von γ läßt man alsdann für die ganze erste Periode, d. h. bis $y = 1$ gelten. Für $y = 1$ hat man somit verbesserte Werte p', v', J', ψ', x'. Da auch der ganze Geschoßweg x_e bis zur Mündung und folglich der ganze freie Seelenraum J_e:

$$J_e = V_0 + q \cdot x_e - \alpha L \tag{6}$$

bekannt ist, so kann man, sowohl mit dem alten wie mit dem neuen Wert von γ, die Mündungsgeschwindigkeit v_e berechnen, nämlich mittels

$$\frac{\mu}{2} v_e^{\,2} = \frac{\mu}{2} v'^2 + \frac{\psi'}{\gamma - 1}\left[1 - \left(\frac{J'}{J_e}\right)^{\gamma - 1}\right]. \tag{7}$$

Wenn sich der so berechnete Wert von v_e mit dem gemessenen Wert von v_e nicht ausreichend deckt, so wählt man für diese zweite Periode, also für den Bereich $v = v'$ bis $v = v_e$, einen anderen Mittelwert γ als für die erste Periode und wiederholt die Rechnung; dies so lange, bis Übereinstimmung herrscht.

Dies gilt, wenn es sich bei der Konstruktion für die erste Periode zeigt, daß auch die zweite Periode in Betracht kommt, daß also x' wesentlich kleiner ist als x_e. Falls dagegen das Pulver noch nicht verbrannt ist, wenn das Geschoß durch die Mündung geht, also nur die erste Periode ganz oder teilweise in Frage kommt, benützt man den ersten, mittels $p_{\max}$ verbesserten Mittelwert γ längs der ersten Hälfte des Rohrs, den zweiten, mittels v_e verbesserten Mittelwert γ längs der zweiten Hälfte.

Diese γ-Werte behält man alsdann auch für die geplante Waffe bei. Zu dieser möge nunmehr übergegangen werden.

2. Übergang auf die geplante Waffe. Erste Periode vom Beginn der Geschoßbewegung bis zum Ende der Pulververbrennung.

Alle Buchstaben mögen sich nunmehr auf die geplante Waffe beziehen. Für diese werden im allgemeinen q, μ, V_0, L, x_e, P_0, A usw., also auch V_0', B und y_0 andere Zahlenwerte bedeuten, als vorher für die Vergleichswaffe. Nur f, α, s sind gleich, weil es sich um dieselbe Pulversorte handeln soll, und die zwei Mittelwerte γ sollen übernommen werden, da die beiden Waffen von ziemlich ähnlicher Natur vorausgesetzt sind.

Man berechnet also für die geplante Waffe den neuen Wert $y_0 = \frac{V_0' P_0}{P_0 B + f L}$. Zu diesem Wert y_0 der geplanten Waffe gehört in der vorher bei der Vergleichswaffe erwähnten Kurve der $\frac{\mu v}{q}$-Werte eine ganz bestimmte Ordinate. Falls diese Ordinate positiv ist, d. h. falls das neue y_0 der geplanten Waffe größer ausfällt als das frühere y_0 der Vergleichswaffe, denkt man sich jene frühere $\frac{\mu v}{q}$-Kurve um diesen Ordinatenwert gesenkt (bei gleichbleibender Abszissenachse), oder es werden alle Ordinaten, für $y = 0{,}1$; $0{,}2$; $0{,}3 \ldots$ bis $y = 1$, um diese Ordinatenstrecke verkleinert; falls jene Strecke negativ ist, werden sie vergrößert.

Auf diese Weise hat man für die geplante Waffe die neue Kurve der $\frac{\mu v}{q}$ in Funktion von y; diese Kurve geht jetzt durch den neuen Abszissenpunkt $y = y_0$.

Weiterhin verfährt man für die geplante Waffe ebenso, wie zuvor für die Vergleichswaffe angegeben wurde, nur daß man mit den vorher gewonnenen beiden Mittelwerten γ als feststehenden Zahlen operiert:

Aus der neuen $\frac{\mu v}{q}$-Kurve der geplanten Waffe erhält man zu den Abszissen $y = 0{,}1$, $0{,}2$, $0{,}3 \ldots$ bis $y = 1$ die Reihe der v-Werte.

damit auch die Werte $\frac{\mu}{2}v^2$ oder $w(y)$. Die Differentialquotienten $\frac{dw}{dy}$ braucht man nicht neu zu bilden, da die Kurve nur parallel mit sich lotrecht verschoben wurde. Man kann also für die geplante Waffe die Werte J in Funktion von y erhalten, indem man die Differentialgleichung $\frac{dJ}{dy} = \frac{dw}{dy} \cdot \frac{J}{\psi} - B$ graphisch integriert. Mittels $p = \frac{\psi}{J}$ gewinnt man sodann die Reihe der Gasdrücke p, speziell auch den Maximalgasdruck, und für den speziellen Wert $y = 1$ die Werte v', w', ψ', J', x', p', die sich auf das Ende der Pulververbrennung beziehen.

Ist dabei x' gleich oder größer als die Länge x_e des ganzen Geschoßbodenwegs im Rohr, d. h. ist das Pulver noch nicht verbrannt, ehe das Geschoß die Mündung passiert, so wiederholt man die Konstruktion etwa von der Mitte von x_e ab, in gleicher Weise, aber unter Verwendung des oben erwähnten zweiten γ-Wertes an Stelle des benützten ersten Mittelwerts γ. Für einen bestimmten Wert $y = y_e$ ist dann $J = J_e$, wozu $v = v_e$, $\psi = \psi_e$, $p = p_e$ gehört. Dieser Gasdruck $p = p_e$ ist nunmehr der Mündungsgasdruck, und der Wert $v = v_e$ bedeutet die Mündungsgeschwindigkeit des Geschosses; der Wert $y = y_e$ gibt an, welcher Bruchteil der ganzen Ladung L verbrannt ist, wenn der Geschoßboden an der Mündung anlangt. Eine zweite Periode kommt in diesem Fall nicht in Frage.

Anders ist es, wenn x' kleiner als x_e sich zeigt:

3. Zweite Periode, von dem Ende der Pulververbrennung ab bis zum Geschoßaustritt aus der Mündung.

Die mit dem ersten Mittelwert γ gewonnenen Werte J' und damit x', ferner p', v', w', ψ' beziehen sich wie bemerkt auf den Augenblick, wo im Rohr der geplanten Waffe das Pulver vollständig verbrannt, also $y = 1$ geworden ist. Von da ab verwendet man den zweiten der vorhin erwähnten Mittelwerte γ.

Für irgendeinen Geschoßweg x, der größer als x' ist, erhält man nunmehr, da $y = 1$ ist, J aus

$$J = V_0' + qx,$$

und hieraus den dort herrschenden Gasdruck p mittels:

$$p = p' \cdot \left(\frac{J'}{J}\right)^{\gamma}, \tag{8}$$

endlich die augenblickliche Geschoßgeschwindigkeit v bezüglich des Rohrs mittels

$$\frac{\mu}{2}v^2 = \frac{\mu}{2}v'^2 + \frac{\psi'}{\gamma - 1}\left[1 - \left(\frac{J'}{J}\right)^{\gamma-1}\right]; \tag{9}$$

speziell für $x = x_e$ den Mündungsgasdruck p_e und die Mündungsgeschwindigkeit v_e für die geplante Waffe.

v_e bedeutet, um dies zu wiederholen, die Mündungsgeschwindigkeit des Geschosses bezüglich des frei zurücklaufenden Rohrs, also diejenige Mündungsgeschwindigkeit, die man experimentell dann erhalten würde, wenn die Messungsgitter oder dgl. am Rohr selbst angebracht würden. Wünscht man dagegen die (für die Schußweite usw. maßgebende) Mündungsgeschwindigkeit bezüglich des festen Erdbodens, so hat man die berechnete Mündungsgeschwindigkeit v_e noch zu multiplizieren mit

$$\frac{m_r}{m_r + m'}\,.$$

Dies das vorgeschlagene Lösungsverfahren. Wie man sieht, unterscheidet es sich von früheren Lösungsverfahren dadurch, daß der Verlauf der Verbrennungsfunktion und zonenweise auch der Einfluß der Rohrerwärmung durch eigentliche Schießversuche mit einer der geplanten Waffe ähnlichen Vergleichswaffe (Rücklaufmessungen oder wenigstens Messung des Maximalgasdrucks und der Mündungsgeschwindigkeit) gewonnen werden soll; ferner von den meisten früheren Lösungsverfahren dadurch, daß außer der Energie der Vorwärtsbewegung und der Drehbewegung des Geschosses, sowie der Energie der Ladung und der rücklaufenden Teile auch der Verlauf der Einpressungsarbeit und der Arbeit gegen die Reibung am Geschoßmantel berücksichtigt werden soll; außerdem durch gewisse Vorschläge über die Konstantenbestimmungen mittels Schießens.

D. Experimentelle Ermittlung von P_0, A, f, α.

Der Anfangsdruck P_0, bei dem die Geschoßbewegung beginnt, und die Arbeit A wurden bisher, wenn überhaupt berücksichtigt, meistens geschätzt; die Pulverkonstanten f und α durch Laboratoriumsversuche mit der Versuchsbombe ermittelt. Im folgenden werden hierfür Ermittlungen an der Waffe selbst vorgeschlagen.

1. Ermittlung von P_0 und A.

Es wurde oben unter A. angegeben, was unter diesem Anfangsdruck P_0 zu verstehen ist, und unter C.1., daß H. Lorenz vorschlägt, ihn für Geschütze mittels $P_0 = \frac{10^5}{R}$ zu berechnen.

Sicherer ist es, P_0 und A zu messen. Dies kann auf verschiedene Weise geschehen.

Entweder wird das angesetzte Geschoß mittels eines Fallhammers vom Gewicht F(kg) um je eine sehr kurze Strecke a(m) in den gezogenen Teil eingetrieben. Dazu sei eine Fallhöhe h (m) notwendig.

Dann ist näherungsweise $P_0 = \frac{F \cdot h}{q\,a}$ (kg/m²). Speziell bei Infanteriegeschossen ist meistens ein gewisser Druck P_0 notwendig, um das Geschoß, das maschinell in die Patronenhülse eingepreßt ist, daraus zu entfernen; zur Messung dieses Anfangsdrucks P_0 kann eine der Festigkeitsmaschinen oder dgl. oder auch ein Fallhammer dienen. Die Arbeit A kommt bei solchen Patronengeschossen, die nicht angesetzt sind, erst nach einer kurzen Wegstrecke des Geschosses in Betracht, nachdem nämlich das Geschoß begonnen hat, in den gezogenen Teil sich einzupressen.

Einwandfreier als die Verwendung eines Fallhammers ist bei angesetzten Geschossen die Messung von P_0 mittels Schießens; denn die Messung von P_0 erfolgt dann nach derselben Methode, die auch für die Messung z. B. des Maximaldrucks benützt wird: Man denke sich eine Schußwaffe so kurz abgeschnitten, daß in der Ruhelage des (angesetzten) Geschosses das Geschoß zu etwa ein Drittel seiner Länge aus der Mündung hervorschaut. Es wird mit immer kleinerer Ladung geschossen, bis schließlich bei einer bestimmten Ladung unter mehreren Schüssen das Geschoß etwa gleich oft stecken bleibt und gleich oft herausfliegt. Der Gasdruck wird dabei jedesmal (in der sonst bei der Waffe angewendeten Weise) gemessen; derjenige Gasdruck, der sich anzeigt, wenn das Geschoß gerade stecken bleibt, ist der gesuchte Anfangsdruck P_0.

Beispiele: An einem 10-mm-Gewehr mit Bleigeschoß ergaben beide Verfahren, dasjenige mit Fallhammereinpressung und dasjenige mit Schießen und Druckmessung, ziemlich übereinstimmend 122 kg/cm², also Einpressungsdruck $122 \cdot 10^4$ (kg/m²). (Die Regel von H. Lorenz hätte hier mehr als 1000 kg/cm² ergeben; übrigens will H. Lorenz seine Regel nur für Geschütze angewendet wissen).

An einem 7,65-mm-Gewehr mit Stahlmantelgeschoß fand sich ebenso ein Einpressungswiderstand von $550 \cdot 10^4$ (kg/m²).

Ein 8-mm-Gewehr mit Stahlmantelgeschossen ergab bei allmählichem Ein- und Durchpressen des Geschosses mittels sehr zahlreicher Fallhammerschläge und mit Anwendung von jedesmal sehr kleinen Eindringungswegen (1 bis 2 cm; Fallgewicht 13,18 kg) folgendes: Zu den Geschoßwegen $x = 10$; 20; 23; 30; 40; 50; 60; 70, 80; 90; 100; 110; 120; 130; 140; 150; 160; 170 mm gehören die nachstehenden von der Einpressung und der Mantelreibung herrührenden Widerstände auf den ganzen Querschnitt, bzw. 100; 260; 295; 282; 250; 210; 184; 164; 153; 145; 140; 134; 130; 124; 120; 117; 114; 114 kg und von da ab annähernd konstant weiter 114 kg. Trägt man diese Widerstände in Funktion von x (m) graphisch auf und integriert die entstehende Widerstands-Weg-Kurve, so erhält man die Arbeit A in Funktion von x. Z. B. gehört zu $x = 0{,}6$ m $A = 76$ (mkg), dabei ist $v = 878$ m/sec.

2. Ermittlung von f und α.

Aus der Energiegleichung

$$J \cdot p + (\gamma - 1)\left(\frac{\mu}{2} v^2 + A\right) = f L y,$$

wo

$$J = V_0 + qx - \alpha L y - \frac{L}{s}(1 - y),$$

ergibt sich durch eine Spezialisierung das bekannte Gasgesetz, das in der Ballistik das Abelsche Gesetz genannt zu werden pflegt: Man denke sich das Geschoß in seiner Anfangsstellung festgehalten ($x = 0$, $v = 0$, $A = 0$) und eine Pulverladung L vollständig verbrannt ($y = 1$), so ergibt sich der Höchstdruck zu

$$p = \frac{fL}{J} = \frac{fL}{V_0 - \alpha L}.$$

Es seien nun zwei verschiedene Ladungen L_1 und L_2 angewendet und die zugehörigen Höchstdrücke p_1 und p_2 gemessen. Dann hat man

$$p_1 = \frac{fL_1}{V_0 - \alpha L_1}; \quad p_2 = \frac{fL_2}{V_0 - \alpha L_2}.$$

Dies sind zwei Gleichungen für die zwei Unbekannten f und α. Besser wird man eine größere Anzahl von verschiedenen Ladungen und Verbrennungsräumen anwenden und mit Hilfe der Methode der kleinsten Quadrate f und α ermitteln.

Es sei nun vorgeschlagen, diese Bestimmung unter denselben Bedingungen auszuführen wie beim Schuß aus der Waffe (nur mit der Ausnahme, daß jetzt keine kinetische Energie eines Geschosses erzeugt wird); also bei der gleichen Lagerung der Pulverkörner, der gleichen Zündungsart und Beiladung und der gleichen Methode der Druckmessung; z. B. Druckmessung mit Meßei, wenn beim Schießen aus dem Geschütz Meßeier zur Verwendung gelangen.

Zu diesem Zweck könnte das vorher erwähnte kurz abgeschnittene Rohr dienen. Es ist nur nötig, daß auf das sehr kurze Rohr ein kräftiges Verschlußstück mit Gasauslaßventil aufgeschraubt und an Stelle des Geschosses ein kürzerer oder längerer Stahlzylinder in das Rohr eingesetzt werden kann. Durch diese Maßnahme ist man zugleich imstande, je nach der Wahl der Länge des Stahlzylinders den Verbrennungsraum und damit die Ladedichte verschieden groß anzuordnen. (Die Ladungen wird man natürlich kleiner wählen als die beim eigentlichen Schuß verwendete normale Hauptladung.)

Falls keine experimentellen Ermittlungen von f und α vorliegen und auch nicht durchgeführt werden können, so nehme man (nach Heydenreich, W.: Lehre vom Schuß, Bd. 2, S. 7; Messungen des Militärversuchsamts, Berlin 1898): für Schwarzpulver $f = 0{,}325 \cdot 10^5$; $\alpha = 0{,}49 \cdot 10^{-3}$; $s = 1{,}56 \cdot 10^3$; für reines Schießwollpulver $f = 0{,}78 \cdot 10^5$; $\alpha = 0{,}92 \cdot 10^{-3}$; $s = 1{,}56 \cdot 10^3$; für nitroglyzerinhaltiges Schießwollpulver $f = 0{,}91 \cdot 10^5$; $\alpha = 0{,}84 \cdot 10^{-3}$; $s = 1{,}63 \cdot 10^3$.

E. Erläuterung durch ein Zahlenbeispiel.

1. Für die **Vergleichswaffe** seien folgende Zahlen angenommen: $\frac{\mu}{q} = 249$; $V_0 = 3{,}3 \cdot 10^{-3}$; $L = 1{,}67$; $q = 0{,}01765$; $\mu = 4{,}39$; $x_e = 2{,}05$; $P_0 = 134 \cdot 10^4$; A (nur Einpressungsarbeit) $= 134 \cdot 10^4 \cdot 0{,}01765 \cdot 0{,}01 = 236$ $\gamma = 1{,}11$; $(\gamma - 1)\frac{\mu}{2} = 0{,}242$; $(\gamma - 1)A = 26$; $f = 0{,}91 \cdot 10^5$; $\alpha = 0{,}84 \cdot 10^{-3}$; $\frac{1}{s} = 0{,}61 \cdot 10^{-3}$; also $B = 0{,}384 \cdot 10^{-3}$; $V_0' = 2{,}28 \cdot 10^{-3}$; $fL = 1{,}52 \cdot 10^5$.

Dann ist

$$y_0 = \frac{P_0 \cdot V_0'}{P_0 B + fL} = \frac{134 \cdot 10^4 \cdot 2{,}28 \cdot 10^{-3}}{134 \cdot 10^4 \cdot 0{,}384 \cdot 10^{-3} + 1{,}52 \cdot 10^5} = 0{,}0200\,.$$

Mit dieser Vergleichswaffe habe man aus Rücklaufsmessungen oder sonstigen Registrierungen beim Schuß oder wenigstens aus der Messung von $p_{\max}$ und v_e eine Reihe von Wertetripeln p, v, x bis zur Mündung erhalten. Damit berechnet man jedesmal den Wert von y mittels

$$y(fL + pB) = p(V_0' + qx) + (\gamma - 1)\left(\frac{\mu}{2}v^2 + A\right),$$

also mittels

$$y(1{,}52 \cdot 10^5 + p \cdot 0{,}384 \cdot 10^{-3}) = p(2{,}28 \cdot 10^{-3} + 0{,}01765 \cdot x) + 0{,}242 \cdot v^2 + 26\,.$$

Z. B. habe man für $x = 0{,}108$ erhalten: $p = 2310 \cdot 10^4$; $v = 127{,}5$, so ist

$$y(1{,}52 \cdot 10^5 + 2310 \cdot 10^4 \cdot 0{,}384 \cdot 10^{-3}) = 2310 \cdot 10^4 (2{,}28 \cdot 10^{-3} + 0{,}108 \cdot 0{,}01765) + 0{,}242 \cdot 127{,}5^2 + 26;$$

$$y = 0{,}626.$$

Danach gehören zu $y = 0{,}626$ die Werte

$$p = 2310 \cdot 10^4; \quad x = 0{,}108; \quad v = 127{,}5;$$

hieraus

$$\frac{\mu}{q} v = 249 \cdot 127{,}5 = 3{,}175 \cdot 10^4.$$

In dieser Weise habe man die Reihe erhalten:

Für $y =$	0,0200	0,1	0,2	0,3	0,4	0,5	0,6	0,7	0,8	0,9	1,0
ist $\frac{\mu}{q} v\, 10^{-4} =$	0	0,238	0,610	1,075	1,625	2,223	2,838	3,500	4,273	5,230	6,405

Es werde angenommen, daß auf Grund dieser Reihe das weitere Verfahren für die Vergleichswaffe ganz durchgeführt sei und daß man dabei sogleich eine befriedigende Übereinstimmung zwischen dem errechneten und dem gemessenen Maximalgasdruck und ebenso zwischen der errechneten und der gemessenen Mündungsgeschwindigkeit erzielt habe; dann ist eine Wiederholung des Verfahrens nicht erforderlich: vielmehr kann für beide Perioden der zuerst gewählte Wert $\gamma = 1{,}11$ beibehalten werden. In einem solchen Fall ist für die Vergleichswaffe mit der Aufstellung der $\frac{\mu v}{q}$-Kurve alles erledigt.

2. Für die geplante Waffe sei angenommen:

Verwendung derselben Pulversorte, also wieder $f = 0{,}91 \cdot 10^5$; $\alpha = 0{,}84 \cdot 10^{-3}$; $\frac{1}{s} = 0{,}61 \cdot 10^{-3}$; $\gamma = 1{,}11$. Dagegen jetzt $\frac{\mu}{q} = 367$; $\frac{\gamma - 1}{2}\mu = 0{,}699$; $q = 0{,}0346$; $L = 3{,}0$; $V_0 = 5{,}95 \cdot 10^{-3}$; $x_e = 1{,}53$; also $B = 0{,}681 \cdot 10^{-3}$; $V_0' = 4{,}11 \cdot 10^{-3}$; $fL = 2{,}73 \cdot 10^5$; $P_0 = 100 \cdot 10^4$; $A = P_0 q \cdot 0{,}01 = 100 \cdot 10^4 \cdot 0{,}0346 \cdot 0{,}01 = 0{,}346 \cdot 10^3$; $(\gamma - 1)\,A = 38$. (Im allgemeinen wird man suchen, die Vergleichswaffe weit ähnlicher der geplanten Waffe zu wählen als hier angenommen ist. Diese Annahme soll nur den äußersten Fall andeuten, der zulässig ist.)

Damit wird

$$y_0 = 0{,}015; \quad J_0 = V_0' - B y_0 = 4{,}10 \cdot 10^{-3}.$$

Da der neue y_0-Wert (nämlich 0,015), der für die geplante Waffe gilt, kleiner ist als der y_0-Wert der Vergleichswaffe, und da die vorhergehende $\frac{\mu v}{q}$-Kurve für $y = 0{,}015$ die Ordinate $-\,0{,}015$ besitzt, so hat man zum Übergang auf die geplante Waffe die $\frac{\mu v}{q}$-Kurve zu heben oder, was dasselbe ist, man hat alle Ordinaten um 0,015 zu vergrößern.

Danach ist das Verbrennungsgesetz für die geplante Waffe gegeben durch die so verschobene $\frac{\mu v}{q}$-Kurve, wobei aber jetzt $\frac{\mu}{q}$ die Zahl 367 bedeutet. Hieraus bildet man für dieselben Abszissen die Reihe der Werte v, v^2, $\frac{\mu}{2} v^2$ oder w, ferner durch punktweise Differentation der $\frac{\mu v}{q}$-Kurve mittels des Spiegellineals die Reihe der Werte $\mu v \frac{dv}{dy}$ oder $\frac{dw}{dy}$ und hat auf solche Weise die folgende Zusammenstellung 1.

Damit läßt sich die Differentialgleichung $\frac{dJ}{dy} = \frac{dw}{dy} \cdot \frac{J}{\psi} - B$ graphisch integrieren (vgl. die obige schematische Abb. 26).

Wieder sind als Abszissen die y-Werte $y = 0{,}015$; $0{,}1$; $0{,}2$ ... bis $y = 1$ aufgetragen. Als Ordinaten dienen jetzt die Werte $1000 \cdot J$. Man beginnt mit dem Punkt A, dessen Koordinaten sind $y = y_0 = 0{,}015$;

Zusammenstellung 1.

$y =$	$\frac{\mu v}{q} =$	$v =$	$\frac{d\frac{(\mu v)}{q}}{dy} =$	$\mu v \frac{dv}{dy} = \frac{dw}{dy} =$	$f L y =$	$(\gamma - 1) w =$	$\psi = f L y - (\gamma - 1)(w + A) =$	$\frac{dw}{dy} \cdot \frac{1}{\psi} =$
0,015	0	0	$2{,}43 \cdot 10^4$	0	$4{,}10 \cdot 10^3$	0	$4{,}06 \cdot 10^3$	0
0,1	$0{,}253 \cdot 10^4$	6,9	$3{,}34 \cdot 10^4$	$0{,}798 \cdot 10^4$	$27{,}3 \cdot 10^3$	$0{,}0323 \cdot 10^3$	$27{,}23 \cdot 10^3$	0,292
0,2	$0{,}625 \cdot 10^4$	17,0	$4{,}50 \cdot 10^4$	$2{,}64 \cdot 10^4$	$54{,}6 \cdot 10^3$	$0{,}202 \cdot 10^3$	$54{,}4 \cdot 10^3$	0,486
0,3	$1{,}090 \cdot 10^4$	29,8	$5{,}15 \cdot 10^4$	$5{,}30 \cdot 10^4$	$81{,}8 \cdot 10^3$	$0{,}62 \cdot 10^3$	$81{,}2 \cdot 10^3$	0,650
0,4	$1{,}640 \cdot 10^4$	44,7	$5{,}90 \cdot 10^4$	$9{,}12 \cdot 10^4$	$109{,}2 \cdot 10^3$	$1{,}39_5 \cdot 10^3$	$109{,}1 \cdot 10^3$	0,834
0,5	$2{,}238 \cdot 10^4$	60,9	$6{,}00 \cdot 10^4$	$12{,}62 \cdot 10^4$	$136{,}5 \cdot 10^3$	$2{,}59 \cdot 10^3$	$133{,}9 \cdot 10^3$	0,946
0,6	$2{,}853 \cdot 10^4$	77,7	$6{,}20 \cdot 10^4$	$16{,}65 \cdot 10^4$	$163{,}8 \cdot 10^3$	$4{,}23 \cdot 10^3$	$159{,}6 \cdot 10^3$	1,044
0,7	$3{,}515 \cdot 10^4$	95,7	$7{,}10 \cdot 10^4$	$23{,}4 \cdot 10^4$	$191{,}1 \cdot 10^3$	$6{,}42 \cdot 10^3$	$184{,}7 \cdot 10^3$	1,27
0,8	$4{,}288 \cdot 10^4$	117	$8{,}75 \cdot 10^4$	$35{,}4 \cdot 10^4$	$218{,}4 \cdot 10^3$	$9{,}55 \cdot 10^3$	$208{,}9 \cdot 10^3$	$1{,}69_5$
0,9	$5{,}245 \cdot 10^4$	143	$11{,}15 \cdot 10^4$	$55{,}3 \cdot 10^4$	$246 \cdot 10^3$	$14{,}31 \cdot 10^3$	$232 \cdot 10^3$	$2{,}38_5$
1,0	$6{,}420 \cdot 10^4$	175,5	$12{,}00 \cdot 10^4$	$72{,}8 \cdot 10^4$	$273 \cdot 10^3$	$21{,}4 \cdot 10^3$	$252 \cdot 10^3$	2,89

Zusammenstellung 2.

Für $y =$	0,015	0,1	0,2	0,3	0,4	0,5	0,6	0,7	0,8	0,9	1,0
ist $10^3 J =$	4,10	4,08	4,17	4,34	4,60	4,95	5,39	5,95	6,80	8,21	10,53
und $p = \frac{\psi}{J} =$	$100 \cdot 10^4$	$670 \cdot 10^4$	$1300 \cdot 10^4$	$1875 \cdot 10^4$	$2370 \cdot 10^4$	$2700 \cdot 10^4$	$2960 \cdot 10^4$	$3100 \cdot 10^4$	$3060 \cdot 10^4$	$2820 \cdot 10^4$	$2390 \cdot 10^4$

$1000\,J = 4{,}10$. Hier ist $\frac{dw}{dy} = 0$; $\psi = 4{,}06 \cdot 10^3$; B ist $= 0{,}681 \cdot 10^{-3}$; also hat in diesem Anfangspunkt A der Integralkurve der Richtungstangens $\frac{d\,(1000\,J)}{dy}$ den Wert $\frac{0 \cdot 4{,}1}{4{,}06 \cdot 10^3} - 0{,}681 = -0{,}681$. Man zieht somit durch A eine Gerade AB_2, deren Tangens des Horizontalneigungswinkels $= -0{,}681$ ist. Der Punkt B_2, in dem diese Gerade die Vertikale $y = 0{,}1$ trifft, erhält danach die Koordinaten $y = 0{,}1$; $1000\,J = 4{,}04$. In B_2 ist der Zusammenstellung zufolge $\frac{dw}{dy} \cdot \frac{1}{\psi} = 0{,}292$, also hat der Richtungstangens in diesem Punkte den Wert $0{,}292 \cdot 4{,}04 - 0{,}681 = +0{,}50$. Die zugehörige Richtungsgerade, deren Horizontalneigungswinkel diesen Tangens $+\,0{,}50$ hat, zieht man aber nicht durch B_2 selbst, sondern durch die Mitte M_1 zwischen A und B_2; dies ist die Gerade M_1B, die der Lotrechten $y = 0{,}1$ in Punkt B begegnet. So ergeben sich für B aus dem Diagramm die Koordinaten $y = 0{,}1$; $1000\,J = 4{,}08$. So fährt man fort, gewinnt C aus B wie vorher B aus A, usw. bis $y = 1$.

Die Punkte $A, B, C, D \ldots$ stellen alsdann die punktweise gewonnene Integralkurve in erster und meistens bereits genügender Annäherung dar, und die Werte von $1000\,J$ in diesen Punkten, also für $y = 0{,}015$; $0{,}1$; $0{,}2$; $0{,}3 \ldots$, ergeben sich der Reihe nach zu $4{,}10$; $4{,}08$; $4{,}17$; $4{,}34 \ldots$. Die zugehörigen Gasdrücke p sind dann $\frac{\psi}{J}$. Man hat so die Zusammenstellung 2.

Man erkennt, daß der Gasraum J anfangs um einen sehr kleinen Betrag abnimmt (wegen des raschen Nachschubs an Pulvergasen) und dann erst dauernd zunimmt.

Für das Ende der Pulververbrennung, also für $y = 1$, ist nach diesen Ergebnissen $J = J' = 10{,}53 \cdot 10^{-3}$; $v = v' = 175{,}5$; $p = p' = 2390 \cdot 10^4$; $\psi = \psi' = 252 \cdot 10^3$. Damit ist man imstande, für die zweite Periode, also nach vollendeter Verbrennung der Pulverladung, zu irgendeinem Geschoßweg x die Geschoßgeschwindigkeit v und den Gasdruck p zu berechnen, nämlich mittels

$$\frac{12{,}7}{2} v^2 = \frac{12{,}7}{2} \cdot 175{,}5^2 + \frac{252 \cdot 10^3}{0{,}11} \left[1 - \left(\frac{10{,}53 \cdot 10^{-3}}{J}\right)^{0{,}11}\right];$$

$$p = 2390 \cdot 10^4 \cdot \left(\frac{10{,}53 \cdot 10^{-3}}{J}\right)^{1{,}11}.$$

Z. B. wenn der Geschoßboden an der Mündung angelangt ist, hat man

$x = x_e = 1{,}529$, also $J = J_e = V_0 + qx_e - \alpha L = 56{,}23 \cdot 10^{-3}$.

Damit erhält man:

Mündungsgeschwindigkeit $v_e = 300$ (m/sec);

Mündungsgasdruck . . . $p_e = 370 \cdot 10^4$ (kg/m²) $= 370$ (kg/cm²).

F. Verlauf der Pulververbrennung in einer Schußwaffe, für die eine Rücklaufregistrierung oder wenigstens die Messung des Höchstgasdrucks und der Mündungsgeschwindigkeit durchgeführt ist.

Es möge für eine Schußwaffe mit Verbrennungsraum V_0, scheinbarer Geschoßmasse μ, Querschnitt q usw. bei Anwendung einer Ladung L einer bestimmten Pulversorte aus einer Rücklaufregistrierung oder dgl. die Reihe der zusammengehörenden Werte des Gasdrucks p, der Geschoßgeschwindigkeit v und des Geschoßwegs x vorliegen oder aber (s. §§ 39 bis 41) aus der Messung des Maximalgasdrucks und der Mündungsgeschwindigkeit berechnet worden sein.

Es kann sich alsdann um die Frage handeln, welcher Bruchteil y der Ladung bei einem bestimmten Geschoßweg x schon abgebrannt ist, speziell bei welchem Geschoßweg x' die Ladung vollständig verbrannt ist ($y = 1$).

Wie schon unter C. 1. angedeutet wurde, wird man folgendermaßen verfahren:

Man berechnet y_0 aus

$$y_0 = \frac{P_0 V_0'}{P_0 B + f L},$$

sodann zu mehreren zusammengehörenden Werten p, v, x die betreffenden Werte y aus

$$y(fL + pB) = p(V_0 + qx) + (\gamma - 1)\left(\frac{\mu}{2} v^2 + A\right).$$

Diese Werte y trägt man in Funktion von x graphisch auf und hat damit eine erste Näherungslösung der Aufgabe. Diese Lösung kann man verschärfen, indem man die graphische Integration der Differentialgleichung $\frac{dJ}{dy} = \frac{dw}{dy} \cdot \frac{J}{\psi} - B$ durchführt, aus der gewonnenen Reihe der $J(y)$ die Reihe der Gasdrücke $p = \psi : J$ berechnet und graphisch aufträgt, den so graphisch ermittelten Höchstgasdruck mit dem gemessenen Höchstgasdruck vergleicht, und alsdann unter Umständen γ anders wählt, bis Übereinstimmung herrscht.

1. Beispiel. Für ein Geschütz sei gegeben: scheinbare Geschoßmasse $\mu = 0{,}735$; Ladung $L = 0{,}51$ kg; Mündungsgeschwindigkeit $v_e = 465$ m/sec; Seelenraum 8,7 lit; Querschnitt $q = 47{,}75\ \text{cm}^2$; Einpressungswiderstand $P_0 = 270 \cdot 10^4$ kg/m²; Breite des Führungsbands $\frac{1}{100}$ m; also Einpressungsarbeit $A = 270 \cdot 10^4 \cdot 0{,}004\,775 \cdot \frac{1}{100} = 120$ mkg; ganzer Weg des Geschoßbodens im Rohr $x_e = 1{,}635$ m; Treibladung bestehend aus einem Nitrozellulosepulver; $f = 0{,}78 \cdot 10^5$; $\alpha = 0{,}92 \cdot 10^{-3}$; $s = 1{,}56 \cdot 10^3$; Höchstgasdruck mittels Fallhammer-Tabelle gemessen zu $p_{max} = 2330\ \text{kg/cm}^2$; Verbrennungsraum $V_0 = 0{,}933 \cdot 10^{-3}\ \text{m}^3$.

Also $V_0' = V_0 - \frac{L}{s} = 0{,}607 \cdot 10^{-3}$; $B = L\left(\alpha - \frac{1}{s}\right) = 0{,}143 \cdot 10^{-3}$; $fL = 39\,800$;

$$y_0 = \frac{P_0 \cdot V_0'}{fL + P_0 B} = \frac{270 \cdot 10^4 \cdot 0{,}607 \cdot 10^{-3}}{39\,800 + 270 \cdot 10^4 \cdot 0{,}143 \cdot 10^{-3}} = 0{,}0408;$$

$$J_0 = V_0' - B y_0 = 0{,}607 \cdot 10^{-3} - 0{,}0408 \cdot 0{,}143 \cdot 10^{-3} = 0{,}601 \cdot 10^{-3}.$$

Aus den Angaben über μ, v_e, L, A, p_{max}, q und x_e habe man mit Hilfe der Tabellen von § 41 die folgende Beziehung zwischen dem Geschoßbodenweg x (m), der Geschoßgeschwindigkeit v (m/sec) und dem dabei herrschenden Gasdruck p (kg/m²) erhalten:

für $x = 0$	5	10	15	20	25	30	40	$50 \cdot 10^{-2}$ m;
ist $v = 0$	95	150	192	225	252	275	312	344 m/sec;
und $p = 270$	1900	2280	2290	2090	1910	1740	1460	$1230 \cdot 10^4$ kg/m².

Aus der Gleichung

$$y(fL + pB) = p(V_0' + qx) + (\gamma - 1)\left(\frac{\mu}{2} v^2 + A\right)$$

erhält man, unter der Annahme $\gamma = 1{,}11$, für $x = 0{,}05$, $v = 95$ und $p = 1900 \cdot 10^4$:

$$y(39\,800 + 1900 \cdot 10^4 \cdot 0{,}143 \cdot 10^{-3}) = 1900 \cdot 10^4 (0{,}607 \cdot 10^{-3} + 0{,}4775 \cdot 10^{-2} \cdot 0{,}005)$$

$$+ 0{,}11 \cdot \left(\frac{0{,}735}{2} 95^2 + 120\right); \quad \text{also } y = 0{,}388.$$

Ebenso wird für $x = 0{,}10$, $v = 150$, $p = 2280 \cdot 10^4$:

$$y(39\,800 + 2280 \cdot 10^4 \cdot 0{,}143 \cdot 10^{-3}) = 2280 \cdot 10^4 (0{,}607 \cdot 10^{-3} + 0{,}4775 \cdot 10^{-2} \cdot 0{,}10)$$

$$+ 0{,}11 \left(\frac{0{,}735}{2} \cdot 150^2 + 120\right); \quad \text{also } y = 0{,}596 \text{ usf.}$$

Im ganzen ist somit nach dem Geschoßwege x der Bruchteil y der verbrannten Ladung gegeben durch die folgende Tabelle:

für $x =$	0	0,05	0,10	0,15	0,20	0,25	0,30	0,40	0,50 m
ist $y =$	0,0408	0,388	0,596	0,738	0,812	0,870	0,910	0,971	1,0

Bei der Annahme $\gamma = 1{,}11$ ist folglich am Ende der Pulververbrennung (für $y = 1$) $x = x' = 0{,}50$; $v = v' = 344$; $p = p' = 1230 \cdot 10^4$.

Zunächst ist jedoch zu prüfen, ob die Annahme $\gamma = 1{,}11$ genügend genau zutrifft oder ob für γ ein anderer Zahlenwert gewählt werden muß. Hierzu dient die graphische Integration der Differentialgleichung

$$\frac{dJ}{dy} = \frac{dw}{dy} \cdot \frac{J}{\psi} - B,$$

wobei $B = 0{,}143 \cdot 10^{-3}$, $w = \frac{\mu}{2} v^2$ und $\psi = fLy - (\gamma - 1)(w + A)$ bedeutet und für γ vorerst 1,11 gesetzt wird. Durch graphischen Ausgleich erhält man für die aufeinanderfolgenden Werte $y = 0{,}0408$; 0,1; 0,2; 0,3 ... bis 0,9; 1,0 die Reihe der Werte v, hieraus die Reihe der Werte w; $w + A$; $0{,}11(w + A)$; ψ; $\frac{dv}{dy}$ und somit $\frac{dw}{dy}$ (vgl. die nachfolgende Tabelle).

Gemäß Abbildung 26 werden in einem Koordinatensystem mit den Werten y als Abszissen die Werte J als Ordinaten der Reihe nach konstruiert (dabei $0{,}1\, y = 10$ cm; $10^3 \cdot 1 \cdot J = 10$ cm). Die Konstruktion beginnt im Punkt A mit der Abszisse $OA_1 = y_0 = 0{,}0408$ und mit der Ordinate $A_1 A = 10^3 J_0 = 0{,}601$. Da in diesem Anfangspunkt $\frac{dw}{dy} = 0$ ist, wird $\frac{dJ}{dy} \cdot 10^3 = 0 - B = -0{,}143$. Man hat damit die Richtung der Anfangstangente AB_2. Es wird $B_1 B_2 = 0{,}55$ für $y = 0{,}1$. Für diesen Wert $y = 0{,}1$ ist nach der Tabelle $\frac{dw}{dy} \cdot \frac{1}{\psi} = 0{,}946$; folglich ist der Richtungstangens $\frac{dJ}{dy}$ oder $\frac{dw}{dy} \cdot \frac{J}{\psi} - B$ für diese Abszisse $y = 0{,}1$ gegeben durch $0{,}946 \cdot 0{,}55 - 0{,}143 = 0{,}378$. Die betreffende Gerade wird aber nicht durch B_2 gezogen, sondern durch die Mitte M_1 zwischen A und B_2; sie ist $M_1 B C_2$. Man kennt damit den genaueren Wert $B_1 B = 0{,}59$ von J (genauer als zuvor $J = B_1 B_2 = 0{,}55$). Zugleich hat man einen ersten Näherungswert von J für $y = 0{,}2 = O C_1$, das ist der Wert $J = C_1 C_2 = 0{,}63$. Damit gewinnt man den Richtungstangens $\frac{dJ}{dy} = 1{,}22 \cdot 0{,}63 - 0{,}143 = 0{,}625$ für $y = 0{,}2$. Die Gerade parallel dieser Richtung zieht man nicht durch C_2 selbst, sondern durch die Mitte M_2 zwischen B und C_2; diese Gerade ist $M_2 C D_2$. Man kennt auf diese Weise Punkt C und hat damit den Wert $J = C_1 C = 0{,}64$, der für die Abszisse $y = 0{,}2$ den genaueren Wert als vorher 0,63 darstellt, usw.

So erhält man der Reihe nach für $y = 0{,}1$; 0,2; 0,3 usw. die Werte von J. Und da allgemein $p = \frac{\psi}{J}$ ist, erhält man auch die Reihe der Werte des Gasdrucks p. In der nebenstehenden Tabelle ist alles zusammengestellt.

y	v	$\frac{dv}{dy}$	w	$\frac{dw}{dy}$	$w + A$	$0{,}11\,(w+A)$	$f L y$	$\psi = \frac{f L y - (\gamma - 1)}{(w+A)} =$	$\frac{dw}{dy} \cdot \frac{1}{\psi}$	J	$p = \frac{\psi}{J}$
0,0408	0	300	0	0	0	0	$0{,}163 \cdot 10^4$	$0{,}163 \cdot 10^4$	0	$0{,}601 \cdot 10^{-3}$	$270 \cdot 10^4$
0,1	17	300	$0{,}0106 \cdot 10^4$	$0{,}375 \cdot 10^4$	$0{,}0226 \cdot 10^4$	$0{,}00249 \cdot 10^4$	$0{,}398 \cdot 10^4$	$0{,}396 \cdot 10^4$	0,946	$0{,}590 \cdot 10^{-3}$	$670 \cdot 10^4$
0,2	46	285	$0{,}0775 \cdot 10^4$	$0{,}96 \cdot 10^4$	$0{,}0895 \cdot 10^4$	$0{,}00985 \cdot 10^4$	$0{,}796 \cdot 10^4$	$0{,}786 \cdot 10^4$	1,22	$0{,}640 \cdot 10^{-3}$	$1230 \cdot 10^4$
0,3	72	265	$0{,}190 \cdot 10^4$	$1{,}40 \cdot 10^4$	$0{,}200 \cdot 10^4$	$0{,}022 \cdot 10^4$	$1{,}194 \cdot 10^4$	$1{,}172 \cdot 10^4$	1,195	$0{,}705 \cdot 10^{-3}$	$1665 \cdot 10^4$
0,4	98	260	$0{,}352 \cdot 10^4$	$1{,}87 \cdot 10^4$	$0{,}364 \cdot 10^4$	$0{,}040 \cdot 10^4$	$1{,}593 \cdot 10^4$	$1{,}550 \cdot 10^4$	1,206	$0{,}78 \cdot 10^{-3}$	$1985 \cdot 10^4$
0,5	124	260	$0{,}565 \cdot 10^4$	$2{,}37 \cdot 10^4$	$0{,}577 \cdot 10^4$	$0{,}0635 \cdot 10^4$	$1{,}99 \cdot 10^4$	$1{,}93 \cdot 10^4$	1,23	$0{,}86 \cdot 10^{-3}$	$2240 \cdot 10^4$
0,6	150	275	$0{,}826 \cdot 10^4$	$3{,}04 \cdot 10^4$	$0{,}838 \cdot 10^4$	$0{,}0923 \cdot 10^4$	$2{,}39 \cdot 10^4$	$2{,}30 \cdot 10^4$	1,32	$0{,}96 \cdot 10^{-3}$	$2390 \cdot 10^4$
0,7	180	315	$1{,}19 \cdot 10^4$	$4{,}16 \cdot 10^4$	$1{,}10 \cdot 10^4$	$0{,}132 \cdot 10^4$	$2{,}79 \cdot 10^4$	$2{,}66 \cdot 10^4$	1,565	$1{,}09 \cdot 10^{-3}$	$2350 \cdot 10^4$
0,8	219	425	$1{,}76 \cdot 10^4$	$6{,}80 \cdot 10^4$	$17{,}7 \cdot 10^4$	$0{,}195 \cdot 10^4$	$3{,}185 \cdot 10^4$	$2{,}99 \cdot 10^4$	2,275	$1{,}30 \cdot 10^{-3}$	$2300 \cdot 10^4$
0,9	268	525	$2{,}64 \cdot 10^4$	$10{,}3 \cdot 10^4$	$2{,}65 \cdot 10^4$	$0{,}291 \cdot 10^4$	$3{,}58 \cdot 10^4$	$3{,}29 \cdot 10^4$	3,14	$1{,}68 \cdot 10^{-3}$	$1960 \cdot 10^4$
1,0	344	1300	$4{,}34 \cdot 10^4$	$32{,}6 \cdot 10^4$	$4{,}35 \cdot 10^4$	$0{,}478 \cdot 10^4$	$3{,}98 \cdot 10^4$	$3{,}50 \cdot 10^4$	9,33	$2{,}95 \cdot 10^{-3}$	$1190 \cdot 10^4$

Der bei dieser graphischen Integration erhaltene Höchstgasdruck beträgt, wie man aus der letzten Vertikalspalte ersieht, 2390 kg/cm²; der Unterschied gegenüber dem gemessenen Höchstgasdruck von 2330 kg/cm² liegt durchaus innerhalb der Grenzen der unvermeidlichen Messungsfehler. Also kann die Annahme $\gamma = 1{,}11$ für die erste Periode als richtig gelten. Auch für die zweite Periode ist $\gamma = 1{,}11$ der zutreffende Wert; denn wenn man vom Ende der Pulververbrennung, wo $v = v' = 344$ m/sec, $\psi = \psi' = 3{,}50 \cdot 10^4$ und $J = J' = 2{,}95 \cdot 10^{-3}$ ist, weiter rechnet, bis zum Geschoßbodenaustritt aus der Mündung, für den $J = J_e = 8{,}7 \cdot 10^{-3}$ bekannt ist, aber die Mündungsgeschwindigkeit $v = v_e$ als gesucht betrachtet wird, so hat man

$$\frac{0{,}735}{2} \cdot v_e^2 = \frac{0{,}735}{2} \cdot 344^2 + \frac{3{,}50 \cdot 10^4}{1{,}11 - 1} \left\{ 1 - \left(\frac{2{,}95 \cdot 10^{-3}}{8{,}7 \cdot 10^{-3}} \right)^{1{,}11 - 1} \right\},$$

woraus folgt $v_e = 465$ m/sec. Da dieser Wert mit dem aus der Beobachtung bekannten Wert v_e übereinstimmt, ist die Annahme $\gamma = 1{,}11$ auch für die zweite Periode gültig.

Das Resultat ist also: Die Treibladung ist verbrannt ($y = 1$), nachdem das Geschoß einen Weg von $x = x' = 0{,}50$ m im Rohr zurückgelegt hat; dabei ist die Geschoßgeschwindigkeit $v = v' = 344$ m/sec, der Gasdruck $p = p' = 1190$ kg/cm². (Der Wert von A wurde hier als konstant und nicht als Funktion von x angenommen, weil keine Versuchsdaten hierfür zur Verfügung standen.)

2. Beispiel. Für ein Gewehr sei folgendes als gegeben angenommen:

$\mu = 1{,}2 \cdot 10^{-3}$; $V_0 = 3{,}85 \cdot 10^{-6}$; $q = 0{,}518 \cdot 10^{-4}$; $fL = 267$; $J_e = 40 \cdot 10^{-6}$;
$\alpha = 1{,}1 \cdot 10^{-3}$; $V_0' = 1{,}81 \cdot 10^{-6}$; $B = 1{,}47 \cdot 10^{-6}$; $f = 83000$; $L = 3{,}2 \cdot 10^{-3}$;
$s = 1{,}56 \cdot 10^3$.

Das Geschoß sei mit einem Druck von 192 kg oder von 370 kg/cm² in der Patronenhülse eingepreßt, d. h. der Anfangsgasdruck sei $P_0 = 370 \cdot 10^4$. Von da ab lege das Geschoß, nachdem es aus der Hülse freigeworden ist, einen Weg von 3 mm zurück, bis es beginnt, in den gezogenen Teil sich einzupressen. Der Einpressungswiderstand, zusammen mit dem von der Reibung am Geschoßmantel herrührenden Widerstand, sei durch sukzessive Fallhammerschläge ermittelt worden. Und zwar ist angenommen, daß sich zu den Geschoßwegen $x = 5$; 10; 25; 50; 75; 100; 150; 225; 300 ... mm ein Widerstand ergeben habe von bzw. 48; 100; 295; 211; 157; 139; 117; 114; 114 kg (und von da an ungefähr konstant weiter 114 kg), oder auf die Einheit des Querschnitts bezogen ein Widerstand von bzw. 94; 193; 570; 407; 303; 269; 226; 220; 220 ... kg/cm². Trägt man diese Widerstände (in kg), für die Wege x (m) als Abszissen, graphisch auf, so erhält man die Widerstand-Weg-Kurve. Integriert man diese Kurve in Funktion von x, so gewinnt man die Reihe der zugehörigen Arbeiten A (in mkg).

Zugleich möge, wie angenommen wird, eine Rücklaufmessung durchgeführt worden sein, die für dieselben Geschoßbodenwege x die Gasdrücke p und die Geschoßgeschwindigkeiten v (m/sec) geliefert hat. Auf diese Weise sei folgende Unterlage geschaffen:

Zusammenstellung 3.

x =	0	0,005	0,010	0,025	0,050	0,075	0,10	0,15	0,25	0,30	(m)
p =	370	770	1100	1780	2400	2820	3020	2620	2000	1480	mal 10⁴ (kg/m²)
v =	0	27	66	154	258	356	440	572	686	764	(m/sec)
A =	0	0,12	0,50	3,57	9,9	14,3	18,0	24,3	32,8	41,4	(mkg)

Ausführung:

1. Man berechnet, zunächst unter der Voraussetzung $\gamma = 1{,}22$, punktweise die zugehörigen Werte y aus der allgemeinen Gleichung:

$$y\,(fL + pB) = p\,(V_0' + qx) + (\gamma - 1)\left(\frac{\mu}{2}\,v^2 + A\right), \quad \text{also hier aus:}$$

$$y\,(267 + p \cdot 1{,}47 \cdot 10^{-6}) = p\,(1{,}81 \cdot 10^{-6} + 0{,}518 \cdot 10^{-4} \cdot x) + 0{,}22 \cdot (0{,}6 \cdot 10^{-3} \cdot v^2 + A).$$

Z. B.: für $x = 0{,}005$ ist einzusetzen $p = 770 \cdot 10^4$; $v = 27$; $A = 0{,}12$; es wird $y = 0{,}057$,

für $x = 0{,}010$ ist einzusetzen $p = 1100 \cdot 10^4$; $v = 66$; $A = 0{,}50$; es wird $y = 0{,}093$,

usf. Für $x = 0$ ergibt sich der Bruchteil y_0 der Ladung, der bei Beginn der Geschoßbewegung verbrannt ist,

$$y_0 = \frac{P_0 \cdot V_0'}{PB + fL} = 0{,}0245.$$

Auf diese Weise hat man zu den sämtlichen Werte-Tripeln v, p, x die Werte von y, man kann also v, p, A, y in Funktion von x auftragen. Dieses Diagramm gestattet alsdann, zu den äquidistanten Werten 0,1; 0,2; 0,3... von y die Werte von v, p, x, A zu entnehmen. Zweckmäßig ist es jedoch, außerdem in einem besonderen Koordinatensystem, mit y als Abszisse, die Werte von v aufzutragen. In letzterer Kurve $v(y)$ werden in den Punkten mit den Abszissen 0,0245; 0,1; 0,2; 0,3;... 1 die Differentialquotienten $\frac{dv}{dy}$ mit Hilfe des Spiegellineals oder auf andere Weise gebildet und daraus für dieselben Abszissen die Werte $\mu v \frac{dv}{dy}$ oder $\frac{dw}{dy}$, ebenso die Werte $\frac{\mu}{2} v^2$; $0{,}22\,(w+A)$; fLy; ψ abgeleitet.

Damit ist man imstande, in dem letztgenannten Diagramm (mit y als Abszisse) die graphische Integration der Differentialgleichung

$$\frac{dJ}{dy} = \frac{dw}{dy} \cdot \frac{J}{\psi} - 1{,}47 \cdot 10^{-6}$$

durchzuführen (0,1 von y etwa gleich 10 cm; $1 \cdot 10^6\,J$ gleich 10 cm). Die Integration beginnt in dem Punkte mit der Abszisse $y_0 = 0{,}0245$ und der Ordinate $J_0 = V_0' - By_0 = (1{,}81 - 1{,}47 \cdot 0{,}0245)\,10^{-6} = 1{,}77 \cdot 10^{-6}$. Aus der Reihe der J erhält man sodann diejenige der Gasdrücke p mittels $p = \psi : J$.

Das Ergebnis ist in der Zusammenstellung 4 niedergelegt.

Danach ergibt sich der Maximalgasdruck zu etwa 4050 kg/cm², also viel zu hoch; denn nach der als Grundlage für dieses Beispiel angenommenen Messungsreihe ist der Maximalgasdruck etwa 3035 kg/cm². Es muß folglich ein anderer Wert von γ angenommen und damit das Verfahren wiederholt werden. Dies soll so oft geschehen, bis der Unterschied zwischen dem berechneten und dem gemessenen Maximalgasdruck gleich oder kleiner als etwa 150 kg/cm² geworden ist.

2. Mit $\gamma = 1{,}40$ fanden sich die in Zusammenstellung 5 enthaltenen Werte.

Damit ist also der Maximalgasdruck, wie er sich aus der Konstruktion ergibt, auf etwa 3640 herabgesunken. Dieser Betrag ist noch immer zu hoch.

3. Es wurde angenommen $\gamma = 1{,}66$. (Aus der Tatsache, daß nach der obigen Entwicklung des Verfahrens der Faktor γ jedenfalls kleiner sein muß als das Verhältnis zwischen den spezifischen Wärmen der Pulvergase bei konstantem Druck und bei konstantem Volumen, darf nicht etwa gefolgert werden, daß eine solche Annahme $\gamma = 1{,}66$ widersinnig wäre. Denn dieses Verhältnis wächst offenbar stark mit dem Druck. Nach den physikalischen Tabellen von Landolt und Börnstein, Berlin 1912, steigt das Verhältnis der beiden spezifischen Wärmen für Luft, bei gleicher Temperatur -79^0 C, und bei einer Druckzunahme von 1 Atm. auf 200 Atm., an von 1,405 bis 2,333; für Kohlensäuregas von gleicher Temperatur $+50^0$ C, bei einer Druckzunahme von 50 Atm. auf 70 Atm., von 1,705 bis 2,327.) Außerdem ist durch den Wert von γ das vorzeitige Ausströmen von Pulvergasen angedeutet usw.; siehe oben).

Mit $\gamma = 1{,}66$ lieferte das graphische Verfahren folgendes Ergebnis (siehe Zusammenstellung 6).

Der Höchstgasdruck ergibt sich nach dieser Konstruktion zu etwa 3180 kg/cm². Nach der früheren Festsetzung kann also der Wert $\gamma = 1{,}66$ als richtig angesehen werden. Und das Ergebnis ist danach das folgende:

Die Pulverladung ist verbrannt nach einem Geschoßweg von 0,112 m; dabei ist die Geschoßgeschwindigkeit 475 m/sec, der Gasdruck 2835 kg/cm².

Die Aufgabe ist damit erledigt. Wollte man jedoch diese Waffe, bei der sich durch die Messung eine Mündungsgeschwindigkeit $v_e = 845$ m/sec gezeigt

Zusammenstellung 4.

Für	$y =$	0,0245	0,1	0,2	0,3	0,4	0,5	0,6	0,7	0,8	0,9	1,0	
ist	$v =$	0	71	152	218	274	320	363	406	452	502	584	(m/sec)
ist	$x =$	0	0,0108	0,0246	0,386	0,0520	0,0646	0,077	0,089	$0{,}10_4$	$0{,}12_3$	$0{,}15_6$	(m)
ist	$10^6 \cdot J =$	1,77	1,81	2,19	2,63	3,05	3,42	3,76	4,12	4,52	5,14	6,45	(m³)
ist	$10^{-4} \cdot p =$	370	1430	2260	2740	3100	3420	3710	3930	4040	3950	3360	(kg/m²)

Zusammenstellung 5.

Für	$y =$	0,0245	0,1	0,2	0,3	0,4	0,5	0,6	0,7	0,8	0,9	1,0	
ist	$v =$	0	69	145	207	260	305	344	379	417	467	555	(m/sec)
ist	$x =$	0	0,0106	0,0234	0,0358	0,0482	0,0602	0,0714	0,0816	0,0930	0,109	0,143	(m)
ist	$10^6 \cdot J =$	1,77	1,82	2,28	2,71	3,12	3,51	3,86	4,17	4,55	4,97	6,20	(m³)
ist	$10^{-4} \cdot p =$	370	1390	2060	2480	2780	3040	3270	3520	3630	3620	2960	(kg/m²)

Zusammenstellung 6.

Für	$y =$	0,0245	0,1	0,2	0,3	0,4	0,5	0,6	0,7	0,8	0,9	1,0	
ist	$v =$	0	67	146	192	239	280	316	352	388	427	475	(m/sec)
ist	$x =$	0	0,010	0,022	0,033	0,043	0,054	0,063	0,074	0,084	0,096	0,112	(m)
ist	$10^6 \cdot J =$	1,77	1,84	2,22	2,67	3,10	3,45	3,78	4,12	4,51	5,03	5,82	(m³)
ist	$10^{-4} \cdot p =$	370	1330	1940	2270	2540	2770	2970	3120	3180	3150	2835	(kg/m²)

Zusammenstellung 7.

Für	$y =$	0,0245	0,1	0,2	0,3	0,4	0,5	0,6	0,7	0,8	0,9	1,0	
ist	$v =$	0	64	139	200	252	297	337	372	408	456	543	(m/sec)
ist	$10^6 \cdot J =$	1,79	1,90	2,32	2,78	3,22	3,65	4,04	4,40	4,80	5,45	6,90	(m³)
ist	$10^{-4} \cdot p =$	370	1275	2000	2460	2760	3020	3260	3460	3610	3530	2970	(kg/m²)

haben möge, als Vergleichswaffe für eine andere und ähnliche, erst geplante Waffe verwenden und deshalb noch ermitteln, wie groß der Wert von γ für die zweite Periode angesetzt werden muß, so hat man, da hier

$\mu = 1{,}2 \cdot 10^{-3}$; $v' = 475$; $J' = 5{,}82 \cdot 10^{-6}$; $J_e = 40 \cdot 10^{-6}$; $p' = 2835 \cdot 10^4$ ist,

v_e aus der Gleichung zu berechnen:

$$\frac{1{,}2 \cdot 10^{-3}}{2} \cdot v_e^2 = \frac{1{,}2 \cdot 10^{-3}}{2} \cdot 457^2 + \frac{5{,}82 \cdot 10^{-6} \cdot 2835 \cdot 10^4}{\gamma - 1} \cdot \left[1 - \left(\frac{5{,}82}{40}\right)^{\gamma-1}\right].$$

Dabei hat man für γ verschiedene Werte zu wählen, bis v_e genügend genau $= 845$ sich ergibt. Mit $\gamma = 1{,}11$ findet sich

$$v_e = 842 \text{ m/sec.}$$

Danach wäre für die zweite Periode $\gamma = 1{,}11$ ein geeigneter Mittelwert.

Auffallend mag erscheinen, daß γ hier in der zweiten Periode kleiner auftritt als in der ersten. Es dürfte sich lohnen, näher zu untersuchen, ob dies von Ungenauigkeiten in der Bestimmung von f und α herrührt oder ob dies damit zu erklären ist, daß das Verhältnis der beiden spezifischen Wärmen eines Gases mit dem Druck stark anwächst, sowie damit, daß bis zur Mündung eine Arbeit von etwa 76 mkg auf die Erzeugung von Reibungswärme verwendet wird, welche den Gasen, dem Geschoß und dem Lauf zugute kommt. Dabei sei auf die Arbeit von H. Muraour aufmerksam gemacht, der plausibel gemacht hat[1]), daß die Lauferwärmung in erster Linie von den mechanischen Ursachen der Reibung usw. herrührt. Rein theoretisch werden die vorhin erwähnten Fragen schwerlich ausreichend zu beantworten sein, vielmehr nur durch zweckmäßige Verbindung der Rechnung mit zahlreichen exakten Messungen. Übrigens spielt in der vorliegenden Lösungsart die Größe γ lediglich die Rolle eines empirischen Faktors, der beliebige Werte annehmen kann.

4. Von welcher Bedeutung die richtige Ermittlung der Pulverkonstanten f und α ist, erkennt man aus folgendem:

Es wurde weiterhin angenommen:

$$f = 0{,}78 \cdot 10^5; \quad \alpha = 0{,}92 \cdot 10^{-3} \text{ und dazu wie oben } \gamma = 1{,}22.$$

Damit wurde Zusammenstellung 7 erhalten.

Der Vergleich mit Zusammenstellung 4, der ebenfalls der Wert $\gamma = 1{,}22$, aber andere Werte von f und α zugrunde gelegt sind, ergibt die großen Unterschiede in der Ermittlung der Gasdrücke. Man hat also alle Veranlassung, die Konstanten f und α einwandfrei zu bestimmen, und dies geschieht nach Ansicht des Verfassers lediglich durch Messungen an der Waffe selbst (s. oben).

Falls keine Rücklaufmessung für die Waffe vorliegt, sondern an dieser nur der Maximaldruck p_1 und die Mündungsgeschwindigkeit v_e gemessen ist, berechnet man nach § 41 für eine größere Anzahl von Geschoßwegen x je den zugehörigen Gasdruck p und die zugehörige Geschoßgeschwindigkeit v.

G. Über eine weitere Verschärfung der Lösungsmethode.

Das geschilderte Lösungsverfahren muß, obwohl möglichst viel Nebenumstände mitberücksichtigt sind, doch nur als eine erste Näherungsmethode gelten, und zwar aus folgendem Grund.

Durch die Einführung der fiktiven Geschoßmasse μ (s. o.) an Stelle der wahren Geschoßmasse m ist zwar der Einfluß des Normaldrucks

[1]) Mém. de l'Art. franç., IV, 1925, H. 2, S. 478.

und der Reibung in den Zügen, der Einfluß des Rücklaufs und der Einfluß der Gasbewegung in Rechnung gezogen. Aber trotzdem ist der Gasdruck $q \cdot p$ nicht gleich der beschleunigenden Kraft auf die fiktive Geschoßmasse μ; denn mit μ ist nur derjenige Teil des der Geschoßbewegung entgegenwirkenden Widerstands eingerechnet, der auf dem Druck und der Reibung an den radial stehenden schiefen Zugflanken beruht: Dieser Teil ist von dem Betrag

$$m \cdot \frac{dv}{dt} \cdot \frac{\varrho^2}{R^2} \cdot \operatorname{tg} \alpha_2 \cdot \frac{\operatorname{tg} \alpha_2 + \nu}{1 - \nu \cdot \operatorname{tg} \alpha_2};$$

er würde Null werden, wenn $\alpha_2 = 0$ wäre, d. h. wenn man achsenparallele Züge hätte. Dann aber bliebe immer noch bestehen die Reibung an den zur Geschoßmantelfläche parallelen Zugflächen, nämlich an den tiefsten Flächen der Züge und an den höchsten Flächen der Felder. Dieser Widerstand, bezogen auf die Einheit des Seelenquerschnitts, sei mit W (kg/m^2) bezeichnet. Der Anfangswert desselben ist der Einpressungswiderstand P_0 (kg/m^2). Die zugehörige, durch die Einpressung und die Mantelreibung verursachte Arbeit ist $A = q \cdot \int\limits_0^x W(x)\, dx$ (in mkg). Der Verlauf von $W(x)$ läßt sich experimentell angenähert dadurch ermitteln, daß man das Geschoß so langsam durch das Rohr preßt, daß $\frac{dv}{dt}$ praktisch gleich Null ist (vgl. das Beispiel unter D, 1). Nun war in dem obigen Lösungsverfahren $\frac{\mu \cdot v}{q}$ dadurch als Funktion von y und y_0 gewonnen worden, daß die Newtonsche Bewegungsgleichung in der Form $\frac{\mu}{q} \cdot \frac{dv}{dt} = p$ (darin also p die beschleunigende Kraft pro m^2, nicht der wahre Gasdruck pro m^2) in Verbindung gebracht wurde mit dem Charbonnierschen Verbrennungsgesetz $\frac{dy}{dt} \cdot \frac{1}{\varphi(y)} = p$ (darin p der wahre Gasdruck, nicht die beschleunigende Kraft). Damit hatte sich ergeben: $\frac{\mu \cdot v}{q} = \int\limits_{y_0}^{y} \frac{dy}{\varphi(y)} = f(y) - f(y_0)$. In Wahrheit aber ist:

$$\frac{\mu}{q} \cdot \frac{dv}{dt} = p - W, \tag{10}$$

falls p den Gasdruck selbst bedeuten soll. Wenn man folglich den Verlauf des Widerstandes $W(x)$ und ebenso die Verbrennungsgeschwindigkeit $\frac{dy}{dt}$ in Funktion von y darstellt, so ist $\frac{\mu \cdot v}{q}$ insofern eine Funktion von y und y_0, als man hat:

$$\frac{\mu \cdot v}{q} = \int\limits_{y_0}^{y} \frac{dy}{\varphi(y)} - \int\limits_{y_0}^{y} \frac{W(y)}{\frac{dy}{dt}} \cdot dy. \tag{11}$$

Daraus folgt, daß bei zwei verschiedenen Waffen, in welchen die gleiche Pulversorte verwendet ist, die Werte $\frac{\mu \cdot v}{q}$ im allgemeinen doch nicht genau durch die gleiche Kurve (Abb. 25) dargestellt sein werden (und zwar gilt dies auch abgesehen von der Verschiedenheit der Anfangswerte y_0 von y). Nur dann wird dies genügend genau der Fall sein, wenn in beiden Waffen nicht nur dieselbe Pulverladung verwendet wird, sondern auch der Verlauf des spezifischen Widerstands W und der Verbrennungsgeschwindigkeit $\frac{dy}{dt}$ des Pulvers und somit der Verlauf des Gasdrucks sehr wenig verschieden ist. Darauf, daß streng genommen die Bewegungsgleichung in der Form von Gleichung (10) benutzt werden müßte, sowie auf die erwähnten Folgerungen, die sich daraus ergeben, hat der Verfasser schon in seinem Aufsatze von 1918 (unter Absatz H) aufmerksam gemacht. Jetzt mögen dazu noch die nachstehenden weiteren Ausführungen hinzugefügt werden:

1. Angenommen wurde, daß mit der Vergleichswaffe und der betreffenden Pulversorte Rücklaufmessungen durchgeführt und daß aus diesen Messungen p, v, x und damit $V = V_0 - \frac{L}{s} + q \cdot x$, je in Funktion der Zeit t, gewonnen worden sind. Da der Rücklaufmesser nicht den wahren Gasdruck, sondern die beschleunigende Kraft $\mu \cdot \frac{dv}{dt}$ liefert, seien zunächst die Werte $\mu \cdot \frac{dv}{dt}$ um die zugehörigen Werte $W \cdot q$ vermehrt, so daß nunmehr p überall den wahren Gasdruck bedeutet; dabei mögen die durch die Einpressung und die Mantelreibung erzeugten Widerstände $W(x)$ und die entsprechenden Arbeiten $A(x) = q \cdot \int_0^x W(x) \cdot dx$ für die Vergleichswaffe experimentell festgestellt sein. Mit Hilfe der Geichung (1) auf S. 282, also mittels

$$y_0 = \frac{P_0 \cdot V_0'}{P_0 \cdot B + f \cdot L}, \tag{12}$$

wo $V_0' = V_0 - \frac{L}{s}$ und $B = L\left(\alpha - \frac{1}{s}\right)$ ist, erhält man y_0; und mit Hilfe der dortigen Gleichung (2), also mittels

$$y = \frac{p \cdot (V_0' + q \cdot x) + (\gamma - 1) \cdot \left(\frac{\mu}{2} v^2 + A(x)\right)}{f \cdot L + p \cdot B} \tag{13}$$

gewinnt man für die Vergleichswaffe zu den verschiedenen zusammengehörenden Wertegruppen von x, v, p, $W(x)$, $A(x)$ mit einer ersten Annahme von γ, z. B. mit $\gamma = 1{,}25$, die Reihe der zugehörigen Werte y

in erster Annäherung. Man kennt so in erster Annäherung: t, x und damit V, ferner v und damit $\frac{\mu}{2} v^2$ oder w, endlich p, W und A je in Funktion von y und kann somit auch $\frac{dw}{dy}$ in Funktion von y bilden. Um nun für die erste Periode der Geschoßbewegung bis zum Ende der Pulververbrennung den genaueren Wert von γ zu finden, wird man die Beziehung z. B. zwischen V und y durch Integration der folgenden Differentialgleichung (14) aufstellen, in welche man mit den in erster Annäherung vorhin gewonnenen Werten von w und $\frac{dw}{dy}$ eingeht. Diese Differentialgleichung erhält man folgendermaßen: Die Gleichung (10) läßt sich in der Form schreiben: $\frac{\mu \cdot v \cdot dv}{q\,dx} + W = p$ oder, da $q \cdot dx = dV$ und $\mu v \cdot dv = dw$ ist, auch in der Form $p = \frac{dw}{dV} + W = \frac{dw}{dy} \cdot \frac{dy}{dV} + W$. Setzt man diesen Wert von p in die Energiegleichung ein, so erhält man

$$\left(\frac{dw}{dy} \cdot \frac{dy}{dV} + W\right) \cdot (V - B \cdot y) + (\gamma - 1)(w + A) = f\,L \cdot y\,,$$

oder

$$\frac{dV}{dy} = \frac{dw}{dy} \cdot \frac{V - B \cdot y}{f\,L\,y - (\gamma - 1)(w + A) - W(V - B \cdot y)}. \tag{14}$$

Dies ist eine Differentialgleichung zwischen V und y; w und $\frac{dw}{dy}$ sind bekannte Funktionen von y; A und W sind bekannte Funktionen von x und folglich von V; B, f, γ sind Konstanten. Diese Differentialgleichung (14) läßt sich mittels des oben geschilderten graphischen Verfahrens ohne Schwierigkeit integrieren; im Prinzip ist das Verfahren genau dasselbe wie in dem obigen Schema von Abb. 26. Man erhält auf diese Weise V und folglich x in Funktion von y, folglich wegen

$$p = \frac{f \cdot L \cdot y - (\gamma - 1)\,(w + A(x))}{V(x) - B \cdot y}$$

auch den Gasdruck p in Funktion von y. Nun wiederholt man die Rechnung mit einer anderen Annahme betreffs γ, bis Übereinstimmung besteht zwischen dem errechneten und dem gemessenen Maximalgasdruck. Damit sind in zweiter Annäherung V und folglich der Geschoßbodenweg x, ferner der Gasdruck p, und wegen $\frac{dw}{dV} = p - W$ auch w und $\frac{dw}{dy}$, und daher die Geschoßgeschwindigkeiten v und die Durchlaufzeiten $t = \int\limits_0^x \frac{dx}{v(x)}$, je in Funktion von y für die Vergleichswaffe bekannt.

Falls man vorzieht, an Stelle von (14) wieder eine Differentialgleichung zwischen J und y zu integrieren, so wird diese Gleichung:

$$\frac{dJ}{dy} = \frac{dw}{dy} \cdot \frac{J}{f\,L\,y - (\gamma - 1)(w + A) - W \cdot J} - B, \tag{15}$$

denn es ist $J = V - B \cdot y$, also $dJ = dV - B \cdot dy$, woraus zu sehen ist, daß (15) identisch ist mit (14). Und mit Vernachlässigung des Widerstands W käme diese Gleichung (15) wieder auf die frühere Differentialgleichung $\frac{dJ}{dy} = \frac{dw}{dy} \cdot \frac{J}{\psi} - B$ (Gleichung (4) s. o.) zurück.

In der zweiten Periode der Geschoßbewegung (nämlich von dem Ende der Pulververbrennung ab, für welches die Werte p', v', J', A' und $y = 1$ gelten), soll jetzt auch die bis zu der betreffenden Stelle (mit p, v, J) geleistete Arbeit A gegen den Widerstand W Berücksichtigung finden, d. h. es sollen die Gleichungen verwendet werden:

$$\frac{\mu}{2} v^2 - \frac{\mu}{2} v'^2 + A - A' = \frac{p' \cdot J'}{\gamma - 1} \cdot \left\{1 - \left(\frac{J'}{J}\right)^{\gamma - 1}\right\}, \tag{16}$$

$$p = p' \cdot \left(\frac{J'}{J}\right)^{\gamma} \tag{17}$$

2. Die zu untersuchende Waffe muß der Vergleichswaffe möglichst ähnlich sein, insbesondere hinsichtlich des Einpressungswiderstands und der Mantelreibung; die Pulversorte ist in den beiden Waffen die gleiche. Dann kann die Gestalt der Kurve für $\frac{\mu \cdot v}{q}$ (Abb. 25), wie sie aus der Vergleichswaffe schließlich in zweiter Annäherung erhalten worden war, auch für die zu untersuchende oder die geplante Waffe beibehalten werden. Da die Werte der Pulverladung L, des Verbrennungsraumes V_0, des Geschoßgewichts G usw. bei der zu untersuchenden Waffe im allgemeinen ein wenig anders sein werden als bei der Vergleichswaffe, wird man zunächst den neuen Wert y_0 mittels Gleichung (12) berechnen und das Koordinatensystem der Kurve $\frac{\mu \cdot v}{q}$ entsprechend diesem neuen Werte y_0, wie früher angegeben, abändern. Man kennt so für die zu untersuchende Waffe $\frac{\mu \cdot v}{q}$, v, w, $\frac{dw}{dy}$ in Funktion von y. Und man wird nunmehr mit den Zahlenwerten der zu untersuchenden Waffe die Gleichung (14) integrieren, von dem neuen Wert y_0 ab bis $y = 1$. Dabei wird der von der Vergleichswaffe her jetzt bekannte Wert von γ benutzt. Für die zweite Periode der Geschoßbewegung in der zu untersuchenden Waffe verfährt man analog, wie für die Vergleichswaffe geschildert wurde, und man benutzt hierbei den zweiten γ-Wert der Vergleichswaffe in den Gleichungen (16) und (17), aber mit den sonstigen Zahlenwerten der zu untersuchenden Waffe.

Speziell bei Verwendung von Patronen-Munition muß die Berechnung streng genommen in drei Perioden erfolgen (vgl. § 27, S. 223).

Vorstehendes ist der Vorschlag des Verfassers für eine verschärfte thermodynamische Lösung des innerballistischen Hauptproblems. Auf die Durchrechnung eines Zahlenbeispiels mußte hier verzichtet werden, weil nicht genügend zahlreiche und zuverlässige Messungen, insbesondere der Konstanten f und α und der Funktionen W und A von x zur Verfügung standen.

H. Verlauf der Geschoßgeschwindigkeit v in dem Fall, wo die Rohrlänge sehr groß, theoretisch unendlich groß, gewählt ist und dabei eine konstante Ladung L kg derselben Pulversorte und dasselbe Geschoß verwendet wird.

1. Das Maximum der Geschoßgeschwindigkeit tritt selbstverständlich an derjenigen Stelle auf, wo der Reibungswiderstand gleich dem Gasdruck geworden ist. Dies ergibt sich auch aus (16) durch Nullsetzen der Ableitung $\frac{dv}{dJ}$; man erhält $\frac{dA}{dJ} = p' \cdot \left(\frac{J'}{J}\right)^\gamma$ oder $W = p$. Also wird man jene Stelle des Rohrs durch Berechnung desjenigen Wertes J gewinnen, welcher sich ergibt aus der Bedingung $W = p' \cdot \left(\frac{J'}{J}\right)^\gamma$ oder

$$J = J' \cdot \left(\frac{p'}{W}\right)^{\frac{1}{\gamma}}. \tag{18}$$

2. Das Geschoß bleibt stecken, wenn $v = 0$ geworden ist. Der zugehörige Wert von J, bei welchem dies eintritt, folgt aus (16). Näherungsweise kann dabei $\left(\frac{J'}{J}\right)^{\gamma-1}$ gegen 1 unter Umständen vernachlässigt werden. Wenn dies zulässig ist, und nur dann, erhält man, weil $p' \cdot J' = f\,L \cdot 1 - (\gamma - 1)\left(\frac{\mu}{2} v'^2 + A'\right)$ ist, die Bedingung $0 - \frac{\mu v'^2}{2} + A - A' = \frac{f\,L}{\gamma - 1} - \frac{\mu v'^2}{2} - A'$ oder

$$\frac{f\,L}{\gamma - 1} = A. \tag{19}$$

3. Falls nur die Arbeit der Einpressung des Geschosses in die Züge berücksichtigt und von dem weiteren Widerstand abgesehen wird, erhält man die maximale Geschoßgeschwindigkeit v_∞ aus: $\frac{\mu}{2} \cdot v_\infty^2 + A = \frac{f\,L}{\gamma - 1}$, wo A (mkg) jetzt die Einpressungsarbeit bedeuten möge. Also ist

$$v_\infty = \sqrt{\frac{2\,(f\,L - (\gamma - 1)\,A)}{\mu\,(\gamma - 1)}}. \tag{20}$$

Beispiel. Für ein Gewehr sei $f \cdot L = 267$ (mkg); $q = 0{,}518 \cdot 10^{-4}$ (m²); $V_0 = 3{,}85 \cdot 10^{-6}$ (m³): $L = 3{,}2 \cdot 10^{-3}$ (kg); $\alpha = 1{,}1 \cdot 10^{-3}$ (m³/kg); $\mu = 1{,}2 \cdot 10^{-3}$; γ sei $= 1{,}11$ und der Widerstand $W \cdot q$ konstant $= 114$ (kg) angenommen. Für das Ende der Pulverbrennung sei bereits erhalten worden, daß $J' = 5{,}82 \cdot 10^{-6}$ (m³); $p' = 2835 \cdot 10^4$ (kg/m²); $v' = 475$ (m/sec); $x' = 0{,}112$ (m) ist.

Zu 1.: Aus Gleichung (18) ergibt sich, daß die Geschoßgeschwindigkeit bei Verlängerung des Laufs noch zunehmen würde, bis die Länge des gezogenen Teils gleich 113 cm geworden ist; der Gasdruck wäre dann 220 kg/cm²; die Geschwindigkeit würde der Rechnung zufolge den Höchstwert 895 (m/sec) annehmen und dann wieder kleiner werden, weil dann die Reibung den Gasdruck überwiegt.

Zu 2.: Die Gleichung (19) ergibt, daß das Geschoß im Rohr zur Ruhe käme bei einer Rohrlänge z, welche sich aus $\frac{267}{1{,}11 - 1} = 114 \cdot z$ zu rund $z = 20$ m berechnet. Wird dagegen $\gamma = 1{,}66$ angenommen und wird vorausgesetzt, daß bis zum Ende der normalen Lauflänge von 0,6 m eine Einpressungs- und Reibungsarbeit von 76 mkg geleistet ist und daß von da ab der Reibungswiderstand konstant gleich 114 kg bleibt, so ist bis zu der Stelle, wo das Geschoß zur Ruhe kommt, der weitere Geschoßweg z_1 gegeben durch $\frac{267}{1{,}66 - 1} = 76 + 114 \cdot z_1$; daraus $z_1 = 2{,}4$ m. Danach würde das Geschoß stecken bleiben bei einer Lauflänge von $0{,}6 + 2{,}4$ oder von etwa 3 m.

Zu 3.: Wenn von jedem Reibungswiderstand abgesehen werden dürfte und die Einpressungsarbeit A zu 10 (mkg) angenommen wird, so erhält man aus (20) das Resultat, daß die Geschoßgeschwindigkeit bis zu dem Höchstwert

$$v_\infty = \sqrt{\frac{2 \cdot (267 - 0{,}11 \cdot 10)}{1{,}2 \cdot 10^{-3} \cdot 0{,}11}} = \text{rund } 1900 \text{ m/sec}$$

anwachsen würde. Diesen Wert würden sie weiterhin behalten. Mit der Annahme $\gamma = 1{,}25$ würde sich ergeben: $v_\infty =$ rund 1350 m/sec. Man erkennt aus diesen Beispielen von neuem, wie die Unsicherheit betreffs der Zahlenwerte von γ, W, A, f usw. alle solche Berechnungen in hohem Grade unsicher gestaltet.

Anmerkung.

Zu der Methode von A. G. Webster und L. T. Thompson, 1919/20, die dem Verfasser erst während des Drucks dieses Bandes bekannt geworden ist, möge folgendes mitgeteilt werden:

Webster gewinnt ebenfalls gewisse Werte, die er in seinem Gleichungssystem braucht, aus den Ermittlungen an einer Vergleichswaffe: Nämlich der Widerstand W, den das Geschoß im Rohr erleidet, wird gleich der Summe eines konstanten Teils W_0 und eines mit dem Gasdruck p proportionalen Teils gesetzt, $W = W_0 + \frac{i-1}{i} \cdot p$; W_0 und i werden bestimmt, indem an einer Vergleichswaffe der Druck in Funktion der Zeit und hieraus v und x je als Funktion von t ermittelt wird. Webster erhält so zwei Gleichungen für W_0 und i. In der Energiegleichung wird die Arbeit A vernachlässigt. Die Werte α und γ werden als anderweitig bekannt vorausgesetzt. Den Wert von f gewinnt Webster aus der Résalschen Hauptgleichung, indem er in dieser die experimentell erhaltenen Werte von p und v speziell für das Ende der Pulververbrennung ($y = 1$) einsetzt. Das Verbrennungsgesetz wählt Webster in der Form $\frac{dy}{dt} = A_1 \cdot \varphi(y) \cdot p^\beta$. Die Funktion $\varphi(y)$ nimmt er, wie dies 1908 von P. Charbonnier vorgeschlagen worden war, gleich $(1 - y)^\beta$ für die degressiven Pulver;

und gleich y^{β_1} für die progressiven Pulver; aus den Versuchsdaten mit der Vergleichswaffe werden die Werte von β bzw. β_1 und von A_1 mittels der Verbrennungsgleichung und deren Ableitung nach y erhalten. Sodann wird das Problem für die geplante Waffe gelöst mit Hilfe eines Systems von zwei Differentialgleichungen zwischen p, x und y, wobei in der einen $\frac{dx}{dy}$, in der anderen $\frac{dx}{dy}$ und $\frac{d^2x}{dy^2}$ vorkommt.

Eine kritische Besprechung des Lösungsverfahrens von Webster findet man bei F. Desmazières (l. c. S. 1099): Von diesem werden auch Vorschläge zur Vereinfachung des Verfahrens gemacht.

Überblickt man die verschiedenen Lösungsmethoden dieser ersten Gruppe (Abschnitt 7), so könnte man vielleicht vermuten, daß die Hauptschwierigkeit, die einer exakten Lösung des innerballistischen Hauptproblems auf thermodynamischer Grundlage bisher entgegenstand, rein mathematischer Natur sei, nämlich auf die strenge Integration des betreffenden Systems von Differentialgleichungen sich beziehe. Dies ist nicht der Fall. Unter der Voraussetzung, daß die Konstanten μ, f, α, γ, ν, P_0 und die Funktionen W und A genau bekannt sind und daß das Verbrennungsgesetz, sowie die Energiegleichung und folglich das Abelsche Gesetz richtig sind, könnte in der folgenden Weise das Problem ohne jede mathematische Vernachlässigung, wenn auch mit einigem Aufwand an Mühe und Zeit bewältigt werden: Man führt mit dem betreffenden Pulver in der Kruppschen Versuchsbombe eine Gasdruckregistrierung durch und kennt damit p in Funktion der Zeit t. Aus der Abelschen Gasgleichung $p = (f \cdot L \cdot y) : \left(V_0 - \frac{L}{s} - L \cdot y \left(\alpha - \frac{1}{s}\right)\right)$ erhält man p in Funktion von y; folglich kennt man auch y in Funktion von t und damit $\frac{dy}{dt}$ in Funktion von t und von y. Hieraus erhält man für das verwendete Pulver die Verbrennungsfunktion $\varphi(y)$ mittels

$$\varphi(y) = \frac{dy}{dt} \cdot \frac{1}{p}.$$

Und nun lautet das System von Differentialgleichungen für die Vorgänge in der Waffe, nämlich für den jeweiligen Geschoßbodenweg x im Rohr, den jeweiligen Gasdruck p im Rohr und den jeweiligen Bruchteil y der verbrannten Ladung, je als Funktionen von t:

$$\mu \cdot \frac{d^2x}{dt^2} = p \cdot q - W(x) \cdot q \text{ (Newtonsche Bewegungsgleichung)}, \quad \text{(a)}$$

$$p \cdot \left(V_0 + q \cdot x - \frac{L}{s} - L \cdot y \left(\alpha - \frac{1}{s}\right)\right) + (\gamma - 1)\left(\frac{\mu}{2}\left(\frac{dx}{dt}\right)^2 + A(x)\right)$$
$$= f \cdot L \cdot y \text{ (Energiegleichung)}, \quad \text{(b)}$$

$$\frac{dy}{dt} = \varphi(y) \cdot p \text{ (Verbrennungsgleichung)}. \quad \text{(c)}$$

Dies sind drei Gleichungen für die unbekannten Funktionen x, p, y von t. Und dieses Gleichungssystem läßt sich mit dem Verfahren der sukzessiven Approximation (z. B. mit dem graphischen Verfahren Band I, § 34) so genau integrieren, als man will; die Anfangsbedingungen, woraus sich die Integrationskonstanten bestimmen, sind dabei:

$$t = 0,\ x = 0,\ \frac{dx}{dt} = 0,\ y = y_0,\ p = P_0.$$

Die Hauptschwierigkeit liegt vielmehr darin, daß die in den Gleichungen (a), (b), (c) vorkommenden Konstanten bzw. Funktionen γ, f, α, μ [oder, falls man statt der Abelschen Gasgleichung $p = \frac{f L y}{J}$, $J = V_0 + q \cdot x - \alpha L y - \frac{L}{s}(1 - y)$, lieber das von R. Becker bei Drücken bis 3000 Atm. für zutreffender gehaltene Gasgesetz benutzen will: $p = \frac{f L y}{J} \cdot \left(1 + \frac{\lambda}{J} \cdot e^{\frac{\lambda}{J}}\right)$, $J = V_0 + q \cdot x - \frac{L}{s}(1 - y)$, statt des Kovolumens α der hier vorkommende Faktor λ], ferner ν, W, A, P_0 zu wenig sicher bekannt sind. Hiervon war bereits am Schluß von § 27 die Rede.

Aus diesem Grund wird mancher eine Lösungsart vorziehen, welche weit mehr empirischer Natur ist als die thermodynamische. Von solchen mehr empirischen und zugleich einfacheren Lösungsmethoden soll im nächsten (8.) Abschnitt die Rede sein.

Achter Abschnitt.

Zweite Gruppe von Näherungsmethoden.

§ 39. Allgemeine Bemerkungen. Verfahren von E. Vallier, mit der Modifikation von W. Heydenreich.

Während bei den theoretischen Lösungen (§§ 25 bis 38) angestrebt wurde, für eine projektierte Waffe mit zugehöriger Munition aus den chemischen und physikalischen Eigenschaften des Pulvers, sowie aus der Masse und den Dimensionen der Waffe, des Geschosses und des Pulvers den gesamten Verlauf des Gasdrucks und der Geschoßgeschwindigkeit im Rohr im voraus zu berechnen, müssen bei dieser zweiten Gruppe von Lösungen außer der Geschoßmasse m, dem Seelenquerschnitt q und dem Geschoßweg x_e im Rohr für die fragliche Waffe schon durch Messung mindestens bekannt sein: der Maximalgasdruck p_1 und die Mündungsgeschwindigkeit v_e.

Wie schon am Schluß von § 28 kurz angedeutet wurde, sind die Lösungen dieser zweiten Gruppe ihrem Prinzip nach dadurch charakterisiert, daß bei den betreffenden Methoden nicht von thermodynamischen Betrachtungen, sondern in direkterer Weise von der Erfahrung ausgegangen wird: die Grundlage bildet die Tatsache, daß die empirisch erhaltenen Gasdruck- und Geschwindigkeitsdiagramme unter allen in der Praxis vorkommenden Umständen einen ähnlichen Typus aufweisen (s. die Abb. 27a, b, c): die Gasdruckkurve steigt anfangs rasch bis zu einem Maximum p_1 des Drucks auf und fällt dann langsamer ab (s. die Abb. 27a, 27b; das Maximum p_1 werde erreicht nach der Zeit $t = t_1$ bzw. nach dem Geschoßbodenweg $x = x_1$.

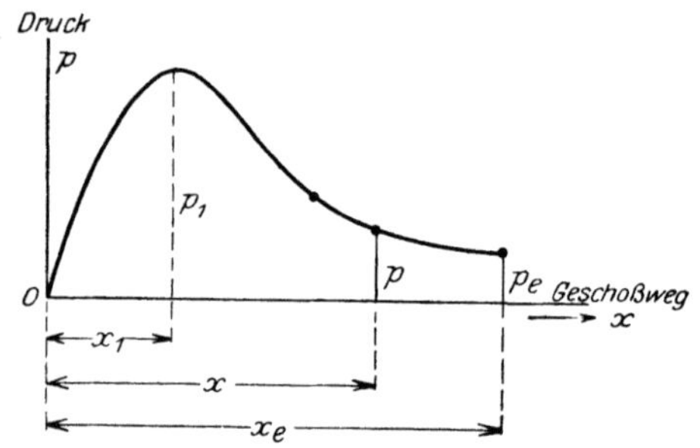

Abb. 27a.

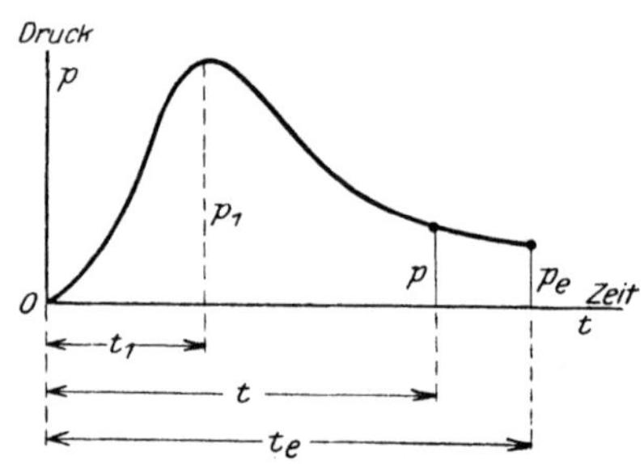

Abb. 27b.

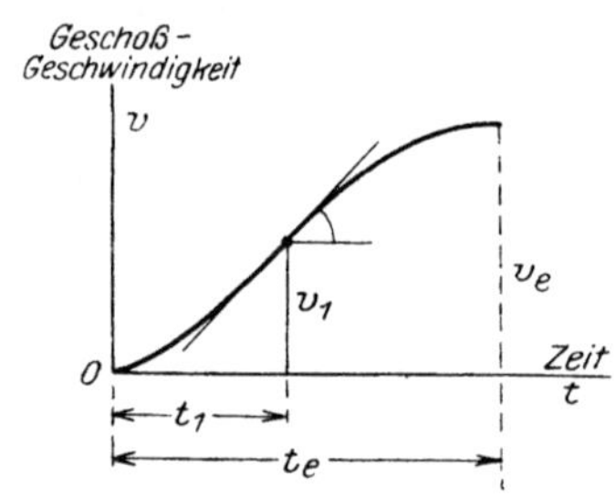

Abb. 27c.

Tritt der Geschoßboden aus der Mündung aus, so ist der Gasdruck gleich dem Mündungsdruck p_e geworden; dabei ist der vom Geschoßboden im Rohr zurückgelegte Weg x_e. Die zugehörige Zeit, vom Beginn der Geschoßbewegung ab gerechnet, ist t_e). Sowohl die Druck-Zeit-Kurve wie die Druck-Weg-Kurve besitzt auf dem absteigenden Ast einen Wendepunkt; speziell die erstere, wie es scheint, einen Wendepunkt auch auf dem aufsteigenden Ast.

Die Versuche, die betreffenden Diagramme durch geeignete mathematische Funktionen darzustellen und auf diese Weise eine Näherungslösung des Problems zu erzielen, gehen weit zurück (s. Lit.-Note): Schon Poisson hat (um 1826) für den Gasdruck p in Funktion des Geschoßweges x im Rohr die Funktion angenommen $p = \frac{a}{b - x}$, wobei a und b Konstanten bedeuten; es wird dabei vorausgesetzt, daß das Maximum der Kurve mit deren Anfang in der p-Achse zusammenfällt. Abel und Noble wählten 1868 zur Darstellung ihrer zahlreichen, mit dem Nobleschen Funkenchronographen durchgeführten Messungen den Ausdruck $p = a \cdot t^{b - ct - d \cdot t^2}$ für den Gasdruck p in Funktion der Zeit t. C. Cranz benützte 1885 die Funktion $p = \frac{a t^2}{b + t^3}$. Sabudski führte 1894 eine Lösung vollständig durch mit Hilfe der Funktion $p = \frac{a}{x^{1,4}} \cdot \left(1 + \frac{b}{x} - \frac{c}{x^2}\right)$; a, b, c Konstanten.

1. In erfolgreichster Weise hat 1899 E. Vallier diesen Weg beschritten: Er wählte zur Darstellung der zeitlichen Änderung des Gasdrucks p den Ausdruck $p = a \cdot t \cdot e^{-b \cdot t}$, mit den zwei Konstanten a und b. Diese werden aus zwei Versuchsdaten ermittelt, die der unmittelbaren Messung zugänglich sind, nämlich aus dem Maximalgasdruck p_1 und aus der Geschwindigkeit v_e des Geschosses beim Austritt des Geschoßbodens aus der Mündung. Damit läßt sich für irgendeine Zeit t vom Beginn der Geschoßbewegung ab der Gasdruck p, die Geschoßgeschwindigkeit v und der vom Geschoßboden zurückgelegte Weg x (oder auch p, v und t in Funktion des Geschoßwegs x) ermitteln. Wie dies im einzelnen geschieht, soll im folgenden, nicht an der Vallierschen Funktion $p = a \cdot t \cdot e^{-bt}$, sondern an einer anderen, noch einfacheren Funktion gezeigt werden, nämlich derjenigen, die Fr. von Zedlitz für den vorliegenden Zweck vorschlug und für die er nach dem Vorgang von E. Vallier die Rechnung durchführte. Dies ist die Funktion von x:

$$p = \frac{a \cdot x}{b + x^2}. \tag{1}$$

Für $x = x_1$ soll p gleich dem Maximalgasdruck p_1 sein. Durch Ableitung nach x erhält man, wie leicht zu sehen ist:

$$\frac{p}{p_1} = \frac{2\lambda}{1 + \lambda^2}, \tag{2}$$

wobei zur Abkürzung $\frac{x}{x_1} = \lambda$ gesetzt ist.

Es bedeute μ eine fingierte Geschoßmasse (nach Vallier $\mu = m\left(1 + 0{,}5\frac{L}{G}\right)$, L die Pulverladung, G das Geschoßgewicht, m die eigentliche Geschoßmasse). pq sei der Gasdruck auf den gesamten Seelenquerschnitt q, und von den Widerständen im Rohr werde abgesehen, so lautet die Newtonsche Bewegungsgleichung:

$$\mu \frac{dv}{dt} \quad \text{oder} \quad \frac{\mu}{2}\frac{d(v^2)}{dx} = p \cdot q = q \cdot p_1 \frac{2\lambda}{1 + \lambda^2}.$$

Da $x = \lambda \cdot x_1$, $dx = x_1 \cdot d\lambda$ ist, so wird

$$\frac{\mu v^2}{2 p_1 \cdot q} = \int_0^\lambda \frac{2\lambda}{1+\lambda^2} \cdot dx = 2 x_1 \cdot \int_0^\lambda \frac{\lambda}{1+\lambda^2} d\lambda = x_1 \cdot \text{lognat}(1+\lambda^2). \qquad (3)$$

Speziell für $x = x_1$ oder für $\lambda = 1$, d. h. am Ort des Druckmaximums, soll $v = v_1$ sein; somit ist $\frac{\mu v_1^2}{2 p_1 q} = x_1 \cdot \text{lognat}\, 2$. Daraus erhält man

$$\frac{v}{v_1} = \sqrt{\frac{\ln(1+\lambda^2)}{\ln 2}}. \qquad (4)$$

Da endlich $v = \frac{dx}{dt} = \frac{x_1 \cdot d\lambda}{dt}$ ist, wird wegen (4)

$$dt = \sqrt{\frac{\ln 2}{\ln(1+\lambda^2)}} \cdot \frac{x_1}{v_1} \cdot d\lambda,$$

somit

$$t = \frac{x_1}{v_1} \sqrt{\ln 2} \cdot \int_0^\lambda \frac{d\lambda}{\sqrt{\ln(1+\lambda^2)}} = \frac{x_1}{v_1} \cdot f(\lambda), \qquad (5)$$

wobei man für diese Funktion $f(\lambda)$ mit Hilfe des Integraphen leicht eine Tabelle aufstellen kann.

Die Gleichungen (2) bis (5) lassen erkennen, daß gegebene Funktionen von λ oder von $\frac{x}{x_1}$ sind: $\frac{p}{p_1}$, $\frac{\mu v^2}{2 p_1 q x_1}$, $\frac{v}{v_1}$, $\frac{t v_1}{x_1}$. Ebenso sind, wie leicht zu sehen ist, z. B. auch $\frac{t_1 v}{x}$, $\frac{\mu v^2}{2 p_1 q x}$ usw. je gegebene Funktionen von λ.

Auf Grund dieser Überlegungen hat Vallier die nebenstehende Tabelle (S. 313) aufgestellt, und zwar, wie schon erwähnt, unter Benützung der Funktion $p = a t e^{-bt}$.

Der Gang der Lösung wird danach der folgende sein: Gegeben sind die Werte G, L, q, p_1 und die speziellen Werte $x = x_e$ und $v = v_e$ von x resp. v für den Moment des Geschoßbodenaustritts (zu dem die noch unbekannten Werte $p = p_e$ und $t = t_e$ gehören). — Man berechnet speziell für diesen Moment den Ausdruck

$$\frac{2 g q p_1 x}{\left(G + \frac{L}{2}\right) v^2}, \quad \text{also} \quad \frac{2 g q p_1 x_e}{\left(G + \frac{L}{2}\right) v_e^2},$$

und sucht die in gleicher Horizontaler stehenden Werte von $\frac{t}{t_1}$, $\frac{p}{p_1}$ usw. auf, hat somit: $\frac{p_e}{p_1}$, woraus sich p_e ergibt, ferner $\frac{t_1 v_e}{x_e}$, woraus t_1 folgt; weiter $\frac{x_1}{x_e}$, woraus x_1 bekannt wird; $\frac{v_1}{v_e}$, was v_1 liefert; endlich

Ältere Tabelle von Vallier (1899).

$\frac{2g \cdot q \cdot p_1 \cdot x}{\left(G + \frac{L}{2}\right) v^2}$	$\frac{t}{t_1}$	$\frac{p}{p_1}$	$\frac{t_1 v}{x}$	$\frac{x_1}{x}$	$\frac{v_1}{v}$
1,2	2,30	0,627	0,915	0,141	0,394
1,3	2,63	0,515	0,766	0,108	0,357
1,4	2,92	0,427	0,667	0,087	0,333
1,5	3,18	0,360	0,593	0,074	0,319
1,6	3,40	0,308	0,540	0,065	0,311
1,7	3,62	0,264	0,497	0,058	0,303
1,8	3,83	0,227	0,460	0,053	0,296
1,9	4,03	0,195	0,427	0,048	0,290
2,0	4,23	0,168	0,398	0,044	0,285
2,1	4,42	0,145	0,374	0,041	0,281
2,2	4,60	0,126	0,353	0,039	0,278
2,3	4,78	0,109	0,335	0,037	0,276
2,4	4,98	0,095	0,319	0,035	0,275
2,5	5,11	0,084	0,306	0,033	0,274
2,6	5,27	0,074	0,293	0,031	0,273
2,7	5,43	0,065	0,281	0,030	0,272
2,8	5,59	0,057	0,270	0,029	0,271
2,9	5,75	0,050	0,259	0,027	0,270
3,0	5,90	0,044	0,250	0,026	0,269
3,1	6,06	0,038	0,241	0,026	0,268
3,2	6,21	0,034	0,233	0,025	0,267
3,3	6,36	0,030	0,226	0,024	0,266
3,4	6,51	0,027	0,219	0,023	0,266
3,5	6,66	0,024	0,212	0,022	0,266
3,6	6,80	0,021	0,206	0,022	0,265
3,7	6,94	0,018	0,200	0,021	0,265
3,8	7,09	0,016	0,194	0,020	0,265
3,9	7,25	0,014	0,189	0,020	0,265
4,0	7,40	0,012	0,184	0,019	0,265

(G Geschoßgewicht in kg; L Ladungsgewicht in kg; q Seelenquerschnitt in cm²; p_1 hier der mit dem Stauchapparat im Pulverraum gemessene Maximalgasdruck in kg/cm²; x Weg des Geschoßbodens in m; t Zeit vom Beginn der Geschoßbewegung ab in sec; v die Geschoßgeschwindigkeit in m/sec; x_1, t_1, v_1 die analogen Größen für die Stelle des Gasdruckmaximums; $g = 9{,}81$.)

$\frac{t_e}{t_1}$, womit nunmehr auch t_e bekannt ist. Bis jetzt hat man also den Mündungsgasdruck p_e, die ganze Zeit t_e, sowie den Geschoßweg x_1 und die Zeit t_1 bis zum Eintritt des Druckmaximums, endlich die Geschwindigkeit v_1 des Geschosses im Moment des Druckmaximums. Um weiterhin den zeitlichen Verlauf des Gasdrucks p und der Geschoßgeschwindigkeit v zu erhalten, wählt man mehrere verschiedene Geschoßwege x, also mehrere Werte von $\frac{x_1}{x}$, sucht je die zugehörigen Zahlenwerte von $\frac{p}{p_1}$, $\frac{t}{t_1}$, $\frac{v_1}{v}$ auf und kennt damit resp. p, t, v.

Beispiel.

Gegeben sei Mündungsgeschwindigkeit $v_e = 880$ m/sec; Maximalgasdruck $p_1 = 3767$ kg/cm²; $G + \frac{L}{2} = 0{,}01163$ kg; Lauflänge im gezogenen Teil $x_e = 0{,}690$ m; Querschnitt $q = 0{,}5066$ cm². Daraus folgt:

$$\frac{2\,g\,q\,p_1\,x_e}{\left(G + \frac{L}{2}\right) v_e^2} = 2{,}87;$$

dazu gehört

$$\frac{t_e}{t_1} = 5{,}64; \quad \frac{p_e}{p_1} = 0{,}052; \quad \frac{t_1 v_e}{x_e} = 0{,}262; \quad \frac{x_1}{x_e} = 0{,}027; \quad \frac{v_1}{v_e} = 0{,}270.$$

Es ist also der Mündungsgasdruck $p_e = 0{,}052 \cdot 3767 = 196$ kg/cm². Die Zeit t_1 bis zum Eintritt des Maximums $t_1 = \frac{0{,}262 \cdot 0{,}690}{880} = 2{,}06$ zehntausendstel sec; der Geschoßweg x_1 bis dahin, $x_1 = 0{,}027 \cdot 0{,}690 = 0{,}0186$ m; die Geschwindigkeit v_1 an der Stelle des Maximums $v_1 = 0{,}270 \cdot 880 = 238$ m/sec; somit die Zeit t_e bis zum Geschoßaustritt $t_e = 5{,}64 \cdot 2{,}06 \cdot 10^{-4}$ sec $= 11{,}6 \cdot 10^{-4}$ sec. Wählt man ferner z. B. $\frac{t}{t_1} = 5{,}27$ oder $t = 10{,}85 \cdot 10^{-4}$ sec, so ist $\frac{p}{p_1} = 0{,}074$, also ist nach dieser Zeit der Gasdruck $p = 279$ kg/cm², $\frac{x_1}{x}$ 0,031, also der Geschoßweg $x = 0{,}600$ m $= 600$ mm; $\frac{v_1}{v} = 0{,}273$, oder die Geschwindigkeit $v = 872$ m/sec.

2. Ähnliche Tabellen, wie Vallier eine solche auf Grund der Funktion $p = a\,t\,e^{-bt}$ 1899 aufstellte, gab 1901 Fr. v. Zedlitz-Neukirch, indem er von der schon oben angedeuteten Funktion

$$p = \frac{a\,x^n}{b + x^{n+1}} \qquad (n = 1, 2, 3 \ldots)$$

ausging. W. Heydenreich ersetzte ferner 1900/01 die betreffenden Zahlenwerte in der Vallierschen Tabelle durch empirische, indem er zahlreiche Beobachtungen an Geschützrücklaufmessern zu Hilfe nahm. Es leuchtet ein, daß die Ergebnisse jeder einwandfreien Rücklaufmessung zur Aufstellung einer derartigen empirischen Tabelle verwendet werden können. Der Rücklaufmesser (vgl. Bd. III) liefert x, v und p je in Funktion von t. Aus den entsprechenden Diagrammen entnimmt man zunächst t_1, x_1, v_1, p_1. Man wählt dann der Reihe nach beliebige Werte von t und sucht die zugehörigen Werte von p, v und x auf; alsdann berechnet man je die Verhältnisse $\frac{p}{p_1}$, $\frac{x_1}{x}$, $\frac{v_1}{v}$, $\frac{t_1 v}{x}$ usw., die zu $\frac{t}{t_1}$ gehören, und hat auf diese Weise eine solche Tabelle oder graphische Darstellung.

Die ursprüngliche Tabelle, die W. Heydenreich 1900/01 so herstellte, soll nicht in ihrer ganzen Ausdehnung, sondern nur in einem Auszug hier wiedergegeben werden.

Tabelle von W. Heydenreich
(Kriegstechn. Zeitschr., Bd. 3 (1900), Heft 7, S. 350).

$\lambda = \frac{x}{x_1}$	$\eta = \frac{\left(G + \frac{L}{2}\right) v^2}{2\, g\, q\, p_1 \cdot x}$	$\Psi(\eta) = \frac{p}{p_1}$	$\Omega(\eta) = \frac{v}{v_1}$
0,25	0,480	0,730	0,37
1,0	0,800	1,000	1,00
2,0	0,915	0,870	1,52
5,0	0,700	0,455	2,08
10	0,517	0,240	2,54
20	0,355	0,109	2,99
30	0,277	0,066	3,22
40	0,236	0,049	3,43
50	0,210	0,037	3,62

Man sieht, daß die beiden Tabellen große Unterschiede in den entsprechenden Zahlen aufweisen.

Später fand W. Heydenreich, daß sich seine ursprüngliche Tabelle nicht gleich gut auf alle Pulversorten anwenden lasse; er modifizierte daher die Tabellen in der Weise, daß je nach der Brisanz des Pulvers andere Zahlenwerte zu wählen sind; dabei ist bei ihm, wie schon früher erwähnt, die Brisanz durch das sog. Druckverhältnis definiert. Die betreffenden Doppel-Tabellen findet man in Heydenreichs „Lehre vom Schuß“, Berlin 1908.

Auch mit dieser Unterteilung der Tabellen, wie mit der Aufstellung derartiger Tabellen überhaupt, war E. Vallier vorausgegangen. Dieser hatte sich 1902 (vgl. Lit.-Note) veranlaßt gesehen, seiner Lösung von 1899 eine solche Form zu geben, daß in dem Lösungssystem noch ein Faktor β auftritt, der sich auf die Verbrennungsweise des Pulvers bezieht, um eine bessere Übereinstimmung mit der Erfahrung zu erzielen. Von der Entstehung dieser neueren Vallierschen Tabellen ist im folgenden kurz die Rede.

3. Neuere Tabellen von E. Vallier (1902). Vallier ging dabei von der Funktion aus

$$p = p_1 \cdot z^{\beta} \cdot e^{(1-z)\cdot\beta} \quad \text{oder kurz} \quad p = p_1 \cdot f(z),$$

worin $z = \frac{t}{t_1}$ gesetzt ist; p_1 bedeutet wiederum den Maximaldruck; t_1 die Zeit, nach der dieser Maximaldruck auftritt. Indem Vallier das oben geschilderte Rechnungsverfahren auf diese Funktion anwandte, gelangte er zu dem folgenden Lösungssystem:

	Für den Moment des Gasdruckmaximums	Für den Moment des Geschoßaustritts	Für einen beliebigen Moment der Bewegung des Geschosses im Rohr
Der Gasdruck:	p_1	$p_e = p_1 \cdot f(z_e)$	$p = p_1 \cdot f(z)$
Die Geschoßgeschwindigkeit im Rohr:	$v_1 = v_e \cdot \frac{f_1(1)}{f_1(z_e)}$	v_e	$v = v_e \cdot \frac{f_1(z)}{f_1(z_e)}$
Der Weg des Geschosses im Rohr:	$x_1 = x_e \cdot \frac{f_2(1)}{f_2(z_e)}$	x_e	$x = x_e \cdot \frac{f_2(z)}{f_2(z_e)}$
Die Zeit vom Beginn der Geschoßbewegung ab:	$t_1 = \frac{x_e}{v_e} \cdot \frac{f_1(z_e)}{f_2(z_e)}$	$t_e = \frac{x_e \cdot z_e}{v_e} \cdot \frac{f_1(z_e)}{f_2(z_e)}$	$t = t_1 \cdot z$

Hier sind die Funktionen $f_1(z)$ und $f_2(z)$ durch die Gleichungen definiert:

$$f_1(z) = \int_0^z z^\beta \cdot e^{(1-z)\beta} \cdot dz; \qquad f_2(z) = \int_0^z f_1(z) \cdot dz.$$

z_e ist der spezielle Wert $\frac{t_e}{t_1}$, den z oder $\frac{t}{t_1}$ im Moment des Geschoßaustritts aus der Mündung annimmt. z_e ist mit dem Druckverhältnis $\eta = \frac{\left(G + \frac{L}{2}\right) \cdot v_e^2}{2 \cdot g \cdot q \cdot p_1 \cdot x_e}$, das auch bei dieser Lösung Valliers, wie bei seiner früheren, die Rolle eines Parameters spielt, durch die Relation verbunden

$$\eta = \frac{\{f_1(z_e)\}^2}{2 \cdot f_2(z_e)}.$$

Wenn also das Geschoßgewicht G, die Ladung L, der Seelenquerschnitt q, die Lauflänge x_e, der Maximalgasdruck p_1 und die Mündungsgeschwindigkeit v_e gegeben sind, wird man zunächst das Druckverhältnis η und daraus, vermöge der letztgenannten Relation, den Wert von z_e ermitteln. Alsdann gestatten die Gleichungen des obigen Systems, p_e, t_e, v_1, x_1, t_1 zu berechnen; weiter erhält man für eine beliebige Zeit t oder für einen beliebigen Wert von z die Werte des Gasdrucks p, der Geschoßgeschwindigkeit v und des Geschoßwegs x. Vallier hat für die sämtlichen hier vorkommenden Funktionen Tabellen gegeben, also z_e, $f_1(z_e)$, $f_2(z_e)$, $p(z_e)$ usw. in Funktion von η; ebenso $f_1(z)$, $f_2(z)$, $p(z)$ usw. in Funktion von z.

Was den Exponenten β anlangt, so hängt dessen Zahlenwert, wie erwähnt, von der Verbrennungsweise des Pulvers ab; β wird entweder durch eine weitere Messungsgröße, die außer den oben genannten vorliegt, oder durch eine empirische Formel bestimmt: Wenn noch der Mündungsgasdruck p_e gemessen ist, so wählt man denjenigen Wert β, für welchen der mittels des Ausdrucks $p_1 \cdot f(z_e)$ berechnete Mündungsgasdruck mit dem gemessenen Wert von p_e am besten übereinstimmt; analog verfährt man, wenn die Gesamtzeit t_e gemessen ist. Ist aber keine weitere Größe außer G, L, v_e, q, x_e, p_1 gegeben, so soll nach Vallier β aus der empirischen Relation

$$\left(\frac{1}{\eta} - 1\right) \cdot \beta = 2$$

erhalten werden, die nur für sehr langsam verbrennende Pulver nicht mehr gelte.

Die erwähnten Tabellenwerte hat Vallier für eine Reihe verschiedener Werte von β aufgestellt.

4. Kritische Bemerkungen zu den vorerwähnten Tabellen von Vallier und Heydenreich. Prüfung der Genauigkeit.

Zur Gewinnung eines klaren Einblicks in die Voraussetzungen, die der obigen Lösungsart ursprünglich zugrunde liegen, möge die Lösung zunächst in möglichster Verallgemeinerung dargestellt werden. Dabei sei einerseits der Geschoßweg x, andererseits die Zeit t als unabhängige Variable genommen.

a) Es werde vorausgesetzt, daß p das Produkt aus dem Maximalwert p_1 von p und einer gegebenen, in geschlossener Form integrierbaren Funktion sei, die allein von dem Verhältnis $\lambda = \frac{x}{x_1}$ der Geschoßwege abhänge und mit λ Null wird:

$$p = p_1 \cdot F(\lambda)\,.$$

Sodann wird das Newtonsche Bewegungsgesetz benutzt

$$\mu \cdot \frac{dv}{dt} = \frac{\mu}{2} \cdot \frac{d(v^2)}{dx} = p \cdot q\,.$$

Hieraus folgt, da $x = x_1 \cdot \lambda$, $dx = x_1 \cdot d\lambda$ ist, durch Integration

$$\frac{\mu}{2} v^2 = p_1 \cdot q \cdot x_1 \cdot \int_0^\lambda F(\lambda) \cdot d\lambda \quad \text{oder kurz} \quad = p_1 \cdot q \cdot x_1 \cdot F_1(\lambda)\,.$$

Bezeichnet man $\frac{1}{\lambda} \cdot F_1(\lambda)$ mit $F_2(\lambda)$, so hat man

$$\frac{\mu v^2}{2 p_1 q x} = F_2(\lambda)\,.$$

Speziell für den Moment des Maximaldrucks p_1, also für $\lambda = 1$, ist $v = v_1$, folglich

$$\frac{\mu}{2} v_1^2 = p_1 q x_1 \cdot F_1(1)\,.$$

Durch Division dieser Gleichung und der vorletzten wird

$$\frac{v}{v_1} = \sqrt{\frac{F_1(\lambda)}{F_1(1)}}\,,$$

also eine gegebene Funktion von λ allein.

Weiter ist

$$dt = \frac{dx}{v} = \frac{dx}{v_1} \cdot \sqrt{\frac{F_1(1)}{F_1(\lambda)}} = \frac{x_1}{v_1} \cdot \sqrt{\frac{F_1(1)}{F_1(\lambda)}} \cdot d\lambda\,;$$

durch Integration wird

$$\frac{t v_1}{x_1} = \sqrt{F_1(1)} \cdot \int_0^\lambda \frac{d\lambda}{\sqrt{F_1(\lambda)}} \quad \text{oder kurz} \quad = F_3(\lambda);$$

es ist also $\frac{t v_1}{x_1}$, ebenso auch $\frac{t v}{x_1}$ und $\frac{t v_1}{x}$ je eine gegebene Funktion von λ.

Speziell für $\lambda = 1$ erhält man aus der letzten Gleichung

$$\frac{t_1 v_1}{x_1} = F_3(1),$$

also ist $\frac{t}{t_1} = \frac{F_3(\lambda)}{F_3(1)} = F_4(\lambda)$ mit λ gegeben; ebenso $\frac{t_1 v}{x}$ und $\frac{t v}{x}$.

Im ganzen zeigt sich, daß unter den gemachten Voraussetzungen die sämtlichen Ausdrücke: $\frac{p}{p_1}$, $\frac{v}{v_1}$, $\frac{t}{t_1}$, $\frac{t v_1}{x_1}$, $\frac{\mu v^2}{2 p_1 q x}$ in eindeutiger Weise, und zwar unabhängig von der Art der einzelnen Schußwaffe (Gewehr oder Feldgeschütz oder Marinegeschütz oder dgl.), und unabhängig von der Pulversorte usw. gegeben sind, sobald der Wert des Verhältnisses λ oder $\frac{x}{x_1}$ bekannt ist.

b) Nunmehr sei $\frac{p}{p_1}$ als eine Funktion von $\frac{t}{t_1}$ gewählt, die mit $t = 0$ zu Null wird:

$$p = p_1 \cdot F(z), \quad \text{wo} \quad z = \frac{t}{t_1} \quad \text{ist.}$$

Dann vollzieht sich die Berechnung der Tabelle folgendermaßen:

$$\mu \frac{dv}{dt} = p q = p_1 q \cdot F(z);$$

daraus

$$\mu v = p_1 q \int_0^z F(z) \cdot dt = p_1 q \cdot t_1 \cdot \int_0^z F(z) \cdot dz = p_1 q t_1 \cdot F_1(z).$$

Speziell für $z = 1$ wird

$$\mu v_1 = p_1 q t_1 \cdot F_1(1),$$

somit

$$\frac{v}{v_1} = \frac{F_1(z)}{F_1(1)} \quad \text{oder kurz} \quad = F_2(z).$$

Da ferner

$$dx = v \cdot dt = v_1 \cdot F_2(z) \cdot dt = v_1 \cdot t_1 \cdot F_2(z) \cdot dz$$

ist, so wird

$$x = v_1 t_1 \int_0^z F_2(z) \cdot dz = v_1 t_1 \cdot F_3(z),$$

hieraus folgt, daß

$$\frac{x}{x_1} = \frac{F_3(z)}{F_3(1)} = F_4(z)$$

eine Funktion von z allein ist.

Da nun $t_1 = \frac{1}{z} \cdot t$ ist, so wird

$$\frac{x}{v_1 t} = \frac{1}{z} \cdot F_3(z) = F_5(z).$$

Wiederum zeigt sich, daß mit z die Verhältnisse $\frac{x}{v_1 t}, \frac{x_1}{v_1 t}, \frac{x}{v_1 t_1}$ usw. gegeben sind.

Endlich läßt sich die obige Bewegungsgleichung in der Form schreiben:

$$\mu v^2 = p_1 t_1 q v_1 \cdot F_1(z) \cdot F_2(z);$$

folglich ist, da $\frac{v_1 t_1}{x}$ als eine gegebene Funktion von z nachgewiesen ist, auch $\frac{\mu v^2}{2 q p_1 x}$ eine Funktion von z allein.

Im ganzen sind somit wiederum $\frac{p}{p_1}, \frac{x}{x_1}, \frac{v}{v_1}, \frac{t v_1}{x_1}, \frac{\mu v^2}{2 q p_1 x}$ gegeben, wenn $\frac{t}{t_1}$ oder z bekannt ist. Dabei war für $\frac{p}{p_1}$ eine Funktion einer einzigen Variablen angenommen, und wurde lediglich das Newtonsche Bewegungsgesetz benützt.

Aus diesen Ableitungen ergibt sich folgendes. Eine Voraussetzung für die Folgerichtigkeit der Entwicklungen ist die, daß p nicht den Druck der Pulvergase, sondern die beschleunigende Kraft auf das Geschoß mit der Masse μ bedeutet, also p_1 die maximale beschleunigende Kraft.

Eine weitere Voraussetzung dieser Lösungsart liegt in der willkürlichen Annahme $\frac{p}{p_1} = F\left(\frac{x}{x_1}\right)$ bzw. $= F\left(\frac{t}{t_1}\right)$, d. h. es soll das Verhältnis $\frac{p}{p_1}$ der beschleunigenden Kraft an beliebiger Stelle zur maximalen beschleunigenden Kraft lediglich durch das Verhältnis $\frac{x}{x_1}$ der zugehörigen Geschoßwege, bzw. durch das Verhältnis $\frac{t}{t_1}$ der zugehörigen Zeiten bedingt sein. Nun lassen sich zwar unendlich viele Funktionen $p = f(x)$ bzw. $p = f(t)$ aufstellen, für die diese Voraussetzung erfüllt ist und deren Diagramme gleichzeitig einen ähnlichen Verlauf zeigen, wie die experimentell erhaltenen Gasdruckkurven ihn aufweisen. Trotzdem liegt in jener Annahme eine stark einschränkende Bedingung, die keineswegs durchweg erfüllt ist, wenn dieselbe Funktion $f(x)$ bzw. $f(t)$ auf verschiedene Waffen (selbst bei gleicher Pulversorte) angewendet wird. Nimmt man die mit dem Rücklaufmesser erhaltenen Gasdruckkurven C und C_1 irgend zweier sehr verschiedener Waffen W und W_1 zur Hand, wählt gleiche Werte von $\frac{x}{x_1}$ aus und sucht die zugehörigen Verhältnisse $\frac{p}{p_1}$ in beiden Kurven auf, so sollten obiger Lösung zufolge die beiden Verhältnisse $\frac{p}{p_1}$ für beide Waffen einander gleich sein, da die Verhältnisse $\frac{x}{x_1}$ gleich genommen sind. Selbst wenn es sich um dieselbe Pulversorte handelt, findet man erhebliche Unterschiede. Dies kann nicht auffallen; denn wenn man von thermodynamischen Betrachtungen aus zu einer (Näherungs-)Lösung des Problems zu gelangen sucht, zeigte sich, daß die Beziehung zwischen x, x_1, p, p_1 eine weit kompliziertere wird, daß nämlich noch andere Größen, wie z. B. das Kaliber, der Pulverraum usw. in die Relation mit eingehen. Es handelt sich auch naturgemäß nicht um das Verhältnis $x:x_1$ der Geschoßwege, sondern um das Verhältnis $J:J_1$ der betreffenden Volumina, die hinter dem Geschoß den Pulvergasen zur Ausbreitung zur Verfügung stehen; und $J:J_1$ ist nicht $=x:x_1$.

Ein weiterer wichtiger Übelstand stellt sich auch bei dieser Lösung störend ein: Gemessen wird der maximale Gasdruck p_1' auf den Stoßboden oder im Pulverraum, und es sei für den Augenblick angenommen, daß p_1' (mit Hilfe des Stauchapparats) einwandfrei ermittelt sei. In dem Lösungssystem kommt aber nicht $p_1' \cdot q$ vor, sondern die maximale beschleunigende Kraft $p_1 q$ auf das Geschoß, also der Maximalgasdruck abzüglich des an der betreffenden Stelle herrschenden Gesamtwiderstands im Rohr. Insbesondere tritt in dieser Lösungsart der Einpressungswiderstand, der anfängliche Gasdruck, bei dem die Geschoßbewegung beginnt, überhaupt nicht auf. Vielmehr wird für $x=0$, bzw. $t=0$, $p=0$ gesetzt. Dieser Einpressungswiderstand spielt aber bekanntlich eine bedeutende Rolle.

Dieser Mißstand wird sich bei Handfeuerwaffen noch mehr geltend machen, als bei Geschützen. Nur ein schwacher Notbehelf ist es, wenn man die von Vallier, Gossot-Liouville u. a. benützte, rein empirische Näherungsrelation zu Hilfe nimmt: $p_1' = p_1\left(1 + 0{,}5\frac{L}{G}\right)$ oder allgemeiner $p_1' = p_1\left(1 + k\cdot\frac{L}{G}\right)$, oder, was auf dasselbe hinauskommt, wenn man nicht die eigentliche Geschoßmasse m, sondern eine fingierte Geschoßmasse $\mu = m\left(1 + 0{,}5\frac{L}{G}\right)$ in der Rechnung führt.

Was die experimentelle Prüfung der Vallierschen und Heydenreichschen Tabellen durch Vergleichung mit Rücklaufmessergebnissen betrifft, so darf unseres Erachtens diese Prüfung nicht, wie anderweitig geschehen ist, bezüglich p mit Werten der beschleunigenden Kraft in der Nähe des Maximums p_1 und nicht bezüglich v mit Werten der Geschoßgeschwindigkeit in der Nähe der Austrittsgeschwindigkeit v_e durchgeführt werden. Denn p_1 und v_e sind, direkt oder indirekt, aus der Beobachtung entnommen. Die berechneten Werte p_1 und v_e und deren Nachbarwerte werden also naturgemäß mit den aus der Beobachtung erhaltenen am besten übereinstimmen. Vielmehr wird man die Werte p für die größten und die Werte v für die mittleren und kleinsten Geschoßwege x untersuchen.

An einem neueren Gewehr wurden 2 Gruppen von Rücklaufmesserversuchen durchgeführt. Außerdem wurde speziell die beschleunigende Kraft p_e an der Mündung des Gewehrs noch mittels eines anderen Verfahrens ermittelt: Der Lauf wurde sukzessiv abgeschnitten, und dabei wurde die Mündungsgeschwindigkeit des Geschosses auf sehr kurzer Messungsstrecke von wechselnder Größe mittels des Kondensatorchronographen und unter möglichster Ausschaltung der Nachwirkung der Pulvergase zu jeder Lauflänge wiederholt gemessen; aus der Messungsreihe fand sich, durch graphische Ermittlung von $\frac{m\cdot v\cdot dv}{q\cdot dx}$ für die Mündung des normalen Laufs, die beschleunigende Kraft p_e an der Mündung. Andererseits wurden mit Hilfe der Vallierschen und der Heydenreichschen Tabellen die Berechnungen über den Verlauf des Gasdrucks und der Geschoßgeschwindigkeit bei gegebenem Wertepaar v_e und p_1 durchgeführt. Das Resultat war das folgende:

	Beschl. Kraft an der Mündung $p_e =$ kg/cm²	Zeit bis zum Geschoßaustritt $t_e =$ sec	Zeit bis zum Eintritt des Druckmaximums $t_1 =$ sec	Geschoßweg bis zum Druckmaximum $x_1 =$ mm	Geschoßgeschw. an der Stelle des Druckmaximums $v_1 =$ m/sec
Beobachtet . .	190 bis 240	ca. $14 \cdot 10^{-4}$	ca. $6{,}3 \cdot 10^{-4}$	90 bis 100	410 bis 450
Berechnet nach Vallier 1899	196	11,6	2,1	18,6	238
Berechnet nach Vallier 1902	137	12	2,6	24,4	270
Berechnet nach Heydenreich 1908	497	13,6	4,4	42,5	329

Die wichtigste Größe ist, neben der Mündungsgeschwindigkeit v_e, der Gasdruck p; denn der Verlauf des Gasdrucks hat für die Frage der Beanspruchung des Rohrs, sowie für andere Fragen der Waffenkonstruktion und der inneren Ballistik die größte Bedeutung. Nun ist, speziell bei dieser zweiten Gruppe von Lösungsmethoden, der Maximalgasdruck als durch die Messung bekannt anzusehen; es handelt sich somit in erster Linie um den Verlauf des Gasdrucks in der Nähe der Mündung. Hierfür ist p_e maßgebend. Nach der Zusammenstellung ergibt sich der Mündungsdruck mit den Vallierschen Tabellen ziemlich richtig, dagegen bei Verwendung der neueren (und älteren) Heydenreichschen Tabellen für dieses Beispiel erheblich zu groß; die Größe x_1 wird nach allen Tabellen zu klein erhalten; die Zeiten werden nach den Heydenreichschen Tabellen richtiger berechnet, als nach den Vallierschen. Ähnliches zeigte sich an einigen anderen Beispielen.

Auch K. E. Johansen hat 1919 u. a. die Heydenreichschen Tabellen geprüft (s. Lit.-Note). Selbstverständlich ist damit die Prüfung der betreffenden Tabellen nicht abgeschlossen; vielmehr sollte sie an der Hand zahlreicher weiterer Beobachtungen ergänzt werden. Jedenfalls aber legt sich durch die obigen theoretischen Erwägungen und durch die angeführten experimentellen Prüfungen die Vermutung nahe, daß der Gültigkeitsbereich der Tabellen, auch der neueren Tabellen von Heydenreich, doch ein beschränkterer ist, als von anderer Seite früher angenommen worden war.

§ 40. Das Verfahren von Fr. von Zedlitz. — Methode von Leduc.

Es war ohne Zweifel ein glücklicher Gedanke von E. Vallier, zur Darstellung des typischen Gasdruckverlaufs eine geeignete analytische Funktion, in der noch 2 bis 3 Konstanten für den speziellen einzelnen Fall verfügbar bleiben, derart zu wählen, daß aus den zugehörigen Gleichungen der Geschoßbewegung eine Tabelle mit einem oder mit zwei Eingängen hergestellt werden kann, die das innerballistische Problem mit großer Leichtigkeit näherungsweise zu lösen gestattet, wenn einige leicht moßbare Größen wie p_1 und v_e gegeben sind.

1. Einen etwas anderen Weg hat neuerdings Fr. von Zedlitz eingeschlagen. Seine Methode gehört zwar ihrem Wesen nach zu der in Rede stehenden 2. Gruppe von Lösungsmethoden, die als die Valliersche Gruppe bezeichnet werden könnte; sie unterscheidet sich jedoch von der Vallierschen Lösung dadurch, daß nicht der typische Verlauf des Gasdrucks, sondern der typische Verlauf der Geschoßgeschwindigkeit im Rohr als empirische Unterlage benützt wird (vgl. Lit.-Note).

Für die Geschoßgeschwindigkeit v in Funktion des Geschoßwegs x wählt er die folgende Beziehung:

$$v = \frac{b \cdot x^n}{x^n + a}. \tag{1}$$

Die 3 Konstanten a, b, n werden aus dem gegebenen Maximalgasdruck p_1 (der maximalen beschleunigenden Kraft auf die Geschoßmasse m oder $\frac{G}{g}$), der gegebenen Mündungsgeschwindigkeit v_0 und aus einer empirischen Beziehung, die nachher angeführt werden soll, ermittelt.

Die beschleunigende Kraft p pro 1 qcm nach dem Geschoßweg x ist $p = \frac{dv}{dt} \cdot \frac{m}{R^2 \pi} = v \cdot \frac{dv}{dx} \cdot \frac{m}{R^2 \pi}$, also

$$p = \frac{m}{R^2 \pi} \cdot b^2 a \cdot n \cdot \frac{x^{2n-1}}{(x^n + a)^3}, \tag{2}$$

wobei $R^2 \pi$ den Seelenquerschnitt in qcm bedeutet. Durch Nullsetzen der Ableitung von p nach x erhält man für den Geschoßweg x_1, nach welchem die beschleunigende Kraft ihr Maximum p_1 annimmt, die Bedingung

$$x_1{}^n = a \cdot \frac{2n - 1}{n + 1}. \tag{3}$$

Spezialisiert man ferner Gl. (1) für den Moment des Geschoßaustritts ($v = v_0$ und $x =$ ganzer Geschoßweg x_e), so wird $v_0 = \frac{b x_e{}^n}{x_e{}^n + a}$. Mit dieser Gleichung und der für den Ort der maximalen beschleunigenden Kraft spezialisierten Gl. (2) gewinnt man leicht einen Ausdruck für $\frac{v_0{}^2 m}{2 R^2 \pi \cdot p_1 x_e}$, der, wenn man noch (3) berücksichtigt, nur von dem Verhältnis $\frac{x_e}{x_1}$ und der Konstanten n abhängt.

Das Rechnungsverfahren ist danach das folgende:

Zunächst wird der Exponent n aus der von Fr. von Zedlitz aufgestellten, rein empirischen Beziehung berechnet:

$$n = [\text{Num log zu } 8{,}0767 - 10] \cdot \left(\frac{L}{p_1 \cdot x_e}\right)^{\frac{1}{3}} \cdot \frac{E^{\frac{5}{4}} \cdot (2R)^{\frac{11}{6}}}{G}, \tag{I}$$

dabei L die Ladung (in kg); p_1 der Maximalgasdruck (maximale beschleunigende Kraft in kg/cm²); E das Arbeitsvermögen des Pulvers (in mt pro 1 kg); $2R$ das Kaliber (in cm); G das Geschoßgewicht (in kg).

Sodann durch sukzessives Annäherungsverfahren das Verhältnis $\frac{x_e}{x_1}$ aus:

$$\frac{v_0^2 \cdot G}{g \cdot R^2 \pi \cdot p_1 \cdot x_e} = \frac{27 \cdot n^2}{(2n-1)^2 \cdot (n+1)} \cdot \frac{\left(\frac{x_e}{x_1}\right)^{2n-1}}{\left[\left(\frac{x_e}{x_1}\right)^n + \frac{n+1}{2n-1}\right]^2}, \tag{II}$$

wo die Mündungsgeschwindigkeit $= v_0$ (in mm pro sec); der ganze Geschoßbodenweg $= x_e$ (in mm), und wo ferner das Kaliber $2R$ (in cm), das Geschoßgewicht G (in kg), p_1 (in kg/qcm), $g = 9{,}81$ gegeben und aus (I) n bekannt ist. Man kennt somit den Weg x_1 (in mm) bis zum Gasdruckmaximum p_1.

Weiter a aus

$$a = x_1^n \cdot \frac{n+1}{2n-1} \tag{III}$$

und b aus

$$b = \frac{v_0 (x_e^n + a)}{x_e^n}. \tag{IV}$$

Zu irgend einem Geschoßweg x gewinnt man sodann die Geschoßgeschwindigkeit v (in mm/sec) aus (1) und die beschleunigende Kraft p aus (2).

Will man noch die zugehörige Zeit t berechnen, so verfährt man wie folgt: Es ist $dt = \frac{dx}{v}$, $t = \frac{1}{b}\int_0^x \left(1 + \frac{a}{x^n}\right) dx$. Da in dem Fall $n \geqq 1$ für $x = 0$ der Wert t unstetig wird, wählt von Zedlitz als untere Integrationsgrenze nicht Null (entsprechend $t = 0$), sondern einen kleinen endlichen Wert x' von x (entsprechend der Zeit t'). Dann ist zu einem beliebigen Geschoßweg x die zugehörige Zeit t:

$$t - t' = \frac{1}{b}\left[x - x' + \frac{a}{1-n}(x^{1-n} - x'^{1-n})\right]. \tag{V}$$

Um t' zu berechnen, substituiert von Zedlitz für die Weg-Zeit-Kurve in der Nähe des Anfangspunkts eine Parabel $t = A\sqrt{x}$. Gehören zu den kleinen Wegstrecken x' und x'' die Zeiten t' und t'', so ist $t'' - t'$ oder $\Delta t = A(\sqrt{x''} - \sqrt{x'})$, oder, da $t' = A\sqrt{x'}$ und $t'' = A\sqrt{x''}$ ist, wird

$$t' = \frac{\Delta t \cdot \sqrt{x'}}{\sqrt{x''} - \sqrt{x'}}, \quad \text{wo } \Delta t = \frac{1}{b}\left[x'' - x' + \frac{a}{1-n}(x''^{1-n} - x'^{1-n})\right] \tag{VI}$$

ist.

Erstes Beispiel, für ein Geschütz (nach Fr. von Zedlitz): Gegeben ganzer Geschoßweg $x_e = 1600$ mm; maximaler Gasdruck $p_1 = 1733$ kg/cm²; Geschoßgewicht $G = 8{,}135$ kg; Kaliber $2R = 7{,}04$ cm; Arbeitsvermögen des Pulvers $E = 200$ mt/kg; Ladung $L = 1{,}5$ kg; Mündungsgeschwindigkeit $v_0 = 444\,000$ mm/sec.

Man erhält aus (I) $n = 0{,}88$; aus (II) $\frac{x_e}{x_1} = 15{,}2$, somit $x_1 = 104{,}6$ mm; aus (III) $a = 147{,}1$; aus (IV) $\log b = 5{,}7347$. Dabei wird z. B. an der Mündung $p_e = 269$ kg/cm² (beobachtet 270).

Zweites Beispiel, für ein neueres Gewehr. Gegeben $x_e = 690{,}3$ mm; $p_1 = 3195$ kg/cm²; $G = 0{,}01$ kg; $2R = 0{,}79$ cm; $E = 366$ mt/kg; $L = 0{,}0032$ kg; $v_0 = 885\,000$ mm/sec.

Der Reihe nach gewinnt man aus (I) $n = 1{,}41$; aus (II) $\frac{x_e}{x_1} = 8{,}13$, somit $x_1 = 85$ mm (gemessen 90 bis 100 mm, s. w. o.); aus (III) $a = 695$, aus (IV) $\log b = 5{,}9759$; $p_e = 210$ kg/cm² (gemessen 190 bis 240); $v_1 = 407\,000$ mm/sec (gemessen 410000 bis 440000); $t_1 = 0{,}000\,667$ sec (gemessen ca. 0,00066); $t_e = 0{,}001\,576$ sec (gemessen 0,0014).

Prüfung des Verfahrens von Fr. von Zedlitz.

Eine Prüfung dieses Lösungsverfahrens wurde an der Hand von Rücklaufmesser-Ergebnissen für verschiedene Geschütze und verschiedene Pulversorten von Hörer Oblt. Schilling im ballistischen Laboratorium durchgeführt. Im ganzen wurden 10 verschiedene Beispiele durchgerechnet und die Resultate mit den Messungen verglichen. Durchweg waren als gegeben betrachtet: x_e, p_1, G, $2R$, E, L, v_0; es wurde n aus (I), x_1 aus (II), a aus (III), b aus (IV) berechnet usw.

Die charakteristische Form der Rücklaufmesser-Diagramme wurden in allen Fällen durch die errechneten Diagramme richtig wiedergegeben. Speziell die errechneten Geschwindigkeitskurven stimmten mit den durch die Messung erhaltenen für die Mündung der Waffe stets genau überein — wie zu erwarten ist, da der gemessene Wert von v_0 in der Rechnung verwendet wird —; auch sonst zeigten sich nur geringe Unterschiede; mit einer einzigen Ausnahme, wo Unterschiede zwischen dem errechneten und gemessenen Wert v bis 80% auftraten. Was die Gasdruckkurven betrifft, so war die Übereinstimmung zwischen den errechneten und den durch die Messung erhaltenen Kurven in allen denjenigen Fällen durchweg eine gute, in denen der Ort des höchsten Gasdrucks bei der errechneten Kurve und der Messungskurve übereinstimmte. Wo letzteres dagegen nicht zutraf (z. B. Weg x_1 bis zum Druckmaximum gemessen 200 mm, errechnet 600 mm), war stets die Übereinstimmung auch in dem sonstigen Verlauf eine ungenügende. Die Unterschiede zwischen den errechneten und den gemessenen Mündungsgasdrücken bewegten sich zwischen 16 und 200 kg/cm² und gingen bis zu 56%. Im einzelnen sollen die Vergleichszahlen aus Raummangel hier nicht mitgeteilt werden.

2. Unabhängig von Fr. von Zedlitz hat Leduc (Frankreich) das folgende Verfahren entwickelt, das zum Teil als ein spezielles (mit $n = 1$) in dem Zedlitzschen enthalten ist. Leduc wählt zur Darstellung der Beziehung zwischen Geschoßgeschwindigkeit v und Weg x des Geschoßbodens eine Hyperbel

$$v = \frac{a \cdot x}{b + x}.$$

Dabei werden für a und b die weiter unten angeführten Ausdrücke empirisch aufgestellt, welche V_0, L und G enthalten, speziell b schließt außerdem noch einen von der Pulversorte abhängigen Faktor β ein. Aus der Newtonschen Bewegungsgleichung

$$m \cdot \frac{d^2 x}{dt^2} = p \cdot R^2 \pi \qquad \text{oder} \qquad m \cdot v \cdot \frac{dv}{dx} = p \cdot R^2 \pi$$

wird sodann die Beziehung

$$p = \frac{m}{R^2 \pi} \cdot a^2 b \cdot \frac{x}{(b+x)^3}$$

für den variablen Gasdruck p abgeleitet, woraus sich durch Differentiation ohne weiteres ergibt, daß das Gasdruckmaximum nach dem Geschoßweg $x_1 = \frac{b}{2}$ erreicht wird und von dem Betrag ist:

$$p_{\max} = \frac{4}{27} \cdot \frac{m}{R^2 \pi} \cdot \frac{a^2}{b}.$$

Die zu dem Geschoßweg x gehörige Zeit t wird durch ein gewisses Näherungsverfahren erhalten.

Zusammenstellung für das Verfahren von Leduc.

$$v = \frac{a x}{b + x} \quad \text{(Geschwindigkeit } v \text{ in Funktion des Geschoßwegs } x\text{),} \tag{1}$$

dabei

$$a = 2090 \cdot \left(\frac{L}{G}\right)^{\frac{1}{2}} \cdot \varDelta^{\frac{1}{12}} \tag{2}$$

und

$$b = \beta \cdot \left(\frac{V_0}{G}\right)^{\frac{3}{8}} \cdot \left(1 - \frac{3}{4} \varDelta\right). \tag{3}$$

$$p = \frac{m}{R^2 \pi} \cdot a^2 b \cdot \frac{x}{(b+x)^3} \quad \text{(Gasdruck } p \text{ beim Geschoßweg } x\text{),} \tag{4}$$

$$p_{\max} = \frac{4}{27} \cdot \frac{m}{R^2 \pi} \cdot \frac{a^2}{b} \quad \text{(Gasdruckmaximum),} \tag{5}$$

$$x_{\max} = \frac{b}{2} \quad \text{(zugehöriger Geschoßweg } x_{\max}\text{),} \tag{6}$$

$$t = \frac{b}{a} \left[2{,}098 + \frac{x}{b} + \frac{\log\left(\frac{2x}{b}\right)}{0{,}4343} \right] \quad \text{(Zeit } t \text{ zum Geschoßweg } x\text{).} \tag{7}$$

Hier bedeutet: v die Geschoßgeschwindigkeit in m/sec, p den Gasdruck in kg/cm², t die Zeit in sec zu dem variablem Weg x (in m) des Geschoßbodens im Rohr; G das Geschoßgewicht in kg, $2R$ das Kaliber in cm, $m = \frac{G}{9{,}81}$ die Geschoßmasse, L das Ladungsgewicht in kg, V_0 das Volumen des Verbrennungsraums in lit, $\varDelta = \frac{L}{V_0}$ in kg/lit, β eine Konstante der betreffenden Pulversorte. Wenn β nicht aus sonstigen Messungen bekannt ist, berechnet man b aus der Messung der Anfangsgeschwindigkeit, also aus dem gemessenen Wert $v = v_e$ zu dem ganzen Weg $x = x_e$ des Geschoßbodens; d. h. mittels der Gleichung $b = \frac{a \cdot x_e}{v_e} - x_e$.

Beispiel. Französisches Feldgeschütz. $2R = 7{,}5$ cm; $x_e = 2{,}286$ m; $V_0 = 1{,}39$ lit; $L = 0{,}7$ kg; $G = 7{,}25$ kg; $v_e = 529$ m/sec; $R^2 \pi = 44$ (cm²).

Es wird $a = 2090 \cdot \left(\frac{0.7}{7{,}25}\right)^{\frac{1}{2}} \cdot \left(\frac{0{,}7}{1{,}39}\right)^{\frac{1}{12}} = 614$; $b = \frac{614 \cdot 2{,}286}{529} - 2{,}286 = 0{,}37_3$.

Also der Höchstgasdruck $p_{\max} = \frac{4 \cdot 7{,}25 \cdot 614^2}{27 \cdot 9{,}81 \cdot 44 \cdot 0{,}37} = 2520$ kg/cm² (nach der Schußtafel 2400).

Dieser Druck tritt ein nach dem Geschoßweg $x_{\max} = \frac{b}{2} = 0{,}185$ m.

Ferner würde darnach der Mündungsgasdruck p_e:

$$p_e = \frac{7{,}25 \cdot 614^2 \cdot 0{,}37 \cdot 2{,}286}{9{,}81 \cdot 44 \cdot (2{,}286 + 0{,}37)^3} = 285 \text{ kg/cm}^2.$$

Die Zeit t_e, die das Geschoß braucht, bis der Geschoßboden die Mündung erreicht, würde nach Leduc sich ergeben zu:

$$t_e = \frac{0{,}37}{614} \cdot \left[2{,}098 + \frac{2{,}286}{0{,}37} + \frac{1}{0{,}4343} \cdot \overset{(10)}{\log}\left(\frac{2 \cdot 2{,}286}{0{,}37}\right)\right] = 0{,}00655 \text{ sec.}$$

$$t_{\max} = \frac{0{,}37}{614} \left[2{,}098 + \frac{0{,}185}{0{,}37} + \frac{1}{0{,}4343} \cdot \overset{(10)}{\log}\left(\frac{2 \cdot 0{,}185}{0{,}37}\right)\right] = 0{,}00157;$$

$$v_{\max} = \frac{a \cdot x_{\max}}{b + x_{\max}} = \frac{a}{3} = 204{,}7 \text{ m/sec.}$$

β aus: $0{,}37 = \beta \cdot \left(\frac{1{,}39}{7{,}25}\right)^{\frac{3}{8}} \cdot \left(1 - \frac{3}{4} \cdot \frac{0{,}7}{1{,}39}\right)$; es wird $\beta = 1{,}116$. Bemerkt sei noch, daß nach einer Mitteilung von U. Zanders (schwed. Artill.) die obige Zahl 2,098 (vermutlich entstanden aus $\sqrt{\frac{27}{4} - \frac{1}{2}}$) verbessert worden ist zu: 3,1742 (nämlich zu $\sqrt{\frac{27}{2} - \frac{1}{2}}$).

§ 41. Vorschläge von C. Cranz. Tabellen. Beispiele.

Daß auch die Methoden der 2. Gruppe keine völlig abschließende Erledigung des innerballistischen Hauptproblems darstellen können, und weshalb nicht, wurde in § 39 eingehend erörtert. Andererseits bieten, wie zu sehen war, Tabellen nach Art der Vallierschen und Heydenreichschen oder einfache Formeln nach Art derjenigen von von Zedlitz und Leduc der Praxis ein besonders einfaches und bequemes Mittel dar, um den Verlauf des Gasdrucks und der Geschoßgeschwindigkeit zu erhalten.

Es gilt also, dieses bequeme Mittel noch etwas genauer zu gestalten. Hierzu sind zweierlei Verfahren denkbar, ein induktives und ein deduktives. Das erstere würde darin bestehen, einwandfreie Rücklaufmessungen oder unmittelbare Gasdruck-Registrierungen an zahlreichen Waffen verschiedener Art — Pistolen, Gewehren, Feldgeschützen, Haubitzen, Mörsern, Schiffsgeschützen usw. — durchzuführen, und zwar bei Verwendung von verschiedenen Ladungen, Einpressungswiderständen, Geschoßgewichten, Pulversorten usw., hieraus sodann je Tabellen der Vallierschen Art herzustellen und schließlich die Tabellen zu einer einzigen zusammenzufassen, indem die Vertikalspalten der Tabelle mit geeigneten allgemeinen Faktoren versehen werden. Das deduktive Verfahren würde sich darauf beziehen, daß zu dem gleichen Zweck von der thermodynamischen Lösung (§§ 25 bis 38) ausgegangen wird. Lediglich um mit der Durchführung dieser Vorschläge zu beginnen und einige Beispiele für die verschiedenen in Betracht kommenden Tabellen anzuführen, sind im Folgenden bezüglich des ersteren Verfahrens 4 Tabellen gegeben. Dabei ist gesucht, die von den schiefen Zugflanken herrührenden Widerstände und die Bewegung der Ladung dadurch zu berücksichtigen, daß die in § 27 erwähnte scheinbare Geschoßmasse μ an Stelle der wahren Geschoßmasse m benutzt wird; ferner soll in Rechnung gezogen werden, daß der Stauchapparat den Höchstgasdruck im allgemeinen zu klein angibt, falls bei der Messung eine Eichungstabelle benützt wird, die durch Pressung der Kupferzylinder in einer Hebelpresse oder in einer hydraulischen Presse erhalten worden war.

Schlüssel der Bezeichnungen in den nachstehenden 4 Tabellen.

Es bedeutet: v die Geschoßgeschwindigkeit in (m/sec), p den Gasdruck auf das Geschoß (in kg/cm^2), t die Durchlaufszeit des Geschosses (in sec) je für den beliebigen Weg x (in m) des Geschoßbodens im Rohr, vom Beginn der Geschoßbewegung ab gerechnet.

v_1, p_1, t_1, x_1 das Entsprechende für den Augenblick des Gasdruckmaximums.

v_e, p_e, t_e, x_e das Entsprechende für den Augenblick des Geschoßbodenaustritts aus der Mündung.

q den Querschnitt der Rohrseele im gezogenen Teil samt den Zügen (in cm^2), so daß $p_1 \cdot q$ den ganzen Höchstgasdruck auf das eingepreßte Geschoß (in kg) darstellt.

Speziell p_1 ist der mit dem Stauchapparat (in einem Meßei oder in einer seitlichen Bohrung der Rohrwandung) gemessene Höchstgasdruck, der aus einer mittels Fallhammer-Eichung der Kupferzylinder-Lieferung aufgestellten Stauchtabelle abgelesen wird. Wenn dagegen die Stauchtabelle durch Pressung der Kupferzylinder in einer Hebelpresse oder dgl. in der üblichen Weise (nämlich während je 30 sec dauernder Pressung) erhalten wurde, hat man diesen Hebelpressen-Gasdruck noch mit einem Faktor f_1 zu multiplizieren; s bedeute (in mm) die Gesamtstauchung des betreffenden Kupferzylinders. Bei nicht vorgestauchten Kupferzylindern von ursprünglich 15 mm Höhe und 10 mm Durchmesser ist, zwischen $s = 0{,}5$ und 3,5 mm, der Faktor f_1 zu berechnen aus der Gleichung

$$75{,}6 \cdot f_1 = 79{,}35 + 5{,}4 \cdot s - s^2.$$

Dagegen bei Kupferzylindern von 6 mm Höhe und 3 mm Durchmesser ist, zwischen $s = 0{,}5$ und 3,0 mm, der Faktor f_1 zu berechnen aus der Gleichung

$$11{,}0 \cdot f_1 = 10{,}92 + 3{,}6 \cdot s - s^2.$$

μ bedeutet die scheinbare Geschoßmasse

$$\mu = \frac{m' \cdot m_r}{m' + m_r}, \quad m' = \frac{G}{9{,}81}\left(1 + 0{,}5\,\frac{L}{G}\right)\left\{1 + \frac{\varrho^2}{R^2} \cdot \operatorname{tg}\alpha_2 \cdot \frac{\operatorname{tg}\alpha_2 + \nu}{1 - \nu \cdot \operatorname{tg}\alpha_2}\right\},$$

dabei G (kg) das Geschoßgewicht; L (kg) das Treibladungsgewicht; $2R$ (m) das Kaliber; ϱ (m) der Trägheitshalbmesser des Geschosses um dessen Längsachse $\left(\frac{\varrho^2}{R^2}\right.$ wenig verschieden von $\left.0{,}6\right)$; ν der Reibungskoeffizient des Geschosses im Rohr (bei Kupferbandführung und Stahlseele etwa $\nu = 0{,}176$); α_2 der als konstant angenommene Drallwinkel der Züge; wenn α_2 veränderlich ist, wird μ sowohl mit dem Anfangsdrallwinkel als auch mit dem Enddrallwinkel berechnet und ein Mittelwert genommen; m_r die rücklaufende Masse.

Gebrauchsanweisung für die nachstehenden 4 Tabellen.

Man berechnet $\frac{\mu v^2}{2 p_1 q x} = A_6$ für die Mündung der Waffe, nimmt also für einen Augenblick v gleich der Mündungsgeschwindigkeit v_e (in m/sec) und gleichzeitig x gleich dem ganzen Weg x_e des Geschoßbodens im Rohr (in m). Zu dem betreffenden Wert $\frac{\mu v_e^2}{2 p_1 q x_e} = A_6$ sucht man, unter Umständen durch Interpolation, diejenigen Zahlenwerte auf, die in der gleichen Horizontalreihe mit dem benützten Werte A_6 stehen. Alsdann erhält man, indem noch immer x, p, v, t sich augenblicklich auf die Mündung beziehen, also x_e, p_e, v_e, t_e bedeuten sollen, aus A_1 den Wert x_1, d. h. den Geschoßweg bis zum Gasdruckmaximum, aus A_2 den Wert von p_e, also den Gasdruck an der Mündung, aus A_3 den Wert v_1, also die Geschoßgeschwindigkeit im Augenblick des Gasdruckmaximums; sodann aus A_5 die Gesamtdurchlaufszeit t_e des Geschosses bis zur Mündung, endlich aus A_4 die Zeit t_1 bis zum Eintritt des Gasdruckmaximums.

Sodann versteht man unter x wieder einen beliebigen Geschoßweg, wozu p, v, t gehören. Da man x_1, v_1, t_1 nunmehr kennt und da p_1 von vornherein gegeben ist, kann man $\frac{x}{x_1}$ beliebig wählen und erhält dazu aus A_2 den Gasdruck p, aus A_3 die Geschwindigkeit v, aus A_4 die Zeit t. Beispiele siehe weiter unten.

Für Gewehre, mit Nitrozellulosepulver; Ladedichte 0,7 bis 0,85; Stahlmantelgeschosse.

$\frac{x}{x_1} = A_1$	$\frac{p}{p_1} = A_2$	$\frac{v}{v_1} = A_3$	$\frac{t}{t_1} = A_4$	$\frac{t v_1}{x_1} = A_5$	$\frac{\mu v^2}{2 p_1 q x} = A_6$
0,1	0,20	0,14	0,24	0,71	
0,2	0,41	0,28	0,41	1,07	
0,3	0,61	0,41	0,54	1,37	
0,4	0,76	0,52	0,64	1,60	
0,6	0,92	0,71	0,79	1,95	
0,8	0,98	0,86	0,91	2,22	
1,0	1,0	1,0	1,0	2,46	
1,2	0,946	1,11	1,09	2,66	
1,4	0,870	1,20	1,16	2,85	
1,6	0,798	1,29	1,23	3,01	
1,8	0,731	1,36	1,29	3,17	
2,0	0,669	1,43	1,35	3,31	0,555
2,2	0,612	1,49	1,41	3,45	0,546
2,4	0,559	1,54	1,46	3,58	0,537
2,6	0,512	1,59	1,51	3,71	0,527
2,8	0,470	1,63	1,56	3,84	0,518
3,0	0,432	1,67	1,61	3,97	0,509
3,2	0,398	1,71	1,66	4,09	0,500
3,4	0,369	1,75	1,71	4,21	0,491
3,6	0,343	1,79	1,75	4,33	0,483
3,8	0,319	1,83	1,79	4,44	0,474
4,0	0,297	1,86	1,83	4,55	0,465
4,2	0,277	1,88	1,87	4,65	0,457
4,4	0,259	$1{,}90_5$	1,91	4,75	0,449
4,6	0,243	1,93	1,95	4,85	0,441
4,8	0,228	1,96	2,00	4,94	0,433
5,0	0,215	$1{,}98_5$	2,04	5,03	0,425
5,2	0,202	$2{,}01_5$	2,08	5,12	0,417
5,4	0,190	2,03	2,12	5,21	0,409
5,6	0,178	$2{,}04_5$	2,15	5,31	0,402
5,8	0,167	2,06	2,19	5,40	$0{,}394_5$
6,0	0,156	2,08	2,23	5,49	$0{,}387_5$
6,2	0,145	2,09	2,27	5,58	$0{,}380_5$
6,4	0,134	$2{,}10_5$	2,31	5,67	0,374
6,6	0,124	2,12	2,35	5,75	$0{,}367_5$
6,8	0,114	2,13	2,39	5,84	0,361
7,0	0,105	2,14	2,43	5,93	$0{,}354_5$
7,2	0,096	2,15	2,47	6,02	$0{,}347_5$
7,4	0,087	2,16	2,50	6,11	$0{,}341_5$

Beispiel: Geschoßgewicht $10 \cdot 10^{-3}$ kg; fingiert. Geschoßmasse $\mu = 1{,}2 \cdot 10^{-3}$. Mündungsgeschwindigkeit $v_e = 840$ m/sec. Höchstgasdruck $p_1 = 3200$ kg/cm². Querschnitt $q = 0{,}518$ cm²; Geschoßbodenweg im Rohr $x_e = 0{,}69$ m.

Also

$$\frac{\mu v_e^2}{2 p_1 q x_e} = \frac{1{,}2 \cdot 10^{-3} \cdot 840^2}{2 \cdot 3200 \cdot 0{,}518 \cdot 0{,}69} = 0{,}370;$$

dazu:

$$\frac{x_e}{x_1} = \frac{0{,}69}{x_1} = 6{,}5; \quad x_1 = 0{,}106;$$

$$\frac{p_e}{p_1} = 0{,}128; \quad p_e = 410 \text{ kg/cm}^2;$$

$$\frac{v_e}{v_1} = \frac{840}{v_1} = 2{,}11; \quad v_1 = 398 \text{ m/sec};$$

$$t_e \cdot \frac{v_1}{x_1} = t_e \cdot \frac{398}{0{,}106} = 5{,}72;$$

$$t_e = 1{,}35 \cdot 10^{-3} \text{ sec};$$

$$\frac{t_e}{t_1} = \frac{1{,}35 \cdot 10^{-3}}{t_1} = 2{,}33;$$

$$t_1 = 0{,}58 \cdot 10^{-3} \text{ sec}.$$

Damit sind x_1, p_e v_1, t_e, t_1 bekannt.

Und z. B. für $x = 0{,}127$ m wird:

$$\frac{x}{x_1} = \frac{0{,}127}{0{,}106} = 1{,}20; \text{ dazu } \frac{p}{p_1} = 0{,}946;$$

$$p = 0{,}946 \cdot 3200 = 3027 \text{ kg/cm}^2;$$

$$\frac{v}{v_1} = 1{,}11, \text{ also } v = 1{,}11 \cdot 398 = 442 \text{ m/sec};$$

$$\frac{t}{t_1} = 1{,}09; \text{ also } t = 1{,}09 \cdot 0{,}58 \cdot 10^{-3} = 0{,}63 \cdot 10^{-3} \text{ sec}.$$

Danach gehört zu dem Geschoßweg 0,127 m die Geschoßgeschwindigkeit 442 m/sec, die Zeit $0{,}63 \cdot 10^{-3}$ sec, der Gasdruck 3027 kg/cm². Ebenso läßt sich zu irgendeinem anderen Geschoßweg x, v, t, p berechnen.

Für Feldgeschütze, mit reinem Nitrozellulosepulver, Ladedichte 0,4 bis 0,7.

$\frac{x}{x_1} = A_1$	$\frac{p}{p_1} = A_2$	$\frac{v}{v_1} = A_3$	$\frac{t}{t_1} = A_4$	$\frac{t v_1}{x_1} = A_5$	$\frac{\mu v^2}{2 p_1 q x} = A_6$
0	0,012	0	0	0	
0,05	0,230	0,09	0,310	0,94	
0,1	0,365	0,175	0,410	1,24	
0,2	0,585	0,330	0,560	1,59	
0,3	0,740	0,460	0,650	1,85	
0,4	0,850	0,565	0,725	2,05	
0,5	0,910	0,660	0,785	2,22	
0,6	0,946	0,740	0,835	2,35	
0,7	0,972	0,810	0,880	2,47	
0,8	0,987	0,875	0,920	2,58	
0,9	0,997	0,940	0,960	2,69	
1,0	1,0	1,0	1,0	2,80	
1,1	0,985	1,055	1,035	2,90	
1,2	0,959	1,110	1,065	2,99	
1,3	0,932	1,160	1,095	3,08	
1,4	0,907	1,210	1,125	3,16	
1,5	0,883	1,255	1,155	3,24	
1,6	0,860	1,300	1,185	3,32	
1,7	0,838	1,345	1,210	3,40	
1,8	0,817	1,385	1,235	3,47	
1,9	0,797	1,425	1,260	3,54	
2,0	0,778	1,460	1,285	3,61	0,843
2,2	0,741	1,525	1,335	3,75	0,841
2,4	0,706	1,590	1,385	3,88	0,837
2,6	0,673	1,645	1,435	4,00	0,831
2,8	0,642	1,700	1,475	4,12	0,824
3,0	0,611	1,750	1,515	4,24	0,816
3,2	0,582	1,800	1,555	4,36	0,807
3,4	0,554	1,845	1,595	4,47	0,797
3,6	0,528	1,890	1,635	4,58	0,787
3,8	0,503	1,930	1,670	4,69	0,776
4,0	0,480	1,970	1,705	4,80	0,765
4,25	0,453	2,005	1,750	4,90	0,752
4,50	0,427	2,040	1,795	5,01	0,738
4,75	0,403	2,065	1,840	5,13	0,724
5,0	0,380	2,100	1,880	5,25	0,710
5,25	0,357	2,135	1,925	5,37	0,696
5,50	0,336	2,170	1,970	5,49	0,683
5,75	0,317	2,205	2,010	5,62	0,670
6,0	0,300	2,240	2,050	5,75	0,657
6,5	0,268	2,275	2,130	5,98	0,632
7,0	0,238	2,310	2,210	6,20	0,608
7,5	0,213	2 340	2,285	6,41	0,584
8,0	0,192	2,370	2,360	6,62	0,562
8,5	0,175	2,400	2,430	6,83	0,542
9,0	0,160	2,430	2,505	7,03	0,523
9,5	0,148	2,460	2,580	7,23	0,505
10,0	0,140	2,480	2,655	7,43	0,488
10,5	0,132	2,496	2,730	7,63	0,472
11,0	0,126	2,511	2,800	7,83	0,457
11,5	0,121	2,525	2,870	8,03	0,443
12,0	0,117	2,538	2,935	8,23	0,429
12,5	0,113	2,550	2,995	8,43	0,415

Lange Flachbahnkanonen, mit rauchlosem Nitrozellulosepulver, Ladedichte 0,4 bis 0,7.

$\frac{x}{x_1} = A_1$	$\frac{p}{p_1} = A_2$	$\frac{v}{v_1} = A_3$	$\frac{t}{t_1} = A_4$	$\frac{t v_1}{x_1} = A_5$	$\frac{\mu v^2}{2 p_1 q x} = A_6$
0,1	0,55	0,18	0,320	0,80	
0,2	0,68	0,33	0,480	1,18	
0,3	0,77	0,45	0,590	1,46	
0,4	0,85	0,56	0,680	1,70	
0,5	0,91	0,65	0,750	1,86	
0,6	0,95	0,73	0,815	2,00	
0,7	0,97	0,80$_5$	0,870	2,14	
0,8	0,98$_5$	0,87$_5$	0,918	2,26	
0,9	0,99$_5$	0,94$_5$	0,964	2,37	
1,0	1,0	1,0	1,0	2,46$_5$	
1,2	0,983	1,115	1,080	2,66	
1,4	0,952	1,210	1,148	2,83	
1,6	0,915	1,300	1,210	2,99	
1,8	0,872	1,375	1,270	3,13	
2,0	0,830	1,445	1,325	3,27	
2,2	0,790	1,510	1,375	3,40	
2,4	0,750	1,570	1,425	3,53	
2,6	0,712	1,625	1,475	3,65	
2,8	0,680	1,675	1,525	3,77	0,908
3,0	0,650	1,725	1,575	3,89	0,890
3,2	0,620	1,770	1,625	4,00	0,874
3,4	0,591	1,810	1,670	4,11	0,859
3,6	0,563	1,845	1,715	4,22	0,844
3,8	0,537	1,880	1,760	4,33	0,829
4,0	0,512	1,910	1,800	4,44	0,815
4,2	0,490	1,940	1,840	4,55	0,801
4,4	0,468	1,970	1,880	4,65	0,787
4,6	0,447	1,995	1,920	4,75	0,773
4,8	0,430	2,018	1,960	4,85	0,760
5,0	0,413	2,039	2,000	4,95	0,747
5,2	0,396	2,060	2,038	5,04	0,734
5,4	0,380	2,080	2,075	5,13	0,722
5,6	0,366	2,100	2,112	5,22	0,710
5,8	0,352	2,120	2,149	5,31	0,698
6,0	0,339	2,136	2,186	5,40	0,686
6,2	0,327	2,151	2,223	5,49	0,675
6,4	0,316	2,166	2,260	5,58	0,664
6,6	0,305	2,181	2,297	5,67	0,654
6,8	0,295	2,196	2,334	5,76	0,644
7,0	0,285	2,211	2,371	5,85	0,634
7,2	0,276	2,226	2,408	5,94	0,625
7,4	0,268	2,241	2,444	6,03	0,616
7,6	0,260	2,256	2,480	6,12	0,607
7,8	0,252	2,270	2,516	6,21	0,598
8,0	0,244	2,284	2,551	6,30	0,589
8,2	0,237	2,297	2,586	6,39	0,581
8,4	0,230	2,310	2,620	6,48	0,573
8,6	0,224	2,322	2,654	6,57	0,565
8,8	0,218	2,333	2,688	6,66	0,557
9,0	0,212	2,343	2,722	6,75	0,550
9,2	0,206	2,353	2,756	6,84	0,543

Lange Flachbahnkanonen (Fortsetzung).

$\frac{x}{x_1} = A_1$	$\frac{p}{p_1} = A_2$	$\frac{v}{v_1} = A_3$	$\frac{t}{t_1} = A_4$	$\frac{t v_1}{x_1} = A_5$	$\frac{\mu v^2}{2 p_1 q x} = A_6$
9,4	0,201	2,363	2,790	6,93	0,536
9,6	0,196	2,373	2,824	7,01	0,529
9,8	0,191	2,383	2,858	7,09	0,522
10,0	0,186	2,393	2,892	7,17	0,515
10,2	0,181	2,403	2,926	7,25	0,509
10,4	0,177	2,412	2,960	7,33	0,503
10,6	0,173	2,421	2,994	7,41	0,497
10,8	0,169	2,430	3,028	7,49	0,491
11,0	0,165	2,438	3,062	7,57	0,485
11,2	0,161	2,446	3,096	7,65	0,480
11,4	0,157	2,454	3,130	7,73	0,475
11,6	0,153	2,461	3,164	7,81	0,470
11,8	0,149	2,468	3,198	7,89	0,465
12,0	0,145	2,474	3,232	7,97	0,460
12,2	0,141	2,479	3,265	8,05	0,455
12,4	0,138	2,484	3,298	8,13	0,450
12,6	0,135	2,489	3,331	8,21	0,445
12,8	0,132	2,494	3,364	8,29	0,440
13,0	0,129	2,499	3,395	8,37	0,435
13,2	0,126	2,504	3,426	8,45	0,430
13,4	0,123	2,510	3,457	8,53	0,426
13,6	0,120	2,516	3,488	8,61	0,422
13,8	0,118	2,522	3,519	8,69	0,418
14,0	0,116	2,528	3,550	8,77	0,414
14,2	0,114	2,534	3,581	8,85	0,410
14,4	0,112	2,540	3,612	8,93	0,406
14,6	0,110	2,546	3,643	9,01	0,402
14,8	0,108	2,551	3,674	9,09	0,398
15,0	0,106	2,556	3,705	9,17	0,394
15,2	0,104	2,561	3,736	9,25	0,390
15,4	0,102	2,566	3,767	9,33	0,386
15,6	0,100	2,571	3,798	9,41	0,382
15,8	0,098	2,576	3,829	9,49	0,378
16,0	0,096	2,581	3,860	9,57	0,375
16,2	0,094	2,586	3,891	9,65	0,372
16,4	0,092	2,591	3,922	9,73	0,369
16,6	0,091	2,595	3,953	9,81	0,366
16,8	0,090	2,599	3,984	9,89	0,363
17,0	0,088	2,603	4,015	9,97	0,360
17,2	0,087	2,607	4,046	10,05	0,357
17,4	0,086	2,610	4,077	10,13	0,354
17,6	0,084	2,614	4,108	10,20	0,351
17,8	0,082	2,617	4,139	10,27	0,348
18,0	0,081	2,620	4,170	10,34	0,345
18,2	0,079	2,623	4,201	10,41	0,342
18,4	0,078	2,627	4,232	10,48	0,339
18,6	0,077	2,630	4,263	10,55	0,336
18,8	0,076	2,633	4,294	10,62	0,333
19,0	0,074	2,637	4,325	10,69	0,331
19,2	0,072	2,640	4,356	10,76	0,328
19,4	0,071	2,643	4,387	10,83	0,325
19,6	0,070	2,646	4,418	10,90	0,322

Für Haubitzen.

$\frac{x}{x_1} = A_1$	$\frac{p}{p_1} = A_2$	$\frac{v}{v_1} = A_3$	$\frac{t}{t_1} = A_4$	$\frac{t\,v_1}{x_1} = A_5$	$\frac{\mu\,v^2}{2\,p_1\,q\,x} = A_6$
0,1	0,500	0,205	0,35	0,77	
0,2	0,773	0,295	0,50	1,20	
0,5	0,926	0,617	0,755	1,86	
1	1,0	1,0	1,0	2,47	
2	0,949	1,492	1,30	3,25	0,920
3	0,770	1,775	1,54	3,83	0,853
4	0,565	1,972	1,75	4,33	0,791
5	0,477	2,127	1,95	4,81	0,736
6	0,408	2,255	2,13	5,27	0,686
7	0,353	2,360	2,30	5,71	0,642
8	0,311	2,450	2,46	6,13	0,603
9	0,281	2,525	$2{,}61_5$	6,52	0,568
10	0,255	2,590	2,77	6,88	0,538
11	0,234	2,647	2,92	7,25	0,512
12	0,217	2,696	3,07	7,62	0,487
13	0,201	2,740	$3{,}21_5$	7,98	0,465
14	0,186	2,780	3,36	8,34	0,444
15	0,173	2,816	3,50	8,70	0,426
16	0,161	2,850	3,64	9,04	0,410
17	0,151	2,880	$3{,}77_2$	9,38	0,396
18	0,142	2,910	$3{,}90_5$	9,71	0,383
19	0,134	2,940	4,03	10,04	0,371
20	0,126	2,970	4,16	10,37	0,360
21	0,119	3,002	4,28	10,70	0,349
22	0,112	3,031	4,41	11,03	0,340

Beispiel.

Fremdes Feldgeschütz mit Nitrozellulosepulver; Geschoßgewicht $G = 7{,}24$ kg; Mündungsgeschwindigkeit $v_e = 529$ m/sec; Ladung $L = 0{,}70$ kg; Querschnitt $q = 44$ cm²; ganzer Weg des Geschoßbodens im Rohr $x_e = 2{,}286$ m; Verbrennungsraum bei eingesetztem Geschoß $V_0 = 1{,}37$ lit; Geschoßlänge 0,278 m; konstanter Drallwinkel $\alpha_2 = 7^0$, also $\operatorname{tg} \alpha_2 = 0{,}12278$; Gasdruckmaximum mit Kupferzylinder von 15 mm Höhe und 10 mm Durchmesser bei Stempelquerschnitt 1 cm² gemessen zu 2120 kg/cm² mit Hilfe einer Stauchtabelle, die mittels Hebelpressen-Eichung erhalten wurde; dabei ganze Stauchung 2,0 mm; also

$$p_1 = \frac{2120 \cdot (79{,}35 + 5{,}4 \cdot 2 - 2^2}{75{,}6} = 2400 \text{ kg/cm}^2.$$

Gesucht ist: Mündungsgasdruck p_e; ganze Durchlaufzeit t_e; Weg x_1 des Geschosses bis zum Gasdruckmaximum; Geschwindigkeit v_1 in diesem Punkt und Zeit t_1 bis zum Gasdruckmaximum; ferner für den Geschoßbodenweg $x = 1{,}04$ m, die Zeit t, der Gasdruck p und die Geschoßgeschwindigkeit v.

Es ist (wenn m' gegen m_r zu vernachlässigen ist, also $\mu = m'$ gesetzt wird):

$$\mu = \frac{7{,}24}{9{,}82}\left(1 + \frac{0{,}5 \cdot 0{,}70}{7{,}24}\right)\left\{1 + 0{,}6 \cdot 0{,}12278 \cdot \frac{0{,}12278 + 0{,}176}{1 - 0{,}176 \cdot 0{,}12278}\right\} = 0{,}788\,.$$

Mit der Tabelle für Feldgeschütze ergibt sich damit zunächst der Wert von A_6 für die Mündung:

$$A_6 = \frac{0{,}788 \cdot 529^2}{2 \cdot 2400 \cdot 44 \cdot 2{,}286} = 0{,}457\,.$$

Dazu

$$A_1 = \frac{x_e}{x_1} = 11; \quad x_1 = \frac{2{,}286}{11} = 0{,}208 \text{ m};$$

$$A_2 = \frac{p_e}{p_1} = 0{,}126; \quad p_e = 0{,}126 \cdot 2400 = 302 \text{ kg/cm}^2;$$

$$A_3 = \frac{v_e}{v_1} = 2{,}511; \quad v_1 = \frac{529}{2{,}511} = 210{,}5 \text{ m/sec};$$

$$A_5 = \frac{t_e \cdot v_1}{x_1} = 7{,}83; \quad t_e = \frac{7{,}83 \cdot 0{,}208}{210{,}5} = 0{,}764 \cdot 10^{-2} \text{ sec};$$

$$A_4 = \frac{t_e}{t_1} = 2{,}80; \quad t_1 = \frac{0{,}764 \cdot 10^{-2}}{2{,}80} = 0{,}272 \cdot 10^{-2} \text{ sec}.$$

Damit sind x_1, p_1, v_1, t_e, t_1 bekannt.

Für $x = 1{,}04$ m wird also

$$A_1 = \frac{x}{x_1} = \frac{1{,}04}{0{,}208} = 5{,}0 .$$

Damit ergibt sich

$$A_2 = 0{,}380; \quad \text{also } p = 0{,}380 \cdot 2400 = 910 \text{ kg/cm}^2;$$
$$A_3 = 2{,}10; \quad \text{„} \quad v = 2{,}10 \cdot 210{,}5 = 442 \text{ m/sec};$$
$$A_4 = 1{,}880; \quad \text{„} \quad t = 1{,}880 \cdot 0{,}272 \cdot 10^{-2} = 0{,}51 \cdot 10^{-2} \text{ sec}.$$

Dasselbe ergibt sich aus

$$A_5 = 5{,}25; \quad \text{also } t = \frac{5{,}25 \cdot 0{,}208}{210{,}5} = 0{,}51 \cdot 10^{-2} \text{ sec}.$$

Der Vorschlag geht also dahin, derartige Tabellen aufzustellen, aber in weit größerer Anzahl, nämlich für die verschiedenen Waffen, Pulversorten und Ladedichten, und dabei jene fingierte Geschoßmasse μ zu verwenden, weiterhin auch die aus den Rücklaufmessungen ermittelten Werte der Gasdrücke noch durch die Reibungswiderstände zu ergänzen, welche mittels allmählichen Durchpressens der Geschosse durch die Rohre gewonnen werden müßten. Und der jeweilig verbrannte Bruchteil y der Ladung würde erhalten, indem man zu einer Reihe von zusammengehörigen Werte-Tripeln p, v, x je den Wert von y berechnet aus:

$$p \cdot \left[V_0 + q \cdot x - \frac{L}{s} - L y \left(\alpha - \frac{1}{s}\right)\right] + (\gamma - 1)\left(\frac{\mu}{2} v^2 + A_{(x)}\right) = f \cdot L \cdot y .$$

Das Ende der Pulververbrennung liegt da, wo $y = 1$ geworden ist.

§ 42. Innerballistische Übertragungsregeln, zum Übergang von einer Waffe auf eine andere usw.

Nachdem in §§ 39 bis 41 die Lösungsmethoden auch der zweiten Gruppe betrachtet worden sind, sollen hier anhangsweise einige Übertragungsregeln Erwähnung finden, die in gewissem Sinne ein Analogon zu den in der Technik vielgebrauchten Froude-Helmholtzschen Modellübertragungsregeln in der inneren Ballistik bilden. Sie können dazu dienen, wichtige innerballistische Größen, wie z. B. den Maximalgasdruck und die Mündungsgeschwindigkeit des Geschosses für eine bestimmte projektierte Waffe zu berechnen oder wenigstens zu schätzen, wenn mit demselben Pulver, um das es sich bei der projektierten Waffe handeln soll, diese Größen an einer verwandten Waffe gemessen wurden oder dgl. Als solche Regeln können auch die schon erwähnten Formeln von Sarrau und Gossot-Liouville angesehen werden, da diese Formeln Konstanten enthalten, die nur von der betreffenden Pulversorte abhängen sollen; deshalb mögen auch jene Formeln zum Teil hier noch einmal Platz finden.

Durchweg bedeutet: G das Geschoßgewicht (kg); $2R$ das Kaliber (cm); $R^2\pi$ oder q den Seelenquerschnitt im gezogenen Teil (cm²); V_0 den Verbrennungsraum (lit); L die Pulverladung (kg); $\varDelta$ die Ladedichte $= L : V_0$; x_e die Länge des gezogenen Teils des Rohrs (m); p_1' den Maximalgasdruck (kg/cm²); v_e die Mündungsgeschwindigkeit des Geschosses (m/sec).

1. Nach Sarrau-Jacob (für neuere Pulver):

$$v_e = A \cdot \frac{\varDelta^{\frac{1}{3}} \cdot L^{\frac{1}{2}} \cdot x_e^{\frac{1}{3}}}{G^{\frac{1}{6}} \cdot (2R)^{\frac{2}{3}}} \cdot \left(1 - B \cdot \frac{L^{\frac{1}{3}} \cdot G^{\frac{2}{3}} \cdot x_e^{\frac{1}{3}}}{(2R)^2}\right); \tag{a}$$

$$p_1' = C \cdot \frac{\varDelta^{\frac{4}{3}} \cdot L^{\frac{3}{4}} \cdot G^{\frac{7}{12}}}{(2R)^{\frac{8}{3}}}. \tag{b}$$

Zur Bestimmung der Konstanten A und B sind 2 Messungen der Mündungsgeschwindigkeit v_e, etwa mit 2 verschiedenen Ladungen L_1 und L_2 oder mit 2 verschiedenen Geschoßgewichten G_1 und G_2, erforderlich; für die Bestimmung der Konstanten C nur eine einzige Messung des Maximaldrucks p_1' (an der Hilfswaffe und mit demselben Pulver).

Nach Jacob (Frankreich) wird Gleichung (b) durch die folgende ersetzt:

$$p_1' = C \cdot \frac{\varDelta^{\frac{4}{3}} \cdot L^{\frac{3}{4}} \cdot G^{\frac{7}{12}}}{(2R)^{\frac{8}{3}}} \left\{1 - D \cdot \frac{(L \cdot G \cdot V_0)^{\frac{2}{3}}}{(2R)^{\frac{8}{3}}}\right\}, \tag{c}$$

wobei das zweite Glied in der Klammer nur für sehr rasch verbrennende Pulver wegfällt. Zur Ermittlung der Pulver-Konstanten C und D sind dann 2 Druckmessungen mit 2 verschiedenen Ladungen L_1 und L_2 oder mit 2 verschiedenen Geschoßgewichten G_1 und G_2 oder mit 2 verschiedenen Verbrennungsräumen V_0' und V_0'' erforderlich.

Beispiel.

Für die französische lange 120-mm-Kanone M. 90 ist die Anfangsgeschwindigkeit des Geschosses $v_e = 464,3$ m/sec, bzw. $v_e = 225$ bei den Ladungen 1,60 kg bzw. 0,477 kg. Wie groß ergibt sich die Anfangsgeschwindigkeit bei der Ladung 0,770 kg desselben Pulvers? Die Konstanten $A, B, \ldots$ seien für das betreffende Pulver „BC" nicht bekannt.

Nach Formel (a) sind A und B aus den folgenden Gleichungen zu berechnen:

$$\left.\begin{aligned} 465,3 &= A\cdot\frac{1,6^{\frac{5}{6}}\cdot x_e^{\frac{1}{3}}}{V_0^{\frac{1}{3}}\cdot G^{\frac{1}{6}}\cdot(2R)^{\frac{2}{3}}}\cdot\left(1 - B\cdot\frac{1,6^{\frac{1}{3}}\cdot G^{\frac{2}{3}}\cdot x_e^{\frac{1}{3}}}{(2R)^2}\right), \\ 225 &= A\cdot\frac{0,477^{\frac{5}{6}}\cdot x_e^{\frac{1}{3}}}{V_0^{\frac{1}{3}}\cdot G^{\frac{1}{6}}\cdot(2R)^{\frac{2}{3}}}\cdot\left(1 - B\cdot\frac{0,477^{\frac{1}{3}}\cdot G^{\frac{2}{3}}\cdot x_e^{\frac{1}{3}}}{(2R)^2}\right). \end{aligned}\right\}$$

Da V_0, G, $2R$, x_e in beiden Gleichungen dieselben Werte haben, reduziert sich die Aufgabe darauf, die Konstanten α und β aus

$$\left.\begin{aligned} 465,3 &= \alpha\cdot 1,6^{\frac{5}{6}}\cdot\left(1 - \beta\cdot 1,6^{\frac{1}{3}}\right), \\ 225 &= \alpha\cdot 0,477^{\frac{5}{6}}\cdot\left(1 - \beta\cdot 0,477^{\frac{1}{3}}\right) \end{aligned}\right\}$$

zu ermitteln. Man erhält $\alpha = 617$, $\beta = 0,421$. Also ist der gesuchte Wert $v_e = 617\cdot 0,77^{\frac{5}{6}}\cdot\left(1 - 0,421\cdot 0,77^{\frac{1}{3}}\right) = 305$ m/sec (angegeben ist $v_e = 300$).

2. Bei dem folgenden anderen Formelsystem Sarraus wird zwischen milden und brisanten Pulvern unterschieden:

$$v_e = A\cdot(L\cdot x_e)^{\frac{3}{8}}\cdot\left(\frac{\Delta}{G\cdot 2R}\right)^{\frac{1}{4}}\cdot\left(1 - B\cdot\frac{\sqrt{G\cdot x_e}}{2R}\right), \tag{a}$$

$$v_e = C\cdot\frac{L^{\frac{3}{8}}\cdot\Delta^{\frac{1}{4}}\cdot(2R)^{\frac{1}{8}}\cdot x_e^{\frac{3}{16}}}{G^{\frac{7}{16}}}. \tag{b}$$

Die Formel (a) wird benutzt für milde Pulver. Ein solches liegt dann vor, wenn der Zahlenwert des Ausdrucks $\frac{B\cdot\sqrt{G\cdot x_e}}{2R} \leqq 0,273$ wird. Andernfalls liegt nach Sarrau ein brisant wirkendes Pulver vor, und wird die Formel (b) benützt. In allen Fällen ist der Höchstgasdruck auf den Seelenboden (p_1'), bzw. auf den Geschoßboden (p_1):

$$p_1' = D\cdot\frac{\Delta\cdot L^{\frac{3}{4}}\cdot G^{\frac{1}{4}}}{(2R)^2}; \tag{c}$$

$$p_1 = E\cdot\frac{\Delta\cdot(LG)^{\frac{1}{2}}}{(2R)^2}. \tag{d}$$

Beispiel.

Für die französische lange 120-mm-Kanone M. 90 ist $2R = 12$; $V_0 = 6,075$; $x_e = 2,483$; $G = 20,35$. Bei der Ladung 1,60 kg „BC"-Pulver ist die Anfangsgeschwindigkeit 465,3 m/sec. Die Konstanten A, B, C, D seien für dieses Pulver nicht bekannt; aber aus anderweitigen Versuchen (etwa mit mehreren verschiedenen Geschoßgewichten oder verschiedenen Rohrlängen) sei ermittelt, daß nicht die Formel (a), sondern die Formel (b) in Betracht kommt.

Es soll berechnet werden, wie groß bei der französischen langen 155-mm-Kanone M. 87 und bei Verwendung von 3,235 kg Ladung derselben Pulversorte die Anfangsgeschwindigkeit sein wird. Dabei ist für dieses Geschütz $2R = 15{,}5$; $V_0 = 13{,}218$; $x_e = 3{,}203$; $G = 40{,}80$.

Die Konstante C ist aus der Beziehung zu ermitteln:

$$465{,}3 = C \cdot 1{,}6^{\frac{3}{8}} \cdot \left(\frac{1{,}6}{6{,}075}\right)^{\frac{1}{4}} \cdot 12^{\frac{1}{8}} \cdot 2{,}483^{\frac{3}{16}} \cdot 20{,}35^{-\frac{7}{16}}.$$

Alsdann wird die gesuchte Anfangsgeschwindigkeit:

$$v_e = C \cdot 3{,}235^{\frac{3}{8}} \cdot \left(\frac{3{,}235}{13{,}218}\right)^{\frac{1}{4}} \cdot 15{,}5^{\frac{1}{8}} \cdot 3{,}208^{\frac{3}{16}} \cdot 40{,}8^{-\frac{7}{16}};$$

d. h. es ist

$$v_e = 465{,}3 \cdot \left(\frac{3{,}235}{1{,}60}\right)^{\frac{5}{8}} \cdot \left(\frac{15{,}5}{12}\right)^{\frac{1}{8}} \cdot \left(\frac{3{,}203}{2{,}483}\right)^{\frac{3}{16}} \cdot \left(\frac{13{,}218}{6{,}075}\right)^{-\frac{1}{4}} \cdot \left(\frac{40{,}8}{20{,}35}\right)^{-\frac{7}{16}}$$

$$= 473{,}8 \text{ m/sec} \quad (\text{angegeben ist } v_e = 470).$$

Weitere derartige halbempirische Formeln mit zugehörigen Tabellen, die von Jacob und Charbonnier aufgestellt wurden, aber nur für die betreffenden französischen Pulversorten benutzt werden können, sollen hier nicht erwähnt werden.

2. Nach Gossot-Liouville (1913):

$$p_1' = \text{const}\left(\frac{\varDelta}{1 - 0{,}9 \cdot \varDelta}\right)^{\frac{3}{5}} \cdot \left(\frac{L}{G}\right)^{\frac{3}{5}} \cdot \left(1 - \frac{L}{G}\right).$$

3. Nach Hélie:

$$v_e = \frac{A \cdot L^{0{,}6}}{(2R)^{0{,}6} \cdot G^{0{,}4} \cdot 10^{0{,}6 \cdot \eta}}.$$

Dabei $\eta = \sqrt{\frac{V_0}{V_e}}$ (V_e = ganzer Seelenraum):

$$A = \text{const}\left\{1 - 0{,}23 \cdot 10^{-0{,}003\left(\frac{2R}{a}\right)^2}\right\}$$

(a Korndicke; $2R$ und a in gleicher Maßeinheit).

4. Nach Erb:

$$p_1' = \text{const}\,\frac{G^{0{,}3} \cdot L^{1{,}5}}{V_0^{0{,}45} \cdot (2R)^{1{,}8}}.$$

5. Die Angaben von W. Heydenreich (1908) lassen sich wie folgt zusammenfassen:

$$v_e = \text{const}\,\frac{x_e^{\frac{1}{z}} \cdot L^{0{,}65}}{G^{0{,}4} \cdot V_0^{0{,}3}};$$

dies für Steilfeuergeschütze, sonst ist zu nehmen $L^{0{,}75}$ und bei kleinen Ladungen $G^{0{,}3}$. Dabei

$$z = 16{,}2 - \frac{227}{6} \cdot \eta + 40\,\eta^2 - \frac{100}{6} \cdot \eta^3,$$

η = Druckverhältnis (mittlerer Gasdruck dividiert durch Maximaldruck);

$$p_1' = \text{const}\,\frac{L^{1,55}\cdot G^{0,4}}{V_0},$$

dies für Steilfeuer, sonst $L^{1,80}$ und bei kleinen Ladungen $G^{0,6}$.

6. N. Sabudski (1914) (auf Grund von Messungen an sukzessiv abgeschnittenen Geschützrohren, vgl. Lit.-Note):

$$v_e = A\cdot\frac{L^{\frac{3}{4}}}{G^{\frac{1}{4}}\cdot a^{\frac{1}{3}}\cdot l^{\frac{1}{4}}},$$

$$p_1' = B\cdot\frac{L^{\frac{9}{5}}\cdot G^{\frac{4}{5}}}{a^{\frac{7}{5}}\cdot l^{\frac{9}{10}}},$$

und, wenn der Maximaldruck $p_1' \gtreqless 2200$ kg/cm² beträgt:

$$p_1' = B\cdot\frac{L^{\frac{9}{5}}\cdot G}{a^{\frac{7}{3}}\cdot l}.$$

Dabei bedeutet a (wie oben) die Dicke des Korns; l die Länge des auf das Kaliber reduzierten Verbrennungsraums; die Zahlen A und B sollen bei gleicher Pulversorte, bei gleichem Einpressungswiderstand und gleichem Kaliber konstant sein und sind empirisch zu ermitteln.

7. Auf Grund von Affinitätsbetrachtungen sind in der inneren Ballistik allgemeine Regeln aufgestellt worden insbesondere von E. Emery, G. Sugot, ferner von P. Charbonnier, von Gossot-Liouville und von E. Röggla. Einige Resultate des letzteren sollen hier angeführt werden.

E. Röggla hat 1914 auf Grund von theoretischen Näherungsberechnungen mehrere Übertragungsregeln entwickelt.

A. Man habe zwei Geschützrohre; das eine mit Kaliber d_1; Geschoßgewicht G_1; Querschnittsbelastung Q_1 (Geschoßgewicht dividiert durch Querschnitt des Geschosses); Geschoßweg im Rohr x_1; Pulverladung L_1; Dicke a_1 der Pulverblättchen; Verbrennungsraum V_1; das andere bzw. mit d_2, G_2, Q_2, x_2, L_2, a_2, V_2.

Bei beiden Rohren ist der Einpressungsdruck pro 1 cm² Seelenquerschnitt gleich; ferner ist dieselbe Pulvergattung gewählt. Alsdann gilt der Satz:

Wenn für entsprechende Geschoßwege x_1 und x_2, wobei $x_2 = m\cdot x_1$, die Gasdrücke bei beiden Rohren gleich groß sein sollen, so muß sein:

$$L_2 = L_1\cdot m\cdot\left(\frac{d_2}{d_1}\right)^2; \tag{a}$$

$$V_2 = V_1\cdot m\cdot\left(\frac{d_2}{d_1}\right)^2, \tag{b}$$

$$a_2 = a_1\cdot\sqrt{\frac{m\cdot Q_2}{Q_1}}. \tag{c}$$

Beispiel (nach Röggla).

Für ein erstes Rohr sei: Kaliber $d_1 = 24$ cm; Verbrennungsraum $V_1 = 5$ lit; Ladung $L_1 = 2{,}25$ kg; Geschoßgewicht $G_1 = 133$ kg; Mündungsgeschwindigkeit $v_1 = 275$ m/sec; Maximalgasdruck $p_1 = 2300$ at; Blättchenpulver $2 \times 8 \times 8$ mm. Die Querschnittsbelastung ist $Q_1 = 0{,}294$ kg/cm².

Für ein zweites Rohr: $d_2 = 28$ cm; $L_2 = 6$ kg; $G_2 = 270$ kg, also $Q_2 = 0{,}44$ kg/cm². Wie groß muß für dieses zweite Rohr der Verbrennungsraum V_2 und die Dicke a_2 des Pulverkorns gleicher Gattung sein, damit der Maximalgasdruck derselbe ist; $p_2 = p_1 = 2300$ atm?

Aus (a) folgt:

$$m = \frac{6}{2{,}25} \cdot \left(\frac{24}{28}\right)^2 = 1{,}97;$$

also ist nach (b):

$$V_2 = 5 \cdot 1{,}97 \cdot \left(\frac{28}{24}\right)^2 = 13{,}4 \text{ lit};$$

ferner nach (c):

$$a_2 = a_1 \cdot \sqrt{\frac{1{,}97 \cdot 0{,}44}{0{,}294}} = a_1 \cdot 1{,}72.$$

Folglich ist das Resultat: Man muß den Verbrennungsraum $V_2 = 13{,}4$ lit und das Blättchen von der Größe $3{,}4 \times 13 \times 13$ mm wählen.

B. Wenn die entsprechenden Gasdrücke im Verhältnis $\frac{p_2}{p_1} = n$ und die entsprechenden Geschoßwege im Rohr im Verhältnis $\frac{x_2}{x_1} = m$ stehen sollen, so muß sein:

$$L_2 = L_1 \cdot m \cdot n \cdot \left(\frac{d_2}{d_1}\right)^2 \quad \text{(Ladungen)}; \tag{a}$$

$$V_2 = \{V_1 + 0{,}7\, L_1 (n-1)\} \cdot m \cdot \left(\frac{d_2}{d_1}\right)^2 \quad \text{(Verbrennungsräume in lit; } L_1 \text{ in kg)}, \tag{b}$$

$$a_2 = a_1 \cdot \sqrt{\frac{Q_2}{Q_1} \cdot m \cdot n^{2r-1}} \quad \text{(Korngrößen; dabei } r = \text{ca. } 0{,}61). \tag{c}$$

Beispiel.

Erstes Rohr: Kaliber $d_1 = 28$ cm; Ladung $L_1 = 10$ kg; Geschoßgewicht $G_1 = 270$ kg, also Querschnittsbelastung $Q = 0{,}44$; Verbrennungsraum $V_1 = 20$ lit; Maximalgasdruck 2300 at; Korngröße $6 \times 18 \times 18$ mm.

Zweites Rohr: Dasselbe Kaliber $d_2 = d_1$; dieselbe Ladung $L_2 = L_1$; dasselbe Geschoßgewicht $G_2 = G_1$, also auch gleiche Querschnittsbelastung $Q_2 = Q_1$. Wie groß muß der Verbrennungsraum V_2 und die Blättchendicke a_2 für das zweite Rohr sein, damit der Maximaldruck $p_2 = 2600$ at beträgt?

Man hat $\frac{p_2}{p_1} = n = \frac{2600}{2300} = 1{,}13$; r sei $= 0{,}61$; $L_2 = L_1 = 10$; $d_2 = d_1$; $Q_2 = Q_1$.

Aus (a) folgt:

$$m = \frac{1}{1{,}13} = 0{,}89.$$

Aus (b) folgt:

$$V_2 = (20 + 0{,}7 \cdot 10 \cdot 0{,}13) \cdot 0{,}89 \cdot 1 = 18{,}6 \text{ lit}.$$

Aus (c) folgt:

$$a_2 = a_1 \sqrt{1 \cdot 0{,}89 \cdot 1{,}13^{1{,}22-1}} = a_1 \cdot 0{,}96 .$$

Also Resultat: Der Verbrennungsraum muß 18,6 lit betragen; die Korngröße muß $5{,}8 \times 17 \times 17$ mm sein.

8. Häufig wird ein Geschütz als einfache Vergrößerung eines anderen angesehen, wobei alle linearen Abmessungen und die Zeiten das n-fache, alle analogen Flächen das n^2-fache, alle analogen Räume und Gewichte das n^3-fache geworden, aber die Maximalgasdrücke (in kg/cm²) und die Anfangsgeschwindigkeiten v_0 (in m/sec) die gleichen geblieben sind, wenn dieselbe Pulversorte mit vergrößertem Korn verwendet wird.

Beispiel.

Es werde das französische 240-mm-Geschütz als eine Vergrößerung des französischen 80-mm-Geschützes betrachtet, so ist $n = \frac{240}{80} = 3$. Im einzelnen ergibt sich folgendes:

	80-mm-Kanone	240-mm-Kanone berechnet	240-mm-Kanone in Wirklichkeit
Kaliber (mm)	80	$3 \cdot 80 = 240$	240
Geschoßbodenweg i. Rohr (cm)	171,35	$3 \cdot 171{,}3 = 514{,}05$	504,8
Volumen des Verbrennungsraums (lit)	2,073	$3^3 \cdot 2{,}073 = 55{,}97$	53,7
Geschoßgewicht (kg)	5,60	$3^3 \cdot 5{,}60 = 151{,}2$	155
Anfangsgeschwindigkeit (m/sec)	490	490	497
Ladungsgewicht (kg)	1,50	$3^3 \cdot 1{,}50 = 40{,}5$	42,0
Dicke des Pulverkorns (mm)	6,5	$3 \cdot 6{,}5 = 19{,}5$	26

Neunter Abschnitt.

Über die Bewegung des Geschosses durch das Rohr mit Berücksichtigung der Drehung des Geschosses in den Zügen.

§ 43. Aufstellung der Bewegungsgleichungen.

Die Geschoßbewegung läßt sich in zwei Bewegungen trennen: in eine Parallelbewegung des Geschosses, die entlang der Seelenachse (x-Achse, vgl. Abb. 28a, b, c) so vor sich geht, wie wenn die sämtlichen Kräfte im Schwerpunkt des Geschosses angreifen würden, und in eine Drehung um die ruhend gedachte Längsachse des Geschosses.

In der Abb. 28a bedeutet OAB eine zur Seelenachse senkrechte Querschnittsebene durch den Anfangspunkt O einer Zugkurve OP.

Letztere ist durch die erste Nebenabbildung 28 b für sich angedeutet als in der ebenen Abwicklung der inneren Mantelfläche des Rohrs liegend. Ein Punkt der Geschoßmantelfläche, oder bei Artilleriegeschossen ein Punkt des Führungsbands, befinde sich anfangs in O und nach Verlauf von t sec in P. Dabei sei das Geschoß um x (m) in Richtung der Seelenachse vorgerückt und habe sich gleichzeitig um den (im Bogenmaß gemessenen) Winkel OMA um die Seelenachse durch M gedreht. Am Geschoßumfang beträgt diese Drehung $R \cdot \varphi = OA$ m, wobei R (m) das halbe Kaliber vorstellt.

Der Drallwinkel, also der Winkel zwischen der Tangente der Drallkurve und der Seelenachse, sei in diesem beliebigen Punkt P gleich α, im Anfang O der Züge sei er α_0, am Ende E der Züge, also (wenn die Züge, wie dies meistens der Fall ist, bis zur Mündung des Rohrs gehen) an der Mündung, sei der Drallwinkel gleich α_e. Der größte Querschnitt des Geschosses, wie er nach dem Einschneiden des Führungsbands (bzw. bei Gewehren des Geschoßmantels) in die Züge vorhanden ist, möge mit q (m^2) bezeichnet sein; das Geschoßgewicht mit G (kg), also die Geschoßmasse mit $\frac{G}{9,81}$; der Trägheitsradius des Geschosses um die Längsachse mit ϱ, so daß das zugehörige Trägheitsmoment J gleich $\frac{G}{9,81} \cdot \varrho^2$ ist.

In der erwähnten beliebigen Lage des Geschosses, nach t sec vom Beginn der Geschoßbewegung ab, oder nach dem Geschoßweg x (m) in Richtung der Seelenachse, wirken im ganzen auf das Geschoß die folgenden äußeren Kräfte: Beschleunigend in Richtung der Seelenachse der resultierende Überdruck $p \cdot q$ (kg) der Pulvergase über den Atmosphärendruck, wobei p (in kg/m^2) den jeweiligen Gasdruck auf die Flächeneinheit des ganzen Geschoßquerschnitts q (m^2) bedeutet. Ferner, im allgemeinen verzögernd, die in die Seelenachse fallende Komponente $G \cdot \sin \varepsilon$ des Geschoßgewichts; nur wenn die Erhöhung ε des Rohrs negativ ist, wirkt diese Komponente beschleunigend. Weiter der Widerstand W_l der im Rohr vorhandenen Luft verzögernd. Dazu kommen ferner die Widerstände, die von der zwangsläufigen Bewegung des Geschosses in den Zügen einerseits und von der Forcierung, d. h. von der Einpressung andererseits herrühren, die das Geschoß bei seinem Eintritt in den gezogenen Teil des Rohrs erfährt. Um das Wesen dieser Widerstände richtig zu verstehen, ist es wohl am zweckmäßigsten, die folgenden beiden Fälle voneinander zu unterscheiden.

a) In dem Führungsband des Geschosses seien die Zugleisten von vornherein gebildet, und das Geschoß werde in das Rohr eingeschoben; eine Zusammenpressung des Geschosses finde dabei überhaupt nicht statt. (Dies ist der Fall z. B. bei gezogenen Minenwerfer-Vorderladern.)

In diesem Fall wirken auf das Geschoß in dem beliebigen Punkt P, und zwar innerhalb der Tangentialebene des inneren Rohrzylinders, erstens der zur Zugkurve senkrechte Gegendruck N der Zugflanke (siehe die Abb. 28a u. 28b); zweitens die von diesem Normaldruck herrührende und ihm proportionale Reibung νN entgegen

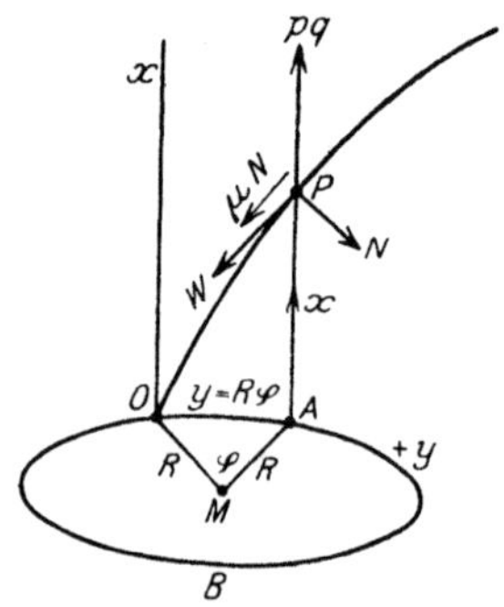

Abb. 28a.

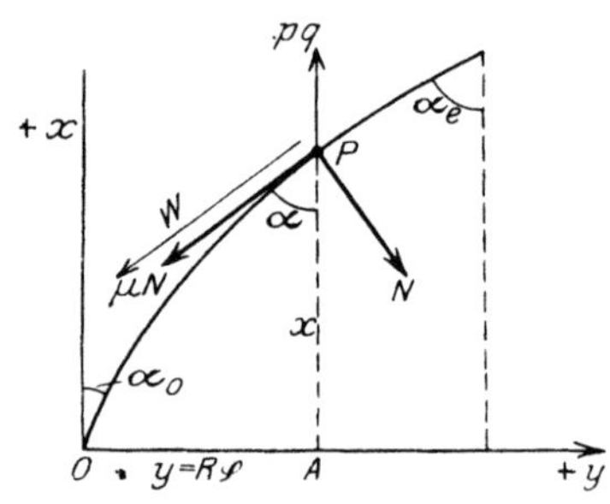

Abb. 28b.

der Bewegungsrichtung, also parallel zur Tangente; ν der Reibungskoeffizient zwischen Rohr und Führungsbandleiste.

Nimmt man von diesen beiden Kräften N und νN ihre Komponenten $-N \sin\alpha$ und $-\nu N \cos\alpha$ parallel der positiven x-Achse, der Seelenachse, ebenso ihre Komponenten $N \cos\alpha$ und $-\nu N \sin\alpha$ senkrecht zur Richtung der Seelenachse, so lassen sich leicht die Differentialgleichungen der Geschoßbewegung anschreiben. Parallel der Seelenachse ist das Produkt aus der Masse $\frac{G}{g}$ und der Beschleunigung $\frac{d^2 x}{d t^2}$ des Geschosses gleich der algebraischen Summe der zugehörigen Kraftkomponenten. Und senkrecht zur Seelenachse gilt für die Rotation des Geschosses um seine Längsachse, daß das Produkt aus dem Trägheitsmoment J und der Winkelbeschleunigung $\frac{d^2 \varphi}{d t^2}$ gleich ist der algebraischen Summe der Drehmomente um die Seelenachse; dabei ist der Hebelarm konstant gleich dem halben Kaliber R, und φ werde positiv gerechnet für eine Drehung von O nach A. Endlich ergibt sich aus der dritten Abb. 28c ohne weiteres die geometrische

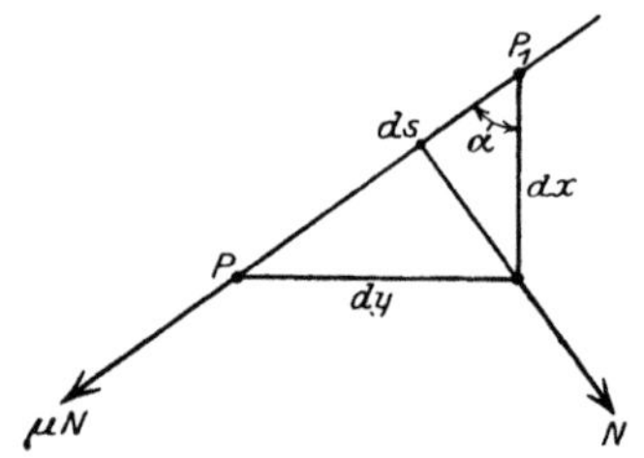

Abb. 28c.

Beziehung zwischen dy oder $R \cdot d\varphi$ und zwischen dx und α, nämlich $\operatorname{tg}\alpha = \frac{dy}{dx}$ oder $\frac{R\,d\varphi}{dx}$.

Man hat danach folgende Gleichungen:

Bewegungsgleichung des Geschosses parallel der Seelenachse:

$$\frac{G}{g} \cdot \frac{d^2 x}{dt^2} = p \cdot q - N(\sin\alpha + \nu \cdot \cos\alpha) - G \sin\varepsilon - W_l. \tag{1}$$

Drehung des Geschosses um die Seelenachse:

$$J \cdot \frac{d^2 \varphi}{dt^2} = N \cdot R \cdot (\cos\alpha - \nu \cdot \sin\alpha). \tag{2}$$

Geometrische Beziehung:

$$\operatorname{tg}\alpha = \frac{dy}{dx} = \frac{R \cdot d\varphi}{dx}. \tag{3}$$

b) Die Zugleisten seien nicht von vornherein im Führungsband oder im Mantel des Geschosses vorhanden, sondern sie müssen erst durch die Einpressung des Geschosses in die Züge gebildet werden (gewöhnlicher Fall gezogener Hinterlader).

In diesem Fall kommt ein Widerstand W hinzu, der eine bestimmte Funktion des Geschoßwegs x ist; dieser Widerstand wächst bei Beginn der Geschoßbewegung rasch an und nimmt alsdann, wenn die Züge sich in das Führungsband bzw. in den Mantel eingeschnitten haben, etwas ab. Von der Größe dieses Widerstandes $W(x)$ und der zugehörigen Arbeit ist oben in §§ 27 und 38 und weiter unten in § 46 die Rede. Der Widerstand W ist entgegengesetzt der Bewegungsrichtung des Geschosses, also in der Tangente an die Drallkurve gerichtet, hat folglich eine Komponente $-W \cdot \cos\alpha$ parallel und eine Komponente $-W \sin\alpha$ senkrecht zur Seelenachse.

Die 3 Gleichungen sind also in diesem Fall:

Bewegung des Geschosses parallel der Seelenachse:

$$\frac{G}{g} \cdot \frac{d^2 x}{dt^2} = p \cdot q - N(\sin\alpha + \nu \cdot \cos\alpha) - W \cos\alpha - G \sin\varepsilon - W_l. \tag{1$_a$}$$

Drehung des Geschosses um die Seelenachse:

$$J \cdot \frac{d^2 \varphi}{dt^2} = N \cdot R \cdot (\cos\alpha - \nu \cdot \sin\alpha) - W \sin\alpha \cdot R. \tag{2$_a$}$$

Geometrische Beziehung:

$$\operatorname{tg}\alpha = \frac{R \cdot d\varphi}{dx}. \tag{3$_a$}$$

Schlüssel der Bezeichnungen:

$2R$ (m) = Kaliber; q (m²) = größter Geschoßquerschnitt nach dem Einschneiden des Geschosses in die Züge; p (kg/m²) = veränderlicher Gasdruck auf die Einheit (1 m²) des Geschoßquerschnitts; G (kg) = Geschoßgewicht; $J = \frac{G}{9{,}81} \cdot \varrho^2$ = Trägheitsmoment (kg·m·sec²) des Geschosses um seine Längsachse $\left(\frac{\varrho^2}{R^2}\right.$ zwischen 0,55 und $\left.0{,}65\right)$; ε = Erhöhungswinkel des Rohrs; x (m) = Weg des Geschoßbodens nach der Zeit t (sec) vom Beginn der Geschoßbewegung ab, x gerechnet in der Richtung der Seelenachse, positiv nach der Mündung zu; $\frac{dx}{dt} = v$ (m/sec) = Geschwindigkeit des Geschoßschwerpunkts in dieser Richtung nach der Zeit t; φ = Drehungswinkel des Geschosses nach der Zeit t, im Bogenmaß gemessen und von dem Beginn der Geschoßdrehung ab gerechnet, positiv im Sinn der Drehung durch Rechtsdrall; $\frac{d\varphi}{dt}$ oder ω ($\sec^{-1}$) = Winkelgeschwindigkeit des Geschosses zur Zeit t; $\frac{d^2\varphi}{dt^2}$ oder $\frac{d\omega}{dt}$ ($\sec^{-2}$) = zugehörige Winkelbeschleunigung; α der veränderliche Drallwinkel (in Graden) nach dem Geschoßweg x (m) oder nach der Zeit t; α_0 = Anfangsdrallwinkel; α_e = Enddrallwinkel; N (kg) = der zu den Zugflanken senkrechte Druck auf das Geschoß an der Stelle x; νN (kg) = zugehörige Reibung an den Zugflanken, ν = Reibungskoeffizient; W (kg) = der von der Einpressung des Geschosses in die Züge herrührende Widerstand; W_l (kg) = der Luftwiderstand gegen das Geschoß innerhalb des Rohrs.

Die Voraussetzung für die Gültigkeit der Gleichungen (1) bis (3) ist, daß das Geschoß den Zügen folgt. Ob dies der Fall war, läßt sich nach dem Schuß aus der Betrachtung der Zugeinschnitte in das Führungsband bzw. (bei Gewehrgeschossen) in den Geschoßmantel erkennen; bei Artilleriegeschossen an wiederaufgefundenen Geschossen oder Geschoßteilen; bei Gewehrgeschossen mittels Auffangens von Geschossen in Wasser oder (im Fall großer Geschoßgeschwindigkeiten, wo die Geschosse durch Wasser gedrückt werden) mittels Auffangens in Werg, Sägemehl, Watte oder, nach A. Preuß, mittels senkrechten Aufwärtsschießens und Auffangens der Geschosse z. B. auf einer Eisfläche (vgl. Lit.-Note).

Im folgenden möge es sich zunächst um die Gleichungen (3) und (3_a) handeln.

§ 44. Die Drehgeschwindigkeit ω oder $\frac{d\varphi}{dt}$ des Geschosses um seine Längsachse.

a) Bei konstantem Drall.

Der gleichbleibende Drallwinkel sei α; somit $\alpha_0 = \alpha_e = \alpha$. Aus (3) ergibt sich:

$$\frac{d\varphi}{dt} \quad \text{oder} \quad \omega = \frac{\operatorname{tg}\alpha}{R} \cdot \frac{dx}{dt} = \frac{\operatorname{tg}\alpha}{R} \cdot v\,. \tag{4}$$

Speziell an der Mündung ist v gleich der Mündungsgeschwindigkeit v_e. Die zugehörige Winkelgeschwindigkeit ω_e ist also $= \frac{\operatorname{tg}\alpha}{R} \cdot v_e$.

Soll die sekundliche Tourenzahl n des Geschosses oder statt dessen die Umdrehungszeit T desselben oder endlich die Schraubengangshöhe (Drallänge) D der Züge eingeführt werden, so wird, bei Berücksichtigung der selbstverständlichen Beziehungen:

$$\omega = 2\pi n = \frac{2\pi}{T}; \qquad 2\pi R = D \cdot \operatorname{tg}\alpha,$$

der Ausdruck für die Winkelgeschwindigkeit ω_e des Geschosses an der Mündung bei konstantem Drall der folgende:

$$\omega_e\,(\text{in sec}^{-1}) = 2\pi n = \frac{2\pi}{T} = \frac{\operatorname{tg}\alpha}{R} \cdot v_e = \frac{2\pi v_e}{D}; \quad n = \frac{v_e}{D}. \qquad (5)$$

[n = die Zahl der Umdrehungen des Geschosses um seine Achse in 1 sec; T = Zeit einer Umdrehung in sec; R = halbes Kaliber in m; D = Drallänge in m; v_e = Mündungsgeschwindigkeit des Geschosses in m/sec; α = Drallwinkel; die Winkelgeschwindigkeit ω ist gleich der Geschwindigkeit in m/sec, die ein in der Entfernung 1 m von der Geschoßachse gedachter Punkt bei der Drehung des Geschosses um seine Achse in seiner kreisförmigen Bahn um die Geschoßachse besitzt. In der ballistischen Literatur findet man nicht selten ω in m oder in km, statt in sec^{-1} angegeben; daß eine solche Angabe zu Mißverständnissen Anlaß geben kann, braucht kaum betont zu werden.]

b) Bei veränderlichem Drall, speziell bei parabolischem Drall.

Ist die Drallkurve $y = f(x)$ in ihrer ebenen Abwicklung gegeben, so kennt man für jeden Wert von x den Drallwinkel α aus

$$\operatorname{tg}\alpha = \frac{dy}{dx}.$$

Ebenso sei, etwa aus Rücklaufmesserversuchen, die Translationsgeschwindigkeit v das Geschoß in Richtung der Seelenachse als Funktion von x bekannt. Dann läßt sich die jeweilige Winkelgeschwindigkeit ω des Geschosses an jeder Stelle berechnen:

$$\omega = \frac{v \cdot \operatorname{tg}\alpha}{R} = \frac{1}{R} \cdot v(x) \cdot \frac{dy}{dx}. \qquad (6)$$

Speziell möge die Zugkurve OP ein Stück einer Parabel sein, deren Achse senkrecht zur Seelenachse gerichtet ist. Der Anfangsdrallwinkel sei α_0, der Enddrallwinkel α_e (s. Abb. 28b). Die Gleichung der Zugkurve ist dann von der allgemeinen Form

$$y = a_1 x + a_2 x^2, \qquad \text{woraus} \quad \frac{dy}{dx} = a_1 + 2a_2 x.$$

Für $x = 0$, also im Anfangspunkt O der Drallkurve ist $\frac{dy}{dx} = \operatorname{tg} \alpha_0$; für $x = x_e$, also an der Mündung (bzw. am Endpunkt der Drallkurve) ist $\frac{dy}{dx} = \operatorname{tg} \alpha_e$. Damit sind die Werte a_1 und a_2 bestimmt, und es wird

$$y = x \operatorname{tg} \alpha_0 + x^2 \frac{\operatorname{tg} \alpha_e - \operatorname{tg} \alpha_0}{2 x_e}.$$

An beliebiger Stelle x ist $\frac{dy}{dx} = \operatorname{tg} \alpha$, somit hat man

$$\frac{\operatorname{tg} \alpha - \operatorname{tg} \alpha_0}{x} = \text{const} = \frac{\operatorname{tg} \alpha_e - \operatorname{tg} \alpha_0}{x_e}. \qquad (7)$$

Man kennt damit $\operatorname{tg} \alpha$ für jeden Weg x des Geschoßbodens von der Ruhelage aus, und die jeweilige Winkelgeschwindigkeit ω des Geschosses wird:

$$\omega = \frac{v}{R} \cdot \left\{ \operatorname{tg} \alpha_0 + \frac{x}{x_e} (\operatorname{tg} \alpha_e - \operatorname{tg} \alpha_0) \right\}. \qquad (8)$$

Stellt J das Trägheitsmoment (kg·m·sec²) des Geschosses um seine Längsachse und $m = \frac{G}{9{,}81}$ die Geschoßmasse dar, so ist die

$$\text{Energie der Geschoßdrehung} = \frac{J \cdot \omega^2}{2} \text{ (in mkg).}$$

Ferner ist die

$$\text{Energie der fortschreitenden Geschoßbewegung} = \frac{m \cdot v^2}{2} \text{ (in mkg).}$$

Das Verhältnis zwischen der Energie der Umdrehung und der Energie der fortschreitenden Bewegung des Geschosses ist, wenn man in roher Annäherung $J = \frac{m R^2}{2}$ rechnet, annähernd gleich:

$$\frac{J \omega^2}{2} : \frac{m v^2}{2} = \sim \frac{\pi^2}{2 \cdot d^2}, \qquad (9)$$

wo $d = \frac{D}{2R}$ die in Kalibern ausgedrückte Drallänge bedeutet; $d = \pi \cdot \operatorname{cotg} \alpha$.

Für Drallwinkel α zwischen $\alpha = 2^0$ und $\alpha = 16^0$, oder für Werte d zwischen 90 und 11 Kaliber, bewegt sich jenes Verhältnis der beiden Energien ungefähr zwischen 0,0006 und 0,04 oder zwischen 0,06 % und 4 %. Häufig wird, je nach der Geschoßlänge, $d = 25$ Kaliber gewählt; dann ist das fragliche Verhältnis etwa 0,8 %. Schon daraus läßt sich ermessen, daß von der ganzen in der Pulverladung vorhandenen Energiemenge im allgemeinen ein verhältnismäßig nur kleiner Bruchteil auf die Drehbewegung des Geschosses verwendet wird.

1. Beispiel. Kaliber $2R = 0{,}075$ m; Geschoßgewicht $G = 6{,}05$ kg, also Geschoßmasse $m = \frac{6{,}05}{9{,}81}$; Trägheitshalbmesser ϱ des Geschosses gegeben durch $\left(\frac{\varrho}{R}\right)^2 = 0{,}56$; ganzer Weg des Geschoßbodens im Rohr $x_e = 1{,}945$ m; Mündungsgeschwindigkeit des Geschosses $v_e = 509$ m/sec; Reibungskoeffizient zwischen Geschoß und Seelenwandung $\nu = 0{,}176$.

Nach der Zeit $t = 0{,}00706$ sec vom Beginn der Geschoßbewegung ab sei der vom Geschoßboden im Rohr zurückgelegte Weg $x = 1{,}367$ m, die Geschoßgeschwindigkeit entlang der Seelenachse v oder $\frac{dx}{dt} = 464$ m/sec, der Gasdruck 612 Atm., die beschleunigende Kraft auf den ganzen Geschoßboden $m \cdot \frac{dv}{dt}$ oder $m \cdot \frac{d^2x}{dt^2} = 27\,940$ kg;

a) bei konstantem Drall mit Drallwinkel $\alpha = 7^0$ ist alsdann die Winkelgeschwindigkeit ω des Geschosses um die Seelenachse an dieser Stelle:

$$\omega = \frac{v \cdot \operatorname{tg}\alpha}{R} = \frac{464 \cdot \operatorname{tg} 7^0}{0{,}0375} = 1520 \ (\text{sec}^{-1});$$

die Tourenzahl in der sec:

$$n = \frac{\omega}{2\pi} = 242;$$

die Zeit einer Umdrehung:

$$T = \frac{2\pi}{\omega} = 0{,}00414 \text{ sec};$$

die Umfangsgeschwindigkeit des Geschosses:

$$R \cdot \omega \quad \text{oder} \quad v \cdot \operatorname{tg}\alpha = \text{rund } 57 \text{ m/sec}.$$

b) bei parabolischem Drall mit Anfangsdrallwinkel $\alpha_0 = 3^0\,42{,}5'$ und Enddrallwinkel $\alpha_e = 7^0$ ist unter sonst gleichen Voraussetzungen die Winkelgeschwindigkeit des Geschosses nach dem Geschoßweg $x = 1{,}367$ m, also an derselben Stelle des Rohrs wie vorhin:

$$\omega = \frac{v}{R} \cdot \left\{\operatorname{tg}\alpha_0 + \frac{x}{x_e}(\operatorname{tg}\alpha_e - \operatorname{tg}\alpha_0)\right\}$$

$$= \frac{464}{0{,}0375} \cdot \left\{\operatorname{tg} 3^0\,42{,}5' + \frac{1{,}367}{1{,}945}(\operatorname{tg} 7^0 - \operatorname{tg} 3^0\,42{,}5')\right\},$$

$$\omega = 1320 \ (\text{sec}^{-1}), \quad \text{dabei} \quad \alpha = 6^0\,6'.$$

Die lebendige Kraft der fortschreitenden Geschoßbewegung ist für den fraglichen Moment beim parabolischen Drall:

$$\frac{m v^2}{2} = \frac{6{,}05}{9{,}81} \cdot \frac{464^2}{2} = 66\,500 \ (\text{mkg});$$

die lebendige Kraft der Drehbewegung ist an der gleichen Stelle $= \frac{J \cdot \omega^2}{2}$, wo J das Trägheitsmoment des Geschosses um die Längsachse und ω die Winkelgeschwindigkeit ist, also

$$\frac{J \cdot \omega^2}{2} = \frac{6{,}05}{9{,}81} \cdot 0{,}56 \cdot 0{,}0375^2 \cdot \frac{1320^2}{2} = 425 \ (\text{mkg}).$$

Also beträgt die Wucht der Drehbewegung weniger als $1\,^0/_0$ von der Wucht der fortschreitenden Bewegung.

2. Beispiel. In der nachstehenden Tabelle ist für ein Gewehr, ein Feldgeschütz, ein großkalibriges Schiffsgeschütz und einen Minenwerfer angenommen (einigermaßen der Wirklichkeit entsprechend gewählt): Das Kaliber $2R$, das Geschoßgewicht G, die Mündungsgeschwindigkeit v_e und das Trägheitsmoment J um die Längsachse des Geschosses; die Züge sollen, wie üblich, bis zur Mündung reichen; durchweg ist eine Enddrallänge von 25 Kalibern vorausgesetzt, $D = 25 \cdot 2R$; $d = 25$.

Berechnet ist alsdann für den Augenblick des Geschoßbodenaustritts aus der Mündung: die Winkelgeschwindigkeit ω_e des Geschosses um seine Längsachse, die Tourenzahl n in der Sekunde, die Umfangsgeschwindigkeit u_e, die Energie $\frac{1}{2} J \omega_e^2$ der Drehbewegung, die Energie $\frac{1}{2} m v_e^2$ der fortschreitenden Bewegung und das Verhältnis dieser beiden Energien.

	Gewehr	Feld-geschütz	Schiffs-geschütz	Minen-werfer
Kaliber (mm):	8	75	406	250
Geschoßgewicht (kg):	0,010	6	920	100
Mündungsgeschwindigkeit (m/sec):	900	520	900	120
Trägheitsmoment um die Längsachse ($\mathrm{kg \cdot m \cdot sec^2}$):	$6{,}6 \cdot 10^{-9}$	$4{,}5 \cdot 10^{-4}$	2	$0{,}092_5$
Winkelgeschwindigkeit ω_e (sec^{-1}):	28200	1740	556	121
Tourenzahl n in der Sekunde:	4500	277	45	19
Umfangsgeschwindigkeit u_e (m/sec):	113	65	113	15
Energie der Drehbewegung $\frac{J \cdot \omega_e^2}{2}$ (mkg):	$2{,}6_2$	680	$0{,}31 \cdot 10^6$	675
Energie der fortschreitenden Bewegung $\frac{m v_e^2}{2}$ (mkg):	412	82000	$38 \cdot 10^6$	73300
$\frac{J \omega_e^2}{2} : \frac{m v_e^2}{2}$ in Proz. der letzteren:	$0{,}6_4$	$0{,}8_3$	$0{,}8_1$	$0{,}9_2$

§ 45. Die Winkelbeschleunigung $\frac{d^2 \varphi}{dt^2}$ oder $\frac{d\omega}{dt}$ des Geschosses.

a) **Bei konstantem Drall** (tg α konstant),

$$\frac{d^2\varphi}{dt^2} = \frac{\operatorname{tg}\alpha}{R} \cdot \frac{d^2 x}{dt^2} = \frac{\operatorname{tg}\alpha}{R} \cdot \frac{dv}{dt}. \tag{10}$$

Kennt man die Translationsbeschleunigung $\frac{dv}{dt}$ durch Rücklaufmesserversuche, so ist danach auch die Winkelbeschleunigung $\frac{d^2\varphi}{dt^2}$ an jeder Stelle gegeben.

b) **Bei veränderlichem Drall:**

Allgemein ist

$$\frac{d^2\varphi}{dt^2} = \frac{1}{R} \frac{d}{dt} (v \cdot \operatorname{tg}\alpha) = \frac{1}{R} \cdot \frac{d^2 x}{dt^2} \cdot \operatorname{tg}\alpha + \frac{v^2}{R} \cdot \frac{d(\operatorname{tg}\alpha)}{dx}. \tag{11}$$

Speziell bei parabolischem Drall

$$\frac{d^2\varphi}{dt^2} = \frac{1}{R}\cdot\frac{d^2x}{dt^2}\left(\operatorname{tg}\alpha_0 + \frac{x}{x_e}(\operatorname{tg}\alpha_e - \operatorname{tg}\alpha_0)\right) + \frac{v^2}{R\cdot x_e}(\operatorname{tg}\alpha_e - \operatorname{tg}\alpha_0). \quad (12)$$

Aus Rücklaufmessungen (oder weniger sicher durch eine theoretische Berechnung) seien $\frac{d^2x}{dt^2}$ und v in Funktion von x bekannt; α_0 und α_e sind auf Grund besonderer Erwägungen gewählt (siehe weiter unten), R und x_e sind aus den Abmessungen der Waffe gegeben; somit kennt man auch die Winkelbeschleunigung φ'' für jede Stelle des Rohrs.

Der Ausdruck für φ'' bei konstantem Drall läßt erkennen, daß die Winkelbeschleunigung φ'' proportional der Translationsbeschleunigung x'' verläuft. Beide Werte werden somit zu gleicher Zeit ihr Maximum annehmen. Nun ist $m x''$ (m Geschoßmasse) maßgebend für die Beanspruchung des Geschosses auf Stauchung durch den Trägheitswiderstand und durch die sonstigen Widerstände in Richtung der Seelenachse; $m\varrho^2\varphi''$ ist maßgebend für die Beanspruchung auf Abwürgen. Folglich wird bei konstantem Drall das Geschoß am Ort der maximalen beschleunigenden Kraft $m x''$ in Richtung der Seelenachse auch maximal auf Verdrehung beansprucht. In solchen Fällen, in denen das Geschoßmaterial dieser zweifachen Beanspruchung nicht genügend standzuhalten vermag, verwendet man daher häufig veränderlichen Drall; damit läßt sich z. B. bewirken, daß die Winkelbeschleunigung φ'' anfangs klein ist und erst dann, nachdem x'' sein Maximum schon erreicht hatte, gleichfalls seinen Höchstwert annimmt; womöglich sucht man dabei den Betrag dieses Maximums von φ'' kleiner zu halten, als dies bei konstantem Drall der Fall wäre; hierzu ist, wenn parabolischer Drall gewählt wird, ein bestimmter Anfangsdrallwinkel α_0 erforderlich. Weiteres darüber siehe weiter unten in § 49.

Beispiel. Gleiche Annahmen wie in dem vorhergehenden 1. Beispiel.

a) Bei konstantem Drall mit Drallwinkel $\alpha = 7^0$:

Winkelbeschleunigung $\varphi'' = x''\cdot\frac{\operatorname{tg}\alpha}{R}$. Hier ist $x'' = \frac{27940\cdot 9{,}81}{6{,}05}$; $\alpha = 7^0$; $R = 0{,}0375$; also

$$\varphi'' = \frac{27940\cdot 9{,}81\cdot \operatorname{tg} 7^0}{6{,}05\cdot 0{,}0375} = 148320\ (\sec^{-2}).$$

b) Bei parabolischem Drall mit Anfangsdrallwinkel $\alpha_0 = 3^0\,42{,}5'$ und Enddrallwinkel $\alpha_e = 7^0$:

Winkelbeschleunigung unter sonst gleichen Voraussetzungen

$$\varphi'' = \frac{x''}{R}\left\{\operatorname{tg}\alpha_0 + \frac{x}{x_e}(\operatorname{tg}\alpha_e - \operatorname{tg}\alpha_0)\right\} + \frac{v^2}{R\cdot x_e}\cdot(\operatorname{tg}\alpha_e - \operatorname{tg}\alpha_0)$$

$$= \frac{27940\cdot 9{,}81}{6{,}05\cdot 0{,}0375}\left\{\operatorname{tg} 3^0\,42{,}5' + \frac{1{,}367}{1{,}945}(\operatorname{tg} 7^0 - \operatorname{tg} 3^0\,42{,}5')\right\} + \frac{464^2\cdot(\operatorname{tg} 7^0 - \operatorname{tg} 3^0\,42{,}5)}{0{,}0375\cdot 1{,}945},$$

$$\varphi'' = 305360\ (\sec^{-2}).$$

§ 46. Leistendruck und Zugwiderstand.

Man betrachte nunmehr die Gl. (1) und (2) von § 43.

1. Wir setzen zunächst wiederum voraus, daß das Geschoß keinerlei Zusammenpressung beim Einführen in das Rohr erleide (wie dies z. B. bei gezogenen Minenwerfer-Vorderladern der Fall ist); und wir suchen die Rechnungsausdrücke für den zur Zugflanke senkrechten Leistendruck N und für den daher rührenden Gesamtwiderstand $N(\sin\alpha + \nu\cdot\cos\alpha)$, den das Geschoß in der Richtung der Seelenachse erleidet, oder den sogenannten Zugwiderstand.

a) Dabei sei der Drall vorerst als konstant angenommen ($\operatorname{tg}\alpha$ konstant). Aus (3) folgte bereits

$$\frac{d\varphi}{dt} = \frac{\operatorname{tg}\alpha}{R}\cdot\frac{dx}{dt} = \frac{\operatorname{tg}\alpha}{R}\cdot v$$

und

$$\frac{d^2\varphi}{dt^2} = \frac{\operatorname{tg}\alpha}{R}\cdot\frac{d^2x}{dt^2} = \frac{\operatorname{tg}\alpha}{R}\cdot\frac{dv}{dt}.$$

Führt man dies in (2) ein, so ergibt sich der Leistendruck N zu:

$$N = \frac{G}{g}\cdot\frac{\varrho^2}{R^2}\cdot\frac{\operatorname{tg}\alpha}{\cos\alpha - \nu\cdot\sin\alpha}\cdot\frac{dv}{dt}; \tag{13}$$

und daher den Zugwiderstand zu:

$$N(\sin\alpha + \nu\cdot\cos\alpha) = \frac{G}{g}\cdot\frac{\varrho^2}{R^2}\cdot\operatorname{tg}\alpha\cdot\frac{\operatorname{tg}\alpha + \nu}{1 - \nu\cdot\operatorname{tg}\alpha}\cdot\frac{dv}{dt}. \tag{14}$$

Wie zu erwarten war, ist bei unserer Annahme der Zugwiderstand gleich Null, wenn man sich veranlaßt sehen sollte, achsenparallele geradlinige Züge anzuwenden; denn in diesem Fall ist $\operatorname{tg}\alpha = 0$, also $N(\sin\alpha + \nu\cos\alpha) = 0$.

Mittels des Ausdrucks (14) läßt sich die Gl. (1) in der Form schreiben:

$$\frac{G}{g}\left(1 + \frac{\varrho^2}{R^2}\cdot\operatorname{tg}\alpha\cdot\frac{\operatorname{tg}\alpha + \nu}{1 - \nu\cdot\operatorname{tg}\alpha}\right)\cdot\frac{dv}{dt} = pq - G\sin\varepsilon - W_l.$$

Das heißt: Wenn man statt der wahren Geschoßmasse $m = \frac{G}{g}$ eine scheinbare Geschoßmasse

$$\mu = \frac{G}{g}\left(1 + \frac{\varrho^2}{R^2}\cdot\operatorname{tg}\alpha\cdot\frac{\operatorname{tg}\alpha + \nu}{1 - \nu\cdot\operatorname{tg}\alpha}\right) \tag{15}$$

benützt, so ist damit der reine Zugwiderstand schon berücksichtigt, und man kann von der Einwirkung der Züge auf das Geschoß absehen.

b) Weiter handle es sich, unter den gleichen Voraussetzungen, um einen veränderlichen Drall; die Drallkurve sei gegeben, es sei also α und damit $\frac{d \operatorname{tg} \alpha}{dx}$ in Funktion von x bekannt; ebenso sei v und $\frac{dv}{dt}$ für jedes x bekannt.

Dann wird

$$\frac{d^2\varphi}{dt^2} = \frac{1}{R} \cdot \operatorname{tg} \alpha \cdot \frac{dv}{dt} + \frac{1}{R} \cdot v^2 \cdot \frac{d \operatorname{tg} \alpha}{dx},$$

und folglich der Leistendruck N:

$$N = \frac{G}{g} \cdot \frac{\varrho^2}{R^2} \cdot \frac{1}{\cos \alpha - \nu \cdot \sin \alpha} \cdot \left(\frac{dv}{dt} \cdot \operatorname{tg} \alpha + v^2 \cdot \frac{d \operatorname{tg} \alpha}{dx}\right); \tag{16}$$

und der Zugwiderstand

$$N (\sin \alpha + \nu \cos \alpha) = \frac{G}{g} \cdot \frac{\varrho^2}{R^2} \cdot \frac{\operatorname{tg} \alpha + \nu}{1 - \nu \cdot \operatorname{tg} \alpha} \cdot \left(\frac{dv}{dt} \cdot \operatorname{tg} \alpha + v^2 \cdot \frac{d \operatorname{tg} \alpha}{dx}\right); \tag{17}$$

folglich ist die scheinbare Geschoßmasse, die statt der wahren Masse $m = \frac{G}{g}$ zu nehmen ist,

$$\mu = \frac{G}{g} \left\{1 + \frac{\varrho^2}{R^2} \cdot \frac{\operatorname{tg} \alpha + \nu}{1 - \nu \cdot \operatorname{tg} \alpha} \left(\operatorname{tg} \alpha + \frac{v^2}{\frac{dv}{dt}} \cdot \frac{d \operatorname{tg} \alpha}{dx}\right)\right\}; \tag{18}$$

diese ist nunmehr abhängig von v und $\frac{dv}{dt}$, also nicht mehr konstant, wie vorhin.

Die folgenden Beispiele beziehen sich, wie schon erwähnt, auf den Fall, daß es sich um den Leistendruck und den Zugwiderstand ohne Einpressung handle.

1. Beispiel. Kaliber $2R = 0{,}075$ m; Geschoßgewicht $G = 6{,}05$ kg, also $m = \frac{6{,}05}{9{,}81}$; $\frac{\varrho^2}{R^2} = 0{,}56$; ganzer Weg $x = x_e$ des Geschoßbodens im Rohr $= 1{,}945$ m; Mündungsgeschwindigkeit $v_e = 509$ m/sec; Reibungskoeffizient $\nu = 0{,}176$. Nach dem Geschoßbodenweg $x = 1{,}367$ m oder nach der Zeit $t = 0{,}00706$ sec sei die Geschoßgeschwindigkeit v oder $\frac{dx}{dt} = 464$ m/sec, die beschleunigende Kraft $m \frac{dv}{dt} = 27\,940$ kg.

Für den Fall eines konstanten Drallwinkels $\alpha = 7^0$ wird gesucht der Leistendruck N und der Zugwiderstand $N (\sin \alpha + \nu \cdot \cos \alpha)$ bei dem Geschoßweg $x = 1{,}367$ m.

$$N = m \frac{\varrho^2}{R^2} \cdot \frac{\operatorname{tg} \alpha}{\cos \alpha - \nu \cdot \sin \alpha} \cdot \frac{dv}{dt} = 0{,}56 \cdot \frac{\operatorname{tg} 7^0}{\cos 7^0 - 0{,}176 \sin 7^0} \cdot 27\,940 = 1970 \text{ kg}.$$

$$N (\sin \alpha + \nu \cdot \cos \alpha) = m \frac{dv}{dt} \cdot \frac{\varrho^2}{R^2} \cdot \operatorname{tg} \alpha \cdot \frac{\operatorname{tg} \alpha + \nu}{1 - \nu \cdot \operatorname{tg} \alpha}$$

$$= 27\,940 \cdot 0{,}56 \cdot \operatorname{tg} 7^0 \cdot \frac{\operatorname{tg} 7^0 + 0{,}176}{1 - 0{,}176 \cdot \operatorname{tg} 7^0} = 370 \text{ kg}.$$

2. Beispiel. Dasselbe für den Fall eines parabolischen Dralls, mit Anfangsdrallwinkel $\alpha_0 = 3^0\,42{,}5'$ (für $x = 0$) und Enddrallwinkel $\alpha_e = 7^0$ (für $x = x_e = 1{,}945$ m).

Leistendruck

$$N = m \cdot \frac{\varrho^2}{R^2} \cdot \frac{1}{\cos\alpha - \nu \cdot \sin\alpha} \left(\frac{dv}{dt} \cdot \operatorname{tg}\alpha + v^2 \cdot \frac{d\operatorname{tg}\alpha}{dx} \right),$$

Zugwiderstand

$$N\,(\sin\alpha + \nu \cdot \cos\alpha) = m \cdot \frac{\varrho^2}{R^2} \cdot \frac{\operatorname{tg}\alpha + \nu}{1 - \nu \cdot \operatorname{tg}\alpha} \left(\frac{dv}{dt} \cdot \operatorname{tg}\alpha + v^2 \cdot \frac{d\operatorname{tg}\alpha}{dx} \right).$$

Dabei ist $\operatorname{tg}\alpha = \operatorname{tg}\alpha_0 + \frac{x}{x_e}(\operatorname{tg}\alpha_e - \operatorname{tg}\alpha_0)$; $\alpha = 6^0\,6'$

$$\frac{d\operatorname{tg}\alpha}{dx} = \frac{\operatorname{tg}\alpha_e - \operatorname{tg}\alpha_0}{x_e} = \frac{\operatorname{tg}7^0 - \operatorname{tg}3^0\,42{,}5'}{1{,}945};$$

Daraus $N = 3950$ kg; $N(\sin\alpha + \nu\cos\alpha) = 1120$ kg.

3. Beispiel (Verlauf der Winkelgeschwindigkeit ω oder φ', der Winkelbeschleunigung ω' oder φ'', des Leistendrucks N und des Zugwiderstands W_1).

Angenommen sei: Kaliber $2R = 0{,}075$ m; ganzer Weg des Geschoßbodens im Rohr $x_e = 1{,}945$ m; Geschoßgewicht $G = 6{,}05$ kg, also Geschoßmasse $m = \frac{6{,}05}{9{,}81}$; Anfangsgeschwindigkeit des Geschosses $v_0 = 509$ m/sec; Trägheitshalbmesser ϱ des Geschosses um die Längsachse gegeben durch $\left(\frac{\varrho}{R}\right)^2 = 0{,}56$; Reibungskoeffizient zwischen Geschoßführungsband und Rohr $\nu = 0{,}176$; Drallwinkel beim konstanten Drall $\alpha = 7^0$, dagegen bei parabolischem Drall $\alpha_0 = 3^0\,42{,}5'$, $\alpha_e = 7^0$. Ferner sei, was allerdings der Wirklichkeit nicht völlig entsprechen wird, angenommen, daß, bei konstantem Drall und bei parabolischem Drall von gleichem Endwert 7^0 und bei sonst gleichen Umständen, der zeitliche Verlauf der Geschoßwege, der Geschoßgeschwindigkeiten x' oder v und der Geschoßbeschleunigungen v' oder x'' in Richtung der Seelenachse, also auch der beschleunigenden Kräfte $m \cdot x''$ und der Gasdrücke p derselbe sei. Nämlich, es sei, etwa durch Rücklaufmesserversuche, festgestellt, daß z. B. nach den folgenden Zeiten t (sec) vom Beginn der Geschoßbewegung ab die Geschoßbodenwege x (m), die Geschwindigkeiten v oder $\frac{dx}{dt}$ (m/sec), die Gasdrücke p (Atm.) und die beschleunigenden Kräfte $m x''$ (kg) beidemal die nachstehend angegebenen Werte besitzen:

t	x	v	p	$m x''$
0,00325	0,114	134	1602	73 130
0,00392	0,228	215	1800	82 170
0,00478	0,456	314	1384	63 190
0,00602	0,911	411	855	39 030
0,00706	1,367	464	612	27 940
0,00801	1,823	501	473	21 610

Dann ergeben sich zu diesen Geschoßwegen x die zugehörigen Drallwinkel α bei parabolischem Drall aus Gleichung (7), die Winkelgeschwindigkeiten ω oder $\frac{d\varphi}{dt}$ (in $\sec^{-1}$) aus Gleichung (8). Die Winkelbeschleunigungen $\frac{d\omega}{dt}$ oder $\frac{d^2\varphi}{dt^2}$ berechnen sich aus (10), die Leistendrücke N aus (13) bzw. (16) und die Zugwiderstände W_1 aus (14) bzw. (17).

Das Resultat der Berechnung (von Hörer Oblt. Günther) ist das folgende:
a) Konstanter Drall (Drallwinkel $\alpha = 7^0$):

Geschoß-weg x (m)	Winkelgeschw. ω (sec^{-1})	Winkel-beschleunigung $\frac{d^2\varphi}{dt^2}$ (sec^{-2})	Leistendruck N (kg)	Zugwiderstand W_1 (kg)
0,114	439	388 250	5160	970
0,228	704	436 200	5800	1090
0,456	1028	335 500	4460	840
0,911	1344	207 200	2750	520
1,367	1520	148 300	1970	370
1,823	1640	114 700	1520	290

b) Parabolischer Drall (Anfangsdrallwinkel $\alpha_0 = 3^0\,42\frac{1}{2}'$, Enddrallwinkel $\alpha_e = 7^0$):

Geschoß-weg x (m)	Drall-winkel α Grad	Winkel-geschw. $\omega = \frac{dy}{dt}$ (sec^{-1})	Winkel-beschleunigung $\frac{d^2\varphi}{dt^2}$ (sec^{-2})	Leisten-druck N (kg)	Zugwider-stand W_1 kg
0,114	$3^0\,54\frac{1}{2}'$	244	230 720	2990	730
0,228	$4^0\,6\frac{1}{2}'$	412	293 000	3790	940
0,456	$4^0\,30\frac{1}{2}'$	660	295 000	3830	980
0,911	$5^0\,18'$	1020	294 600	3810	1020
1,367	$6^0\,6'$	1320	305 400	3950	1120
1,823	$6^0\,53'$	1620	318 100	4120	1220

2. Mit den Widerständen, die ein Geschoß, das sich in die Züge einpreßt, zu überwinden hat, haben sich insbesondere Nowakowski, H. Lorenz und Justrow beschäftigt. Da dem letzteren, wie es scheint, die umfangreichsten empirischen Ergebnisse zur Verfügung standen, geben wir im folgenden in erster Linie die Justrowschen Resultate wieder.

a) Der Leistendruck, der in Gleichung (13) und (16) berechnet wurde, erhöht sich durch die Beanspruchung des Geschosses beim Einpressen der Felder in das Führungsband des Artilleriegeschosses bzw. in den Mantel des Infanteriegeschosses. Der Einpressungswiderstand wirkt senkrecht zur Fläche des Übergangskonus und ist nach Justrow ungefähr gleich der Quetschbelastung k_q (kg/m^2) des Führungsbandmaterials. Dazu tritt ein Reibungswiderstand $\nu \cdot k_q$ pro Flächeneinheit. So erhält Justrow als anfänglichen Zusatz zum normalen Leistendruck den Betrag $k_q \sin\alpha \cdot f \cdot (\sin\beta + \nu\cos\beta)$, wo f (m^2) die gedrückte Fläche des ganzen Umfangs des Führungsbands und β den Steigungswinkel des Übergangskonus bedeutet. Am gefährlichsten wirkt der Leistendruck auf das Rohr beim Beginn der Geschoßbewegung, etwa bis zur Stelle des Maximalgasdrucks. Justrow erhält so, indem er zu dem Ausdruck von N (Gl. (16)) den erwähnten Zusatz hinzufügt, für $\frac{G}{g} \cdot \frac{dv}{dt} \cdot \frac{1}{R^2 \pi}$ den Maximaldruck p_1 setzt und sodann das Ganze durch das Produkt aus der Zugzahl n, der Führungsbandbreite b (m) und der Zugtiefe t_1 (m) dividiert, den folgenden Ausdruck für den Leistendruck N_0 (kg/m²), wie er an der empfindlichsten Stelle des Rohrs herrscht:

$$N_0 = \frac{1}{n \cdot b \cdot t_1} \cdot \left[\frac{3 \cdot J}{m} \cdot p_1 \cdot \operatorname{tg} \alpha + k_q \cdot \sin \alpha \cdot (\sin \beta + \nu \cos \beta) f\right].$$

(Hier bedeutet, um es zusammenzustellen: n die Zahl der Züge; b bzw. t_1 die Breite bzw. Tiefe (m) des Führungsbands; J das Trägheitsmoment (kg · m · sec²) des Geschosses um seine Längsachse; m die Geschoßmasse (kg · m⁻¹ · sec²); p_1 den Maximalgasdruck (kg/m²); k_q die Quetschbelastung (kg/m²); β den Steigungswinkel des Übergangskonus; α den Drallwinkel bei konstantem Drall oder den Anfangsdrallwinkel bei veränderlichem Drall; ν den Reibungskoeffizient; f (m²) die durch die Felder gedrückte Führungsbandfläche).

Nach H. Lorenz läßt sich der Einpressungswiderstand (kg/m²) näherungsweise berechnen durch $10^5 \cdot R^{-1}$, also dadurch, daß man die Zahl 1000 durch das in cm gemessene Halbkaliber dividiert. Justrow (l. c. S. 24) ist mit dieser Berechnungsweise nicht einverstanden.

Im ehemaligen ballistischen Laboratorium hat der Verfasser an mehreren Gewehren (vgl. § 38) den Einpressungswiderstand und die Deformationsarbeit beim Einpressen durch Fallbärversuche experimentell ermittelt. Auch wurde einige Male mit Hilfe des Stauchapparats an dem ganz kurz abgeschnittenen Gewehrlauf der zum Einpressen notwendige Anfangsdruck bestimmt.

b) Die Deformationsarbeit A beim Einpressen des Geschosses in die Züge berechnet Justrow wie folgt:

$$A\,(\text{mkg}) = \nu \cdot k_q \cdot f \cdot l.$$

Dabei ist k_q die unterste Grenze der Quetschbelastung (kg/m²); f wieder die Fläche des Führungsbands (m²); l die Länge des Übergangskonus im Rohr (m). Z. B. bei dem 8-mm-Gewehr, bzw. der 7,5-cm-Kanone, bzw. der 42-cm-Kanone, bzw. der 42-cm-Haubitze findet er als Deformationsarbeit im ersten Teil der Geschoßbewegung: 21, bzw. 58, bzw. 20230, bzw. 10115 mkg.

§ 47. Winkelgeschwindigkeit des Geschosses infolge der Züge, im Fall von freier Drehung und freiem Rücklauf des Rohrs.

Bis jetzt war vorausgesetzt, das das gezogene Rohr selbst unbeweglich im Raum sei, und v_e bedeutete die Anfangsgeschwindigkeit des Geschosses bezüglich des Raums.

Nunmehr werde angenommen, daß das Rohr eine freie Bewegung besitze, und wir suchen die Winkelgeschwindigkeit der Geschoßdrehung oder auch die entsprechende Tourenzahl, wie sie sich für den Geschoßflug in der Luft, also bezüglich des Raums geltend macht; ebenso die Winkelbeschleunigung und den Zugwiderstand. Und zwar sei zuerst vorausgesetzt, daß das Rohr um die Seelenachse frei ohne Reibung drehbar gelagert sei; sodann, daß das Rohr beim Schuß einen freien Rücklauf in Richtung der Seelenachse besitze; endlich, daß beides gleichzeitig der Fall sei.

1. Das Rohr frei drehbar um die Seelenachse gelagert; Rücklauf ausgeschlossen.

Bei rechtsläufigen Zügen wird das Geschoß während seiner Bewegung durch das Rohr infolge des Drucks der Züge eine Rechtsdrehung, das Rohr selbst aber durch die Gegenwirkung des Geschosses eine Linksdrehung erfahren. Die Winkelgeschwindigkeit dieser Rohrdrehung bezüglich des Raums möge ω_r sein; diejenige der Rechtsdrehung des Geschosses bezüglich des Raums ω_g. ω_g ist dann kleiner als die früher erwähnte Winkelgeschwindigkeit ω des Geschosses, die man bei feststehendem Rohr hatte:

$$\omega = \frac{v \cdot \operatorname{tg} \alpha}{R}; \quad \text{an der Mündung:} \quad \omega = \frac{v_e \cdot \operatorname{tg} \alpha_e}{R},$$

nämlich kleiner um die Winkelgeschwindigkeit der Linksdrehung des Rohrs,

$$\omega_g = \omega - \omega_r = \frac{v \operatorname{tg} \alpha}{R} - \omega_r.$$

Der Betrag von ω_r ist gegeben durch die Trägheitsmomente J_g bzw. J_r des Geschosses bzw. Rohrs um die Seelenachse, und zwar vermöge des Flächensatzes der Mechanik, der besagt, daß die algebraische Summe der Impulsmomente von Rohr und Geschoß gleich Null ist:

$$J_r \cdot \omega_r - J_g \cdot \omega_g = 0.$$

Somit hat man

$$J_r \cdot \omega_r = J_g \left(\frac{v \operatorname{tg} \alpha}{R} - \omega_r \right),$$

woraus

$$\left.\begin{aligned} \omega_r &= \frac{v \operatorname{tg} \alpha}{R} \cdot \frac{J_g}{J_r + J_g}; \text{ speziell an der Mündung } \omega_r = \frac{v_e \cdot \operatorname{tg} \alpha_e}{R} \cdot \frac{J_g}{J_r + J_g}; \\ \omega_g &= \frac{v \operatorname{tg} \alpha}{R} \cdot \frac{J_r}{J_r + J_g}; \quad \text{"} \quad \text{"} \quad \text{"} \quad \text{"} \quad \omega_g = \frac{v_e \operatorname{tg} \alpha_e}{R} \cdot \frac{J_r}{J_r + J_g}. \end{aligned}\right\}$$

Dabei bedeutet: v (m/sec) die Geschwindigkeit des Geschosses in einem beliebigen Punkt in Richtung der Seelenachse bezüglich des Raums; v_e (m/sec) dasselbe speziell an der Mündung; α den Drallwinkel des Rohrs in demselben beliebigen Punkt; α_e denselben an der

Mündung; $2\,R$ (m) das Kaliber; J_g (km·m·sec²) das Trägheitsmoment des Geschosses um dessen Längsachse; J_r (kg·m·sec²) das Trägheitsmoment des Rohrs um die Seelenachse; ω_r die Winkelgeschwindigkeit (sec^{-1}) der Linksdrehung des Rohrs bezüglich des Raums; ω_g die entsprechende Winkelgeschwindigkeit der Rechtsdrehung des Geschosses.

Zahlenbeispiel. Rohrgewicht 70 kg; innerer Durchmesser 0,16 m, äußerer Durchmesser 0,20 m; Geschoßgewicht 32 kg; Drallwinkel konstant $\alpha_e = 14^0$; Geschoßgeschwindigkeit an der Mündung $v_e = 200$ (m/sec).

Es ist annähernd

$$J_r = \frac{70}{9{,}81}\cdot\frac{0{,}08^2+0{,}10^2}{2} = \sim 0{,}0585;\quad J_g = \frac{32}{9{,}81}\cdot\frac{0{,}08^2}{2} = \sim 0{,}001\,.$$

Ohne Rohrdrehung wäre die Winkelgeschwindigkeit der Rechtsdrehung des Geschosses an der Mündung

$$\omega = \frac{200\cdot \mathrm{tg}\,7^0}{0{,}08} = 622\ (\mathrm{sec}^{-1})$$

oder die Tourenzahl $\frac{622}{2\,\pi} = 99$. Mit der Linksdrehung des Rohrs, die mit einer Winkelgeschwindigkeit $\omega_r = \frac{622\cdot 0{,}001}{0{,}0585+0{,}001} = 10{,}4$ vor sich geht, wird die Winkelgeschwindigkeit der Rechtsdrehung des Geschosses:

$$\omega_g = 622 - 10{,}4 = 611{,}6 \ \text{(statt vorher 622)},$$

oder die Tourenzahl des Geschosses

$$\frac{611{,}6}{2\,\pi} = 97{,}3 \ \text{(statt vorher 99)}.$$

Man kann, wenn man dies vorzieht, das Ergebnis auch dadurch ausdrücken, daß man statt des wirklichen Drallwinkels $\alpha_e = 14^0$ einen scheinbaren Drallwinkel α_e' einführt, nämlich einen solchen, mit dem man bei Rohrdrehung arbeiten müßte, wenn man die früheren, bei feststehendem Rohr benutzten Formeln anwenden will. Dies würde ergeben:

$$\omega_g = \frac{v_e\cdot \mathrm{tg}\,\alpha_e'}{R} = \frac{v_e\cdot \mathrm{tg}\,\alpha_e}{R}\cdot\frac{J_r}{J_r+J_g},$$

somit

$$\mathrm{tg}\,\alpha_e' = \mathrm{tg}\,\alpha_e\cdot\frac{J_r}{J_r+J_g}.$$

In dem vorliegenden Beispiel wird $\mathrm{tg}\,\alpha_e' = \mathrm{tg}\,14\cdot\frac{0{,}0585}{0{,}0595}$; $\alpha_e' = 13^0\,46'$ also der scheinbare Drallwinkel, statt des wirklichen von 14^0.

Aber notwendig ist eine solche Einführung keineswegs. Es dürfte manchem zweckmäßiger erscheinen, mit der bei Rohrdrehung vorhandenen wirklichen Tourenzahl des Geschosses (97,3 in der sec), statt mit einem nicht vorhandenen, nur gedachten Drallwinkel α_e' zu operieren.

2. Das Rohr zurücklaufend; Drehung des Rohrs ausgeschlossen.

Durch den Rücklauf des Rohrs allein schon erhält das Geschoß in einem gezogenen Rohr eine Tourenzahl. Man erkennt dies ohne weiteres, wenn man sich vorstellt, daß das Geschoß ohne Reibung in dem Rohr liege, und daß nun das Rohr mit der Geschwindigkeit V nach rückwärts gezogen werde; die Winkelgeschwindigkeit, die dann das Geschoß bezüglich des Raums durch dieses Zurückbewegen des Rohrs annimmt, ist gleich $\frac{V \cdot \operatorname{tg} \alpha}{R}$. Aber bei stillstehendem Rohr wird dadurch allein, daß das Geschoß eine Geschwindigkeit v bezüglich des Raums in Richtung der Seelenachse nach vorwärts besitzt, eine Winkelgeschwindigkeit $\frac{v \operatorname{tg} \alpha}{R}$ erhalten, wie wir früher gesehen haben. Wenn also beides gleichzeitig der Fall ist, das Geschoß mit der Geschwindigkeit v (bezüglich des Raums) nach vorwärts und das Rohr mit der Geschwindigkeit V (bezüglich des Raums) nach rückwärts sich bewegt, so ist die Winkelgeschwindigkeit ω des Geschosses (bezüglich des Raums):

$$\omega = \frac{(v + V) \operatorname{tg} \alpha}{R}; \text{ die Tourenzahl in der sec } n = \frac{(v + V) \operatorname{tg} \alpha}{2 \pi R};$$

speziell beim Geschoßaustritt

$$\omega_e = \frac{(v_e + V_e) \operatorname{tg} \alpha_e}{R}; \quad n_e = \frac{(v_e + V_e) \operatorname{tg} \alpha_e}{2 \pi R}.$$

Nun ist $v + V$ nichts anderes als die Geschwindigkeit v' des Geschosses bezüglich des Rohrs,

$$v' = v + V; \quad \text{speziell } v_e' = v_e + V_e;$$

dabei ist z. B. unter v_e' diejenige Mündungsgeschwindigkeit des Geschosses zu verstehen, die man mit dem Boulengé-Apparat oder mit dem Funkenchronographen durch Messung dann erhalten würde, wenn die Meßgitter nicht (wie üblich) im Raum fest angebracht würden, sondern am Rohr und mit dem Rohr sich zurückbewegen würden.

Man hat danach folgendes Ergebnis:

Die früheren Formeln für die Winkelgeschwindigkeit des Geschosses (Gleichung (5)), für die Winkelbeschleunigung (Gleichungen (10) und (11)) und für den reinen Zugwiderstand (Gleichungen (14) und (17)) gelten auch in dem Fall, daß das Rohr zurückläuft, falls man unter der Geschwindigkeit v des Geschosses nicht wie dort die Geschwindigkeit bezüglich des festen Raums, sondern die Geschwindigkeit bezüglich des zurücklaufenden Rohrs versteht. Diese ist gleich der Summe aus der Geschoßgeschwindigkeit bezüglich des Raums nach vorwärts und der Rohrgeschwindigkeit bezüglich des Raums nach rückwärts.

Dies gilt allgemein, mag der Rücklauf des Rohrs ein freier oder ein gebremster sein. In dem folgenden Zahlenbeispiel ist ein völlig freier Rücklauf angenommen.

Beispiel. Kaliber 0,16 m; Geschoßgeschwindigkeit an der Mündung bezüglich des Raums $v_e = 200$ (m/sec); Geschoßgewicht 32 kg; Rohrgewicht 70 kg; Ladungsgewicht 0,6 kg; Endwinkel $\alpha_e = 14^0$. Gesucht die Winkelgeschwindigkeit des Geschosses bezüglich des Raums, ebenso die Tourenzahl in der Sekunde und der scheinbare Drallwinkel.

Wie im nächsten Abschnitt entwickelt werden wird, ist die Geschwindigkeit des Rohrs nach rückwärts, bezüglich des festen Raums gemessen, für den Moment des Geschoßaustritts angenähert:

$$V_e = \frac{32 + \frac{1}{2}\cdot 0{,}6}{70 + \frac{1}{2}\cdot 0{,}6}\cdot 200 = 92\ (\text{m/sec}).$$

Also Winkelgeschwindigkeit des Geschosses beim Austritt, bezüglich des Raums:

$$\omega_e = (200 + 92)\cdot\frac{\text{tg}\,14^0}{0{,}08} = 906\ (\text{sec}^{-1}), \quad \text{statt wie oben} \quad \frac{200\cdot\text{tg}\,14}{0{,}08} = 622.$$

Zugehörige Tourenzahl $n_e = \frac{906}{2\cdot\pi} = 144$ in der Sekd.; scheinbarer Drallwinkel α_e' zu berechnen aus

$$\frac{200\cdot\text{tg}\,\alpha_e'}{0{,}08} = \frac{(200+92)\cdot\text{tg}\,14}{0{,}08}; \quad \text{tg}\,\alpha_e' = \frac{200+92}{200}\cdot\text{tg}\,14; \quad \alpha_e' = 20^0.$$

Übrigens ist auch hier zu bemerken, daß die Einführung eines solchen nicht existierenden, nur gedachten Drallwinkels des Rohrs nicht durchaus notwendig ist, daß man vielmehr meist zweckmäßiger mit der Tourenzahl 144 operieren wird, die das Geschoß bei Rohrrücklauf tatsächlich hat.

3. Rücklauf des Rohrs und gleichzeitig Drehung des Rohrs um die Seelenachse.

Bei Rechtsdrall wird die Winkelgeschwindigkeit des Geschosses um seine Längsachse gleichzeitig erstens durch den Rücklauf des Rohrs vermehrt, nämlich speziell z. B. beim Geschoßaustritt um $\frac{V_e\,\text{tg}\,\alpha_e}{R}$, und zweitens durch die Linksdrehung des Rohrs vermindert, nämlich um die Winkelgeschwindigkeit $\frac{\text{tg}\,\alpha_e\cdot v_e}{R}\cdot\frac{J_g}{J_r + J_g}$ des Rohrs nach links.

Also ist die Winkelgeschwindigkeit ω_e des Geschosses bei dessen Austritt, bezogen auf den festen Raum:

$$\omega_e = \frac{\text{tg}\,\alpha_e}{R}\left(v_e + V_e - v_e\cdot\frac{J_g}{J_r + J_g}\right) = \frac{\text{tg}\,\alpha_e}{R}\left(v_e\cdot\frac{J_r}{J_r + J_g} + V_e\right).$$

Dabei bedeutet:

α_e den Enddrallwinkel; $2\,R$ (m) das Kaliber; v_e bzw. V_e (m/sec) die Geschwindigkeit des Geschosses nach vorwärts, bzw. die Geschwindigkeit des Rohrs nach rückwärts, beide für den Augenblick des Geschoßbodenaustritts und beide bezüglich des festen Raums gemessen; J_g das Trägheitsmoment des Geschosses (kg·m·sec²) um seine Längsachse; J_r dasselbe für das Rohr um dessen Seelenachse.

Beispiel.

$\alpha_e = 14^0$; $2R = 0{,}16$ m; $v_e = 200$ (m/sec); $V_e = 92$ (m/sec); $J_g = 0{,}001$ (kg·m·sec²); $J_r = 0{,}0585$ (kg·m·sec²); $\omega_e = \frac{\mathrm{tg}\,17}{0{,}08}\left(200 \cdot \frac{0{,}0585}{0{,}0585 + 0{,}001} + 92\right) = 896$ (sec⁻¹). Dagegen ohne Rücklauf und ohne Drehung des Rohrs 622; ohne Rücklauf, aber mit Drehung 612; ohne Drehung, aber mit Rücklauf 906 (s. o.).

§ 48. Welcher Drallwinkel α bei konstantem Drall bzw. welcher Enddrallwinkel α_e bei veränderlichem Drall ist für einen guten Flug des rotierenden Langgeschosses erforderlich?

Der Zweck der Züge ist, dem rotierenden Langgeschoß für seinen Flug durch die Luft die notwendige Stabilität zu sichern.

Das rotierende Langgeschoß spielt die Rolle eines Kreisels. Beim schweren rotierenden Kreisel besteht (vgl. Bd. I, § 57) eine Bedingung dafür, daß der Kreisel, wenn er sachte, ohne Stoß, auf dem Tisch aufgesetzt wird, unter der Einwirkung der Schwere nicht umfällt und daß er auch nicht zu große Schwankungen ausführt. Dabei ist dann der Unterstützungspunkt des Kreisels dasselbe, was beim Geschoß der Schwerpunkt ist; das Gewicht des Kreisels ist dasselbe, was beim Geschoß der resultierende Luftwiderstand W ist; der Schwerpunkt des Kreisels entspricht beim Geschoß dem Angriffspunkt der Luftwiderstands-Resultanten auf der Geschoßachse; und dem Abstand zwischen Unterstützungspunkt und Schwerpunkt des Kreises entspricht beim Geschoß der Abstand a zwischen dem Schwerpunkt und dem Angriffspunkt des Luftwiderstands auf der Achse.

Die entsprechende Stabilitätsbedingung für das Geschoß ist die, daß der sog. Stabilitätsfaktor σ genügend größer als 1 ist; nämlich:

$$\sigma \equiv \frac{J_l^2\,\omega^2}{4\,J_q \cdot W \cdot a} > 1 \text{ (erste Bedingung).} \tag{19}$$

Falls σ für das betreffende Geschoß durchweg $\gg 1$ (etwa > 3) ist, darf man sicher sein, daß die durch den Luftwiderstand bewirkten stoßfreien Nutationen des Geschosses, das ohne seitlichen Anstoß die Mündung der Waffe verlassen hat, bei dem Fluge des Geschosses durch die Luft keine unzulässig großen Amplituden aufweisen.

Dabei bedeutet: J_l das Trägheitsmoment (kg·m·sec²) des Geschosses um die Längsachse; J_q dasselbe um die Querachse durch den Schwerpunkt; ω die Winkelgeschwindigkeit der Drehung um die Längsachse, also zu Beginn der Flugbewegung in der freien Luft (an der Mündung) $\omega = \frac{v_e \cdot \mathrm{tg}\,\alpha_e}{R} = \frac{2\,\pi\,v_e}{D}$, v_e die Mündungsgeschwindigkeit (m/sec), R (m) das halbe Kaliber; D (m) die Enddrallänge; α_e den Enddrallwinkel; W(kg) den resultierenden Luftwiderstand; a (m) den

Abstand zwischen Geschoßschwerpunkt und Angriffspunkt der Luftwiderstandsresultanten auf der Geschoßachse.

Über die Berechnung dieser Größen ist folgendes zu sagen: Die Trägheitsmomente J_l und J_q erhält man aus der Konstruktionszeichnung des betr. Geschosses durch Zerlegung in mehrere Teile; am sichersten aber werden diese Werte experimentell durch Schwingungsversuche gewonnen (vgl. Bd. III, § 5).

Die Winkelgeschwindigkeit ω ändert sich verhältnismäßig wenig rasch; es genügt, sie für die Mündung zu berechnen (s. oben).

Für $W \cdot a$ wird man den größten Wert nehmen, der bei dem betreffenden Geschütz überhaupt vorkommen kann, weil man bestrebt sein muß, den kleinsten vorkommenden Wert von σ noch größer als 1 zu halten. Man wird also die Verhältnisse an der Mündung, und zwar für die größte Ladung zugrunde legen. Am besten wird das Luftwiderstandsmoment $W \cdot a$ experimentell gewonnen; wenn eine solche Ermittlung nicht möglich ist, kann man in roher Annäherung so verfahren: Man berechnet W als den gewöhnlich so genannten Luftwiderstand für die Mündung und (nach einem Vorschlag von P. Charbonnier) a als den Abstand zwischen Schwerpunkt des Geschosses und Mitte der Geschoßkopfhöhe. Im übrigen vgl. über diesen Gegenstand Bd. I, §§ 57 und 58.

Zahlenbeispiel. Kaliber $2R = 0{,}25$ m; Querschnitt $R^2\pi$ oder $q = 0{,}049$ m²; Anfangsgeschwindigkeit für die größte Ladung $v_e = 300$ m/sec; Enddrallwinkel $\alpha_e = 7^0$; $a = 0{,}40$ m; Trägheitsmoment um die Längsachse des Geschosses $J_l = 0{,}09256$ (m · kg · sec²); Trägheitsmoment um die Querachse durch den Schwerpunkt $J_q = 0{,}246$ (m · kg · sec²). Daraus ergibt sich:

Winkelgeschwindigkeit an der Mündung $\omega = \frac{300 \cdot \operatorname{tg} 7^0}{0{,}125} = 294\ (\sec^{-1})$.

Luftwiderstand $W = 0{,}014 \cdot 0{,}049 \cdot \frac{1{,}22}{1{,}206} \cdot 300^2 = 62{,}6$ kg; $W \cdot a \sim 62{,}6 \cdot 0{,}40 = 25$ (mkg).

Somit $\sigma = \frac{(J_l \cdot \omega)^2}{4 \cdot J_q \cdot W \cdot a} = \frac{(0{,}09256 \cdot 294)^2}{4 \cdot 0{,}246 \cdot 25} = 30$, also wesentlich größer als 1.

Diese eine Bedingung $\sigma > 1$ genügt jedoch nicht für einen richtigen Geschoßflug. Selbst dann, wenn der Stabilitätsfaktor σ genügend größer als 1 ist, also wenn unzulässig große stoßfreie Nutationsschwankungen des Geschosses bei dessen Flug durch die Luft unmöglich wären, kann das Geschoß aus zwei Gründen noch unrichtig fliegen.

Erstens können große Nutationspendelungen schon in der Nähe der Mündung der Waffe durch das Bucken des Rohrs, sowie dadurch entstehen, daß bei dem Austritt des Geschosses aus der Mündung die Pulvergase unsymmetrisch mit austreten, das Geschoß eine Strecke weit überholen und dabei seitliche Stöße auf das Geschoß ausüben, deren Resultante nicht durch den Schwerpunkt geht.

Die Folge ist alsdann ein Drehimpuls $J_q \cdot \omega'$ um eine Querachse durch den Schwerpunkt des Geschosses, mit einer Winkelgeschwindigkeit ω' um diese Querachse; und wegen der Rotation des Geschosses um die Längsachse entstehen daraus Nutationen um den Schwerpunkt. Diese Stoßnutationen können zwar, nachdem sie in der Nähe der Mündung entstanden sind, unter Umständen weiterhin eine Abdämpfung erfahren — um so leichter, je größer σ ist —; aber sie können auch während des ganzen Geschoßflugs anhalten. Jedenfalls können sie auch ihrerseits eine Verminderung der Schußweite und eine Vergrößerung der Streuung bewirken.

Damit solche Stoßnutationen keine unzulässige Größe annehmen, muß ein zweiter Faktor genügend größer als 1 sein; er möge der Mündungsfaktor genannt und mit μ bezeichnet werden. Ein mathematischer Ausdruck hierfür kann durch die folgende rohe Näherungsbetrachtung gewonnen werden. (Dieser Ausdruck soll übrigens lediglich als ein vorläufiger gelten, bis es gelungen sein wird, aus einwandfreien und zahlreichen Versuchen mit Geschützen und Gewehren der verschiedensten Art eine bessere Beziehung abzuleiten.)

Das Geschoß hat durch die Züge an der Mündung einen Impuls $J_l \cdot \omega_e$ um die Seelenachse der Waffe und damit um die Geschoßlängsachse erhalten; dabei J_l wieder wie oben das Trägheitsmoment um die Längsachse und ω_e die Winkelgeschwindigkeit um die Längsachse an der Mündung. Durch einen Stoß der Pulvergase, dessen Resultierende nicht durch den Schwerpunkt gehe, erhalte das Geschoß einen Drehimpuls $J_q \cdot \omega'$ um die Querachse durch den Schwerpunkt. Nach Bd. I 3. Aufl. von 1917, S. 361 hat ein solcher Querstoß Nutationspendelungen des Geschosses um dessen Schwerpunkt zur Folge. Der Tangens des Ausschlagwinkels dieser Stoßnutationen ist (vgl. dortige Gl. (1)) der Hauptsache nach bestimmt durch das Verhältnis

$$\frac{J_q \cdot \omega'}{J_l \cdot \omega}$$

der erwähnten beiden Impulse. Dieses Verhältnis muß also genügend klein, das reziproke Verhältnis genügend groß sein. Hierfür möge ein der praktischen Anwendung leicht zugänglicher Ausdruck aufgesucht werden:

Wenn das Geschoß bei oder unmittelbar nach seinem Austritt aus der Mündung durch einen seitlichen Anstoß der Pulvergase eine Schiefstellung erfährt, so erfolgt diese Drehung des Geschosses, wie schon bemerkt, um eine Querachse, die senkrecht zur bisherigen Richtung der Längsachse des Geschosses verläuft und durch den Geschoßschwerpunkt geht. Es ist also das Trägheitsmoment J_q des Geschosses um diese Querachse, multipliziert mit der Winkelbeschleunigung $\frac{d\omega'}{dt}$ um die Querachse, für irgendeinen Moment der Drehung gleich dem Drehmoment $P \cdot b$ der Pulvergase,

$$J_q \cdot \frac{d\omega'}{dt} = P \cdot b.$$

Die Zeitdauer des Gasstoßes, also der Nachwirkung der Pulvergase auf das Geschoß vom Moment des Geschoßaustritts ab gerechnet, sei t' sec. Der Gasdruck P(kg) ist anfangs gleich dem Mündungsgasdruck P_e, später gleich Null. Also ist

$$J_q \cdot \omega' = \int_0^{t'} P \cdot b \cdot dt = \tfrac{1}{2} P_e \cdot b \cdot t'.$$

Dabei ist Gebrauch gemacht von der Hypothese E. Valliers, daß die Entspannung der Pulvergase von dem Geschoßaustritt ab so vor sich gehe, daß die Gasspannung P als Funktion der vom Beginn der Nachwirkung ab gerechneten Zeit t nach einer geraden Linie erfolge,

$$P = P_e \cdot \left(1 - \frac{t}{t'}\right).$$

Falls P_e den auf den Geschoßquerschnitt $R^2\pi$ entfallenden Betrag des Mündungsgasdrucks darstellt, erhält man[1]) durch einfache Betrachtungen den folgenden Ausdruck zur Berechnung von $P_e \cdot t'$:

$$\frac{1}{2} P_e \cdot t' = \frac{L}{g} \cdot v_e \cdot \left(\beta - \frac{1}{2}\right);$$

wobei L die Pulverladung in kg, v_e die Mündungsgeschwindigkeit des Geschosses in m/sec und β einen Nachwirkungsfaktor bedeutet, der von der Größe des Mündungsgasdrucks abhängt und zwischen 1,6 und 3 schwanken soll; falls keine besonderen Messungen vorliegen, nimmt man gewöhnlich $\beta = 2{,}5$; g ist $= 9{,}81$.

In unserem Fall bedeutet jedoch P_e den auf den Geschoßmantel entfallenden Mündungsgasdruck; man hat also P_e abzuändern ungefähr im Verhältnis des halben Längsschnitts $2R \cdot \frac{H}{2}$ zum Querschnitt $R^2\pi$, wobei H annähernd proportional der Geschoßlänge ist. In diesem Fall ist also $J_q \cdot \omega'$ proportional dem Ausdruck

$$\frac{L}{g} \cdot v_e \cdot \left(\beta - \frac{1}{2}\right) \cdot \frac{RH}{R^2\pi} \cdot b.$$

Der Hebelarm b ist ungefähr proportional der halben Geschoßlänge $\frac{H}{2}$.

Ferner ist, wie oben, $\omega = \frac{1}{R} \cdot v_e \cdot \operatorname{tg} \alpha_e$. Somit ist das in Rede stehende Verhältnis $J_l \cdot \omega : J_q \cdot \omega'$ proportional dem Ausdruck:

$$\frac{J_l \cdot v_e \cdot \operatorname{tg} \alpha_e}{R \cdot \frac{L}{g} \cdot v_e \cdot \frac{RH}{R^2\pi} \cdot \frac{H}{2} \cdot \left(\beta - \frac{1}{2}\right)} = 2\pi g \cdot \frac{J_l \cdot \operatorname{tg} \alpha_e}{L \cdot H^2 \cdot \left(\beta - \frac{1}{2}\right)}$$

[1]) Vgl. z. B. Rausenberger, F.: Theorie der Rohrrücklaufgeschütze. Artill. Monatsh. 1907, Nr. 3, S. 214.

Veränderlich von einem Fall zum andern sind hier J_l, α_e, L, H (und β). Die Sicherheit gegen unzulässig große Stoßnutationen an der Mündung ist also um so größer, je größer das Trägheitsmoment J_l des Geschosses um die Längsachse und der Tangens des Enddrallwinkel α_e, je kleiner die Pulverladung L, die Geschoßlänge H und der Mündungsgasdruck ist.

Dieses Verhältnis der beiden Drehimpulse muß genügend groß sein, damit die Amplitude der entstehenden Stoßnutationen genügend klein ausfällt. Aus gewissen Beobachtungen am Gewehr M/98 hat sich ergeben, daß der folgende Faktor μ mindestens größer als 1 sein muß:

$$\mu \equiv \frac{20000\, J_l \cdot \operatorname{tg} \alpha_e}{L \cdot H^2 \cdot (\beta - \frac{1}{2})} > 1 \quad \textbf{(zweite Bedingung).} \qquad (20)$$

Hier bedeutet: J_l das Trägheitsmoment des Geschosses um die Längsachse (in m·kg·sec², also im technischen Maß); α_e den Enddrallwinkel; L die Pulverladung (kg); H die Geschoßlänge (m); β einen Faktor, der mit dem Mündungsgasdruck wächst (etwa zwischen 1,6 und 3,0), Durchschnitt $\beta = 2{,}5$. Die Formel (20) soll natürlich nur gelten, falls ein Bucken des Rohrs nicht wesentlich in Betracht kommt.

Beispiel.

$J_l = 6{,}62 \cdot 10^{-9}$; $\operatorname{tg} \alpha_e = 0{,}103$; $L = 3{,}2 \cdot 10^{-3}$; $H = 0{,}028$; $\beta = 2{,}5$.

Es wird $\mu = \frac{20000 \cdot 6{,}62 \cdot 10^{-9} \cdot 0{,}103}{3{,}2 \cdot 10^{-3} \cdot 0{,}028^2 \cdot (2{,}5 - \frac{1}{2})} = 2{,}7$, also größer als 1.

Es genügt jedoch nicht für einen guten Geschoßflug, daß die Nutationsschwankungen, mag es sich um stoßfreie Nutationen oder um Stoßnutationen handeln, genügend klein bleiben. Das Geschoß muß sich auch, wie ein gut konstruierter Pfeil, dauernd genügend genau mit seiner Längsachse in die Bahntangente einstellen, wenn das Geschoß mit seiner Spitze auf der Erde ankommen soll, nicht mit dem Geschoßboden, oder wenn sog. „Bodentreffer“ vermieden, nur „Spitzentreffer“ (mit Rücksicht auf das Funktionieren des Zünders usf.) erhalten werden sollen. Dabei sei bemerkt, daß ein eigentlicher Pfeilflug beim rotierenden Langgeschoß wegen der Kreiselwirkung niemals genau möglich ist. Aber man kann wenigstens verlangen, daß der Geschoßflug angenähert ein pfeilartiger ist, daß sich die Geschoßspitze immer wieder der Bahntangente nähert, so daß das Geschoß schließlich mit seiner Spitze, nicht mit dem Bodenteil voraus im wagrechten Ziel ankommt.

Die weitere Bedingung, die für einen guten Geschoßflug hinzugefügt werden muß, ist die, daß das Geschoß nicht überstabilisiert ist; wenn zwar große Nutationen jeder Art ausgeschlossen sind

(σ und $\mu > 1$), aber der erwähnte Pfeilflug nicht vorhanden ist, vielmehr das Geschoß überstabilisiert fliegt, so bleibt die Geschoßachse allzusehr sich selbst parallel. [Je nach der Zünderkonstruktion kann alsdann der Zünder versagen. Und die Wirkung eines solchen Flugs auf die Schußweite kann alsdann sowohl in einer Verkleinerung, als in einer Vergrößerung der Schußweite gegenüber der Schußweite bei normalem Flug bestehen. Letzteres ist der Fall, wenn ein Gleitflug, eine Tragflächenwirkung durch den Luftwiderstand, eintritt. Und falls die Verhältnisse so liegen, daß sich das Geschoß an der Grenze der Überstabilisierung befindet, kann es vorkommen, daß unter sonst gleichen Umständen die Geschoßachse sich bei dem einen Schuß einer Schußreihe in die Tangentenrichtung einstellt, bei dem nächsten Schuß sich nicht einstellt usf.; dadurch kann die Streuung ungebührlich vergrößert werden oder kann sich das Trefferbild in zwei getrennte Gruppen spalten.]

Wie die Geschoßachse in irgendeinem bestimmten Falle sich bewegen wird, läßt sich am sichersten durch Ausführung der graphischen Konstruktion und der Pendelungsberechnung voraussagen, die in Bd. I §§ 57 und 58 geschildert ist. Man erkennt daraus, daß die Geschoßachse zeitweilig immer wieder zur Bahntangente sich hinbewegt oder wenigstens in deren Nähe kommt, falls der Drallwinkel richtig gewählt ist, daß ferner die Geschoßspitze abwechslungsweise höher und tiefer liegt als die Bahntangente und endlich, daß bei Rechtsdrall die Geschoßspitze sich im großen ganzen auf der rechten Seite der Tangente bewegt, indem sie zykloidenartige Bögen beschreibt. In der ersten Hälfte eines Bogens befindet sich die Geschoßspitze oberhalb, in der zweiten Hälfte unterhalb der Tangente, in der Mitte des Bogens auf gleicher Höhe wie die Tangente, und zugleich ist dann der Ausschlagwinkel der Geschoßachse gegenüber der Vertikalebene durch die Tangente am größten. Am Ende eines solchen zykloidenartigen Bogens oder am Anfang des folgenden liegt die Geschoßachse stets so, daß sie am meisten der Bahntangente genähert ist. Die Form eines solchen Kurvenbogens kann dabei je nach dem speziellen Falle, sowohl der einer gedehnten Zykloide, als auch der einer verkürzten, in einer Schleife verlaufenden Zykloide ähnlich sein. Und je nachdem können die zykloidenartigen Bögen entweder zahlreich und dann klein, oder wenig zahlreich und dann groß ausfallen.

Das erstere wird dann eintreten, falls die Präzessionsbewegung der Geschoßachse verhältnismäßig rasch vor sich geht. Dann werden (wenn zugleich σ genügend groß ist, also die Nutationen klein bleiben) die zykloidenartigen Bögen, entlang deren die Geschoßspitze um den Schwerpunkt schwankt, nach der Höhe und nach der Seite klein sein; die Geschoßachse nähert sich dann sehr häufig wieder der Bahntangente und entfernt sich niemals weit von ihr nach oben und nach unten, nach rechts und nach links. In diesem Falle ist also der Flug des Geschosses am meisten ähnlich demjenigen eines gut konstruierten Pfeils, und die Seitenabweichungen bleiben klein.

Wenn dagegen die Präzessionsbewegung sehr langsam sich vollzieht, kann es vorkommen, daß die Geschoßspitze nur einen kleinen Teil eines ersten Bogens vollendet, bis das Geschoß wieder im Mündungshorizont ankommt. In solchen Fällen wird für zwei Beobachter, wovon der eine die Flugbahn von der Seite her, der andere vom Geschütz her betrachtet, die Geschoßachse nahezu sich selbst parallel bleibend, bzw. die Geschoßspitze (bei Rechtsdrall) mehr oder weniger nach rechts sich neigend erscheinen.

Die Entscheidung darüber, ob bei einem bestimmten Drallsystem der erste oder der zweite Fall eintreten wird, also ob ein pfeilartiger Flug des Geschosses oder zu große Steifigkeit des Geschoßflugs zu erwarten ist, kann, statt durch die erwähnte etwas umständliche Berechnung der Pendelungen (Bd. I, §§ 57 und 58), etwas weniger genau, aber kürzer und bequemer durch eine Näherungsformel erhalten werden:

Maßgebend ist das Verhältnis $\frac{d\psi}{dt} : \frac{d\vartheta}{dt}$ zwischen der Winkelgeschwindigkeit $\frac{d\psi}{dt}$, mit der die Präzessionsbewegung vor sich geht, also die Geschoßspitze sich abwärts wendend der Bahntangente wieder zu nähern sucht und zwischen der Winkelgeschwindigkeit $\frac{d\vartheta}{dt}$, mit der sich die Bahntangente abwärts neigt und damit die Flugbahn sich krümmt. Das Verhältnis dieser beiden Winkelgeschwindigkeiten, das der Kürze halber als Einstellfaktor ε bezeichnet sein möge, muß dem Absolutwert nach größer als 1 bleiben, wenn das Geschoß nicht überstabilisiert fliegen soll.

Da die Horizontalneigung ϑ der Bahntangente in der Nähe des Gipfelpunkts der Flugbahn sich besonders rasch ändert, kann die Näherungsbedingung für genügend pfeilartigen Geschoßflug angenähert in der Weise ausgesprochen werden, daß im Gipfel der Faktor ε (der in Bd. I 5. Aufl. von 1925, § 57 besprochen ist) größer als 1 sei:

$$\varepsilon \equiv \frac{d\psi}{dt} : \frac{d\vartheta}{dt} > 1.$$

Die erstgenannte Winkelgeschwindigkeit der Präzessionsbewegung ist

$$\frac{d\psi}{dt} = \frac{W \cdot a}{J_l \cdot \omega}.$$

Die zweite Winkelgeschwindigkeit ist allgemein

$$\frac{d\vartheta}{dt} = (-)\frac{g \cdot \cos\vartheta}{v}; \quad \text{speziell im Gipfel } \frac{d\vartheta}{dt} = (-)\frac{g}{v_s},$$

wo v_s (m/sec) die Geschwindigkeit des Geschoßschwerpunkts im Gipfelpunkt bedeutet.

Also muß der folgende Faktor ε genügend größer als 1 sein:

$$\varepsilon \equiv \frac{W_s \cdot a \cdot v_s}{J_l \cdot \omega \cdot g} > 1 \ \textbf{(dritte Bedingung)}. \qquad (21)$$

Hier bedeutet: v_s (m/sec) die Geschwindigkeit des Geschosses im Gipfelpunkt der Bahn; J_l (kg · m · sec²) wie oben das Trägheitsmoment des Geschosses um dessen Längsachse; ω (sec⁻¹) wie oben die Winkelgeschwindigkeit des Geschosses um seine Längsachse an der Mündung; $g = 9{,}81$; W_s und a werden berechnet, wie in Bd. I angegeben, jedoch für die Geschwindigkeit v_s im Gipfel.

Beispiel.

$2R = 0{,}25$ (m); $R^2\pi = 0{,}049$ (m²); $v_e = 300$ (m/sec); $v_s = 100$ (m/sec); $\alpha_e = 7^0$;

$J_l = 0{,}09256$ (kg · m · sec²); $a = 0{,}40$ (m); $\omega = \frac{300 \cdot \text{tg}\, J^0}{0{,}125} = 294$;

$$W_s = 0{,}014 \cdot 0{,}049 \cdot \frac{1{,}22}{1{,}206} \cdot 100^2 = 6{,}9;$$

also $\varepsilon = \frac{6{,}9 \cdot 0{,}40 \cdot 100}{0{,}09256 \cdot 294 \cdot 9{,}81} = 1{,}03$, also gerade noch > 1.

Die Berechnung von W_s und a ist hier in gleicher Weise erfolgt, wie bei Gl. (19), weil, wenn die Geschoßachse sich schon im Gipfelpunkt der Bahn genügend genau in die Bahntangente eingestellt hat, der pfeilartige Flug des Geschosses weiterhin ohnedies gesichert ist, also die Frage der Einstellung dann überhaupt nicht mehr in Betracht kommt. Genaueres und Zuverlässigeres ergibt sich, wie schon erwähnt, aus Bd. I, §§ 57 und 58.

Übrigens wird man, da in den Gleichungen (19) bis (21) manche Größen nur recht unsicher sich bestimmen lassen, am zweckmäßigsten so verfahren, daß man die für einen guten Geschoßflug vorzuschreibenden Zahlenwerte der Faktoren σ, μ, ε einem schon vorhandenen, möglichst verwandten Geschütz- und Geschoß-System entnimmt, das sich in der Praxis gut bewährt hat.

In dieser Weise sollen die obigen 3 Drallgesetze für den

Stabilitätsfaktor σ, Gleichung (19),
Mündungsfaktor μ, „ (20),
Einstellungsfaktor ε, „ (21)

hier vorgeschlagen werden.

Die Ausdrücke für σ, μ und ε können dazu dienen, um bei der Neukonstruktion einer Schußwaffe Anhaltspunkte für die richtige

Wahl des Enddrallwinkels, der Geschoßlänge usw. zu gewinnen und damit die Schießversuche einzuschränken; oder aber, um bei der geplanten Abänderung einer Schußwaffe im voraus zu ermitteln, in welchem Sinne und ungefähr in welchem Maße eine Abänderungsmaßnahme wirken wird.

Der Stabilitätsfaktor σ vergrößert sich, d. h. die stoßfreien Nutationspendelungen des Geschosses bei dessen Flug durch die Luft werden verringert: durch Vergrößerung des Trägheitsmoments J_l des Geschosses um dessen Längsachse; durch Vergrößerung des Enddrallwinkels α_e; durch Verkleinerung der Geschoßlänge H und durch Verlegung des Schwerpunkts nach der Spitze zu (a kleiner).

Der Mündungsfaktor μ vergrößert sich, d. h. die durch die Pulvergase an der Mündung bewirkten Stoßnutationen werden verringert: durch Vergrößerung des Geschoß-Trägheitsmoments J_l um die Längsachse; durch Vergrößerung des Enddrallwinkels α_e; durch Verkleinerung der Geschoßlänge H; durch Verkleinerung der Geschützladung L und durch Verkleinerung des Mündungsgasdrucks.

Der Einstellungsfaktor ε vergrößert sich, d. h. das Geschoß wird dazu gebracht, sich bei gleicher Rohrerhöhung besser in die Bahntangente einzustellen: durch Vergrößerung der Anfangsgeschwindigkeit des Geschosses; durch Vergrößerung der Geschoßlänge oder durch Verlegung des Schwerpunkts nach rückwärts; durch Vergrößerung des Formkoeffizienten; durch Verkleinerung des Enddrallwinkels und durch Verkleinerung des Trägheitsmoments des Geschosses um dessen Längsachse.

Wie man sieht, wird eine Änderung von σ im allgemeinen durch dieselben Maßnahmen herbeigeführt, wie eine Änderung von μ, jedoch nach verschiedenem Gesetz.

Aber nahezu durch dieselben Maßnahmen, durch die die Stabilität des Geschosses verbessert (verringert) wird, ist gleichzeitig die Einstellung der Geschoßachse in die Tangente verringert (verbessert), wiederum nach verschiedenem Gesetz. In allen Fällen also, in denen auf einen pfeilartigen Geschoßflug der gleich große Wert gelegt wird wie auf die Stabilität des Geschosses, wird man bei der Konstruktion des Geschützes und Geschosses gewissermaßen einen Kompromiß abzuschließen haben. Man wird dafür sorgen, daß beide Faktoren, der Stabilitätsfaktor σ und der Einstellungsfaktor ε, genügend größer als 1 bleiben.

Die Frage der Einstellung in die Tangente kommt hauptsächlich bei Steilfeuergeschützen, Mörsern, Minenwerfern, und etwa noch den Haubitzen, in Betracht (falls man nicht auch bei diesen gelegentliche Bodentreffer in Kauf nehmen will). Dagegen bei Flachbahngeschützen und Gewehren spielt die Bedingung (21) keine oder eine geringere Rolle; es kommt dann nur die Bedingung (19) und (20) in Frage. Und die obere Grenze für den Drallwinkel α_e ist in solchen Fällen durch die Vorschrift gegeben, daß das Geschoß den Zügen folgt, der Mantel des Gewehrgeschosses bzw. das Führungsband des Artilleriegeschosses der Drehbeanspruchung gewachsen ist.

Drallgesetze anderer Autoren.

Sonstige Bedingungsgleichungen für den Drallwinkel α_e bzw. α wurden meistens in der Weise abgeleitet, daß der obige Ausdruck für den Stabilitätsfaktor σ der Kreiseltheorie zugrunde gelegt und durch irgendwelche Vereinfachungen dem praktischen Gebrauche angepaßt wurde. Von anderen, wie z. B. Kaiser und Heydenreich, wurden die Erfahrungen der Praxis in Tabellen oder Diagrammen zusammengefaßt.

1. Drallbedingung von N. Sabudski:

$$D^2 \cdot H^3 = D'^2 \cdot H'^3. \tag{22}$$

Dabei ist D die Enddrallänge (m) für das geplante Geschütz, H die Gesamtlänge (m) des zugehörigen Geschosses. D' bzw. H' dasselbe für ein Geschütz- und Geschoßsystem, bei dem sich die Stabilitätsverhältnisse praktisch gut bewährt haben.

2. Drallbedingung von E. Vallier:

$$\frac{v_e^2 \cdot \mathrm{tg}^2 \alpha_e}{H^3} = \mathrm{const}. \tag{23}$$

Dabei v_e die Mündungsgeschwindigkeit (m/sec); α_e der Enddrallwinkel (Grad); H die Geschoßlänge (in Kalibern) für das zu konstruierende Geschütz- und Geschoßsystem. Die Konstante soll aus den Werten v_e, α_e, H eines schon vorhandenen anderen Geschütz- und Geschoßsystems entnommen werden, das sich als geeignet erwiesen hat.

3. Drallbedingung von N. v. Wuich:

N. v. Wuich ging aus von den Rechnungsausdrücken für die Nutationsamplitude ε_1 und die Präzessionsamplitude ε_2 der Geschoßpendelungen. Es soll eine und dieselbe lineare Beziehung zwischen den beiden Amplituden ε_1 und ε_2 bestehen, $\varepsilon_1 + A\varepsilon_2 = B$, wobei die Konstanten A und B aus den Daten eines Normalgeschosses, und zwar für die am meisten benutzte Schußweite, zu ermitteln sind. Gegen diese Forderung ist einzuwenden, daß die beiden Amplituden sich keineswegs in dieser Weise nur addieren oder nur subtrahieren; die Präzessionsbewegung geht der Hauptsache nach auf der rechten Seite der Flugbahnvertikalebene vor sich, die Nutationsbewegungen dagegen verlaufen abwechselnd nach rechts und nach links. Mehrere Proben, die mit dem Wuichschen Gesetz durchgeführt wurden, haben in der Tat ergeben, daß leicht ungeeignete Werte für den Enddrallwinkel damit erhalten werden können. Die Beziehung ist die folgende:

$$x^2 - \frac{C_1}{C_2} \cdot \frac{v_0 \cdot v_e^3}{R\left(1 + \frac{h_r^2}{3}\right)(v_0 + v_e)^2} \cdot x + \frac{v_0^2}{C_2\left(1 + \frac{h_r^2}{3}\right)(v_0 + v_e)^2} = 0. \quad (24)$$

Dabei bedeutet x die gesuchte Enddrallänge in Kalibern; v_0 die Anfangsgeschwindigkeit in m/sec, v_e die Endgeschwindigkeit für eine mittlere Schußweite; $2R$ das Kaliber in m; h_r die reduzierte Länge des Geschosses, in Geschoßradien R gemessen, d. h. die Höhe eines mit dem Geschoß gleich schweren geraden Kreiszylinders von gleichem Querschnitt (nach v. Wuich kurz dadurch zu erhalten, daß von der wirklichen in Halbkalibern gemessenen Geschoßlänge 0,6 bis 0,8 abgezogen wird). C_1 und C_2 werden, wie erwähnt, empirisch ermittelt.

Beispiel (nach N. v. Wuich): Bei einem Geschütz mit $R = 0{,}0375$ m, $v_0 = 422{,}5$ m/sec, $h_r = 2{,}5$ hat sich sowohl für die Endgeschwindigkeit $v_e = 246$ m/sec auf mittlere Entfernung, wie für die Endgeschwindigkeit $v_e = 203$ m/sec auf große Entfernung eine Enddrallänge von 45 Kalibern bewährt. Unter Zugrundelegung des quadratischen Luftwiderstandsgesetzes und unter Voraussetzung einer konstanten Dichte des Geschoßmaterials soll die Drallänge ermittelt werden für ein Geschütz mit $R = 0{,}075$ m, $v_0 = 482$ m/sec, $h_r = 2{,}8$, v_e (auf mittlere Entfernung) $= 251$ m/sec.

Es ergibt sich $C_1 = -0{,}\overset{(8)}{0}414$, $C_2 = -0{,}\overset{(4)}{0}2113$. Daraus $x = 24{,}4$.

Übrigens ist zu der Wuichschen Formel (24) zu bemerken, daß nach dieser die beiden Konstanten C_1 und C_2 nicht von der gleichen Dimension sein können, vielmehr muß C_2 von der Dimension Null, C_1 von der Dimension einer reziproken Beschleunigung ($\mathrm{sec}^2 \cdot m^{-1}$) sein.

4. Greenhill hat auf Grund einer hydrodynamischen Arbeit von G. Green die folgende Stabilitätsbedingung aufgestellt:

$$\operatorname{tg} \alpha = \sqrt{(1 + h^2) \cdot \gamma \cdot 5\, J}, \quad (25)$$

wo zur Abkürzung gesetzt ist:

$$J = \frac{\frac{1}{h}\sqrt{(h^2-1)^3}}{h\sqrt{h^2-1} - \ln\left(h + \sqrt{h^2-1}\right)} \cdot \frac{\left(h + \frac{2}{h}\right) \cdot \sqrt{h^2-1} - 3\ln\left(h + \sqrt{h^2-1}\right)}{\left(h - \frac{2}{h}\right) \cdot \sqrt{h^2-1} + \ln\left(h + \sqrt{h^2-1}\right)}.$$

Das Geschoß ist dabei in Form eines verlängerten Rotationsellipsoids angenommen; h bedeutet die Geschoßlänge in Kaliber, α den Drallwinkel, γ ist das Verhältnis der Dichte der Luft zu der Dichte des Geschoßmaterials. Dieses Gesetz scheint, wie aus der Ableitung geschlossen werden muß, nur fur kleine Geschwindigkeiten bestimmt zu sein. Für J gibt Cundill eine Tabelle.

5. P. Charbonnier nimmt als Bedingung für den Drallwinkel:

$$\frac{C_1 \cdot \operatorname{tg} \varDelta_1}{m_1 \cdot (2\,R)_1 \cdot h_1\, i_1} = \frac{C_0 \cdot \operatorname{tg} \varDelta_0}{m_0 \cdot (2\,R)_0 \cdot h_0\, i_0}. \tag{26}$$

Dabei ist C_0 das Trägheitsmoment um die Längsachse, $\varDelta_0$ der Enddrallwinkel, m_0 die Geschoßmasse, $(2\,R)_0$ das Kaliber, h_0 die Geschoßhöhe, i_0 der Formkoeffizient für das Normalgeschoß. C_1, $\varDelta_1$, m_1, $(2\,R)_1$, h_1, i_1 bedeuten das Analoge für das neu zu verwendende Geschoß. Diese Beziehung soll gelten für zwei Geschosse mit ähnlichen Bahnen.

6. Rein empirische Regeln:

a) G. Kaiser empfiehlt folgende Wahl:

für Kanonen mit Geschossen von 2,5 bis 2,8 Kaliber Geschoßlänge:

45 bis 35 Kaliber Drallänge;

für Kanonen mit Geschossen von 3 bis 4 Kaliber Geschoßlänge:

35 bis 25 Kaliber Drallänge;

für Haubitzen und Mörser mit Geschossen von 2,5 bis 3 Kaliber Geschoßlänge:

35 bis 25 Kaliber Drallänge;

für Mörser mit Geschossen von 4 bis 5 Kaliber Geschoßlänge:

25 bis 15 Kaliber Drallänge.

b) W. Heydenreich gibt in seiner „Lehre vom Schuß“, II, 1908, S. 151 für Geschütze verschiedener Art Kurvendarstellungen, auf Grund von Versuchen der deutschen Artill.-Prüf.-Kommission.

Danach soll bei mittlerer Drehbeanspruchung des Geschosses (nämlich bei Flachbahngeschützen von 25 bis 30 Kaliber Rohrlänge mit einer Anfangsgeschwindigkeit v_0 des Geschosses zwischen 450 und 550 m/sec) der Enddrall 3,7; 6,1; 8,2; 10,1; 11,9 Grad betragen, falls die Geschoßlänge bzw. 2; 3; 4; 5; 6 Kaliber beträgt.

Ferner soll bei niedriger Drehbeanspruchung (d. h. bei Steilfeuergeschützen mit 9 bis 14 Kaliber Rohrlänge, v_0 zwischen 250 und 300 m/sec) ein Enddrallwinkel von bzw. 4,8; 8,2; 11; 13,4; 15,8 Grad notwendig und ausreichend sein, wenn die Geschoßlänge 2; 3; 4; 5; 6 Kaliber beträgt; nämlich bei etwas größeren Drallwinkeln bei sonst gleichen Umständen werde das Geschoß sich nicht mehr genügend in die Bahntangente einstellen, vielmehr mit seinem hinteren Ende auf dem Erdboden aufschlagen.

Endlich gibt Heydenreich für den Enddrallwinkel eine untere Grenze an, die auch für hohe Beanspruchung gelten soll: Bei bzw. 2; 3; 4; 5; 6 Kaliber Geschoßlänge soll der Enddrallwinkel mindestens 2,7; 4,7; 6,4; 7,9; 8,4 Grad betragen; wenn bei gleicher Geschoßlänge der Drallwinkel noch kleiner gewählt wird, werde das Geschoß nicht mehr genügend stabil geführt, sondern führe unzulässige Pendelungen aus und überschlage sich schließlich. Je größer v_0 gewählt ist, um so höher soll diese untere Grenze des Drallwinkels liegen.

c) F. W. Hebler gab in seinem Buch „Das kleinste Kaliber", Zürich 1886, Verlag von A. Müller, das folgende rein empirische Drallgesetz speziell für Infanteriegeschosse an.

Es soll sein

$$D = \frac{v_0 \cdot q^2}{a \cdot h}. \tag{27}$$

Dabei bedeutet: D die Enddrallänge in m; q den Querschnitt des Geschosses in mm²; v_0 die Anfangsgeschwindigkeit des Geschosses in m/sec; h die gesamte Geschoßlänge in mm; a ist 332000 bei Stahlmantel-Geschossen, dagegen 263000 bei Papierumhüllung des Geschosses.

1. Beispiel.

Kaliber 8 mm, also $q = 50$ mm²; $v_0 = 900$ m/sec; Geschoßlänge $h = 28$ mm; $a = 332000$ (Stahlmantel-Geschoß); es wird

$$D = \frac{900 \cdot 50^2}{332000 \cdot 28} = 0{,}24 \text{ m (gewählt ist } 0{,}250 \text{ m).}$$

2. Beispiel.

Kaliber 11 mm; also $q = 95$ mm²; $v_0 = 450$ m/sec; Geschoß mit Papierumhüllung, also $a = 263000$; Geschoßlänge $h = 27{,}5$ mm. Es wird

$$D = \frac{450 \cdot 95^2}{263000 \cdot 27{,}5} = 0{,}56 \text{ m (gewählt ist } 0{,}550 \text{ m).}$$

Danach scheint dieses Heblersche Gesetz ziemlich gute Näherungswerte zu liefern, und zwar auch für die neueren Geschoßformen. Völlig allgemein kann das Gesetz übrigens nicht wohl gültig sein.

§ 49. Bestimmung der Drallkurve und des Anfangsdrallwinkels.

Durch die in § 48 angestellten Überlegungen ist der Enddrallwinkel α_e der Züge festgelegt, falls ein veränderlicher Drall gewählt wird; und falls man sich für einen konstanten Drall entscheidet, ist der Enddrallwinkel α_e zugleich der durchgängige Drallwinkel α der Züge. Nunmehr entstehen die weiteren Fragen: welcher Drall bietet mehr Vorteile, der konstante Drall oder der veränderliche (Progressiv-) Drall?; und wenn ein Progressivdrall gewählt werden soll, welcher Art soll die Kurve $y = f(x)$ der ebenen Abwicklung der Züge sein und welchen Betrag soll der Anfangsdrallwinkel α_0 haben?

1. Über die Frage, ob ein konstanter oder ein veränderlicher Drall vorzuziehen sei, gehen die Ansichten auseinander. Als ein Nachteil des konstanten Dralls wird, z. B. von Justrow, angeführt, daß bei dieser Drallart das Geschoß anfangs zu stark

auf Drehung beansprucht wird: Der Leistendruck ist beim konstanten Drall im ersten Teil der Geschoßbewegung um 25 bis 30% größer als z. B. beim parabolischen Drall, speziell an der Stelle des Gasdruckmaximums mitunter um 100% größer. Später ist zwar der Leistendruck beim konstanten Drall kleiner als beim parabolischen Drall, aber später ist der Leistendruck für die Abnützung der Rohre und für das Verhalten und die Beanspruchung der Geschosse nicht mehr von der gleichen Bedeutung wie vorher, weil das Führungsband schon voll in den Zügen gefaßt hat und weil die übrigen Kräfte, die auf die Abnützung hinwirken, schon wesentlich heruntergegangen sind. Als ein Nachteil des Progressivdralls wird, z. B. von Kaiser, hervorgehoben, daß bei der Bewegung des Geschosses in der Bohrung des Rohrs der Drallwinkel fortwährend zunimmt und daß daher in das Führungsband eine breitere Furche eingeschnitten wird, als sie der Breite der Felder entspricht, weil die Geschoßleisten fortwährend verstellt und abgeschliffen werden. Kaiser ist deshalb für konstanten Drall. Heydenreich spricht die Vermutung aus, daß die Bedeutung des Progressivdralls mehr und mehr verschwinden werde. Justrow erklärt auf Grund seiner Erfahrungen, daß dem zuletzt angeführten Umstand (fortwährende Verstellung der Geschoßleisten bei Progressivdrall) keine große Bedeutung zukomme; und zwar selbst dann keine große, wenn zwei Führungsbänder, statt eines einzigen, verwendet werden; er tritt aus den erwähnten Gründen und weil nach den vielen Erfahrungen, die sich insbesondere auch auf den Weltkrieg beziehen, durch den Progressivdrall die Lebensdauer der Rohre erhöht werde, für die Verwendung von Progressivdrall (parabolischem Drall) ein; um so mehr, als auch mit Progressivdrall ein einwandfreier Geschoßflug ermöglich wird. Wir stimmen der Ansicht von Justrow zu.

Sicher scheint zu sein, daß für Gewehre der konstante Drall ausreicht (dieser macht auch die geringsten technischen Schwierigkeiten); ferner daß bei Geschützen, für die ein Progressivdrall vorgesehen wird, die Wahl der speziellen Drallkurve eine unwesentliche Rolle spielt, daß es also ziemlich belanglos ist, ob als ebene Abwicklung $y = f(x)$ der Drallkurve eine Parabel oder ein Kreis oder dgl. gewählt wird, wenn nur zwischen dem bestimmten Anfangsdrallwinkel α_0 und dem bestimmten Enddrallwinkel α_e der variable Drallwinkel α stetig und monoton wächst.

Terquem will die Drallkurve derart bestimmen, daß der Leistendruck N konstant bleibt: In Gleichung (16) hatte sich für den Leistendruck ergeben

$$N = \frac{G}{g} \cdot \frac{\varrho^2}{R^2} \cdot \frac{1}{\cos\alpha - \nu \cdot \sin\alpha} \cdot \left(\frac{dv}{dt} \cdot \operatorname{tg}\alpha + v^2 \cdot \frac{d \operatorname{tg}\alpha}{dx} \right).$$

Hier wird $\cos\alpha - \nu \cdot \sin\alpha$ näherungsweise $= 1$ gesetzt. Wegen Gleichung (11) ist dann die Bedingung $N = \text{const}$ identisch mit der Bedingung $\frac{d^2\varphi}{dt^2} = \text{const}$.

Nun war $R \cdot \frac{d\varphi}{dt} = v \cdot \operatorname{tg}\alpha$. Somit ist

$$\frac{d^2\varphi}{dt^2} = \frac{1}{R} \cdot \frac{d(v \cdot \operatorname{tg}\alpha)}{dt} = \frac{1}{R} \cdot \frac{d(v \cdot \operatorname{tg}\alpha)}{dx} \cdot v .$$

Also soll sein $v \cdot d(v \cdot \operatorname{tg}\alpha) = C \cdot dx$, wo C eine Konstante bedeutet; und da $dx = \frac{dy}{\operatorname{tg}\alpha}$ ist, so ergibt sich durch Integration

$$(v \cdot \operatorname{tg}\alpha)^2 = 2 \cdot C \cdot y ;$$

denn für $y = 0$ ist $v = 0$. Also wird die gesuchte ebene Abwicklung der Drallkurve durch Integration der folgenden Differentialgleichung zwischen x und y gewonnen:

$$\frac{dy}{\sqrt{y}} = \sqrt{2C} \cdot \frac{dx}{v} .$$

Kennt man folglich v in Funktion von x — etwa durch Rücklaufmessungen oder durch eine rechnerische Näherungslösung gemäß Abschn. 8 —, so läßt sich aus der Gleichung $2\sqrt{y} = \sqrt{2C} \cdot \int \frac{dx}{v(x)}$ die Beziehung zwischen x und y durch ein graphisches oder mechanisches Integrationsverfahren gewinnen.

Wegen der begangenen Vernachlässigung kann der Leistendruck nicht genau, sondern nur angenähert konstant sein. Der Haupteinwand aber, der gegen die Entwicklungen von Terquem zu erheben ist, bezieht sich darauf, daß die anfängliche Beanspruchung des Geschosses (bei dessen Einpressen in die Züge) keine Berücksichtigung gefunden hat. In dem nachfolgenden Zahlenbeispiel zu dem Vorschlag von Terquem ist dementsprechend ebenfalls die Beanspruchung beim Einpressen unberücksichtigt geblieben.

Beispiel.

Für ein Geschütz seien die folgende Daten angenommen: Kaliber 7,5 cm, Weg des Geschoßbodens 1,945 m, Länge des gezogenen Teils 1,889 m; Mündungsgeschwindigkeit des Geschosses 509 m/sec; Geschoßgewicht 6,05 kg; Geschoßlänge 4 Kal., Druckverhältnis 0,518; höchster Gasdruck 1800 at; Enddrallwinkel $\alpha_e = 7^0$; Anfangsdrallwinkel $\alpha_0 = 3^0\,42{,}5'$. Damit ergeben sich die folgenden Werte für die Winkelgeschwindigkeit φ', die Winkelbeschleunigung φ'', den Leistendruck N und für den Zugwiderstand $N(\sin\alpha + \nu \cdot \cos\alpha)$, wie sie resp. zu den Geschoßwegen 0,23; 0,46; 1,82 m gehören: a) bei parabolischem Drall, b) bei konstantem Drall, c) bei der sog. Kurve gleichen Leistendrucks (Berechnung durch Hörer Oblt. Günther).

	a) bei parabolischem Drall			b) bei konstantem Drall		
Winkelgeschwindigkeit . . .	412	660	$1620 \cdot \text{sec}^{-1}$	704	1028	$1640\ \text{sec}^{-1}$
Winkelbeschleunigung . . .	293000	295000	$318000 \cdot \text{sec}^{-2}$	436200	335500	$114700\ \text{sec}^{-2}$
Leistendruck .	3790	3830	4120 kg	5800	4460	1520 kg
Zugwiderstand .	940	980	1220 kg	1090	840	290 kg

c) Bei Annahme der sog. Kurven gleichen Leistendrucks wird in dem betr. Punkte der Leistendruck $N =$ resp. 3922; 3869; 3940 kg. Dieser Druck erweist sich also nur annähernd als konstant; und im Punkt der maximalen beschleunigenden Kraft ist dieser „konstante“ Leistendruck höher als der kleinste Leistendruck beim parabolischen Drall. — Bei letzterem nimmt die Winkelbeschleunigung zunächst zu bis zum Maximum von ca. 295000 sec^{-2}, sie verringert sich alsdann wieder etwas und wächst alsdann wieder bis 318000; das Maximum von φ'' tritt erheblich später ein, als das Maximum der Translationsbeschleunigung x''.

2. Der Anfangsdrallwinkel α_0. Dieser pflegt gegenüber dem Enddrallwinkel α_e (s. § 48) so bemessen zu werden, daß die Winkelbeschleunigung $\frac{d^2\varphi}{dt^2}$ des Geschosses (die für Beanspruchung auf Abquetschen des Führungsbands bestimmend ist) nicht gleichzeitig ihr Maximum erhält mit der Translationsbeschleunigung $\frac{d^2x}{dt^2}$ des Geschosses (von der die Beanspruchung des Geschosses auf Stauchung abhängt), und daß $\frac{d^2\varphi}{dt^2}$ nicht gegen das Ende des Rohrs hin zu hoch ansteigt. Das Verhältnis $\alpha_0 : \alpha_e$ hängt also von der Verbrennungsweise des Pulvers ab. W. Heydenreich und Justrow fordern deshalb mit Recht, daß der Anfangsdrallwinkel α_0 um so kleiner gewählt werde, je schärfer das Pulver ist. Was die quantitative Bestimmung anlangt, so gibt W. Heydenreich an, aus den Erfahrungen der deutschen Artillerie abgeleitet zu haben, daß die nachfolgende Wahl von $\alpha_0 : \alpha_e$ die günstigste sei:

$$\alpha_0 : \alpha_e = 2{,}00 \cdot \eta - 2{,}84 \cdot \eta^2 + 1{,}84 \cdot \eta^3, \tag{28}$$

wofür meistens genügend genau gesetzt werden könne

$$\alpha_0 : \alpha_e \doteq 0{,}21 + 0{,}65 \cdot \eta . \tag{28a}$$

Bei dieser Wahl von α_0 gegenüber α_e sei dafür gesorgt, daß das Geschoß nicht gleichzeitig auf Stauchung infolge von Trägheit und Rohrverengung und auf Abwürgen maximal beansprucht wird; und da α_e aus der Stabilitäts- und Folgsamkeitsbedingung (§ 48) für den Flug des Geschosses in der freien Luft ermittelt ist, so ist damit der Anfangsdrallwinkel α_0 selbst bekannt. Dabei ist η das früher besprochene Maß für die Brisanz des Pulvers bei dessen Verwendung in der betr. Waffe; η = mittlerer Gasdruck dividiert durch den Maximalgasdruck.

Zehnter Abschnitt.

Rückstoß und Rücklauf. Raketeneffekt.

§ 50. Einleitende Bemerkungen. Bezeichnungen.

Beim Durchgang des Geschosses durch das Rohr wirkt der Druck der Pulvergase auf alle Innenflächen des Rohrs und Geschosses zwischen Geschoßboden und Stoßboden; und zwar ist, falls zunächst von einer Bewegung der verbrannten und unverbrannten Ladung abgesehen wird, dieser Druck auf jedes cm^2 gleich groß. Es sei angenommen, daß das Geschoß vollkommen abdichte; der Querschnitt des gezogenen Teils einschließlich der Züge betrage q cm^2; der Gasdruck auf 1 cm^2 sei zur Zeit t gleich p kg; und das Rohr besitze genügende Festigkeit, um auch dem Maximalgasdruck standzuhalten. Dann ist der resultierende Gasdruck, der das Geschoß nach vorne treibt, $P = qp$ kg. Ebenso groß ist alsdann der resultierende Gasdruck, der auf das Rohr in der entgegengesetzten Richtung, also nach rückwärts ausgeübt wird.

Dieser letztere Druck äußert sich darin, daß, wenn das Rohr eine starre Hinterlage besitzt, diese Hinterlage gedrückt wird, wenn dagegen das Rohr frei zurücklaufen kann, dem Rohr eine Beschleunigung nach rückwärts erteilt wird.

Im ersteren Fall ist die Kraft, die auf die starre Hinterlage ausgeübt wird, zur Zeit t gleich P selbst. Z. B. bei einem Geschütz von 7,5 cm Kaliber, in dem der Maximalgasdruck 3000 kg/cm^2 beträgt, ist der Höchstwert jener Druckkraft $3000 \cdot 45 = 135\,000$ kg. Wenn also die unmittelbar angrenzende Hinterlage des Rohrs aus Holz besteht, mit einer Bruchfestigkeit von 300 kg/cm^2, so wird diese festgehaltene Hinterlage zerdrückt, falls sie in dem unmittelbar betroffenen Teil einen Querschnitt von weniger als $\frac{135\,000}{300} = 450\,cm^2$ besitzt.

Im zweiten Fall, dem des freien Rücklaufs, sei die Masse des Geschosses m, diejenige des Rohrs M; die Geschwindigkeit des Geschosses nach vorwärts sei zu irgend einer Zeit t gleich v, die Geschwindigkeit des Rohrs nach rückwärts V; die zugehörigen Wege von Geschoß und Rohr seien von der Ruhelage aus x bzw. X; der Reibungswiderstand zwischen Geschoß und Rohr betrage W. Dann ist in der Richtung der Seelenachse

nach vorwärts: $$m\frac{dv}{dt} = P - W;$$

nach rückwärts: $$M \cdot \frac{dV}{dt} = P - W.$$

Somit ist die beschleunigende Kraft auf das Geschoß und auf das Rohr gleich groß, nämlich

$$m\frac{dv}{dt} = M\frac{dV}{dt},$$

und da für $t = 0$, $v = 0$, $V = 0$, $x = 0$, $X = 0$ ist, so hat man

$$mv = MV,$$
$$mx = MX.$$

Seine größte Geschwindigkeit v_e erhält das Geschoß beim Austritt des Geschoßbodens aus der Mündung (oder vielmehr, wegen der Nachwirkung der mit dem Geschoß austretenden Pulvergase, eine sehr kurze Zeit nachher). Dementsprechend ist die größte Geschwindigkeit, mit der das Rohr zurückläuft, $V_e = v_e \cdot \frac{m}{M}$. Diese Geschwindigkeit würde das Rohr weiterhin beibehalten, wenn es keinen Widerstand erfahren würde. Tatsächlich wird die Bewegungsenergie des Rohrs durch Reibung oder durch andere Widerstände aufgezehrt (bei den älteren Geschützen nach einer Strecke von 5 m oder mehr).

Der Rückstoßdruck auf eine feste Hinterlage wird zu vermeiden gesucht wegen der starken Beanspruchung des Materials auf Festigkeit.

Andererseits verbietet sich aber auch ein großer Rücklaufweg des ganzen Geschützes, und zwar entweder durch die Rücksicht auf die Raumverhältnisse, wie z. B. in Panzertürmen und auf Schiffen, oder durch die Rücksicht auf die Erfordernisse einer raschen Bedienung des Geschützes, da ein Geschütz, das weit zurückläuft, nach jedem Schuß mit Aufwendung von Zeit und Mühe wieder in die Feuerstellung vorgebracht und, weil es seine Richtung verloren hat, nach Seite und Höhe von neuem gerichtet werden muß.

Es gilt also, beides zu vermeiden und dem Geschütz oder dem Rohr allein einen mäßig großen Rücklauf zu ermöglichen, der so groß ist, daß die Festigkeit nicht leidet, und so klein ist, daß eine Neueinstellung nach jedem Schuß höchstens in geringem Maße erforderlich wird. Die diesbezüglichen Bestrebungen gehen sehr weit zurück. Es handelt sich der Hauptsache nach um die folgenden Maßnahmen:

1. Bei den Lafetten der Feldartillerie:

a) Festbremsen der Räder (Radreifenbremsen oder Nabenbremsen). Dadurch wird wenigstens die rollende Reibung in gleitende Reibung verwandelt, also der Reibungskoeffizient vergrößert.

b) Anwendung eines in Spatenform angeordneten Sporns, der sich beim Schuß in den Erdboden eingräbt und auf diese Weise den Rücklauf beschränkt. Der Sporn befindet sich entweder und meistens am Lafettenschwanz oder an der Achse; teilweise ist der Sporn umlegbar, damit er auf zu festem Erdboden ausgeschaltet werden kann.

c) Verwendung von Lafetten- oder neuerdings besonders von Rohrbremsen: Reibungs- oder Feder- oder Druckluft- oder neuerdings besonders Flüssigkeitsbremsen, entweder innerhalb der röhrenförmig gestalteten Lafette angebracht oder am Sporn (Federsporn) oder jetzt meistens zwischen Rohr und Lafette.

2. Bei den Räderlafetten der Belagerungs- und Festungsartillerie:

a) Benützung von Hemmkeilen. Hinter die Räder gelegt, dienen die Keile als schiefe Ebene, auf die das Geschütz hinaufläuft. Sie dienen gleichzeitig dazu, das Geschütz wieder in die Feuerstellung vorlaufen zu lassen. Beim Rücklauf wird die Bewegungsenergie des Geschützes in Energie der Lage umgewandelt. Ein ähnlicher Gedanke, nämlich Hebung des Gesamtschwerpunkts beim Rücklauf, liegt auch den Verschwindelafetten zugrunde.

b) Anwendung von Flüssigkeitsbremsen; also Umsetzung der lebendigen Kraft des rücklaufenden Rohrs in Energie der Flüssigkeitsbewegung und schließlich in Wärme.

3. Bei den Rahmenlafetten:

Die Oberlafette mit dem Rohr läuft auf der ansteigenden schiefen Ebene einer rahmenförmigen Unterlafette ohne Räder aufwärts.

Wir betrachten im folgenden einige der eben erwähnten Maßnahmen in aller Kürze in Beziehung auf ihre rechnerischen Verhältnisse und verweisen im übrigen auf die Literatur der Lafettenkonstruktion (vgl. Lit.-Note), insbesondere auf die Arbeiten von Laurent, Uchard, P. Wostrowsky, Putz, E. Vallier, W. Kühn, P. Sock, J. Challéat, A. Collon, de Stefano und besonders F. Rausenberger.

[Aus Laienkreisen sind wiederholt Vorschläge gemacht worden, wonach der Rückstoß vollständig vermieden werden könne. Es braucht hier kaum erwähnt zu werden, daß der Rückstoß dadurch nicht abgeändert wird, daß man den Stoßboden spitz zulaufend anordnet, und daß der Rücklauf des Rohrs höchstens dann ganz aufgehoben wäre, wenn nach hinten zu aus dem Rohr eine mit dem Geschoß gleiche Masse mit gleicher Geschwindigkeit oder eine m-fache Masse mit einer Geschwindigkeit gleich $\frac{1}{m}$ der Geschoßgeschwindigkeit ausgestoßen würde; der letztere Vorschlag sollte für das Schießen aus Flugzeugen gelten. Es sei nochmals angeführt, daß durch die Anwendung eines Maximschen Knalldämpfers sich der Rückstoß um einen gewissen Betrag vermindert, und bei diesem Anlaß sei darauf aufmerksam gemacht, daß in der ausländischen Literatur, besonders der amerikanischen, vielfach eine Mündungsbremse Erwähnung findet. Diese besteht aus einer auf die Mündung aufgesetzten, mit einer abgerundeten Kammer versehenen Vorrichtung, bei der die Pulvergase, ehe das Geschoß die zentrale Bohrung der Mündungsbremse verläßt, in turbinenschaufelartigen Flächen nach der Seite und zum Teil sogar nach rückwärts abgelenkt werden. Dadurch soll die Rücklaufgeschwindigkeit des Rohrs erheblich herabgemindert sein. Über diesen Gegenstand vergleiche man z. B. den lehrreichen, mit interessanten photographischen Aufnahmen versehenen Aufsatz von P. Charbonnier[1]); Rateau hat nach der Theorie der

[1]) La veine gazeuse. Mém. de l'Art. franc. 1922, Bd. I, S. 1001.

Dampfturbinen die Verhältnisse der Mündungsbremse von Galliot und Bory rechnerisch verfolgt.]

Bezeichnungen.

Es bedeutet: G das Gewicht des Geschosses (kg); L das Gewicht der Treibladung (kg); G_r (kg) das Gewicht des Rohrs; G_w (kg) Gewicht der Wiege; G_g (kg) Gewicht des Geschützes.

x denjenigen Weg (m) des Geschoßbodens im Rohr bezüglich des Erdbodens, der bis zu der beliebigen Zeit t sec in Richtung der Seelenachse zurückgelegt ist, positiv nach der Mündung zu gerechnet;

speziell x_e (m) den Weg des Geschoßbodens bezüglich des Erdbodens, bis zum Austritt des Geschoßbodens aus der Mündung, nach der Zeit t_e vom Beginn der Geschoßbewegung ab.

x' (m) den Weg des Geschoßbodens bis zur Zeit t entlang des Rohrs und bezüglich des Rohrs, positiv nach vorne zu gemessen;

speziell x'_e denselben Weg bis zum Geschoßbodenaustritt aus der Mündung; also x_e' gleich der Länge l des Rohrs von der Ruhelage des Geschoßbodens im Rohr ab bis zur Mündung;

v (m/sec) die Geschwindigkeit des Geschosses im Rohr zur Zeit t sec oder nach dem Weg x (m) des Geschoßbodens im Raum, positiv gerechnet von der Ruhelage aus nach der Mündung zu und gemessen bezüglich des festen Raums; also bedeutet, bei Verwendung von 2 Meßgittern zur experimentellen Ermittlung der Geschoßgeschwindigkeit, die Größe v diejenige Geschwindigkeit, die erhalten wird, wenn die Gitter mit dem Erdboden fest verbunden sind (nicht mit dem zurücklaufenden Rohr);

speziell v_e dieselbe Geschoßgeschwindigkeit bezüglich des Raumes beim Durchgang des Geschoßbodens durch die Mündung; oder $v_e =$ sog. Mündungsgeschwindigkeit.

v' (m/sec) die Geschwindigkeit des Geschosses entlang des Rohrs nach der Mündung zu, zur Zeit t oder nach dem Geschoßweg x (m) bezüglich des Raums, jedoch v' gemessen bezüglich des Rohrs, also z. B. in der Weise ermittelt, daß die beiden Meßgitter des Funkenchronographen mit dem zurücklaufenden Rohr fest verbunden zu denken sind (nicht mit dem Erdboden);

speziell v'_e (m/sec) dieselbe Geschwindigkeit des Geschosses bezüglich des Rohrs für den Augenblick des Geschoßbodenaustritts aus der Mündung.

Ferner sei: X (m) der Weg des Rohrs nach rückwärts, gemessen bezüglich des Raums, für den Augenblick t, in dem das Geschoß im Raum um x (m) nach vorne gegangen ist;

speziell X_e (m) derselbe Rohrweg für den Augenblick des Geschoßbodenaustritts;

V (m/sec) die Geschwindigkeit des Rohrs, nach rückwärts positiv gerechnet, gemessen bezüglich des festen Raums, und zwar für den Augenblick, in dem das Geschoß um x (m) nach vorne, das Rohr um X (m) nach rückwärts im Raum gegangen ist;

speziell V_e (m/sec) die Rohrgeschwindigkeit nach rückwärts für den Augenblick des Geschoßbodenaustritts.

Es ist dann

$$x' = x + X; \quad \text{speziell} \quad x_e' = l = x_e + X_e; \tag{1}$$

$$v' = v + V; \quad \text{„} \quad v_e' = v_e + V_e. \tag{2}$$

§ 51. Das Rohr allein für sich; freier wagrechter Rücklauf; Rohrschwerpunkt in der Seelenachse.

In diesem einfachen Fall, der zunächst betrachtet werde, soll das Rohr wagrecht auf glatter Unterlage ruhen; so daß das zur Seelenachse senkrechte Gewicht von Rohr und Geschoß durch den Gegendruck der Unterlage aufgehoben ist. Das Geschoß dichte die Pulvergase vollkommen ab; vom Luftwiderstand werde abgesehen. Entlang der Seelenachse ist alsdann keine äußere Kraft vorhanden, bis das Geschoß aus der Mündung austritt. Folglich bleibt bis dahin der Gesamtschwerpunkt zwischen Rohr, Geschoß und Ladung in Ruhe. Bezüglich der Bewegung der Ladung werde nämlich näherungsweise die Hypothese von Sébert zugrunde gelegt, die sich noch immer als für die Praxis ausreichend erwiesen hat; danach kann angenommen werden, die Bewegung gehe so vor sich, wie wenn die eine Hälfte der Ladung $\left(\frac{L}{2}\right)$ mit dem Geschoß nach vorwärts, die andere Hälfte mit dem Rohr nach rückwärts gehe.

Es ist alsdann:

$$\left(G + \frac{L}{2}\right)x = \left(G_r + \frac{L}{2}\right)X; \quad \text{speziell} \quad \left(G + \frac{L}{2}\right)x_e = \left(G_r + \frac{L}{2}\right)X_e; \tag{3}$$

$$\left(G + \frac{L}{2}\right)v = \left(G_r + \frac{L}{2}\right)V; \quad \text{speziell} \quad \left(G + \frac{L}{2}\right)v_e = \left(G_r + \frac{L}{2}\right)V_e. \tag{4}$$

Mit Rücksicht auf (1) und (2) ergibt sich daraus:

$$x = x' \cdot \frac{G_r + \frac{L}{2}}{G_r + G + L}, \quad \text{speziell} \quad x_e = l \cdot \frac{G_r + \frac{L}{2}}{G_r + G + L}; \tag{5}$$

$$\left.\begin{aligned} X &= x' \cdot \frac{G + \frac{L}{2}}{G_r + G + L} = x \frac{G + \frac{L}{2}}{G_r + \frac{L}{2}}; \\ \text{speziell} \quad X_e &= l \cdot \frac{G + \frac{L}{2}}{G_r + G + L} = x_e \cdot \frac{G + \frac{L}{2}}{G_r + \frac{L}{2}}; \end{aligned}\right\} \tag{6}$$

$$v = v' \cdot \frac{G_r + \frac{L}{2}}{G_r + G + L}, \quad \text{speziell} \quad v_e = v_e' \cdot \frac{G_r + \frac{L}{2}}{G_r + G + L}; \tag{7}$$

$$\left.\begin{aligned} V &= v' \cdot \frac{G + \frac{L}{2}}{G_r + G + L} = v \frac{G + \frac{L}{2}}{G_r + \frac{L}{2}}; \\ \text{speziell} \quad V_e &= v_e' \cdot \frac{G + \frac{L}{2}}{G_r + G + L} = v_e \cdot \frac{G + \frac{L}{2}}{G_r + \frac{L}{2}}. \end{aligned}\right\} \tag{8}$$

Beispiel. Rohrgewicht $G_r = 11\,000$ kg; Geschoßgewicht $G = 54$ kg; Ladungsgewicht $L = 20$ kg; die Mündungsgeschwindigkeit des Geschosses sei bezüglich des Erdbodens gemessen zu $v_e = 900$ m/sec; der ganze Geschoßbodenweg im Rohr bis zur Mündung betrage $x_e' = l = 4$ m.

Es ist

$$X_e = 4 \cdot \frac{54 + 10}{11\,000 + 54 + 20} = 0{,}02 \text{ m}; \quad x_e = 4 \cdot \frac{11\,000 + 10}{11\,000 + 54 + 20} = 3{,}98 \text{ m},$$

also ist $x_e + X_e = 3{,}98 + 0{,}02 = 4 = l$.

Ferner

$$V_e = 900 \cdot \frac{54 + 10}{11\,000 + 10} = 5 \text{ m/sec}; \quad v_e' = 900 \cdot \frac{11\,000 + 54 + 20}{11\,000 + 10} = 905 \text{ m/sec};$$

also ist $v_e' = v_e + V_e = 900 + 5 = 905$.

Wegen der Nachwirkung der Pulvergase auf das Geschoß — worüber zuerst die nordamerikanischen Physiker Crehore und Squier experimentelle Untersuchungen angestellt haben, vgl. Band III — ist die Geschwindigkeit V_e, die das Rohr im Augenblick des Geschoßbodenaustritts aus der Mündung nach rückwärts angenommen hat, nicht das Maximum V_{max} der Rücklaufgeschwindigkeit, vielmehr erhält diese noch einen kleinen Zuwachs $V_{max} - V_e$. Man nimmt in der Ballistik vorläufig, ehe eine genauere Gesetzmäßigkeit feststeht, nach dem Vorgang von F. Krupp an, daß

$$V_{max} = \frac{G + \beta L}{G_r + \frac{1}{2} L} \cdot v_e, \tag{9}$$

wo β je nach der Größe des Mündungsgasdrucks zwischen 1,6 und 3 liegt und, wenn keine weitere Ermittlung darüber zur Verfügung steht, $\beta = 2{,}5$ gewählt wird.

Der erwähnte Geschwindigkeitszuwachs ist alsdann, da

$$V_e = \frac{G + 0{,}5\,L}{G_r + 0{,}5\,L} \cdot v_e$$

war,

$$V_{\max} - V_e = v_e \cdot \frac{L \cdot (\beta - 0{,}5)}{G_r + \frac{1}{2} L}\,.$$

Die Zeit t', während deren diese Nachwirkung noch andauert, nachdem das Geschoß ausgetreten ist, berechnet E. Vallier folgendermaßen: Er setzt voraus, daß die Abspannung des Drucks p der austretenden Pulvergase nach einer linearen Funktion der Zeit vor sich gehe,

$$p = p_e\left(1 - \frac{t}{t'}\right).$$

Die Bewegungsgleichung des Rohrs nach dem Austritt des Geschosses ist alsdann

$$\frac{G_r + \frac{1}{2} L}{g} \cdot \frac{dV}{dt} = p \cdot R^2 \pi = p_e R^2 \pi \left(1 - \frac{t}{t'}\right).$$

Integriert man diese Gleichung nach der Zeit t, wobei man letztere von dem Augenblick des Geschoßbodenaustritts ab rechnet, so wird, da für $t = 0$ $V = V_e$ ist,

$$V = \frac{dX}{dt} = \frac{p_e R^2 \pi g}{G_r + \frac{1}{2} L}\left(t - \frac{t^2}{2t'}\right) + V_e\,.$$

Nach der Zeit $t = t'$ soll die Nachwirkung der Gase aufgehört haben, also $V = V_{\max}$ geworden sein, also ist

$$t' = 2 \cdot \frac{G_r + \frac{1}{2} L}{g R^2 \pi p_e}(V_{\max} - V_e) = \frac{2L}{g} \cdot \frac{v_e(\beta - 0{,}5)}{p_e R^2 \pi}\,. \tag{10}$$

Die nochmalige Integration ergibt diejenige Wegstrecke σ, die das Rohr nach erfolgtem Geschoßaustritt noch weiter nach rückwärts zurüchgelegt, bis die Nachwirkung der Gase aufgehört hat, also $t = t'$ geworden ist. Es wird

$$\sigma = \frac{p_e R^2 \pi g}{G_r + \frac{1}{2} L} \cdot \Big|_{t=0}^{t=t'} \left(\frac{t^2}{2} - \frac{t^3}{6\,t'}\right) + V_e \cdot \Big|_0^{t'} t, \quad \text{also}$$

$$\sigma = \frac{p_e R^2 \pi g\, t'^2}{G_r + \frac{L}{2}} \frac{}{3} + V_e\, t'. \tag{11}$$

Dieser weitere Weg, zusammen mit dem aus (6) sich ergebenden Rohrweg X_e bis zum Geschoßaustritt, liefert den gesamten Rücklaufweg $X_n = \sigma + X_e$ des Rohrs bis zu dem Augenblick, in dem die Nachwirkung der Pulvergase aufhört:

$$X_n = l \cdot \frac{G + \frac{L}{2}}{G_r + G + L} + \frac{p_e R^2 \pi g}{G_r + \frac{L}{2}} \cdot \frac{t'^2}{3} + V_e t'; \tag{12}$$

dabei folgt V_e aus Gl. (8).

§ 52. Das Rohr allein für sich; wagrechter Rücklauf bei konstanter Bremskraft B_1 (kg).

Es möge nun, gegenüber dem vorhergehenden Falle, angenommen sein, daß der Rücklauf des Rohres kein freier sei, sondern daß das Rohr unter der Wirkung einer konstanten Widerstandskraft B_1 zurücklaufe, die parallel der wagrechten Seelenachse gerichtet ist; z. B. denke man sich das Rohr in einem Schlitten gelagert (Gewicht des Rohrs samt Schlitten G_r kg); der Schlitten weiche in einer wagerechten rauhen Gleitbahn zurück und erfahre dabei einen Reibungswiderstand B_1 kg.

Zur beliebigen Zeit t, die von dem Beginn der Bewegung des Rohrs und des Geschosses ab gerechnet werde, ist die Geschwindigkeit des Rohrs nach rückwärts gleich V, seine Beschleunigung $\frac{dV}{dt}$. Auf das Rohr wirkt der ganze Druck $P = p \cdot R^2 \pi$ (kg) der Pulvergase nach rückwärts; in entgegengesetzter Richtung, also nach vorn, wirkt auf das Rohr der Widerstand W, den das Geschoß auf das Rohr ausübt, ferner die äußere Bremskraft B_1. Da die Masse der rücklaufenden Teile $\frac{G_r + \frac{1}{2} L}{g}$ ist, hat man

$$\frac{G_r + \frac{1}{2} L}{g} \frac{dV}{dt} = P - W - B_1.$$

Auf das Geschoß wirkt nach der Mündung zu der Druck P der Pulvergase, in entgegengesetzter Richtung der Widerstand W, den das Geschoß im Rohr erfährt, also

$$\frac{G + \frac{1}{2} L}{g} \frac{dv}{dt} = P - W.$$

Man hat folglich, da für $t = 0$, $v = 0$, $V = 0$ ist,

$$\frac{G_r + \frac{1}{2} L}{g} \cdot V = \frac{G + \frac{1}{2} L}{g} \cdot v - B_1 \cdot t. \tag{13}$$

Speziell für den Augenblick des Geschoßbodenaustritts aus der Mündung, der nach t_e sec erfolgt, ist die Rücklaufgeschwindigkeit des Rohrs

$$V_e = v_e \frac{G + \frac{1}{2} L}{G_r + \frac{1}{2} L} - \frac{B_1 \cdot g}{G_r + \frac{1}{2} L} \cdot t_e. \tag{14}$$

Diese Rücklaufgeschwindigkeit des Rohrs beim Geschoßaustritt ist also jetzt kleiner als im Fall 1 eines bremsungsfreien Rücklaufs, und zwar um den Betrag $\frac{B_1 \cdot g}{G_r + \frac{1}{2} L} \cdot t_e$. Der Gesamtschwerpunkt zwischen Rohr, Geschoß und Ladung ist in diesem Fall nicht mehr in Ruhe, wie in dem früheren Fall, sondern er ist nach der Mündung zu gewandert; im Augenblick des Geschoßaustritts hat der Gesamtschwerpunkt eine Geschwindigkeit gleich dem vorhin erwähnten Betrag angenommen.

Die entsprechenden Wegstrecken erhält man durch eine nochmalige Integration. Es ist $V = \frac{dX}{dt}$, $v = \frac{dx}{dt}$, also wird

$$X = x \cdot \frac{G + \frac{1}{2} L}{G_r + \frac{1}{2} L} - \frac{B_1 \cdot g}{G_r + \frac{1}{2} L} \cdot \frac{t^2}{2}. \tag{15}$$

Speziell für den Augenblick des Geschoßaustritts ist der Rohrweg

$$X_e = x_e \frac{G + \frac{L}{2}}{G_r + \frac{L}{2}} - \frac{B_1 \cdot g}{G_r + \frac{L}{2}} \cdot \frac{t_e^2}{2}. \tag{16}$$

Das Rohr ist somit jetzt um einen geringeren Betrag nach rückwärts gegangen als im Fall des ungebremsten Rücklaufs, nämlich geringer um $\frac{B_1 \cdot g}{G_r + \frac{L}{2}} \cdot \frac{t_e^2}{2}$.

Da $x_e = l - X_e$ ist, läßt sich auch schreiben

$$X_e = l \cdot \frac{G + \frac{L}{2}}{G_r + G + L} - \frac{B_1 \cdot g}{G_r + G + L} \cdot \frac{t_e^2}{2}, \tag{17}$$

$$x_e = l \cdot \frac{G_r + \frac{L}{2}}{G_r + G + L} + \frac{B_1 \cdot g}{G_r + G + L} \cdot \frac{t_e^2}{2}. \tag{18}$$

Der Weg, um den der Gesamtschwerpunkt in der Richtung nach der Mündung zu vorgerückt ist, bis der Geschoßboden aus der Mündung austritt, hat den Betrag

$$\frac{B_1 \cdot g}{G_r + G + L} \cdot \frac{t_e^2}{2}.$$

Beispiel. Weg des Geschoßbodens im Rohr (oder nahezu die Länge des gezogenen Teils des Rohrs) sei $l = 1$ m; Rohrgewicht $G_r = 250$ kg; Geschoßgewicht $G = 100$ kg; Ladungsgewicht 0,40 kg; Mündungsgeschwindigkeit des Geschosses bezüglich des Erdbodens $v_e = 120$ m/sec; Zeit bis zum Geschoßbodenaustritt $t_e = 0{,}01$ sec; als Bremskraft sei ferner der Reihe nach angenommen $B_1 = 20000$, 40000, 60000 kg.

a) $B_1 = 20000$ kg.

Es wird

$$V_e = 120 \cdot \frac{100 + 0{,}2}{250 + 0{,}2} - \frac{20000 \cdot 9{,}81}{250 + 0{,}2} \cdot 0{,}01 = 48 - 7{,}8 = 40{,}2 \text{ m/sec},$$

$$X_e = 1 \cdot \frac{100 + 0{,}2}{250 + 100 + 0{,}4} - \frac{20000 \cdot 9{,}81}{250 + 100 + 0{,}4} \cdot \frac{1{,}01^2}{2} = 0{,}286 - 0{,}028 = 0{,}258 \text{ m}.$$

Wenn die Bremskraft in gleicher Stärke anhält, so kommt, nachdem das Geschoß aus der Mündung ausgetreten ist, das Rohr schließlich zur Ruhe nach einem weiteren Rücklaufweg ξ (m), der sich daraus berechnet, daß durch die Arbeit $B_1 \xi$ (mkg) der Bremskraft die lebendige Kraft des Rohrs vollständig aufgezehrt, d. h. in andere Energieform umgesetzt ist, also aus

$$\frac{G_r}{g} \cdot \frac{V_e^2}{2} = B_1 \xi.$$

Es ist also $\xi = \dfrac{250 \cdot 40{,}2^2}{2 \cdot 9{,}81 \cdot 20000} = 1$ m. Der gesamte Rücklaufweg ist alsdann $X_e + \xi = 1{,}258$ m.

b) $B_1 = 40000$ kg.

Es wird

$$V_e = 48 - 15{,}7 = 32{,}3 \text{ m/sec},$$
$$X_e = 0{,}286 - 0{,}056 = 0{,}23 \text{ m},$$
$$\xi = 0{,}05 \text{ m};$$

also der ganze Rücklaufweg $X_e + \xi = 0{,}73$ m, bis das Rohr zur Ruhe kommt.

c) $B_1 = 60000$ kg.

Es wird

$$V_e = 48 - 23{,}5 = 24{,}5 \text{ m/sec},$$
$$X_e = 0{,}286 - 0{,}084 = 0{,}20 \text{ m},$$
$$\xi = 0{,}33 \text{ m};$$

also der ganze Rücklaufweg, bis das Rohr in Ruhe ist,

$$X_e + \xi = 0{,}20 + 0{,}33 = 0{,}53 \text{ m}.$$

Dabei ist vorausgesetzt, daß durch die Bremskraft B_1, bei den Beträgen von B_1 zwischen 20000 und 60000 kg, die Art der Pulververbrennung nicht wesentlich abgeändert wird; es ist dies nicht ohne weiteres selbstverständlich; dann da die Rücklaufgeschwindigkeit V_e des Rohrs sich dabei von 40,2 auf 24,5 m/sec abändert, wäre es schließlich denkbar, daß hierdurch die Art der Pulververbrennung eine etwas andere wird.

Nunmehr soll auch noch die Nachwirkung der Pulvergase Berücksichtigung finden. Die Zeit t rechnen wir jetzt von dem Augenblick des Geschoßbodenaustritts ab und schreiben die Be-Bewegungsgleichung des Rohrs während der Ausströmungsperiode an. Auf das Rohr wirkt nach rückwärts die Reaktionskraft der aus der Mündung ausströmenden Gase, in entgegengesetzter Richtung die Bremskraft B_1; also ist

$$\frac{G_r + \frac{1}{2} L}{g} \cdot \frac{dV}{dt} = p_e R^2 \pi \left(1 - \frac{t}{t'}\right) - B_1.$$

Die Integration gibt

$$V = V_e + \frac{p_e R^2 \pi g}{G_r + \frac{L}{2}} \left(t - \frac{t^2}{2t'}\right) - \frac{B_1 \cdot g}{G_r + \frac{L}{2}} \cdot t; \tag{19}$$

denn beim Geschoßaustritt, also für $t = 0$, ist $V = V_e$, wobei gemäß (14)

$$V_e = v_e \frac{G + \frac{L}{2}}{G_r + \frac{L}{2}} - \frac{B_1 \cdot g}{G_r + \frac{L}{2}} \cdot t_e .$$

Setzt man in (19) $t = t'$, so erhält man die maximale Rohrgeschwindigkeit $V'_{\max}$, wie sie am Ende der Nachwirkung der Pulvergase vorliegt, nämlich

$$V'_{\max} = v_e \frac{G + \frac{L}{2}}{G_r + \frac{L}{2}} - \frac{B_1 \cdot g}{G_r + \frac{L}{2}} (t_e + t') + \frac{p_e R^2 \pi g}{G_r + \frac{L}{2}} \cdot \frac{t'}{2} . \tag{20}$$

Durch nochmalige Integration von (19) erhält man den weiteren Rücklaufweg σ, den das Rohr vom Augenblick des Geschoßbodenaustritts ab bis zum Aufhören der Nachwirkung der Pulvergase zurücklegt, es wird

$$\sigma = V_e \cdot t' + \frac{p_e R^2 \pi g}{G_r + \frac{L}{2}} \cdot \frac{t'^2}{3} - \frac{B_1 \cdot g}{G_r + \frac{L}{2}} \cdot \frac{t'^2}{2} . \tag{21}$$

Fügt man hierzu den Rücklaufweg (17) hinzu, der bis zum Geschoßaustritt reicht, und führt wiederum den Ausdruck (14) ein, so hat man damit den ganzen Rohrweg bis zu dem Augenblick, in dem die Pulvergase aufgehört haben, auf das Rohr zu drücken:

$$X_n' = l \frac{G + \frac{L}{2}}{G_r + G + L} - \frac{B_1 g}{G_r + G + L} \cdot \frac{t_e^2}{2} - \frac{B_1 g}{G_r + \frac{L}{2}} \cdot \frac{t'^2}{2}$$
$$+ \left(v_e \frac{G + \frac{L}{2}}{G_r + \frac{L}{2}} - \frac{B_1 g}{G_r + \frac{L}{2}} \cdot t_e \right) t' + \frac{p_e R^2 \pi g}{G_r + \frac{L}{2}} \cdot \frac{t'^2}{3} ,$$

oder angenähert

$$X_n' = l \cdot \frac{G + \frac{L}{2}}{G_r + G + L} - \frac{B_1 g}{G_r + \frac{L}{2}} \cdot \frac{(t_e + t')^2}{2} + \frac{p_e R^2 \pi g}{G_r + \frac{L}{2}} \cdot \frac{t'^2}{3} + v_e \frac{G + \frac{L}{2}}{G_r + \frac{L}{2}} \cdot t' . \tag{22}$$

§ 53. Über die Wirkung des Rückstoßes auf die Lafette bei den älteren Geschützen mit Rohrschildzapfen ohne Sporn.

Bei diesen Geschützen liegt das Rohr (s. Abb. 29) mit seinen 2 Schildzapfen Z in festen Lagern der Lafette. Denkt man sich die Lafette selbst starr festgehalten und jegliches Spiel in den Schildzapfenlagern usw. ausgeschlossen, so müßte der ganze Druck der Pulvergase von der Lafette des Geschützes aufgenommen werden. In ähnlicher Weise würde bei einem Gewehr, dessen Schaftende gegen eine Mauer gestützt wird, der ganze Gasdruck auf den Schaft übertragen werden; ist der Höchstgasdruck in dem 8-mm-Gewehr beim Schuß z. B. 3000 kg/cm² und der Querschnitt der Seele 0,5 cm², die Bruchgrenze des Schaftholzes bei dessen Beanspruchung auf Druck 300 kg/cm², so würde der das Rohr des Gewehrs unmittelbar stützende Teil des Schaftes einen Druck von 1500 kg auszuhalten haben, müßte also mindestens einen Querschnitt von 5 cm² besitzen, wenn kein Splittern des Schaftes eintreten soll.

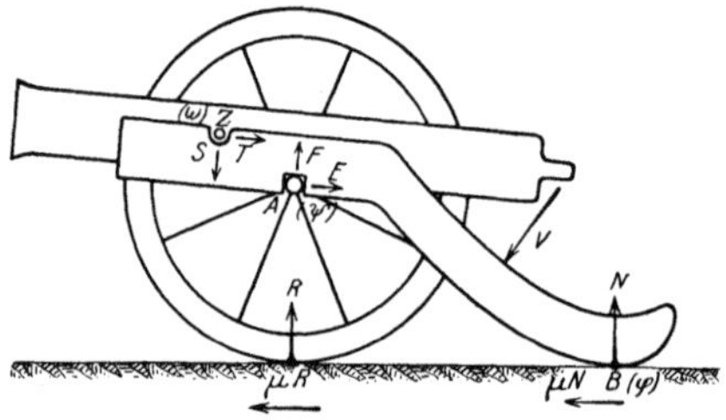

Abb. 29.

In Wirklichkeit weicht das Gewehr beim Schuß an der Schulter etwas zurück, ebenso kann das Geschütz zurückgleitend und zurückrollend ausweichen; infolge davon wird der Schaft des Gewehrs, bzw. die Lafette des Geschützes weniger stark auf Deformation beansprucht, indem diese Teile unter der Wirkung des Gasdrucks Beschleunigungen nach rückwärts erhalten; die zugehörigen lebendigen Kräfte werden schließlich durch die Widerstände aufgezehrt.

Die Drücke, die die einzelnen Teile der Lafette eines solchen Geschützes erleiden, und die Bewegungen, die im einzelnen sich ergeben, hat zuerst (1838) S. D. Poisson eingehend berechnet (s. Lit.-Note; Formules relatives aux effets du tir sur les différentes parties de l'affut. Paris 1838). Da es zu jener Zeit noch nicht möglich war, den Gasdruckverlauf in genügender Weise messend zu verfolgen, beschränkte sich Poisson darauf, das Zeitintegral eines solchen Drucks zu ermitteln, der auf irgendeinen Teil der Lafette während der Zeit ausgeübt wird, in der der Gasdruck überhaupt wirkt, also der Hauptsache nach während der Zeit des Geschoßdurchgangs durch das Rohr. Dieses Zeitintegral ist eine Bewegungsgröße. In der Richtung der Seelenachse nach der Mündung zu ist diese Bewegungsgröße gleich dem Produkt mv_e aus der Geschoßmasse m und der Geschwindigkeit v_e des Geschosses bei dessen Austritt aus der Mündung; sie ist auch gleich derjenigen Bewegungsgröße, die im entgegengesetzten Sinn dem ganzen System von Rohr und Lafette samt den Rädern durch die Wirkung des Pulvergasdrucks mitgeteilt wird.

Poisson berechnet also die Stoßdrücke auf die verschiedenen

Teile der Lafette; die Komponente S und T des Schildzapfendrucks, die Komponenten E und F des Drucks in der Radachse, den Druck V auf die Richtschraube, den Gegendruck R des Bodens im Auflagerpunkt eines Rads und die zugehörige Reibung μR, den Gegendruck N des Bodens im Auflagerprodukt des Lafettenschwanzes und die zugehörige Reibung μN.

Sodann werden zwei Fälle unterschieden. Erstens der Fall, daß die Räder auf dem Erdboden bleiben, daß also R positiv ausfällt. Man erhält die Gleichungen für R, N, μN, V, S, T, E, F. Hierbei handelt es sich um zwei Unterfälle: a) daß das Rohr sich nicht in den Schildzapfenlagern Z dreht, also daß der Druck V auf die Richtschraube positiv wird; b) daß das Rohr selbst eine Winkelgeschwindigkeit ω um die Schildzapfen erhält (V negativ).

Der zweite Fall ist der, daß die Räder sich vom Erdboden abheben (R negativ) und daß infolge davon das Geschütz eine Winkelgeschwindigkeit φ um den Auflagerpunkt B des Lafettenschwanzes erhält. Auch hier die beiden Unterfälle: a) V positiv, also das Rohr hat keine Eigendrehung; somit werden berechnet: φ, V, T, S, E, F, N und die Winkelgeschwindigkeit ψ der Räder um die Radachse; b) $V \gtreqless 0$; das Rohr selbst gewinnt, abgesehen von dem Bucken des Geschützes, noch seinerseits eine Winkelgeschwindigkeit ω um die Schildzapfen; es werden also berechnet: φ, ω, ψ, S, T, E, F, N.

Dieser zweite Fall wird weiter verfolgt: die Räder heben sich bis zu einer bestimmten Grenze vom Erdboden ab und drehen sich; zugleich läuft die Lafette horizontal zurück; dann fallen die sich drehenden Räder wieder nieder; der Lafettenschwanz hebt sich seinerseits vom Boden ab, usf. abwechslungsweise nacheinander.

Später hat P. Wostrowsky (1897/98) die Aufgabe in anderer Weise eingehend behandelt. Wir beschränken uns hier darauf, auf diese Untersuchungen und deren Gedankengang aufmerksam zu machen.

§ 54. Älteres Geschütz mit Rohrschildzapfen und mit Sporn.

Wieder möge das Rohr in festen Schildzapfen lagern. Aber es sei zur Verringerung des Rücklaufs die Drehung der Räder durch Festbremsen derselben aufgehoben; außerdem trage der Lafettenschwanz einen spatenartigen Sporn, der sich beim Schuß in die Bettung eingräbt.

Auf das Geschütz als Ganzes wirken folgende Kräfte: der Gasdruck P in Richtung der Seelenachse nach rückwärts (Si die Mitte der Schildzapfen); das Gewicht G_g des Geschützes, in dessen Schwerpunkt S angreifend; der Gegendruck R der Bettung im Auflagerpunkt B des Rads; endlich im Stützpunkt C des Sporns der wagrechte, bzw.

lotrechte Gegendruck H, bzw. V der Bettung. Der Stützpunkt C habe den wagrechten Abstand b von S; CB sei $= l$; das Lot von C auf die verlängerte Seelenachse sei a. Wir unterscheiden zwei Fälle.

a) Erster Fall; die Räder heben sich beim Schuß nicht vom Boden ab, der Druck R sei positiv (Abb. 30). Jetzt muß der in der Seelenachse gerichtete Gasdruck in seiner horizontalen Komponente vom Sporn aufgenommen werden; die vertikale Komponente des Gasdrucks und das Geschützgewicht werden dazu dienen, den Lafettenschwanz und damit den Sporn, ferner die Räder in die Bettung einzupressen. Wenn die Rohrerhöhung ε genügend groß ist, werden die Bedingungen für Stabilität des Geschützes erfüllt sein; diese bestehen darin, daß in vertikaler und in horizontaler Richtung eine Verschiebung nicht möglich ist, und daß auch keine Drehung um irgendeinen Punkt des Geschützes, z. B. um den Stützpunkt C des Sporns eintritt:

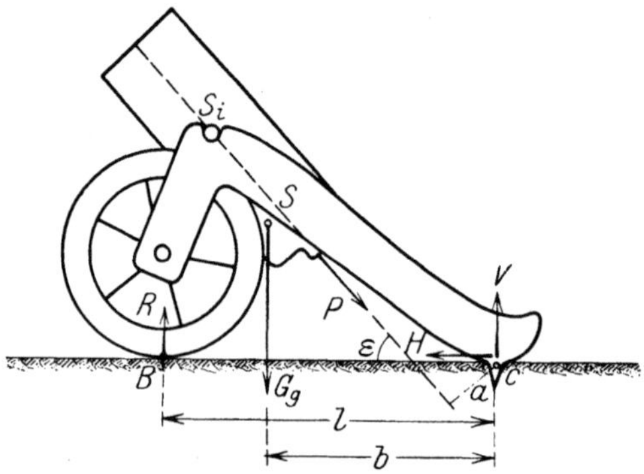

Abb. 30.

$$\text{vertikal:} \quad R + V = P \sin\varepsilon + G, \tag{23}$$

$$\text{horizontal:} \quad H = P \cos\varepsilon, \tag{24}$$

$$\text{Momentensumme um } C\text{:} \quad Rl = G_g \cdot b + P \cdot a. \tag{25}$$

b) Wenn die Erhöhung ε des Rohrs kleiner und kleiner vorausgesetzt wird, so wird schließlich $P \cdot a$ Null und negativ; damit wird vermöge der Gl. (25) der Gegendruck R auf die Räder kleiner und kleiner. Dieser wird Null, wenn (s. Abb. 31)

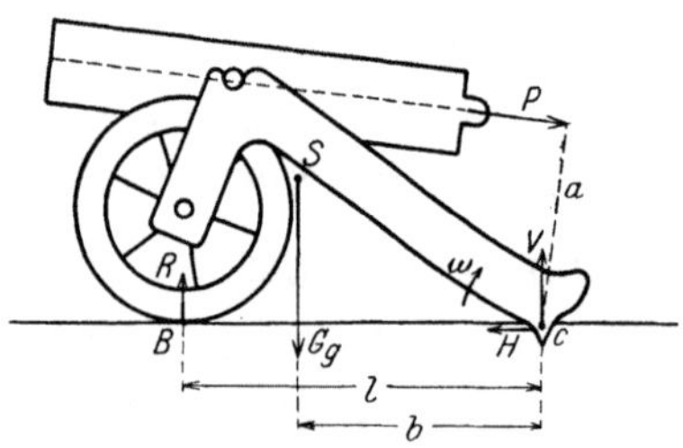

Abb. 31.

$$G_g b = Pa. \tag{26}$$

Ist ε noch kleiner, so wird in der Gl. (25) $R \cdot l$ negativ, d. h. man hat alsdann eine Winkelgeschwindigkeit ω des Geschützes um C, ein Bocken des Geschützes (zweiter Fall). Das Trägheitsmoment des Geschützes um eine wagerechte Querachse durch C sei J, so ist

$$J \cdot \frac{d\omega}{dt} = Pa - G_g \cdot b, \tag{27}$$

oder, da nahezu $P = \frac{G}{g} \cdot \frac{dv}{dt}$ ist (G in kg das Geschoßgewicht, v die Geschoßgeschwindigkeit in m/sec), so hat man für den Augenblick des Geschoßaustritts, für den $t = t_e$, $v = v_e$, $\omega = \omega_e$ sein möge:

$$J \cdot \omega_e = \frac{G}{g} a v_e - G_g \cdot b \cdot t_e. \tag{28}$$

Hieraus läßt sich ω_e berechnen. Der Schwerpunkt des Geschützes hebt sich dabei auf eine Höhe h, die man daraus gewinnt, daß die kinetische Energie $\frac{J\omega_e^2}{2}$ sich umwandelt in eine Energie der Lage $G_g h$. Also ist h zu berechnen aus:

$$h = \frac{J\omega_e^2}{2\, G_g}. \tag{29}$$

(Streng genommen ändern sich bei der Hebung b und a etwas, aber meist wird diese Näherungsberechnung genügen.)

Beispiel. $G = 8$ kg; $G_g = 900$ kg; $b = 1{,}75$ m; $l = 1{,}95$ m; $\varepsilon = 5^0$; $a = -0{,}9$ m; $v_e = 550$ m/sec; $p_{\max} = 2800$ kg/cm². Das Trägheitsmoment um die Querachse durch den Schwerpunkt S sei $= 11$ (mkgsec²), um die Querachse durch den Spornstützpunkt C sei das Trägheitsmoment $J = 335$ (mkgsec²); $t_e = 0{,}01$ sec; Querschnitt der Seele $R^2\pi = 44{,}5$ cm²; eine Eigendrehung des Rohrs sei ausgeschlossen.

Dann ist der Maximalwert des Gasdrucks $P = 2800 \cdot 44{,}5 = 124500$ kg; also nach Gl. (24) der Maximalwert des Horizontalschubs $H = 124500 \cdot \cos 5^0 = 124000$ kg.

Ferner ergibt sich das Maximum von R aus: $R \cdot 1{,}95 = 900 - 124500 \cdot 0{,}9$. Folglich wird R negativ, d. h. die Räder werden gehoben. Die entstehende Winkelgeschwindigkeit ω_e folgt aus:

$$335 \cdot \omega_e = \frac{8}{9{,}81} \cdot 0{,}9 \cdot 550 - 900 \cdot 1{,}75 \cdot 0{,}01; \quad \omega_e = 1{,}16 \text{ sec}^{-1}.$$

Folglich berechnet sich h aus:

$$\frac{335}{2} \cdot 1{,}16^2 = 900 \cdot h; \qquad h = 0{,}25 \text{ m} = 25 \text{ cm}.$$

Auf diese Höhe „springt“ also das Geschütz, d. h. so hoch heben sich die Räder; sie fallen dann wieder auf, usw.

§ 55. Geschütz mit Rohrschildzapfen und Rahmenlafette; die Lafette läuft auf schiefer Unterlage zurück.

Der Horizontalneigungswinkel der schiefen Bettung, auf der die Lafette in Schlittenführung zurückläuft, sei α; die Rohrerhöhung ε. Wieder betrachten wir nur die Kräfte, die auf das Geschütz als Ganzes wirken; diese sind: Der Gasdruck P in Richtung der Seelenachse; der Gegendruck N der schiefen Ebene; die zugehörige Reibung μN auf dieser Ebene; das Geschützgewicht G_g.

Falls das Geschütz auf der schiefen Ebene nicht kippt, — und die Bedingung dafür ist $P \cdot a \leqq G_q \cdot b$, vgl. Abb. 32 —, besteht

Gleichgewicht zwischen den Kräften senkrecht zur schiefen Ebene; also ist

$$N = P \sin(\alpha + \varepsilon) + G_g \cos\alpha . \tag{30}$$

Parallel zur schiefen Ebene sei zur Zeit t nach Beginn der Bewegung die Geschwindigkeit des Geschützes gleich u, so ist

$$\frac{G_g}{g} \cdot \frac{du}{dt} = P \cos(\alpha + \varepsilon) - G_g \sin\alpha - \mu N.$$

Dabei ist angenähert $P = \frac{G}{g} \cdot \frac{dv}{dt}$, wo G das Geschoßgewicht und v die Geschoßgeschwindigkeit zur Zeit t bedeutet. Für den Augenblick des Geschoßaustritts aus der Mündung, also für $t = t_e$, sei $u = u_e$ und ist $v = v_e$. Damit und mit Rücksicht auf Gl. (30) hat man:

$$\frac{G_g}{g} \cdot u_e = \frac{G}{g} v_e \cos(\alpha + \varepsilon) - G_g \sin\alpha \cdot t_e - \mu \frac{G}{g} v_e \sin(\alpha + \varepsilon) - \mu G_g \cos\alpha \cdot t_e,$$

oder

$$\frac{G_g}{g} \cdot u_e = \frac{G}{g} v_e (\cos(\alpha + \varepsilon) - \mu \sin(\alpha + \varepsilon)) - G_g \cdot t_e (\sin\alpha + \mu \cos\alpha). \tag{31}$$

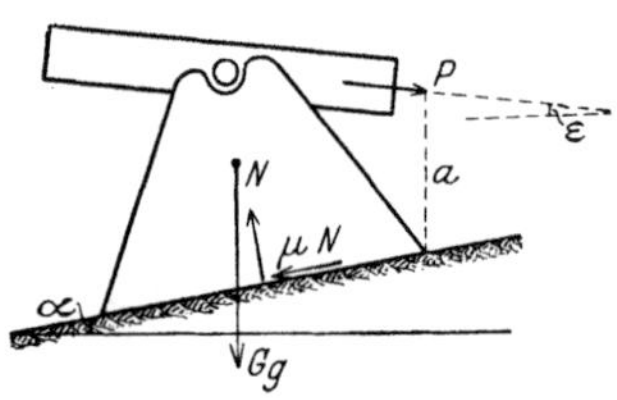

Abb. 32.

Daraus wird u_e erhalten. Die Kraft P wird jetzt, oder vielmehr eine sehr kurze Zeit darauf, Null; und das Geschütz geht mit abnehmender Geschwindigkeit weiter schief aufwärts. Die Höhe H (m), um die sich der Geschützschwerpunkt weiterhin hebt, sowie die Weglänge l, die auf der schiefen Ebene aufwärts zurückgelegt wird, bis das Geschütz zur Ruhe kommt, ergibt sich dann (angenähert) aus:

$$u_e^2 = 2\,g\,H = 2\,g\,l \sin\alpha. \tag{32}$$

Beispiel. $G_g = 900$ kg; $\alpha = 10^0$; $\varepsilon = 5^0$; $t_e = 0{,}01$ sec; $P_{\max} = 124500$ kg; $G = 8$ kg; $v_e = 550$ m/sec; $\mu = 0{,}18$.

Aus Gl. (30) folgt:

$$N_{\max} = 124500 \cdot \sin(10^0 + 5^0) + 900 \cdot \cos 10^0 = 32200 + 886 = \sim 33100 \text{ kg}.$$

Aus Gl. (31) folgt:

$$\frac{900}{9{,}81} \cdot u_e = \frac{8}{9{,}81} \cdot 550\,(\cos 15^0 - 0{,}18 \sin 15^0) - 900 \cdot 0{,}01\,(\sin 10^0 + 0{,}18 \cos 10)$$
$$= 412 - 3{,}1_5 = \sim 409; \quad \text{also } u_e = 4{,}46 \text{ m/sec}.$$

Aus Gl. (32) folgt: $H = \frac{4{,}46^2}{2 \cdot 9{,}81} = 1{,}01$ m; $l = \frac{1{,}01}{\sin 10} = 5{,}9$ m.

§ 56. Die neueren Rohrrücklaufgeschütze mit hydraulischer Bremse und Luftvorholer; die auf das Rohr und auf die Lafette wirkenden Kräfte.

Das Rohr selbst besitzt keine Schildzapfen; es läuft vielmehr in einer Oberlafette, der „Wiege" zurück, wobei der Rücklauf des Rohrs durch eine Flüssigkeitsbremse gebremst wird. Nach dem Schuß wird das Rohr wieder in seine ursprüngliche Lage zurückgebracht durch eine Feder oder besser durch Preßluft, deren Spannung durch den Rücklauf des Rohrs geeignet vermehrt worden war. Der Oberlafette und damit dem Rohr kann jede gewünschte Erhöhung ε gegen die Horizontale erteilt werden; zu diesem Zweck ist diese Oberlafette, die Wiege, mittels Drehzapfen auf der Unterlafette schwingbar angeordnet. Die Unterlafette ist entweder auf der Bettung verankert, wie z. B. bei den Pivot-Lafetten und Sockel-Lafetten der Küsten- und Schiffsgeschütze, oder ist sie wenigstens während des Schießens auf der Unterlage einseitig festgehalten, z. B. bei den Rädergeschützen mittels eines Sporns am Lafettenschwanz.

Wir betrachten die Kräfte, die auf das Rohr, auf die Gesamtlafette und auf die Wiege allein entfallen.

Um die Vorstellungen zu fixieren, sei beispielsweise angenommen, daß der Bremszylinder mit der Wiege fest verbunden sei, so daß der rücklaufende Teil aus dem Rohr mit dem Verschluß und mit der Kolbenstange des Bremszylinders bestehe; das Gewicht dieses Teils, kurz Rohrgewicht genannt, sei G_r, sein Schwerpunkt S_r; das Gewicht der Gesamtlafette sei G_l, der zugehörige Schwerpunkt S_l; das Gewicht des ganzen Geschützes G_g, der Gesamtschwerpunkt S_g.

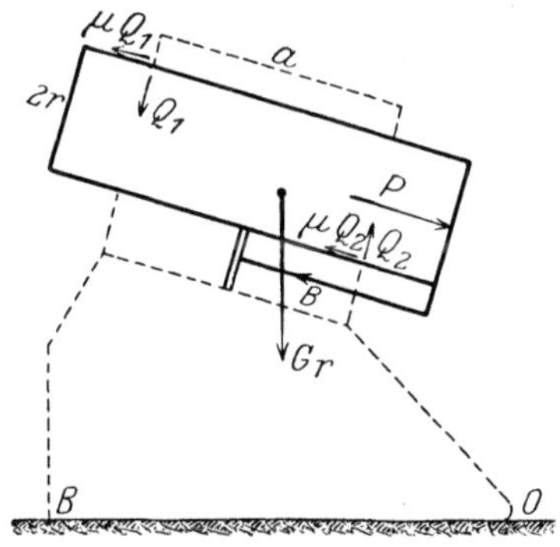

Abb. 33.

a) Die Kräfte auf das Rohr (samt Verschluß und Kolbenstange); vgl. Abb. 33. In der Richtung der Seelenachse nach rückwärts wirkt auf das Rohr der Gasdruck P, wenigstens während des ersten Teils der Rücklaufbewegung; ferner wirkt vertikal abwärts das Rohrgewicht G_r; weiter der Widerstand B der hydraulischen Bremse und des Luftvorholers in der Richtung der Seelenachse nach vorn; sodann die Auflagerdrücke Q_1 und Q_2, die an dem vorderen bzw. hinteren Ende der Wiege von dieser auf das Rohr senkrecht zur Seelenachse ausgeübt werden; endlich die zugehörigen Reibungen μQ_1 und μQ_2 in Richtung der Seelenachse, entgegen der Rücklaufbewegung, also nach vorne.

Diese 7 Kräfte P, G_r, B, Q_1, Q_2, μQ_1, μQ_2 sollen keine Bewegung des Rohrs bezüglich der Wiege senkrecht zur Seelenachse hervorbringen, vielmehr soll das Rohr lediglich in der Führung der Wiege zurücklaufen können; ebenso soll keine Drehung des Rohrs um irgendeinen Punkt der Wiege möglich sein. Dazu ist nötig, daß erstens die algebraische Summe alle Kräfte senkrecht zur Seelenachse Null ist, also

$$Q_1 - Q_2 + G_r \cos\varepsilon = 0, \tag{33}$$

ferner, daß die Summe der Momente der Kräfte um irgendeinen Punkt, z. B. um den Rohrschwerpunkt S_r Null ist, also

$$P \cdot d + B \cdot c + \mu Q_2 r_2 - \mu Q_1 r_1 = Q_1 y + Q_2(a - y); \tag{34}$$

dabei sind $d, c, r_1, r_2, y, a - y$ die Abstände des Rohrschwerpunkts S_r bzw. von den Wirkungslinien der Kräfte P, B, μQ_1, μQ_2, Q_1, Q_2; also d der Abstand des Punktes S_r von der Seelenachse; c derselbe von der Achse der Bremskolbenstange; r_1 und r_2 derselbe von der oberen bzw. unteren Grenze der Innenfläche der Geradführung, y derselbe von dem vorderen Ende der Geradführung, a die Länge der letzteren (in der Zeichnung ist angenommen, daß S_r im Innenteil der Geradführung, und zwar unterhalb der Seelenachse angreift, so daß d, r_1, r_2, y, $a - y$ positiv sind).

Die Gleichungen (33) und (34) liefern die Drücke Q_1 und Q_2, folglich auch die Gesamtreibung $R_1 = \mu(Q_1 + Q_2)$, die das Rohr erfährt. Es wird

$$Q_1 = \frac{P \cdot d + B \cdot c + G_r \cos\varepsilon\,(\mu r_2 - a + y)}{a + \mu \cdot 2 \cdot d}; \quad Q_2 = \frac{Pd + Bc + G_r \cos\varepsilon\,(y + \mu r_1)}{a + \mu \cdot 2 \cdot d};$$

also Reibung

$$R_1 = \mu(Q_1 + Q_2) = \mu \cdot \frac{2\,Pd + 2\,Bc + G_r \cos\varepsilon\,(2\,y - a + \mu r_1 + \mu r_2)}{a + 2\,d\mu}. \tag{35}$$

Hier ist y mit dem Rücklauf veränderlich. Ist nämlich der anfängliche Abstand des Rohrschwerpunkts von der vorderen Grenze der Geradführung y_0 und der jeweilige Rücklauf X, so ist

$$y = y_0 + X;$$

außerdem ist in dem Ausdruck (35) die Größe P und im allgemeinen auch B veränderlich. In der Richtung der Seelenachse findet kein Gleichgewicht der Kräfte statt, sondern geht gerade die (anfangs beschleunigte, später verzögerte) Rücklaufbewegung des Rohrs vor sich, um die es sich handelt. Die zugehörige Differentialgleichung dieser Rohrbewegung wird weiter unten betrachtet werden.

b) Die Kräfte auf die Gesamtlafette. Die Lafette möge in ihrem hinteren unteren Punkt O drehbar auf der Unterlage befestigt sein, dagegen im vorderen Punkt A frei auf der Unterlage aufruhen. Die auf die Lafette wirkenden Kräfte sind alsdann (vgl. Abb. 34): die von der Wirkung des Rohrs auf die Gleitbahn herrührenden Druckkräfte Q_1 und Q_2, sowie die zugehörigen Reibungskräfte μQ_1

und μQ_2; ferner der Bremswiderstand B der Flüssigkeitsbremse und des Luftvorholers; weiter das Gewicht G_l der Lafette, und endlich die Auflagerdrücke N_1 in O und N_2 in A und die Horizontalschubkraft T in O.

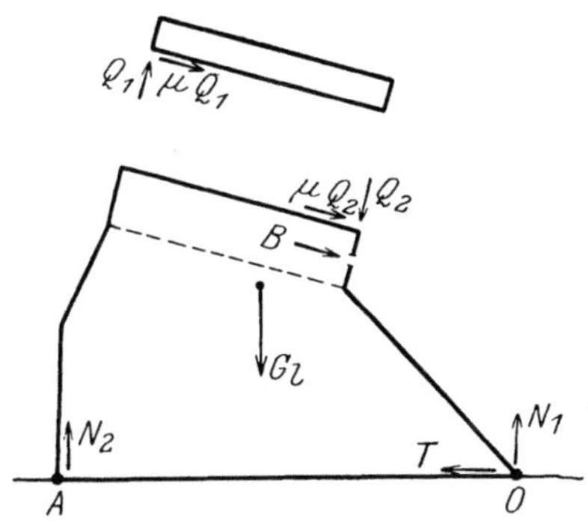

Abb. 34.

Die Rohrerhöhung sei wiederum ε; die Abstände des festen Drehpunkts O von den Wirkungslinien der Kräfte N_2, G_l, B, Q_1, Q_2, μQ_1, μQ_2 seien bzw.

$n, \ s_l, \ e, \ q_1, \ q_2, \ \varrho_1, \ \varrho_2;$

so hat man die folgenden drei Gleichungen als Bedingungen dafür, daß die Lafette stille steht, daß sie also weder in vertikaler noch in horizontaler Richtung verschoben wird, noch auch eine Drehung um O erfährt:

vertikal: $$N_1 + N_2 = G_l + B \sin\varepsilon + (Q_2 - Q_1)\cos\varepsilon + \mu(Q_1 + Q_2)\sin\varepsilon; \tag{36}$$

horizontal: $$T = B\cos\varepsilon + \mu(Q_1 + Q_2)\cos\varepsilon + (Q_1 - Q_2)\sin\varepsilon; \tag{37}$$

Momentensumme um O:

$$N_2 \cdot n + B \cdot e + Q_1 q_1 - Q_2 q_2 + \mu Q_1 \varrho_1 + \mu Q_2 \varrho_2 = G_l \cdot s_l. \tag{38}$$

Dies sind drei Gleichungen zur Ermittlung von N_1, N_2 und T.

Mit Hilfe der obigen Gleichungen (36) bis (38) erhält Rausenberger die folgende bemerkenswert einfache Gleichung für den Auflagerdruck N_2 im Punkt A. Der Wert von N_2 gibt dabei durch sein Vorzeichen an, ob die Lafette beim Schuß dauernd in A aufliegt ($N_2 = +$) oder sich in A von der Unterlage abhebt ($N_2 = -$):

$$N_2 = \frac{1}{n}\left[G_g \cdot s_g - P \cdot d - h\,(B' + R_1 - G_r \cdot \sin\varepsilon)\right]. \tag{39}$$

Dabei ist $G_g = G_r + G_l$ das Gesamtgewicht des Geschützes, s_g der horizontale Abstand des Gesamtschwerpunkts vom Drehpunkt O, also gegeben durch $G_r \cdot s_r + G_l \cdot s_l = G_g \cdot s_g$; P wie bisher der Gasdruck in kg; d die Entfernung des Rohrschwerpunkts von der Seelenachse (positiv, wenn dieser Rohrschwerpunkt S_r unterhalb der Seelenachse liegt); B der Bremswiderstand der Flüssigkeitsbremse und des Vorholers; R_1 die Gesamtreibung $\mu(Q_1 + Q_2)$ des Rohrs in der Geradführung der Wiege; h die Entfernung des Drehpunktes O von der Parallelen zur Seelenachse durch den Rohrschwerpunkt S_r.

Wenn es sich um ein Rädergeschütz handelt, also A den Auflagerpunkt des Rades, O den Stützpunkt des Lafettensporns bedeutet, der sich bereits in den Erdboden eingegraben habe, so bedeutet $N_2 > 0$ die Bedingung dafür, daß beim Schuß die Räder sich nicht vom Boden abheben, daß also das Geschütz nicht „bockt“.

c) Die Kräfte auf die Wiege allein. Im vorhergehenden wurde die Lafette als Ganzes behandelt. Sie besteht aus der Oberlafette, der „Wiege“, die dazu dient, das Rohr geradlinig zu führen, und aus der Unterlafette, die zur Verankerung des Geschützes dient. Beide Teile sind, falls das Rohr nicht eine und dieselbe Erhöhung z. B. von 45^0 beibehalten soll, sondern beliebige Erhöhungen ε muß annehmen können, durch zwei wagerechte Schildzapfen Z und durch die Höhenrichtmaschine schwenkbar miteinander verbunden.

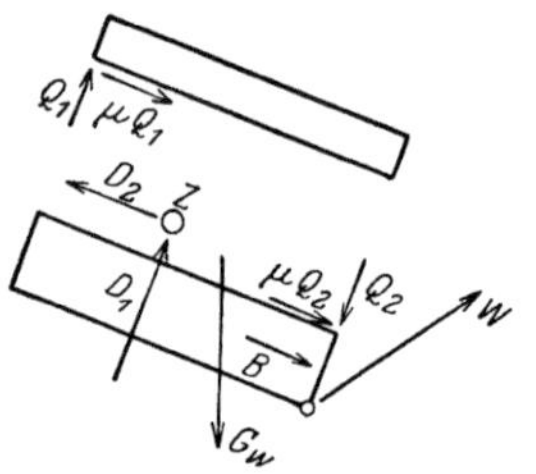

Abb. 35.

Man kann sich die Aufgabe stellen, die Kräfte zu berechnen, die allein auf die Oberlafette, die Wiege, ausgeübt werden. Diese Kräfte sind: die schon erwähnten Drücke Q_1 und Q_2, die vom Rohr herrühren; die zugehörigen Reibungen μQ_1 und μQ_2; der gesamte Bremswiderstand B; ferner der Schildzapfendruck $D = \sqrt{D_1^2 + D_2^2}$, dessen Komponenten D_1 und D_2 parallel und senkrecht zur Seelenachse die Richtung und die Größe dieses Drucks angeben; das Gewicht G_w der Wiege; endlich der Richtmaschinendruck W, der von der Richtmaschine auf die Wiege im Verbindungspunkt beider Teile ausgeübt wird.

Wenn man die Bedingung dafür anschreibt, daß um die Schildzapfen keine Drehung der Wiege stattfindet, daß also die Momentsumme um die Schildzapfenachse gleich Null ist, erhält man eine Gleichung für W.

Setzt man ferner die Summe der vertikalen Komponenten $= 0$ und die Summe der horizontalen Komponenten $= 0$, so erhält man zwei Gleichungen für D_1 und D_2 und damit den Schildzapfendruck nach Größe und Richtung.

Die betreffenden drei Gleichungen mögen hier nicht Platz finden, da sie sehr leicht aufzustellen sind. Es zeigt sich, daß die maximale Beanspruchung der Wiege und damit der ganzen Lafette vor allem vom Bremsdruck B abhängt, weniger vom Höchstgasdruck $P_{\max}$ und daß dieser letztere, der nur mit dem Abstand d zwischen Rohrschwerpunkt und Seelenachse multipliziert in der Rechnung auftritt, überhaupt nicht in Betracht kommt, falls der Schwerpunkt S_r der rücklaufenden Teile in der Seelenachse liegt, also d gleich Null ist.

Beispiel. F. Rausenberger, dem wir bei der Besprechung der neueren Rohrrücklaufgeschütze (§ 56) im wesentlichen gefolgt sind, gibt das nachstehende praktische Beispiel, an dem sich die durch die Einführung des Rohrrücklaufs bewirkten Vorteile sehr deutlich zeigen: Kaliber $2R = 0{,}17$ m; Rohrgewicht $G_r = 11\,000$ kg; Geschoßgewicht $G = 54$ kg; Ladungsgewicht $L = 20$ kg; Gasdruckmaximum $p_{max} = 3200$ kg/cm²; Mündungsgasdruck $p_e = 1450$ kg/cm²; Geschoßweg im Rohr $l = 5$ m; Rücklaufweg $\varrho = 0{,}36$ m; Zeit bis zum Geschoßbodenaustritt $t_e = 0{,}0151$ sec; Zeit von da ab bis zum Aufhören der Nachwirkung der Pulvergase $t' = 0{,}0218$ sec.

Wenn der Bremsdruck von Anfang an wirkt, ergibt sich seine Größe zu 82500 kg; wenn er erst mit dem Aufhören der Nachwirkung der Gase einsetzt, wird der Bremsdruck 233000 kg. Dagegen bei starr gelagertem Rohr würde die Lafette maximal mit dem Höchstgasdruck $3200 \cdot 17^2 \cdot \frac{\pi}{4} = 720\,000$ kg beansprucht werden.

Anmerkung. Auf Grund der im vorhergehenden angeführten Entwicklungen kann ein Geschütz rechnungsmäßig stabil sein. Aber eine Voraussetzung besteht noch, die bisher stillschweigend als erfüllt angenommen war. Wenn die Verbindung zwischen Oberlafette und Unterlafette elastisch und die Kombination Rohr plus Oberlafette nicht stabil ist, so kann es vorkommen, daß die Kombination für sich hochschwingt und die Unterlafette anhebt. Dies hat O. von Eberhard früher durch Versuche und Rechnung festgestellt.

Im folgenden ist nun von der Berechnung des Bremswiderstands und der Rücklauflänge die Rede.

§ 57. Berechnung des Bremsdrucks bei gegebener Rücklauflänge ϱ oder umgekehrt.

Der resultierende Bremswiderstand, der mit B_1 bezeichnet sei, setzt sich zusammen aus der Bremskraft B der Flüssigkeitsbremse und des Vorholers $(B = H + F)$, ferner aus der Reibung R_1 des Rohrs in der Wiege (Gleichung (35)), endlich aus der Gewichtskomponente $G_r \sin\varepsilon$ des Rohrs (allgemeiner der rücklaufenden Teile); letztere wirkt bremsend, wenn das Rohr eine negative Erhöhung besitzt, andernfalls beschleunigend. Alle diese Kräfte wirken auf das Rohr in der Richtung der Seelenachse. Man hat also

$$B_1 = H + F + R_1 - G_r \sin\varepsilon. \tag{40}$$

Für den Widerstand $H(X)$ der hydraulischen Bremse beim jeweiligen Rücklauf X des Rohrs gilt folgende Gesetzmäßigkeit:

$$H(X) = \frac{A^3 \cdot \delta}{20 \cdot g \cdot \zeta \cdot \varphi^2(X)} \cdot V^2; \tag{41}$$

dabei ist A die wirksame Kolbenfläche (in cm²); δ das spezifische Gewicht der Bremsflüssigkeit (in kg/dm³), bei Glyzerin $\delta = 1{,}15$; $g = 9{,}81$; $\varphi(X)$ ist die Summe der sämtlichen Durchflußöffnungen (in cm²); ζ ein Durchflußfaktor, der um so größer ist, je besser die Kanten der Durckflußöffnungen abgerundet sind, ζ zwischen 0,65 und 0,9; V (m/sec) ist die jeweilige Geschwindigkeit des Rohrrücklaufs, also $V = \frac{dX}{dt}$.

Die Theorie der Federvorholer und der (eine größere Sicherheit gewährenden) Luftvorholer ist von E. Vallier und besonders von F. Rausenberger eingehend behandelt. Die Bremskraft $F(X)$ oder auch die Vorholkraft eines Luftvorholers ist (in kg) durch den folgenden Ausdruck gegeben:

$$F(X) = F_v \left(\frac{J_0}{J_0 - A_1 X}\right)^k, \tag{42}$$

F_v ist die Vorspannung, die dem Vorholer gegeben wird und die von vornherein auf den Kolben vom Querschnitt A_1 (m^2) wirkt; sie wird berechnet in der Größe $F_v = G_r (\sin \varepsilon_{max} + 0{,}2 \cos \varepsilon_{max})$, nämlich so, daß sie bei der größten angewendeten Rohrerhöhung das Rohr sicher hält. J_0 ist das Anfangsvolumen (m^3) der Preßluft,

$$J_0 = \frac{(2{,}4 \text{ bis } 1{,}7) \cdot F_v \cdot \varrho}{P_0}, \tag{43}$$

P_0 der Anfangsdruck der Luft in kg/m² (zu 15 bis 30 kg/cm² gewählt), also $P_0 = (15 \text{ bis } 30) \cdot 10^4$ kg/m²; ϱ (in m) der ganze beabsichtigte Rücklaufweg; $k = 1{,}41$. (Über die weiteren Einzelheiten vgl. man die Arbeit von F. Rausenberger: Artill. Monatsh. 1907, Nr. 3, S. 199, Nr. 4, S. 283, Nr. 5, S. 380; sowie die grundlegende Arbeit von E. Vallier: théorie et tracé des freins hydrauliques, 1900 bei Ch. Dunod, Paris, Quai des Grands-Augustins 49.)

Unter § 56a ist erwähnt, daß zu den zwei Gleichungen (33) und (34) eine dritte Gleichung hinzukommt, nämlich die Differentialgleichung der Rohrbewegung längs der Seelenachse. Diese Gleitbewegung geht, zuerst beschleunigt und nach Aufhören der Nachwirkung der Pulvergase nur noch verzögert, unter der Wirkung der folgenden Kräfte vor sich, welche in der Richtung der Seelenachse auf das Rohr wirken: Erstens, und zwar nur anfangs, der Gasdruck P nach rückwärts. Zweitens die Gewichtskomponente $G_r \sin \varepsilon$, bei positivem ε nach rückwärts. Drittens die gesamte Reibung $R_1 = \mu (Q_1 + Q_2)$ nach vorwärts; diese ist in Gleichung (35) als lineare Funktion des jeweiligen Rücklaufs X gegeben. Viertens der Bremswiderstand $H(x)$ der hydraulischen Bremse; dieser ist eine Funktion von X, da in dem zugehörigen Ausdruck (41) die Summe $\varphi(X)$ der Durchflußöffnungen vorkommt; außerdem hängt H von $\left(\frac{dX}{dt}\right)^2$ ab. Fünftens der Bremswiderstand $F(X)$ des Luftvorholers, der ebenfalls eine Funktion von X darstellt. Der Gasdruck P ist eine Funktion der Zeit t oder auch des Wegs X, die nach Früherem (z. B. §§ 40, 41) als bekannt zu betrachten ist; speziell läßt sich der Mündungsgasdruck P_e ermitteln, die Zeit t_e des Geschoßaustritts und die weitere

Zeit t', nach der die Nachwirkung der Pulvergase aufgehört hat. Danach ist die Differentialgleichung die folgende:

$$\frac{G_r}{g}\cdot\frac{d^2 X}{dt^2} = P(t) + G_r \sin\varepsilon - R_1(X) - \frac{A^3\cdot\delta}{20\cdot g\cdot\zeta\cdot\varphi^2(X)}\cdot\left(\frac{dX}{dt}\right)^2 - F_v\cdot\left(\frac{J_0}{J_0 - A_1 X}\right)^{1,41} \qquad (44)$$

(In der Funktion P möge auch der Widerstand berücksichtigt sein, den das Geschoß auf das Rohr ausübt.) Dabei möge der Ausdruck für die Reibung R_1 noch einmal hier Platz finden:

$$R_1 = \mu\cdot\frac{2\,P\cdot d + 2\,B\cdot c + G_r\cos\varepsilon\,(2\,y_0 + 2\,X - a + \mu\,r_1 + \mu r_2)}{a + 2\,\mu\,d}; \qquad (44\,\mathrm{a})$$

das Glied $P\cdot d$ wird Null, sobald das Geschoß die Mündung verlassen und die Nachwirkung der Pulvergase aufgehört hat.

Es handelt sich darum, den ganzen Rücklaufweg $X = \varrho$, bei dem die Rohrgeschwindigkeit $\frac{dX}{dt}$ Null wird, zu berechnen, falls die Konstruktionszeichnung der Bremse vorliegt, also falls die hier vorkommenden Konstanten und auch die Funktion $\varphi(X)$ der Durchflußquerschnitte gewählt ist; endlich hieraus die Größe des Bremsdrucks $B = H(X) + F(X)$ für jedes X zu berechnen.

Zu diesem Zweck ließe sich daran denken, die Differentialgleichung zweiter Ordnung (44) analytisch zu integrieren, also X in Funktion von t und damit auch $\frac{dX}{dt}$ in Funktion von t und von X zu berechnen. Mit Rücksicht auf (41), wo man alsdann V oder $\frac{dX}{dt}$ in Funktion von X kennt, und mit Rücksicht auf (42) hat man dann für jedes X den Wert von $B = H(X) + F(X)$. Diese analytische Lösung wird u. a. von J. Nielsen vorgeschlagen, der die betreffenden Formelausdrücke unter gewissen Beschränkungen aufstellt[1]).

Ein etwas allgemeineres Verfahren wäre die graphische Integration (von (44)[2]).

Sowohl bei dem analytischen, wie bei dem graphischen Verfahren hat man am Schluß, nachdem $\frac{dX}{dt}$ in Funktion von X und damit der Verlauf des Bremsdrucks $B = H(X) + F(X)$ festgestellt ist, speziell im Fall eines Rädergeschützes noch zu prüfen, ob die Bedingung der Stabilität des Geschützes durchweg genügend sicher befriedigt ist: Die Bedingung war in der obigen Gleichung (39)

---

[1]) Artill. Monatsh. 1918, Nr. 144, S. 169.

[2]) Vgl. Mehmke, R.: Leitfaden zum graphischen Rechnen, S. 138. Leipzig Teubner. 1917.

dahin ermittelt worden, daß der Auflagerdruck N_2 der Räder positiv bleiben muß, also daß

$$B + R_1 - G_r \sin \varepsilon < \frac{G_g \cdot s_g - P \cdot d}{h}$$

ist, wobei

$$G_g \cdot s_g = G_l \cdot s_l + G_r \cdot s_r.$$

Hier ist s_r der horizontale Abstand des Rohrschwerpunktes S_r vom Kippunkt O, also vom Stützpunkt des Sporns. s_r ändert sich während des Rücklaufs; wenn s_{r_0} den anfänglichen horizontalen Abstand des Rohrschwerpunkts vom Drehpunkt O und wie bisher X die jeweilige Rücklaufgröße bezeichnet, so ist für die betreffende Rohrerhöhung ε

$$s_r = s_{r_0} - X \cos \varepsilon.$$

Setzt man dies ein und berücksichtigt, daß $G_l \cdot s_l + G_r \cdot s_{r_0} = G_g \cdot s_{g_0}$ (s_{g_0} der anfängliche horizontale Abstand des Geschützschwerpunkts von O), so wird die Bedingung dafür, daß die Räder sich nicht abheben:

$$\text{Resultierender Bremswiderstand } B_1 \equiv H + F + R_1 - G_r \sin \varepsilon$$
$$< \frac{1}{h}(G_g \cdot s_{g_0} - G_r \cdot X \cdot \cos \varepsilon - P \cdot d). \qquad (45)$$

Zeigt sich, daß diese Bedingung nicht ausreichend erfüllt ist, so müssen die Konstanten und die Funktion $\varphi(X)$ oder muß wenigstens die letztere anders gewählt werden.

Besonders einfach wird die ganze Berechnung, wenn von vornherein die Forderung aufgestellt wird, daß der resultierende Bremswiderstand $B_1 = B + R_1 - G_r \sin \varepsilon$ in solchem Fall, wo der Bremsdruck gleich anfangs mit dem Beginn der Rohrbewegung einsetzt, wenigstens bis zum Aufhören der Nachwirkung der Pulvergase eine gleichbleibende Größe haben solle. Diese Annahme soll weiterhin behandelt werden.

8. Die Differentialgleichung (44) der Rohrbewegung läßt sich in der Form schreiben:

$$\frac{G_r}{g} \cdot \frac{d^2 X}{dt^2} = P(t) - B_1; \quad \text{dabei ist für } t = 0\text{:} \quad X = 0, \; \frac{dX}{dt} = 0. \qquad (46)$$

Man hat die beiden Fälle eines anfänglich freien Rohrrücklaufs und eines von Anfang an gebremsten Rücklaufs zu unterscheiden, da sich die Berechnung je nachdem etwas verschieden vollzieht.

a) Fall eines anfänglich freien Rücklaufs. Jetzt hat man anfangs (vgl. Abb. 36a) nur eine beschleunigende Kraft, die auf das Rohr wirkt, nämlich die Pulverkraft P, deren Verlauf als eine bekannte Funktion der Zeit t zu betrachten ist; und vom Aufhören der Nachwirkung der Pulvergase ab liegt nur eine verzögernde Kraft, nämlich der resultierende Bremswiderstand B_1 vor, der entweder als durchweg konstant (Kurve 1 in Abb. 36a) oder als eine andere gegebene Funktion $B_1(X)$ des jeweiligen Rohrrücklaufs X angenommen werden möge (Kurve 2 in Abb. 36a).

In Abb. 36a entspricht die Abszisse $X = OA = X_e$ dem Rücklaufweg bis zum Augenblick des Geschoßaustritts, die Abszisse $X = OB = X_n$ dem Rücklaufweg bis zum Aufhören der Nachwirkung der Pulver-

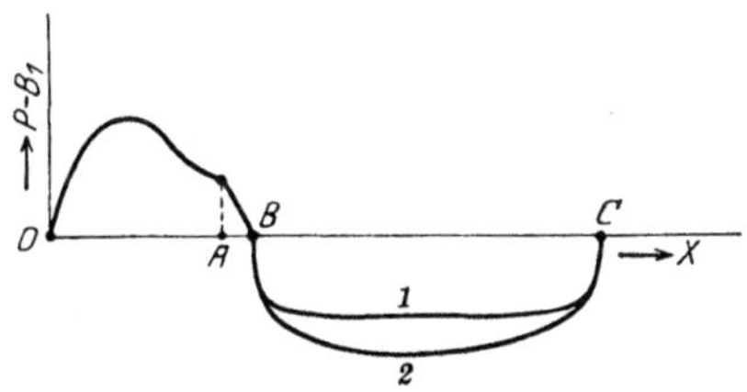

Abb. 36a.

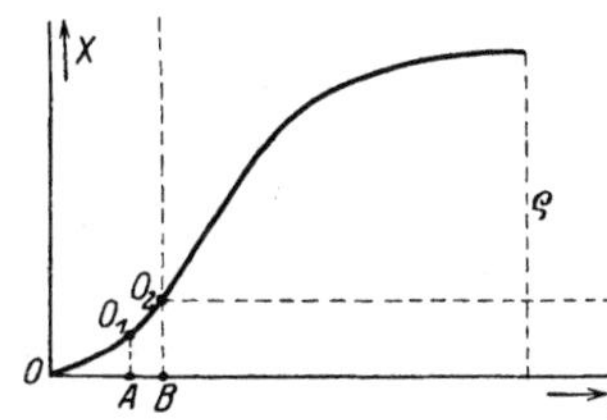

Abb. 36b.

gase (vgl. Gleichung (12)), die Abszisse $X = OC = \varrho$ dem ganzen Rücklaufweg, nach dem die Rohrgeschwindigkeit V oder $\frac{dX}{dt}$ wieder zu Null geworden sein muß. Abb. 36b stellt die Rücklaufweg-Zeit-Kurve dar; Abb. 36c die Rücklaufgeschwindigkeit-Weg-Kurve. Dabei bezieht sich auch in Abb. 36b und c, wie in Abb. 36a, der Punkt O auf den Beginn der Geschoßbewegung im Rohr und damit auf den Beginn der Rücklaufbewegung des Rohrs; der Punkt O_1 in Abb. 36b

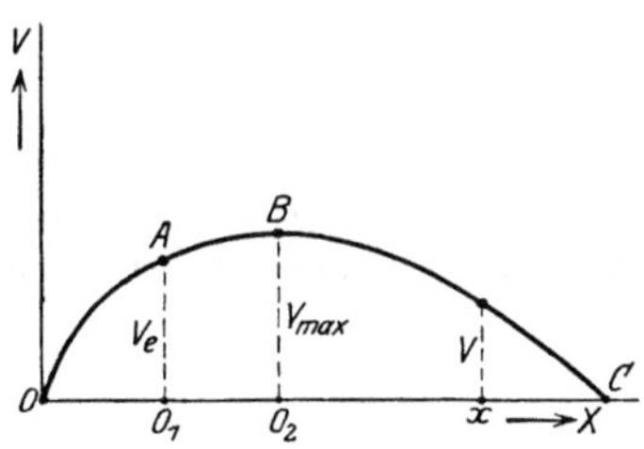

Abb. 36c.

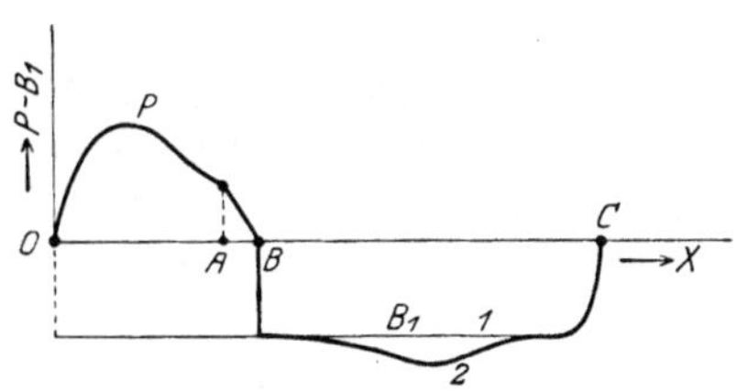

Abb. 36d.

und c deutet den Augenblick des Geschoßbodenaustritts an, für den in Abb. 36b $t = OA = t_e$ und $X = AO_1 = X_e$, in Abb. 36c $V = AO_1 = V_e$, $X = OO_1 = X_e$ geworden ist, und der Punkt O_2 bezieht sich auf den Augenblick des Aufhörens der Nachwirkung der Pulvergase, in dem bei Abb. 36b $X = X_n$, $t = t_e + t'$, bei Abb. 36c $V = V_{max}$, $X = X_n$ geworden ist.

In der Gleichung (46) werden nun statt der Variablen X bzw. t die Variablen $\xi = X - X_n$ bzw. $\tau = t - (t_e + t')$ eingeführt. Da $dX = d\xi$, $dt = d\tau$ ist, und da nunmehr von $\xi = 0$, $\tau = 0$ ab der

Gasdruck P überhaupt nicht mehr in Betracht kommt, so lautet jetzt, bei dieser Koordinatentransformation auf den neuen Koordinatenanfang O_2, die Bewegungsgleichung:

$$\frac{G_r}{g}\cdot\frac{d^2\xi}{d\tau^2}=\frac{G_r}{2g}\cdot\frac{d(V^2)}{d\xi}=-B_1; \tag{47}$$

dabei für $\tau=0$: $\xi=0$, $V=V_{\max}$ (vgl. (9).

Um die Rohrgeschwindigkeit V in Funktion des Rücklaufswegs zu erhalten, hat man zu integrieren von $\xi=0$ oder von $X=X_n$ ab.

Für den resultierenden Bremsdruck B_1 sei, gemäß Abb. 36a, Kurve 1, zunächst ein konstanter Wert willkürlich angenommen (und zwar im Fall eines Rädergeschützes unter Berücksichtigung der Bedingung (45)). Dann erhält man aus der Gleichung:

$$V^2=V_{\max}^2-\frac{2g}{G_r}\cdot B_1\cdot(X-X_n) \tag{48}$$

die jeweilige Rücklaufgeschwindigkeit V in Funktion des Rücklaufwegs X. Speziell für $X=\varrho$ soll das Rohr zur Ruhe kommen, d. h. $V=0$ werden; also bestimmt sich die gesamte Rücklauflänge ϱ aus der Beziehung:

$$(\varrho-X_n)B_1=\frac{G_r}{2g}\cdot V_{\max}^2, \tag{49}$$

wobei

$$V_{\max}=v_e\cdot\frac{G+\beta L}{G_r+\frac{1}{2}L}\text{ (vgl. Gleichung (9))}$$

und

$$X_n=l\cdot\frac{G+\frac{1}{2}L}{G_r+G+L}+\frac{p_e R^2\pi\cdot g}{G_r+\frac{1}{2}L}\cdot t'^2+v_e\cdot\frac{G+\frac{1}{2}L}{G_r+\frac{1}{2}L}\cdot t'\text{ (vgl. Gleichung (12))}.$$

Wenn dagegen — gemäß Abb. 36a, Kurve 2 — für den resultierenden Bremsdruck B_1 irgendeine andere Funktion $B_1(X)$ angenommen wird, so ergibt sich die jeweilige Rücklaufgeschwindigkeit V für irgendeinen Rücklaufweg X aus:

$$\frac{G_r}{2g}\cdot V^2=\frac{G_r}{2g}\cdot V_{\max}^2-\int_{\xi=0}^{\xi=X-X_n}B_1(\xi)\cdot d\xi, \tag{50}$$

und der gesamte Rücklaufweg ϱ aus:

$$\frac{G_r}{2g}\cdot V_{\max}^2=\int_{\xi=0}^{\xi=\varrho-X_n}B_1(\xi)\cdot d\xi. \tag{51}$$

Nunmehr läßt sich auch die Bremsvorrichtung im einzelnen konstruieren: Die Konstanten A, δ, ζ, J_0, A_1 seien gewählt; ebenso ist die Funktion $B(X)$ angenommen worden (Kurve 1 bzw. 2 in Abb. 36a), so handelt es sich um die Konstruktion der Durchflußkanäle, also um die Festlegung der Funktion $\varphi(X)$. Diese ergibt sich aus der Gleichung

$$B_1(X) = \frac{A^3 \cdot \delta}{20\, g\, \zeta\, \varphi^2(X)} \cdot V^2(X) + F_v \cdot \left(\frac{J_0}{J_0 - A_1 X}\right)^{1,41} - G_r \sin\varepsilon + R_1(X). \quad (52)$$

Dabei ist $V^2(X)$ aus (48) bzw. (50) bekannt, und es ist zu berücksichtigen, daß in dem Ausdruck R_1 (vgl. Gleichung (35)) der Gasdruck P jetzt nicht mehr vorkommt, wohl aber $y = y_0 + X$ und $B = H(X) + F(X)$.

Man ist danach imstande, die Funktion $\varphi(X)$ der Durchflußquerschnitte aus der Gleichung (52) zu ermitteln und folglich die Konstruktionszeichnung der Bremse für die gewählten Annahmen zu erhalten; auch die Größe des Bremsdrucks $B = H(X) + F(X)$ zu berechnen. Wenn der Bremsdruck sich mit Rücksicht auf die Materialbeanspruchung als zu hoch oder die Gesamtrücklauflänge ϱ mit Rücksicht auf die Raumverhältnisse als zu groß ergibt, so wird man andere Annahmen wählen und die Rechnung wiederholen.

b) Fall eines von Anfang an gebremsten Rücklaufs. Der ganze Rücklaufweg ϱ wird jetzt bei gleichem Bremswiderstand B_1 kleiner als vorher, oder umgekehrt bei gleichem ϱ kann B_1 kleiner angenommen werden.

In diesem Fall b) sind vom Beginn der Rohrbewegung ab (Punkt O in Abb. 36d) bis zum Aufhören der Nachwirkung der Pulvergase (Punkt B in Abb. 36 d) zwei Kräfte auf das Rohr wirksam: Die beschleunigende Kraft P der Pulvergase und gleichzeitig die verzögernde Kraft B_1 des resultierenden Bremswiderstands. Die Kraft B_1 möge wenigstens in diesem Intervall als eine konstante Kraft angenommen sein [bei Rädergeschützen unter Rücksicht auf die Bedingung (45)].

Beim Aufhören der Nachwirkung, also für den Punkt B in Abb. 36 d), ist $X = X_n'$ [vgl. Gleichung (22)] und dabei $V = V'_{\max}$ [vgl. Gleichung (20)]. Im übrigen ist die Berechnung ähnlich wie oben. Der resultierende Bremswiderstand B_1 kann von diesem Punkt ab entweder auch weiterhin als von gleicher konstanter Größe angenommen werden (Kurve 1 in Abb. 36d) oder als eine andere gegebene Funktion von X (Kurve 2 in Abb. 36d).

Somit errechnet sich bei Annahme eines durchweg gleichbleibenden, in bestimmter Größe B_1 angenommenen Bremswiderstands die variable Rücklaufgeschwindigkeit V aus:

$$V^2 = V'^2_{\max} - \frac{2g}{G_r} \cdot B_1 (X - X_n'), \quad (53)$$

und der ganze Rücklaufweg ϱ aus:

$$(\varrho - X_n') \cdot B_1 = \frac{G_r}{2g} \cdot V'^2_{\max}; \quad (54)$$

dabei ist

$$V'_{\max} = v_e \frac{G + \frac{1}{2} L}{G_r + \frac{1}{2} L} - \frac{B_1 g}{G_r + \frac{1}{2} L} \cdot (t_e + t') + \frac{p_e R^2 \pi g}{G_r + \frac{1}{2} L} \cdot \frac{t'}{2},$$

$$X_n' = l \frac{G + \frac{1}{2} L}{G_r + G + L} - \frac{B_1 g}{G_r + \frac{1}{2} L} \cdot \frac{(t_e + t')^2}{2} + \frac{p_e R^2 \pi g}{G_r + \frac{1}{2} L} \cdot \frac{t'^2}{3}$$

$$+ v_e \frac{G + \frac{1}{2} L}{G_r + \frac{1}{2} L} \cdot t'.$$

Wenn dagegen vom Aufhören der Nachwirkung ab eine andere bestimmte Funktion $B_1(X)$ für den resultierenden Bremswiderstand angenommen wird (wiederum unter Berücksichtigung der Stabilitätsbedingung bei Rädergeschützen), so ist die Rücklaufgeschwindigkeit $V(X)$ für irgendeinen Rücklaufweg X, bzw. die gesamte Rücklauflänge ϱ aus den nachfolgenden Gleichungen (55) bzw. (55) zu errechnen:

$$V^2 = V'^2_{\max} - \frac{2g}{G_r} \cdot \int_{\xi=0}^{\xi=X-X_n'} B_1(\xi) \cdot d\xi, \qquad (55)$$

$$\frac{G_r}{2g} \cdot V'^2_{\max} = \int_{\xi=0}^{\xi=\varrho-X_n'} B_1(\xi) \cdot d\xi. \qquad (56)$$

Setzt man die Funktion $V(X)$ aus (53) bzw. aus (55) in (52) ein, so erhält man auch in diesem Falle b) die Funktion $\varphi(X)$ der Durchflußquerschnitte.

Anmerkung. F. Rausenberger schlägt in seiner mehrfach erwähnten Arbeit zu der Ermittlung des Bremswiderstands einen etwas anderen Weg ein; mit Zuhilfenahme von Gleichung (45) entwickelt er ein graphisches Annäherungsverfahren. Auf diese Arbeit, sowie diejenige von Vallier sei nochmals hingewiesen. Man findet dort auch Näheres über Federvorholer, sowie über die Vorlaufbremsen, durch welche die Geschwindigkeit des Rohrs beim Wiedervorlauf begrenzt wird.

§ 58. Einiges über Reaktions- oder Raketengeschosse.

Der schwedische Major Unge hat Geschosse vorgeschlagen, bei denen die Fortbewegung des Geschosses durch das Treibmittel im Geschützrohr nur eingeleitet, weiterhin aber in derselben Weise bewirkt werden soll, wie dies bei den Raketen der Fall ist, nämlich durch die Reaktionskraft ausströmender Pulvergase. Einige Versuche haben 1901 in Schweden und nach 1906 in Meppen stattgefunden. Das Ungesche Geschoß soll in einer vorderen kleineren Kammer den Sprengstoff enthalten, welcher, beim Auftreffen des Geschosses im Ziel bzw. nach bestimmter Zeit in der Luft, durch einen Aufschlagzünder bzw. einen Zeitzünder zur Explosion gebracht wird, und in einer größeren hinteren Kammer einen Treibsatz. Dieser letztere entzündet sich im Rohr; die Gase strömen nach rückwärts durch schraubenförmig angeordnete Kanäle aus und treiben dadurch das Geschoß nach vorwärts, zugleich erteilen sie dem Langgeschoß eine Rotation um die Längsachse.

Im folgenden soll zunächst in aller Kürze die innerballistische Theorie derartiger Geschosse wenigstens so weit entwickelt werden, daß der Gang der Berechnung zutage tritt. Von der Berücksichtigung der Geschoßrotation soll abgesehen und über die Güte des Geschoßflugs, die Treffgenauigkeit usw. soll hier nichts behauptet werden. Über die Literatur des Gegenstandes vgl. die Lit.-Note 58.

Damit die Ausströmungsgeschwindigkeit und folglich die Reaktionskraft möglichst groß wird, schlägt Bory mit Recht vor, am hinteren Ende des Langgeschosses eine Ausströmungsdüse nach Art der Laval-Düse anzubringen; d. h. die Düse muß sich nach hinten zu zuerst verengen und sodann bis zum Ausströmungsquerschnitt hin erweitern. (Dabei müßte, streng genommen, die Düsenerweiterung in jedem Augenblick selbsttätig sich verändern, weil der Innendruck beim allmählichen Abbrennen der Ladung sich verändert; und wenn man auf eine solche automatische Änderung der Düsenform verzichten will, so muß mit Mittelwerten gerechnet werden). Die betreffenden Beziehungen, welche sich auf die Thermodynamik der Ausströmungserscheinungen gründen, werden zunächst zusammengestellt werden; danach sollen die Beziehungen dazu benutzt werden, um den Ausdruck für die Größe der variablen Reaktionskraft zu bilden und die Differentialgleichungen für die Bewegung des Geschosses in der Luft aufzustellen.

Bezeichnungen: Zur Zeit t sei der Gasdruck im Innern der Pulverkammer p_i (kg/m²); das spezifische Volumen, also das Verhältnis zwischen dem Volumen der gebildeten heißen Gase und ihrem Gewicht, sei v_i; die absolute Gastemperatur (Verbrennungstemperatur) T_i. An der engsten Stelle der Düse sei der lichte Querschnit f_1 (m²), der Gasdruck p_1, das spezifische Volumen v_1, die Temperatur T_1, die Strömungsgeschwindigkeit der Gase w_1 (m/sec). An einer beliebigen Stelle der Düse, nämlich da, wo der sich allmählich erweiternde Querschnitt der Öffnung f_x betrage, seien diese Werte p_x, v_x, T_x, w_x. Im Austrittsquerschnitt f_a seien sie p_a, v_a, T_a, w_a; dabei bedeutet p_a, falls die Düse richtig konstruiert ist, d. h. wenn die

Gase ohne Überdruck austreten, den jeweiligen Atmosphärendruck. Mit k sei hier das Verhältnis $c_p : c_v$ der beiden spezifischen Wärmen des Gases bezeichnet. Es handle sich um ein ideales Gas, das stationär und wirbelfrei durch die Düse strömt und überall den ganzen Querschnitt gleichmäßig ausfüllt.

1. Unter der Voraussetzung, daß es sich um eine normale Expansion des Gases handelt, d. h. daß der Druck von p_i ab dauernd abnimmt, ist bekanntlich der Druck im engsten Querschnitt

$$p_1 = p_i \cdot \beta, \quad \text{wo } \beta = \left(\frac{2}{k+1}\right)^{\frac{k}{k-1}}. \tag{1}$$

Und die Strömungsgeschwindigkeit an dieser engsten Stelle ist gegeben durch

$$w_1 = \varphi_1 \cdot \sqrt{2\,g \cdot \frac{k}{k-1} \cdot p_i \cdot v_i \cdot \left\{1 - \left(\frac{p_1}{p_i}\right)^{\frac{k-1}{k}}\right\}} = \varphi_1 \cdot \sqrt{2\,g \cdot \frac{k}{k+1} \cdot p_i \cdot v_i}, \tag{2}$$

wo φ_1 einen Reibungskoeffizienten bedeutet, der, bei Vermeidung von scharfen Kanten in der Düse, von 1 wenig verschieden ist.

In dem beliebigen Querschnitt f_x, wo der Druck p_x herrscht, ist die Strömungsgeschwindigkeit

$$w_x = \varphi_1 \cdot \sqrt{2\,\mathrm{g} \cdot \frac{k}{k-1} \cdot p_i \cdot v_i \left\{1 - \left(\frac{p_x}{p_i}\right)^{\frac{k-1}{k}}\right\}} \tag{3}$$

oder wegen (2)

$$w_x = w_1 \cdot \sqrt{\frac{k+1}{k-1}} \cdot \sqrt{1 - \left(\frac{p_x}{p_i}\right)^{\frac{k-1}{k}}}.$$

Speziell im Austrittsquerschnitt f_a ist die Ausströmungsgeschwindigkeit gleich (oder etwas kleiner als):

$$w_a = \varphi_1 \cdot \sqrt{2\,g \cdot \frac{k}{k-1} \cdot p_i \cdot v_i \left\{1 - \left(\frac{p_a}{p_i}\right)^{\frac{k-1}{k}}\right\}}, \tag{4}$$

wo nach dem Gasgesetz $p_i \cdot v_i = R \cdot T_i$ gesetzt werden kann; R die allgemeine Gaskonstante und T_i die Verbrennungstemperatur.

2. Das Gewicht G (kg/sec) des Gases, das durch den kleinsten Querschnitt f_1 und damit auch durch einen beliebigen Querschnitt f_x der Düse pro Sekunde strömt, ist bestimmt durch $G = \frac{w_1 \cdot f_1}{v_1} = \frac{w_x \cdot f_x}{v_x}$. Nun war $p_1 = \beta \cdot p_i$. Und nach dem Adiabatengesetz ist $p_1 \cdot v_1^k = p_i \cdot v_i^k$.

Da somit $\left(\frac{v_1}{v_i}\right)^k = \frac{p_i}{p_1} = \frac{1}{\beta}$ ist, hat man $\frac{1}{v_1} = \frac{1}{v_i} \cdot \beta^{\frac{1}{k}}$. Somit ist wegen (1) und (2)

$$G = w_1 \cdot f_1 \cdot \frac{1}{v_i} \cdot \left(\frac{2}{k+1}\right)^{\frac{1}{k-1}} = \varphi_1 \cdot \sqrt{2\,g \cdot \frac{k}{k+1} \cdot p_i \cdot v_i} \cdot f_1 \cdot \frac{1}{v_i} \cdot \left(\frac{2}{k+1}\right)^{\frac{1}{k-1}};$$

also

$$G = \varphi_1 \cdot \left(\frac{2}{k+1}\right)^{\frac{1}{k-1}} \cdot \sqrt{\frac{2\,g \cdot k}{k+1}} \cdot f_1 \cdot \sqrt{\frac{p_i}{v_i}}$$

$$= \varphi_1 \cdot \left(\frac{2}{k+1}\right)^{\frac{1}{k-1}} \cdot \sqrt{\frac{2\,g \cdot k}{k+1}} \cdot \frac{f_1}{\sqrt{R\,T_i}} \cdot p_i. \tag{5}$$

3. Es fragt sich nun, wie die Düsenerweiterung zu konstruieren ist. Der engste Querschnitt f_1 sei dabei willkürlich gewählt.

Es war $G = \frac{w_x \cdot f_x}{v_x} = \frac{w_1 \cdot f_1}{v_1}$; ferner $p_1 \cdot v_1^k = p_i \cdot v_i^k = p_x \cdot v_x^k$. Somit ist

$$v_1 = v_i \cdot \left(\frac{p_i}{p_1}\right)^{\frac{1}{k}} \quad \text{und auch} \quad = v_i \cdot \left(\frac{1}{\beta}\right)^{\frac{1}{k}}.$$

Also

$$\frac{f_x}{f_1} = \frac{w_1}{w_x} \cdot \frac{v_x}{v_1} = \sqrt{\frac{1 - \beta^{\frac{k-1}{k}}}{1 - \left(\frac{p_x}{p_i}\right)^{\frac{k-1}{k}}} \cdot \frac{\beta^{\frac{1}{k}}}{\left(\frac{p_x}{p_i}\right)^{\frac{1}{k}}}}.$$

Danach ist bekannt, daß, wenn f_1 gewählt worden ist, der Düsenquerschnitt f_x an irgendeiner Stelle, an welcher der Druck p_x zugelassen werden soll, einen Betrag erhalten muß, der sich aus der Beziehung ergibt:

$$\frac{f_x}{f_1} = \sqrt{\frac{\beta^{\frac{2}{k}} - \beta^{\frac{k+1}{k}}}{\left(\frac{p_x}{p_i}\right)^{\frac{2}{k}} - \left(\frac{p_x}{p_i}\right)^{\frac{k+1}{k}}}}. \tag{6}$$

Speziell der Austrittsquerschnitt muß, damit das Gas ohne Überdruck ausströmt oder damit dort $p_x = p_a$, d. h. gleich dem jeweiligen Atmosphärendruck ist, bestimmt sein nach der Gleichung:

$$\frac{f_a}{f_1} = \sqrt{\frac{\beta^{\frac{2}{k}} - \beta^{\frac{k+1}{k}}}{\left(\frac{p_a}{p_i}\right)^{\frac{2}{k}} - \left(\frac{p_a}{p_i}\right)^{\frac{k+1}{k}}}}. \tag{7}$$

4. Nunmehr ist die Größe der Reaktionskraft R' zu berechnen. In einem bestimmten Augenblick habe das Geschoß die

Masse m und die Geschwindigkeit u nach vorwärts. Falls keine äußere Kraft hinzukommt, bleibt die Bewegungsgröße $m \cdot u$ konstant, oder es ist $m \cdot du = - dm \cdot u$; d. h.: wenn trotzdem, daß keine äußere Kraft weiter hinzukam, doch die Masse m eine Geschwindigkeitszunahme du nach vorwärts erhalten hat, so ist dies nur dadurch möglich geworden, daß in derselben Zeit dt von der Masse m eine Masse dM sich losgelöst und mit der Geschwindigkeit w_a nach rückwärts bewegt hat, so daß $-dM \cdot w_a = m \cdot du$ ist. Diese Masse dM ist, wenn man von festen Verbrennungsprodukten absieht, nichts anderes als die ausgetretene Gasmasse $\frac{G}{g} \cdot dt$. Ihre Austrittsgeschwindigkeit ist w_a. Folglich ist $m \cdot \frac{du}{dt} = - \frac{G}{g} \cdot w_a$. Dies ist die Reaktionskraft R', welche das Geschoß vorwärts treibt. Der Wert von G ist in Gleichung (5) gegeben; derjenige von w_a in (4). Somit ist dem Absolutwert nach die Reaktionskraft

$$R'\,(\mathrm{kg}) = 2\,\varphi_1{}^2 \cdot \frac{k}{\sqrt{k^2 - 1}} \cdot \left(\frac{2}{k+1}\right)^{\frac{1}{k-1}} \cdot f_1 \cdot p_i \cdot \sqrt{1 - \left(\frac{p_a}{p_i}\right)^{\frac{k-1}{k}}}. \tag{8}$$

In dieser Weise hängt die Rückstoßkraft R' bei einer bestimmten Wahl des Treibmittels (Wert von k) und des engsten Querschnitts (f_1) von dem jeweiligen Atmosphärendruck (p_a) und von dem veränderlichen Innendruck (p_i) ab.

5. Der Innendruck p_i wird bei der allmählichen Verbrennung der im Geschoß untergebrachten Treibladung zuerst zunehmen, dann durch ein Maximum hindurchgehen und weiterhin abnehmen, bis alles Pulver verbrannt ist. Man wird experimentell den zeitlichen Verlauf des Innendrucks p_i für das betreffende Geschoß samt Düse, für die gewählte Pulversorte und für die gewählte Größe und Anordnung der Treibladung im Innern der Geschoßkammer festlegen; etwa mit Hilfe eines geeigneten Federindikators oder mittels des neueren Verfahrens von W. Nernst. Außerdem wird man die jeweilige Reaktionskraft R' durch Druckregistrierung in Funktion der Zeit t ermitteln. Diese Messungen müssen erfolgen bei dem bestimmten konstanten Außendruck p_a, welcher während der Messungen herrscht. Aus mindestens zwei verschiedenen Wertepaaren p_i und R' erhält man alsdann aus (8) die Beträge von φ_1 und von k. Der Außendruck p_a hängt nun beim Geschoß in bekannter Weise ab von der jeweiligen Höhe y des Geschosses über dem Erdboden. Also kennt man nach diesen Feststellungen die Reaktionskraft R' in Funktion der Zeit und der Steighöhe, $R' = R'(t, y)$.

Auch die Masse m des Geschosses ist eine Funktion der Zeit t. Diese Funktion kann man gewinnen, da die Gasmasse G, die in jeder Zeiteinheit austritt, durch den Ausdruck (5) gegeben ist, worin man aus der Düsenkonstruktion den Wert von f_1 und aus der experimentellen Registrierung den zeitlichen Verlauf von p_i und außerdem nunmehr φ_1 und k kennt.

Man wird somit die Flugbahn des Geschosses stückweise von einem Zeitelement Δt zum nächsten berechnen. Innerhalb eines solchen Zeitelements wird man mit einem konstanten Mittelwert m der Geschoßmasse operieren. Die Differentialgleichungen der Geschoßbewegung sind dabei die folgenden. Auf das Geschoß, von dem angenommen werde, daß seine Längsachse stets genügend genau in der Bahntangente bleibe, wirkt in der Richtung der Tangente nach vorwärts die Reaktionskraft $R'(y, t)$ der ausströmenden Gase; ferner in der Richtung der Tangente nach rückwärts der Luftwiderstand $m \cdot c(y) \cdot f(u)$, wo u die jeweilige Geschwindigkeit des Geschosses bedeutet; endlich vertikal abwärts die Schwere $m \cdot g(y)$. Also hat man, mit ϑ als jeweiliger Horizontalneigung der Bahntangente,

$$m \cdot \frac{d(u \cdot \cos\vartheta)}{dt} = + R'(y, t) \cdot \cos\vartheta - m \cdot c(y) \cdot f(u) \cdot \cos\vartheta; \tag{9}$$

$$m \cdot \frac{d(u \cdot \sin\vartheta)}{dt} = + R'(y, t) \cdot \sin\vartheta - m \cdot c(y) \cdot f(u) \cdot \sin\vartheta - m \cdot g(y). \tag{10}$$

Dieses System von Differentialgleichungen wird man integrieren nach einem der graphischen oder rechnerischen Verfahren von Band I, Abschnitt 7.

Anmerkungen.

1. Die nötige Stabilität für den Flug in der Luft wird man dem Geschoß erteilen, indem man dieses aus einem gezogenen Rohr von genügend großem Drallwinkel bei relativ kleiner Anfangsgeschwindigkeit v_0 der Translation abschießt.

2. Falls der Innendruck p_i und dessen zeitlicher Verlauf nicht, wie angegeben, experimentell ermittelt werden soll oder kann, wird man p_i in Funktion von t nach dem Vorschlag von Bory durch die folgende theoretische Überlegung ermitteln.

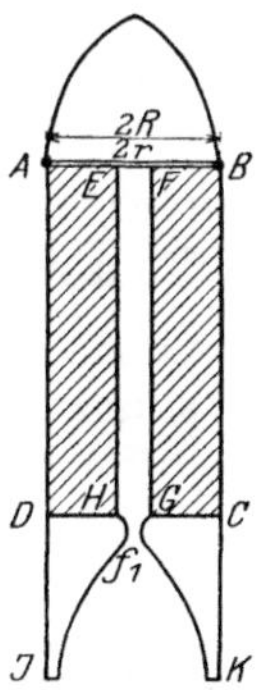

Abb. 37.

Es sei ein Geschoß etwa von der Form Abb. 37 vorausgesetzt. Die Lavaldüse ist $DJKC$, mit f_1 (m^2) als kleinstem Querschnitt der Öffnung. Die Treibladung von L kg möge etwa in der Form eines Hohlzylinders $ABCD$ von der Höhe h, dem Außendurchmesser $2R$ und dem Innendurchmesser $2r$ eingepreßt sein. Bis zur Zeit t sec von dem Moment der Entzündung ab, welche angenähert gleichzeitig in allen Punkten der Innenfläche $EFGH$ erfolge, sei der Bruchteil z der ursprünglichen Ladung abgebrannt.

Es ist alsdann, wie leicht zu sehen ist, das Verhältnis der zur Zeit t brennenden Kartuschoberfläche zu der ursprünglichen Oberfläche $EFGH$ gleich $\varphi(z)$, wo

$$\varphi(z) = \sqrt{1 + z\left(\frac{R^2}{r^2} - 1\right)}. \tag{11}$$

Das Verbrennungsgesetz werde in der von P. Charbonnier vorgeschlagenen Form benutzt:

$$\frac{dz}{dt} = A_1 \cdot \varphi(z) \cdot p_i^\lambda. \tag{12}$$

Dabei bedeutet p_i den Gasdruck (kg/m²) im Innenraum des Geschosses zur Zeit t. Der Exponent λ ist < 1 anzunehmen, etwa $\lambda = \frac{2}{3}$ für Schießwollpulver (nach Gossot-Liouville und Bory); $\lambda = \frac{1}{3}$ für stark gepreßtes Schwarzpulver (nach Bory). Der Koeffizient A_1 muß für das zu verwendende Treibmittel zuvor empirisch festgestellt sein, etwa mittels Messung der Verbrennungsdauer beim Atmosphärendruck.

In der Zeit dt wird, wenn der Beharrungszustand eingetreten ist, ebensoviel an Gasgewicht durch den engsten Öffnungsquerschnitt f_1 (m²) nach außen austreten, als durch das Abbrennen der Treibladung neu gebildet wird. Die erstere Gewichtsmenge ist nach der obigen Gleichung (5) $G \cdot dt$ oder $K \cdot f_1 \cdot p_i \cdot dt$, wobei zur Abkürzung gesetzt ist

$$K = \varphi_1 \cdot \left(\frac{2}{k+1}\right)^{\frac{k}{k-1}} \cdot \sqrt{\frac{2gk}{k+1}} \cdot \frac{1}{\sqrt{R \cdot T_i}}, \tag{13}$$

und wobei die Verbrennungstemperatur T_i als gleichbleibend angenommen wird. Die in der gleichen Zeit dt durch Verbrennung neu gebildete Gasmenge ist nach Gleichung (12)

$$L \cdot dz \quad \text{oder} \quad L \cdot A_1 \cdot \varphi(z) \cdot p_i^\lambda \cdot dt.$$

Man hat folglich

$$K \cdot f_1 \cdot p_i = L \cdot A_1 \cdot \varphi(z) \cdot p_i^\lambda. \tag{14}$$

Daraus erhält man $p_i^{1-\lambda}$ und folglich den jeweiligen Innendruck p_i in Funktion von z:

$$p_i = F_1(z). \tag{15}$$

Setzt man diese Funktion in die Gleichung (12) ein, so wird

$$dt = \frac{1}{A_1} \cdot \frac{dz}{\varphi(z) \cdot (F_1(z))^\lambda}. \tag{16}$$

Durch Integration mittels des graphischen Verfahrens von Runge oder mittels des Integraphen von Abdank-Abakanowitz, bei den Anfangswerten $t = 0$, $z = 0$, wird ermittelt, welcher Bruchteil z der ganzen Treibladung bis zur Zeit t abgebrannt ist:

$$z = F_2(t), \tag{17}$$

speziell auch, nach welcher Zeit T die ganze Ladung L kg verbrannt ist oder $z = 1$ geworden ist. Wegen (15) hat man damit auch den jeweiligen Innendruck p_i in Funktion der Zeit

$$p_i = F_3(t), \tag{18}$$

und nach Gleichung (8) jetzt auch die Reaktionskraft R' in Funktion der Zeit t.

An Genauigkeit ist einer solchen rechnerischen Ermittlung von $R'(t)$, wie sie Bory vorschlägt, die angegebene experimentelle Ermittlung ohne Zweifel überlegen — schon deshalb, weil anzunehmen ist, daß infolge der hohen Verbrennungstemperatur (auch bei Schwarzpulver ca. 2000° C) der Querschnitt f_1 der Düsenöffnung in einer unkontrollierbaren Weise allmählich sich vergrößert.

Besonders einfach wird diese experimentelle Bestimmung der Reaktionskraft R', wenn das Treibmittel im Geschoß so angeordnet wird, daß die brennende Oberfläche konstant bleibt; dies ist der Fall, falls das Pulver als Vollzylinder eingepreßt ist, der nur an der hinteren konstanten Kreisfläche abbrennen kann. Dann ist $\varphi(z) = 1$ und nach (14) der Innendruck p_i konstant; die Gl. (12) gibt alsdann: $dz = A_1 \cdot p_i^\lambda \cdot dt$; $z = A_1 \cdot p_i^\lambda \cdot t$. Man hat also nur nötig, bei einem bestimmten Außendruck p_a und bei zwei verschiedenen Werten des engsten Querschnitts f_1 im Laboratorium zu messen: erstens und zweitens die beiden Innendrücke p_i' und p_i'', sowie die beiden Zeiten t' und t'', welche vergehen, bis die Treibladung ganz verbrannt, also $z = 1$ geworden ist, drittens und viertens durch Aufhängen des Geschoßmodells die zugehörigen konstanten Reaktionskräfte. Die beiden ersten Ermittlungen liefern zwei Gleichungen für die zwei Unbekannten A_1 und λ des Pulvers. Die beiden letzteren Ermittlungen liefern nach (8) die Zahlenwerte der Konstanten φ_1 und k. Damit kennt man dann für beliebige Werte des Außendrucks p_a und des engsten Querschnitts f_1 den Betrag der Reaktionskraft.

Es braucht kaum bemerkt zu werden, daß auch in sonstiger Hinsicht alle derartige Berechnungen sehr unsicherer Natur sind, weil die Voraussetzungen, die der Rechnung zugrunde liegen (adiabatische Zustandsänderung; Abwesenheit jeder Turbulenz; Gase in der Rakete hinter der Düse noch in Ruhe; Konstanz von k usw.), schwerlich genau zutreffen.

Außer von Bory sind einige Berechnungen angestellt worden von H. Oberth und von R. H. Goddard (s. Lit.-Note). Oberth will den Brennstoff in zwei getrennten Teilen innerhalb der Rakete unterbringen; der eine Teil soll flüssigen Wasserstoff, der andere eine Mischung von Wasser und Alkohol enthalten; außerdem wird flüssiger Sauerstoff mitgeführt; letzterer soll vergast und auf 700° C erhitzt, sodann der Brennstoff in fein verteiltem Zustand in den heißen Sauerstoffstrom verspritzt werden. Goddard hat auch einige Versuche angestellt. Dabei arbeitet er mit rauchlosem Nitrozellulosepulver; das Pulver wird in einzelnen Patronen verpackt benützt; wie bei einem Maschinengewehr wird durch den Auspuffapparat eine Patrone nach der anderen automatisch eingeladen und abgefeuert. Goddard benützt eine Lavaldüse vom Öffnungswinkel 8^0 und gibt an, einen thermischen Wirkungsgrad von $64\,^1/_2\,^0/_0$ erreicht zu haben.

Daß auf solche Weise die behaupteten riesigen Schußweiten (bis 600 km) wirklich erreicht werden können und daß dabei die Treffgenauigkeit auch nur einigermaßen in brauchbaren Grenzen bleibt, muß zunächst bezweifelt werden, ehe zahlreiche einwandfreie Versuche vorliegen, insbesondere auch betreffs der Vorrichtungen (nach Oberth Kreiselapparate), welche dazu dienen sollen, die Streuungen einzuschränken. Von weitergehenden phantastischen Plänen, wie Schießen nach und um den Mond, Mitfahrt eines Menschen usw., soll im nachstehenden die Rede sein.

2. Zu dem äußerballistischen Teil des Raketenproblems fügt O. v. Eberhard folgendes hinzu:

In den Jahren 1908 bis 1910 haben Versuche von Unge, die in Verbindung mit der Firma Krupp angestellt wurden, gezeigt, daß es möglich ist, mit raketenartigen Geschossen von etwa 50 kg Gewicht Schußweiten von etwa 4000 bis 5000 m zu erreichen. Unter einer Rakete sei dabei ein Körper von der Form eines Geschosses verstanden, der am unteren Ende einen nach außen in einer Düse endenden Hohlraum besitzt, in welchem die Treibladung, meist ein langsam abbrennender gepreßter Pulversatz, fest eingelagert ist. Das am offenen Ende entzündete Pulver brennt regelmäßig, und zwar mit einer Geschwindigkeit ab, die etwa proportional dem jeweils entwickelten Gasdruck ist, und die nach dem offenen Ende abströmenden und dort mit großer Geschwindigkeit ausgeblasenen Verbrennungsgase erteilen dem Geschoß nach dem Schwerpunktssatz eine Reaktionsbeschleunigung in der Richtung seiner Längsachse, die es dazu befähigt, sich auch entgegen der Richtung der Schwerebeschleunigung mit wachsender Geschwindigkeit nach vorwärts zu bewegen.

In neuester Zeit ist nun in populärwissenschaftlichen Zeitschriften die Ansicht mit vielem Eifer verfochten worden, es müsse möglich sein, eine außerordentlich große Rakete zu bauen, welche imstande sein würde, in den Weltenraum hinauszufliegen, möglichst sogar mit einer Besatzung von mehreren Personen und beispielsweise so den Mond zu erreichen.

Es soll hier dieser Vorschlag einer kurzen kritischen Betrachtung unterzogen werden.

Gesetzt den Fall, es wäre die Aufgabe bereits gelöst, einem so schweren Geschoß, wie es hier in Frage kommt, die notwendige Beschleunigung zu erteilen und dabei schädliche Drehimpulse um den Schwerpunkt zu vermeiden, so ist das Problem immer noch ein reichlich verwickeltes. Zunächst ist die Rakete dem Luftwiderstand unterworfen. Der Widerstand der Luft gegen einen so großen Körper in den verschiedenen Höhenlagen mit ihrer nach oben abnehmenden Luftdichte ist aber noch unbekannt, besonders auch mit Rücksicht auf die Deformation und Verwirbelung der Stromlinien durch die nach hinten ausströmenden Gase. Weiterhin haben die Erde und das sie umgebende Luftmeer Rotation um die Erdachse, und die relativen Luftströmungen in den obersten Schichten jenseits der Wolkenbildung besitzen noch nicht gemessene Größen und Richtungen. Schließlich hat der Mond während der in Frage kommenden Flugzeit von etwa 20 Stunden seine Stellung zur Erde verändert, so daß die Flugbahn der Rakete keineswegs eine geradlinige sein würde. Alle diese Schwierigkeiten sind aber zweifellos zu überwinden, teils im Wege der Berechnung, teils durch geeignete Steuerorgane.

Um aber für die nachfolgende Betrachtung von all diesen Schwierigkeiten freizukommen, vereinfachen wir das Problem zunächst, wie es in der Ballistik und auch in der Astronomie üblich ist, durch zulässige Abstraktionen. Es möge also angenommen werden, die Rakete werde vom Pol aus abgefeuert, und vom Luftwiderstand werde zunächst abgesehen. Wir wollen ferner den Mond als in relativer Ruhe zur Erde befindlich und in Richtung der Erdachse liegend annehmen und zunächst die Mindestgeschwindigkeit bestimmen, welche der Rakete erteilt werden muß, damit sie den Mond erreicht.

Ist r der Erdradius zum Pol, x der Abstand der Rakete vom Erdmittelpunkt zur Zeit t, y der Abstand vom Mondmittelpunkt, m die Erdmasse; $m_1 = \frac{m}{75}$ die Mondmasse; m_R die Masse der Rakete von dem Augenblick an, in welchem die Ausstoßung von Pulvergasen aufgehört hat und das Geschoß nur noch den Gravitationskräften ausgesetzt ist, k ein Proportionalitätsfaktor; wird ferner der mittlere Abstand des Mondmittelpunktes vom Erdmittelpunkt mit $60\,r$ angenommen, so ist das Potential beider Himmelskörper bezogen auf die Rakete

$$-\frac{m_R \cdot m \cdot k}{x} - \frac{m_R \cdot m_1 \cdot k}{y} = -\frac{m_R \cdot m \cdot k}{x} - \frac{m_R \cdot m \cdot k}{75 \cdot (60\,r - x)}.$$

Ferner ist die Anziehung der Erde an der Erdoberfläche im Pol

$$\frac{m_R \cdot m \cdot k}{r^2} = m_R \cdot 9{,}831\,; \quad \text{also} \quad m \cdot k = 9{,}831 \cdot r^2\,;$$

im Abstand x also

$$\frac{m_R \cdot m \cdot k}{x^2} = \frac{m_R \cdot 9{,}831 \cdot r^2}{x^2}.$$

Die Anziehungskraft des Mondes auf die Rakete ist dagegen

$$\frac{m_R \cdot m_1 \cdot k}{y^2} = \frac{m_R \cdot 9{,}831 \cdot r^2}{75 \cdot (60\,r - x)^2}.$$

Der Punkt zwischen Erde und Mond, in dem sich Erdanziehung und Mondanziehung das Gleichgewicht halten, ist bestimmt durch die Gleichung:

$$\frac{m_R \cdot 9{,}831 \cdot r^2}{x^2} = \frac{m_R \cdot 9{,}831 \cdot r^2}{75\,(60\,r - x)^2}.$$

Hieraus ergibt sich $x = 53{,}79\,r$.

Fällt von diesem Punkt ein Gegenstand zur Erde hin, so gewinnt er an kinetischer Energie so viel, als er an potentieller Energie verliert. Es ist also die lebendige Kraft, mit welcher dieser Körper z. B. im Punkte $x = 1{,}01\,r$ vom Erdmittelpunkt, das sind 63 km über der Erdoberfläche (also in einer Höhe, in welcher noch keine Atmosphäre von wesentlicher Dichte vorhanden ist), ankommt, gleich dem Potentialverlust zwischen Anfangs- und Endlage. Das heißt, es besteht die Beziehung:

$$\frac{m_R \cdot v^2}{2} = \left(-\frac{m_R \cdot 9{,}831 \cdot r^2}{53{,}79 \cdot r} - \frac{m_R \cdot 9{,}831 \cdot r^2}{75 \cdot (60\,r - 53{,}79 \cdot r)}\right) - \left(-\frac{m_R \cdot 9{,}831 \cdot r^2}{1{,}01 \cdot r} - \frac{m_R \cdot 9{,}831 \cdot r^2}{75 \cdot (60\,r - 1{,}01 \cdot r)}\right).$$

Mit $r = 6\,356\,000$ m findet man hieraus $v = 11007$ m/sec.

Da der Vorgang reversibel ist, wird ein Körper, der mit 11007 m/sec Geschwindigkeit sich aus dem Abstand $1{,}01\,r$ nach dem Monde hin bewegt, im Punkte, in welchem Mondanziehung und Erdanziehung sich die Wage halten, mit der Endgeschwindigkeit Null ankommen. Hat er nur etwas mehr Endgeschwindigkeit, so wird er nach dem Monde zu fallen. Diese Geschwindigkeit von 11007 m/sec ist übrigens nur unwesentlich kleiner als diejenige, welche der Körper haben müßte, um sich auf immer von der Erde zu verlieren, wenn die Bahn nicht auf den Mond hinweist. In der Tat ist die reine Erdpotentialdifferenz zwischen $x = 1{,}01\,r$ und $x = \infty$ nur $\frac{m_R \cdot 9{,}831 \cdot r^2}{1{,}01 \cdot r}$. Hieraus ergibt sich eine Geschwindigkeit im Punkte $x = 1{,}01\,r$ von 11124 m/sec (vgl. auch Bd. I, S. 29 und 30).

Bezüglich der Anfangsgeschwindigkeiten, welche ein Körper in verschiedenen Abständen zwischen r und $2\,r$ haben muß, um jeweils von dort aus den neutralen Punkt zwischen Mond und Erde gerade noch zu erreichen, vergleiche man die nachstehende kleine Tabelle:

Im Abstand vom Erdmittelpunkt, gemessen in Erdradien r →	1,00	1,25	1,50	1,75	2,00	2,25	2,50
beträgt die Geschwindigkeit, welche notwendig ist, um den neutralen Punkt zwischen Erde und Mond zu erreichen, (in m/sec) →	11060	9880	9000	8290	7740	7280	6900

Diese Anfangsgeschwindigkeiten sind natürlich identisch mit den Endgeschwindigkeiten, welche eine Rakete durch ihre Treibladung erlangt haben muß, in dem Augenblick, in welchem die gesamte Pulverladung verbrannt und ausgeblasen ist, also die notwendige Endgeschwindigkeit in Abhängigkeit von dem Abstand vom Erdmittelpunkt im Augenblick, wo der Antrieb durch die Pulvergase aufhört.

Nach diesen Vorbereitungen kann nun an das eigentliche Problem herangetreten werden. Die modernen Pulver, welche als Treibladung wohl allein in Frage kommen, haben die Eigenschaft, daß die Geschwindigkeit, mit welcher die Verbrennung von der Oberfläche ins Innere des Pulversatzes vordringt, unter normalen Verhältnissen dem jeweiligen Gasdruck proportional ist. Man hat es also, wenigstens theoretisch, in der Hand, durch Veränderlichkeit des Querschnittes der Höhlung, welche mit Pulver lückenlos gefüllt sei, und dadurch, daß man die Düsenöffnungen, aus welchen die Pulvergase ausblasen, in Abhängigkeit von der Zeit drosselt, zu bewirken, daß der Gasdruck und die sekundlich ausgestoßene Gasmenge eine beliebig vorgeschriebene Funktion der Zeit sei.

Von der Ausströmung der Gase aus einfachen zylindrischen Geschützmündungen war schon in § 23 die Rede. Es wurde dort erwähnt, daß die Ausströmungsgeschwindigkeit etwa den durch die dortige Gleichung (3) bestimmten Wert nicht wesentlich überschreiten kann. Dafür treten die Gase mit einem beträchtlichen Überdruck über den äußeren Atmosphärendruck aus der Rohrmündung aus und können durch weitere Entspannung außerhalb noch höhere Geschwindigkeiten erlangen, deren Richtung dann aber nicht mehr mit der Richtung der Seelenachse übereinstimmen wird. Will man die Energie der Pulvergase möglichst ganz in Energie gleichgerichteter Geschwindigkeit verwandeln, so muß man sich der Lavaldüse bedienen. Mit einer solchen lassen sich höhere Ausströmungsgeschwindigkeiten bei entsprechender Entspannung der Gase erzielen.

Es soll nun angenommen werden, daß eine Ausströmungsgeschwindigkeit von 2000 m/sec erreicht sei und während des ganzen Verbrennungsvorgangs konstant gehalten werde.

Wird eine Pulvermenge dm, welche noch eben in der Rakete zur Zeit t ruhte, in Form von Gas auf die Geschwindigkeit v_a relativ zur Rakete gebracht, und ist die Masse der Rakete zur Zeit t gleich m_t, so wird nach dem Schwerpunktssatz die Rakete einen Geschwindigkeitszuwachs dv erhalten, welcher aus der Gleichung $dm \cdot v_a = m_t \cdot dv$ sich ergibt. Nun sei die Anfangsmasse der Rakete m_0 und $dm = m_0 \cdot \psi(t) \cdot dt$, wobei die Funktion $\psi(t)$ zunächst unbestimmt bleiben möge. Dann ist

$$m_t = m_0 \cdot \left(1 - \int_0^t \psi(t) \cdot dt\right).$$

Setzt man die Werte von dm und von m_t ein, so folgt

$$v_a \cdot \psi(t) \cdot dt = \left(1 - \int_0^t \psi(t) \cdot dt\right) \cdot dv.$$

Mithin ergibt sich als Beschleunigung der Rakete durch die Treibladung

$$\frac{dv}{dt} = \frac{\psi(t)}{1 - \int_0^t \psi(t) \cdot dt} \cdot v_a .$$

Nun wird die Bewegungsgleichung der Rakete im Gravitationsfeld:

$$\frac{d^2 x}{dt^2} = \frac{-g r^2}{(r+x)^2} + \frac{g r^2}{75 \cdot (59 \cdot r - x)^2} + \frac{\psi(t)}{1 - \int_0^t \psi(t)\, dt} \cdot v_a ,$$

wenn man (von jetzt ab) x von der Erdoberfläche an rechnet.

Diese Gesamtbeschleunigung kann man sich nun beliebig vorschreiben. Sie wird, wenn die Rakete Menschen mit sich führen soll, ein gewisses Maß nicht überschreiten dürfen, welches, wenn man solche Pläne überhaupt ernst nehmen will, von physiologischen Gesichtspunkten aus bestimmt werden müßte, damit keine Schädigung der Insassen eintritt und diese noch imstande sind, die notwendigen Bedienungshandgriffe auszuführen. Bei dem Mangel an Erfahrungen in dieser Hinsicht bleibt nichts anderes übrig, als unsere weitere Untersuchung für verschiedene Werte der Gesamtbeschleunigung durchzuführen; es wird sich dann herausstellen, daß der gewählte Wert der Gesamtbeschleunigung das Resultat, auf welches es ankommt, nicht allzuwesentlich beeinflußt.

Ist die Gesamtbeschleunigung $\varrho \cdot g$, wobei ϱ ein Zahlenfaktor ist, so wiegt jeder Insasse von der Masse μ

$$\mu\left(\varrho g + \frac{g \cdot r^2}{(r+x)^2} - \frac{g \cdot r^2}{75 \cdot (59 \cdot r - x)^2}\right) = \sim \mu\left(\varrho g + \frac{g \cdot r^2}{(r+x)^2}\right).$$

Es sei nun $\mu(\varrho + 1) \cdot g$ die eben noch zuträgliche Grenze für das scheinbare Gewicht des einzelnen Insassen der Rakete; so wollen wir vorschreiben, daß die Beschleunigung $\frac{d^2x}{dt^2}$ während der ganzen Pulververbrennung konstant bleibe, also:

$$\varrho \cdot g = \frac{-g \cdot r^2}{(r+x)^2} + \frac{g \cdot r^2}{75 \cdot (59 \cdot r - x)^2} + \frac{\psi(t)}{1 - \int\limits_0^t \psi(t)\,dt} \cdot v_a .$$

Setzt man $1 - \int\limits_0^t \psi(t)\,dt = u$, so bedeutet $m_0 \cdot u$ den zur Zeit t übriggebliebenen Teil der Raketenmasse, nachdem von $t=0$ bis $t=t$ eine gewisse Menge Pulver, und zwar $m_0 \cdot \int\limits_0^t \psi(t)\,dt$ Pulver verbrannt ist. Dann wird

$$\varrho \cdot g = \frac{-g \cdot r^2}{(r+x)^2} + \frac{g \cdot r^2}{75 \cdot (59 \cdot r - x)^2} - \frac{\frac{du}{dt}}{u} v_a ,$$

und da $x = \frac{1}{2} \varrho g t^2$ ist, findet man

$$-v_a \cdot \frac{du}{u} = \varrho g \cdot dt + \frac{g \cdot r^2 \cdot dt}{\left(r + \frac{\varrho g t^2}{2}\right)^2} - \frac{g \cdot r^2 \cdot dt}{75 \cdot \left(59 \cdot r - \frac{\varrho g t^2}{2}\right)^2} .$$

Integriert man nun und berücksichtigt, daß für $t=0$ $u=1$, so folgt als Gesetz der Pulververbrennung:

$$\left.\begin{aligned} -v_a \cdot \log\operatorname{nat} u = \varrho g t + g r^2 \cdot \left[\frac{t}{2r\left(r + \frac{\varrho g t^2}{2}\right)} + \frac{1}{2r} \cdot \frac{1}{r} \sqrt{\frac{r \cdot 2}{\varrho \cdot g}} \cdot \operatorname{arctg}\left(t \cdot \sqrt{\frac{\varrho g}{2r}}\right)\right] \\ - \frac{g r^2}{75}\left[\frac{t}{118 \cdot g\left\{59 \cdot r - \frac{\varrho g t^2}{2}\right\}} + \frac{1}{118 \cdot r} \cdot \frac{1}{118 \cdot r} \sqrt{\frac{118\, r}{\varrho \cdot g}} \cdot \log\operatorname{nat} \frac{\sqrt{59 \cdot r} + t \cdot \sqrt{\frac{\varrho g}{2}}}{\sqrt{59 \cdot r} - t \cdot \sqrt{\frac{\varrho g}{2}}}\right]. \end{aligned}\right\} \quad (19)$$

Setzt man nun $2\varrho g r = d$, so folgt mit $t = \frac{v_e}{\varrho \cdot g}$ (Ende der Pulververbrennung):

$$\left.\begin{aligned} -v_a \cdot \log\operatorname{nat} u_e = v_e + \frac{v_e}{2\varrho\left\{1 + \frac{v_e^2}{d}\right\}} + \frac{1}{2\varrho} \sqrt{d} \operatorname{arctg} \frac{v_e}{\sqrt{d}} \\ - \frac{v_e}{2\varrho \cdot 75 \cdot 59\left(59 - \frac{v_e^2}{d}\right)} - \frac{1}{4\varrho \cdot 75 \cdot 59^2} \sqrt{59 \cdot d} \log\operatorname{nat} \frac{\sqrt{59} + \frac{v_e}{\sqrt{d}}}{\sqrt{59} - \frac{v_e}{\sqrt{d}}} . \end{aligned}\right\} \quad (20)$$

Die beiden letzten Glieder können übrigens gegen die übrigen ihrer Kleinheit wegen vernachlässigt werden.

Gleichung (19) gibt u als Funktion von t, Gleichung (20) ergibt u_e, mithin den am Schluß der Verbrennung noch übrigen Bruchteil $m_0 \cdot u_e$ der Raketenmasse. Um nun zu konkreten Werten zu gelangen, ist die Berechnung dieses Bruchteiles für $\varrho = \frac{1}{4}$, $\varrho = \frac{1}{2}$, $\varrho = 1$, $\varrho = 2$, $\varrho = 5$ durchgeführt worden. Um zunächst das jeweils zutreffende v_e zu finden, ist zu bedenken, daß aus der Unveränderlichkeit der Gesamtbeschleunigung $v_e^2 = 2\,\varrho g \cdot x_e$ folgt. Denkt man sich die Beziehungen

$$v^2 = 2 \cdot \frac{g}{4} \cdot x, \quad v^2 = 2 \cdot \frac{g}{2} \cdot x, \quad v^2 = 2 \cdot g \cdot x, \quad v^2 = 2 \cdot 2\,g \cdot x, \quad v^2 = 2 \cdot 5\,g \cdot x$$

graphisch dargestellt, so ergeben die Schnittpunkte der so entstehenden Kurven mit einer graphischen Wiedergabe der in der obigen kleinen Tabelle niedergelegten Beziehung die zu den verschiedenen ϱ gehörigen v_e, welche notwendig sind, um den Mond zu erreichen.

Setzt man die zusammengehörigen Werte von ϱ und v_e in Gl. (20) ein, so findet man bei

$$\varrho = \frac{1}{4}, \quad u = \frac{1}{66\,800}, \qquad \varrho = 2, \quad u = \frac{1}{785},$$

$$\varrho = \frac{1}{2}, \quad u = \frac{1}{7685}, \qquad \varrho = 5, \quad u = \frac{1}{431}.$$

$$\varrho = 1, \quad u = \frac{1}{1839},$$

Steigert man den Wert von ϱ immer mehr, so wächst das erste Glied der rechten Seite gegen 11060 hin; die übrigen Glieder konvergieren gegen Null; somit strebt, für sehr große ϱ, u der Grenze $\frac{1}{252}$ zu.

Dies bedeutet, daß, wie man die Rakete auch konstruieren mag, stets nur ein außerordentlich kleiner Bruchteil der Raketenmasse der Erdanziehung entrinnen kann, wenn 2000 m/sec die höchste Geschwindigkeit ist, mit welcher die Pulvergase die Rakete verlassen. Könnte man größere Ausströmungsgeschwindigkeiten erreichen, also $k \cdot 2000$ m/sec, wobei k ein Zahlenfaktor größer als 1 ist, so würden die obigen Werte von u zu

$$u = \frac{1}{66\,800^{\frac{1}{k}}}, \qquad u = \frac{1}{785^{\frac{1}{k}}},$$

$$u = \frac{1}{7685^{\frac{1}{k}}}, \qquad u = \frac{1}{431^{\frac{1}{k}}},$$

$$u = \frac{1}{1839^{\frac{1}{k}}},$$

beispielsweise für 4000 m/sec Ausströmgeschwindigkeit und $\varrho = 2$ ist $u = \frac{1}{28}$, so daß dann schon vielleicht eher eine technische Lösung in den Bereich der Möglichkeit gerückt wäre. Ob allerdings solche Ausströmungsgeschwindigkeiten je erreichbar sind, darf billig bezweifelt werden.

Bei obigen Ausführungen ist vom Luftwiderstand abgesehen worden. Die Berechtigung zu dieser Vernachlässigung ist jetzt klar zu ersehen. Bei den geringen Beschleunigungen, welche nur in Frage kommen, durchmißt die sicherlich sehr schwere Rakete die Gegenden dichter Luft mit verhältnismäßig kleinen Geschwindigkeiten. Die Verzögerung durch den Luftwiderstand ist also gering. Sie könnte aber überhaupt paralysiert werden dadurch, daß etwas mehr Gas im Anfang abgeblasen wird, als obiger Rechnung entspricht.

Die Betrachtung wäre nicht vollständig, wenn wir nicht erwähnten, daß ein weiterer Massenverlust durch die Bremsung bedingt wird, welche notwendig ist, um den vom neutralen Punkt zum Mond hin erfolgenden Sturz abzudämpfen. Eine der obigen analoge Betrachtung ergibt, daß der Raketenrest vom neutralen Punkte aus fallend durch die reine Gravitationsbeschleunigung in einem Punkte $0{,}3 \cdot r$ vom Mondmittelpunkte mit $v = 2248$ m/sec ankommt. Dieser Punkt liegt (den Mondhalbmesser mit $0{,}2729 \cdot r$ angenommen) auf $0{,}0271 \cdot r$ von der Mondoberfläche entfernt. Soll während dieser $0{,}0271 \cdot r$ die Geschwindigkeit der Rakete auf Null reduziert werden, so ist eine gleichmäßige Beschleunigung vom Monde weg von $j = 14{,}675$ m/sec^2 nötig. Es muß also, wenn die Restmasse im neutralen Punkte mit m_e und der variable Abstand vom Mondmittelpunkt mit ξ bezeichnet wird, die Beziehung erfüllt werden,

$$m_e \cdot j = \frac{m_e \cdot g\, r^2}{(60 \cdot r - \xi)^2} - \frac{m_e\, g\, r^2}{75 \cdot \xi^2} + \frac{du}{u\, dt} \cdot k \cdot 2000\,;$$

ferner $\xi = 0{,}3 \cdot r - 2248 \cdot t + \frac{1}{2} \cdot j \cdot t^2$, also

$$j \cdot dt = \frac{g \cdot r^2 \cdot dt}{(60\, r - \xi)^2} - \frac{g \cdot r^2 \cdot dt}{75 \cdot \xi^2} - \frac{du}{u} \cdot k \cdot 2000.$$

Hieraus folgt angenähert $u = \dfrac{1}{3{,}476^{\frac{1}{k}}}$.

Auf dem Monde würde also unter dieser Annahme noch etwa $\left(\frac{1}{3}\right)^{\frac{1}{k}}$ der im neutralen Punkt angekommenen Masse ankommen. Der Grenzwert, dem u zustrebt, wenn man j sehr groß werden läßt, ist $\dfrac{1}{3{,}268^{\frac{1}{k}}}$. Denn es wird jt im Grenzfalle gleich der Geschwindigkeit, mit der die Rakete ungebremst auf der Mondoberfläche ankäme, also gleich 2369 m/sec.

Im allergünstigsten Fall würde also $\left(\frac{1}{252}\cdot\frac{1}{3,268}\right)^{\frac{1}{k}}$ oder ungefähr $\frac{1}{\sqrt[k]{823}}$ der Anfangsmasse der Rakete ohne aufzustoßen auf dem Monde ankommen, wenn die Ausströmungsgeschwindigkeit der Pulvergase $k\cdot 2000$ m/sec beträgt.

Zum Schluß sei noch bemerkt, daß aus den obigen Gleichungen

$$m_t = m_0\left(1-\int_0^t \psi(t)\,dt\right) \quad \text{und} \quad \frac{dv}{dt} = \frac{\psi(t)}{1-\int_0^t \psi(t)\,dt}\,v_a$$

folgt:

$$\frac{dv}{dt} = -v_a\,\frac{dm_t}{m_t}.$$

Hieraus ergibt sich diejenige Geschwindigkeit v, welche ohne Berücksichtigung der Gravitation allein durch das Rückwärtsausströmen erzielt werden kann:

$$v = -v_a \operatorname{lognat}\frac{m_t}{m_0}.$$

Also, wenn G das ursprüngliche Gesamtgewicht des Geschosses, L das Gewicht der Treibladung bei der Entzündung bedeutet, so wird allein durch die Reaktionskraft ein schließlicher Geschwindigkeitszuwachs v_e erreicht, wenn die Ladung ganz verbrannt ist, im Betrag von

$$v_e = v_a \operatorname{lognat}\frac{G}{G-L}.$$

Z. B. sei $v_a = 2000$ m/sec, $G = 300$ kg, $L = 100$ kg, so ist

$$v_e = 2000 \operatorname{lognat}\tfrac{3}{2} = 811 \text{ m/sec.}$$

Selbstverständlich läßt sich auch der Einfluß des Luftwiderstands auf den Raketenflug rechnerisch verfolgen, mit der Einschränkung, daß unsere Kenntnisse über den Luftwiderstand bei sehr großen Geschwindigkeiten einerseits und bei sehr kleiner Luftdichte andererseits höchst lückenhaft sind:

Die Verzögerung, welche der Luftwiderstand hervorbringt, ist bei Benützung der Kruppschen Tabelle

$$\frac{R^2\pi}{m_0\cdot\left(1-\int_0^t \psi(t)\cdot dt\right)}\cdot\frac{\delta_x}{1,22}\cdot i\cdot f(v).$$

Bei einem anfänglichen Raketengewicht von z. B. 994000 kg, bei einem Querschnitt $R^2\pi$ von 10^5 cm² und bei einem Formwert $i = 0,37$ wird also die Verzögerung etwa

$$\frac{0,3\cdot\delta_x}{1-\int_0^t \psi(t)\cdot dt}\cdot\left[10^6\cdot K(v)\right]\cdot\left(\frac{v}{1000}\right)^2.$$

Hierfür schreiben wir $\dfrac{F_1(t)}{1-\int\limits_0^t \psi(t)\,dt}$; denn das Luftgewicht δ_x in der Höhe x und der Faktor $K(v)$ sind bekannte Funktionen der Zeit, da $v = \varrho\cdot g\cdot t$ und $x = \frac{1}{2}\varrho g t^2$ ist. Die ergänzte Differentialgleichung der Raketenbewegung wird jetzt

$$\varrho\cdot g = -\frac{g\cdot r^2}{(r+x)^2} + \frac{g\cdot r^2}{75\cdot(59\cdot r - x)^2} + \frac{\psi(t)\cdot v_a}{1-\int\limits_0^t \psi(t)\,dt} - \frac{F_1(t)}{1-\int\limits_0^t \psi(t)\,dt}.$$

Da $(r+x)^2$ und $(59\cdot r - x)^2$ wegen $x = \frac{1}{2}\varrho\cdot g\cdot t^2$ bekannte Funktionen der Zeit sind, erhält man folglich, mit Einführung der neuen Abkürzung $\varrho\cdot g + \frac{g\cdot r^2}{(r+x)^2} - \frac{g\cdot r^2}{75\cdot(59\cdot r - x)^2} = \frac{1}{F_2(t)}$, die Gleichung:

$$\frac{\psi(t)\cdot v_a}{1-\int\limits_0^t \psi(t)\,dt} - \frac{F_1(t)}{1-\int\limits_0^t \psi(t)\,dt} = \frac{1}{F_2(t)},$$

also

$$\psi(t)\cdot F_2(t)\cdot v_a - F_1(t)\cdot F_2(t) = 1 - \int\limits_0^t \psi(t)\,dt.$$

Differenziert man nach t, so ergibt sich leicht die folgende lineare Differentialgleichung zwischen ψ und t:

$$\frac{d\psi}{dt} + \psi\cdot\frac{1+F_2'(t)\cdot v_a}{F_2(t)\cdot v_a} = \frac{[F_1(t)\cdot F_2(t)]'}{F_2(t)\cdot v_a}.$$

Die Durchrechnung verlohnt sich nicht, da das Resultat noch ungünstiger werden muß, als ohne Berücksichtigung des Luftwiderstands.

Elfter Abschnitt.

Einiges über Sprenggeschosse.

§ 59. Die verschiedenen Arten von Sprenggeschossen. Berechnung der Splitterzahl.

1. Man benützt dreierlei Arten von Sprenggeschossen, d. h. von solchen Geschossen, die zur vollen Entfaltung ihrer Wirkung durch eine Sprengladung zerlegt werden, sei es vor dem Ziel, sei es im Ziel selbst: Falls das Geschoß in möglichst viele kleine Teile zerlegt werden soll, die mit großer Geschwindigkeit fortgeschleudert werden (Sprenggranate), wird ein brisanter Sprengstoff und zu dessen Zerlegung ein empfindlicher „Aufschlagszünder" verwendet. Wenn jedoch die Hülle des Geschosses nur dazu dienen soll, um die Spreng-

ladung unversehrt in das Ziel hinein zu tragen, wo dann das Geschoß erst durch die Kraft des Sprengstoffs zerstörend wirken soll (Panzergranate, Minengranate), kommt ein „Aufschlagszünder mit Verzögerung" zur Anwendung. Wenn endlich eine aus Kugeln oder dergleichen bestehende Füllung möglichst ohne Deformation aus der Geschoßhülle hinausgetrieben werden soll (Shrapnel), wird eine Sprengladung aus impulsivem schiebendem Pulver verwendet, und diese Sprengladung wird nach einer vorgeschriebenen Zeit durch einen Zeitzünder entzündet. Als Zeitzünder verwendet man dabei entweder einen Brennzünder, der aus einem stark gepreßten Schwarzpulversatz besteht, oder besser mechanische Zünder (z. B. Uhrwerkszünder). Von der Theorie der Brennzünder ist in dem nachfolgenden § 60 die Rede.

2. Bei den Granaten hängt die mechanische Wirkung der Sprengstücke — außer von der Durchschlagswirkung und der Reichweite der Sprengstücke — insbesondere von der Zahl Z der Sprengstücke ab. Diese Zahl wurde bisher mittels der Sprengprobe erhalten: in einer besonders ausgebauten Erdgrube wurde die Granate zur Detonation gebracht, die Sprengstücke wurden gesammelt, gezählt und gewogen. Dieses Verfahren will Justrow durch eine Rechenmethode ersetzen (s. Lit.-Note, dort sind auch die Theorien von H. Lorenz, von Jacobi und von Berndt zitiert, wogegen Justrow Stellung nimmt). Das Resultat, zu dem Justrow gelangt, ist das folgende.

Zahl der Sprengstücke:

$$Z = \frac{a \cdot Q}{D \cdot \frac{k_{\mathfrak{z}} \cdot \varepsilon}{\sigma} \cdot \frac{k^2 - 1}{k^2 + 0{,}5}}.$$

Dabei bedeutet Q die Sprengladung (g); D das Kaliber (cm); $k_{\mathfrak{z}}$ die Festigkeit des Geschoßmaterials (kg/mm²); σ dessen Streckgrenze (kg/mm²); ε dessen Dehnung (⁰/₀); k das Verhältnis $d_a : d_i$ zwischen dem Außendurchmesser der Geschoßwandung und ihrem Innendurchmesser; der Faktor a charakterisiert den Sprengstoff, für Nitroglyzerin ist $a = 54$, für Pikrinsäure $a = 50$, für Trinitrotoluol $a = 46$, für Schießwolle $a = 40$, für Schwarzpulver $a = 3$.

Beispiel: Kaliber der Granate $D = 15$; Geschoßwandung aus Preßstahl: $k_{\mathfrak{z}} = 80$, $\sigma = 45$, $\varepsilon = 10$; $k = d_a : d_i = 1{,}49$; Sprengladung: Gewicht $Q = 4860$, Pikrinsäure, also $a = 50$. Es wird die Splitterzahl:

$$Z = \frac{50 \cdot 4860}{15 \cdot \frac{80 \cdot 10}{45} \cdot \frac{1{,}49^2 - 1}{1{,}49^2 + 0{,}5}} = 2030.$$

§ 60. Berechnung der Brenngeschwindigkeit von Brennzündern.

In diesem letzten Paragraph möge noch von der Theorie der Brennzünder die Rede sein. Dabei sei vorausgesetzt, daß die am ruhenden Geschoß gewöhnlich angebrachte Eichung des Zünders vollzogen sei: im Laboratorium, also bei einem Barometerstand, wie er am Erdboden herrscht, etwa dem normalen 760 mm Hg, sei mittels eines Zeitmessers das allmähliche Abbrennen des spiralförmig gelagerten länglichen Zündsatzes festgestellt und auf diese Weise der Zünder mit einer Sekundeneinteilung versehen worden. Es fragt sich, ob diese Einteilung für den Geschoßflug zutrifft oder nicht, und wenn nicht, welche Korrekturen daran angebracht werden müssen.

Die Zünderstellung b des Zündsatzes bedeutet auf Grund der Laboratoriumseichung, daß bei normalem Barometerstand am Erdboden der bis zu der betreffenden Stelle reichende Zündsatzteil in b Sekunden abbrenne (Brennzeit bis maximal 50 sek möglich). Die Brenngeschwindigkeit $\frac{db}{dt}$ wächst aber mit dem Druck, der am Zündloch auf den Zündsatz ausgeübt wird, und nimmt mit diesem Druck ab. Aus zwei Gründen ist daher die Brenngeschwindigkeit nicht konstant gleich 1; erstens ist bei gleicher Geschoßgeschwindigkeit in größeren Höhen der Barometerstand und damit der Druck der umgebenden Luft geringer, folglich $\frac{db}{dt}$ kleiner als am Erdboden; wenn folglich das Geschoß bei Steilflug in große Höhen y gelangt oder wenn auf einer Berghöhe geschossen wird, brennt der Zündsatz langsamer ab; zweitens ist bei gleicher Höhenlage die Brenngeschwindigkeit abhängig von der Geschoßgeschwindigkeit; denn mit dieser ändert sich der auf das Geschoß und damit der auf das Zündloch ausgeübte Druck; beim Abschuß ist der Luftwiderstand auf das Geschoß größer als später; aus diesem Grund allein ist somit $\frac{db}{dt}$ größer.

Diese Abhängigkeit zeigt sich deutlich bei den folgenden Zahlen, die an einem 10-cm-Geschütz erhalten wurden. Dabei wurde bei mehreren eingestellten Brennlängen b sec und bei mehreren Abgangswinkeln φ jedesmal die Flugzeit t bis zum Erscheinen des Sprengpunkts mit der Löbnerschen Tertienuhr gemessen (die Messungszahlen sind nicht ausgeglichen):

bei $b = 5$ sec	und bei $\varphi = 20^0$	fand sich: $t = 3{,}78$ sec;
„ $b = 10$ „	„ „ $\varphi = 69^0;\ 60^0;\ 50^0;\ 40^0;\ 30^0;\ 20^0$	„ „ bzw. $t = 9{,}31;\ 9{,}08;\ 9{,}00;\ 8{,}56;\ 8{,}27;\ 7{,}93$ sec;
„ $b = 15$ „	„ „ $\varphi = 69^0;\ 60^0;\ 50^0;\ 40^0;\ 30^0;\ 20^0$	„ „ „ $t = 16{,}96;\ 16{,}19;\ 15{,}26;\ 14{,}91;\ 14{,}16;\ 13{,}17$ sec;
„ $b = 20$ „	„ „ $\varphi = 69^0;\ 60^0;\ 50^0;\ 40^0;\ 30^0;\ 20^0$	„ „ „ $t = 27{,}82;\ 26{,}14;\ 23{,}56;\ 22{,}80;\ 21{,}19;\ 19{,}21$ sec;
„ $b = 25$ „	„ „ $\varphi = 69^0;\ 60^0;\ 50^0;\ 40^0;\ 30^0;\ 20^0$	„ „ „ $t = 39{,}02;\ 34{,}87;\ 32{,}17;\ 29{,}73;\ 27{,}04;$ — sec;
„ $b = 26$ „	„ „ $\varphi = 69^0;\ 30^0$	$t = 40{,}15;\ 27{,}56$ sec.

[Daß von dieser Abhängigkeit der mechanische Zeitzünder fast unabhängig ist, ergibt sich aus den folgenden Messungen, bei denen zu der betreffenden eingestellten Laufzeit l und bei dem betreffenden Abgangswinkel φ ebenfalls die Flugzeit t bis zum Sprengpunkt mit der Tertienuhr gemessen wurde:

bei $l = 10$ sec und bei $\varphi = 50^0$; 45^0; 30^0 fand sich bzw. $t = 9{,}39$; $9{,}37$; $9{,}43$ sec,
„ $l = 20$ „ „ „ $\varphi = 50^0$; 30^0 . . „ „ „ $t = 19{,}21$; $19{,}15$ sec,
„ $l = 25$ „ „ „ $\varphi = 45^0$ . . . . „ „ „ $t = 24{,}01$ sec,
„ $l = 30$ „ „ „ $\varphi = 50^0$; 30^0 . . „ „ „ $t = 28{,}85$; $28{,}95$ sec,
„ $l = 40$ „ „ „ $\varphi = 50^0$; 45^0 . . „ „ „ $t = 38{,}67$; $38{,}70$ sec.]

Über den Einfluß des Luftdrucks auf das Zünderbrennen sind in der letzten Zeit in italienischen und schwedischen Zeitschriften zahlreiche Mitteilungen gemacht worden; insbesondere bespricht Bianchi in seinem Ballistik-Lehrbuch eingehend diese Frage.

2. Zur Berechnung der Brenngeschwindigkeit von Zeitbrennzündern hat E. Stübler 1918 die nachstehende Theorie aufgestellt; er hat damit eine vorhergehende Arbeit von K. Wolf vervollkommnet und erweitert (s. Lit.-Note).

Am Erdboden sei die Geschoßgeschwindigkeit beim Abschuß v_0, der Luftdruck p_0, das Luftgewicht δ_0, die absolute Lufttemperatur T_0. Das Geschoß möge sich jetzt in der Höhe y (m) über dem Erdboden befinden; dort sei seine Geschwindigkeit v_y, der Luftdruck p_y, das Luftgewicht δ_y, die Lufttemperatur T_y. Man denke sich das Geschoß ruhend und dafür die Luft mit der Geschwindigkeit v_y dagegen strömend. Am Zündloch sei dabei der Druck p, die Relativgeschwindigkeit der Luft gegenüber dem Zündloch sei u; das Luftgewicht dort sei δ. Dann ist nach dem adiabatischen Gesetz

$$\frac{p}{p_y} = \left(\frac{\delta}{\delta_y}\right)^k, \quad k = 1{,}41; \tag{1}$$

und gemäß dem Bernoullischen Energiegesetz für Gasströmung ist

$$\frac{dp}{\delta} + \frac{d(u^2)}{2g} = 0. \tag{2}$$

Aus beiden Gleichungen zusammen erhält man

$$\left(\frac{p}{p_y}\right)^{-\frac{1}{k}} \cdot \frac{dp}{\delta_y} + \frac{1}{2}\frac{d(u^2)}{g} = 0.$$

Integriert man und berücksichtigt, daß in einiger Entfernung vom Geschoß $p = p_y$ und $u = v_y$ ist, so wird

$$\left(\frac{p}{p_y}\right)^{\frac{k-1}{k}} = 1 + \frac{k-1}{2kg} \cdot \frac{\delta_y}{p_y}(v_y{}^2 - u^2). \tag{3}$$

Wenn das Zündloch sich in der Mitte des Kopfzünders befinden würde, so wäre dort $u = 0$, und die letzte Gleichung würde alsdann den Druck p am Zündloch ergeben. In Wirklichkeit liegt jedoch die Stelle, wo die Zünderpulvergase austreten, seitlich von der Geschoßspitze, und dort ist die Relativgeschwindigkeit der Luft gegenüber dem Geschoß nicht gleich Null. E. Stübler nimmt nun an, daß u sich proportional mit v_y ändert, daß also $u = \lambda \cdot v_y$ sei.

Nun gibt die Gleichgewichtsbedingung der Atmosphäre: $d p_y = -\delta_y \cdot dy$; und nach Boyle-Mariotte hat man $\frac{p_y}{\delta_y} = \frac{p_0}{\delta_0} \cdot \frac{T_y}{T_0}$, wobei $p_0 = 10\,333$ (kg/m²) und $\delta_0 = 1{,}294$ (kg/m³) ist. Daraus ergibt sich, mit der Abkürzung $7991 = A$, die Beziehung

$$\frac{p_y}{\delta_y} = A \cdot \frac{T_y}{T_0}. \tag{4}$$

Dies kann man in die rechte Seite der Gl. (3) einsetzen. Und auf der linken Seite der Gl. (3) kann man, da $dp_y = -\delta_y \cdot dy$ und $p_y = \delta_y \cdot A \cdot \frac{T_y}{T_0}$, somit $\frac{dp_y}{p_y} = -\frac{T_0}{A} \cdot \frac{dy}{T_y}$ ist, für p_y den Ausdruck setzen:

$$p_y = p_0 \cdot e^{-\frac{T_0}{A} \cdot \int\limits_0^y \frac{d_y}{T_y}}. \tag{5}$$

Mit dieser beiderseitigen Umformung erhält man aus (3) den Wert von $\frac{p}{p_0}$, d. h. das Verhältnis des Drucks p am Zündloch zu dem Druck p_0 am Erdboden. Und da nach den Untersuchungen von K. Wolf für die Brenngeschwindigkeit die Beziehung gilt $\frac{db}{dt} = \left(\frac{p}{p_0}\right)^\gamma$, wo für Schwarzpulver $\gamma = 0{,}464$ ist, so hat man

$$\frac{db}{dt} = \left(\frac{p}{p_0}\right)^\gamma = \left(\frac{p_y}{p_0}\right)^\gamma \cdot \left[1 + \frac{v_y^2}{c^2 \cdot (1 + \alpha_1 \cdot \tau_y)}\right]^{\frac{k \cdot \gamma}{k-1}}. \tag{6}$$

Dabei ist zur Abkürzung gesetzt: $c^2 = \frac{2\,k\,g\,A}{(k-1)\cdot(1-\lambda^2)}$; α_1 ist $= 0{,}000\,367$; $k = 1{,}41$; und τ_y die Lufttemperatur in Grad Cels., also $\tau_y = T_y - 273$.

Was die Konstante λ betrifft, so wird diese empirisch ermittelt, und zwar bestimmt E. Stübler die ganze Konstante c^2 aus Gl. (6) durch eine Spezialisierung; er sucht nämlich, indem er in Gl. (6) speziell $y = 0$, also $p_y = p_0$, $\tau_y = \tau_0$, $v_y = v_0$ setzt, also für den Anfangswert der Brenngeschwindigkeit den betreffenden Rechnungsausdruck aufstellt und diesen Anfangswert gleichzeitig empirisch gewinnt, eine Gleichung für c auf. [Bei der empirischen Ermittlung des Anfangswertes für die Brenngeschwindigkeit, also für das Verhältnis zwischen Brennlänge b und Flugzeit t, ist zu berücksichtigen, daß der Zündsatz beim Austritt des Geschosses aus der Mündung oft noch nicht genau an der Stelle brennt, die dem Anfangswert der

Zünderteilung entspricht, sondern meistens an einer Stelle, die einer ganz kleinen negativen Brennlänge b_0 entsprechen würde. Denkt man sich den Anfang der Zünderteilung an diese Stelle verschoben, so entstehen neue Brennlängen B, die zu den schußtafelmäßigen Brennlängen b in der Beziehung stehen $B = b + b_0$, und dann ist bei der Schußweite X gleich Null die Brennlänge B gleich Null. Die anfängliche Brenngeschwindigkeit ist dann der Grenzwert von $\frac{B}{t}$ für die Schußweite Null.]

Die Gleichung (6) liefert so die Brenngeschwindigkeit $\frac{db}{dt}$ in Funktion von y. Und indem man $\frac{db}{dt}$ ersetzt durch $\frac{db}{dx} \cdot \frac{dx}{dt} = \frac{db}{dx} \cdot v \cdot \cos\vartheta$ und durch eine vorläufige Berechnung der Flugbahn $v \cdot \cos\vartheta$ und die ganze rechte Seite der Gl. (6) als Funktion von x darstellt, erhält man $\frac{db}{dx}$ als Funktion von x und durch eine graphische oder mechanische Integration b selbst in Abhängigkeit von x. Das Rechnungsverfahren Stüblers soll noch kurz zusammengestellt und durch ein von ihm durchgeführtes Zahlenbeispiel erläutert werden.

Zusammenstellung des Rechnungsverfahrens.

1. Man berechnet zu einer Reihe von Werten x die zugehörigen Werte y, ϑ, v der Geschoßbahn.

2. Man ermittelt den Grenzwert des Verhältnisses zwischen Brennlänge B und Flugzeit t speziell für die Schußweite Null; dazu trägt man $\frac{B}{t}$ als Funktion der Schußweite X oder auch als Funktion der Flugzeit t graphisch auf und sucht den Grenzwert für $X = 0$ oder für $t = 0$; oder bildet man nach F. Nöther aus der Funktion B von t den Differentialquotient und sucht dessen Wert $\left(\frac{db}{dt}\right)_0$ für $t = 0$.

3. Wenn es sich bei dem Satzring um eine andere Pulversorte handelt, als um das gewöhnliche Schwarzpulver, so muß γ experimentell ermittelt werden; sonst nimmt man mit K. Wolf $\gamma = 0{,}464$, somit $\frac{k \cdot \gamma}{k-1} = 1{,}6$.

4. Man bestimmt die Konstante c folgendermaßen. Es sei p_0 der Normalbarometerstand und p_0' der Tagesbarometerstand, $\tau_0\,{}^0$C die Lufttemperatur (je am Erdboden), $\alpha_1 = 0{,}000367$, so bestimmt man c aus:

$$\left(\frac{db}{dt}\right)_0 = \left(\frac{p_0'}{p_0}\right)^{\gamma} \cdot \left[1 + \frac{v_0^2}{c^2(1 + \alpha_1 \cdot \tau_0)}\right]^{1{,}6}. \tag{7}$$

5. Man ermittelt die Lufttemperatur τ_y (° C), wie sie in der Höhe y (m) am Versuchstage herrscht. Wenn hierfür keine Messungen mit Drachenaufstiegen vorliegen, so nehme man die Jahresmittel, wie sie in Wegener: Thermodynamik der Atmosphäre, S. 129, vorliegen. Damit ist $\sqrt{1+\alpha_1\cdot\tau_y}$ zu jedem Wert y gegeben, gemäß folgendem Tabellenauszug

$y =$	0	1	2	3	4	5	6	7	8	9	10 (km)
$\tau_y =$	+10,5		+0,1		−10,7		−23,7		−38,6		−40,6 (°C)
$\sqrt{1+\alpha_1\cdot\tau_y} =$	1	0,945	0,892	0,841	0,792	0,746	0,700	0,656	0,614	0,574	0,535

6. Sodann berechnet man den Wert von $f(y)$ aus

$$\log\text{nat}\, f(y) = \frac{\gamma\cdot(1+\alpha_1\cdot\tau_0)}{7661}\cdot\int_0^y \frac{dy}{1+\alpha_1\cdot\tau_y}. \tag{8}$$

7. Zu dem nach (1) berechneten Wert der Geschoßgeschwindigkeit v in der Höhe y, ferner zu dem nach 4. berechneten Wert der Konstanten c und zu der nach 5. ermittelten Lufttemperatur τ_y berechnet man den Wert von $\varphi(v, y)$ aus

$$\varphi(v, y) = \left[1 + \frac{v^2}{c^2\cdot(1+\alpha_1\cdot\tau_y)}\right]^{1,6}. \tag{9}$$

8. Man bildet für eine Reihe von Werten y und damit (nach 1.) auch von x, ϑ und v je den Wert des folgenden Ausdrucks

$$\frac{f(y)\cdot\varphi(v, y)}{v\cdot\cos\vartheta} = \frac{\frac{db}{dt}}{v\cos\vartheta} = \frac{db}{dx} \tag{10}$$

und trägt die Werte dieses Ausdrucks graphisch auf, die horizontalen Entfernungen x als Abszissen, die Werte des Ausdrucks (10) als Ordinaten, und erhält sodann durch graphische Integration b in Funktion von x, somit für jeden Flugbahnpunkt (xy) die Länge des bis dahin abgebrannten Teils des Zündsatzes in sec. Wenn der Zünder nicht Sekundenteile, sondern Gradteile besitzen soll, so muß noch festgestellt werden, wieviel Grad beim ruhenden Zünder unter normalen Witterungsverhältnissen in 1 sek abbrennen. Ebenso muß Meterteilung des Zünders zuerst in Sekundenteilung übergeführt werden.

Zahlenbeispiel. Anfangsgeschwindigkeit des Geschosses $v_0 = 350$ m/sec; Abgangswinkel $\varphi = 43{,}22^0$; Schußweite $X = 8000$ m; der Tagesbarometerstand p_0' am Erdboden sei der normale p_0, also $\frac{p_0'}{p_0} = 1$. Der Grenzwert des Verhältnisses der Brennlänge zur Flugzeit für die Schußweite Null habe sich ergeben zu 1,23; die Lufttemperatur am Erdboden sei $\tau_0 = +10{,}5^0$ C, dann ergibt sich die Konstante c aus

$$1{,}23 = \left[1 + \frac{350^2}{c^2\cdot(1+0{,}000367\cdot 10{,}5)}\right]^{1,6};\quad c = 941.$$

So fand sich:

für	$x =$	0	1000	2000	3000	4000	5000	6000	7000	8000	(m)
	$y =$	0	856	1534	2007	2233	2174	1812	1111	0	(m)
	$\vartheta =$	+43,22	+37,48	+29,92	+19,73	+4,80	−12,02	−27,32	−41,50	−53,25	(Grad)
	$v =$	350	292	244	208	186	177	183	206	250	(m/sec)
	$\frac{v}{c\sqrt{1+\alpha_1\cdot\tau_y}} =$	0,372	0,310	0,259	0,221	0,198	0,188	0,194	0,219	0,266	
	$\varphi(v, y) =$	1,230	1,158	1,110	1,080	1,064	1,057	1,061	1,079	1,116	
	$f(y) =$	1,000	0,955	0,919	0,894	0,881	0,885	0,904	0,940	1,000	
	$v\cdot\cos\vartheta =$	255	232	211	196	185	173	163	154	150	(m/sec)
	$\frac{db}{dx}\cdot 1000 =$	4,82	4,77	4,83	4,93	5,06	5,40	5,88	6,58	7,44	

Durch graphische Integration ergaben sich endlich zu den nachfolgenden Zünderstellungen b die zugehörigen horizontalen Entfernungen (Kartenentfernungen) x und umgekehrt:

für $b =$	5	10	15	20	25	30	35	40	45	(sec)
ist $x =$	1045	2085	3105	4110	5075	5970	6785	7535	8220	(m)

Somit beträgt (für die Schußweite $X = 8000$ m) die Gesamtlänge $b = 43\frac{3}{8}$ sec.

Mit Vorstehendem soll nicht behauptet werden, daß die Skalenteilung eines Zeitbrennzünders am zweckmäßigsten durch Rechnung ermittelt werde; in Bd. I ist vielmehr bereits gesagt worden, daß und weshalb man im allgemeinen sicherer fährt, die Eichung des Zünders auf empirischem Wege zu bewirken; dessen ist sich auch der Urheber der erwähnten Theorie, E. Stübler, wohl bewußt.

Literaturnoten und Bemerkungen zu Band II.

(Innere Ballistik.)

Lehrbücher und Monographien.

Bergmann, W.: Lärbok i Artileriteknik, I, 2. Aufl. Stockholm 1908.

Berthelot, M.: Sur la force des matières explosives d'après la thermochimie, 2 Bde. Paris 1883.

Bianchi, G.: Balistica interna. Turin 1910.

Brunswig, H.: Explosivstoffe, 2. Aufl. Leipzig 1923.

Brynk, A.: Innere Ballistik (russ.). St. Petersburg 1901; deutsch von Sinewitz. St. Petersburg 1906.

— Konstruktion der Geschützrohre (russ.), St. Petersburg 1901.

Callenberg: Die Fundamentalwerke der inneren Ballistik (autograph. Hefte), Berlin 1887/1899.

Cazaux, L. F.: Theorie und Berechnung der Wirkungen des Pulvers in Minen und Geschützen. Magdeburg 1839.

Charbonnier, P.: Balistique intérieure. Paris 1908.

Cranz, C.: Anwendung der elektrischen Momentphotographie auf die Untersuchung von Schußwaffen. Halle a. S. 1901.

Duhem, P.: Thermodynamique et Chimie. 1902.

Eberhard, O. von: Einiges über die Ballistik großer Schußweiten. Berlin 1924.

Glennon, J. H.: Interior ballistics. Baltimore 1894.

Gossot, G. und R. Lionville: Balistique intérieure. Paris 1922.

Guttmann, O.: Die Industrie der Sprengstoffe. Braunschweig 1895.

— Handbuch der Sprengarbeit. Braunschweig 1892.

— Schieß- und Sprengmittel. Braunschweig 1900.

Hamilton, A.: Ballistics, Fort Monroe (Virginia) 1909 (Teil III: Innere Ballistik).

Heydenreich, W.: Lehre vom Schuß, Bd. II. Berlin 1908.

van t'Hoff, J.: Vorlesungen über theoretische und physikalische Chemie; 1. Heft: Chemische Dynamik, 2. Aufl. 1901.

Indra, A.: Wahre Gestalt der Spannungskurve. Wien 1901.

Ingalls, J. M.: Interior ballistics, Fort Monroe 1894. New York 1912.

Jähns: Geschichte der Kriegswissenschaften. 3 Bände. München u. Leipzig 1889.

v. Jüptner: Explosivstoffe und Verbrennungsmotoren. 1906.

Justrow, Hptm.: Theoretische Betrachtungen über die Lebensdauer unserer Geschütz-, Minenwerferrohre usw. Charlottenburg 1923.

— Geschoßkonstruktion (Vortrag vom Sept. 1920). Berlin: Druckerei der Insp. f. Waffen und Gerät.

Kaiser, G.: Konstruktion der gezogenen Geschützrohre. Wien 1892/1900; mit Atlas und Nachtrag.

Kast, H.: Spreng- und Zündstoffe. 1919.

Kritzinger, H. H.: Schuß und Schall in Wetter und Wind. Leipzig 1918.
Longridge, J. A.: Interior ballistics. London 1883.
Lorenz, H.: Ballistik, die mechanischen Grundlagen der Lehre vom Schuß, 2. Aufl. München 1917.
Mache, H.: Die Physik der Verbrennungserscheinungen. Leipzig 1918.
Mata, O.: Tradato de balistica interior. Madrid 1890.
Moisson, A.: Pyrodynamique, théorie des explosions dans les armes et les torpilles. Paris 1887.
Nernst, W.: Theoretische Chemie, 3. Aufl. Stuttgart 1900.
Noble, A. und F. A. Abel: Researches on explosives. London 1874.
Paschkievitsch: Interior ballistics. Washington 1892.
Piobert, G.: Traité d'artillerie. 3 Bde. Paris 1831/1860; supplem. 1869.
Prehn, M.: Versuch über die Elemente der inneren Ballistik. Berlin 1866.
Résal, H.: Recherches sur le mouvement des projectiles dans les armes à feu. Paris 1864.
Sarrau, E.: Nouvelles recherches sur les effets de la poudre dans les armes. Paris 1876. Additions 1877, 1878 („Sarrau").
— Recherches théoriques sur le chargement des bouches à feu. Paris 1882.
— Introduction à la théorie des explosifs. Paris 1893.
— Recherches théoriques sur les effets de la poudre et des substances explosives. Paris 1875.
Sabudski, N.: Vom Druck der Pulvergase im Rohr der 3zöll. Geschütze und von der Geschoßgeschwindigkeit in verschiedenen Rohrquerschnitten. St. Petersburg 1914 (russisch).
— Gasdruck des rauchlosen Pulvers (russ.), St. Petersburg 1894; deutsche Übersetzung von Callenberg. Berlin 1899 („Sabudski").
v. Scheve: Drallgesetze. Berlin 1892.
Schweikert, G.: Innere Ballistik. Leipzig 1923.
Sébert, H.: De la mesure des pressions développées par les gaz de la poudre. Paris 1877.
— Essai d'enregistrement de la loi du mouvement des projectiles. Paris 1881.
— Notice sur les nouveaux appareils balistiques. Paris 1881.
Sébert, H. et Hugoniot: Etude des effets de la poudre. Paris 1882.
Stettbacher, A.: Schieß- und Sprengstoffe. 1919.
Saint Robert, P. de: Principes de thermodynamique. Turin u. Florenz 1870.
Vahlen, Th.: Ballistik. Berlin u. Leipzig 1922.
Vallier, E.: Balistique des nouvelles poudres, Teil der „Encyclopédie scientifique des Aide-Mémoire". Paris, ohne Datum.
— Théorie et tracé des freins hydrauliques. Paris 1900.

Literaturnoten.

Zur Einleitung (Arbeitsquellen): Vgl. J. Tournay: Rev. de l'armée belge 17, S. 77. 1893. — Betr. d. Idee einer elektromagnetischen Kanone siehe Spacil: Mitteil. über Gegenst. d. Art. u. Gen.-Wes. 1906, S. 21.

Zu § 2. Vgl. Haber, F.: Thermodynamik technischer Gasreaktionen. 1905. — Nernst, W.: Über die Berechnung chemischer Gleichgewichte aus thermischen Messungen. Nachr. d. Ges. d. Wissensch. Göttingen 1906. — Pollitzer, R.: Die Berechnung chemischer Affinitäten nach dem Nernstschen Wärmetheorem. 1919. — Jellinek, K.: Physikalische Chemie der Gasreaktionen, S. 665. Leipzig 1913. — Haber: Z. f. physikal. Chemie, 68, S. 731. 1910. — Noble: Phil. Transact. 205, S. 201, 1906 u. 206, S. 453, 1906. — Muraour: Comptes Rendus Bd. 168, S. 995. 1919.

Zu § 4. Vgl. Sarrau, E. u. P. Vieille: Etude sur la décomposition de quelques explosifs. Mém. des poudr. et salp. Bd. 2, S. 153.

Zu § 7 (Verbrennungswärme). Vgl. Berthelot: Sur la force des mat. expl., Bd. 1, S. 174 bis 387 und Bd. 2, S. 3 bis 129. Paris 1883. Durchgerechnetes Beispiel samt Angaben über die Genauigkeit der Berechnung auf Grund der Vergleichung mit der direkten Messung s. Berthelot l. c. Bd. 1, S. 32 u. 33. — Nernst, W.: Theoret. Chem., 3. Aufl., S. 543 u. f. Stuttgart 1900. — Vallier, E.: Balistique des nouvelles poudres, S. 42ff. Paris ohne Datum. — van t'Hoff, J. H.: Chemische Dynamik. Vorles. üb. theor. u. physik. Chem., Heft 1, 2. Aufl., S. 241. Braunschweig 1901. — Sturm, J.: Mitt. üb. Gegenst. d. Art. u. Gen.-Wes., S. 93. 1895. [Berücksichtigt man, daß der Wärmegehalt von Nitroglyzerin ca. 2900, von Schwarzpulver ca. 1300 Cal/kg beträgt, dagegen von Steinkohle 14500, von Gasolin 18000, von Leuchtgas 11000, so erkennt man, daß die öfters aufgetauchte Idee von Pulvergaskraftmaschinen keine aussichtsvolle sein wird.]

Zu § 9 (Kovolumen). Sarrau, E.: Introduction à la théorie des Explosifs, S. 60. Paris bei Gauthier-Villars et fils. 1893. — Poppenberg, O.: Z. physikal. Chem. Bd. 5, S. 134. 1890. Über die weitere Literatur vgl. Landolt und Börnstein: S. 187. 1905.

Zu § 10 (Abelsche Gleichung). Vgl. Sarrau, E.: Théorie des explosifs, S. 45. Paris 1895. — Vgl. Noble und Abel: Researches on explosives. London 1874. — Berthelot, l. c.: Bd. 1, S. 53ff. — Sarrau, E.: Introduction à la théorie des explosives. Paris 1894; und Mém. des poudr. et salp. Bd. 7, S. 148. 1894. — Wolff, W.: Kriegstechn. Zeitschr. Bd. 6, S. 1. 1903. — Über den Rückstand vgl. Berthelot l. c. Bd. 1, S. 63. — Bunsen, R. u. L. Schischkoff: Ann. d. physikal. Chem. 102, S. 321. 1857. — Link, J.: Ann. d. Chem. u. Pharmazie, 109, S. 53. 1859. — Noble und Abel: Comptes Rendus 79, S. 204. Paris 1874. — Noble: Heat action of explosifs. London 1883/84. Vgl. auch Noble, A.: Z. f. d. ges. Schieß- u. Sprengstoffwesen Bd. 2, S. 363, 388. 1907. — Noble: Phil. Transact. 205, S. 201. 1906.

Zu § 11. Vgl. Kast: Z. d. ges. Schieß- u. Sprengst.-Wes. 1913, S. 135. — Pollitzer: Berechnung chemischer Affinitäten. Stuttgart: F. Encke 1912. — Jellinek, K.: Physik. Chemie der Gasreaktionen. Leipzig: Hirzel 1913. — Muraour, M.: Quelques particularités observées dans la combustion à la bombe des explosifs riches en carbone. Mémorial des poudres, Bd. 20, 3, S. 330. 1925.

Zu § 12 (Verbrennungstemperatur). Betr. d. spez. Wärme in ihrer Abhängigkeit von der Temperatur vgl.: van t'Hoff: Chem. Dynamik, S. 242. Braunschweig 1901. — Bräuer, K.: Dinglers polytechn. Journ. Jahrg. 86, Bd. 320, S. 305. 1905. — Bes. vgl. Haber, F.: Thermodynamik technischer Gasreaktionen, S. 104ff. München und Berlin 1905. Dort auch die Literatur, sowie anderweitige Funktionsformen, zugleich eingehende kritische Besprechung der Grundlagen. — Mache, H.: Mitt. über Gegenst. d. Artill. u. Gen.-Wes. 1918, Heft 10. — Pier: Zeitschr. f. El.-Chem. Bd. 15, S. 546, 1909 und Bd. 16, S. 897, 1910. — Neumann: Z. f. angew. Chem. 1919, S. 141 bis 148. — Muraour, H.: Chémie et Industrie, Juli 1923; dort auch Literaturangaben. — Muraour, H.: Comparaison entre les températures d'explosions calculées à partir des chaleurs spécifiques et les températures calculées à partir des pressions explosives; Bull. de la société chimique de France, Bd. 39/40, Nr. 3, S. 389. März 1926. — Holborn u. Jacob: Z. V. d. I. Bd. 6, S. 146. 1917.

Über experimentelle Bestimmung der Verbrennungstemperatur vgl. Macnab, W. u. E. Ristori: Proc. Royal Soc. 66, S. 221. 1900. — Mallard u. le Chatelier: Compt. Rend. 93, S. 1014. Paris. — Holborn: Physik.-techn. Reichsanst. Charlottenburg 1896. — Exler, K.: Mitt. üb. Gegenst. d. Art u.

Gen.-Wes. 1904, S. 1131. — Muraour, H.: Verwendung von Platindraht in der Bombe. Comptes Rendus Bd. 169, S. 723. 1919. — Muraour, H.: Einfluß der Abkühlung an der Wandung. Mém. des poudres, Bd. 20, 3. Teil, S. 323 u. Mém.rial d. l'Artill. franç. 1924, S. 339.

Die Tabelle der Pulverkonstanten nach den Messungen des Dt. Milit.-Versuchsamts, bei Heydenreich, W.: l. c. Bd. 2, S. 7.

Zu § 13. Vgl. Keys, D. A.: Transact. Phil. Mag. 42, S. 473. 1921.

Zu § 14 (Stauchungsmethode). Sarrau, E. u. P. Vieille: Mémorial des poudr. et salp. Bd. 1, S. 383. 1882/83. — Vieille, P.: Ebenda 1892, S. 49 u. 1893, S. 208. — Lamothe: Mém. de l'Artill. franç. Bd. 1, H. 4, S. 777. 1922. Dazu ferner Charbonnier u. Malaval: Mémorial de l'Artill. Navale 1907, S. 206. — Vieille u. Liouville: Compt. Rend. 1906, 14. Mai u. 31. Dez. — Charpy: Mém. de l'Art. de la Marine. 1898. — Charbonnier u. Galy-Aché: Ebenda 1900. — Burlot, E.: Mémorial des poudres 1924, S. 255. — Schaafhausen, W.: Diss., Freiburg i. B. 1906.

Zu dem dynamischen Verfahren vgl. Vieille, P.: Compt. Rend. 95, S. 1280, 1882 u. Mém. des poudr. et salp. 10, S. 177, 1899; ferner die Literaturangaben von Bd. III.

Theorie von Wuich, N. v.: Mitt. üb. Gegenst. d. Art. u. Gen.-Wes. 1896, Heft 1, S. 1. — Über die Theorie von Sbornik, O.: (russ.); vgl. Wltavsky, L.: ebenda 1908, Heft 3, S. 232. — Über das Verfahren von E. Meyer vgl. Höniger, W.: (Photogr. Registrierung des Stauchungsvorgangs und damit des Verlaufs der variablen Stoßkraft). Diss., Berlin. Techn. Hochsch. 1911. — Seehaase, H.: ebenso Diss. 1914.

Zu § 15 (Membran-Manometer und Federindikatoren): Mallard, E. u. H. le Chatelier: Ann. d. Min. (8), 4, S. 379. 1883. — Holden: Arms and explosives S. 96, 1899, u. Mitt. üb. Gegenst. d. Art. u. Gen.-Wes. 1900, S. 214. — Mata: Revue de l'armée belge, 1899, S. 53 (Zeichnung zu dem Apparat von Mata bei Wille: Waffenlehre, Bd. III, S. 207. Berlin 1905). — Hospitalier u. Carpentier: Z. V. d. I. 1902, S. 365. — Petavel, J. E.: Philos. Transact. Bd. 205, S. 357. 1905. — Hopkinson: Z. V. d. I. 1907, S. 2040 u. Eng. Bd. 86, S. 789, 1908 u. Dtsch. Mechan. Z. 1908, H. 4, S. 34. — Nernst, W.: Ber. d. preuß. Akad. d. Wiss. 1915, S. 896. — Pier, M.: Z. El.-Chem. 15, S. 536, 1909 und 16, S. 897, 1919. — Bjerrum, N.: Z. physikal. Chem. 79, S. 513. 1912. — Bichel, C. E.: Z. Berg-, Hütten-, Sal.-Wes. 50, S. 669. 1902. — Schmitz, O.: Neue Versuche der Fr. Krupp A.-G. über innere Ballistik. Art. Monatsh. 1913, Nr. 84, S. 482 u. 1914, Nr. 86, S. 85. — Charbonnier, P.: Revue de l'Art. 1908, Nov.-H. und Mém. de l'Art. Navale, 1907, H. 3, S. 283.

Zu § 16 (Verbrennung, Explosion, Detonation. Brisanz eines Sprengstoffs). Vgl. van t'Hoff: Chemische Dynamik, S. 246. Braunschweig 1901; dort auch Literatur betr. Michelson, Bunsen, Dixon. — Ferner vgl. Berthelot: Mém. des poudr. et salp. 4, S. 123 u. Compt. Rend. 112, S. 16, Paris 1891; sowie Berthelot: Sur la force des mat. expl. Bd. 1, S. 133. Paris 1883. — Chatelier, H. le: Compt. Rend. 130, S. 1755 und 131, S. 30, Paris 1900 und Z. physikal. Chem. 27, S. 637. 1901. — Vieille, P.: Mém. des poudr. et salp. 6, S. 256. 1893 und Compt. Rend. 128, S. 1437. 1899; 126, S. 31, 1898; 127, S. 41, 1898; 128, S. 1437, 1899; 129, S. 1228, 1899; 130, S. 235, 1900. — Weiteres über die Theorie bei Zemplén, G.: Enzykl. d. math. Wiss. IV, 19, Nr. 12, S. 317. — Dixon: Phil. Transact. 184, S. 1993, 1897 und Ber. d. Dt. Chem. Ges. 38, S. 2419, 1905. — Indra, A.: Die wahre Gestalt der Spannungskurve. Wien 1901. — Emich: Naturw. Rundsch. 12, S. 575. 1897. — Über das Verfahren von Dautriche vgl. Compt. Rend. 143, S. 641, Paris 1906 und 144, S. 1030, Paris 1907. — Über die Resonanztheorie von Abel vgl.

u. a. Mach, E.: Wien. akad. Ber. 92, S. 625. 1885. — Ferner: Jouguet: Journ. des math. pur. et appl. (6), 1, S. 347. S. 347. 1905. — Crussard: Bull. soc. ind. min. (4), 6, S. 257. 1907.

Über Beobachtung u. photogr. Registrierung von Explosionsflammen. Hess: Mitt. üb. Gegenst. d. Art. u. Gen.-Wes. 1898, S. 235; sowie Dixon: Ber. d. Dt. Chem. Ges. 38, S. 2437, 1905 und Z. d. ges. Schieß- u. Sprengst.-Wes. 1, S. 48. 1906. — Über die Wirkung der Initiatoren: Wöhler, L. u. O. Matter: Z. f. d. ges. Schieß- u. Sprengst.-Wes. 2, S. 203, 244, 265. 1907 (Bleiplattenprobe u. Bleiblockprobe). — Über die Messung der Detonationsgeschwindigkeit usw.: Mallard u. le Chatelier: Ann. des mines (8), 4, S. 274. 1883. — Berthelot: Sur la force des math. expl. Bd. 1, S. 141. Paris 1883 und Ann. d. chim. et phys. (6), 6, S. 556, 1885 (Chronograph von Sébert u. Déprez). — Abel: Compt. Rend. 78, S. 1432. 1874 (Chronograph von Noble). — d'Autriche: Mém. des poudr. et salp. 16, S. 27. 1911/12. — Brunswig: Explosivstoffe, S. 53. Leipzig 1909. — Comey: 7. internat. Kongr. f. angew. Chemie, London 1910, sect. IIIb, S. 33. — Comey u. Holmes: Z. ges. Schieß- u. Sprengstoffwesen 8, S. 265, 305, S. 332. 1913 (Pendelmörser). — Hall, Cl. u. Sp. B. Howell: Ebenda 9, S. 256 (ball. Pendel). 1914. — Kast, H.: Ebenda 8, S. 65, 88, 133, 155, 172 (Funkenchronograph). 1913. — Bichel, C. E.: Ebenda 3, S. 341, 363, 403. 1908.

Über das Maß der Brisanz vgl. Bichel, Kast, Comey, Brunswig l. c.; ferner Herlin, Cl.: Z. f. d. ges. Schieß- u. Sprengst.-Wes. 8, S. 448, 1913 u. 9, S. 236, 1914. — Redl, E.: Kriegstechn. Z. 14, S. 395. 1911. — Mache, H.: Über die Flamme fester Brennstoffe. Mitt. üb. Gegenst. d. Art. u. Gen.-Wes. 1916, H. 1 u. 10. — Mache, H. u. L. Flamm: Die Verbrennung eines explosiven Gasgemisches in geschlossenem Gefäß; Sitzungsber. d. Wiener Akad. d. Wiss., Abt. IIa, Bd. 126, H. 1. 1917. — Mache, H.: Die Physik der Verbrennungserscheinungen. Leipzig 1918. — Mache, H.: Über die Änderung der Verbrennungsgeschw. von Wasserstoff-Luft-Gemischen mit Druck u. Temperatur (mit A. Nägel). Sitzungsber. d. Wiener Akad. d. Wiss., Abt. IIa, Bd. 132, H. 5 u. 6. 1923. — Mache, H.: Neue Schulversuche aus Mechanik u. Wellenlehre. Z. f. Physik u. Chem., Jg. 25, H. 2. Wien, 1. März 1925. — Becker, R.: Physikalisches über feste u. gasförmige Sprengstoffe. Z. f. techn. Physik 3, S. 152 u. 249. 1922. — Becker, R.: Stoßwelle u. Detonation. Z. techn. Physik 8, S. 321. 1922. — Becker, R.: Explosionsvorgänge. Referat Nr. 9 in dem Lehrbuch d. techn. Physik von G. Gehlhoff, Bd. 1., S. 376. Leipzig 1924.

Zu § 17. (Pulververbrennung in der Waffe; Maß der Brisanz beim Schuß in der Waffe.) Vgl. N. v. Wuich, W. Wolff, Brynk, Charbonnier, Schmitz, Sarrau, Vieille wie in der folg. Lit.-Note 18; ferner: Heydenreich, W.: l. c., 1. Aufl., Bd. 2., S. 11 u. 18, sowie Z. ges. Schieß- u. Sprengst.-Wes. 1, S. 148. 1906. — Über die sog. „Entwicklungszeit des Schusses" nach A. Preuß vgl. Z. ges. Schieß- u. Sprengst.-Wes 1, S. 41, 1906 und 3, S. 281 (Maretsch), 1908.

Zu § 18. (Verbrennungsgesetz.) Vgl. Piobert, G.: Traité d'artillerie théorique et pratique. Paris 1831, 1847, 1859, 1860; supplem. 1869. — Vieille, P.: Mém. des poudr. et salp. 6, S. 256. 1893. — Wolff, W.: Kriegstechn. Z. 6, S. 1. 1903. — Brynk, A.: Innere Ball. S. 140. Petersburg 1906. — Wuich, N. v.: Mitt. üb. Gegenst. d. Art. u. Gen.-Wes. 1888, S. 337, 381; 1894, S. 589; 1897, S. 87. — Sarrau, E.: Mém. des poudr. et salp. 1, S. 21, 1882; 5, S. 79, 1892; 7, S. 148, 1894. — Lees, H. u. J. E. Petavel: Z. d. ges. Schieß- u. Sprengst.-Wes. 3, S. 166. 1908. — Charbonnier, P.: Balistique intérieure, S. 22. 1908. — Schmitz, O.: Artill. Monatsh. Nr. 84, S. 482 und Nr. 86, S. 85. 1914. — Cranz, C.: Z. d. ges. Schieß- u. Sprengst.-Wes. 2,

S. 324. 1907. — Ableitung des neueren Verbrennungsgesetzes mit Hilfe der kinetischen Gastheorie. Létang: Mém. de l'Artill. franç. Bd. I, S. 955, 1922 und Schweikert, G.: Innere Ballistik. Leipzig 1923. — Muraour, H.: Druck- u. Wärmeverlust durch Abkühlung der Pulvergase an der Wandung der Versuchsbombe u. der Waffe. Mém. de l'Artill. franç. Bd. IV, H. 2, S. 455. 1925. Zu S. 136 Mitte bis S. 139 Mitte: Die betr. Arbeiten von O. Poppenberg u. H. Muraour werden in kurzem veröffentlicht werden.

Zu § 19 (Rohrfestigkeit; Vieillesche Druckwellen; Lebensdauer). Vgl. Kaiser, G.: Konstruktion der gezogenen Geschützrohre. 1. Aufl. Wien 1892; 2. Aufl. 1900, mit Atlas u. mit einem Nachtrag. Dazu (als Grundlage) Boltzmann, L.: Ber. d. Wien. Akad. 59, S. 10, 1869; ferner Föppl, A.: Vorles. üb. techn. Mechanik. Bd. 3, S. 328. Leipzig 1901. — Gadolin: Mitt. üb. Gegenst. d. Art. u. Gen.-Wes. 1876, S. 564. — Moch: Rev. d'Art. 28, S. 48, 147, 256, 369, 553, 1886; 29, S. 25, 1886; 30, S. 265, 1887. — Filloux: Rev. d'Art. 44, S. 105, 1894. — Duguet: Rev. d'Art. 10,, S. 209 1877; 22, S. 132, 1883; 23, S. 21, 1883; 24, S. 138, 1884; 25, S. 146, 398, 1885; 26, S. 22, 1885. — Kalakoutski: Rev. d'Art. 31, S. 289, 1887; 32, S. 5, 165, 1888. — Laurent, P.: Rev. d'Art. 22, S. 207, 1883; 26, S. 147, 1885; 27, S. 530, 1886; 28, 1886, S. 31; 29, S. 152, 1886; 44, S. 412, 1894; 45, S. 60, 1894; 46, S. 69, 1895. — Greenhill, A. G.: J. of the Unit.-States, Art. 4, Nr. 1, (Graphische Behandl.) 1895. — Brynk, A.: Projektierung von Geschützrohren. Petersburg 1901. — Paschkievitsch: Rev. d'Art. 8, S. 446, 1876 und derselbe: The resistance of guns to tangential rupture. Washington 1899. — Dziobek: Mitt. üb. Gegenst. d. Art. u. Gen.-Wes. 1900, S. 33 (Beginn einer dynamischen Festigkeitstheorie); dazu Bach, C. v.: Elastizität u. Festigkeit, 3. Aufl., S. 129 bis 132, Berlin 1898; sowie Heydenreich, W.: Z. ges. Schieß- u. Sprengst.-Wes. 3, S. 428 (Mitt. von Experimenten), 1908. — Liouville, R.: Mém. des poudr. et salp. 6, S. 146. 1893. — Longridge, J. A.: Über die Konstruktion der Geschützrohre . . ., deutsche Übersetzung v. J. Hartmann. Hannover 1861. — Derselbe, Internal balistics. London 1889. — Über die Integration der Gleichungen für die Schwingungen einer Geschützwandung beim Schuß, vgl. Pachkievitsch, V.: Rev. d'Art. J. 42, Bd. 83, S. 225, Dez. 1913 u. Jan. 1914, S. 316. — Malaval, M.: Mém. de l'Art. franç. Bd. II, H. 3, S. 559. 1923. — Martin, M.: Ebenda Bd. I, H. 3, S. 647. 1922, Bd. III, H. 2, S. 647. 1924 und Bd. IV, H. 4, S. 1135. 1925. — Pilgram, M.: Über den Einfluß rasch wechselnder Gasdrücke auf Formänderung und Beanspruchung eines Geschützrohrs. Artill. Monatsh. 1914, S. 352 und Nr. 109, S. 21. 1916. — Klein, L.: Festigkeit und radiale Schwingungen dickwandiger Zylinder. Artill. Monatsh. Nr. 158, S. 59. 1920.

Über Vieillesche Druckwellen. Vieille, P.: Mém. d. poudr. et salp. 3, S. 177 u. f., 1890. — Über Gefahren der Hohlladung. Preuß, A.: Zeitschr. „Schuß u. Waffe" 1, Nr. 6, S. 137. 1907/08. — Über die Gasdrücke an verschiedenen Stellen des Seelenraums bei dem gleichen Schuß vgl. N. Sabudski. Vom Druck der Pulvergase im Rohr der 3zölligen Geschütze und von der Geschwindigkeit in verschiedenen Rohrquerschnitten (russ.), S. 45. Petersburg 1914. — Über die Gasbewegung im Seelenraum vgl. Lagrange: Recherches sur la force de la poudre, hrsg. von S. D. Poisson: J. de l'Ecole pol., cahier 21, tome 13, 1832 und Ges. Werke von Lagrange Bd. 7, S. 603, 1793. — Über das „Lagrangesche Problem" vgl. auch insbes. Gossot u. Liouville: Bal. intérieure. Paris S. 110 u. f., 1922; ferner Love, A. E. H. u. F. B. Pidduck: Mém. de l'Art. franç. Bd. III, H. 2, S. 701. 1924.

Einige Zahlenangaben zur Lebensdauer schwerer Geschütze: Zeitschr. Schuß u. Waffe" 2, S. 46. 1908. — Zur Theorie der Ausbrennungen. Becker, K.: Artill. Monatsh. Nr. 48, S. 437, 1910. — Vieille, P.: Mém. d. poudr. et salp.

11, S. 157. 1901. — Bourgoin: Mém. de l'Art. Navale (3), 7, Nr. 21, S. 343, 1913 (mit zahlreichen Versuchsdaten und photogr. Wiedergaben; dort auch Formel für die Lebensdauer). — Sansoni, G.: Journ. of the United-States Art. 34, Nr. 3, S. 275, 1910 (Formel für Mündungsgeschw. in Funktion der fortschreitenden Erosion). — Jones, H. J.: Ebenda 35, Nr. 3, S. 296. 1911. — Diskussion zwischen R. Alger u. H. E. Yarnell in Nordamerika über die Ursache der Ausbrennungen: Artill. Monatsh. Nr. 56. S. 146, 1911. — Theorie von Tschernow: Mitt. üb. Gegenst. d. Art. u. Gen.-Wes. 1914, S. 522. — Klever: Kriegstechn. Zeitschr. 1907, S. 65 u. 265 (Okklusionstheorie). — Charbonnier, P.: Balistique intérieure. S. 106 u. f. (veine gazeuse, S. 112 u. f.), Paris 1908. — Monni: Z. d. ges. Schieß- u. Sprengst.-Wes. 1, S. 305. 1906. — Recchi: Ebenda 1, S. 285. 1906. — Siwy, P.: Ebenda 3, S. 42 u. 66. 1908. — Bravetta, E.: Ebenda 4, S. 341 u. 365. 1909. — Rohne, H.: Artill. Monatsh. 1909, S. 338. — Insbes. vgl. Hptm. Justrow: Theoret. Betrachtungen über die Lebensdauer usw. (Theorie und umfangreiche Tabellen) Charlottenburg 1923. — Viele Zahlenangaben auch bei Paquelier, R.: Mém. de l'Art. franç. Bd. 1, H. 4, S. 1037. 1922. — Über eine Theorie der Ausbrennungen auf Grund der kinetischen Gastheorie vgl. Létang: Ebenda S. 1013 (usure des bouches à feu).

Zu § 20. Vgl. Mach, E.: Ber. d. Wiener Akad. 92, S. 625. 1885.

Zu § 21 (Explosionen in freier Luft). Vgl. Mach, E.: Ber. d. Wiener Akad. 75, S. 101, 1877; 77, S. 7, 1878; 92, S. 625, 1885; 98, S. 1333, 1889. — Riemann, B.: Ges. Werke, 2. Aufl., S. 156, Leipzig 1892 u. Abh. d. Göttinger Ges. d. Wiss. 8, 1860; auch H. Weber: Die partiellen Differentialgleichungen d. math. Physik, nach Riemanns Vorlesungen, Bd. 2, S. 469 ff., Braunschweig 1901. — Wolff, W.: Ann. Physik u. Chem. (2), 69, S. 329, 1899 und J. de physique (3), 9, S. 42. 1900. — Burlot, E.: Wirkung von Explosionen in Luft und in Wasser, Änderung der Fortpflanzungsgeschw. der Luftwellen; dabei relat. kleine Abstände vom Ort der Explosion. Mém. de l'Art. franç. Bd. IV, H. 2, S. 479. 1925. — Munroe, C. E.: Über die Explosion von fast 300000 kg Dynamit an Bord eines Schiffs bei dem Panamakanal, Ausbreitung der Explosionswellen. Mém. de l'Art. franç. Bd. IV, H. 2, S. 545, 1925 und Army ordnance 1923, Sept./Okt.-Heft Nr. 20. — Betr. d. neutralen Zone vgl. Wolff, W.: l. c. und Thomas: Mitt. üb. Gegenst. d. Art. u. Gen.-Wes. 1904, S. 1147. Ferner Fujiwhara, S.: Proc. math. phys. soc. Tokyo (2), 6, S. 132, 1911 und Beiblätter zu den Ann. Phys. Bd. 37, H. 6, S. 398, 1913; dort auch Literatur betr. Stokes, Reynold usw. erwähnt. — Vgl. auch F. Wächter: Über einige merkwürdige Eigenschaften der Gase. Z. techn. Phys., Jg. 4, Nr. 2, S. 56. 1923. — Ferner Mach, L.: Ber. d. Wiener Akad. 106, Dez. 1897. — Rüdenberg, R.: Artill. Monatsh. Nr. 113, Mai-Heft 1916. — Über Funkenwellen u. Rußfiguren: vgl. die Aufsätze von E. Mach und seinen Mitarbeitern in den Ber. d. Wiener Akad., Abt. math.-naturwiss. Kl. Bd. 72, 1875; 75, 1877; 77, 1878; 78, 1878, 3 Aufsätze; 80, 1879, sog. V-Ausbreitung; 98, 1889; außerdem Rosicky, W.: Ebenda Bd. 73, 1876 und Antolik: Poggend. Ann. Bd. 154, S. 14.

Zu § 22. (Unterwasser-Explosionen.) Vgl. Blochmann: Marine-Rundschau 1898, S. 197. — Bichel: Ebenda 1905, S. 1345. — Rudolph, E.: Beiträge zur Geophysik 3, S. 273, 1897 (dort auch Literatur betr. Abbot u. Bertelli). — Ferner Plach: Gepreßte Schießwolle, Pola S. 84, 1891, und Bichel, C. E.: Z. ges. Schieß- u. Sprengst.-Wes. 3, S. 341, 363, 393, 403. 1908.

Zu §§ 23 u. 24. (Gasströmung u. Knall.) Vgl. Lagrange (1793): Recherches sur la force de la poudre, herausgeg. 1832 von S. D. Poisson: J. de l'Ec. polyt., tom. 13, cah. 21, 1832; und Gesamm. Werke von Lagrange: t. 7, S. 603. — Sébert, H. u. Hugoniot: Etude des effets de la poudre. Paris 1882. — Über die Formeln für Ausströmungsgeschw. von Gasen bei konst. Druck

(B. de Saint Venant usw.) vgl. Enzykl. der mathem. Wissenschaften, Bd. V, 5, Nr. 18, S. 297 u. f., Referat von M. Schröter u. L. Prandtl über technische Thermodynamik, dort auch Literatur. Leipzig: Teubner. — Messung der Ausström.-Geschw. usw.: Cranz, C.: Anwend. d. elektr. Momentphotogr. auf d. Untersuchung v. Schußwaffen, S. 18, Halle a. S. 1901; ferner zus. mit Glatzel, Br.: Verhandl. d. Dt. Physik. Gesell. Jg. 14, Nr. 10, S. 525, 1912 und Ann. Physik (4), Bd. 43, S. 1186, 1914. — Mach, E. u. P. Salcher: Ber. d. Wiener Akad. Abt. 2a. 98, Nov. 1889. — Mach, L.: Ebenda 106, Dez. 1897. — Emden, R.: Habil.-Schr. München 1898. — Prandtl, L.: Phys. Z. 5, S. 599, 1904; 8, S. 23, 1907 und Z. V. d. I. 1904, Nr. 10, 5. März. — Magin, E.: Inaug.-Diss., Göttingen 1908; Th. Meyer: ebenso; A. Steichen: ebenso 1909. — Heyde, A.: Ordnance Pamphlet, Navy Department, Nord-Amer., 1913. — Quayle, Ph. P.: Spark photography and its application to some problems in ballistics. Scient. papers of the bureau of standards, 20, S. 237 bis 276, Nr. 508, 1925 und Physik. Ber. Nr. 134, 367. Berlin 1925. — Kampé de Fériet, M. J.: Mém. de l'Art. franc. Bd. IV, H. 2, S. 289. 1925. — Versuchsanst. Neumannswalde (A. Preuß): Z. Schuß u. Waffe 4, S. 101, 1910. — Rückstoß mit Schalldämpfer: Z. Schuß u. Waffe 6, Nr. 4, S. 87. 1912. — Okochi, M.: Tokyo mathem. phys. soc., Ser. 2, Vol. 7, Nr. 6, S. 104. 1913. — Külp, F.: Z. ges. Schieß- u. Sprengst.-Wes. 9, Nr. 4, S. 61. 1914. — Eberhard, O. v.: Einiges über die Ballistik großer Schußweiten. Berlin 1924. — Charbonnier, P.: Le champ acoustique, Rev. d'Artill., Jg. 32, Bd. 63, S. 161, 1903 und 1904, S. 241. — Wächter, F.: Z. techn. Phys. 4, Nr. 2, S. 56. 1923. — Betr. Richtungshörer von Hornbostel und Wertheimer vgl. M. Reich, H. Schmidt u. G. Veenekamp: Verhandl. d. Dt. Phys. Gesellsch. 1923, 3. Reihe, 4. Jahrg., Nr. 2, vom 8. Juli 1923. — Chapelon, J.: Mém. de l'Art. franç. Bd. IV, H. 1, S. 123. 1925. — Eine mathematische Theorie der Schallstrahlenkrümmung s. in dem Aufsatz von E. A. Milne, B. A.: Phil. Mag. and J. of Science, S. 96. London, Juli 1921 und Mém. de l'Art. franç. Bd. IV, H. 2, S. 527. 1925. — Charbonnier, P.: Etude cinématique du champ acoustique d'un projectile. Mém. de l'Art. franc. Bd. 4, H. 3, S. 565. 1925. — Esclangon, E.: Ebenda Bd. 4, H. 3, S. 639 bis 1027. 1925. — Krebs, W.: Hörweite des Geschützdonners. Art. Monatsh. 1915, Nr. 105/106, S. 182 (dort auch Zonen des Schweigens erwähnt). — Kritzinger, H. H.: Schuß u. Schall in Wetter u. Wind, S. 84 u. f. Leipzig 1918.

Zu §§ 25 u. 26. (Treibmittel bei Beginn der Geschoßbewegung in Gasform.) Vgl. Robert, St.: Principes de thermodynamique, S. 251 ff., Turin 1870. — Mitt. üb. Gegenst. d. Art u. Gen.-Wes. 1883, H. 5 u. 6, Notizen, S. 65 (Formeln der früheren Methode von Fr. Krupp). Dazu W. Heydenreich: l. c., Bd. 2 (1. Aufl.), S. 13. — Wuich, N. von: Ebenda 1894, S. 589. — Siwy, P.: Z. ges. Schieß- u. Sprengst.-Wes. 2, S. 341, 368. 1907. — Betr. Silfersparre vgl. Bergmann, W.: Lehrb. d. Artillerietechnik, S. 97. Stockholm 1908.

Zu §§ 27 u. 28. (Treibmittel nicht sogleich in Gasform; Laufwärme; Arbeitsbilanz.) Über die Wärmeentwicklung beim Schuß und die Wärmebilanz. Vgl. Robert, P. de St.: Principes de thermodynamique, S. 266, Turin 1870. — Bunsen, R. u. L. Schischkoff: Ann. Phys. u. Chem. 102, S. 321. 1857. — Cpt. Noble u. F. Abel: Researches on explosives, S. 122 bis 124. London 1875. — Brynk: Inn. Ballistik; deutsch von J. Sinewitz, S. 248. Petersburg 1906. — Tobell, J.: Mitt. üb. Gegenst. d. Art. u. Gen.-Wes. 19, S. 551, 1888 und 21, S. 401, 1890. — Longridge, J. A.: Interior balistics. London 1883. — Indra, A.: Neue ballist. Theorien, analyt. Theorie d. Wärme in Geschützrohren. Pola 1893. — Bertrand u. Laroche: Mém. des poudr. et salp. 6, S. 224. 1893. — Billardon: Ebenda 9, S. 67. 1898. — Ökinghaus, E.: Ber. d. Wiener Akad. 109, IIa, S. 1220. 1900. — Hirsch: Kriegstechn. Z. 6, S. 361, 1903 und 9, S. 226, 1906. — Exler, K.: Z. ges. Schieß- u. Sprengst.-Wes. 1, S. 376. 1906. — Heydenreich, W.: Lehre vom Schuß. Bd. II, S. 44. Berlin 1908. — Cranz, C. u. R. Rothe: Arbeitsbilanz beim Schuß aus einem Gewehr. Z. ges. Schieß- u. Sprengst.-Wes. 3, S. 301, 327, 474. 1908. — Über die Vergleichung von Geschützen u. Gaskraftmaschinen s. Rivista d'artigleria e genio, vol. 1, S. 123, 1900 und Wille: Waffenlehre, S. 791, Berlin 1900. — Muraour, H.: Notes de balistique intérieure. Mém. de l'Art. franç. Bd. IV, H. 2, S. 475. 1925.

Zu § 29. Sarrau, E.: Mém. des poudr. et salp. 1, S. 21, 1882; 5, S. 79, 1892 und 7, S. 148, 1894; sowie Sarrau, E.: Recherches théoriques sur le chargement des bouches à feu, S. 43 u. 46. Paris 1882. — Über die Ableitung der Sarrauschen Formeln vgl. auch: Longridge, J. A.: Interior ballistics, S. 42 u. f. London 1883.; ferner Gaudin, A.: Rev. d'Artill. 17, S. 224, 1880 und Brynk, A.: Inn. Ballistik. St. Petersburg 1901, deutsch von Sinewitz, Petersburg 1906; sowie die systematische Darstellung von Bollé, E.: Z. ges. Schieß- u. Sprengst.-Wes. 4, S. 101, 128. 1909.

Zu § 30. Ingalls, J. M.: J. of the United States Artill. 20, Nr. 3, S. 259. 1903; 24, Nr. 3, S. 185, 1905; 25, Nr. 1, S. 29; Nr. 2, S. 149, Nr. 3, S. 294, 1906; 26, Nr. 2, S. 140 u. Nr. 3, S. 269, 1906; 29, Nr. 3, S. 259, 1908; 30, Nr. 1, S. 27, 1908; 38, Nr. 3, S. 309, 1912; 39, Nr. 3, S. 291, 1913; ferner Ingalls, J. M.: Interior ballistics, 3. Aufl.; Zusammenstellung der Formeln S. 92. New York: John Wiley 1912.

Zu § 31 bis 33. Mata, O.: Mém. de l'Art. de la marine 30, S. 225 und 287, 1902 und Z. ges. Schieß- u. Sprengst.-Wes. 1, S. 214, 249, 310 (deutsch von Börner, nach Bravetta), 1906; ferner Mata, O.: Rev. de l'armeé belge, 1890, Sept.-Heft, S. 158; 1893, Juli/Aug.-H., S. 128; 1894, Jan.-Febr.-H., S. 81 und Mata, O.: Tradato de balistica interior. Madrid 1896.

Bianchi, G.: Nozioni fondamentali di balistica interna. Turin: C. Pasta 1910; besprochen z. B. in der Z. ges. Schieß- u. Sprengst.-Wes. 5, S. 318, 1910; ferner die Aufsätze in der Rivista di artigl. e genio, vol. 4, S. 444, 1910; 28, vol. 1, S. 443 u. vol. 2, S. 334 u. vol. 4, S. 9, 1911.

Über die Methode von Wrede u. Centervall (Innere Ballistik. Stockholm 1902) vgl. besonders W. Bergmann: Lärbok i Artileriteknik, I, 2. Aufl., S. 103. Stockholm 1908. — Henderson, J. B. u. H. R. Hassé: Proc. Royal Soc., vol. 100, Mai-Heft, 1922 u. Mém. de l'Artill. franç., Bd. I, H. 4, S. 1079. Hadcock, A. G.: Proc. Roy. Soc. 1917 und Mém. de l'Artill. franç. Bd. III, H. 4, S. 1034. 1924. — Regii, S.: Revista di artigl. e genio, vol. 3, 1917 u. vol. 2, 1918 u. vol. 3, 1919.

Zu §§ 34 u. 35. Gossot, G. u. R. Liouville: Mém. des poudr. et salp. 13, S. 7 bis 139, 1905/1906 (dort ältere Theorie), dazu Emery, E.: Ebenda 14, S. 97 bis 175, 1906/1907; ferner Gossot, G. u. R. Liouville: Ebenda 17, S. 1 bis 132 (spätere Theorie), 1913/14. — Die neueste Modifikation der Theorie: Gossot u. Liouville: Balistique intérieure, Paris 1922 (eine Zusammenstellung der Formeln samt kritischer Besprechung von C. Cranz findet man in den Artill. Monatsh. Nr. 185, S. 170 bis 186. Mai-Heft 1922.

Zu § 36. Vgl. Moisson, A.: Pyrodynamique, S. 82, 88, 105 u. f. Paris 1887. — Charbonnier, P.: Balistique intérieure. Paris 1908. — Sugot, M.: Mém. de l'Artill. Navale, Sér. 3, tome 7, Nr. 20, S. 65 u. Nr. 21, S. 241. 1913 (vgl. dort Gleichung (5 bis) S. 76 und S. 83). — Leplat, G.: Mém. de l'Artill. franç. Bd. IV, H. 1, S. 151. 1925. — Eine abfällige Kritik des Charbonnier-Sugotschen Lösungsverfahrens von Gossot u. Liouville: Mém. des poudres Bd. 19, H. 1. 1922.

Schmitz, O.: Neuere Versuche der Fr. Krupp A.-G. über innere Ballistik.

Artill. Monatsh. Nr. 84, S. 482, 1913 u. Nr. 86, S. 85, 1914 (im Anhang das Integrationsverfahren von C. Cranz). Das Verfahren von F. Desmazières in dem Mém. de l'Artill. franç. Bd. I, S. 19 bis 52. 1922.

Zu § 37. Mache, H.: Mitt. üb. Gegenst. d. Art. u. Gen.-Wes. 1916, H. 1 u. 7; ferner vgl. Mache, H.: Über die Physik der Verbrennungserscheinungen. Leipzig: Veit & Co. 1918. — Lorenz, H.: Artill. Monatsh. Nr. 129, S. 69, 1917 und H. Lorenz: Ballistik, Die mechanischen Grundlagen der Lehre vom Schuß, 2. Aufl. München: A. Oldenbourg 1917. — Nowakowski, A.: Mitt. üb. Gegenst. d. Artill. u. Gen.-Wes. 1917, H. 8 u. 9.

Zu § 38. Vgl. C. Cranz: Eine graphische Lösung des innerball. Hauptproblems auf thermodynamischer Grundlage. Artill. Monatsh. Nr. 142/143, S. 89 bis 126. Okt./Nov. 1918. — Betr. des Verfahrens von A. G. Webster und L. T. E. Thompson vgl. Proc. of the National Acad. of Scienc. 1919, Juli-Heft und Webster, A. G.: Ebenda 1920, Nov.-Heft.

Zu §§ 39 bis 41. (Zweite Gruppe von Näherungslösungen.) Betr. früherer Ansätze vgl. Sabudski, N.: Gasdruck des rauchlosen Pulvers. Petersburg 1894; deutsch: Berlin 1899 (besond. s. S. 7); ferner Cranz, C.: Civilingenieur 21, H. 2. 1885.

Die grundlegenden Arbeiten von Vallier, E.: Paris, Comptes Rendus 128, S. 1305, 1899; 129, S. 258, 1899; 133, S. 203 u. 319, 1901; 135, S. 842 u. 942, 1902; ferner Vallier, E.: Mém. des poudr. et salp. 11, S. 129. 1902.

Die empirischen Tabellen dazu von Heydenreich, W.: Kriegstechn. Z. 3, S. 287 u. 334, 1900 u. 4, S. 292, 1901. — Vgl. ferner Johansen, K. E.: Indre ballistiske beregninger, in der Zeitschr. Norsk. Artilleri Tidsskrift 1919, S. 1 bis 22. Christiania.

Betr. der Methoden von Fr. von Zedlitz vgl. Kriegstechn. Z. 4, S. 525, 1901 (älteres Lösungssystem); und Artill. Monatsh. Nr. 45, S. 157 u. f., 1910 (neueres Lösungssystem). Dazu vgl. auch Bollé, E.: Kriegstechn. Z. 17, S. 64, 103, 158. 1914. Ferner vgl. das Formelsystem von Ökinghaus, E.: Ber. d. Wiener Akad., Abt. IIa, 109, S. 1159. 1900. — Betr. der Vorschläge von C. Cranz vgl. Artill. Monatsh. Nr. 142/143, S. 121 u. f. 1918.

Zu § 42. (Übertragungsregeln und empirische Formeln.) Vgl. Vallier, E.: Balistique des nouvelles poudres, S. 191. Paris (ohne Datum). — Parodi, C.: Rivista d'artigl. e genio, vol. 4, S. 386. S. 1887. — Heydenreich, W.: Lehre vom Schuß, Bd. II, S. 65. Berlin 1908. — Siwy, P.: Z. ges. Schieß- u. Sprengst.-Wes. 2, S. 341, 368, 406. 1907. — Liouville: Mém. des poudr. et salp. 10, S. 31. 1899/1900. — Sabudski, N.: Vom Druck der Pulvergase im Rohr der 3zölligen Geschütze und von der Geschwindigkeit in den verschiedenen Rohrquerschnitten, S. 12. Petersburg 1914. — Röggla, E.: Mitt. üb. Gegenst. d. Art. u. Gen.-Wes. 1914, H. 1, S. 1 (über affine Gasspannungskurven). — Maurin, J.: Rev. d'Artill., Jg. 45, Bd. 88, S. 240, 1921 u. Bd. 89, H. 1, S. 40. 1922.

Innerballistische Ähnlichkeitsentwicklungen bes. eingehend bei Emery, E.: Mém. de l'Artill. franç. Bd. II, H. 1, S. 21, 1923 und bei Sugot, G.: Ebenda Bd. III, H. 4, S. 979. 1924.

Zu §§ 43 bis 46. (Einfluß der Züge, Zugwiderstand usw.) Vgl. Résal.: l. c., Bd. 2, S. 383; Kaiser: l. c., S. 406; Sabudski: Gasdruck des rauchlosen Pulvers (deutsch von Scherbening), S. 18. Petersburg 1894. — Ferner: Mitt. üb. Gegenst. d. Art. u. Gen.-Wes. 1868, S. 269, 414 u. 1869, S. 84 (nach Gadolin).

Über den Einpressungswiderstand vgl. Justrow: l. c.; ferner Nowakowski, A.: Mitt. üb. Gegenst. d. Artill. u. Gen.-Wes. 1917, H. 8 u. 9. — Gabeaud, L.: Mém. de l'Artill. franç., Bd. II, H. 1, S. 71. 1923.

Zu § 48. Enddrall-Winkel, Drallgesetze.) Vgl. Sabudski: Arch. Artill.- u. Ing.-Offiz. 1892, S. 433. — v. Scheve: Ebenda 1884, S. 69, 150; 1890, S. 1; 1892, S. 401. — Wuich, N. von: l. c., S. 419 und Mitt. üb. Gegenst. d. Art. u. Gen.-Wes. 1884, S. 258. — Hebler: Das kleinste Kaliber, S. 94. Zürich 1886. — Greenhill: Proc. of the Royal Art. Inst., vol. 10, Nr. 7, S. 586, 1879; dort auch betr. einer Arbeit von Green. — Heydenreich: l. c., Bd. II, S. 97. — Kaiser: l. c., S. 96. — Vallier: Zeitschr. La Corrispondenza, Bd. 1, S. 408, 1900 u. Vallier, E.: Sur les conditions de stabilité. Paris 1892. — Charbonnier, P.: Bal. extér. rationelle (problémes bal. second.), S. 329. Paris 1907.

Zu § 49. (Anfangsdrallwinkel und Drallkurve.) Vgl. Heydenreich, W.: Lehre vom Schuß, S. 84. Berlin 1908 (Anfangsdrallwinkel). — Betr. d. Drallkurve: Terquem: Rev. d'Artill. 13, S. 217. 1879. — Vallier, E.: Comptes Rendus 130, S. 1102 u. 1508. 1900. — Mattei: Arch. Art.- u. Ing.-Offiz. 1895, S. 26. — Glennow, H. H.: Innere Ballistik, S. 132 (es wird eine semikubische Parabel angenommen). Baltimore 1894. — Scheve, V.: Drallgesetze. Berlin: J. F. Starke 1892.

Zu §§ 50 bis 57. (Rückstoß und Rücklauf der Waffe.) Vgl. insbes. Rausenberger, F.: Artill. Monatsh. 1907, Nr. 3, S. 199 und Nr. 4, S. 283 und Nr. 5, S. 380. — Kühn, R.: Mitt. üb. Gegenst. d. Art. u. Gen.-Wes. 1902, S. 551. — Alayrac: Über den Einfluß des Rücklaufs eines Rohrs auf die Stabilität eines Flugzeugs. Rev. d'Artill. Jg. 41, Bd. 82, S. 398. Sept. 1913. — Challeat, J.: Vorlaufgeschütze. Rev. d'Artill., Jg. 36, Bd. 72, H. 4, 1908 und mehrere Arbeiten über Rohrrücklaufgeschütze: Ebenda, 1904, S. 5 bis 1905, S. 421. — Plessing, R.: Hydraul. Bremsen, Durchflußquerschnitte. Mitt. üb. Gegenst. d. Art. u. Gen.-Wes. 1918, H. 7.

Zu § 58. (Reaktions- oder Raketen-Geschosse.) Vgl. Bory, M.: Essai sur la balistique de la fusée volante. Mém. de l'Artill. franç. Bd. 1, H. 3, S. 683, 1922 und Wille, R.: Waffenlehre, Bd. 3, S. 180. Berlin 1905. — Schüle, W.: Technische Thermodynamik, 4. Aufl., Bd. I, S. 310ff. 1924. — Langevin, P.: Mém. d. l'Artill. franç. Bd. II, H. 1, S. 1. 1923. — Goddard, Prof. Dr. Rob. H., vom Clark-College in Worcester (Massachusetts): A method of reaching extreme altitudes. Washington: Smithsonian Institution 1919. — Oberth, Herm.: Die Rakete zu den Planetenräumen. München u. Berlin: R. Oldenbourg 1923.

Zu § 59. (Arten von Sprenggeschossen; Splitterzahl.) Vgl. Justrow: Artill. Monatsh. Nr. 191/192, S. 424, 1922 und Justrow: Theorie der Splitterwirkung von Granaten, Wurfminen und ähnlichen Sprengkörpern, Zeitschr. „Technik u. Wehrmacht", 1921, H. 9/12; ferner Justrow: Theorie der Konstruktion von Granaten- u. Wurfminen-Sprengladungen mit Rücksicht auf ihre Beanspruchung u. Herstellungsart; vgl. Z. ges. Schieß- u. Sprengst.-Wes. 17, H. 9 bis 14. 1922.

Zu § 60. (Brenngeschwindigkeit von Brennzündern.) Wolf, K.: Mitt. üb. Gegenst. d. Art. u. Gen.-Wes. 1917, H. 5. — Stübler, E.: Artill. Monatsh. Nr. 136/137, S. 135. 1918. — Vgl. auch Cecconi, A.: Rivista di artigl. e genio, Jg. 38, vol. 1, S. 182. 1921.

Namenverzeichnis.

(Die Zahlen bedeuten die Seitenziffern.)

Abdank-Abakanowitz 62, 130, 408.
Abbot 179.
Abel 38, 39, 99, 208, 227.
Alger 157.
Andrews 38.

Bauer, L. 81, 84, 85.
Becker, K. 83, 113, 115, 153, 156, 159, 185.
Becker, R. 39, 110.
Bergmann 209, 211, 242.
Berndt 420.
Bertelli 179.
Berthelot 39, 97, 98, 99, 102.
Bianchi 238, 239, 242.
Bichel 70, 102, 104, 105, 106, 163, 179, 180.
Bjerrum 59, 60, 65, 70.
Blochmann 103, 179, 180.
Bollé 234, 261.
Bory 378, 407, 408.
Bouasse 82.
Boussinesq 82.
Brillouin 82.
Brunswig 105, 186.
Brynk 227, 234, 235.
Bunsen 95, 227.
v. Burgsdorff 203.
Burlot 89, 90.

Carathéodory 82.
Carpentier 70.
Castan 121, 225.
Challéat 377.
Champion 98.
Chapelon 204.
Charbonnier 82, 85, 86, 87, 91, 93, 115, 121, 125, 126, 127, 128, 129, 130, 132, 136, 147, 157, 217, 256, 370, 377.
Charpy 82, 90.
le Chatelier 93, 166.
Clausius 39.
Collon 377.
Comey 103, 105, 166.
Crehore 70, 187, 380.

Dautriche 102, 103, 166.
Desmazières 238, 242, 306, 308.
Didion 105.
Dixon 97, 101, 102.

v. Eberhard 203, 395, 410.
Eckhardt 232.
Eichelkraut 86.
Einstein 59.
Emden 191.
Emery 244, 245, 338.
Erb 337.
Ernemann 189.
Esclangon 198, 201, 202.

Flamm 110.
de Fosseux 90.
Frankland 121.
Froude 182.
Fujiwhara 170.

Galliot 378.
Galy-Aché 86, 87.
Genova 190.
Glatzel 186, 191, 197.
Goddard 409.
Gossot u. Liouville 121, 124, 132, 147, 148, 149, 150, 201, 243, 337, 338.
Graydon 1.
Gretsch 85.
Günther 353, 373.
Guttmann 105.

Haar 82.
Haber 7, 19.
Hadcock 238.
Hall 105, 109.
Hardcastle 236.
Hassé 237, 238.
Hebler 371.
Hecker 24.
Hélie 337.
Hencky 82.
Henderson 237, 238.
Herlin 106.
Heß 99, 105.
Heydenreich 69, 113, 117, 118, 144, 236, 246, 290, 314, 317, 337, 370, 372, 374.
Hirsch 227.
van t'Hoff 7, 95, 97, 102.
Holborn 39, 59.
Holden 70.
Holmes 105.
Höniger 81.
Hopkinson 70.
Hornbostel 204.
Hospitalier 70.
Howel 105, 109.
Hugoniot 121, 147, 168, 217, 219.
Hyde 188.

Indra 97, 151, 227.
Ingalls 121, 225, 236.

Jacob 335.
Jacobi 420.
Jähns 197.
Jakob 39, 59.

Johansen 321.
Jouguet 166.
Justrow 156, 157, 158, 159, 353, 372, 374, 420.

Kaiser 121, 144, 145, 146, 370, 372.
Kamerlingh-Onnes 39.
Kármán 82, 191.
Kampé de Fériet 189, 190.
Kast 42, 59, 60, 102, 103, 105, 106.
Kirner 98, 115.
Keys 71.
Klever 156.
Koch, K. R. 189.
Kol 236, 237.
Krebs 198.
Krupp 63, 64, 80, 93, 114, 129, 130, 132, 133, 144, 149, 209, 238, 262, 282.
Kühn 377.
Külp 190.

Labouret 202.
Lagrange 146, 147, 217, 226.
Lamothe 79, 86, 87.
Laurent 377.
Leduc 324.
Létang 132.
Letzsch 243, 260, 262.
Levy 82.
Lindemann 59, 64.
Longridge 227, 234.
Lorenz, H. 121, 238, 271, 353.
Love und Pidduck 147, 148, 149, 150.

Mach, E. 99, 160, 161, 162, 164, 192, 196, 202, 202, 203.
Mach, L. 193.
Mache 96, 110, 121, 225, 238, 269, 271.
Magin 191.
Malaval 86.
Mallard u. le Chatelier 33, 58, 59, 65, 70, 97.
Mata 70, 121.
Matter 108.
Mauser 150.
Maxim 200.
Mettegang 102.
Meyer, V. 99, 100.
Meyer, E. 81, 90.
Meyer, Th. 191.
Michelson 95.
Milne 198.
v. Mises 82.
Moisson 121, 179, 254, 255, 256, 258.
Monni 159.
Montaudon 201.
Muraour 13, 43, 59, 63, 64, 65, 88, 89, 136, 139, 140, 227, 301.

Nádai 82.
Naumann 59, 65.
Nernst 7, 13, 14, 39, 59, 64, 70, 71, 91.
Nielsen 397.
Noble 10, 15, 39, 40, 69, 113, 208, 227.
Nowakowsky 121, 238, 271, 353.

Oberth 409.
Ökinghaus 201, 227.

Pellet 98.
Petavel 70, 104, 106, 225.
Pidduck 147, 148, 149.
Pier 59, 60, 65, 70.
Piobert 120, 125, 131, 132, 149, 217, 243, 254, 256.
Ploch 179.
Poisson 147, 386.
Pollitzer 7, 14, 46, 49.
Poppenberg 5, 6, 11, 21, 66, 95, 115, 117, 136.
Porret 24.
Prandtl 82, 147, 148, 149.
Preuß 119, 150, 153, 154, 344.
Pupp 193, 194.
Putz 377.

Quayle 188.

Radaković 187.
Rateau 377.
Rausenberger 377, 394, 396, 402.
Rayleigh 168.
Redl 106, 107, 108, 110.
Regii 228, 239, 242.
Reich 205.
Reynold 170.
Riemann 167, 168.
Rix 1.
St. Robert 121, 208, 217, 227, 230, 233.
Röggla 238, 338.
Rothe, R. 113, 228.
Roux 121, 125.
Rovel 121.
Rüdenberg 110, 168, 172, 173, 177, 181.
Rudolph 179.
Rumford 242.
Runge 284, 285, 408.

Sabudski 220, 243, 338, 368.
Salcher 192, 202.
Sarrau 15, 16, 23, 24, 37, 39, 40, 69, 72, 74, 77, 79, 81, 82, 104, 121, 211, 234, 242, 335.
Schaafhausen 81.
Schade 246.
Schleehauf 81, 84.
Schmidt 24, 82, 205.
Scheffers 137.
Schischkoff 227.
Schmitz 62, 64, 70, 93, 114, 121, 129, 130, 132, 149, 238, 262, 277.
Schmundt 88.
Schweikert 132, 149, 150.
Schwinning 230.
Sébert 121, 149, 202, 218.
Seehase 81, 84.
Siegert 236.
Silfersparre 209, 213, 214.
Siwy 156, 215.
Sock 377.
Sohlmann 242.
Squier 71, 187, 380.
Stahlknecht 246.
Steichen 191.
de Stefano 377.
Stephan 6, 11.

Stodola 166, 168, 191.
Stokes 170.
Stübler 422, 423, 426.
Sugot 261, 338.

Tartaglia 197.
Terquem 372.
Thomas 170.
Thompson 307.
Timpe 199.
Tobell 227.
Trauzl 104, 109, 162, 177.
Tresca 82.
Tschernow 156, 157.

Uchard 377.
Unge 402.

Vallier 10, 11, 15, 117, 311, 315, 317, 362, 368, 377, 381, 396.
Vasseur 157.
Veenekamp 205.
St. Venant 82.
Vieille 16, 23, 24, 70, 74, 77, 78, 79, 81, 82, 89, 100, 104, 106, 116, 117, 121, 146, 147, 151, 152, 153, 157, 166, 218.
Voigt 82.
Völler 146.

van der Waals 37.
Wächter 171, 196.
Webster 238, 307.
Wegener 425.
Wertheimer 204.
Wille 212.
Winkler 144.
Wißmann 241.
Wohl 39.
Wöhler 99, 100, 108, 162.
Wolf 422, 424.
Wolff 39, 114, 115, 121, 125, 166, 167, 169, 236.
Wostrowsky 377, 387.
Wrede-Centervall 242.
v. Wuich 121, 368.

Yarnell 157.

Zalinski 1.
v. Zedlitz-Neukirch 311, 314, 321.

Sachverzeichnis.

Abkühlung der Pulvergase an der Wandung 63.
Abkühlungsgeschwindigkeit 6.
Anfangsdrallwinkel 374.
Arbeitskräfte, innerballistische 1.
Arbeitspotential 32.
Arbeitsleistung eines Sprengstoffs 109.
Arbeitsbilanz beim Schuß 230.
Aufgabe der inneren Ballistik 3.
Austrittsgeschwindigkeit der Pulvergase aus der Mündung 183.

Braunsche Röhre 71, 72.
Bremsdruck 395.
Brisanz eines Pulvers 111.
Brisanz eines Sprengstoffs 94, 104.

Detonation 94, 97, 103.
Drallkurve 371.
Drallwinkel 341, 359.
Drehung des Geschosses in den Zügen 340.
Drehgeschwindigkeit des Geschosses 344.
Druckmessung 69.
Druckverlust durch Abkühlung der Gase 139.

Einpressung des Geschosses in die Züge 281, 289.
Enddrallwinkel 359.
Erosionserscheinungen 155.
Explosivstoffkonstanten 21.
Explosionswellen 174.

Federindikatoren 91.
Flammenzündung 2.

Gasgleichgewichte 6.
Gleichgewichtskonstante 7.

Hauptproblem, innerballistisches 3, 223.
Hohlladung, Gefahren der 146, 153.
Hydraulische Bremse 395.

Influenz, Zündung durch 99.
Initialzündung 2.

Kathodenstrahlenoszillograph 71.
Kinetische Gastheorie 65.
Knall 196.
Knallabstand 199.
Knalldämpfung 185.
Konstanten einer Pulversorte 5.
Kopfwelle 198.
Kovolumen 36.

Ladedichte 21.
Lagrangesches Problem 147.
Laufwärme 226.
Lavaldüse 403.
Lebensdauer einer Schußwaffe 155, 158.
Leistendruck 350.
Luftvorholer 396.

Maximalgasdruck 38.
Mechanik der Explosionen 142.
Membran-Manometer 91.
Methan 15.
Modell-Regeln 181.
Molekularwärme der Explosionsgase 58.
Mündungsfeuer 185.

Nachwirkung der Pulvergase 384.

Piezoelektrisches Verfahren 71.
Pulverkonstanten 5, 21.

Richtungshörer 204.
Riemannsche Wellen 167.
Rohrausbrennungen 155.
Rücklauf und Rückstoß 374.
Rücklauflänge 395.

Schallmeßverfahren 203.
Schußentwicklungszeit nach A. Preuß 119.
Stau-Erscheinungen 187.
Stauchapparat 69.

Stauchapparat, Fehlerquellen 72.
Stauchtabelle 83.

Temperatur des Laufs beim Schuß 232.

Unterwasserexplosionen 179.

Verbrennungstemperatur eines Pulvers 56.
Verbrennungswärme 31.
Verbrennungsgeschwindigkeit 121.
Verbrennungsgesetz, älteres 120, neueres 126.
Verbrennungsdauer 125.
Vieillesche Druckwellen 146.
Volumen, spezifisches, eines Pulvers 21, 28.
Vorstauchung 85.

Wärme, spezifische, der Explosionsgase 58.
Wärmegehalt, spezifischer 21, 31, 57.
Wärmebilanz beim Schuß 230.
Winkelgeschwindigkeit des Geschosses 344.
Winkelbeschleunigung des Geschosses 348.

Zugwiderstand 350.

Anhang.

Photographische Abbildungen zur Mechanik der Explosionen (§ 19 bis § 24).

Erläuterungen zu den photographischen Abbildungen Nr. 1—33.

(Bei den Aufnahmen selbst war das fliegende Infanteriegeschoß von 28 mm Länge entweder in wahrer Größe oder nahezu in wahrer Größe abgebildet; für die Zwecke der Wiedergabe wurden die Original-Negative entsprechend verkleinert.)

Nr. 1—10. Austritt der Gase aus der Mündung des Gewehrs M/98 (Mündungsgeschwindigkeit des S-Geschosses etwa 880 m/sec).

In Nr. 1—4 befindet sich das Geschoß noch im Lauf. Beim Vorrücken des Geschosses im Lauf wird zuerst die Luft ausgestoßen, welche sich vor dem Geschoß im Rohr befunden hatte. Diese Luftmasse stößt gegen die ruhende äußere Luft und erzeugt eine Stoßwelle (Nr. 1). Die Stoßwelle breitet sich kugelförmig aus; zwischen der Mündung und der Stoßwelle ist ein Luft-Stau sichtbar (Nr. 2 u. 3). Bei Nr. 4 treten bereits einige Pulvergase mit aus, welche sich zwischen Rohr und Geschoß hindurchgezwängt hatten. In Nr. 5 hat eben der Geschoßboden die Mündung passiert; die Hauptmasse der Pulvergase kann nunmehr aus der Mündung entweichen; dies geschieht mit einer Geschwindigkeit, welche zuerst gleich der Geschoßgeschwindigkeit ist, aber sehr bald diese übersteigt; die Pulvergase stoßen ihrerseits gegen die äußere Luft und erzeugen eine zweite und kräftigere Welle, dies ist die eigentliche Knallwelle der Waffe. Nr. 6, 7, 8 stellen spätere Momente dar; die Geschwindigkeit der Pulvergase ist infolge des Widerstands der äußeren Luft allmählich wieder kleiner geworden; in Nr. 8 hat das Geschoß die Hauptmasse der Pulvergase überholt, aber noch nicht die Knallwelle; eine Staulinie der Pulvergase ist zu erkennen. In Nr. 9 ist jetzt auch noch die Knallwelle durch das Geschoß überholt. Daher kann sich nunmehr die Kopfwelle bilden. Aber die Kopfwelle sitzt wie ein Dach auf der Knallwelle auf und erstreckt sich nicht bis hinter die Knallwelle; denn hinter der Knallwelle ist die Relativgeschwindigkeit des Geschosses gegenüber den bewegten Gasen kleiner als die Schallgeschwindigkeit. Wohl aber ist der Wirbelschwanz auch rückwärts der Knallwelle zu sehen. In Nr. 10 sind die Bilder 1—9 verkleinert zusammengestellt. (Mit einem Schraubengewinde ist auf den Bildern 1—10 der Mündungsteil nur deshalb versehen, weil zu den Versuchen ein Gewehrexemplar benützt wurde, auf dessen Mündung zu der Aufnahme Nr. 23 ein Maximscher Schalldämpfer aufgesetzt worden war.)

Nr. 11. Die Änderung des Staus der Pulvergase an der Mündung des Gewehrs M/98.

Der Stau der Pulvergase vor der Mündung zieht sich mehr und mehr nach der Mündung hin zurück, während das Rohr sich allmählich von den Pulvergasen entleert und die Geschwindigkeit und der Druck dieser Gase abnimmt. Die Teilbilder bzw. 2, 3, 4, 5, 6 beziehen sich dabei auf die Momente, wo sich das Geschoß in den Abständen bzw. 7,5; 10; 20; 25; 30 dm von der Mündung befindet.

Nr. 12. Einzelbild eines Staus der Pulvergase.

Nr. 13—15. Messung der Strömungsgeschwindigkeit der Pulvergase mittels des Machschen Winkels, welcher an einer festen Sonde entsteht.

In Nr. 13 befindet sich die Sonde in der Nähe des Randes der Strömungsfigur; man erkennt eine Brechung der Kopfwelle. Nr. 14 zeigt durch die Krümmung der Welle, daß die Strömungsgeschwindigkeit der Pulvergase (die von der Mündung ab zunächst zugenommen hatte) an der Stelle der Sonde wieder rasch abnimmt. Nr. 15 beweist, daß in der nächsten Nähe des Staus die Strömungsgeschwindigkeit ein relatives Minimum, der Druck folglich wiederum, wie an der Mündung, ein relatives Maximum besitzt; denn der Machsche Wellenwinkel ist an dieser Stelle besonders groß. [Jenseits des Staus beginnt die Geschwindigkeit wieder etwas zuzunehmen, der Druck wieder abzunehmen. Näheres s. bei Cranz und Glatzel: Ann. d. Phys., 4. Folge, Bd. 49, S. 1186. 1914.]

Nr. 16. Schuß durch ein beiderseits offenes Rohr hindurch.

Beim Einschuß in das Rohr endigt die Kopfwelle kugelförmig, nämlich mit der letzten Hugghensschen Elementarwelle. Beim Austritt des Geschosses aus dem Rohr beginnt die Kopfwelle kugelförmig, nämlich mit der ersten Elementarwelle, die heraustritt.

Nr. 17. Schlierenphotographie des *S*-Geschosses.

Das fliegende *S*-Geschoß von 8 mm Kaliber und 885 m/sec Geschwindigkeit, samt den das Geschoß begleitenden Luftwellen und den nachfolgenden Luftwirbeln; Aufnahme mittels Hohlspiegel, Objektiv und Schlierenblende; dabei die Blendenkante vertikal und senkrecht zur Schußrichtung. Hinter dem Geschoß ein luftleerer Raum, begrenzt von einer Unstetigkeitsfläche, welche angenähert die Form eines abgestumpften Kegels hat. Am Ende dieses Konus beginnt der Wirbelzopf; von allen Seiten her strömt von da ab die Luft in den Luftkanal ein und bildet die Wirbel; auch die Schwanzwelle beginnt erst am Ende jenes Konus. Die Kopfwelle des Geschosses geht von der Geschoßspitze aus. Eine dritte, schwächere Welle entsteht an der Stelle, wo das Geschoß in die Patronenhülse eingepreßt worden war.

Nr. 18. Beweis dafür, daß die Kopfwelle bzw. die Schwanzwelle des Geschosses die Einhüllende der unendlich vielen Elementarwellen darstellt, welche in den einzelnen Punkten der Geschoßbahn durch den Stoß der Geschoßspitze gegen die umgebende Luft bzw. durch das Einströmen der Luft in den Wirbelkanal erzeugt werden: Mit dem *S*-Geschoß wurde durch eine wagrechte, beiderseits offene, und oben und unten mit Löchern versehene Röhre in axialer Richtung hindurchgeschossen; Teilwellen sind aus den Löchern des Rohrs hervorgetreten und haben durch ihre Einhüllenden die Kopfwelle und die Schwanzwelle gebildet.

Nr. 19—21. Aufnahmen mit dem Machschen Interferenz-Refraktometer bei Verwendung von elektrischer Funkenbeleuchtung.

Nr. 19 Störung des optischen Interferenzfeldes durch das Ausströmen von Druckluft aus einer Düse. Nr. 20 ebenso; Störung des Felds durch eine Kerzenflamme; beide Aufnahmen im Institut f. technische Physik bewirkt durch cand. Pupp. Nr. 21 zeigt die Photographie eines von cand. Pupp hergestellten Kartonmodells, durch welches die Mikroskopmessungen des Druckverlaufs auf Grund der Aufnahme Nr. 19 veranschaulicht werden; man erkennt, daß der Druck der aus der Düse ausstromenden Luft periodisch abnimmt und dann wieder zunimmt.

Nr. 22. *S*-Geschoß mit verminderter Ladung verfeuert und mit einer der normalen Schallgeschwindigkeit der Luft nahezu gleichen Geschwindigkeit fliegend: Mit abnehmender Geschoßgeschwindigkeit entfernt sich der Scheitel der Kopfwelle, bzw. der Schwanzwelle immer mehr nach vorn bzw. nach hinten zu vom Geschoß. Zugleich wird der Winkel dieser Wellen immer größer. (Und wenn weiterhin die Geschoßgeschwindigkeit unter die Schall geschwindigkeit der Luft herabsinkt, trennen sich die Wellen nach vorn und hinten vom Geschoß; die Kopfwelle ist dann zu einer vorauslaufenden Welle geworden.)

Nr. 23. Einfluß des Schalldämpfers.

Schuß aus dem Gewehr M/98 unter Verwendung des Maximschen Schalldämpfers, der auf die Gewehrmündung aufgeschraubt ist; normale Ladung des S-Geschosses. Durch den Schalldämpfer wird die Austrittsgeschwindigkeit und der Ausströmungsdruck der Pulvergase so stark vermindert, daß die Kopfwelle unmittelbar an der Mündung ansetzt und daß folglich ein ähnliches Bild entsteht wie beim Austritt des Geschosses aus dem beiderseits offenen Rohr (Bild Nr. 16 s. o.). Im Gegensatz dazu vergleiche man das Bild Nr. 9, wo die Kopfwelle nicht an der Gewehrmündung, sondern an der Welle des Waffenknalls ansetzt.

Nr. 24. Schuß zwischen zwei parallelen Platten hindurch mit dem S-Geschoß von 885 m/sec Geschwindigkeit.

Die das Geschoß begleitenden Luftwellen werden nach den Gesetzen der Licht- und Schallwellen an festen Körpern reflektiert, unter Umständen am Geschoß selbst.

Nr. 25. Dasselbe wie in Nr. 24, jedoch für einen späteren Moment; Bestätigung der Theorie von Kármán.

Das Geschoß hat bereits nach rechts hin das Gesichtsfeld verlassen. In dem hinter dem Geschoß sich erstreckenden Luftwirbelschwanz erkennt man zum Teil, daß die Wirbel oben und unten abwechseln; diese Erscheinung entspricht der Theorie von Kármán (s. Lit.-Note). Ferner zeigt das Bild, daß irgendwelche Druckwellen von dem Wirbelschwanz nicht ausgehen, und da durch die Schlierenphotographie des Wirbelschwanzes Luftdichteänderungen nachgewiesen sind, welche in dem Luftkanal vorhanden sind, so ist anzunehmen, daß diese Dichteänderungen der Hauptsache nach durch Temperaturänderungen, nicht durch Druckänderungen, bewirkt werden.

Nr. 26. Die Fortpflanzungsgeschwindigkeit eines Luftwellenstoßes oder die Schallgeschwindigkeit im weiteren Sinne hängt ab von der Art und der Intensität dieses Stoßes.

Durchschießen eines Streichholzkopfs mit dem S-Geschoß. Von dem Streichholz ist eine Welle ausgegangen, welche wegen der größeren Intensität des erzeugten Luftwellenstoßes sich rascher ausbreitet, als diejenigen Wellen, welche zu den übrigen Teilen der Kopfwelle des Geschosses gehören. An der Tischplatte zeigt sich die Kopfwelle reflektiert; an der Tischkante ist eine Kugelwelle entstanden; der Wirbelzopf läßt wiederum eine Bestätigung der Theorie von Kármán und Rubach erkennen.

Nr. 27. Durchschießung von zwei Kerzenflammen.

Schuß durch zwei Kerzenflammen hindurch mit dem S-Geschoß. Im Augenblick der Belichtung hat das Geschoß bereits die erste Kerzenflamme durchflogen und ist in der nächsten Nähe der zweiten Kerzenflamme angekommen. Die Aufnahme zeigt: a) die Massenträgheit des Flammengases; die durchschossene Flamme brennt noch ruhig weiter, und auch die durch das Schlierenverfahren sichtbar gemachte Säule der aufsteigenden heißen Gase erscheint noch ungestört (nach dem Schuß waren die beiden Flammen ausgelöscht und die Kerzen leicht deformiert); b) die Tatsache, daß dem Geschoß keinerlei wahrnehmbare Druckwirkung vorausgeht, wenn das Geschoß mit Überschallgeschwindigkeit fliegt; c) daß die von der durchschossenen Flamme ausgehenden Stoßwellen als vereinzelte kräftigere Wellen hervortreten, ähnlich wie dies beim Durchschießen eines festen Körpers der Fall ist, und daß diese Wellen innerhalb des heißen Flammengases eine größere Fortpflanzungsgeschwindigkeit aufweisen, als in der umgebenden kühleren Luft.

Nr. 28. Zwei Funkenwellen von verschiedener Intensität.

In denselben Entladungskreis einer Leydener Flaschenbatterie sind zwei Funkenstrecken hintereinander geschaltet; davon ist die rechtsstehende Funkenstrecke kleiner als die linksstehende. Die bei der gleichzeitigen Entladung erzeugten Funkenwellen sind eine sehr kurze Zeitdifferenz nach der Entladung durch einen dritten Funken, welcher zur Beleuchtung dient, mittels Schlierenaufnahme photographiert. Die Kugelwelle, welche von der größeren Funkenstrecke ausging, hat, wie man sieht, in derselben Zeit einen größeren Radius angenommen als die Welle, welche von der kleineren Funkenstrecke ausging. (Ein bequemes Mittel zur Erzeugung und Bemessung einer sehr kleinen und zu variierenden Zeitdifferenz zwischen zwei Funkenentladungen bildet hierbei ein neueres Infanteriegewehr, für welches die Mündungsgeschwindigkeit des Geschosses bekannt ist; da diese Geschwindigkeit mit einem wahrscheinlichen Fehler von weniger als 1 % bestimmt werden kann, so stellt das Gewehr einen für manche Zwecke wohl brauchbaren Chronographen dar.)

Nr. 29. Zwei gleichzeitige Knallsilber-Explosionen verschiedener Intensität.

Ein größeres und ein kleineres Knallsilberhäufchen (das kleinere rechts, das größere links auf dem Bild) wurden mittels derselben elektrischen Entladung gleichzeitig entzündet und eine sehr kurze Zeit darauf mittels desselben Beleuchtungsfunkens nach dem Schlierenverfahren photographiert. Beide Knallsilbermengen sind vergast, und beide Explosionen haben Luftwellen erzeugt. Man erkennt wiederum die Richtigkeit des Machschen Satzes, daß die anfängliche Wellengeschwindigkeit um so größer ist, je größer die Intensität des Wellenstoßes ist. Außerdem sieht man, daß die Stoffgeschwindigkeit kleiner ist als die Wellengeschwindigkeit; dies ergibt sich allgemein aus der Riemannschen Theorie der Gaswellen von endlicher Amplitude und ist auch durch das Bild Nr. 9 bestätigt.

Nr. 30 und 31. Die Bugwelle des fahrenden Schiffs als Analogon zur Kopfwelle des fliegenden Geschosses.

Die Fortpflanzungsgeschwindigkeit der Oberflächenwellen des Wassers entspricht dabei der Schallgeschwindigkeit der Luft, die Fahrtgeschwindigkeit des Schiffs entspricht der Geschoßgeschwindigkeit. Bei Nr. 30 kleine Fahrtgeschwindigkeit, also großer Winkel der Bugwelle; bei Nr. 31 große Fahrtgeschwindigkeit, also kleiner Winkel der Bugwelle.

Nr. 32 und 33. Gasstaue und Gaswirbel beim Schuß.

Nr. 32. Beim Schuß aus einem Gewehr bilden hier die aus der Mündung austretenden Pulvergase zwei Gasstaue AB und EF; an jeden der beiden Staue schließen sich Wirbel an, die nach der Seite und nach rückwärts verlaufen, an den ersten Stau AB der Ringwirbel $AC\hat{\ }BD$, an den zweiten Stau EF der Ringwirbel $EG\hat{\ }FH$.

Nr. 33. Analoge Erscheinung beim Schuß aus einer Pistole; (Teil einer kinematographischen Aufnahme mit 5000 Bildern pro Sekunde, darüber s. Bd. III).

Die Aufnahmen Nr. 19, 20, 21 sind von cand. Pupp; die Aufnahmen Nr. 26 und 31 von Hpt. P. Günther erzeugt. Bild Nr. 30 ist einem Prospekt der Hamburg-Amerika-Linie entnommen. Die übrigen Aufnahmen stammen vom Verfasser.

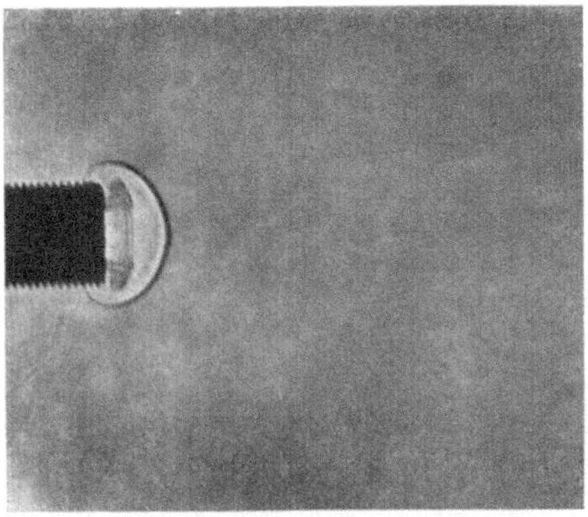

Abb. 1.

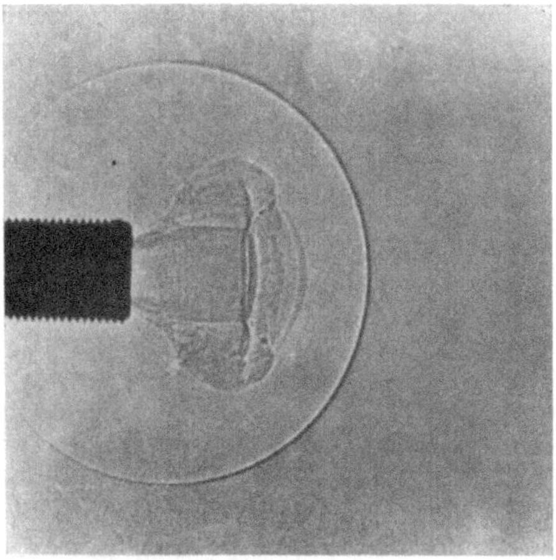

Abb. 2.

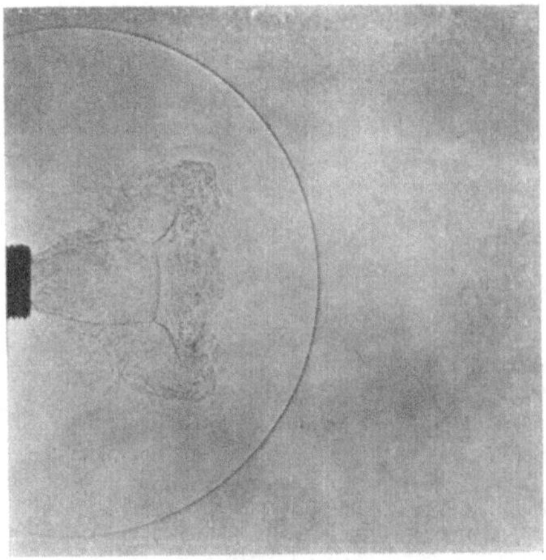

Abb. 3.

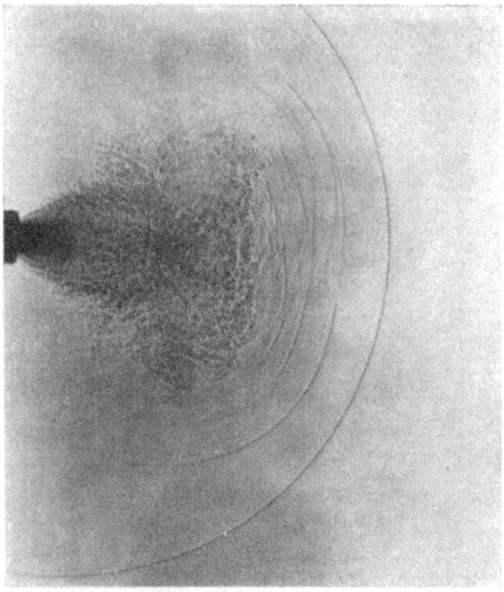

Abb. 4.

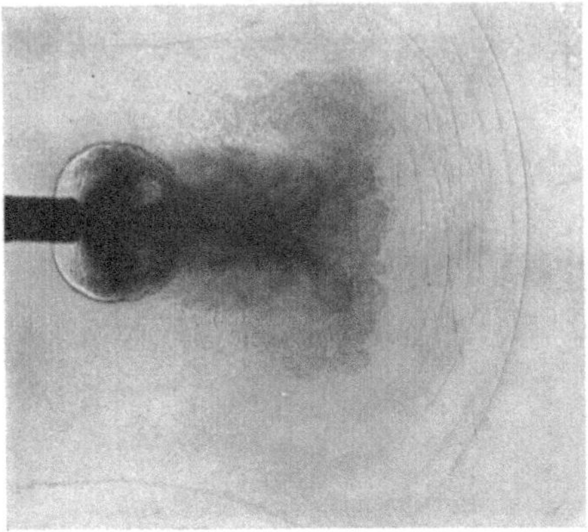

Abb. 5.

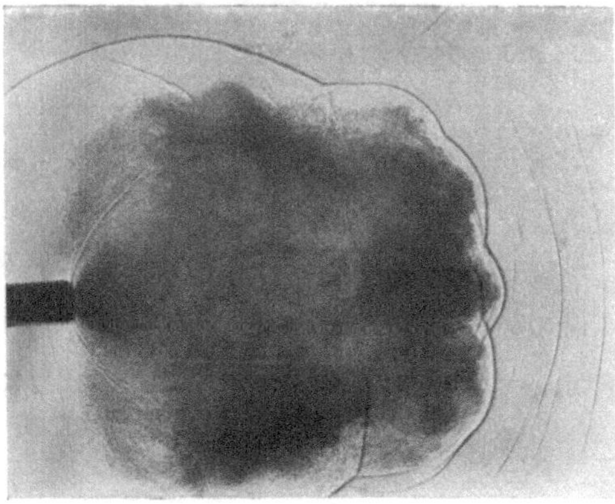

Abb. 6.

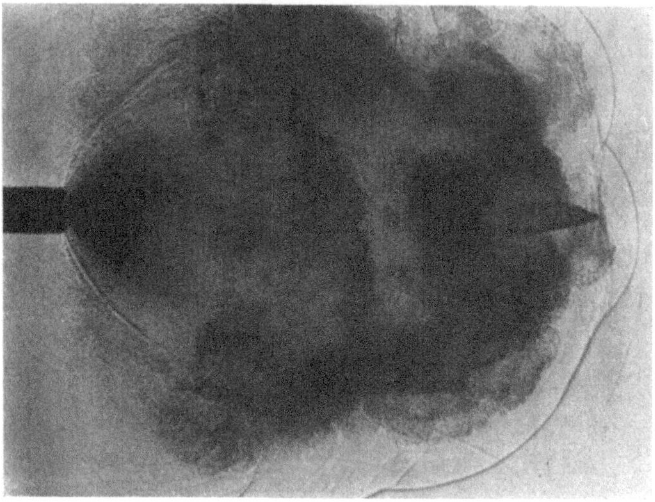

Abb. 7.

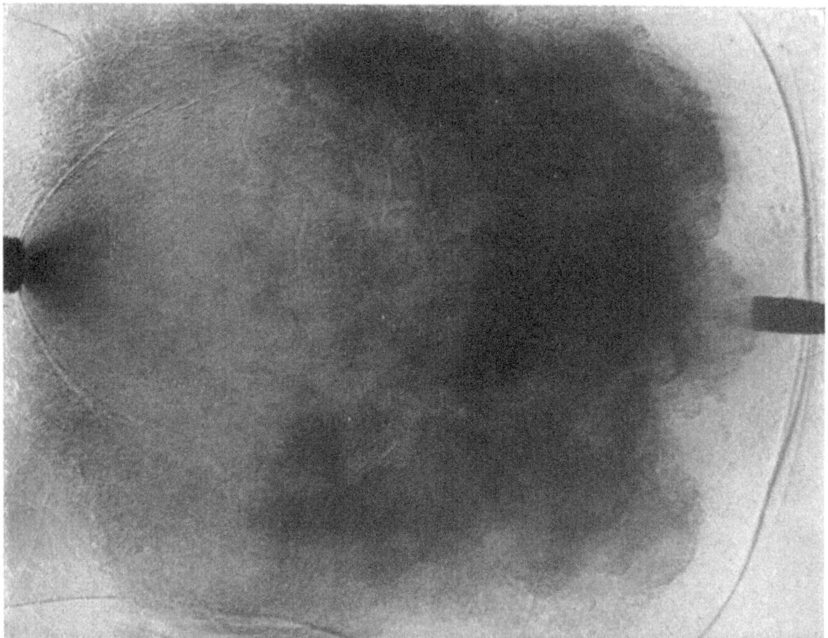

Abb. 8.

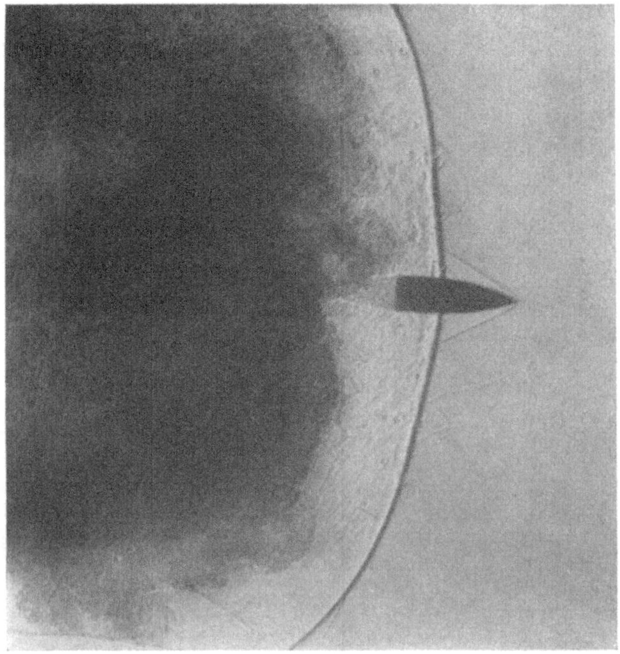

Abb. 9.

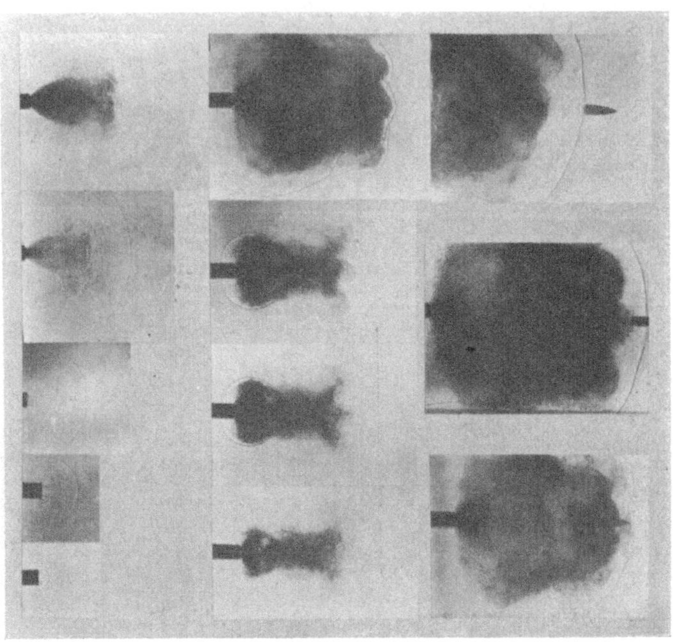

Abb. 10.

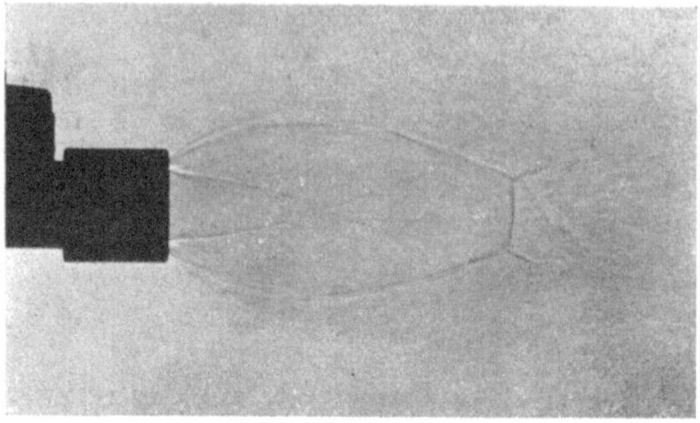

Abb. 12.

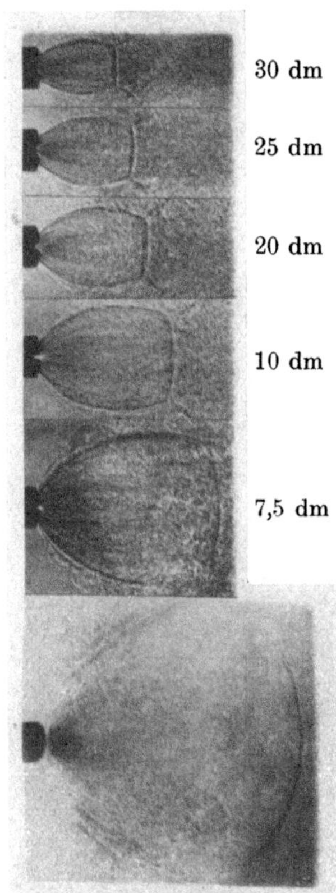

Abb. 11.

Abb. 13.

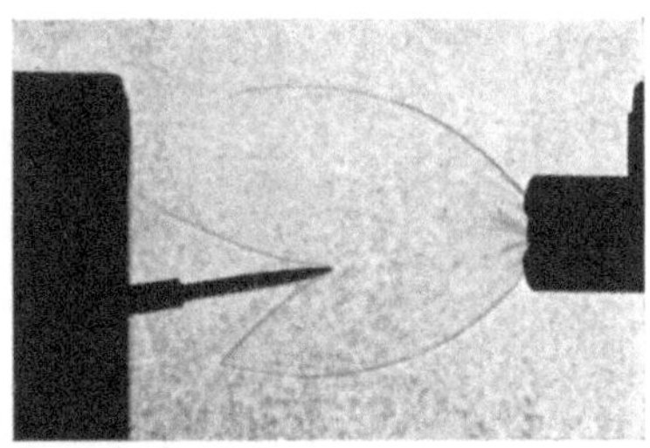

Abb. 14.

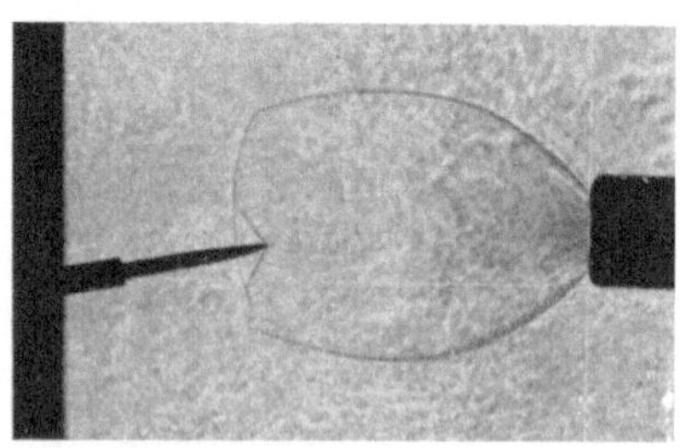

Abb. 15.

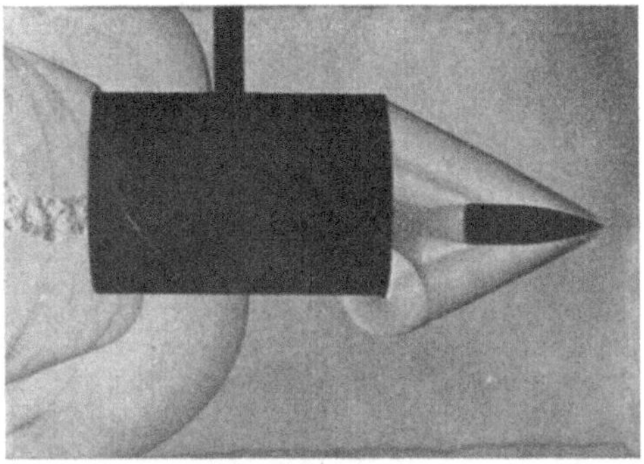

Abb. 16.

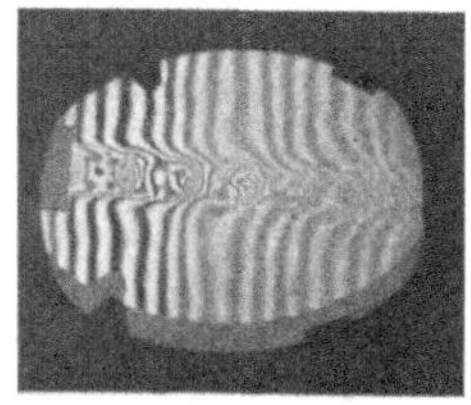

Abb. 19.

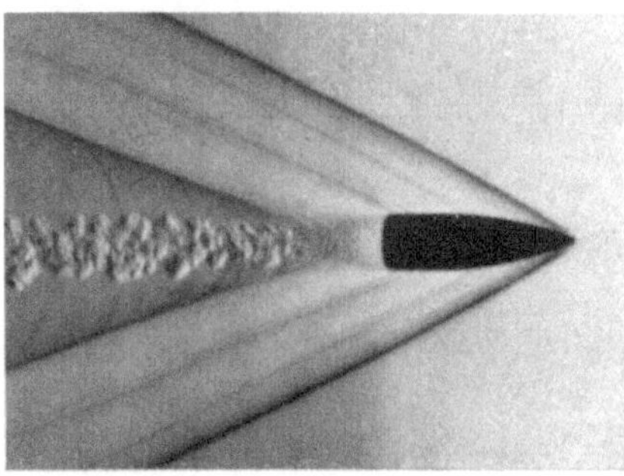

Abb. 17.

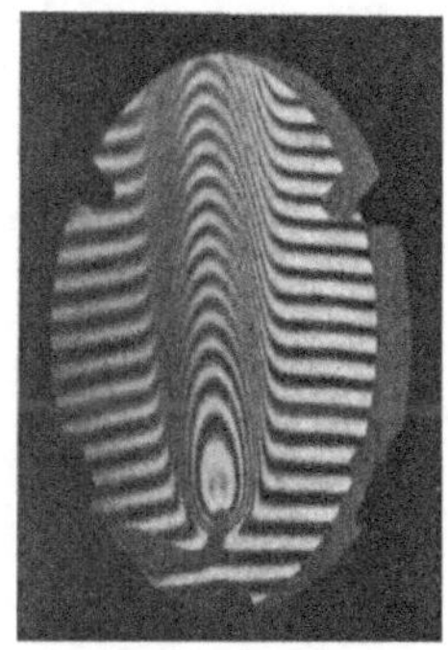

Abb. 20.

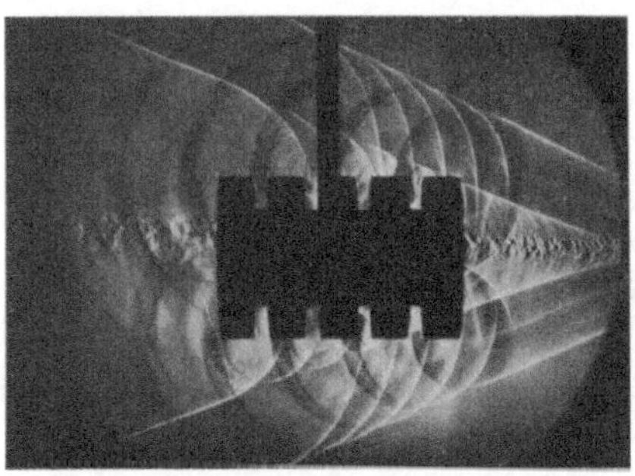

Abb. 18.

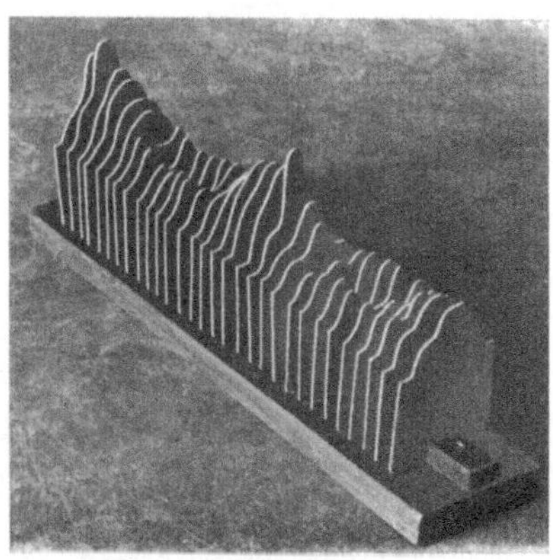

Abb. 21.

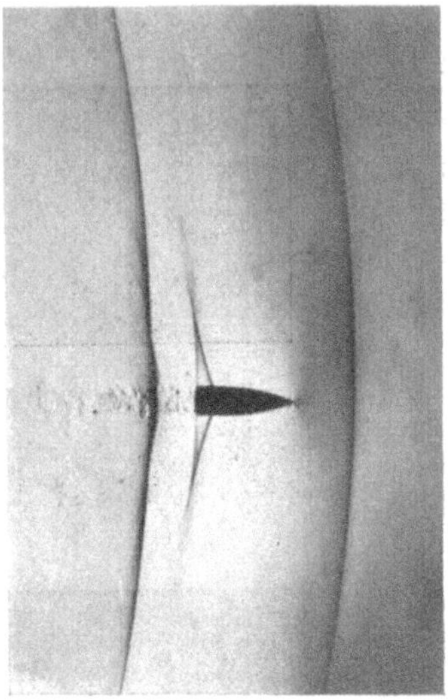

Abb. 22.

Abb. 23.

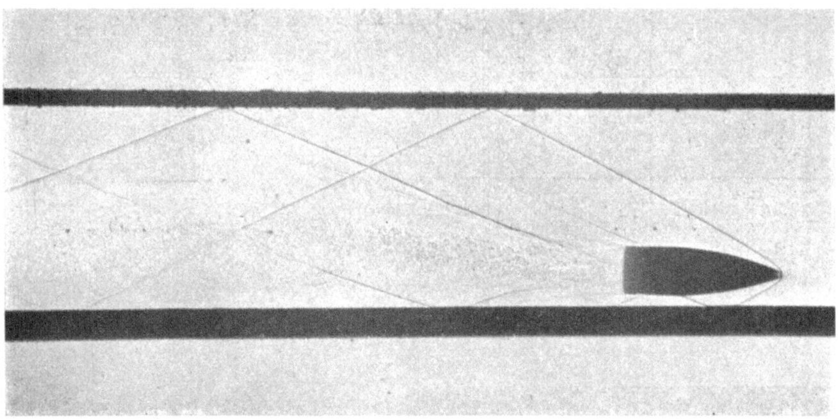

Abb. 24.

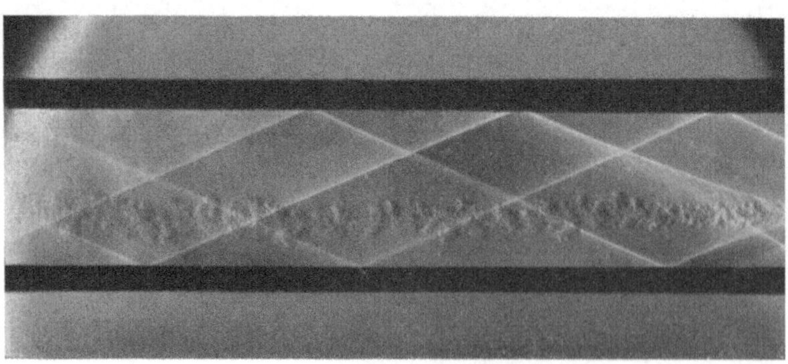

Abb. 25.

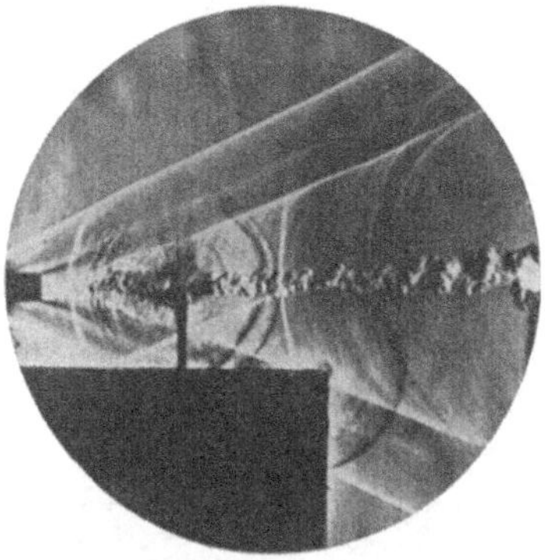

Abb. 26.

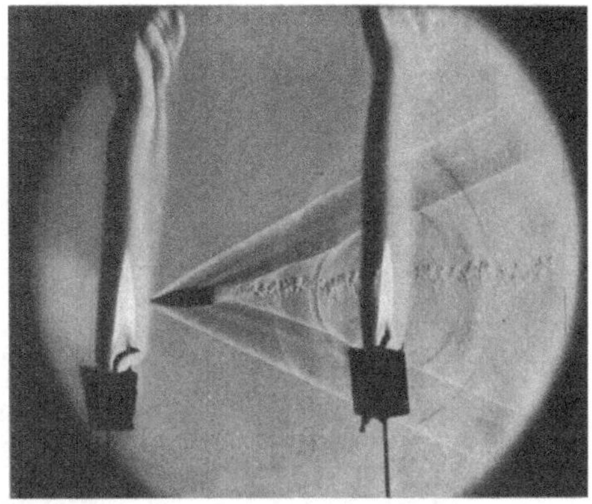

Abb. 27.

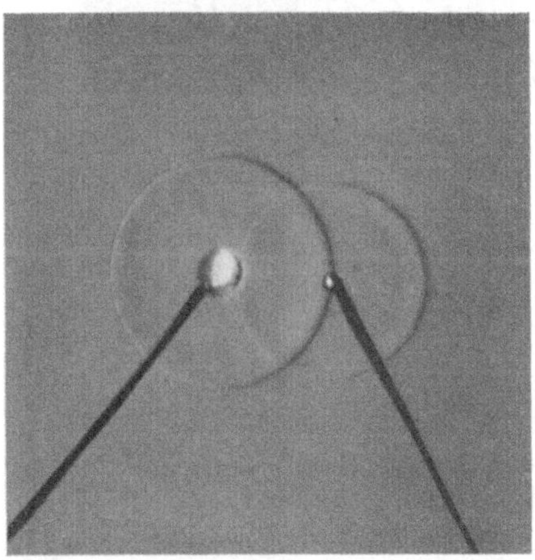

Abb. 28.

Abb. 29.

Abb. 30.

Abb. 31.

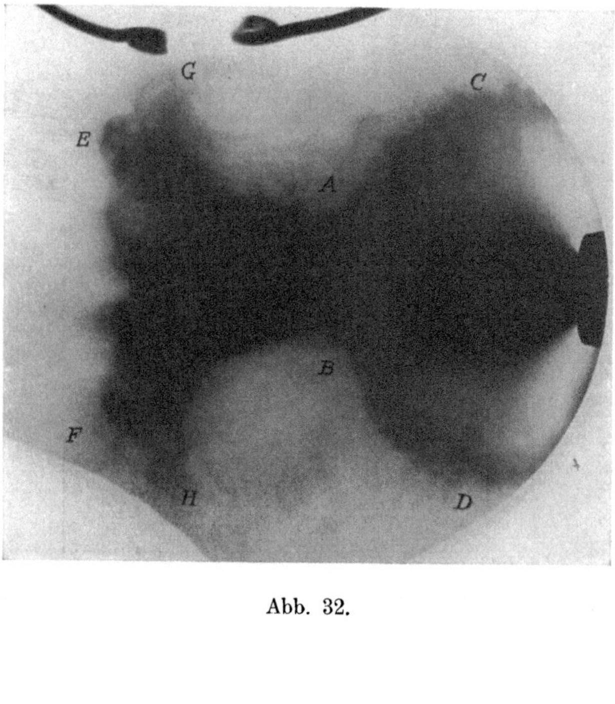

Abb. 32.

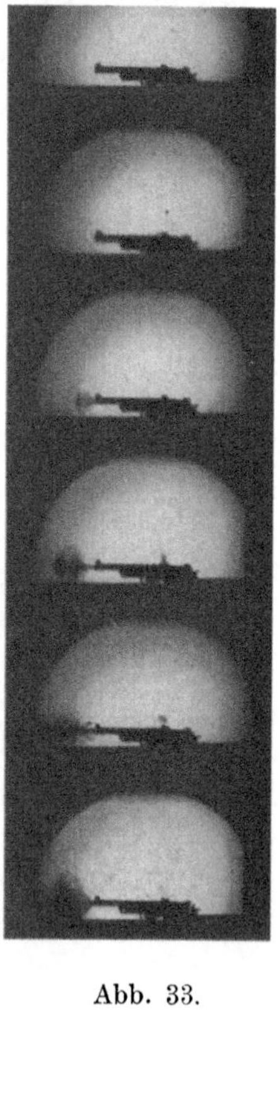

Abb. 33.

GPSR Compliance

The European Union's (EU) General Product Safety Regulation (GPSR) is a set of rules that requires consumer products to be safe and our obligations to ensure this.

If you have any concerns about our products, you can contact us on ProductSafety@springernature.com

In case Publisher is established outside the EU, the EU authorized representative is:

Springer Nature Customer Service Center GmbH
Europaplatz 3
69115 Heidelberg, Germany

Batch number: 10683525

Printed by Printforce, the Netherlands